高等学校土木工程专业规划教材

土木工程材料

（第 6 版）

主　编　张亚梅

副主编　张云升　孙道胜

主　审　秦鸿根

U0379819

东南大学出版社

·南京·

内 容 提 要

本书是在原《土木工程材料》第 5 版的基础上修订而成,主要讲述基本土木工程材料和近年来发展较快并在土木工程领域得到推广应用的新材料的基本组成、生产工艺、技术性能、工程应用以及材料试验等基本理论和技术。内容包括:土木工程材料的基本性质、建筑钢材、石材与集料、气硬性无机胶凝材料、水泥与辅助胶凝材料、外加剂、普通混凝土、特种混凝土、建筑砂浆、沥青及沥青混合料、墙体及屋面材料、木材、功能材料、建筑装修与装饰材料、合成高分子材料,以及土木工程材料试验。

本书具有较宽的专业适应面,既有较完整的理论,又注重工程实用性,并能反映当代土木工程材料的最新进展。

本书可作为高等院校土木工程专业教材,也可作为建筑、交通、水利等相关其他专业教学用书,以及自学考试、职业教育等用书。本书还可供从事土木领域的科研、设计和施工人员参考。

图书在版编目(CIP)数据

土木工程材料/张亚梅主编. —6 版. —南京:东南大学出版社,2021.6(2023.8 重印)

高等学校土木工程专业规划教材

ISBN 978-7-5641-9378-2

Ⅰ. ①土… Ⅱ. ①张… Ⅲ. ①土木工程—建筑材料 Ⅳ. ①TU5

中国版本图书馆 CIP 数据核字(2020)第 265308 号

东南大学出版社出版发行

(南京市四牌楼 2 号 邮编 210096)

出版人:江建中

网　　址　http://www.seupress.com

电子邮箱　press@seupress.com

江苏省新华书店经销　 常州市武进第三印刷有限公司印刷

开本:787mm×1092mm　1/16　印张:27.5　字数:669 千字

2021 年 6 月第 6 版　 2023 年 8 月第 2 次印刷

印数:5 001~8 000 册　 定价:56.00 元

(凡因印装质量问题,可直接与营销部联系。电话:025—83791830)

第 6 版前言

自从《建筑材料》第 1 版(1995 年)、第 2 版(2001 年)、《土木工程材料》第 3 版(2006 年)、第 4 版(2012 年)以及第 5 版(2013 年)出版以来,已经第 20 次印刷,一直受到许多高校师生和广大读者的欢迎与厚爱。

近年来,随着土木工程基础设施向长(大跨径桥梁)、高(高层建筑)、大(大型结构)、深(地下空间)发展,对土木工程材料提出了轻质、高强、抗裂、耐久等要求。同时,土木工程领域的可持续发展需求,也对土木工程材料的可持续性提出了新的挑战。在此背景下,一些新型的土木工程材料被研发出来,并在工程实践中逐步得到推广应用,从材料方面解决了很多工程技术难题。与此同时,相关材料的标准被修订,亦有新的土木工程材料标准颁布实施。为此,我们再一次对该书进行了全面修订。修订后的《土木工程材料》第 6 版具有以下特点:

1. 本书是按高等学校土木工程专业委员会制定的《土木工程材料教学大纲》的要求编写,并兼顾建筑学专业及土建类其他相关专业建筑材料课程的需要,具有较宽的专业适用面。

2. 本次修订对部分章节做了重要调整,具体包括:第三章调整为石材与集料;第五章为水泥与辅助胶凝材料,主要是因为辅助胶凝材料已经成为现代混凝土不可缺少的重要组分;考虑到外加剂在水泥混凝土中的重要作用,将外加剂的内容独立成第六章;在特种混凝土部分,增加了泡沫混凝土、膨胀混凝土、3D 打印混凝土、抗爆混凝土和电磁屏蔽与吸波混凝土等。原来的维护结构调整为墙体及屋面材料。此外,在功能材料部分,增加了防水材料、相变储能材料等;土木工程材料试验仅保留了基础性的试验内容。

3. 本书力求做到既有较完整的理论,又注重工程实用性,并能反映当代材料科学技术的最新进展。

本书由张亚梅主编,张云升和孙道胜为副主编。参加编写的有东南大学张亚梅(绪论、碱激发矿渣水泥、聚合物混凝土、3D 打印混凝土),高建明(轻混凝土),刘加平(高性能与超高性能混凝土、膨胀混凝土),潘钢华、周扬(建筑砂浆),冉千平(混凝土外加剂、合成高分子材料),陈惠苏(镁质胶凝材料、混凝土概述、新拌混凝土的性能、混凝土的力学性能),张云升(耐热、耐酸和防辐射混凝土、喷射混凝土、道路水泥混凝土及水工混凝土、抗爆混凝土、功能材料),蒋金洋(混凝土的耐久性及耐久性设计),李敏(相变储能材料),郭丽萍(土木工程材料的基本性质、纤维增强混凝土),戎志丹(建筑装修与装饰材料、防火材料),王瑞兴(微生物胶凝材料),施锦杰(建筑钢材),佘伟(泡沫混凝土),冯攀(LC3水泥),胡张莉(混凝土的变形性能),潘金龙(钢材的连接、纤维增强树脂基复合材料),赵永利(沥青及沥青混合料),庞超明(混凝土的质量控制与评定、普通混凝土配合比设计、自密实混凝土、木材),秦鸿根(土木工程材料试验);燕山大学赵庆新(石材与集料);安徽建筑大学孙道胜(建筑石膏,建筑石灰,水玻璃),王爱国(特性水泥,专用水泥);合肥工业大学詹炳根(水泥概述,硅酸盐水泥,辅助胶凝材料,其他通用硅酸盐水泥);扬州大学杨鼎宜(墙体及屋面材料);济南大学张秀芝(电磁屏蔽与吸波混凝土);江苏苏博特新材料股份有限公司姜骞(清水混凝土);南京林业大学张文华(抗爆混凝土)。

全书由张亚梅、张云升和孙道胜负责统稿,秦鸿根主审。

第6版中继承了以往版本中的许多优秀成果,在此对为本书做出过贡献的前辈们表示感谢。

由于土木材料科学技术发展迅速,新材料、新工艺、新方法不断涌现,有一些行业技术标准也不统一,加之我们的水平所限,书中疏漏和不妥之处难免,敬请广大读者和老师们不吝指正。

编　者

2020 年 12 月

目　　录

绪　　论

一、土木工程与土木工程材料

土木工程包括房屋、桥梁、道路、水利、防护工程等,它们是用各种材料建成的,用于这些工程的建筑材料总称为土木工程材料。土木工程材料是土木工程建设的物质基础。

土木工程材料与工程的建筑形式、结构构造、施工工艺之间存在着相互促进、相互依存的密切关系。一种新的土木工程材料的出现,必将促进建筑形式的再创新,同时,结构设计和施工工艺也将相应地进行改进和革新。例如,钢材及混凝土强度的提高,预应力技术的应用,在同样承载力下构件的截面尺寸可以缩小,自重也随之降低;采用多孔砖、空心砌块、轻质墙板等取代实心砖,不仅可以减轻墙体自重、改善墙体绝热功能,还减轻了下部结构和基础的负荷,增强了结构抗震能力,也有利于机械化施工。反过来,新的建筑形式、复杂的结构布置、众多的功能要求,又会促进材料科学的新发展。例如:现代高层建筑和大跨度桥梁工程需要高强轻质材料;化学工业厂房、港口工程、海洋工程等需要耐化学腐蚀材料;建筑物地下结构、地铁和隧道工程等需要高抗渗防水材料;建筑节能需要高效保温隔热材料;严寒地区的工程需要高抗冻性材料;核工业发展需要防核辐射材料;为使建筑物装修得更美观,则需要各种绚丽多彩的装饰材料等等。

土木工程材料品种繁多,又性能各异。因此,在土木工程中,按照建筑物和构筑物对材料功能的要求及其使用时的环境条件,正确合理地选用材料,做到材尽其能、物尽其用,这对于节约材料、降低工程造价、提高基本建设的技术经济效益,具有十分重要的意义。

土木工程建设是人类对自然、资源、环境影响最大的活动之一。我国正处于经济建设快速发展阶段,土建工程总量居世界第一位,资源消耗逐年快速增长。因此,必须牢固树立和认真落实科学发展观,坚持以人为本、可持续发展的理念,大力发展绿色工程、绿色建筑、绿色材料。

二、土木工程材料的发展

土木工程材料是随着人类生活水平的不断提高及社会生产力的不断发展而发展的。在距今18 000年前的北京周口店龙骨山山顶洞人(旧石器时代晚期),利用天然岩洞作为屋舍。在6 000～10 000年前的新石器时代,人类刚开始利用树木和苇草来搭建简单的房屋取代天然岩洞,随后利用天然的木材或竹材作为骨架结构,木骨抹泥作为墙体材料。但这种房屋屏蔽和防御功能都较低且保温隔热性能差。随着人类生产力的不断提高,人们开始用天然的石材建造房屋和纪念性结构物,比如公元前2600年左右建造的埃及金字塔。

天然石灰是最早的胶凝材料。很早以前,人类在烧火的残堆中偶然发现天然的贝壳烧过之后或是石灰岩上烧过火之后残留的灰,用水拌合固化后具有胶结能力。人类开始利用这种灰与植物、砂、土等拌合,制成三合土。人类利用三合土使构筑物整体性更强,防御能力增加。在西周(公元前1046～前771)早期的陕西凤雏遗址中发现,在土坯墙上采用了三合土(石灰、黄砂、黏土混合)抹面,说明我国劳动人民在 3 000 年前已具备烧制石灰胶凝材料的能力。到战国时期(公元前 475～前 221),筒瓦、板瓦已广泛使用,并出现了大块空心砖和墙壁装修用砖。在临淄齐都遗址(公元前 850～前 221)中,发现有炼铜、冶铁作坊,说明当时铁器已有应用。

到 18 世纪为止,虽然人类经过了漫长的发展历程,但是工业生产一直是以手工业为基础,几千年来没有根本性的变革。传统的土木工程材料无论是量上还是质上,都没有出现很大的飞跃。19 世纪以后,工业生产的土木工程材料才取得了巨大的进展,特别是第二次世界大战之后,更加有了令人瞩目的进步。

19 世纪初,在欧洲就出现了采用人工配料,再经煅烧、磨细制造的水泥。因它凝结后与英国波特兰岛生产的一种淡黄色石材颜色相似,故称波特兰水泥(即我国的硅酸盐水泥)。此项发明于 1824 年由英国人阿斯普定(J. Aspding)取得专利权,并于 1925 年用于修建泰晤士河水下公路隧道工程。波特兰水泥的出现,可以说是土木工程材料史上的一个新的里程碑。

世界各国意识到了水泥的适用性及优良性能,先后大量生产水泥用于各项建设活动。例如 1848 年的法国、1850 年的德国、1871 年的美国、1875 年的日本相继开始生产波特兰水泥。在半封建、半殖民地的旧中国,建材工业发展缓慢。于 1890 年在河北唐山建立了我国第一家水泥厂,当时称为"启新洋灰公司",正式生产水泥。直到新中国成立以后,由于大规模经济建设的需要,建材工业开始迅猛发展,水泥工业得到飞速的发展。如今我国已经是世界上水泥产量最高、使用量最多的国家。

19 世纪,钢材正式应用于土木工程中。混凝土具有较高的抗压强度,但其抗拉强度低,容易开裂。在实际使用中,两者的结合可以相互弥补缺点,发挥各自所长。1850 年,法国人 J. L. Lambot 制造了第一只钢筋混凝土小船;1872 年,在纽约出现了第一所钢筋混凝土房屋;1887 年,M. Koenen 给出了钢筋混凝土梁的计算方法;1892 年,法国的 Hennebique 给出了梁的剪切增强配筋方法。

进入 20 世纪以来,钢筋混凝土材料有了两次较大的飞跃。其一:1908 年,由 C. R. Steiner 提出了预应力钢筋混凝土的概念;1928 年法国使用高拉力钢筋和高强度混凝土使预应力混凝土实用化。其二:1934 年,美国发明了减水剂在混凝土中应用,使混凝土的耐久性、流动性得到前所未有的提高。以上两个方面的突破使混凝土和钢筋混凝土的性能得到进一步提高,应用范围进一步扩大。

在资源与环境成为当今世界亟须解决的两大问题的背景下,土木工程材料的发展意义重大,特别是在我国处于现代化建设中。适应国民经济可持续发展的要求,土木工程材料的发展趋向是研制和开发高性能建筑材料和绿色建筑材料等新型材料。

高性能建筑材料是指比现有材料的性能更为优异的建筑材料。其具有高强、高耐久性、力学性能稳定等特点。其适用于各种超高、超长、超大型的混凝土建筑物及在各种严酷条件下使用的混凝土建筑物之中,比如高层建筑物、跨海大桥、跨江大桥、海上采油平台、海港工程等建筑物。

绿色建筑材料又称生态建筑材料或健康建筑材料。它是指在原料采取、产品制造、应用过程和使用以后的再生循环利用等环节中对地球环境负荷最小和对人类身体健康无害的建筑材料。例如,利用工业废料(粉煤灰、矿渣、煤矸石等)作为掺合料制备混凝土、免烧砖等建筑材料,利用废旧的车轮胎制成橡胶颗粒掺入混凝土中提高其抗冲击性能,利用废弃泡沫塑料生产保温墙体板材,利用废玻璃生产贴面材料等。这些做法既利用工业废料,减轻环境污染,又可节约自然资源。因此,绿色低碳建筑材料已成为各国 21 世纪建材工业发展的战略重点。

三、土木工程材料的分类

土木工程材料的种类繁多、组分各异、用途不一,可按多种方法进行分类。

1. 按材料化学成分分类。通常可分为有机材料、无机材料和复合材料三大类,如下图所示:

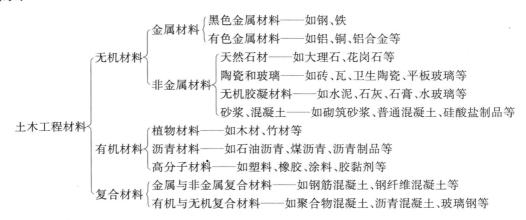

2. 按材料在建筑物中的功能分类。可分为承重材料、非承重材料、保温和隔热材料、吸声和隔声材料、防水材料、装饰材料等。

3. 按使用部位分类。可分为结构材料、墙体材料、屋面材料、地面材料、饰面材料,以及其他用途的材料等。

四、土木工程材料的标准化

土木工程材料的技术标准,是产品质量的技术依据。对于生产企业,必须按标准生产合格的产品,同时它可促进企业改善管理,提高生产率,实现生产过程合理化。对于使用部门,则应当按标准选用材料,才可使设计和施工标准化,从而加速施工进度,降低工程造价。技术标准又是供需双方对产品质量验收的依据,是保证工程质量的先决条件。

我国祖先很早就注意材料的标准化。如在咸阳和秦始皇兵马俑墓穴陪葬俑坑中,以及明代修建的长城山海关段,所用砖的规格已向条砖转化,长宽厚之比接近 4∶2∶1,与目前普通砖的规格比例相近。天津蓟州区的独乐寺,相传始建于唐,公元 984 年重建,其观音阁的梁枋和斗拱种类多达几十种,构件上千件,但规格仅为 6 种。

目前我国绝大多数的建筑材料都制定有产品的技术标准,这些标准一般包括:产品规格、分类、技术要求、检验方法、验收规则、标志、运输和贮存等方面的内容。

我国土木工程材料的技术标准分为国家标准、行业标准、地方标准和企业标准四级,各级标准分别由相应的标准化管理部门批准并颁布,我国国家技术监督局是国家标准化管理的最高机关。国家标准是全国通用标准,是国家指令性技术文件,各级生产、设计、施工等部门,均必须严格遵照执行,行业标准是在全国某一行业范围内使用的标准。

各级标准都有各自的部门代号,例如:GB——国家标准;GBJ——国家工程建设标准;

JGJ——住建部行业标准;JC——国家建材行业标准;JG——建筑工业行业标准;YB——冶金标准;JT——交通标准;SD——水电标准;ZB——国家级专业标准;CCES——中国土木工程学会标准;CECS——中国工程建设标准化协会标准;DB——地方标准;QB——企业标准。

我国的土木工程标准还分为强制性标准和推荐性标准两类:强制性标准具有法律属性,在规定的适用范围内必须严格执行;推荐性标准具有技术上的权威性、指导性,是自愿执行的标准,它在合同或行政文件确认的范围内也具有法律属性。

标准的表示方法,系由标准名称、部门代号、编号和批准年份等组成,例如:国家标准《混凝土外加剂应用技术规范》(GB 50119—2013)。标准的部门代号为 GB,编号为 50119,批准年份为 2013 年。国家推荐标准《混凝土物理力学性能试验方法标准》(GB/T 50081—2019)。其中 GB 为标准部门代号,T 为推荐性标准代号,编号为 50081,批准年份为 2019 年。

各个国家均有自己的国家标准,例如"ANSI"代表美国国家标准、"ASTM"是美国材料试验与材料协会标准、"JIS"代表日本工业标准、"BS"代表英国标准、"NF"代表法国标准、"DIN"代表德国标准等。另外,在世界范围内统一执行的标准称为国际标准,其代号为"ISO"。

五、本课程学习目的与方法

土木工程材料是土木工程类专业的专业基础课。它是以数学、力学、物理、化学等课程为基础,而又为学习建筑、结构、施工等后续专业课程提供建材基本知识,同时它还为今后从事工程实践和科学研究打下必要的专业基础。

书中对每一种土木工程材料的叙述,一般包括原材料、生产、组成、构造、性质、应用等方面的内容,以及现行的相关技术标准。学习本课程的学生,多数是材料的使用者,所以学习重点应是掌握材料的基本性质和合理选用材料。要达到这一点,就必须了解各种材料的特性,在学习时,不但要了解每一种材料具有哪些基本性质,而且还应对不同类属、不同品种材料的特性相互进行比较,只有掌握其特点,才能做到正确合理地选用材料。同时,还要知道材料之所以具有某种基本性质的基本原理,以及影响其性质变化的外界条件。此外,材料的运输和贮存等注意事项,也是根据该材料的性质所规定的。

实验课是本课程的重要教学环节。通过实验,一方面要学会各种常用土木工程材料的检验方法,能对材料进行合格性判断和验收;另一方面是提高实践技能,能对实验数据、实验结果进行正确的分析和判别,培养严谨求实的工作态度和分析问题与解决问题的能力。

第一章 土木工程材料的基本性质

土木工程建筑物和构筑物是由各种建筑材料建造而成的,这些材料用在建筑物的各个部位,承受各种不同的作用,为此,要求土木工程材料必须具备相应的基本性质。例如,结构材料必须具有良好的力学性能;墙体材料应具有绝热、隔声性能;屋面材料应具有抗渗防水性能;地面和路面材料应具有防滑、耐磨损性能等等。另外,由于建筑物长期暴露在大气中,经常要受到风吹、雨淋、日晒、冰冻等自然条件的影响,故还要求土木工程材料应具有良好的耐久性能。

土木工程材料的基本性质主要包括基本物理性质、力学性质、与水有关的性质、热工性、耐久性、装饰性等,现分别讨论如下。

第一节 材料的物理性质

一、材料的密度、表观密度和堆积密度

（一）材料的密度

材料在绝对密实状态下单位体积的质量（俗称重量）称为材料的密度（又称质量密度）。可用公式表示如下:

$$\rho = \frac{m}{V}$$

式中　　ρ—— 材料的密度（kg/m^3）;

　　　　m—— 材料在干燥状态下的质量（kg）;

　　　　V—— 干燥材料在绝对密实状态下的体积（m^3）。

材料在绝对密实状态下的体积,是指不包括材料内部孔隙的固体物质本身的体积,亦称实体积。建筑材料中除钢材、玻璃、沥青等外,绝大多数材料均含有一定的孔隙。测定含孔材料的密度时,须将材料磨成细粉（粒径小于 0.20 mm）,经干燥后用李氏瓶测得其实体积。材料磨得愈细,测得的密度值愈精确。

（二）材料的表观密度

材料在自然状态下单位体积的质量称为材料的表观密度（原称容重）,亦称体积密度。用公式表示为

$$\rho_0 = \frac{m}{V_0}$$

式中　　ρ_0—— 材料的表观密度（kg/m^3）;

　　　　m—— 材料的质量（kg）;

　　　　V_0—— 材料在自然状态下的体积（m^3）。

材料在自然状态下的体积是指材料的实体积与材料内所含全部孔隙体积之和。对于外形规则的材料,其表观密度测定很简便,只要测得材料的质量和体积即可算得。不规则材料的体积要采用排水法求得,但材料表面应预先涂上蜡,以防水分渗入材料内部而使测值不准。土木工程中常用的砂、石材料,其颗粒内部孔隙极少,用排水法测出的颗粒体积与其实体积基本相同,所以,砂、石的表观密度可近似地视作其密度,常称视密度。

材料表观密度的大小与其含水情况有关。当材料含水时,其质量增大,体积也会发生不同程度的变化。因此测定材料表观密度时,须同时测定其含水率,并予以注明。通常材料的表观密度是指气干状态下的表观密度。材料在烘干状态下的表观密度称干表观密度。

（三）材料的堆积密度

散粒材料在自然堆积状态下单位体积的质量称为堆积密度(或称容装密度)。可用下式表示为

$$\rho_0' = \frac{m}{V_0'}$$

式中　　ρ_0'——散粒材料的堆积密度(kg/m³);

　　　　m——散粒材料的质量(kg);

　　　　V_0'——散粒材料在自然堆积状态下的体积(m³)。

散粒材料在自然堆积状态下的体积,是指其既含颗粒内部的孔隙又含颗粒之间空隙在内的总体积。测定散粒材料的体积可通过已标定容积的容器计量而得。测定砂子、石子的堆积密度即用此法求得。若以捣实体积计算时,则称紧密堆积密度。

由于大多数材料或多或少均含有一些孔隙,故一般材料的表观密度总是小于其密度,即 $\rho_0 < \rho$。

土建工程中在计算材料用量、构件自重、配料、材料堆场体积或面积,以及考虑运输材料的车辆时,均需要用到材料的上述状态参数。常用土木工程材料的密度、表观密度和堆积密度见表 1-1 所示。

表 1-1　常用土木工程材料的密度、表观密度和堆积密度

材　料	密度/(g·cm⁻³)	表观密度/(kg·m⁻³)	堆积密度/(kg·m⁻³)
钢	7.8～7.9	7 850	—
花岗岩	2.7～3.0	2 500～2 900	—
石灰石	2.4～2.6	1 600～2 400	1 400～1 700(碎石)
砂	2.5～2.6	—	1 500～1 700
水泥	2.8～3.1	—	1 100～1 300
烧结普通砖	2.6～2.7	1 600～1 900	—
烧结多孔砖	2.6～2.7	800～1 480	—
红松木	1.55～1.60	400～600	—
泡沫塑料	—	20～50	—
玻璃	2.45～2.55	2 450～2 550	—
铝合金	2.7～2.9	2 700～2 900	—
普通混凝土	—	1 950～2 600	—

二、材料的孔隙率与空隙率

（一）孔隙率

材料内部孔隙的体积占材料总体积的百分率，称为材料的孔隙率（P_0）。可用下式表示：

$$P_0 = \frac{V_0 - V}{V_0} \times 100\% = \left(1 - \frac{\rho_0}{\rho}\right) \times 100\%$$

材料孔隙率的大小直接反映材料的密实程度，孔隙率大，则密实度小。孔隙率相同的材料，它们的孔隙特征（即孔隙构造与孔径）可以不同。按孔隙构造，材料的孔隙可分为开口孔和闭口孔两种，两者孔隙率之和等于材料的总孔隙率。按孔隙的尺寸大小，又可分为微孔、细孔及大孔三种。不同的孔隙对材料的性能影响各不相同。

土木工程中对需要保温隔热的建筑物或部位，要求其所用材料的孔隙率要较大。相反，对要求高强或不透水的建筑物或部位，则其所用的材料孔隙率应很小。

（二）空隙率

散粒材料（如砂、石子）堆积体积（V_0'）中，颗粒间空隙体积所占的百分率称为空隙率（P_0'）。可用下式表示为

$$P_0' = \frac{V_0' - V_0}{V_0'} \times 100\% = \left(1 - \frac{\rho_0'}{\rho_0}\right) \times 100\%$$

在配制混凝土时，砂、石子的空隙率是作为控制混凝土中集料级配与计算混凝土含砂率时的重要依据。石子的空隙率越大需要填充空隙的砂子数量相应增大。砂的比表面积大于石子，要获得相同工作性的混凝土，一般需要增加包裹集料表面的浆体数量。

三、材料与水有关的性质

（一）亲水性与憎水性

当材料与水接触时，有些材料能被水润湿，有些材料则不能被水润湿，前者称为亲水性，后者称为憎水性。

材料产生亲水性的原因是因其与水接触时，材料与水之间的分子亲和力大于水本身分子间的内聚力所致。当材料与水接触，材料与水之间的分子亲和力小于水本身分子间的内聚力时，则材料表现为憎水性。

材料被水湿润的情况可用润湿角 θ 表示。当材料与水接触时，在材料、水、空气三相的交点处，作沿水滴表面的切线，此切线与材料和水接触面的夹角 θ，称为润湿角，如图 1-1 所示。θ 角愈小，表明材料愈易被水润湿。实验证明，当 $\theta \leqslant 90°$ 时，如图 1-1(a)，材料表面容易吸附水，材料

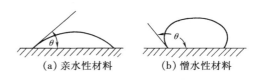

（a）亲水性材料　　（b）憎水性材料

图 1-1　材料润湿示意图

能被水润湿而表现出亲水性。当 $\theta > 90°$ 时，如图 1-1(b)，材料表面不易吸附水，此称憎水性材料。当 $\theta = 0°$ 时，表明材料完全被水润湿。上述概念也适用于其他液体对固体的润湿情况，相应称为亲液材料和憎液材料。

亲水性材料易被水润湿，且水能通过毛细管作用而被吸入材料内部。憎水性材料则能阻止水分渗入毛细管中，降低材料的吸水性，且常被用作防水材料。土木工程材料大多为亲

水性材料,如水泥、混凝土、砂、石、砖、木材等,只有少数材料如沥青、石蜡及某些塑料等为憎水性材料。同样,材料的亲水、憎水性可以改变,如钢筋混凝土屋面可涂抹、覆盖、粘贴憎水性材料使其具有憎水性,提高防水、防潮性能;涤纶和锦纶等合成纤维织物经表面处理可产生新的极性基团—COOH、—OH 等而具有亲水性,产生同棉织物相似的吸水、吸湿性。

（二）材料的吸水性与吸湿性

1. 吸水性

材料在水中能吸收水分的性质称为吸水性。材料的吸水性用吸水率表示,吸水率有以下两种表示方法:

（1）质量（重量）吸水率

质量吸水率是指材料在吸水饱和时,内部所吸水分的质量占材料干质量的百分率。用公式表示如下:

$$W_m = \frac{m_b - m_g}{m_g} \times 100\%$$

式中 W_m——材料的质量吸水率（%）;

           m_b——材料在吸水饱和状态下的质量（kg）;

           m_g——材料在干燥状态下的质量（kg）。

（2）体积吸水率

体积吸水率是指材料在吸水饱和时,其内部所吸水分的体积占干燥材料自然体积的百分率。用公式表示如下:

$$W_V = \frac{m_b - m_g}{\rho_w} \cdot \frac{1}{V_0} \times 100\%$$

式中 W_V——材料的体积吸水率（%）;

           V_0——干燥材料在自然状态下的体积（m³）;

           ρ_w——水的密度（kg/m³）,在常温下取 $\rho_w = 1\ 000$ kg/m³。

土木工程用材料一般均采用质量吸水率。质量吸水率与体积吸水率存在下列关系:

$$W_V = W_m \rho_0$$

式中 ρ_0——材料在干燥状态下的表观密度（g/cm³）。

材料中所吸水分是通过开口孔隙吸入的,开口孔隙率愈大,材料的吸水量愈多。由此可知,材料吸水达饱和时的体积吸水率,即为材料的开口孔隙率。

材料的吸水性与材料的孔隙率和孔隙特征有关。对于细微连通孔隙,孔隙率愈大,则吸水率愈大。闭口孔隙水分不能进去,而开口大孔虽然水分易进入,但不能存留,只能润湿孔壁,所以吸水率仍然较小。各种材料的吸水率很不相同,差异很大,如花岗岩的吸水率只有 0.5%～0.7%,混凝土的吸水率为 2%～3%,烧结黏土砖的吸水率达 8%～20%,而木材的吸水率可超过 100%。

2. 吸湿性

材料在潮湿空气中吸收水分的性质称为吸湿性。潮湿材料在干燥的空气中也会放出水分,称为还湿性。材料的吸湿性用含水率表示。含水率系指材料内部所含水的质量占材料

干质量的百分率。用公式表示为

$$W_h = \frac{m_s - m_g}{m_g} \times 100\%$$

式中　　W_h—— 材料的含水率（%）；

　　　　m_s—— 材料在吸湿状态下的质量（g）；

　　　　m_g—— 材料在干燥状态下的质量（g）。

　　材料的吸湿性随空气的湿度和环境温度的变化而改变，当空气湿度较大且温度较低时，材料的含水率就大，反之则小。材料中所含水分与空气的湿度相平衡时的含水率，称为平衡含水率。具有微小开口孔隙的材料，吸湿性特别强，如木材及某些绝热材料，在潮湿空气中能吸收很多水分，这是由于这类材料的内表面积大，吸附水分的能力强所致。

　　材料的吸水性和吸湿性均会对材料的性能产生不利影响。材料吸水后会导致其自重增大、绝热性降低、强度和耐久性将产生不同程度的下降。材料吸湿和还湿还会引起其体积变形，影响使用。不过，利用材料的吸湿可起除湿作用，常用于保持环境的干燥。

　　（三）材料的耐水性

　　材料长期在水作用下不破坏，强度也不显著降低的性质称为耐水性。材料的耐水性用软化系数表示，如下式：

$$K_R = \frac{f_b}{f_g}$$

式中　　K_R—— 材料的软化系数；

　　　　f_b—— 材料在饱水状态下的抗压强度（MPa）；

　　　　f_g—— 材料在干燥状态下的抗压强度（MPa）。

　　K_R 的大小表明材料在浸水饱和后强度降低的程度。一般来说，材料被水浸湿后，强度均会有所降低。这是因为水分被组成材料的微粒表面吸附，形成水膜，削弱了微粒间的结合力所致。K_R 值愈小，表示材料吸水饱和后强度下降愈大，即耐水性愈差。材料的软化系数 K_R 在 0～1 之间。不同材料的 K_R 值相差颇大，如黏土 $K_R=0$，而金属 $K_R=1$。土木工程中将 $K_R>0.85$ 的材料，称为耐水的材料。在设计长期处于水中或潮湿环境中的重要结构时，必须选用 $K_R>0.85$ 的土木工程材料。对用于受潮较轻或次要结构物的材料，其 K_R 值不宜小于 0.75。

　　（四）材料的抗渗性

　　材料抵抗压力水渗透的性质称为抗渗性，或称不透水性。材料的抗渗性通常用渗透系数表示。渗透系数的物理意义是：一定厚度的材料，在单位压力水头作用下，在单位时间内透过单位面积的水量。用公式表示为

$$K_S = \frac{Qd}{AtH}$$

式中　　K_S—— 材料的渗透系数（cm/h）；

　　　　Q—— 渗透水量（cm³）；

　　　　d—— 材料的厚度（cm）；

　　　　A—— 渗水面积（cm²）；

t——渗水时间(h);

H——静水压力水头(cm)。

K_s值愈大,表示材料渗透的水量愈多,即抗渗性愈差。

材料的抗渗性也可用抗渗等级表示。抗渗等级是以规定的试件、在规定的条件和标准试验方法下所能承受的最大水压力来确定,以符号"Pn"表示,其中n为该材料所能承受的最大水压力 MPa 数的 10 倍值,如 P4、P6、P8 等分别表示材料最大能承受 0.4 MPa、0.6 MPa、0.8 MPa 的水压力而不渗水。材料的抗渗等级越高,其抗渗性能越好。

材料的抗渗性与其孔隙率和孔隙特征有关。细微连通的孔隙水易渗入,故这种孔隙愈多,材料的抗渗性愈差。闭口孔水不能渗入,因此闭口孔隙率大的材料,其抗渗性仍然良好。开口大孔水最易渗入,故其抗渗性最差。此外,材料的亲水与憎水性、内部缺陷及裂缝存在等也是影响抗渗性的重要因素。

抗渗性是决定土木工程材料耐久性的重要因素。在设计地下建筑、压力管道、容器等结构时,均要求其所用材料必须具有良好的抗渗性能。抗渗性也是检验防水材料产品质量的重要指标。

(五)材料的抗冻性

材料在水饱和状态下,能经受多次冻融循环作用而不破坏,也不严重降低强度的性质,称为材料的抗冻性。材料的抗冻性用抗冻等级表示。抗冻等级是以规定的试件、在规定试验条件下,测得其强度降低不超过规定值,并无明显损坏和剥落时所能经受的冻融循环次数来确定,用符号"Fn"表示,其中n即为最大冻融循环次数,如 F50 等。

材料抗冻等级的选择,是根据结构物的种类、使用条件、气候条件等来决定的。例如烧结普通砖、陶瓷面砖、轻集料混凝土等墙体材料,一般要求其抗冻等级为 F15 或 F25;用于桥梁和道路的混凝土应为 F50、F100、F200 或更高,而水工混凝土要求高达 F400。

材料受冻融破坏主要是因其孔隙中的水结冰所致。水结冰时体积增大约 9%,若材料孔隙中充满水,则结冰膨胀对孔壁产生很大应力,当此应力超过材料的抗拉强度时,孔壁将产生局部开裂。随着冻融次数的增多,材料破坏加重。所以材料的抗冻性取决于其孔隙率、孔隙特征及充水程度。如果孔隙不充满水,即远未达饱和,具有足够的自由空间,则即使受冻也不致产生很大冻胀应力。极细的孔隙,虽可充满水,但因孔壁对水的吸附力极大,吸附在孔壁上的水其冰点很低,它在很大负温下才会结冰。粗大孔隙当水分不充满其中,对冰胀破坏可起缓冲作用。闭口孔隙水分不能渗入,而毛细管孔隙既易充满水分,又能结冰,故其对材料的冰冻破坏作用最大。材料的变形能力大、强度高、软化系数大时,其抗冻性较高。一般认为软化系数小于 0.80 的材料,其抗冻性较差。对于混凝土材料,可在其中掺入合适种类与掺量的引气剂,基体中形成的均匀分布且不连通气孔有助于抗冻性能的提升。

另外,从外界条件来看,材料受冻融破坏的程度,与冻融温度、结冰速度、冻融频繁程度等因素有关。环境温度愈低、降温愈快、冻融愈频繁,则材料受冻破坏愈严重。材料受冻融破坏作用后,将由表及里产生剥落现象。

抗冻性良好的材料,对于抵抗大气温度变化、干湿交替等风化作用的能力较强,所以抗冻性常作为考查材料耐久性的一项重要指标。在设计寒冷地区及寒冷环境(如冷库)的工程建筑物时,必须要考虑材料的抗冻性。配制抗冻混凝土时,通常宜选用中热硅酸盐水泥、硅酸盐水泥或普通硅酸盐水泥;严格控制集料的含泥量和坚固性指标,且应限制混凝土的含气量和最大水胶比。处于温暖地区的土木工程,虽无冰冻作用,但为抵抗大气的风化作用,确保建筑物的耐久性,也常对材料提出一定的抗冻性要求。

四、材料中物质的扩散传输

扩散是一种物质传递过程,若某种物质的分布存在浓度梯度时,则介质中将产生使浓度趋于均匀的定向扩散流,其扩散能力的大小可用扩散系数 D 反映。扩散系数表示某一物质扩散程度的物理量,即指当浓度梯度为一个单位时,沿扩散方向单位时间内通过单位面积的通量。当前处理扩散问题常利用稳态条件(浓度变化与时间无关)下的菲克(Fick)第一定律和基于非稳态扩散(浓度随着时间变化)的菲克第二定律进行描述。

菲克第一定律为

$$J = -D \frac{\partial c}{\partial x}$$

式中　J——扩散通量($\mathrm{mol/(m^2 \cdot s)}$);

x——扩散距离(m);

c——扩散物质的体积浓度($\mathrm{mol/m^3}$);

D——扩散系数($\mathrm{m^2/s}$)。

菲克第二定律为

$$\frac{\partial c}{\partial t} = \frac{\partial}{\partial x}\left(D \frac{\partial c}{\partial x}\right)$$

式中　t——扩散时间(s)。

基于菲克扩散原理的各种公式及其变形在不同条件下具有不同的适应性,因此需要根据实际情况而定。水泥基材料中的扩散研究如气体扩散和离子扩散同样基于菲克定律,且混凝土结构中的钢筋锈蚀多与气体或外界离子在内部的传输有关。二氧化碳在混凝土中主要依靠扩散传输,碳化可使混凝土的碱含量下降(pH 可降至 8.5~10)。当混凝土中孔溶液连续且存在离子浓度差异时,氯离子将发生扩散迁移。混凝土抗腐蚀能力及耐久性能的测定可采用氯离子扩散系数快速测定法(RCM 法)和电通量法等表征。目前我国规范中 RCM 法的最低及最高等级分别为 RCM-Ⅰ级($D_{\mathrm{RCM}} \geqslant 4.5 \times 10^{-12}\,\mathrm{m^2/s}$)和 RCM-Ⅴ级($D_{\mathrm{RCM}} < 1.5 \times 10^{-12}\,\mathrm{m^2/s}$)。与材料的渗透性相似,扩散系数也与材料的孔隙率和组成有关。一般情况下,孔隙率越小,则材料的扩散系数越小,混凝土抗渗能力越强。此外,扩散系数还与混凝土龄期、应力及裂缝状态、外界温度和暴露条件等有关。

五、材料的热工性质

为了保证建筑物具有良好的室内气候,同时能降低建筑物的使用能耗,必须要求土木工程材料具有一定的热工性能。土木工程材料常用的热工性质有导热性、热容量、比热等。

(一)导热性

当材料两侧存在温度差时,热量将由温度高的一侧通过材料传递到温度低的一侧,材料的这种传导热量的能力,称为导热性。

材料的导热性可用导热系数来表示。导热系数的物理意义是:厚度为 1 m 的材料,当温度改变 1 K(热力学温度单位开尔文)时,在 1 s 时间内通过 1 m² 面积的热量。用公式表示为

$$\lambda = \frac{Qa}{(T_1 - T_2)AZ}$$

式中 λ —— 材料的导热系数(W/(m·K));

　　　Q —— 传导的热量(J);

　　　a —— 材料的厚度(m);

　　　A —— 材料传热的面积(m^2);

　　　Z —— 传热时间(s);

　　　$(T_1 - T_2)$ —— 材料两侧温度差(K)。

材料的导热系数愈小,表示其绝热性能愈好。各种材料的导热系数差别很大,如泡沫塑料为 0.03 W/(m·K),而大理石为 3.48 W/(m·K)。工程中通常把 $\lambda < 0.23$ W/(m·K)的材料称为绝热材料。

（二）热容量与比热容

热容量是指材料受热时吸收热量和冷却时放出热量的性质,其值可通过材料的比热容算得,材料的比热容由实验测得。材料比热容的物理意义是指 1 kg 质量的材料,在温度改变 1 K 时所吸收或放出的热量。因此,热容量可用公式表示为

$$Q = mc(T_1 - T_2)$$

式中 Q —— 材料的热容量(kJ);

　　　m —— 材料的质量(kg);

　　　$(T_1 - T_2)$ —— 材料受热或冷却前后的温度差(K);

　　　c —— 材料的比热容(kJ/(kg·K))。

材料的导热系数和热容量是设计建筑物围护结构(墙体、屋盖)进行热工计算时的重要参数,设计时应选用导热系数较小而热容量较大的材料,以使建筑物保持室内温度的稳定性。同时,导热系数也是工业窑炉热工计算和确定冷藏库绝热层厚度时的重要数据。几种典型材料的热工性质指标如表 1-2 所示,由表可见,水的比热容最大。

表 1-2　几种典型材料的热工性质指标

材料	导热系数/(W·m^{-1}·K^{-1})	比热容/(J·g^{-1}·K^{-1})
铜	370	0.38
钢	55	0.46
花岗岩	2.9	0.80
普通混凝土	1.8	0.88
烧结普通砖	0.55	0.84
松木(横纹)	0.15	1.63
泡沫塑料	0.03	1.30
沥青混凝土	1.05	—
冰	2.20	2.05
水	0.60	4.19
静止空气	0.025	1.00

（三）热变形性

材料的热变形性是指在温度升高或降低时材料体积发生变化,通常表现为线膨胀(收缩)和体积膨胀(收缩)。

土木工程材料中,常考虑某一单向尺寸的变化,故线膨胀系数的研究更为重要。线膨胀系数表示温度每改变 1 K 时,材料的增长或收缩量与其在初始温度时长度的比值,即

$$\alpha = \frac{\Delta L}{L \Delta t}$$

式中　α —— 线膨胀系数(K^{-1});

　　　ΔL—— 试件增长或收缩量(mm);

　　　L —— 初始温度时试件长度(mm);

　　　Δt —— 变化温度差(K)。

线膨胀系数越大,表明材料的热变形性越大。材料的线膨胀系数受材料的组成和结构影响,不同材料间的线膨胀系数差异很大,如普通混凝土为$(6\sim15)\times10^{-6} K^{-1}$,烧结普通砖为$(5\sim7)\times10^{-6} K^{-1}$。建筑工程常用材料中,钢筋与混凝土间具有较为接近的线膨胀系数,两者不会因温度变形不同步而产生错动,因而有利于钢筋混凝土的大规模应用。对于大面积或大体积混凝土,可通过设置伸缩缝以防止因温度变形产生裂缝而带来的破坏。

第二节　材料的力学性质

材料的力学性质是指材料受外力作用时的变形行为及抵抗变形和破坏的能力,通常包括强度、弹性、塑性、脆性、韧性、硬度、断裂、耐磨性等。它是选用土木工程材料时首要考虑的基本性质。各种工程材料的力学性质是按照有关标准规定的方法和程序,用相应的试验设备和仪器测出的。表征材料力学性质的各种参量同材料的化学组成、晶体点阵、晶粒大小、外力特性(静力、动力、冲击力等)、温度、加工方式等一系列内、外因素有关。

一、材料的强度与评定

(一)材料的强度

所有建筑材料必须具有抵抗外部作用力的能力。作用力是具有一定大小和方向的压力或拉力。作用在结构上的荷载可分为恒荷载和活荷载两大类。恒荷载是作用在受力构件上面的不可变动的永久荷载(即物质的质量和力),包括建筑构件和永久设施(例如:锅炉,空调等)的自重。活荷载,也称为可变荷载,是指施加在结构上的使用或占用荷载和自然产生的自然荷载,包括人群、家具、物料、风、地震和其他变量的负载。此外,按照加载速率的高低,又可将作用在结构上的荷载分为静载和动载两大类。静载是指以较低加载速率作用于结构的荷载,例如拉伸荷载、压缩荷载、剪切荷载等。动载是指以较高加载速率或往复加载方式作用于结构的荷载,例如冲击荷载、爆炸荷载、疲劳荷载等。

材料在载荷作用下抵抗塑性变形或破坏的能力,称为强度。当材料受外力作用时,其内部就产生应力,外力增加,应力相应增大,直至材料内部质点间结合力不足以抵抗所作用的外力时,材料即发生破坏。工程上通常采用破坏试验法对材料的强度进行实测,将事先制作的试件安放在材料试验机上,施加外力(荷载)直至破坏,根据试件尺寸和破坏时荷载值计算材料的强度。

材料破坏时的荷载值依赖于试件的尺寸和形状、孔隙率、密度、温湿度以及试件的材料组成。因此,为了将强度作为材料特性之一,必须通过将极限荷载值转换为应力,才能避免

试件尺寸和形状对其影响。

根据拉伸、压缩、弯曲、徐变、疲劳等试验方法的不同,可以得到多种评判材料强度的指标。几种典型强度指标介绍如下:

(1) 极限强度。材料在常温下发生断裂时的应力极限值,就是材料的极限强度。根据外力作用形式的不同,材料的极限强度有抗压强度、抗拉强度、抗弯强度及抗剪强度等,如图1-2所示。这些强度都是通过静力试验来测定,故又称为静力强度,是通过标准试件的破坏试验而测得。材料的抗压、抗拉和抗剪强度计算公式为

$$f = \frac{P}{A}$$

式中 f——材料的极限强度(抗压、抗拉或抗剪)(MPa);

   P——试件破坏时的最大荷载(N);

   A——试件受力面积(mm²)。

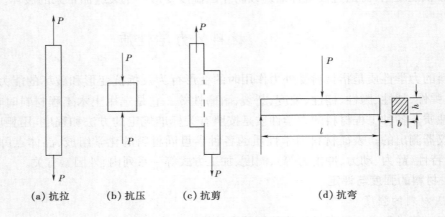

图 1-2   材料受外力作用示意图

材料的抗弯强度与试件的几何外形及荷载施加的情况有关,对于矩形截面的条形试件,当其两支点间的中间作用一集中荷载时,其抗弯极限强度按下式计算:

$$f_{tm} = \frac{3Pl}{2bh^2}$$

式中 f_{tm}——材料的抗弯极限强度(MPa);

   P——试件破坏时的最大荷载(N);

   l——试件两支点间的距离(mm);

   b、h——分别为试件截面的宽度和高度(mm)。

当在试件支点间的三分点处作用两个相等的集中荷载时,则其抗弯强度的计算公式为

$$f_{tm} = \frac{Pl}{bh^2}$$

式中,各符号意义同上式。

一般而言,致密程度越高的材料,强度越高。对于内部构造非均质的材料,外力作用下强度差别较大。如砖、砂浆和混凝土等,其抗压强度较高,而抗拉、抗弯(折)强度较低;钢材一般抗拉强度较高。为合理利用材料性能、正确指导设计,常按照各种材料的不同特点而划分强度等级。主要用于承受压力的材料,其强度等级采用抗压强度划分。某些用于承受拉力的韧性材料,其强度等级可采用抗拉强度划分。

(2)屈服强度。材料在荷载作用下,除发生可恢复的弹性变形之外,还会发生不可恢复的残余变形,卸载后的残余变形称为塑性变形。因此,材料在常温和荷载作用下,刚开始发生塑性变形时所对应的应力,就称为屈服强度,反映其抵抗塑性变形的能力。对于钢材而言,钢材的屈服强度与极限强度相差较大,结构设计规范要求钢材选用时以其屈服强度为设计依据。而对于混凝土等脆性材料,其屈服强度与极限强度非常接近,因此,结构设计规范要求使用其极限强度作为设计依据。

(3)蠕变强度。很多材料在恒定的应力作用下,随着时间的增加,材料会缓慢地发生塑性变形,这种现象称为材料的蠕变(也称徐变)。材料在高温和荷载长时间作用下,抵抗塑性变形(即蠕变)的抗力指标称为蠕变强度。一般用给定温度下,使试样产生规定蠕变速度对应的应力值表示。

(4)疲劳强度。工程结构或零件在服役过程中可能会承受大小(和方向)发生周期性重复变化的荷载(即交变荷载)作用,在材料内部产生周期往复变化的应力(即交变应力)。这种交变应力会导致材料产生裂纹,裂纹会逐渐发展并连通而导致材料突然断裂,这种现象称为材料的疲劳。材料的疲劳强度是指材料经过无限多次(或规定次数)重复交变荷载作用而不至于引起疲劳破坏的最大应力。

(二)材料的比强度

对于不同强度的材料进行比较,可采用比强度这个指标。比强度是按单位体积质量计算的材料强度指标,其值等于材料强度与其表观密度之比。比强度是衡量材料轻质高强性能的重要指标,优质结构材料的比强度较高。几种主要材料的比强度见表1-3所示。

自重较大的传统工程材料,其强度相当一部分被用于抵抗自身及其相关联上部结构的荷载,而承受外荷载的能力受到影响,且限制了结构的尺寸大小。由表1-3可知,玻璃钢和木材是轻质高强的高效能材料,而普通混凝土则为质量大而强度较低的材料,所以,努力促进普通混凝土——这一当代最重要的结构材料向轻质、高强方向发展,是一项十分重要和有重大意义的工作。

表1-3 几种主要材料的比强度

材 料	表观密度/(kg·m⁻³)	强度/MPa	比强度
低碳钢	7 850	420	0.054
铝合金	2 800	450	0.160
普通混凝土(抗压)	2 400	40	0.017
松木(顺纹抗拉)	500	100	0.200
玻璃钢	2 000	450	0.225
烧结普通砖(抗压)	1 700	10	0.006
花岗岩(抗压)	2 550	175	0.069

（三）材料的等级与牌号

各种材料的强度差别甚大。土木工程材料常按其强度值的大小划分为若干个等级或牌号，如烧结普通砖按抗压强度分为 5 个强度等级；硅酸盐水泥按抗压和抗折强度分为 6 个强度等级；普通混凝土按其抗压强度分为 14 个强度等级；碳素结构钢按其抗拉强度分为 4 个牌号等等。土木工程材料按强度划分等级或牌号，对生产者和使用者均有重要的意义，它可使生产者在生产中控制质量时有据可依，从而达到保证产品质量；对使用者则有利于掌握材料的性能指标，以便于合理选用材料、正确进行设计和控制工程施工质量。常用土木工程材料的强度见表 1-4 所示。

表 1-4　常用土木工程材料的强度　　　　　　　　　　　　单位：MPa

材　料	抗　压	抗　拉	抗　弯
花岗岩	100～250	5～8	10～14
烧结普通砖	10～30	0.7～0.9	2.6～4.0
普通混凝土	7.5～60	1～4	3～10
松木(顺纹)	30～50	80～120	60～100
建筑钢材	235～1 600	235～1 600	235～1 600

二、材料的弹性与塑性

材料在外力作用下产生变形，当外力去除后能完全恢复到原始形状的性质称为弹性。材料的这种可恢复的变形称为弹性变形。弹性变形属可逆变形，其数值大小与外力成正比，这时的比例系数 E 称为材料的弹性模量。材料在弹性变形范围内，E 为常数，其值可用应力（σ）与应变（ε）之比表示，即

$$\frac{\sigma}{\varepsilon} = E$$

各种材料的弹性模量相差很大，通常原子键能高的材料具有高的弹性模量。弹性模量是衡量材料抵抗变形能力的一个指标。E 值愈大，材料愈不易变形，刚度愈好。弹性模量是结构设计时的重要参数。

材料在外力作用下产生变形，当外力去除后，有一部分变形不能恢复，这种性质称为材料的塑性，这种不能恢复的变形称为塑性变形。塑性变形是材料内部剪应力作用而导致部分质点间产生相对滑移的结果，且表现为不可逆变形。材料的塑性指标一般用拉伸试验时材料的延伸率和断面收缩率来评价。延伸率是指试样断裂时的相对伸长率，断面收缩率是指试样断裂时横截面的相对收缩率。

实际上纯弹性变形的材料是没有的，通常一些材料在受力不大时，表现为弹性变形，而当外力达一定值时，则呈现塑性变形，如低碳钢就是典型的这种材料。另外，许多材料在受力时，弹性变形和塑性变形同时发生，这种材料当外力取消后，弹性变形会恢复，而塑性变形不会消失。混凝土就是这类弹塑性材料的代表，其变形曲线如图 1-3 所示。图中 ab 为可恢复的弹性变形，bo 则为不可恢复的塑性变形。

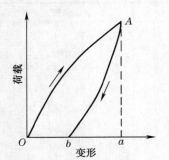

图 1-3　弹塑性材料的变形曲线

三、材料的脆性与韧性

(一) 脆性

材料受外力作用,当外力达一定值时,材料发生突然破坏,且破坏时无明显的塑性变形,这种性质称为脆性,具有这种性质的材料称脆性材料。脆性材料的抗压强度远大于其抗拉强度,可高达数倍甚至数十倍,所以脆性材料不能承受振动和冲击荷载,也不宜用于受拉部位,只适用于作承压构件。土木工程材料中大部分无机非金属材料均为脆性材料,如天然岩石、陶瓷、玻璃、普通混凝土等。

(二) 韧性

材料在冲击或振动荷载作用下,能吸收较大的能量,同时产生较大的变形而不破坏的性质称为韧性。它主要取决于材料的强度和变形性能。材料的韧性用冲击韧性指标 α_k 表示。冲击韧性指标系指用带缺口的试件做冲击破坏试验时,断口处单位面积所吸收的功。其计算公式为

$$\alpha_k = \frac{A_k}{A}$$

式中　　α_k —— 材料的冲击韧性指标($\mathrm{J/mm^2}$);

　　　　A_k —— 试件破坏时所消耗的功(J);

　　　　A —— 试件受力净截面积($\mathrm{mm^2}$)。

此外,韧性是断裂过程的能量参量,是材料强度和塑性的综合表现,通常以裂纹萌生和扩展的能量消耗或裂纹扩展抗力来表示材料的韧性。

在土建工程中,对于要求承受冲击荷载和有抗震要求的结构,如吊车梁、桥梁、路面等所用的材料,均应具有较高的韧性。

四、材料的断裂

断裂是机械和工程构件失效的主要形式之一,其他失效形式包括弹塑性失稳、磨损、腐蚀等。断裂是材料的一种十分复杂的行为,在不同的力学、物理和化学环境下,会有不同的断裂形式。研究断裂的主要目的是如何防止断裂,以保证构件在服役过程中的安全。

固体材料在力作用下的变形超过其塑性极限而呈现完全分开的状态称为断裂。按照断裂前变形量可分为韧性断裂(断裂前发生明显宏观塑性变形,缓慢的撕裂过程,裂纹扩展过程中消耗能量)和脆性断裂(断裂前不发生塑性变形,裂纹扩展速度很快,断裂突然发生);按照断裂面取向可分为正断(宏观断面垂直于最大主应力方向)和切断(宏观断面平行于最大切应力方向);按照裂纹扩展路径可分为沿晶断裂(裂纹沿晶粒边界扩展)和穿晶断裂(裂纹在晶粒内部扩展);按照断裂机制可分为解理断裂、微孔聚合断裂和纯剪切断裂;按照滑移机理可分为单滑移断裂和多滑移(引发)断裂。

理想晶体解理断裂的理论断裂强度可由下式计算:

$$\sigma_m = \left(\frac{E\gamma_s}{a_0}\right)^{\frac{1}{2}}$$

式中　　a_0 —— 不受力时原子间平衡间距($10^{-8}\mathrm{cm}$);

　　　　γ_s —— 比表面能($\mathrm{N \cdot m/m^2}$);

　　　　E —— 杨氏模量(MPa)。

微观研究发现,在外力作用下,材料内部初始缺陷会形成微裂纹,微裂纹的失稳扩展将导致材料断裂。断裂一般包括两个基本过程:(1)裂纹萌生过程,即在力的作用下生成裂纹核心的过程;(2)裂纹扩展过程,即裂纹的扩张与长大的过程。其中,裂纹扩展又包含两阶段:稳态扩展阶段——裂纹核心扩展到临界尺寸的过程,以及失稳扩展阶段——达到临界尺寸的裂纹快速扩展至断裂的过程。因此,材料的断裂也可用断裂韧性来评价。断裂韧性常用材料裂纹尖端应力场强度因子的临界值来表征。

设外加应力为 σ,裂纹尺寸为 a,则裂纹尖端应力场强度因子 K_1 与 σ,a 之间存在如下关系:

$$K_1 = y\sigma(a)^{\frac{1}{2}}$$

式中　y——与裂纹形状等因素有关的量。

当应力逐渐加大或裂纹逐渐扩展时,K_1 也随之逐渐加大。当 K_1 达到临界值时,裂纹将产生突然的失稳扩展。这个应力场强度因子 K_1 的临界值就是材料的断裂韧性,它反映了材料抵抗裂纹失稳扩展的能力。

五、材料的硬度与耐磨性

(一)材料的硬度

硬度是指材料表面抵抗硬物压入或刻划的能力,是衡量材料软硬程度的一个性能指标。材料的硬度愈大,则其强度愈高,耐磨性愈好。同时,硬度不是一个单纯的物理量,而是反映材料的弹性、塑性、强度和韧性等的一种综合性能指标。

硬度试验的方法较多,原理也不相同,测得的硬度值和含义也不完全一样。通常采用的方法有刻划法、压入法和回弹法。

天然矿物材料的硬度,采用刻划法——莫氏硬度试验进行评价。

金属材料、木材、混凝土和橡胶、塑料的硬度,采用静负荷压入法(钢球压入法)硬度试验进行评价,具体评价标准包括布氏硬度(HB)、洛氏硬度(HR)、维氏硬度(HV)、橡胶塑料邵氏硬度(HA,HD)。这些硬度值表示材料表面抵抗坚硬物体压入的能力。其中,以布氏硬度和洛氏硬度较为常用。布氏硬度应用范围较广,一般用于材料较软的时候,如有色金属、热处理之前或退火后的钢铁等。洛氏硬度适用于表面高硬度材料(HB>450)或者过小试样,如热处理后的硬度等。维氏硬度适用于显微镜分析。

回弹法常用于测定混凝土构件表面的硬度,并以此估算混凝土的抗压强度。

(二)材料的耐磨性

耐磨性是材料表面抵抗磨损的能力。土建工程中常用的无机非金属材料及其制品的耐磨性可按 GB/T 12988 中规定的钢轮式试验法、GB/T 16925 中规定的滚珠轴承法、JTG E30 中的耐磨性试验方法。采用 JTG E30 中耐磨方法检验水泥混凝土的耐磨性时,按规定的磨损方式磨削,以试件磨损面上单位面积的磨损量作为评定水泥混凝土耐磨性的相对指标。

$$G_c = \frac{m_1 - m_2}{A}$$

式中　G_c——单位面积的磨损量(kg/m^2);

　　　m_1——试件的初始质量(kg);

m_2——试件磨损后的质量(kg)；

A——试件磨损面积(m^2)。

材料的磨损量越小，表示其耐磨性越好。材料的耐磨性与材料的组成成分、结构、强度、硬度等有关。对于用作踏步、台阶、地面、路面等的材料，均应具有较高的耐磨性。

第三节　材料的耐久性

材料的耐久性是指用于土木工程的材料，在环境的多种因素作用下，能经久不改变其原有性质、不破坏，长久地保持其使用性能的性质。

一、材料经受的环境作用

在工程建筑物使用过程中，材料除内在原因使其组成、构造、性能发生变化以外，还要长期受到使用条件及各种自然因素的作用，这些作用可概括为以下几方面：

1. 物理作用。包括环境温度、湿度的交替变化，即冷热、干湿、冻融等循环作用。材料在经受这些作用后，将发生膨胀、收缩，或产生内应力，长期的反复作用，将使材料渐遭破坏。

2. 化学作用。包括大气和环境水中的酸、碱、盐等溶液或其他有害物质对材料的侵蚀作用，以及日光、紫外线等对材料的作用。

3. 机械作用。包括荷载的持续作用，交变荷载对材料引起的疲劳、冲击、磨损、磨耗等。

4. 生物作用。包括菌类、昆虫等的侵害作用，导致材料发生腐朽、虫蛀等而破坏。

耐久性是材料的一项综合性质，各种材料耐久性的具体内容，因其组成和结构不同而异。例如钢材易受氧化而锈蚀；无机非金属材料常因氧化、风化、碳化、溶蚀、冻融、热应力、干湿交替作用等而破坏；有机材料多因腐烂、虫蛀、老化而变质等。

二、材料的耐久性测定

对材料耐久性最可靠的判断，是对其在使用条件下进行长期的观察和测定，但这需要很长的时间。为此，常采用快速检验法，这种方法是模拟实际使用条件，将材料在实验室进行有关的快速试验，根据试验结果对材料的耐久性作出判定。在实验室进行快速试验的项目主要有：干湿循环；冻融循环；加湿与紫外线干燥循环、碳化、盐溶液浸渍与干燥循环、化学介质浸渍等。

三、提高材料耐久性的重要意义

在选用建筑物和构筑物材料时，必须考虑材料的耐久性问题，尤其当建筑结构工程需要有很长的使用年限，或当结构所处环境能够明显导致其所用土木工程材料性能劣化时，则在结构的设计与施工过程中，必须专门考虑环境作用下材料的耐久性要求，因为只有采用了耐久性良好的土木工程材料，才能保证建筑物的耐久性。提高材料的耐久性，对节约工程材料、保证建筑物长期安全使用、减少维修费用、延长建筑物使用寿命以及土木工程的可持续发展等，均具有十分重要的现实意义。

第四节　材料的组成、结构、构造及其对材料性质的影响

土木工程材料的性能受环境因素的影响固然很重要，但这些都属外因，外因要通过内因

才起作用,所以对材料性质起决定性作用的应是其内因。所谓内部因素就是指材料的组成、结构、构造对材料性质的影响。

一、材料的组成及其对材料性质的影响

材料的组成包括材料的化学组成(化学成分)和矿物组成。化学成分是指构成材料的化学元素及化合物的种类和数量,无机非金属材料中常用各氧化物含量表示。材料的化学成分(或组成)决定着材料的化学稳定性、大气稳定性、耐火性等性质。例如石膏、石灰和石灰石的主要化学成分分别为 $CaSO_4$、CaO 和 $CaCO_3$,均比较单一,这些化学成分就决定了石膏、石灰易溶于水而耐水性差,而石灰石较稳定。花岗岩、水泥、木材、沥青等化学成分就比较复杂,花岗岩主要由多种氧化物形成的天然矿物如石英、长石、云母等组成,它强度高、抗风化性好;普通水泥主要由 CaO、SiO_2 和 Al_2O_3 等氧化物形成的硅酸钙及铝酸钙等矿物组成,它决定了水泥易水化形成凝胶体,产生胶凝性,且呈碱性;木材主要由 C、H、O 形成的纤维素和木质素组成,故易于燃烧;石油沥青则由多种 $C—H$ 化合物及其衍生物组成,故决定了其易于老化等性质。

矿物组成是指具有一定化学成分和结构特征的稳定单质或化合物。一般而言,化学成分不同的材料,其矿物组成不同;而相同的化学成分,亦可组成具有不同种类的矿物。矿物组成不同的材料,其性质不相同。如 SiO_2 和 CaO 是水泥熟料中的主要氧化物,但其组成的硅酸三钙(C_3S)和硅酸二钙(C_2S)矿物在水泥水化、强度特点等方面性质差异较大。

总之,各种材料均有其本身特有的组成,不同组成的材料,各具不同的化学、物理及力学性质。因此,化学成分或矿物组成是材料性质的基础,它对材料的性质起着决定性的作用。另外,从宏观组成层次讲,人工复合的材料如混凝土、建筑涂料等是由各种原材料配合而成的,因此影响这类材料性质的主要因素是其原材料的品质及配合比例。

二、材料的微观结构及其对材料性质的影响

材料的结构是指组成物质的质点是以什么形式联结在一起的,物质内部的这种微观结构,与材料的强度、硬度、弹塑性、熔点、导电性、导热性等重要性质有着密切的关系。

土木工程材料的使用状态均为固态,固体材料的微观结构基本上可分为晶体、玻璃体、胶体三类,不同结构的材料,各具不同特性。

1. 晶体

构成晶体的质点(原子、离子、分子)是按一定的规则在空间呈有规律的排列,因此晶体具有一定的几何外形,显示各向异性。但实际应用的晶体材料,通常是由许多细小的晶粒杂乱排列组成,故晶体材料在宏观上显示为各向同性。晶体受力时具有弹性变形的特点,但又因其质点的密集程度不同而具有许多滑移面,当外力达一定值时,易沿着这些滑移面产生塑性变形。

晶体内质点的相对密集程度和质点间的结合力,对晶体材料的性质有着重要的影响。例如碳素钢,其晶体中的质点相对密集程度较高,质点间又是以金属键联结着,结合力强,故使钢材具有很高的强度、很大的塑性变形能力。同时,又因在其晶格间隙中存在有自由运动的电子,从而使钢材具有良好的导电性和导热性。而在硅酸盐矿物材料(如陶瓷)的复杂晶体结构(基本单元为硅氧四面体)中,质点的相对密集程度不高,且质点间大多是以共价键联结,结合力较弱,故这类材料的强度较低,变形能力小,呈现脆性。还有,晶粒的大小对材料性质也有重要影响,一般晶粒愈细,分布愈均匀,材料的强度愈高。所以改变晶粒的粗细程

度,可使材料性质发生变化,如钢材的热处理就是利用这一原理。

材料的化学成分相同,但形成的晶体结构可以不同,其性能也就大有差异。如石英、石英玻璃和硅藻土,化学成分同为 SiO_2,但各自性能颇不相同。另外,晶体结构的缺陷,也对材料性质的影响很大。

2. 玻璃体

将熔融的物质进行迅速冷却(急冷),使其内部质点来不及作有规则的排列就凝固了,这时形成的物质结构即为玻璃体,又称无定形体。玻璃体无固定的几何外形,具有各向同性,破坏时也无清楚的解理面,加热时无固定的熔点,只出现软化现象。同时,因玻璃体是在快速急冷下形成的,内应力较大,故具有明显的脆性,如普通玻璃。

由于玻璃体在凝固时质点来不及作定向排列,质点间的能量只能以内能的形式储存起来,因此玻璃体具有化学不稳定性,亦即存在化学潜能,在一定的条件下,易与其他物质发生化学反应。例如水淬粒化高炉矿渣、火山灰等均属玻璃体,常被大量用作硅酸盐水泥的混合材料,以改善水泥性质。

3. 胶体

物质以极微小的质点(粒径为 $1\sim100~\mu m$)分散在介质中所形成的结构称为胶体。其中分散粒子一般带有电荷(正电荷或负电荷),而介质带有相反的电荷,从而使胶体保持稳定。由于胶体的质点很微小,体系中内表面积很大,因而表面能很大,表现为很强的吸附力,所以胶体具有较强的黏结力。

胶体中分散的微粒可以借布朗运动而自由运动时,这种胶体称溶胶,溶胶具有较大的流动性,土木工程材料中的涂料就是利用这一性质配制而成的。当溶胶脱水或微粒产生凝聚,使分散质点不能再按布朗运动自由移动时,称为凝胶,凝胶具有触变性,即将凝胶搅拌或振动,又能变成溶胶。水泥浆、新拌混凝土、胶粘剂等均表现有触变性。当凝胶完全脱水则成干凝胶体,它具有固体的性质,即产生强度。硅酸盐水泥主要水化产物的最后形式就是干凝胶体。

对材料的组成和微观结构的分析与研究,通常采用 X 射线衍射分析、差热分析、红外光谱分析、扫描电镜分析、电子探针微区分析等方法。

三、材料的宏观构造及其对材料性质的影响

构造是指材料宏观存在状态。材料的宏观构造是可用肉眼或一般显微镜就能观察到的外部和内部的结构。材料的宏观存在状态一般有以下几种:

1. 密实构造

密实构造的材料内部基本上无孔隙,结构致密。这类材料的特点是强度和硬度高,吸水性小,抗渗和抗冻性较好,耐磨性较好,绝热性差。如钢材、天然石材、玻璃等。

2. 多孔构造

多孔构造的材料其内部存在大体上呈均匀分布的独立的或部分相通的孔隙,孔隙率较高,孔隙又有大孔和微孔之分。具有多孔构造的材料,其性质决定于孔隙的特征、多少、大小及分布情况。一般来说,这类材料的强度较低,吸水性较大,抗渗性和抗冻性较差,但绝热性较好。如加气混凝土、石膏制品、烧结普通砖等。

3. 纤维构造

纤维构造的材料内部组成有方向性,纵向较紧密而横向疏松,组织中存在相当多的孔隙。这类材料的性质具有明显的方向性,一般平行纤维方向的强度较高,导热性较好。如木材、玻璃纤维、石棉等。

4. 层状构造

层状构造的材料具有叠合结构,它是用胶结料将不同的片材或具有各向异性的片材胶合而成整体,其每一层的材料性质不同,但叠合成层状构造后,可获得平面各向同性的材料。更重要的是可以显著提高材料的强度、硬度、绝热或装饰等性质,扩大其使用范围。如胶合板、纸面石膏板、塑料贴面板等。

5. 粒状构造

粒状构造指呈松散颗粒状的材料,有密实颗粒与轻质多孔颗粒之分。前者如砂子、石子等,因其致密、强度高,适合做承重的混凝土集料。后者如陶粒、膨胀珍珠岩等,因具多孔结构,适合做绝热材料。粒状构造的材料颗粒间存在大量的空隙,其空隙率主要取决于颗粒大小的搭配。用作混凝土集料时,要求紧密堆积,轻质多孔粒状材料用作保温填充料时,则希望空隙率大一些好。

6. 纹理构造

天然材料在生长或形成过程中,自然形成有天然纹理,如木材、大理石及花岗石板材等。人工制造材料时可特意造成各种纹理,如瓷质彩胎砖、人造花岗石板材等。这些天然或人工造成的纹理,使材料具有良好的装饰性。为了提高建筑材料的外观美,目前广泛采用仿真技术,可研制出多种纹理花式的装饰材料。

综上所述,材料由于组成、结构、构造不同,故各种材料各具特性。为了充分利用材料的特性,近年来各国均在研制推广多功能的复合材料。随着材料科学的日益发展,不断深入探索和掌握材料的组成、结构、构造与材料性质之间的关系,将会研制出更多性能优异的多功能复合材料,以适应现代建筑的多种需要。

复习思考题

1-1 试解释以下名词:(1) 密度;(2) 表观密度;(3) 堆积密度;(4) 孔隙率;(5) 空隙率;(6) 吸水率;(7) 含水率;(8) 比强度。

1-2 某石灰岩的密度为 2.62 g/cm³,孔隙率为 1.2%。今将该石灰岩破碎成碎石,碎石的堆积密度为 1 580 kg/m³。求此碎石的表观密度和空隙率。

1-3 一块烧结普通砖的外形尺寸为 240 mm × 115 mm × 53 mm,吸水饱和后重为 2 940 g,烘干至恒重为 2 580 g。今将该砖磨细并烘干后取 50 g,用李氏瓶测得其体积为 18.58 cm³。试求该砖的密度、表观密度、孔隙率、质量吸水率、开口孔隙率及闭口孔隙率。

1-4 称河砂 500 g,烘干至恒重时质量为 494 g,求此河砂的含水率。

1-5 某材料的体积吸水率为 10%,密度为 3.0 g/cm³,烘干后的表观密度为 1 500 kg/m³。试求该材料的质量吸水率、开口孔隙率、闭口孔隙率,并评估该材料的抗冻性如何。

1-6 影响材料吸水性的主要因素有哪些? 材料含水对其哪些性质有影响,影响如何?

1-7 石灰岩的密度和石灰岩碎石的表观密度有何不同? 自然含水量的大小对碎石的表观密度是否有影响? 为什么?

1-8 烧结黏土砖进行抗压试验,干燥状态时的破坏荷载为 207 kN,饱水时的破坏荷载为 172.5 kN。若试验时砖的受压面积均为 $A = 11.5$ cm × 12 cm。试问此砖用在建筑物中常与水接触的部位是否可行?

1-9 材料的强度与强度等级的关系如何? 影响材料强度测试结果的试验条件有哪些? 怎样影响?

1-10 已测得陶粒混凝土的 λ＝0.35 W/(m·K)，普通混凝土的 λ＝1.40 W/(m·K)。若在传热面积为 0.4 m²、温差为 20℃、传热时间为 1 h 的情况下，问：要使普通混凝土墙与厚 20 cm 的陶粒混凝土墙所传导的热量相等，则普通混凝土墙需要多厚？

1-11 评价材料热工性能的常用参数有哪几个？欲保持建筑物室内温度的稳定性并减少热损失，应选用什么样的建筑材料？

1-12 试比较材料的冲击韧性和断裂韧性这两个性能指标，它们有哪些相似的地方？为什么有这种定性的变化关系？在工程应用上断裂韧性是否可以完全代替冲击韧性，还是两者有互补作用，因而需同时采用它们？

1-13 材料的构造和成分对其性质有何影响？

1-14 为什么材料的实际强度较理论强度低许多？

1-15 何谓材料的耐久性？提高材料耐久性的重大意义何在？

第二章 建筑钢材

金属材料通常分为黑色金属和有色金属两大类。黑色金属有铁、锰、铬及其合金。有色金属是指黑色金属以外的金属,如铝、铜、锌、铅及其合金。土木工程中应用的金属材料主要是钢材和铝合金。

钢材强度高,品质均匀,物理力学性能优良,可加工性能好,是最重要的土木工程材料之一,其产品包括各类型钢、钢板、钢管和用于混凝土中的钢筋、钢丝等。

铝合金具有质轻、高强、易加工、不易锈蚀等优良品质,并具独特的装饰效果,在土木工程中广泛用作门窗和室内外装饰、装修等。

第一节 钢材的冶炼与分类

钢材是在严格的技术控制条件下生产的材料,与非金属材料相比,具有质量均匀稳定、强度高、塑性韧性好、可焊接和铆接等优异性能。钢材主要的缺点是易锈蚀,维护费用大,耐火性差,生产能耗大。

一、钢的冶炼

铁矿石是生产钢铁的主要原材料,主要由铁-氧化合物和脉石组成,钢铁生产的第一步就是将铁-氧化合物分离,即铁矿还原。根据还原步骤不同,炼钢主要分为两种:

1. 高炉-转炉炼钢

高炉-转炉炼钢法是最常见的炼钢法。铁矿石、焦炭(燃料)和石灰石(熔剂)等在高炉中经高温熔炼而分离,还原出生铁。生铁的主要成分是铁,但含有较多的碳和硫、磷、硅、锰等杂质,杂质使得生铁的性质硬而脆,塑性很差,抗拉强度低,使用受到很大限制。

炼钢的目的是将生铁的含碳量降至 2% 以下,并使磷、硫等杂质含量降至一定范围内,从而显著改善其技术性能。氧气转炉炼钢法是从空气转炉炼钢法的基础上发展起来的先进方法,采用无氮高压纯氧以大约 1.2 MPa 的压力从转炉顶部(或底部)吹入炉内,把铁水中的铁氧化成氧化铁,把碳氧化成一氧化碳,然后其他杂质元素被迅速氧化去除。氧气转炉炼钢法生产效率高,成本低廉,可以生产出低磷、低硫、低氮钢种,是目前占比最大的炼钢工艺。

2. 电炉炼钢

电炉炼钢法以电能为热源来进行熔炼,按设备的不同主要分电弧炉和感应电炉,其中约 90% 以上的电炉钢是由电弧炉生产的。电炉一般采用 100% 的废钢和海绵铁(直接还原铁)炼钢。电炉熔炼温度高,可实现自动化操作,但由于能耗高、成本高,电炉主要用来生产各种合金钢和特种钢。近年来,由于电炉大型化,能耗、投资成本也显著降低,电炉炼钢法已经适用于生产各种不同钢种,包括大批量生产碳钢。

3. 其他炼钢工艺

真空或非真空感应炉、电子束熔炼炉和等离子体加热炉也常用来生产超高洁净度及特种钢。19 世纪末开发的平炉炼钢法主要是为了大规模重熔废钢铁,由于生产能力低,生产流程不够灵活,目前已被逐渐取代。

钢的冶炼过程是杂质成分的热氧化过程,炉内为氧化气氛,故炼成的钢水中会含有一定量的氧化铁,这对钢的质量不利。为消除这种不利影响,在炼钢结束时应加入一定量的脱氧剂(常用的有锰铁、硅铁和铝锭),使之与氧化铁作用而将其还原成铁,此称"脱氧"。脱氧减少了钢材中的气泡并克服了元素分布不均的缺点,故能明显改善钢的技术性质。

在铸锭冷却过程中,由于钢内某些元素在铁的液相中的溶解度大于固相,这些元素便向凝固较迟的钢锭中心集中,导致化学成分在钢锭中分布不均匀,这种现象称为化学偏析,其中尤以硫、磷偏析最为严重。偏析现象对钢的质量有很大影响。

二、钢的分类

1. 按化学成分分类

按照 GB/T 13304.2—2008《钢分类》,根据合金元素含量对钢进行以下分类:

(1)非合金钢。其合金元素含量较少,按照质量等级和主要性能分类,可分为普通质量、优质和特殊质量三个等级。土木工程用钢主要为普通质量和优质非合金钢,其中普通质量低碳结构钢板和钢带、碳素结构钢、碳素钢筋钢、锚链用钢等属于普通质量非合金钢;碳素结构钢、桥梁用钢、工程结构用铸造碳素钢、预应力及混凝土钢筋用钢属于优质非合金钢。

(2)低合金钢。按照质量等级和主要性能分类,可将其分为普通质量、优质和特殊质量低合金钢三个等级。其中一般低合金钢筋钢(GB 1499.2 中的所有牌号)属于普通质量低合金钢,预应力混凝土用钢(30MnSi)属于特殊质量低合金钢。

(3)合金钢。按照不同特性及用途,主要分为优质和特殊质量合金钢两个等级。一般结构用钢和合金钢筋钢(GB/T 20065 中的钢)属于优质合金钢,预应力用钢(YB/T 4160 中的合金钢)属于特殊质量合金钢。

2. 按冶炼时脱氧程度分类

按冶炼时脱氧的程度分类,可分为以下四种:

(1)沸腾钢。炼钢时仅加入锰铁进行脱氧,则脱氧不完全。这种钢水铸锭时,会有大量的 CO 气体外逸,钢水呈沸腾状,故称沸腾钢,代号为"F"。沸腾钢的收得率大,成本低,但组织不够致密,表面质量好,内部质量不均匀,硫、磷等杂质偏析较严重,多为低碳钢,常被用于一般建筑工程。

(2)镇静钢。炼钢时采用锰铁、硅铁和铝锭等作脱氧剂,脱氧完全。这种钢水铸锭时能平静地充满锭模并冷却凝固,故称镇静钢,代号为"Z"。镇静钢收得率低,成本较高,但组织致密,成分均匀,性能稳定,适用于预应力混凝土等重要的结构工程。优质钢和合金钢一般都为镇静钢。

(3)半镇静钢。脱氧程度介于沸腾钢和镇静钢之间,为质量较好的钢,其代号为"b"。

(4)特殊镇静钢。比镇静钢脱氧程度还要充分彻底的钢,质量最好,适用于特别重要的结构工程,代号为"TZ"。

3. 按用途分类

(1)结构钢。主要用作工程结构构件及机械零件的钢。

（2）工具钢。主要用于各种刀具、量具及模具的钢。

（3）特殊钢。具有特殊物理、化学和机械性能的钢，如不锈钢、耐热钢、耐酸钢、耐磨钢、磁性钢等。

三、建筑用钢

建筑钢材产品一般分为型材、板材、线材和管材等几类。型材包括钢结构用的角钢、工字钢、槽钢、方钢、吊车轨、钢板桩等；线材包括钢筋混凝土和预应力混凝土用的钢筋、钢丝和钢绞线等；板材包括用于建造房屋、桥梁及建筑机械的中厚钢板，用于屋面、墙面、楼板等的薄钢板；管材主要用于钢桁架和供水、供气（汽）管线等。

第二节 钢材的技术性质

钢材的技术性质主要包括力学性能（抗拉性能、冲击韧性、疲劳性能、硬度等）和工艺性能（冷弯性能和可焊性）两个方面。

一、抗拉性能

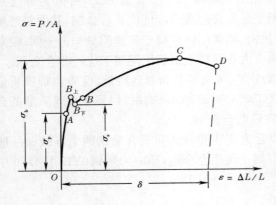

图 2-1 低碳钢受拉时应力-应变图

抗拉性能是建筑钢材最重要的力学性能指标。建筑钢材的抗拉性能，可用低碳钢受拉时的应力-应变图来阐明（图 2-1），图中明显地分为以下四个阶段：

（1）弹性阶段（OA 段）

在 OA 阶段，如卸去荷载，试件将恢复原状，表现为弹性变形，与 A 点相对应的应力为弹性极限，用 σ_p 表示。此阶段应力与应变成正比，其比值为常数，称为弹性模量，用 E 表示，即 $\sigma/\varepsilon=E$。弹性模量反映了钢材抵抗变形的能力，即产生单位弹性应变时所需的应力大小。它是计算钢材在受力条件下变形的重要指标。常用低碳钢的弹性模量 $E=(2.0\sim2.1)\times10^5$ MPa，弹性极限 $\sigma_p=180\sim200$ MPa。

（2）屈服阶段（AB 段）

当荷载继续增大，试件应力超过 σ_p 时，应变增加的速度大于应力增长速度，应力与应变不再成比例，开始产生塑性变形。图中 $B_{上}$ 点（应力最高点）称为屈服上限，B_F 点称为屈服下限。由于 B_F 比较稳定易测，故一般以 B_F 点对应的应力作为屈服点，用 σ_s 表示。常用低碳钢的 σ_s 为 185～235 MPa。

钢材受力达屈服点后，变形即迅速发展，尽管尚未破坏，但因变形过大已不能满足使用要求，故设计中一般以屈服点作为钢材强度取值依据。

（3）强化阶段（BC 段）

当荷载超过屈服点以后，由于试件内部组织结构发生变化，抵抗变形能力又重新提高，称为强化阶段。最高点 C 对应的应力，称为抗拉强度，用 σ_b 表示。常用低碳钢的 σ_b 为 375～500 MPa。

屈服强度与抗拉强度之比(屈强比——σ_s/σ_b)是评价钢材使用可靠性的一个参数。屈强比越小,结构愈安全。但屈强比过小,则钢材有效利用率太低。常用碳素钢屈强比为0.58~0.63,合金钢屈强比为0.65~0.75。

(4)颈缩阶段(CD段)

当钢材强化达到最高点后,在试件薄弱处的截面将显著缩小,产生"颈缩现象",如图2-2。由于试件断面急剧缩小,塑性变形迅速增加,拉力随之下降,最后发生断裂。

将拉断后的试件于断裂处对接在一起(如图2-3),测得其断后标距 l_1。标距的伸长值占原始标距(l_0)的百分率称为伸长率(δ)。即

$$\delta = \frac{l_1 - l_0}{l_0} \times 100\%$$

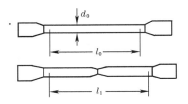

图2-2　钢筋颈缩现象示意图　　　图2-3　拉断前后的试件

伸长率是衡量钢材塑性的重要技术指标,伸长率愈大,表明钢材的塑性越好。因此,尽管结构是在钢的弹性范围内使用,但在应力集中处,其应力可能超过屈服点,产生一定的塑性变形,使结构中的应力产生重分布,因此钢材的塑性好,结构的可靠性较大。

由于试样在断裂前都会颈缩,所以钢材拉伸时塑性变形在试件标距内的分布是不均匀的,颈缩处的伸长较大。原始标距(l_0)与直径(d_0)之比愈大,颈缩处的伸长值在总伸长值中所占的比例就愈小,则计算所得伸长率(δ)值也愈小。通常钢材拉伸试件取短试样 $l_0 = 5d_0$ 或长试样 $l_0 = 10d_0$,其伸长率分别以 δ_5 和 δ_{10} 表示。对于同一钢材,δ_5 大于 δ_{10},目前一般用 δ_5 表示钢筋的延伸率。

根据是否存在屈服点,可将钢材分为硬钢和软钢(图2-4)。硬钢抗拉强度高,塑性变形小,无明显屈服点,规范规定以其产生 0.2% 残余变形时的应力值作为名义屈服点,用 $\sigma_{0.2}$ 表示。软钢有明显屈服点,破坏前有较大的变形。

二、冲击韧性

冲击韧性是指钢材抵抗冲击荷载的能力,用冲断试样所需能量的多少来表示。钢材的冲击韧性试验是采用中间开有 V 型缺口的标准弯曲试样,置于冲击机的支架上,并使切槽位于受拉的一侧,如图2-5所示,试验机的重摆从一定高度自由落下将试件冲断。公式如下:

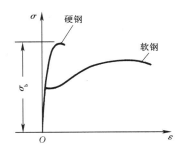

图2-4　硬钢与软钢受拉时应力-
应变曲线比较

$$a_k = \frac{W}{A}$$

式中　a_k——冲击韧性,其单位为 J/cm^2,a_k 越大表示钢材抵抗冲击的能力越强;

　　　　W——重摆所做的功;

　　　　A——缺口处的最小横截面积。

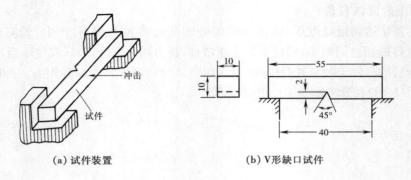

(a) 试件装置　　　　　　(b) V形缺口试件

图 2-5　冲击韧性试验

钢材的冲击韧性受很多因素的影响,主要影响因素有:

(1) 化学成分。钢材中有害元素磷和硫较多时,则 a_k 下降。

(2) 冶炼质量。脱氧不完全、存在偏析现象的钢,a_k 值小。

(3) 冷作及时效。钢材经冷加工及时效后,冲击韧性降低。

(4) 环境温度。当环境温度低于某值时,a_k 突然大幅下降,材料发生脆性断裂,这种性能称为钢材的冷脆性,而该温度则称为脆性转变温度,见图 2-6。脆性转变温度越低,表明钢材的低温冲击韧性越好。因此,在低温下使用的重要结构,尤其是受动荷载作用的结构,应选用脆性转变温度低于使用温度的钢材,并满足规范规定的 -20℃或 -40℃下的冲击韧性。

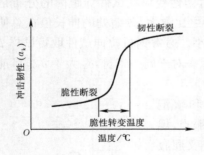

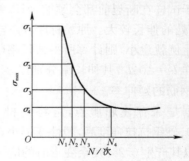

图 2-6　钢材的冲击韧性与温度的关系　　　　图 2-7　钢材疲劳曲线

三、耐疲劳性

当钢材受到交变应力作用时,即使应力远低于屈服极限也会发生突然破坏,这种现象称为疲劳破坏。疲劳破坏的危险应力用疲劳极限来表示,它是指疲劳试验时试件在交变应力作用下,于规定的周期基数内不发生断裂所能承受的最大应力。

钢材承受的交变应力(σ)越大,则钢材至断裂时经受的交变应力循环次数(N)越少,反之则多。当交变应力降低至一定值时,钢材可经受交变应力循环达无限次而不发生疲劳破坏。对于钢材,通常取循环次数 $N = 10^7$ 时试件不发生破坏的最大交变应力(σ_n)作为其疲劳极限。图 2-7 为钢材疲劳曲线。

测定疲劳极限时,应根据结构使用条件确定采用哪种应力循环类型、应力比值(最小与最大应力之比,又称应力特征值 ρ)和周期基数。

钢材的疲劳破坏一般是由应力集中引起的,首先在应力集中的地方出现微细疲劳裂纹,然后在交变荷载反复作用下,裂纹尖端产生应力集中,裂缝逐渐扩大,直至突然发生瞬时疲劳断裂。因此,钢材的疲劳极限不仅与其组织结构特征、成分偏析及其他各种缺陷有关,而且与钢结构的截面变化、表面质量及内应力大小等可能造成应力集中的各种因素都有关。

四、硬度

硬度是指表面抵抗硬物压入产生局部变形的能力。

根据试验方法和适用范围的不同,硬度可分为布氏硬度、洛氏硬度、维氏硬度、肖氏硬度、显微硬度和高温硬度等,前三者为常用硬度指标。建筑钢材常用的为布氏硬度,其代号为 HB。用淬火钢球作压头时,布氏硬度用符号"HBS"表示;用硬质合金球做压头时,布氏硬度用"HBW"表示。

如图 2-8 所示,用直径为 D 的硬质合金球形压头,以规定的荷载 P 将其压入试件表面,保持规定的时间后卸去荷载。其计算公式为

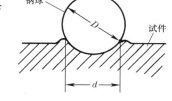

图 2-8　布氏硬度测定示意图

$$HBW = 0.102 \frac{2F}{\pi D(D - \sqrt{D^2 - d^2})}$$

式中　F——荷载(N);
　　　D——钢球直径(mm);
　　　d——压痕平均直径(mm)。

布氏法测定时所得压痕直径应在 $0.24D < d < 0.6D$ 范围内,根据所测材料的布氏硬度范围选择不同的压头球直径。标准规定布氏硬度试验范围上限为 600 HBW,当被测材料硬度超过该值时,压头本身将发生较大的变形,甚至破坏。布氏硬度测试方法比较准确,但压痕较大,不适宜用于成品检验。

洛氏法是用 120° 角的锥形金刚石压头分两步压入试样表面,经规定保持时间后,卸除压力,根据其压痕深度确定洛氏硬度值 HR。洛氏法压痕小,常用于判断工件的热处理效果。

钢材的各种硬度值之间,硬度值与强度值之间具有近似的相应关系。因此,当已知钢材的硬度时,即可估算钢材的抗拉强度。

五、冷弯性能

冷弯性能是指钢材在常温下承受弯曲变形的能力。其测试指标为试验时的弯曲角度(α)和弯心直径(d)。如图 2-9 所示,将直径(或厚度)为 a 的试件,采用标准规定的弯心直径 $d(d = na)$,弯曲到规定的角度(180° 或 90°)时,不使用放大仪器观察,试样弯曲外表面无可见裂纹则为合格。α 愈大或 n 愈小,其冷弯性能愈好。

冷弯是在苛刻条件下对钢材塑性的严格检验,可以揭示钢材内部组织结构是否均匀,是否存在内应力及夹杂物等缺陷。在工程中,弯曲试验还可作为对钢材焊接质量进行检验的一种手段。

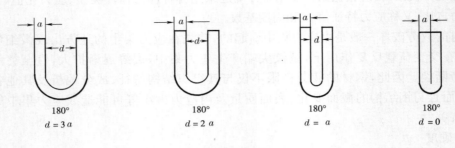

180°	180°	180°	180°
$d = 3a$	$d = 2a$	$d = a$	$d = 0$

图 2-9 钢材的冷弯

第三节 钢材的组织、化学成分及其对钢材性能的影响

钢材的组织和化学成分对其性能影响甚大。

一、钢材的组织及其对钢材性能的影响

1. 钢材的晶体结构

为了表明原子在空间排列的规律性,常常将构成晶体的原子抽象为几何点,称之为阵点。由这些阵点有规则地周期性重复排列所形成的三维空间陈列称为空间点阵。为了方便起见,人为地将阵点用直线连接起来形成空间格子,称之为晶格。而晶格则是描述晶体结构的最小单元。

钢的晶格有两种构架,即体心立方晶格和面心立方晶格,前者是原子排列在一个正六面体的中心及各个顶点而构成的空间格子,后者是原子排列在一个正六面体的各个顶点及六个面的中心而构成的空间格子。钢从液态变成固态时,随着温度的降低,其晶格将发生两次转变,即在大于 1 390℃以上的高温时,形成体心立方晶格,称为 δ-Fe;温度由 1 390℃降至 910℃的中温范围时,则转变为面心立方晶格,称为 γ-Fe,此时伴随产生体积收缩;继续降至 910℃以下的低温时,又转变成体心立方晶格,称为 α-Fe,这时将产生体积膨胀。

晶体中原子完全为规则排列时,称为理想晶体,而实际金属并非理想结构,往往存在多种缺陷。按照几何特征,这些晶体缺陷可分为点缺陷、线缺陷和面缺陷三类:

(1) 点缺陷——主要为空位、间隙原子,如图 2-10(a)。不论哪种点缺陷,均会造成晶格畸变,对钢材的性能产生影响。例如屈服强度升高、电阻增大、高温下的塑性变形和断裂等,均与点缺陷的存在和运动有关。

(2) 线缺陷——通常为各种类型的位错,位错是晶体中某处有一列或若干列原子发生某种有规律的错排现象,其中最基本的为刃型位错和螺型位错。图 2-10(b)所示为刃型位错。当金属中不含位错或位错密度越大,其强度越高。

(3) 面缺陷——主要为晶界和亚晶界,是不同位向晶粒之间原子无规则排列的过渡层,如图 2-10(c)所示。晶界上的晶格畸变在室温下对钢材的塑性变形起着阻碍作用,在宏观上表现为钢材具有更高的强度和硬度,同时也使钢材易于腐蚀和氧化。

2. 钢材的基本组织

钢是以铁(Fe)为主的铁碳(C)合金,其中 C 含量虽很少,但对钢材性能的影响非常大。

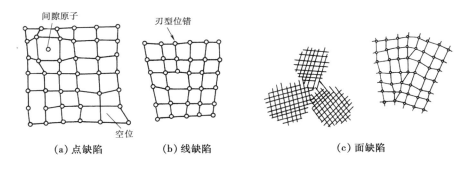

(a) 点缺陷　　　　(b) 线缺陷　　　　(c) 面缺陷

图 2-10　晶格缺陷示意图

液态时铁和碳可以无限互溶,固态时根据含碳量的不同,碳可以溶解在铁中形成固溶体,也可以与铁形成化合物,或者形成机械混合物。铁碳合金在固态下主要有以下几种基本相:

(1) 铁素体——C 溶于 α-Fe 中形成的间隙固溶体,常用 F 表示。由于 α-Fe 体心立方晶格的原子间空隙小,C 在其中的溶解度也较小,室温时含碳量为 0.000 8%。铁素体的力学性能与工业纯铁相近,塑性、韧性很好,但强度、硬度很低。

(2) 奥氏体——C 溶于 γ-Fe 中形成的间隙固溶体,常用 A 表示,其溶碳能力较强。奥氏体强度、硬度不高,但塑性好,在高温下易于轧制成型。

(3) 渗碳体——铁和碳形成的金属化合物 Fe_3C,其含 C 量高达 6.69%。渗碳体晶体结构复杂,硬度很高,但塑性和韧性几乎为零,是钢中的主要强化相。

(4) 珠光体——铁素体和渗碳体的机械混合物,常用 P 表示。层状结构,塑性和韧性较好,强度较高。

(5) 莱氏体——由奥氏体(珠光体)和渗碳体组成的机械混合物,常用 Ld 表示。其中渗碳体较多,脆性大,硬度高,塑性差。

碳素钢中各相的相对含量与其含碳量关系密切,见图 2-11。由图可知,当含 C 量小于 0.8% 时,钢的基本组织由铁素体和珠光体组成,其间随着含 C 量提高,铁素体逐渐减少而珠光体逐渐增多,钢材的强度、硬度逐渐提高而塑性、韧性逐渐降低。

当含 C 量为 0.8% 时,钢的基本组织仅为珠光体。当含 C 量大于 0.8% 时,钢的基本组织由珠光体和渗碳体组成,此后随含 C 量增加,珠光体逐渐减少而渗碳体相对渐增,从而使钢的硬度逐渐增大,塑性和韧性减小,且强度下降。

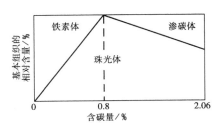

图 2-11　碳素钢基本组织相对含量与含碳量的关系

建筑工程中所用的钢材含碳量均在 0.8% 以下,既具有较高的强度,同时塑性、韧性也较好,可以很好地满足工程技术要求。

二、钢材的化学成分及其对钢材性能的影响

钢中除主要化学成分 Fe 以外,还含有少量的碳(C)、硅(Si)、锰(Mn)、磷(P)、硫(S)、氧(O)、氮(N)、钛(Ti)、钒(V)等元素,这些元素虽含量很少,但对钢材性能的影响很大。

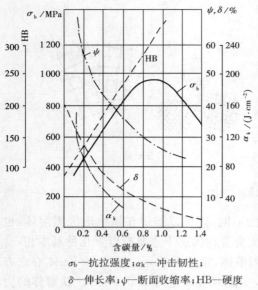

σ_b—抗拉强度；α_k—冲击韧性；
δ—伸长率；ψ—断面收缩率；HB—硬度

图 2-12 含碳量对碳素钢性能的影响

碳　碳是决定钢材性能的最重要元素，其对钢材机械力学性能的影响如图2-12所示。当钢中含碳量在0.8%以下时，随着含碳量的增加，钢的强度和硬度提高，塑性和韧性下降；但当含碳量大于1.0%时，随含碳量增加，钢的强度反而下降，这是由于渗碳体呈网状分布于珠光体晶界上，使钢变脆所致。含碳量增加，还会使钢的焊接性能变差（含碳量大于0.3%的钢，可焊性显著下降），冷脆性和时效敏感性增大，耐大气锈蚀能力下降。一般工程用碳素钢均为低碳钢，即含碳量小于0.25%，工程用低合金钢含碳量小于0.52%。

硅　硅在钢中是有益元素，炼钢过程中作为还原剂和脱氧剂。硅是我国钢材的主要合金元素，可改善钢筋的综合力学性能，增加自然条件下的耐蚀性。通常碳素钢中硅含量小于0.3%，低合金钢硅含量小于1.8%。

锰　锰为有益元素，炼钢时能起脱氧去硫作用，可消减硫所引起的热脆性，使钢材的热加工性质改善，同时能提高钢材的强度和硬度。当含锰小于1.0%时，对钢的塑性和韧性影响不大。锰是我国低合金结构钢的主加合金元素，含量一般在1%～2%范围内，其主要作用是溶于铁素体中，细化珠光体组织以改善其力学性能。当含锰量达11%～14%时，称为高锰钢，具有极高的耐磨性。

磷　磷是钢中很有害的元素之一。磷含量增加，钢材的强度、硬度提高，塑性和韧性显著下降。特别是温度愈低，对塑性和韧性的影响愈大，从而显著加大钢材的冷脆性。磷也使钢材可焊性显著降低，但磷配合铜元素，可提高低合金高强度钢的耐大气腐蚀性能，但降低其冷冲压性能；与硫、锰联合使用，可改善钢的切削性。建筑用钢一般要求含磷小于0.045%。

硫　有害的元素之一，使钢的可焊性降低，并产生热脆现象。建筑钢材要求硫含量应小于0.045%。

氧　有害元素，主要存在于非金属夹杂物中，少量溶于铁素体内。非金属夹杂物降低了钢的机械性能，特别是韧性。氧有促进时效倾向的作用。氧化物所造成的低熔点亦使钢的可焊性变差。通常要求钢中含氧应小于0.03%。

氮　氮具有不明显的固溶强化及提高淬透性的作用，提高蠕变强度，但塑性特别是韧性显著下降。表面渗氮，还可提高硬度和耐磨性，增加抗蚀性。在用铝或钛补充脱氧的镇静钢中，氮主要以氮化铝或氮化钛等形式存在，这时可减少氮的不利影响，并细化晶粒，改善性能。故在铝、铌、钒等元素的配合下，氮可作为低合金钢的合金元素使用。钢中氮含量一般小于0.008%。

钛　钛是强脱氧剂，能细化晶粒，显著提高钢的强度，并可减少时效倾向，改善焊接性能。钛是常用的微量合金元素。

钒　钒是优良脱氧剂,固溶于铁素体中,具有极强的固溶强化作用,可减弱碳和氮的不利影响,细化晶粒,有效地提高强度和韧性,减小时效敏感性,但有增加焊接时的淬硬倾向。化合态存在的钒将降低钢的淬透性,但会明显提高其耐磨性。钒也是合金钢常用的微量合金元素。

第四节　钢材的冷加工强化与热处理

一、钢材冷加工强化与时效处理的概念

将钢材于常温下进行冷拉、冷拔或冷轧,使之产生一定的塑性变形,强度明显提高,塑性和韧性有所降低,这个过程称为钢材的冷加工强化。

工程中常对钢筋进行冷拉或冷拔加工,以期达到提高钢材强度和节约钢材的目的。钢筋冷拉是在常温下将其拉至应力超过屈服点,但远小于抗拉强度时即卸荷。冷拔是将直径 $6\sim8$ mm 的光圆钢筋,通过一钨合金拔丝模孔而被强力拉拔,使其径向挤压缩小而纵向伸长。

将经过冷拉的钢筋,于常温下存放 $15\sim20$ d,或加热到 $100\sim200℃$ 并保持 $2\sim3$ h 后,其屈服点、抗拉强度和硬度将进一步提高,这个过程称为时效处理,前者称自然时效,后者称人工时效。通常对强度较低的钢筋可采用自然时效,强度较高的钢筋则需采用人工时效。

二、钢材冷加工强化与时效的机理

钢筋经冷拉、时效后的力学性能变化规律,可明显地从其拉伸试验的应力-应变图得到反映,如图 2-13 所示。

将试件拉至应力超过屈服点 B 后的 K 点,然后卸去荷载。由于拉伸时试件已产生塑性变形,故卸荷时曲线沿 KO' 下降,KO' 大致与 BO 平行。若此时将试件立即重新拉伸,则新的屈服点将升高至 K 点,以后的应力-应变关系将与原来曲线 KCD 相似。这表明钢筋经冷拉后,屈服强度得到提高。若在点 K 卸荷后不立即重新拉伸,而将试件进行自然时效或人工时效,然后再拉伸,则其屈服点又进一步升高至 K_1 点,继续拉伸时曲线沿 $K_1C_1D_1$ 发展。这表明钢筋经冷拉及时效以

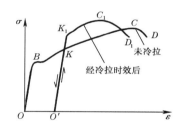

图 2-13　钢筋冷拉时效后应力-应变图的变化

后,屈服强度得到进一步提高,且抗拉强度亦有所提高,塑性和韧性则要相应降低。

一般认为,钢材经冷加工产生塑性变形后,塑性变形区域内的晶粒产生相对滑移,导致滑移面下的晶粒破碎,晶格歪扭畸变,滑移面变得凹凸不平,对晶粒进一步滑移起阻碍作用,亦即提高了抵抗外力的能力,故屈服强度得以提高。同时,冷加工强化后的钢材,由于塑性变形后滑移面减少,从而使其塑性降低,脆性增大,且变形中产生的内应力,使钢的弹性模量降低。

经过时效处理,过饱和固溶体中析出细小的沉淀物(一般是金属化合物或溶质原子聚集),溶于 α-Fe 中的碳、氮原子,向晶格缺陷处移动和集中的速度大为加快,这将使滑移面缺陷处碳、氮原子富集,使晶格畸变加剧,造成其滑移、变形更为困难,因而强度进一步提高,塑性和韧性则进一步降低,而弹性模量则基本恢复。

三、钢材冷加工和时效在工程中的应用与效果

对建筑钢筋,往往同时采用冷加工和时效。实际施工时,应通过试验确定冷拉控制参数

和时效方式。一般钢筋冷拉仅控制冷拉率即可,称为单控,对用作预应力的钢筋,需采取冷拉应力和冷拉率双控,当拉至控制应力时可以未达控制冷拉率,反之,当达到控制的冷拉率而未达到控制应力,则钢筋应降级使用。

钢筋采用冷加工处理具有明显的经济效益。钢筋经冷拉后,长度可伸长 2%～8%,屈服点可提高 20%～25%,冷拔钢丝屈服点可提高 40%～90%,由此即可适当减小钢筋混凝土结构设计截面,或减少混凝土中配筋数量,从而达到节约钢材的目的(15%～30%)。钢筋冷拉还有利于简化施工工序,如盘条钢筋可省去开盘和调直工序,冷拉直条钢筋时,则可与矫直、除锈等工艺一并完成。

四、钢材的热处理

热处理是指按照一定的制度,将钢在固态下进行加热、保温和冷却,以改变其内部组织,获得所需性能的一种工艺方法。

钢材的热处理种类很多,根据加热和冷却方法不同,可进行如下分类:

1. 普通热处理

(1)退火。退火是指将钢材加热至临界温度以上 30℃～60℃,保温一定时间后,在退火炉中缓慢冷却至一定温度后空冷。退火能细化晶粒,均匀组织,使钢材硬度降低,塑性和韧性提高,消除钢材中的内应力,防止加工后的变形。钢筋经数次冷拔后,变得很脆,再继续拉拔易被拉断,这时必须将钢筋进行退火处理,提高其塑性和韧性后再次进行冷拔。

(2)正火。是将钢材加热至临界温度以上 40℃～60℃,并保持一定时间,进行完全奥氏体化,然后在空气中缓慢冷却。与退火相比,正火的差别在于冷却速度快,时间短,效率高。通过正火,也可细化晶粒,均匀组织,提高钢件的机械性能,消除内应力。钢材正火后强度和硬度提高,塑性较退火为小,常用于碳素结构钢和低合金结构钢的热处理代替退火。

(3)淬火。将钢材加热至临界温度以上(一般为 900℃),并保持一定时间后,迅速置于水中或机油中冷却。钢材经淬火后,强度和硬度提高,脆性增大,塑性和韧性明显降低,需要进行回火处理,以获得良好的综合力学性能。

(4)回火。将淬火后的钢材重新加热到临界温度以下某一温度范围,保温一定时间后在空气或油中冷却至室温。回火可消除钢材淬火时产生的内应力,使其硬度降低,恢复塑性和韧性。按回火温度不同,又可分为高温回火(500℃～650℃)、中温回火(300℃～500℃)和低温回火(150℃～300℃)三种。回火温度愈高,钢材硬度下降愈多,塑性和韧性恢复愈好。

若钢材淬火后随即进行高温回火处理,则称调质处理,其目的是使钢材的强度、塑性、韧性等性能均得以改善,为进一步精加工做准备。

2. 表面热处理

(1)表面淬火。通过快速加热使钢表层奥氏体化,不等热量传至中心,立即进行淬火冷却,仅使表层获得硬而耐磨的马氏体组织。

(2)化学热处理。将钢材放到含有某些活性原子的化学介质中,借助高温时原子扩散的能力,使原子渗入钢材表层,从而改变其表层的化学成分,使钢材表面具有特殊的性能。其目的是提高钢材表面的硬度、耐磨性、耐蚀性和耐热性等。常用的方法有渗碳法、氮化法、氰化法等几种。

第五节 钢 材 的 连 接

工程结构是由各种基本构件通过连接组成的整体结构物,使其实现共同工作。构件连接方式及其质量的优劣对于结构的工作性能和安全性有直接影响。各类结构的连接,其目的和基本要求是一致的,应满足安全可靠、传力明确、构造简单、制作与施工便利、节约材料等原则,尤其要求基本构件通过连接形成的整体结构在连接处尽可能不出现薄弱部位,满足结构对连接处(节点)的强度、延性和刚度等方面的性能要求。此外,标准化、机械化和装配化施工也是连接技术的基本要求和发展方向。

钢结构和钢筋混凝土结构由于所采用的建筑材料、制作和施工方法的不同,在构件的连接方法上也有很大不同。钢结构是由钢板、型钢(角钢、槽钢、工字钢、H 形钢等)通过必要的连接组合成基本构件,例如梁、柱、桁架等,再由各种基本构件通过连接形成完整的结构。钢结构基本构件的制作与加工一般是在工厂完成,基本构件或若干基本构件组成的部件运到工地后通过拼接安装,形成整体结构(平台、屋盖、框架和厂房等)。因此,在钢结构中,连接占有相当重要的地位。钢结构的连接有的是在钢结构工厂完成的,称为工厂连接;有的是在施工工地上完成的,称为工地连接。连接方法及其质量直接影响到钢结构的工程质量、施工工艺、施工速度和工程造价,必须给予足够重视。

本节主要介绍钢筋和钢结构常用连接方法。通过本节的学习,了解钢筋连接的绑扎搭接连接、焊接连接、机械连接和基于灌浆套筒的连接方法,了解各连接方法的施工工艺及流程;同时了解钢结构连接的焊接方法和螺栓连接方法,了解电弧焊的工艺流程、特点以及焊缝的种类,了解普通螺栓和高强度螺栓形式、规格、排列要求和施工工艺,理解普通螺栓和高强度螺栓的异同点。

一、钢筋连接

工程中钢筋往往因长度不足或因施工工艺上的要求等原因需要连接。钢筋连接的方式很多,接头的主要方式可归纳为以下几类:

(1)绑扎连接——绑扎搭接接头;

(2)焊接连接——闪光对焊接头、电弧焊接头、电渣压力焊接头、气压焊接头等;

(3)机械连接——挤压套筒接头、锥螺纹套筒接头、直螺纹套筒接头、填充介质套筒接头等;

(4)基于灌浆套筒的钢筋连接。

(一)绑扎连接

钢筋绑扎连接的基本原理是,将两根钢筋搭接一定长度后,用细铁丝将搭接部分多道绑扎牢固。混凝土中的绑扎搭接接头在承受荷载后,一根钢筋中的力通过该根钢筋与混凝土之间的握裹力(黏结力)传递给周围混凝土,再由该部分混凝土传递给另一根钢筋。该方法适用于较小直径的钢筋连接。一般用于混凝土内的加强筋网,经纬均匀排列,不用焊接,只需铁丝固定。

(二)钢筋的焊接

混凝土结构设计规范规定,钢筋焊接宜用于直径不大于 28 mm 的受力钢筋连接,焊接接头的焊接质量与钢材的焊接性、焊接工艺有关。钢筋焊接是用电焊设备将钢筋沿轴向接长或交叉连接。焊接连接是受力钢筋之间通过熔融金属直接传力。若焊接质量可靠,则不存在强度、刚度、恢复性能、破坏性能等方面的缺陷,是十分理想的连接方式。常用的钢筋焊接方法有:

1. 闪光对焊

闪光对焊属于焊接中的压力焊。钢筋的闪光对焊是利用对焊机,将两钢筋端面接触,通以低电压的强电流,利用接触点产生的电阻热使金属融化,产生强烈飞溅、闪光,使钢筋端部产生塑性区及均匀的液体金属层,迅速施加顶锻力而完成的一种电阻焊方法。

闪光对焊具有生产效率高、操作方便、节约能源、节约钢材、接头受力性能好、焊接质量高等优点,加工场钢筋制作时对接焊接优先采用闪光对焊。近来,在箍筋加工上也引入了闪光对焊方法。根据对焊工艺闪光对焊分为:连续闪光焊、预热闪光焊和闪光-预热闪光焊。

2. 电弧焊

电弧焊属于焊接中的熔焊(焊接过程中,将焊件接头加热至熔化状态,不加压力完成焊接的方法)。将焊条作为一极,钢筋为一极,利用焊接电流通过产生的电弧热进行焊接的一种熔焊方法,可采用焊条电弧焊和 CO_2 气体保护焊两种工艺方法。

施工现场常用交流弧焊机使焊条与钢筋间产生高温电弧。焊条的表面涂有焊条药皮,以保证电弧稳定燃烧,同时药皮熔化后产生的气体保护焊条和熔池,防止空气中的氮、氧进入熔池;并能产生熔渣覆盖焊缝表面,减缓冷却速度。选择焊条时,其强度应略高于被焊钢筋。对重要结构的钢筋接头,应选用低氢型碱性焊条。

3. 电渣压力焊

钢筋电渣压力焊属于焊接中的压焊,是将两根钢筋安放成竖向对接形式,利用焊接电流通过两钢筋端面间隙,在焊剂层下形成电弧和电渣过程,产生电弧热和电阻热,熔化钢筋,待到一定程度后施加压力,完成钢筋连接。这种钢筋接头的焊接方法与电弧焊相比,焊接效率高 5～6 倍,且接头成本较低,质量易保证,它适用于直径为 14～32 mm 的 HPB300、HRB335、HRB400、HRB500 竖向或斜向钢筋(倾斜度在 4∶1 范围内)的连接。

钢筋电渣压力焊具有电弧焊、电渣焊和压力焊的特点。

4. 气压焊

气压焊也属于焊接中的压焊。钢筋气压焊是利用乙炔与氧混合气体(或液化石油气)燃烧所形成的火焰加热两钢筋对接处端面,使其达到一定温度,在压力作用下获得牢固接头的焊接方法。这种焊接方法设备简单、工效高、成本较低,适用于各种位置的直径为 14～40 mm 的 HPB300、HRB335、HRB400、HRB500 钢筋焊接连接。

气压焊有熔态气压焊(开式)和固态气压焊(闭式)两种。熔态气压焊是将两钢筋端面稍加离开,使钢筋加热到熔化温度,加压完成连接的一种方法,属熔化压力焊范畴。固态气压焊是将两钢筋端面紧密闭合,加热至 1 150℃～1 250℃之间,加压完成的一种方法,属固态压力焊范畴。以往施工现场使用的主要是固态气压焊,现在一般宜优先采用熔态气压焊。

(三)机械连接

钢筋的机械连接是指通过钢筋与连接件或其他介质材料直接或间接的机械咬合作用或钢筋端面的承压作用,将一根钢筋中的力传递至另一根钢筋的连接方法。这种连接方法的接头区变形能力与母材基本相同,接头质量可靠,不受钢筋化学成分影响,人为的因素影响小;操作简单、施工速度快,且不受气候条件影响;无污染、无火灾隐患,施工安全等。在粗直径的钢筋连接中,钢筋机械连接方法有广阔的应用前景。

1. 挤压套筒接头

钢筋挤压套筒有轴向挤压和径向挤压两种方式,现常用径向挤压。钢筋径向挤压套筒连接工艺的基本原理是:将两根待接钢筋端头插入钢套筒,用液压压接钳径向挤压套筒,使之产生塑性变形与带肋钢筋紧密咬合(图2-14),由此产生摩擦力和抗剪力来传递钢筋连接处的轴向荷载。

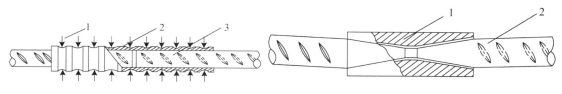

1—压痕;2—钢套筒;3—带肋钢筋

图 2-14　钢筋挤压套筒接头

1—连接套筒;2—带肋钢筋

图 2-15　锥螺纹套筒接头

2. 锥螺纹套筒接头

钢筋锥形螺纹连接工艺是模仿石油钻机延长钻管的方法,利用锥形螺纹能承受拉、压两种作用力及自锁性、密封性好的原理,将被连接的钢筋端部加工成锥形状螺纹,按规定的力矩值将两根钢筋连接(图2-15)。

钢筋锥螺纹连接方法具有现场连接速度快,无明火作业,无须专业熟练技工等优点,但也有易发生倒牙、脱扣等缺点。该连接方法适用于按一、二级抗震等级设防的混凝土结构工程中直径为 16～40 mm 的 HRB335、HRB400 的竖向、斜向和水平钢筋的现场连接施工。

3. 直螺纹套筒接头

钢筋直螺纹连接分为镦粗直螺纹和滚轧直螺纹两类。镦粗直螺纹又分为冷镦粗和热镦粗直螺纹两种。钢筋冷镦粗直螺纹连接的基本原理是:通过钢筋镦粗机把钢筋端头镦粗,再切削成直螺纹,然后用直螺纹的连接套筒将被连钢筋的两端拧紧完成连接。镦粗直螺纹的特点:钢筋端部经冷镦后不仅直径增大,使套丝后丝扣底部的截面积不小于钢筋原截面积,而且由于冷镦后钢材产生塑性变形,内部金属晶格变形位错使金属强度提高,致使接头部位有很高的强度,断裂发生于母材部位。这种接头螺纹精度高,接头质量稳定性好,操作简便,连接速度快,成本适中。但是镦粗直螺纹也有镦粗部位钢筋的延性降低,易发生脆断的缺点。

钢筋滚轧直螺纹连接接头是将钢筋端部用滚轧工艺加工成直螺纹,并用相应具有内螺纹的连接套筒将两根钢筋连接在一起(图2-16)。该接头形式是 20 世纪90 年代中期发展起来的钢筋机械连接新技术,目前已成为钢筋机械连接的主要形式。滚轧直螺纹连接适用于中等或较粗直径的 HRB335、HRB400 和 HRB500 带肋钢筋的连接。

滚轧直螺纹的连接套筒宜选用 45 号优质碳素钢结构钢制作,一般由专业厂家生产。连接套筒按其屈服承

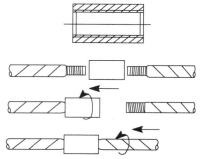

图 2-16　钢筋标准滚轧直螺纹连接

载力和抗拉承载力的标准值不小于被连钢筋的屈服承载力和抗拉承载力的标准值的1.10倍设计。

（四）基于灌浆套筒的钢筋连接

钢筋的灌浆套筒连接方法是指在金属套筒中插入单根带肋钢筋并注入灌浆料拌合物，通过拌合物硬化形成整体并实现传力的钢筋对接连接方法。钢筋连接用灌浆套筒是采用铸造工艺或机械加工工艺制造，用于钢筋套筒灌浆连接的金属套筒，简称灌浆套筒。灌浆套筒可分为全灌浆套筒和半灌浆套筒。全灌浆套筒是指两端均采用套筒灌浆连接的灌浆套筒；半灌浆套筒指一端采用套筒灌浆连接，另一端采用机械连接方式连接钢筋的灌浆套筒。

钢筋连接用套筒灌浆料是以水泥为基本材料，并配以细集料、外加剂及其他材料混合而形成的用于钢筋套筒灌浆连接的干混料，应按其产品设计（说明书）要求的用水量进行试配。

二、钢结构的连接

钢结构常用的连接方法有焊缝连接、螺栓连接（普通螺栓、高强度螺栓）和铆钉连接，常用的钢结构连接方法如图2-17所示。

（a）焊接连接　　　　　　（b）铆钉连接　　　　　　（c）螺栓连接

图2-17　钢结构连接方法

焊缝连接是当今钢结构最主要的连接方式之一，一般采用电弧焊。它通过电弧产生热能使焊条和焊件相互熔化，经冷却后共同形成焊缝而使被焊件连成一体。

焊缝连接的优点是：①不削弱焊件截面，节省材料，经济；②构造简单，加工简便且易实现自动化操作，提高焊接质量；③连接刚度大，密闭性好，整体性好。

但焊接连接也有一些缺点：①由于焊缝的高温热循环作用使焊缝附近的材质变脆；②焊接过程中不均匀的加热和冷却使焊件中产生焊接残余应力与残余变形，对结构的承载能力有不利影响；③焊接结构对裂纹很敏感，一旦局部出现裂纹便有可能迅速扩展至整个截面，尤其是在低温下更容易发生脆性断裂。

螺栓连接分普通螺栓连接和高强度螺栓连接。螺栓连接要先在被连接构件上打孔，之后穿入螺栓，并拧紧螺母固定。螺栓连接在钢结构构件现场拼装或临时性、须拆卸的结构安装连接中应用较多，具有施工简便高效、受力明确可靠的优点，尤其适合于缺乏电力供应的偏远工地的现场安装。但螺栓连接由于需要在被连接构件上开孔，对母材有削弱，且存在应力集中现象。此外，螺栓连接副（螺杆、螺帽和垫片等）及必要的连接板有一定的钢材消耗且需精加工制作，增加了制造工作量，成本相对较高。

铆钉连接需在构件上开孔，将一端带有预制钉头的铆钉加热后插入钉孔内，用铆钉枪将另一端热压成铆钉头以使连接达到紧固。铆钉连接传力可靠，塑性、韧性均较好，质量容易检查。但铆钉连接有钉孔削弱，要制孔和打铆，费工费料，技术要求高，劳动强度大，劳动条件差，故目前在钢结构中几乎已被焊接连接和高强螺栓连接完全取代。

第六节 建筑钢材的技术标准及选用

土木建筑工程用钢分钢结构用钢和钢筋混凝土结构用钢两类,前者主要采用型钢和钢板,后者主要用钢筋和钢丝,二者钢制品所用的原料钢种多为碳素钢和低合金钢。

一、建筑钢材的主要钢种

（一）碳素结构钢

根据国家标准 GB/T 700—2006 规定,我国碳素结构钢由氧气转炉或电炉冶炼,一般以热轧、控轧或正火状态交货。

1. 碳素结构钢的牌号及其表示方法

按标准规定,我国碳素结构钢分四个牌号,即 Q195、Q215、Q235 和 Q275。各牌号钢又按其硫、磷含量由多至少分为 A、B、C、D 四个质量等级。碳素结构钢的牌号表示按顺序由代表屈服点的字母(Q)、屈服点数值(N/mm^2)、质量等级符号(A、B、C、D)、脱氧程度符号(F、Z、TZ)等四部分组成。例如 Q235AF,它表示:屈服点为 235 N/mm^2 的平炉或氧气转炉冶炼的 A 级沸腾碳素结构钢。当为镇静钢或特殊镇静钢时,则其牌号表示中"Z"或"TZ"符号可予以省略。

2. 碳素结构钢的技术要求

按照标准 GB/T 700—2006 规定,碳素结构钢的技术要求如下:

（1）化学成分

各牌号碳素结构钢的化学成分应符合表 2-1 的规定。

表 2-1 碳素结构钢的化学成分

牌号	统一数字代号[a]	等级	厚度（或直径）/mm	脱氧方法	化学成分（质量分数）/%，不大于				
					C	Si	Mn	P	S
Q195	U11952	—	—	F、Z	0.12	0.30	0.50	0.035	0.040
Q215	U12152	A	—	F、Z	0.15	0.35	1.20	0.045	0.050
	U12155	B							0.045
Q235	U12352	A		F、Z	0.22	0.35	1.40	0.045	0.050
	U12355	B			0.20[b]				0.045
	U12358	C		Z	0.17			0.040	0.040
	U12359	D		TZ				0.035	0.035
Q275	U12752	A	—	F、Z	0.24	0.35	1.50	0.045	0.050
	U12755	B	≤40	Z	0.21			0.045	0.045
			>40		0.22				
	U12758	C	—	Z	0.20			0.040	0.040
	U12759	D		TZ				0.035	0.035

[a] 表中为镇静钢、特殊镇静钢牌号的统一数字,沸腾钢牌号的统一数字代号如下:
Q195F——U11950; Q215AF——U12150, Q215BF——U12153; Q235AF——U12350, Q235BF——U12353; Q275AF——U12750。

[b] 经需方同意,Q235B 的碳含量可不大于 0.22%。

（2）力学性能

钢材的拉伸和冲击试验结果应符合表 2-2 的规定,弯曲试验结果应符合表 2-3 的规定。

表 2-2　钢材的拉伸和冲击性能

牌号	等级	屈服强度[a] R_{eH}(N/mm²),不小于						抗拉强度[b]R_m/(N/mm²)	断后伸长率 A/%,不小于					冲击试验(V形缺口)	
		厚度(或直径)/mm							厚度(或直径)/mm					温度/℃	冲击吸收功(纵向)/J 不小于
		≤16	>16~40	>40~60	>60~100	>100~150	>150~200		≤40	>40~60	>60~100	>100~150	>150~200		
Q195	—	195	185	—	—	—	—	315~430	33	—	—	—	—	—	—
Q215	A	215	205	195	185	175	165	335~450	31	30	29	27	26	—	—
	B													+20	27
Q235	A	235	225	215	215	195	185	370~500	26	25	24	22	21	—	27[c]
	B													+20	
	C													0	
	D													−20	
Q275	A	275	265	255	245	225	215	410~540	22	21	20	18	17	—	27
	B													+20	
	C													0	
	D													−20	

[a] Q195 的屈服强度值仅供参考,不作为交货条件;
[b] 厚度大于 100 mm 的钢材,抗拉强度下限允许降低 20 N/mm²,宽带钢(包括剪切钢板)抗拉强度上限不作为交货条件;
[c] 厚度小于 25 mm 的 Q235B 级钢材,如供方能保证冲击吸收功值合格,经需方同意,可不做检验。

表 2-3　钢材的冷弯性能

牌号	试样方向	冷弯试验 180° B=2a[a]	
		钢材厚度(或直径)[b]/mm	
		≤60	>60~100
		弯心直径 d	
Q195	纵	0	—
	横	0.5a	
Q215	纵	0.5a	1.5a
	横	a	2a
Q235	纵	a	2a
	横	1.5a	2.5a
Q275	纵	1.5a	2.5a
	横	2a	3a

[a] B 为试样宽度,a 为试样厚度(或直径);
[b] 钢材厚度(或直径)大于 100 mm 时,弯曲试验由双方协商确定。

由表 2-2 和表 2-3 可知,碳素结构钢随着牌号的增大,其含碳量增加,强度提高,塑性和韧性降低,冷弯性能逐渐变差。

3. 碳素结构钢的特性与选用

(1) 碳素结构钢的特性及应用

土木建筑工程中常用的碳素结构钢牌号为 Q235,由于其既具有较高的强度,又具有较好的塑性、韧性及可焊性，故能较好地满足一般钢结构和钢筋混凝土结构的用钢要求。Q195 和 Q215 号钢塑性很好，但强度太低；而 Q275 号钢，强度很高，但塑性较差，因此均不适用。

Q235 号钢冶炼方便，成本较低，在建筑中应用广泛。由于塑性好，在结构中能保证在超载、冲击、焊接、温度应力等不利条件下的安全；并适于各种加工，大量被用作轧制各种型钢、钢板及钢筋；其力学性能稳定，对轧制、加热、急剧冷却时的敏感性较小。其中 Q235-A 级钢，一般仅适用于承受静荷载作用的结构，Q235-C 和 D 级钢可用于重要的焊接结构。另外，由于 Q235-D 级钢含有足够的形成细晶粒结构的元素，同时对硫、磷有害元素控制严格，故其冲击韧性很好，具有较强的抗冲击、振动荷载的能力，尤其适宜在较低温度下使用。Q195 和 Q215 号钢常用作生产一般使用的钢钉、铆钉、螺栓及铁丝等。Q275 号钢多用于生产机械零件和工具等。

（2）碳素结构钢选用原则

在结构设计时，对于用作承重结构的钢材，应根据结构的重要性、荷载特征（动荷载或静荷载）、连接方法（焊接或铆接）、工作温度（正温或负温）等不同情况选择其钢号和材质。下列情况的承重结构不宜采用沸腾钢：

①焊接结构。重级工作制吊车梁、吊车桁架或类似结构；设计冬季计算温度等于或低于 −20℃时的轻、中级工作制的吊车梁、吊车桁架或类似结构；设计冬季计算温度等于或低于 −30℃时的其他承重结构。

②非焊接结构。设计冬季计算温度等于或低于 −20℃时的重级工作制吊车梁、吊车桁架或类似的结构。

（二）优质碳素结构钢

1. 优质碳素结构钢的分类

按冶金质量等级分为：优质钢、高级优质钢 A、特级优质钢 E。

按使用加工方法分为：（1）压力加工用钢 UP，其中：热压力加工用钢 UHP，顶锻用钢 UF，冷拔坯料用钢 UCD；（2）切削加工用钢 UC。

2. 优质碳素结构钢的牌号

根据国家标准《优质碳素结构钢》(GB/T 699—1999)的规定，共有 31 个牌号，其牌号由数字和字母两部分组成。前面两位数字表示平均碳含量的万分数；字母分别表示锰含量、冶金质量等级、脱氧程度。锰含量为 0.25%～0.80% 时，不注"Mn"；锰含量为 0.70%～1.2% 时，两位数字后加注"Mn"。如果是高级优质碳素结构钢，应加注"A"，如果是特级优质碳素结构钢，应加注"E"。对于沸腾钢，牌号后面为"F"；对于半镇静钢，牌号后面为"b"。例如：15F 即表示碳含量为 0.12%～0.18%，锰含量为 0.25%～0.50%，冶金质量等级为优质，脱氧程度为沸腾状态的优质碳素结构钢。

优质碳素结构钢由氧气转炉或电炉冶炼，大部分为镇静钢，其特点是生产过程中对硫、磷等有害杂质控制严格，其力学性能主要取决于碳含量，碳含量高则强度也高，但塑性和韧性降低。

在土木工程中，优质碳素结构钢主要用于重要结构的钢铸件及高强螺栓，其常用钢号为

30～45 号钢;用作碳素钢丝、刻痕钢丝和钢绞线时通常采用 65～80 号钢。

（三）低合金高强度结构钢

1. 低合金高强度结构钢的牌号

根据国家标准《低合金高强度结构钢》(GB/T 1591—2018)的规定,低合金高强度结构钢共有四个牌号,所加合金元素主要有锰(Mn)、硅(Si)、钒(V)、钛(Ti)、铌(Nb)、铬(Cr)、镍(Ni)及稀土元素。低合金高强度结构钢的牌号由代表屈服强度的汉语拼音字母(Q)、屈服强度数值和质量等级符号(分 A、B、C、D、E 五级)三个部分按顺序排列。

2. 低合金高强度结构钢的性能及应用

由于合金元素的细晶强化和固深强化等作用,使低合金钢不仅具有较高的强度,而且也具有较好的塑性、韧性和可焊性。因此,它是综合性能较为理想的建筑钢材。低合金高强度结构钢主要用于轧制各种型钢(角钢、槽钢、工字钢)、钢板、钢管及钢筋,广泛用于钢结构和钢筋混凝土结构中,尤其是大跨度、承受动荷载和冲击荷载的结构物中更为适用。低合金高强度结构钢的力学和工艺性能见表 2-4 和表 2-5 所示。

表 2-4　热轧钢材的拉伸性能

牌号		上屈服强度 R_{eH}^a/MPa,不小于									抗拉强度 R_m/MPa			
钢级	质量等级	公称厚度或直径/mm												
		≤16	>16～40	>40～63	>63～80	>80～100	>100～150	>150～200	>200～250	>250～400	≤100	>100～150	>150～250	>250～400
Q355	B、C	355	345	335	325	315	295	285	275	—	470～630	450～600	450～600	—
	D									265[b]				450～600[b]
Q390	B、C、D	390	380	360	340	340	320				490～650	470～620		
Q420[c]	B、C	420	410	390	370	370	350				520～680	500～650		
Q460[c]	C	460	450	430	410	410	390				550～720	530～700		

[a] 当屈服不明显时,可用规定塑性延伸强度 $R_{p0.2}$ 代替上屈服强度;[b] 只适用于质量等级为 D 的钢板;[c] 只适用于型钢和棒材。

表 2-5　热轧钢材的伸长率

牌号		断后伸长率 A/%,不小于					
钢级	质量等级	公称厚度或直径/mm					
		试样方向	≤40	>40～63	>63～100	>100～150	>150～250	>250～400
Q355	B、C、D	纵向	22	21	20	18	17	17[a]
		横向	20	19	18	18	17	17[a]
Q390	B、C、D	纵向	21	20	20	19		
		横向	20	19	19	18		
Q420[b]	B、C	纵向	20	19	19	19	—	—
Q460[b]	C	纵向	18	17	17	17	—	—

[a] 只适用于质量等级为 D 的钢板;[b] 只适用于型钢和棒材。

当需方要求做弯曲试验时,弯曲试验应符合表 2-6 的规定。当供方保证弯曲合格时,可不做弯曲试验。

表 2-6　弯曲试验

试样方向	180°弯曲试验 D——弯曲压头直径,a——试样厚度或直径	
	公称厚度或直径 /mm	
	≤16	>16～100
对于公称宽度不小于 600 mm 的钢板及钢带,拉伸试验取横向试样;其他钢材的拉伸试验取纵向试样	$D=2a$	$D=3a$

二、钢筋混凝土结构用钢

(一) 钢筋混凝土用热轧钢筋

钢筋混凝土用热轧钢筋,根据其表面状态特征分为光圆钢筋和带肋钢筋两类,带肋钢筋又分月牙肋和等高肋两种,见图 2-18。

根据《钢筋混凝土用钢　第 1 部分: 热轧光圆钢筋》(GB 1499.1—2017)、《低碳钢热轧圆盘条》(GB/T 701—2008) 和《钢筋混凝土用钢　第 2 部分: 热轧带肋钢筋》(GB 1499.2—2018)的规定,热轧光圆钢筋级别为Ⅰ级,强度等级代号为 HPB300。热轧带肋钢筋分为普通热轧钢筋 HRB400、HRB500、HRB600、HRB400E、HRB500E 共五个牌号,和细晶粒热轧钢筋 HRBF400、HRBF500、HRBF400E、

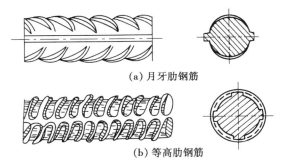

(a) 月牙肋钢筋

(b) 等高肋钢筋

图 2-18　带肋钢筋

HRBF500E 共四个牌号。热轧钢筋的力学和工艺性能要求见表 2-7 和表 2-8 所示。建筑用低碳钢热轧盘条光圆钢筋的力学性能和工艺性能应符合表 2-9 的要求。按标准规定,钢筋拉伸、冷弯试验时,试样不允许进行车削加工,计算钢筋强度用截面面积应采用其公称横截面面积。

表 2-7　热轧光圆钢筋的力学性能和工艺性能

牌号	下屈服强度 R_{eL}/MPa	抗拉强度 R_m/MPa	断后伸长率 A/%	最大力总延伸率 A_{gt}/%	冷弯试验 180°
	不小于				
HPB300	300	420	25	10.0	$d=a$

注:d——弯芯直径;a——钢筋公称直径。

按表 2-8 规定的弯芯直径弯曲 180°后,钢筋受弯曲部位表面不得产生裂纹。

土木工程材料

表 2-8 热轧带肋钢筋力学和工艺性能

牌号	下屈服强度 R_{eL}/MPa	抗拉强度 R_m/MPa	断后伸长率 A/%	最大力总延伸率 A_{gt}/%	$R°_m/R°_{eL}$	$R°_{eL}/R_{eL}$	公称直径 d	弯曲压头直径
			不小于			不大于		
HRB400 HRBF400	400	540	16	7.5	—	—	6～25	4d
							28～40	5d
HRB400E HRBF400E			—	9.0	1.25	1.30	>40～50	6d
HRB500 HRBF500	500	630	15	7.5	—	—	6～25	6d
							28～40	7d
HRB500E HRBF500E			—	9.0	1.25	1.30	>40～50	8d
HRB600	600	730	14	7.5	—	—	6～25	6d
							28～40	7d
							>40～50	8d

注:$R°_m$为钢筋实测抗拉强度;$R°_{eL}$为钢筋实测下屈服强度。

热轧盘条光圆钢筋的抗拉强度 R_m、断后伸长率 $A_{11.3}$ 与冷弯试验应符合表 2-9 的规定,表中所列各力学性能特征值,可作为交货检验的最小保证值。

表 2-9 热轧盘条光圆钢筋的力学与工艺性能

牌号	力学性能		冷弯试验180° d=弯心直径 a=试样直径
	抗拉强度 R_m/(N·mm^{-2}) 不大于	断后伸长率 $A_{11.3}$/% 不小于	
Q195	410	30	d=0
Q215	435	28	d=0
Q235	500	23	d=0.5a
Q275	540	21	d=1.5a

热轧光圆钢筋是用 HPB300 碳素结构钢热轧成型,其强度较低,塑性及焊接性能好,伸长率高,便于弯折成形和进行各种冷加工,广泛用于普通中小型钢筋混凝土结构的主要受力钢筋和各种钢筋混凝土结构的箍筋等。

热轧带肋钢筋是用低合金镇静钢轧制成的钢筋,因表面带肋,加强了钢筋与混凝土之间的黏结力,其中,HRB335 和 HRB400 强度较高,塑性和焊接性能也较好,广泛用于大、中型钢筋混凝土结构的受力钢筋,HRB500 强度高,但塑性和焊接性能较差,可用作预应力钢筋。

细晶粒热轧钢筋,是在热轧过程中,通过控轧和控冷工艺形成的细晶粒钢筋,外形与普通低合金热轧带肋钢筋相同。细晶粒热轧钢筋应做晶粒度检验,其晶粒度不粗于 9 级。晶粒细化是在提高强度的同时又能改善韧性的有效手段,但细晶化降低了钢的强屈比,同时焊接过程的高温也将导致焊接热影响区晶粒长大。目前细晶粒热轧钢筋在一些重点工程上已经应用,如国家大剧院、北京西直门交通枢纽工程等。

（二）预应力混凝土用钢棒

根据国家标准《预应力混凝土用钢棒》(GB/T 5223.3—2017),预应力混凝土用钢棒(代号 PCB)是用低合金钢热轧圆盘条经冷加工后(或不经冷加工)淬火和回火所得。按钢棒表面形状分为光圆钢棒(代号 P)、螺旋槽钢棒(代号 HG)、螺旋肋钢棒(代号 HR)、带肋钢棒(代号 R)四种。

产品标记应含下列内容:预应力钢棒、公称直径、公称抗拉强度、代号、延性级别(延性35 或延性 25)、松弛(N 或 L)、标准号。例如:公称直径为 9 mm,公称抗拉强度为1420MPa,35 级延性,低松弛预应力混凝土用螺旋槽钢棒,其标记为:PCB9-1420-35-L-HG-GB/T5223.3。

预应力混凝土用钢棒的公称直径、横截面积及性能应符合表 2-10 的要求,伸长特性应符合表 2-11 的要求。

表 2-10　预应力混凝土用钢棒的力学性能和工艺性能

表面形状类型	公称直径 D_n/mm	抗拉强度 R_m/MPa 不小于	规定塑性延伸强度 $R_{p0.2}$/MPa 不小于	弯曲性能		应力松弛性能	
				性能要求	弯曲半径/mm	初始应力为公称抗拉强度的百分数/%	1000 h 应力松弛率 r/% 不大于
光圆	6			反复弯曲不小于 4 次	15	60	1.0
	7	1 080	930		20	70	2.0
	8	1 230	1 080		20	80	4.5
	9、10	1 420	1 280		25		
	11、12、13、14、16	1 570	1 420	弯曲 160°～180° 后弯曲处无裂纹	弯曲压头直径为钢棒公称直径的 10 倍		
螺旋槽	7.1	1 080	930	—		60	1.0
	9.0	1 230	1 080			70	2.0
	10.7	1 420	1 280			80	4.5
	12.6、14.0	1 570	1 420				
螺旋肋	6	1 080	930	反复弯曲不小于 4 次/180°	15		
	7、8	1 230	1 080		20		
	9、10	1 420	1 280		25		
	11、12、13、14	1 570	1 420	弯曲 160°～180° 后弯曲处无裂纹	弯曲压头直径为钢棒公称直径的 10 倍		
	16、18、20、22	1 080	930				
		1 270	1 140				
带肋钢棒	6、8、10、12、14、16	1 080	930	—			
		1 230	1 080				
		1 420	1 280				
		1 570	1 420				

表 2-11　预应力混凝土用钢棒的伸长特性要求

延性级别	最大力总伸长率 A_{gt}/%	断后伸长率 $(L_0 = 8d_n)A$/%不小于
延性 35	3.5	7.0
延性 25	2.5	5.0

注：① 日常检验可用断后伸长率,仲裁试验以最大力总伸长率为准;
② 最大力伸长率标距 $L_0 = 200$ mm;
③ 断后伸长率标距 L_0 为钢棒公称直径的 8 倍,$L_0 = 8d_n$。

预应力混凝土用钢棒的优点是：强度高,可代替高强钢丝使用;配筋根数少,节约钢材;锚固性好,不易打滑,预应力值稳定;施工简便,开盘后钢筋自然伸直,不需调直及焊接。主要用于预应力钢筋混凝土轨枕,也用于预应力梁、板结构及吊车梁等。

（三）冷轧带肋钢筋

(a) 二面有肋　　(b) 三面有肋

图 2-19　冷轧带肋钢筋横截面上月牙肋分布情况

冷轧带肋钢筋是采用热轧圆盘条为母材,经冷轧减径后在其表面冷轧成带有沿长度方向均匀分布的二面或三面横肋的钢筋。肋呈月牙形,二面或三面肋均应沿钢筋横截面周圈上均匀分布(如图2-19),且其中有一面的肋必须与另一面或另两面的肋反向。冷轧带肋钢筋是热轧圆盘钢筋的深加工产品,是一种新型高效建筑钢材。

根据国家标准《冷轧带肋钢筋》(GB/T 13788—2017)规定,其按抗拉强度值可分为六级牌号,即CRB550、CRB600H、CRB680H、CRB650、CRB800、CRB800H,其中 C、R、B、H 分别表示"冷轧""带肋""钢筋""高延性"的英文首位字母,数字表示钢筋抗拉强度最小数值。CRB550、CRB600H、CRB680H 为普通钢筋混凝土用钢筋,其他牌号为预应力混凝土用钢筋。

CRB550 钢筋的公称直径范围为 4～12 mm,CRB650 及以上牌号钢筋的公称直径为 4 mm、5 mm、6 mm。制造冷轧带肋钢筋的盘条应符合 GB/T 701 和 GB/T 4354 或其他有关标准的规定,其力学性能和工艺性能应符合表 2-12 的要求。反复弯曲试验的弯曲半径见表 2-13 所示。

表 2-12　冷轧带肋钢筋的力学性能和工艺性能

分类	牌号	规定塑性延伸强度 $R_{p0.2}$/MPa 不小于	抗拉强度 R_m/MPa 不小于	$R_m/R_{p0.2}$ 不小于	断后伸长率/% 不小于			最大力总延伸率/% 不小于	弯曲试验[a] 180°	反复弯曲次数	应力松弛初始应力相当于公称抗拉强度的70%
					A	A_{100mm}	A_{gt}				1 000 h/%,不大于
普通钢筋混凝土用	CRB550	500	550	1.05	11.0	—	2.5	$D=3d$	—	
	CRB600H	540	600	1.05	14.0	—	5.0	$D=3d$	—	
	CRB680H[b]	600	680	1.05	14.0	—	5.0	$D=3d$	4	5
预应力混凝土用	CRB650	585	650	1.05	—	4.0	2.5		3	8
	CRB800	720	800	1.05	—	4.0	2.5		3	8
	CRB800H	720	800	1.05	—	7.0	4.0		4	5

[a] D 为弯心直径,d 为钢筋公称直径;[b] 当该牌号钢筋作为普通钢筋混凝土用钢筋使用时,对反复弯曲和应力松弛不做要求;当该牌号钢筋作为预应力混凝土用钢筋使用时应进行反复弯曲试验代替180°弯曲试验,并检测松弛率。

表 2-13　反复弯曲试验的弯曲半径

钢筋公称直径/mm	4	5	6
弯曲半径/mm	10	15	15

冷轧带肋钢筋的肋高、肋宽和肋距是其外形尺寸的主要控制参数,其质量偏差则是重要指标之一。由于二面或三面有肋的钢筋无法测定其内径,故控制其质量偏差即等于控制了平均直径。冷轧带肋钢筋为冷加工状态交货,允许冷轧后进行低温回火处理。钢筋通常按盘卷交货,CRB550 钢筋也可按直条交货;直条钢筋每米弯曲度不大于 4 mm,总弯曲度不大于钢筋全长的 0.4%;盘卷钢筋质量不小于 100 kg,每盘由一根组成,CRB650 及以上牌号钢筋不得有焊接接头。钢筋表面不得有裂纹、折叠、结疤、油污及其他影响使用的缺陷。表面不得有锈皮及肉眼可见的麻坑等腐蚀现象。钢筋应轧上明显的级别标志。

冷轧带肋钢筋具有以下优点:

(1) 强度高、塑性好,综合力学性能优良。抗拉强度大于 550 MPa,伸长率可大于 4%。

(2) 握裹力强。混凝土对冷轧带肋钢筋的握裹力为同直径冷拔钢丝的 3~6 倍。同时由于塑性较好,大大提高了构件的整体强度和抗震能力。

(3) 节约钢材,降低成本。以冷轧带肋钢筋代替Ⅰ级钢筋用于普通钢筋混凝土构件(如现浇楼板),可节约钢材 30% 以上。

(4) 提高构件整体质量,改善构件的延性,避免"抽丝"现象。用冷轧带肋钢筋制作的预应力空心楼板,其强度、抗裂度均明显优于用冷拔低碳钢丝制作的构件。

根据行业标准《冷轧带肋钢筋混凝土结构技术规程》(JGJ 95),钢筋混凝土结构及预应力混凝土结构中的冷轧带肋钢筋,可按下列规定选用:CRB550、CRB600H 钢筋宜用作钢筋混凝土结构构件中的受力钢筋、钢筋焊接网、箍筋、构造钢筋以及预应力混凝土结构中的非预应力钢筋。CRB650 及以上牌号钢筋宜用作预应力混凝土结构构件中的预应力筋。

(四) 预应力混凝土用钢丝及钢绞线

大型预应力混凝土构件,由于受力很大,常采用高强度钢丝或钢绞线作为主要受力筋。预应力混凝土用钢丝是以优质碳素结构钢盘条,经淬火、回火等调质处理后,再经冷加工制得的钢丝,称为冷拉钢丝。钢绞线则由数根冷拉钢丝捻制而成。

根据《预应力混凝土用钢丝》(GB/T 5223—2014)规定:预应力混凝土用钢丝按加工状态分为冷拉钢丝(代号为 WCD)和消除应力钢丝两种。消除应力钢丝按松弛性能又分为低松弛级钢丝(代号为 WLC)和普通松弛级钢丝(代号为 WNR);按外形分为光圆钢丝(代号为 P)、螺旋肋钢丝(代号为 H)和刻痕钢丝(代号为 I)三种。

低松弛钢丝是冷拉钢丝在塑性变形下(轴应变)进行短时热处理后而得的,普通松弛钢丝是钢丝通过矫直工序后在适当温度下进行短时热处理后而制成。

根据 GB/T 5223—2014 规定,冷拉钢丝的公称直径有 4.00 mm、4.80 mm、5.00 mm、6.00 mm …… 12.00 mm 等 13 种;它们的抗拉强度 σ_b 达 1 470 MPa 以上,弹性模量为(205 ±10)GPa。

预应力混凝土用钢丝具有强度高、柔性好、无接头等优点。施工简便,不需冷拉、焊接接头等加工,而且质量稳定、安全可靠。主要用于大跨度预应力混凝土屋架及薄腹梁、大跨度吊车梁、桥梁、电杆、轨枕等的预应力钢筋。

根据《预应力混凝土用钢绞线》(GB/T 5224—2014)的规定,钢绞线按结构分为 5 类:用两根冷拉钢丝捻制的钢绞线(代号为 1×2),用三根钢丝捻制的钢绞线(代号为 1×3),用三根刻痕钢丝捻制的钢绞线(代号为 1×3I),用七根钢丝捻制的标准型钢绞线(代号为 1×7),用七根钢丝捻制又经模拔的钢绞线(代号为(1×7)C)。钢绞线的公称抗拉强度大于 1 470 MPa,整根钢绞线的最大拉力与冷拉钢丝根数和公称直径有关,(1×7)C 公称直径为 18.0 mm 的可达 384 kN 以上,规定非比例延伸力值不小于整根钢绞线公称最大拉力的 90%。

钢绞线主要用于大跨度、大负荷的后张法预应力混凝土屋架、桥梁和薄腹梁等结构的预应力钢筋。

第七节 钢材的锈蚀与防腐

一、钢材的锈蚀

钢材的锈蚀是指其表面与周围介质发生化学反应而遭到的破坏。钢材若在存放过程中严重锈蚀,不仅使有效截面积减小、性能降低甚至报废,而且使用前还需除锈。钢材若在使用中锈蚀,将使受力面积减小,且因局部锈坑的产生,可造成应力集中,导致结构承载力下降。尤其在有反复荷载作用的情况下,将产生锈蚀疲劳现象,使疲劳强度大为降低,出现脆性断裂。混凝土中的钢筋锈蚀产生的膨胀会破坏混凝土的内部结构。

根据锈蚀作用的机理,钢材的锈蚀可分为化学锈蚀和电化学锈蚀两种:

1. 化学锈蚀

化学锈蚀是指钢材直接与周围介质发生化学反应而产生的锈蚀。这种锈蚀多数是氧化作用,使钢材表面形成疏松的氧化物。在常温下,钢材表面能形成一薄层氧化保护膜 FeO,可以防止钢材进一步锈蚀,故在干燥环境下,钢材锈蚀进展缓慢,但在温度和湿度提高的情况下,这种锈蚀进展加快。

2. 电化学锈蚀

电化学锈蚀是指钢材与电解质溶液接触而产生电流,形成微电池而引起的锈蚀。潮湿环境中的钢材表面会被一层电解质水膜所覆盖,而钢材是由铁素体、渗碳体及游离石墨等多种成分组成,由于这些成分的电极电位不同,首先,钢的表面层在电解质溶液中构成以铁素体为阳极,以渗碳体为阴极的微电池。在阳极,铁失去电子成为 Fe^{2+} 进入水膜,在阴极,溶于水膜中的氧被还原生成 OH^-,随后两者结合生成不溶于水的 $Fe(OH)_2$,并进一步氧化成为疏松易剥落的红棕色铁锈 $Fe(OH)_3$。由于铁素体基体的逐渐锈蚀,钢组织中的渗碳体等暴露出来的越来越多,形成的微电池数目也越来越多,钢材的锈蚀速度愈益加速。

电化学锈蚀是建筑钢材在存放和使用中发生锈蚀的主要形式。影响钢材锈蚀的主要因素是水、氧及介质中所含的酸、碱、盐等。另外,钢材本身的组织和化学成分对锈蚀也有影响。

埋于混凝土中的钢筋,因为混凝土的碱性(普通混凝土的 pH 为 13 左右)环境,使之形成一层保护膜,有阻止锈蚀继续发展的能力,故在无外界侵蚀物质作用时,混凝土中的钢筋一般不锈蚀。

二、防止钢材锈蚀的措施

钢结构防止锈蚀的方法通常是采用表面刷漆。常用底漆有红丹、环氧富锌漆、铁红环氧底漆等。面漆有调和漆、醇酸磁漆、酚醛磁漆等。薄壁钢材可采用热浸镀锌等措施。

混凝土中钢筋的防锈措施较多,从混凝土基体角度出发,提高混凝土保护层的密实度与适当增加混凝土保护层厚度是行之有效的防锈措施,在一般大气环境中具有明显的防锈效果。但对于海洋与盐湖等恶劣环境而言,仅仅改善混凝土保护层性能很难起到显著的防锈作用。鉴于此,已有多种措施用来提升钢筋自身的耐蚀性,主要包括以下几类:

(1)掺加阻锈剂。钢筋阻锈剂因其价格低廉与施工方便等特点而被广泛应用。钢筋阻锈剂种类繁多,主要包括无机阻锈剂与有机阻锈剂两大类。从阻锈机理角度又可分为阳极型阻锈剂、阴极型阻锈剂以及复合型阻锈剂。另外,从阻锈剂添加方式考虑又可分为内掺型阻锈剂与迁移型阻锈剂。阻锈效率与长期稳定性是选取钢筋阻锈剂的重要依据。

(2)不锈钢钢筋。不锈钢钢筋含有一定量的铬(Cr)与镍(Ni)等耐蚀合金元素,因而能在钢筋表面形成致密且稳定的钝化膜,显著提高其耐蚀性。常见的不锈钢钢筋包括 304 与 316 奥氏体不锈钢,以及 2205 与 2304 双相不锈钢。目前,价格昂贵是限制不锈钢钢筋工程应用最大的因素。因此,为降低生产成本,国内外尝试用不锈钢薄层来包覆低碳钢筋从而制备不锈钢覆层钢筋。此外,焊接性以及力学性能也是制约其广泛应用的原因。

(3)环氧涂层钢筋。通过粉末静电喷涂技术在钢筋表面涂覆一层约 $200~\mu m$ 厚的环氧涂层,从而起到物理隔绝外界有害物质对钢筋基体侵蚀的作用。但在运输及施工过程中,环氧涂层容易破损,局部的破损会加速环氧涂层钢筋的锈蚀进程。

(4)镀锌钢筋。通过热镀锌技术在钢筋表面生成一层约 $50~\mu m$ 厚的锌层。该锌层不仅起到物理屏障作用,还具有阴极保护作用,在腐蚀环境中活泼的锌层作为阳极优先腐蚀,从而保护了作为阴极的钢筋基体。锌层的稳定性与均匀性是影响镀锌钢筋耐蚀性的重要因素。

(5)低合金钢筋。通过在普通低碳钢筋中添加适量合金元素(主要是 Cr)可以提升钢筋的耐蚀性,且未显著增加生产成本。低合金钢筋的主要优势在于腐蚀诱导后钢筋表面形成的均匀且致密的锈蚀层(图 2-20),该致密锈蚀层能一定程度上保护钢筋基体,从而延缓钢筋的进一步锈蚀。

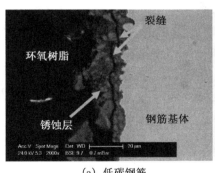
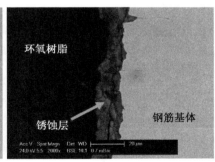

图 2-20　两种钢筋横截面锈蚀层的微结构分析

对于预应力钢筋,一般含碳量较高,又多系经过变形加工或冷加工,因而对锈蚀破坏较敏感,特别是高强度热处理钢筋,容易产生应力锈蚀现象。故重要的预应力承重结构,除禁止掺用氯盐外,应对原材料进行严格检验。

复习思考题

2-1 含碳量对热轧碳素钢性质有何影响?

2-2 钢材中的有害化学元素主要有哪些?它们对钢材的性能各有何影响?

2-3 钢材基本的热处理工艺有哪几种?它们对钢材的性能有何影响?

2-4 碳素结构钢的牌号由小到大,钢的含碳量、有害杂质、性能如何变化?

2-5 简述钢筋混凝土用钢的主要种类、等级及适用范围。

2-6 简述钢材锈蚀的原因、主要类型及防锈措施。

2-7 简述建筑工程中选用钢材的原则及选用沸腾钢须注意哪些条件。

2-8 低合金高强度结构钢被广泛应用的原因是什么?

2-9 画出低碳钢拉伸时的应力-应变图,指出其中重要参数及其意义。

2-10 钢的伸长率如何表示?冷弯性能如何评定?

2-11 什么是钢的冲击韧性?如何表示?其影响因素有哪些?

2-12 15MnV 表示什么?Q295-B、Q345-E 属于何种结构钢?

2-13 直径为 16 mm 的钢筋,截取两根试样作拉伸试验,达到屈服点的荷载分别为 72.3 kN 和 72.2 kN,拉断时的荷载分别为 104.5 kN 和 108.5 kN。试件标距长度为 80.0 mm,拉断后的标距长度分别为 96.0 mm 和 94.4 mm。问该钢筋属何牌号?

第三章 石材与集料

　　石材可分为天然石材和人造石材两大类。传统使用的是天然石材,但随着科学技术的发展,人造石材作为一种新型装饰或结构材料,正在被不断开发并广泛应用。

　　天然岩石经不同程度的机械加工(或不加工)后,用于土木工程的材料统称为天然石材。岩石在地表分布很广,蕴藏量极为丰富。天然石材除具有抗压强度高,耐久性、耐磨性好等特点外,有些岩石品种经加工后还可获得独特的装饰效果。

　　天然石材是最古老的土木工程结构和装饰材料,在土木工程中的应用历史悠久,世界上许多建筑都由天然石材建造而成。如意大利的比萨斜塔、古埃及的金字塔、太阳神庙,我国河北的赵州桥、福建泉州的洛阳桥、明清故宫宫殿基座、人民大会堂、毛主席纪念堂等都使用了大量的天然石材,均为著名的石结构建筑。早在两千多年前的古罗马时代,就开始使用白色及彩色大理石作为建筑饰面材料。天然石材由于脆性大、抗拉强度低、自重大,石结构的抗震性能差,加之岩石的开采加工较困难、价格高等原因,其作为结构材料,已逐步被混凝土等材料所代替。但随着石材加工水平的提高,石材独特的装饰效果得到充分展示,作为高级饰面材料颇受人们的欢迎。在现代建筑装饰领域中,石材的应用前景十分广阔。

　　天然岩石经过自然风化或人工破碎而得到的卵石、碎石、砂等,大量用作混凝土的集料,是混凝土的主要组成材料之。有些岩石还是生产人造建筑材料的主要原料,如石灰石是生产硅酸盐水泥、石灰的原料,石英岩是生产陶瓷、玻璃的原料等。

　　人造石材是人工制造的建筑材料,其外观及性能酷似天然石材。自20世纪70年代末被引入国内市场以来,其发展迅速,产品的花色、品种、形状等呈多样化,并具有质量轻、强度高、耐腐蚀、耐污染、施工方便等优点。

第一节 石材的形成与分类

　　岩石是由各种不同地质作用所形成的天然固态矿物的集合体。组成岩石的矿物称造岩矿物。不同的造岩矿物在不同的地质条件下,形成不同性能的岩石。由一种矿物构成的岩石称单成岩(又称单矿岩,如石灰岩),这种岩石的性质由其矿物成分及结构构造决定。由两种或多种矿物构成岩石称复成岩(又称多矿岩,如花岗岩),这种岩石的性质由其组成矿物的相对含量及结构构造决定。

一、造岩矿物

　　矿物是在地壳中受各种不同地质作用所形成的具有一定化学组成和物理性质的单质或化合物。目前,已发现的矿物有3 300多种,绝大多数是固态无机物。其中主要造岩矿物仅有30余种,各种造岩矿物各具不同的颜色和特性。土木工程中常用岩石的主要造岩矿物及其特性见表3-1所示。

表 3-1　主要造岩矿物

造岩矿物	颜　色	性　　质
石英	无色透明至乳白色	对于酸碱非常稳定,密度 2.65,熔点 1 600℃,硬度 7
正长石 斜长石	白、浅灰、桃红、 红、青、暗灰	耐久性不如石英,解理完全,性脆,风化慢,是造岩矿物中最多的一种,密度 2.6~2.7,硬度 6
白云母 黑云母	无色透明至黑色	解理完全,易裂成薄片。密度:白云母 2.8;黑云母 2.9,硬度 2.5
角闪石和 辉石类	深绿、棕、黑 (暗色矿物)	坚硬,强度高,耐久性好,韧性大,密度:角闪石 2.9~3.6;辉石 3.0~3.6,硬度 5~6
橄榄石	暗绿色	坚硬,耐久性好。密度 3.2~3.5,硬度 7
方解石	白色、灰色	硬度较低,强度高,晶面成菱面体,解理完全,不耐酸,密度 2.7,硬度 3

大部分岩石都是复成岩,如花岗岩,它是由长石、石英、云母及某些暗色矿物组成。只有少数岩石是单成岩,如白色大理岩,是由方解石或白云石所组成,岩石并无确定的化学成分和物理性质,同一种岩石,产地不同,其矿物组成和结构均有差异,因而其颜色、强度、性能等也不相同。

二、岩石的分类

天然岩石根据其形成的地质条件不同,可分为岩浆岩、沉积岩、变质岩三大类。

(一)岩浆岩

1. 岩浆岩的形成和种类

岩浆岩又称火成岩,是地壳深处的熔融岩浆在地表附近或喷出地面后冷凝而形成的岩石。根据形成条件不同,岩浆岩可分为深成岩、浅成岩、喷出岩和火山岩四种。

(1)深成岩。深成岩是地壳深处的岩浆在受上部覆盖层压力的作用下经缓慢冷却而形成的岩石。其结晶完全、晶粒粗大、结构致密,具有抗压强度高、吸水率小、表观密度大、抗冻性好等特点。土木工程常用的深成岩有花岗岩、正长岩、橄榄岩、闪长岩等。

(2)浅成岩。浅成岩是岩浆在地表浅处冷却结晶而形成的岩石。其结构致密,但由于冷却较快,故结晶较小,如辉绿岩。

深成岩和浅成岩统称侵入岩,为全晶质结构(岩石全部由结晶的矿物颗粒组成),且没有层理。侵入岩的体积密度大,抗压强度高,吸水率低,抗冻性好。

(3)喷出岩。喷出岩是岩浆喷出地表时,在压力降低和冷却较快的条件下而形成的岩石。由于大部分岩浆来不及完全结晶,因而多呈隐晶质(矿物颗粒细小,肉眼不能识别)或玻璃质(解晶质)结构。当喷出的岩浆形成较厚的岩层时,其岩石的结构与性质类似深成岩;当形成较薄的岩层时,由于冷却速度快及气压作用而易形成多孔结构的岩石,其性质近似于火山岩。土木工程中常用的喷出岩有辉绿岩、玄武岩、安山岩等。

(4)火山岩。火山岩是火山爆发时,岩浆被喷到空中而急速冷却后形成的岩石。有表观密度较小,呈多孔玻璃质结构的散粒状火山岩,如火山灰、火山渣、浮石等;也有因散粒状火山岩堆积而受到覆盖层压力作用并凝聚成大块的胶结火山岩,如火山凝灰岩等。

2. 土木工程中常用的岩浆岩

(1)花岗岩。花岗岩是岩浆岩中分布较广的一种岩石,主要由长石、石英和少量云母(或角闪石等)组成,具有致密的结晶结构和块状构造。其颜色一般为灰黑、灰白、浅黄、淡红等,大多数情况下同一种花岗岩会呈现多种不同颜色的组合。由于结构致密,其孔隙率和吸水率很小,表观密度大(2 600～2 800 kg/m³),抗压强度达 120～250 MPa,抗冻性好(F100～F200),耐风化和耐久性好,使用年限约为 75～200 年,对硫酸和硝酸的腐蚀具有较强的抵抗性。表面经打磨抛光加工后光泽美观,是优良的装饰材料。在土木工程中花岗岩常用作基础、闸坝、桥墩、台阶、路面、墙石和勒脚及纪念性建筑物等。但在高温作用下,由于花岗岩内的石英膨胀将引起石材破坏,因此,其耐火性不好。另外,少量花岗岩含有放射性矿物,不宜用作土木工程材料,尤其不能用作室内装饰材料。

(2)玄武岩、辉绿岩。玄武岩是喷出岩中最普通的一种,颜色较深。常呈玻璃质或隐晶质结构,有时也呈多孔状或斑形构造,硬度高,脆性大,抗风化能力强,表观密度为 2 900～3 500 kg/m³,抗压强度为 100～500 MPa。玄武岩大多用于混凝土集料,近年来以研制开发出用玄武岩熔融后拉制成纤维,掺入混凝土中可提高抗早期开裂性能,用其与树脂复合可制备高强耐腐蚀的混凝土筋材。

辉绿岩主要由铁、铝硅酸盐组成,具有较高的耐酸性。常用作高强混凝土的集料、耐酸混凝土集料、道路路面的抗滑表层等。其熔点为 1 400～1 500℃,可作铸石的原料,所制得的铸石结构均匀致密且耐酸性好,是化工设备耐酸衬里的良好材料。

(3)火山灰、浮石。火山灰是颗粒粒径小于 5 mm 的粉状火山岩,具有火山灰活性,即在常温和有水的情况下可与石灰[CaO 或 Ca(OH)$_2$]反应生成具有水硬性胶凝能力的水化物。因此,可作水泥的混合材料及混凝土的掺合料。

浮石是粒径大于 5 mm 并具有多孔玻璃质构造(海绵状或泡沫状)的火山岩。其表观密度小,一般为 300～600 kg/m³,在土木工程中常用作轻质集料,用于轻质混凝土的配制。

(二)沉积岩

1. 沉积岩的形成和种类

沉积岩又名水成岩,是由地表的各类岩石经自然界的风化、剥蚀、搬运、沉积、流水冲刷等作用后再沉积,经压实、相互胶结、重结晶等而形成的岩石,主要存在于地表及不太深的地下。其特征是呈层状构造,外观多层理,表观密度小,孔隙率和吸水率较大,强度较低,耐久性较差。沉积岩是地壳表面分布最广的一种岩石,面积约占陆地表面积的 75%。由于主要存在于地表,易开采、易加工,所以土木工程中应用较广。根据沉积岩的生成条件,可分为机械沉积岩、化学沉积岩、生物有机沉积岩。

(1)机械沉积岩。由自然风化逐渐破碎松散的岩石及砂等,经风、水流及冰川运动等的搬运,并经沉积等机械力的作用而重新压实或胶结而成的岩石,常见的有砂岩和页岩等。

(2)化学沉积岩。由溶解于水中的矿物质经聚积、沉积、重结晶和化学反应等过程而形成的岩石,常见的有石灰岩、石膏、白云石等。

(3)生物有机沉积岩由各种有机体的残骸沉积而成的岩石,如硅藻土等。

2. 土木工程中常用的沉积岩

(1)石灰岩。石灰岩俗称灰石或青石,主要化学成分为 $CaCO_3$,主要矿物成分是方解石,但常含有白云石、菱镁矿、石英、蛋白石、含铁矿物及粘土等。因此,石灰岩的化学成分、矿物组成、致密程度以及物理性质等差别很大,在强度和耐久性等方面不如花岗岩。其表观密度为 2 600～2 800 kg/m³,抗压强度为 80～160 MPa,吸水率为 2%～10%。如果岩石中粘土含量不超过 3%～4%，其耐水性和抗冻性较好。

石灰岩来源广，硬度低，易劈裂，有一定的强度和耐久性，土木工程中可用作基础、墙身、台阶、路面等，碎石可作混凝土集料。石灰岩也是生产水泥的主要原料。

（2）砂岩。砂岩主要是由石英砂或石灰岩等细小碎屑经沉积并重新胶结而成的岩石。在沉积和胶结过程中胶结物的种类及胶结的致密程度直接影响砂岩的性质。以氧化硅胶结而成的砂岩称为硅质砂岩；以碳酸钙胶结而成的砂岩称为钙质砂岩；还有铁质砂岩和粘土质砂岩。砂岩的主要矿物是石英、云母和粘土，致密的硅质砂岩的性能接近于花岗岩，表观密度大、强度高、硬度大、加工较困难，多用于纪念性建筑和耐酸工程等；钙质砂岩的性质与石灰岩相似，易加工、强度较好，但耐酸性较差，多用于基础、踏步等部位；粘土质砂岩浸水易软化，土木工程中一般不用。

（三）变质岩

1. 变质岩的形成与种类

变质岩是由地壳中原有的岩浆岩或沉积岩，在地层的压力或温度作用下，在固体状态下发生再结晶作用，使其矿物成分、结构构造乃至化学成分发生部分或全部改变而形成的新岩石。

变质岩的矿物成分，除了保留了原来岩石的矿物成分，如石英、长石、云母、角闪石、辉石、方解石和白云石外，还新生成了变质矿物，如绿泥石、精石、蛇纹石等。这些矿物一般称为高温矿物。经过变质过程后，岩浆岩会产生片状构造，强度会下降，沉积岩会变得更加致密。

2. 土木工程中常用的变质岩

（1）大理岩。大理岩又称大理石、云石，是由石灰岩或白云岩经过高温高压作用，重新结晶变质而成。由白云岩变质成的大理石性能比石灰岩变质而成的大理石优良。大理石的主要矿物成分是方解石或白云石，化学成分主要为 CaO、MgO、CO_2 和少量的 SiO_2。经变质后，结晶颗粒直接结合呈整体块状构造，抗压强度高（100～150 MPa），耐磨性好，质地致密，表观密度为 2 500～2 700 kg/m³，莫氏硬度为 3～4，比花岗岩易于雕琢，吸水率小，一般不超过 1%，抗风化性能较差，不宜用于室外。

（2）石英岩。石英岩是由硅质砂岩变质形成的，呈晶体结构。结构均匀致密，抗压强度高（250～400 MPa），耐久性好，但其硬度大，加工困难。常用做重要建筑的贴面材料及耐磨耐酸的贴面材料。

第二节 天然石材的技术性质

天然石材的技术性质分为物理性质、力学性质和工艺性质。由于天然石材的生成条件各异，所含杂质和矿物也不尽相同，所以表现出来的性能有很大的差异。土木工程中应用天然石材时，应了解石材的各种性质，并严格检验，以确保工程质量。

一、物理性质

（一）表观密度

天然石材表观密度与其矿物组成及致密程度有关。致密的石材，如花岗岩、大理石等，其表观密度接近于其密度，约为 2 500～3 100 kg/m³；而孔隙率较大的石材，如火山凝灰岩、浮石等,其表观密度约为 $500 \sim 1\,700\ kg/m^3$。一般来说石材的表观密度越大,孔隙率越小,其抗压强度越高、吸水率越小、耐久性越好。

天然石材按表观密度大小分为轻质石材(表观密度 $\leqslant 1\,800\ kg/m^3$)、重质石材(表观密度 $> 1\,800\ kg/m^3$)。重质石材可用于建筑的基础、贴面、地面、不采暖房屋外墙、桥梁及水工构筑物等。轻质石材主要用于保温房屋外墙。

（二）吸水性

天然石材的吸水率一般较小,但由于形成条件、密实程度与胶结情况的不同,石材的吸水率波动也较大,如深成岩以及许多变质岩,它们的孔隙率都很小,因而吸水率也很小。沉积岩孔隙率与孔隙特征的变化范围较大($1\% \sim 15\%$)。

根据吸水率的大小可以把岩石分为低吸水性岩石(吸水率低于 1.5%)、中吸水性岩石(吸水率介于 $1.5\% \sim 3.0\%$)和高吸水性岩石(吸水率高于 3.0%)。

石材的吸水性对其强度与耐水性的影响很大,吸水后石材会降低颗粒间的黏结力,从而使强度降低,抗冻性、耐久性、导热性也会有所下降。

（三）耐水性

当石材含有较多的粘土或易溶物质时,软化系数较小,耐水性较差。石材的耐水性用软化系数表示,根据软化系数大小石材可分为三个等级。

（1）高耐水性石材:软化系数大于 0.9。

（2）中耐水性石材:软化系数在 $0.7 \sim 0.9$ 之间。

（3）低耐水性石材:软化系数在 $0.6 \sim 0.7$ 之间。

一般软化系数小于 0.6 的石材,不允许用于重要建筑物中。

（四）抗冻性

石材的抗冻性用冻融循环次数来表示,是指石材在水饱和状态下,保证强度降低值不超过 25%、质量损失不超过 5%、无贯通裂缝的条件下能经受的冻融循环次数。石材抗冻标号分为:F5、F10、F15、F25、F50、F100、F200 等。抗冻性是衡量石材耐久性的一个重要指标,石材的抗冻性与吸水性有着密切的关系,吸水性大的石材其抗冻性也差。一般认为吸水率小于 0.5% 的石材是抗冻的,可不进行抗冻试验。

（五）耐热性

石材的耐热性与其化学成分及矿物组成有关。石材经高温后,由于热胀冷缩体积变化而产生内应力,或由于高温使岩石中矿物发生分解和变异等导致结构破坏。如含有石膏的石材,在 $100℃$ 以上时就开始破坏;含碳酸镁的石材,当温度高于 $725℃$ 时会发生破坏等;由石英与其他矿物组成的结晶石材如花岗岩等,当温度达到 $573℃$ 以上时,石英晶型转化发生膨胀,强度迅速下降。

（六）导热性

石材的导热性主要与致密程度有关。重质石材的导热系数可达 $2.91 \sim 3.49\ W/(m \cdot K)$;轻质石材的导热系数在 $0.23 \sim 0.70\ W/(m \cdot K)$ 之间。具有封闭孔隙石材的导热性差。相同成分的石材,玻璃态比结晶态的导热系数小。

二、力学性质

（一）抗压强度

根据 GB 50003—2011《砌体结构设计规范》的规定,石材的抗压强度是以边长为 70 mm

的立方体抗压强度值表示，根据抗压强度值的大小，天然石材强度等级分为 MU100、MU80、MU60、MU50、MU40、MU30、MU20 共 7 个等级。由于在测定立方体抗压强度时"环箍效应"的影响，试件尺寸越大，测定值比实际值越低，因此不同尺寸的试件应有相应的换算系数。不同尺寸的石材尺寸换算系数见表 3-2 所示。

表 3-2　石材的尺寸换算系数

立方体边长/mm	200	150	100	70	50
换算系数	1.43	1.28	1.14	1.00	0.86

天然岩石抗压强度的大小，取决于岩石的矿物组成、结构与构造特征、胶结物质的种类及均匀性等因素。例如组成花岗岩的主要矿物成分中石英是很坚硬的矿物，其含量愈高则花岗岩的强度也愈高；而云母为片状矿物，易于分裂成柔软薄片，云母愈多则其强度愈低。沉积岩的抗压强度则与胶结物成分有关，由硅质物质作为胶结剂，其抗压强度较大，以石灰质物质胶结的次之，泥质物质胶结的则最小。结晶质石材的强度较玻璃质的高，等粒状结构的强度较斑状的高，构造致密石材的强度较疏松多孔的高。层状、带状或片状构造石材，其垂直于层理方向的抗压强度较平行于层理方向的高。

（二）冲击韧性

天然岩石的抗拉强度比抗压强度小得多，为抗压强度的 1/10～1/20，是典型的脆性材料，这是石材与金属材料和木材相区别的重要特征，也是限制其使用范围的重要原因。

石材的冲击韧性取决于矿物组成与构造。石英和硅质砂岩脆性很大，含暗色矿物较多的辉长岩、辉绿岩等具有相对较大的韧性。通常，晶体结构的岩石较非晶体结构的岩石韧性好。

（三）耐磨性

耐磨性是指石材在使用条件下抵抗摩擦、边缘剪切以及冲击等复杂作用的性质。石材的耐磨性以单位面积磨耗量表示。石材的耐磨性与其内部组成矿物的硬度、结构、构造特征以及石材的抗压强度和冲击韧性等性质有关。组成矿物愈坚硬、构造愈致密以及抗压强度和冲击韧性愈高，则石材的耐磨性愈好。

（四）硬度

岩石的硬度以莫氏或肖氏硬度表示，它取决于岩石组成矿物的硬度与构造。凡由致密、坚硬矿物组成的石材，其硬度就高。一般抗压强度高的，硬度也大。岩石的硬度越大，其耐磨性和抗刻划性能越好，但表面加工越困难。

三、工艺性质

石材的工艺性质是指其开采及加工过程的可能性及难易程度，包括加工性、磨光性和抗钻性。

（一）加工性

加工性是指对岩石开采、劈解、切割、凿琢、研磨、抛光等加工工艺的难易程度。影响石材加工性的主要因素有：强度和硬度、矿物成分和化学成分及岩石的结构构造。对于强度、硬度、韧性较高的石材，不易加工；石英和长石含量越高，越难加工；质脆而粗糙，有颗粒交错，含有层状或片粒结构以及已风化的岩石，都难以满足加工要求。

（二）磨光性

磨光性是指岩石能否研磨、抛光成光滑表面的性质。致密、均匀、细粒的岩石，一般都有良好的磨光性。通过一定的研磨、抛光工艺可获得光亮、洁净的表面,从而充分展现天然石材斑斓的色彩和纹理质感,获得良好的装饰效果。疏松多孔、鳞片状结构的岩石,磨光性都较差。

（三）抗钻性

抗钻性是指岩石钻孔的难易程度。影响抗钻性的因素很复杂,一般与岩石的强度、硬度等性质有关。当石材的强度越高、硬度越大时,越不易钻孔。

四、放射性

天然岩石是组成地壳的基本物质,因此可能存在放射性核素,主要是铀、钍、镭、钾等长寿命放射性同位素。取材于天然岩石的石材用于室内装修材料自然成了室内放射性核素的主要来源之一。这些长寿命的放射性核素放射产生的 γ 射线和氡气,对室内的人体造成外照射危害和内照射危害。我国已有的抽样检测表明:内、外照射指数超限,应限制室内使用的石材占 7%,其中主要是花岗岩。研究表明:大理石放射性水平较低;而一般红色品种的花岗岩放射性指标都偏高,并且颜色愈红紫,放射性指标愈高。因此在选用天然石材用于室内装修时,应有放射性检验合格证明或者检测鉴定。

第三节 人造石材的种类与技术性质

人造石材是以大理石碎料、石英砂、方解石或工业废渣等为集料,树脂、聚酯或水泥等为胶结料,经拌和、成型、聚合和养护后,打磨抛光切割而成的建筑石材。根据生产所用原料的不同,可将其分为以下四类:

一、聚酯型人造石材

聚酯型人造石材又称聚酯合成石,是目前国内外主要使用的人造石材。它是以不饱和聚酯树脂为胶结剂,与石英砂、大理石粉、方解石粉或其他无机填料按一定比例配合,加入催化剂、固化剂、颜料等外加剂,经混合搅拌、固化成型、脱模烘干、表面抛光等工序加工而成。包括人造大理石、人造花岗石、人造玛瑙和人造玉石等。

聚酯合成石与天然岩石比较,表观密度较小,强度较高,理化性能稳定,其物理力学性能见表 3-3 所示。

表 3-3 聚酯合成石的物理力学性能

性 能 项 目	指　　标
密度/(g·cm^{-3})	2.10 左右
抗压强度/MPa	>100
抗弯强度/MPa	>30
抗冲击强度/(J·cm^{-2})	>20
表面硬度(HB)	>35
表面光泽度/度	>80~100
吸水率/%	<0.1
线性膨胀系数/(×10^{-5})	2~3

聚酯型人造石材具有以下特性:

（1）生产设备简单，工艺不复杂。聚酯型人造石材可以按照设计要求制成各种颜色、纹理、光泽和各种几何形状与尺寸的板材及制品，比天然石材加工容易得多。还可根据需要加入适当的添加剂，制成兼有某些特殊性能的饰面材料或制品。

（2）色彩花纹仿真性强，装饰性好。其质感和装饰效果完全可与天然大理石和天然花岗石媲美。

（3）强度高、不易碎。其制成的板材厚度薄、质量轻，可直接用聚酯砂浆或掺 886 胶水泥净浆进行粘贴施工（粘贴施工前，基底应先用 1：3 水泥砂浆打底找平并划毛），从而减轻建筑物结构自重及降低建筑成本。

（4）耐腐蚀。因采用不饱和聚酯树脂作胶结材料，故合成石具有较好的耐酸、碱腐蚀性和抗污染性。

（5）可加工性好。其比天然大理石易于锯切，钻孔，便于施工。

（6）会老化。聚酯型人造石由于采用了有机胶结料，随着时间的延长会逐渐产生老化现象，老化后表面会失去光泽，颜色变暗，从而降低其装饰效果。

二、水泥型人造石材

水泥型人造石材是以各种水泥（如白色、彩色水泥或硅酸盐、铝酸盐水泥等）为胶结剂，砂、天然碎石粒（碎大理石、碎花岗石）或工业废渣为集料，经配合搅拌、成型、养护、磨光和抛光后制成的人造石材。

配制过程中混入颜料，可制成彩色水泥石。水泥型人造石材的生产取材方便，价格低廉。水磨石和各类花阶砖即属此类人造石材。

三、复合型人造石材

复合型人造石材是由无机胶结料（水泥、石膏）和有机胶结料（不饱和聚酯或单体）共同组合而成。其制作工艺：先用无机胶结料将碎石、石粉等集料胶结成型并硬化后，再将硬化体浸渍于有机单体，并在一定条件下聚合而成。对板材而言，底层用性能稳定而价廉的无机材料，面层用聚酯和大理石粉制作。无机胶结材料可用快硬水泥、白水泥、普通硅酸盐水泥、铝酸盐水泥、粉煤灰水泥、矿渣水泥以及熟石膏等。有机单体可用苯乙烯、甲基丙烯酸甲酯、醋酸乙烯、丙烯腈、丁二烯等，这些单体可单独使用，也可组合使用。

复合型人造石材制品的造价较低，但它受温差影响后聚酯面易产生剥落或开裂。

四、烧结型人造石材

烧结型人造石材的生产方法与陶瓷工艺相似，它是将长石、石英、辉绿石、方解石等粉料和赤铁矿粉，以及一定量高岭土共同混合，一般配比为石粉 60％，高岭土 40％，然后用混浆法制备坯料，用半干压法成型，再在窑炉中以 1 000℃左右的高温焙烧而成。

烧结型人造石材的装饰性好，性能稳定，但需经高温焙烧，因而能耗大，造价高。近年出现的微晶玻璃型人造石材，又称微晶板、微晶石，属烧结型人造石材类。

第四节　建筑装饰用石材

建筑装饰石材是指在建筑上作为饰面材料的石材，包括天然装饰石材和人造装饰石材两大类。用于建筑装饰的天然石材品种繁多，按其基本属性可归为大理石和花岗石。人造装饰石材是近年发展起来的新型建筑装饰材料，主要有人造大理石、人造花岗石、微晶玻璃装饰板材和水磨石板材等。

一、天然装饰石材

（一）大理石

大理石是指以大理岩为代表的一类装饰石材,包括碳酸盐岩和与其有关的变质岩、沉积岩,主要成分是碳酸盐类,一般质地较软,适于室内建筑及装修、雕刻、工艺品等。大理石大致包括大理岩、石英岩和蛇纹岩(以上均属变质岩),致密石灰岩、砂岩、白云岩(以上均属沉积岩)等。

1. 天然大理石板材的分类及等级

大理石板材是用大理石荒料(即由矿山开采出来的具有规则形状的天然大理石块)经锯切、研磨、抛光等加工而成的石板。

天然大理石板材按 GB/T 19766—2016《天然大理石建筑板材》规定,根据表面加工程度可分为镜面板(JM)、粗面板(CM),根据形状可分为毛光板(MG),普型板(PX),圆弧板(HM)和异型板(YX)。毛光板为有一面经抛光具有镜面效果的毛板;普型板材为正方形、长方形;圆弧型板材为装饰面轮廓线的曲率半径处处相同的饰面板材;异型板为普型板和圆弧板以外的其他形状建筑板材。

2. 天然大理石板材的技术要求

大理石板材的技术要求,按 GB/T 19766—2016《天然大理石建筑板材》执行。

板材的物理力学性能指标应符合表 3-4 的规定。

表 3-4　板材的物理力学性能指标

项目		技术指标		
		方解石大理石	白云石大理石	蛇纹石大理石
体积密度/(g·cm⁻³),≥		2.60	2.80	2.56
吸水率/%,≤		0.50	0.50	0.60
压缩强度/MPa,≥	干燥	52	52	70
	水饱和			
弯曲强度/MPa,≥	干燥	7.0	7.0	7.0
	水饱和			
耐磨性*/(cm⁻³),≥		10	10	10

* 仅适用于地面、楼梯踏步、台面等易磨损部位的大理石石材。

3. 天然大理石的应用

大理石板材主要用于室内饰面,如墙面、地面、柱面、台面、栏杆、踏步等。

大理岩加工成的建筑板材,用于装饰等级要求较高的建筑物饰面。经研磨、抛光的大理石板材光洁细腻,白色大理石(汉白玉)洁白如玉,晶莹纯净;纯黑大理石庄重典雅,秀丽大方;彩花大理石色彩绚丽,花纹奇异。选择运用恰当,可获得极佳的装饰效果。

建筑上常用的大理石板材除用大理岩加工的外,还有用砂岩、石英岩和致密的石灰岩加工的饰面板材。

（二）花岗石

花岗石是指以花岗岩为代表的一类装饰石材,包括各类岩浆岩和花岗质的变质岩,大致包括各种花岗岩、闪长岩、正长岩、辉长岩(以上均属深成岩),辉绿岩、玄武岩、安山岩(以上均属喷出岩），片麻岩（属变质岩）等。这类岩石构造非常致密，质地较硬。矿物全部结晶且晶粒粗大，呈块状构造或粗晶嵌入玻璃质结构中的斑状构造。它们经研磨、抛光后形成的镜面，呈现出斑点状花纹。

1. 天然花岗石板材的分类及等级

花岗岩板材是用花岗岩荒料加工制成的板材，其抗压强度高达 120～250 MPa，耐久性好，一般能达到 75～200 年。

根据国家标准 GB/T 18601—2009《天然花岗石建筑板材》规定，分类和等级如下。

（1）分类

① 花岗石板材按形状可分为以下四种：毛光板（MG）、普型板（PX）、圆弧板（HM）、异型板（YX）。

② 按表面加工程度可分为以下三种：镜面板（JM）、细面板（YG）、粗面板（CM）。

③ 按用途分为以下两种：一般用途，用于一般性装饰用途；功能用途，用于结构性承载用途或特殊功能要求。

（2）等级

毛光板按厚度偏差、平面度公差、外观质量等将板材分为优等品（A）、一等品（B）、合格品（C）三个等级。

2. 天然花岗石板材的技术要求

按国家标准 GB/T 18601—2009《天然花岗石建筑板材》规定，花岗岩板材的物理力学性能指标应符合表 3-5 的规定。

表 3-5　板材的物理力学性能指标

项　　目		指　　标	
		一般用途	功能用途
体积密度/(g·cm⁻³)，≥		2.56	2.56
吸水率/%，≤		0.60	0.40
压缩强度/MPa，≥	干燥	100	131
	水饱和		
弯曲强度/MPa，≥	干燥	8.0	8.3
	水饱和		
耐磨性/(cm⁻³)		25	25

放射性。天然石材中的放射性是引起人们普遍关注的问题。但经检验证明，绝大多数的天然石材中所含放射物质极微，不会对人体造成任何危害。但部分花岗石产品放射性指标超标，会在长期使用过程中对环境造成污染，因此有必要给予控制。放射性应符合 GB 6566《建筑材料放射性核素限量》的规定，根据装饰装修材料放射性水平大小划分为以下三类：A 类装饰装修材料，产销与使用范围不受限制；B 类装饰装修材料，不可用于Ⅰ类民用建筑的内饰面，但可用于Ⅱ类民用建筑、工业建筑内饰面及其他一切建筑外饰面；C 类装饰装修材料，只可用于建筑物的外饰面及室外其他用途。

放射性水平超过此限值的花岗石和大理石产品，其中的镭、钍等放射元素衰变过程中将生成天然放射性气体氡。氡是一种无色、无味、感官不能觉察的气体，特别是易在通风不良的地方聚集,导致肺、血液、呼吸道发生病变。

目前我国使用的众多天然石材产品,大部分是符合 A 类产品要求的,但不排除有少量的 B、C 类产品。因此,装饰工程中应选用经放射性测试,且发放了放射性产品合格证的产品。此外,在使用过程中,还应经常打开居室门窗,促进室内空气流通,使氡稀释,减少对人体健康的危害。

3. 天然花岗石的应用

花岗石为全晶质结构的岩石,色彩丰富。花岗石的颜色与光泽取决于其所含长石、云母及暗色矿物的种类及数量。通常呈灰色、灰白色、浅黄色、浅红色、红灰色、肉红色等。深色如黑色、青色、深红色(玫瑰红色)的较少,因而也较名贵。优质花岗石晶粒细而均匀,构造致密,石英含量多,云母含量少,不含有害的黄铁矿等杂质,长石光泽明亮,无风化迹象。

花岗岩板材质感丰富,具有华丽高贵的装饰效果,且质地坚硬、耐久性好,是室内外高级装饰的常用材料。主要用于建筑物的墙、柱、地面、楼梯、台阶、栏杆等表面装饰。另外,花岗石材也可用作重要的大型建筑物基础、堤坝、桥梁、路面、街边石等。

磨光花岗石板材的装饰特点是华丽而庄重、有镜面感、色彩鲜艳、光泽动人,粗面花岗石板材的装饰特点是凝重而粗犷。应根据不同的使用场合选择不同物理性能及表面装饰效果的花岗石。其中剁斧板、机刨板、粗磨板用于外墙面、柱面、台阶、勒脚等部位。磨光板材主要用于室内、外墙面、柱面、地面等装饰。

近年来花岗石外饰面趋向于以毛面花岗石为主,磨光花岗石仅做一些线条或局部衬托。这种毛面花岗石的制作工艺是先将花岗石磨平。然后用高温火焰烧毛,看不出有色差,色彩均匀,无反光。视感舒适、自然美。

二、人造装饰石材

人造石材在建筑装饰工程中应用广泛,包括人造大理石板材、人造花岗石板材、人造玉石板材、人造玛瑙、微晶玻璃装饰板材和水磨石板材等。各种人造装饰石材的应用特点如下。

聚酯人造石通常用以制作成饰面人造大理石板材、人造花岗石板材、人造玉石板材和人造玛瑙,亦可用其制作成卫生洁具和工艺品(如人造大理石壁画)等,其中人造大理石和人造花岗石饰面板材,主要用作宾馆、商店、办公大楼、影剧院、会客室及休息厅等室内墙面、柱面、地面及台面的装饰材料,也可用作工厂、学校、医院等的工作台台面板;人造玛瑙和人造玉石主要用于高级宾馆和住宅的墙面、台面装饰以及卫生间卫生洁具;聚酯人造石工艺品用于各种装潢广告、壁画、匾额、雕塑、建筑浮雕等。

微晶玻璃属烧结型人造石材类,它是由玻璃相和结晶相组成的质地坚实致密而均匀的复相材料,它具有大理石的柔和光泽、色差小、颜色多、装饰效果好、机械强度大、硬度高、耐磨、吸水率极低、抗冻、耐污、耐风化、耐酸碱、耐腐蚀,热稳定性和电绝缘性良好等特点,可制成平板和曲板。微晶玻璃装饰板作为新型高档装饰材料,目前已代替天然花岗岩用于墙面、地面、柱面、楼梯、踏步等处装饰。

水磨石板属于水泥型人造石材,一般预制水磨石板是以普通水泥混凝土为底层,以添加颜料的白水泥和彩色水泥与各种大理石碴拌制的混凝土为面层。水磨石板具有美观大方、强度高、坚固耐用、花色品种多、使用范围广、施工方便等特点,颜色可以根据具体环境的需要任意配制,花纹图案多,施工时可拼铺成各种不同的图案。水磨石板广泛应用于建筑物的地面、墙面、柱面、窗台、踢脚线、台面、楼梯踏步等处,还可制成桌面、水池、假山盘、花盆等。

第五节 集 料

一、普通混凝土中的集料

普通混凝土即为水泥混凝土(以下简称混凝土),所用集料按其粒径大小分为细集料和粗集料两种,粒径为 75 μm～4.75 mm 的集料称为细集料,粒径大于 4.75 mm 的称粗集料。通常在混凝土中,粗、细集料的总体积要占混凝土体积的 70%～80%,因此集料质量的优劣,对混凝土各项性质的影响很大。

(一)细集料

1. 细集料的种类及其特性

混凝土的细集料主要有四种形式:天然砂(natural sand)、人工砂(artificial sand)、再生细集料(recycled fine aggregate)和卵石经过人工破碎处理得到的人工碎卵石复合砂。最后一种是将河床淤积卵石,经冲洗、破碎、筛分与特细砂复配,制成的可替代优质天然砂的人工碎卵石复合砂,这种砂已经成功用于普通混凝土及高性能混凝土中。这种砂的应用既减少了对矿山资源的依赖、保护生态环境,又具有显著的经济和社会效益。《人工碎卵石复合砂应用技术规程》(JGJ 361—2014)已于 2015 年开始实施,使人工碎卵石复合砂的应用有据可循。

天然砂是自然生成的,经人工开采和筛分的粒径小于 4.75 mm 的岩石颗粒,按其产源不同可分为河砂、湖砂、淡化海砂、山砂,但不包括软质、风化的岩石颗粒。河砂、湖砂和海砂是在河、湖、海等天然水域中形成和堆积的岩石碎屑,由于长期受水流的冲刷作用,颗粒表面比较圆滑而清洁,且这些砂产源广,但海砂中常含有碎贝壳及盐类等有害杂质,需经淡化处理才能使用,且海砂应用于混凝土应符合现行行业标准《海砂混凝土应用技术规范》(JGJ 206—2010)的有关规定。山砂是岩体风化后在山间适当地形中堆积下来的岩石碎屑,其颗粒多具棱角,表面粗糙,砂中含泥量及有机杂质较多。相比较而言,河砂性能较好,故土木工程中普遍采用河砂做细集料。

人工砂,又称机制砂,包括经除土处理的机制砂和混合砂两种。机制砂是经除土处理,由机械破碎、筛分制成的粒径小于 4.75 mm 的岩石、矿山尾矿或工业废渣颗粒,但不包括软质、风化的颗粒。用矿山尾矿、工业废渣生产的机制砂有害物质除应符合表 3-10 的规定外,还应符合我国环保和安全相关标准和规范,不应对人体、生物、环境及混凝土、砂浆性能产生有害影响。复合砂是由机制砂和天然砂混合而成的砂。

再生细集料,是由建(构)筑废物中的混凝土、砂浆、石、砖瓦等加工而成,用于配制混凝土和砂浆的粒径不大于 4.75 mm 的颗粒。与天然砂和人工砂相比,再生细集料由于源于废弃建筑物,因此具有需水量大、容重小、强度低等缺点。《混凝土和砂浆用再生细集料》(GB/T 25176—2010)和《混凝土用再生粗集料》(GB/T 25177—2010)两部标准的制定和实施,为我国建筑垃圾规范化再生利用提供了途径。

2. 混凝土用砂质量要求

混凝土用砂要求其砂粒质地坚实、清洁,有害杂质含量要少,砂的放射性应符合《建筑材料放射性核素限量》(GB 6566—2010)的规定。按我国标准《建设用砂》(GB/T 14684—2011)技术要求,砂分为Ⅰ、Ⅱ、Ⅲ三类。Ⅰ类宜用于强度等级大于 C60 的混凝土;Ⅱ类宜用于强度等级 C30~C60 及抗冻、抗渗或其他要求的混凝土；Ⅲ类宜用于强度等级小于 C30 的混凝土和建筑砂浆。对砂的技术要求主要包括以下几个方面：

（1）砂的粗细程度及颗粒级配

砂的粗细程度是指不同粒径的砂粒混合在一起后的平均粗细程度。砂子通常分为粗砂、中砂、细砂和特细砂等几种。在配制混凝土时，当相同用砂量条件下，采用细粒砂则其总表面积较大，而用粗砂其总表面积较小。砂的总表面积愈大，则在混凝土中需要包裹砂粒表面的水泥浆愈多，当混凝土拌合物和易性要求一定时，显然用较粗的砂拌制混凝土比用较细的砂所需的水泥浆量为省。但若砂子过粗，易使混凝土拌合物产生离析、泌水等现象，影响混凝土的工作性。因此，用作配制混凝土的砂，不宜过细，也不宜过粗。

砂的颗粒级配是指砂中不同粒径颗粒的组配情况。如果砂的粒径相同，则其空隙率很大，如图 3-1a，在混凝土中填充砂子空隙的水泥浆用量就多；当用两种粒径的砂搭配起来，空隙就减少了，如图 3-1b；而用三种粒径的砂组配，空隙就更少，如图 3-1c。由此可知，当砂中含有较多的粗颗粒，并以适量的中粗颗粒及少量的细颗粒填充其空隙，即具有良好的颗粒级配，则可达到使砂的空隙率和总表面积均较小，这种砂是比较理想的。使用良好级配的砂，不仅所需水泥浆量较少，经济性好，而且还可提高混凝土的和易性、密实度和强度。

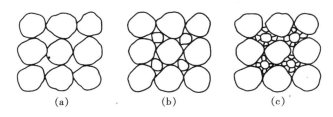

图 3-1　集料的颗粒级配

砂子的粗细程度和颗粒级配，通常采用筛分析的方法进行测定。对水泥混凝土用细集料可采用干筛法，对沥青混合料及基层必须采用水洗法筛分。砂筛分析法是用一套孔径为 9.50 mm、4.75 mm、2.36 mm、1.18 mm、600 μm、300 μm 及 150 μm 的方孔标准筛，将 500 g 干砂试样由粗到细依次过筛，然后称得剩留在各个筛上的砂质量，并计算出各筛上的分计筛余百分率（各筛上的筛余量占砂样重的百分率），分别以 a_1、a_2、a_3、a_4、a_5 和 a_6 表示。再算出各筛的累计筛余百分率（各个筛与比该筛粗的所有筛之分计筛余百分率之和），分别以 A_1、A_2、A_3、A_4、A_5 和 A_6 表示。累计筛余与分计筛余的关系见表 3-6 所示。

表 3-6　累计筛余与分计筛余的关系

筛孔尺寸/mm	分计筛余/%	累计筛余/%
4.75	a_1	$A_1 = a_1$
2.36	a_2	$A_2 = a_1 + a_2$
1.18	a_3	$A_3 = a_1 + a_2 + a_3$
0.60	a_4	$A_4 = a_1 + a_2 + a_3 + a_4$
0.30	a_5	$A_5 = a_1 + a_2 + a_3 + a_4 + a_5$
0.15	a_6	$A_6 = a_1 + a_2 + a_3 + a_4 + a_5 + a_6$

砂的粗细程度用通过累计筛余百分率计算而得的细度模数(M_x, fineness modulus)来表示,其计算式为

$$M_x = \frac{(A_2 + A_3 + A_4 + A_5 + A_6) - 5A_1}{100 - A_1}$$

细度模数愈大,表示砂愈粗。根据《建筑用砂》标准规定,砂按细度模数 M_x 可分为粗、中、细三种规格:粗砂 $M_x = 3.7 \sim 3.1$;中砂 $M_x = 3.0 \sim 2.3$;细砂 $M_x = 2.2 \sim 1.6$。普通混凝土用砂的细度模数范围一般为 $3.7 \sim 1.6$,其中以采用中砂较为适宜。

砂的细度模数并不能反映砂的级配优劣,细度模数相同的砂,其级配可以很不相同。因此,在配制混凝土时,必须同时考虑砂的级配和砂的细度模数。

砂的颗粒级配(grading)用级配区表示。我国标准规定,砂按 0.60 mm 孔径筛的累计筛余百分率,划分成三个级配区,三个区的最大和最小孔径筛的累计筛余相同,而其他孔径筛的累计筛余有部分搭接,按此分成为 1 区、2 区及 3 区三个级配区,见表 3-7 所示(源自 GB/T 14684—2011 和 GB/T 25176—2010)。普通混凝土用砂的颗粒级配,应处于表 3-7 中的任何一个区内。在工程中,混凝土所用砂的实际颗粒级配的累计筛余百分率,除 4.75 mm 和 0.60 mm 筛号外,允许稍有超出分界线,但其总量百分率不应大于 5%。

表 3-7   砂与再生细集料的颗粒级配区范围

砂的分类	天然砂			机制砂			再生细集料		
级配区	1 区	2 区	3 区	1 区	2 区	3 区	1 区	2 区	3 区
方筛孔尺寸/mm	累计筛余/%								
9.50	0	0	0	0	0	0	0	0	0
4.75	10～0	10～0	10～0	10～0	10～0	10～0	10～0	10～0	10～0
2.36	35～5	25～0	15～0	35～5	25～0	15～0	35～5	25～5	15～0
1.18	65～35	50～10	25～0	65～35	50～10	25～0	65～35	50～10	25～0
0.60	85～71	70～41	40～16	85～71	70～41	40～16	85～71	70～41	40～16
0.30	95～80	92～70	85～55	95～80	92～70	85～55	95～80	92～70	85～55
0.15	100～90	100～90	100～90	97～85	94～80	94～75	100～85	100～80	100～75

为了方便应用,可将表 3-19 中的天然砂数值绘制成砂级配曲线(grading curve)图,即以累计筛余百分率为纵坐标,以筛孔尺寸为横坐标,画出砂的 1、2、3 三个区的级配曲线,如图 3-2 所示。使用时,将砂筛分析试验测算得到的各筛累计筛余百分率,标注到图 3-2 中,并连成曲线,然后观察此筛分结果的曲线,只要落在三个区的任何一个区内,均为级配合格。

配制混凝土时宜优先选用 2 区砂。当采用 1 区砂时,应适当提高砂率,并保证足够的水泥用量,以满足混凝土的和易性;当采用 3 区砂时,宜适当降低砂率,以保证混凝土强度。混凝土用砂应贯彻就地取材的原则,若某些地区的砂料出现过细、过粗或自然级配不良时,可采用人工级配,即将粗、细两种砂掺配使用,以调整其粗细程度和改善颗粒级配,直到符合要求为止。

(2) 含泥量、石粉及泥块含量

含泥量(clay content)是指天然砂中粒径小于 75 μm 的颗粒含量;石粉含量(fine content)是指人工砂中粒径小于 75 μm 的颗粒含量;泥块含量(clay lumps content)是指砂中原粒径大于 1.18 mm,经水浸洗、手捏后小于 600 μm 的颗粒含量。天然砂的含泥量和泥

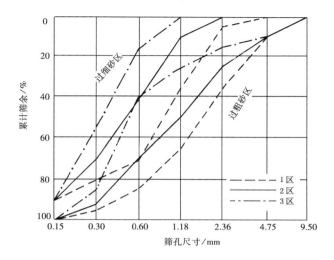

图 3-2 砂的级配区曲线

块含量应符合表 3-8 的规定。

表 3-8 天然砂含泥量和泥块含量

项目	Ⅰ类	Ⅱ类	Ⅲ类
含泥量(按质量计)/%	≤1.0	≤3.0	≤5.0
泥块含量(按质量计)/%	0	≤1.0	≤2.0

人工砂的石粉含量和泥块含量见表 3-9(源自 GB/T 14684—2011 和 GB/T 25176—2010)的规定。表中亚甲蓝(MB)值为用于判定人工砂中粒径小于 75 μm 颗粒含量主要是泥土还是与被加工母岩化学成分相同的石粉的指标。

表 3-9 人工砂及再生细集料石粉含量和泥块含量

项目			人工砂			再生细集料		
			Ⅰ类	Ⅱ类	Ⅲ类	Ⅰ类	Ⅱ类	Ⅲ类
亚甲蓝试验	<1.40或合格	MB值	≤0.5	≤1.0	≤1.4或合格	—		
		石粉含量(按质量计)/%	≤10.0			<5.0	<7.0	<10.0
		泥块含量(按质量计)/%	0	≤1.0	≤2.0	<1.0	<2.0	<3.0
	≥1.40或不合格	石粉含量(按质量计)/%	≤1.0	≤3.0	≤5.0	<3.0	<4.0	<5.0
		泥块含量(按质量计)/%	0	≤1.0	≤2.0	<1.0	<2.0	<3.0

(3)有害物质含量

砂中不应混有草根、树叶、树枝、塑料、煤块、炉渣等杂物。砂中如含有云母、轻物质、有机物、硫化物及硫酸盐、氯化物、贝壳等,其含量应符合表 3-10(源自 GB/T 14684—2011 和 GB/T 25176—2010)的规定。轻物质是指表观密度小于 2 000 kg/m³ 的物质。砂中云母为表面光滑的小薄片,与水泥浆黏结差,会影响混凝土的强度及耐久性。有机物、硫化物及硫酸盐杂质对水泥有侵蚀作用,而氯盐会对混凝土中的钢筋有锈蚀作用。

表 3-10　砂中有害物质含量规定

项目	天然砂及人工砂			再生细集料
	Ⅰ类	Ⅱ类	Ⅲ类	Ⅰ类、Ⅱ类、Ⅲ类
云母(按质量计)/%	≤1.0	≤2.0		<2.0
轻物质(按质量计)/%	≤1.0			<1.0
有机物	合格			合格
硫化物及硫酸盐(按 SO₃ 质量计)/%	≤0.5			<2.0
氯化物(以氯离子质量计)/%	≤0.01	≤0.02	≤0.06	<0.06
贝壳(按质量计)/%	≤3.0	≤5.0	≤8.0	—

(4) 碱集料反应

碱集料反应系指水泥、外加剂等混凝土组成物及环境中的碱,与集料中碱活性矿物在潮湿环境下缓慢发生并导致混凝土开裂破坏的膨胀反应。

混凝土用砂中不能含有活性二氧化硅等物质,以免产生碱集料反应而导致混凝土破坏。为此,标准规定,混凝土用砂经碱集料反应试验后,由该砂制备的试件应无裂缝、酥裂及胶体外溢等现象,在规定的试验龄期膨胀率值应小于 0.10%。

(5) 坚固性(soundness)

砂子的坚固性是指砂在自然风化和其他外界物理化学因素作用下抵抗破裂的能力。标准规定,天然砂采用硫酸钠溶液法进行试验,砂样经 5 次循环后其质量损失应符合表 3-11 的规定。人工砂及再生细集料除了要满足表 3-11 中的规定外,还要采用压碎指标法进行试验,压碎指标值应小于表 3-12 的规定。

表 3-11　砂的坚固性指标

项目		指标		
		Ⅰ类	Ⅱ类	Ⅲ类
天然砂及人工砂	质量损失/%	≤8		≤10
再生细集料	质量损失/%	<8.0	<10.0	<12.0

表 3-12　各种砂的压碎指标要求

项目	指标		
	Ⅰ类	Ⅱ类	Ⅲ类
人工砂单级最大压碎指标/%	≤20	≤25	≤30
再生细集料单级最大压碎指标/%	<20	<25	<30

(6) 表观密度、堆积密度、空隙率

按标准规定,天然砂和人工砂的表观密度不小于 2 500 kg/m³,松散堆积密度不小于 1 400 kg/m³,空隙率不大于 44%。对于再生细集料,则应符合表 3-13 的规定。

表 3-13　再生细集料的表观密度、堆积密度和空隙率

项目	Ⅰ类	Ⅱ类	Ⅲ类
表观密度/(kg·m⁻³)	>2 450	>2 350	>2 250
堆积密度/(kg·m⁻³)	>1 350	>1 300	>1 200
空隙率/%	<46	<48	<52

（7）集料（砂、石）的含水状态

① 集料的饱和面干状态及饱和面干吸水率

砂、石集料的含水状态一般可分为干燥状态、气干状态、饱和面干状态和湿润状态等四种，如图 3-3 所示。集料含水率等于或接近于零时称干燥状态；含水率与大气湿度相平衡者称气干状态；集料表面干燥而内部孔隙含水达饱和时称饱和面干状态；湿润状态的集料不仅内部孔隙含水饱和，而且表面还附有一层自由水。机制砂和天然砂饱和面干试样的状态见图 3-4 和图 3-5（源自 GB/T 14684—2011）所示。

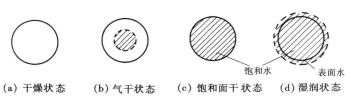

（a）干燥状态　　（b）气干状态　　（c）饱和面干状态　　（d）湿润状态

图 3-3　集料的含水状态

（a）试样过湿时的状态　　（b）试样饱和面干状态　　（c）试样过干状态

图 3-4　机制砂饱和面干试样的状态

（a）试样过湿时的状态　　（b）试样饱和面干状态　　（c）试样过干状态

图 3-5　天然砂饱和面干试样的状态

集料的含水状态不同，则在配制混凝土时将会导致混凝土用水量和集料用量误差很大，影响混凝土质量。但当采用饱和面干集料就能保证配料准确，因为饱和面干集料既不从混凝土中吸取水分，也不向混凝土拌合物中带入水分，这对混凝土用水量的控制就比较准确。因此一些大型水利工程多按饱和面干状态的集料来设计混凝土配合比。

集料在饱和面干状态时的含水率，称为饱和面干吸水率。饱和面干吸水率越小，表示集料颗粒越密实，质量越好。一般坚固的集料其饱和面干吸水率在 1% 左右。气干状态密实集料的含水率在 1% 以下，与其饱和面干吸水率相差无几，故工程中常以气干状态集料为基准进行混凝土配合比设计。不过在工程施工中，必须经常测定集料的含水率，以及时调整混凝土组成材料实际用量的比例，从而保证混凝土配料的均匀与质量的稳定性。

② 砂子的容胀（bulking）

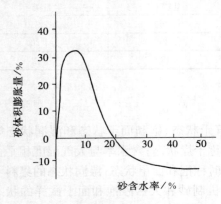

图 3-6　砂体积与含水率的关系

砂的体积和堆积密度与其含水状态紧密相关。气干状态的砂随着其含水率的增大,砂颗粒表面形成一层吸附水膜,推挤砂粒分开而引起砂体积增大,这种现象称为砂的容胀,其中细砂的湿胀要比粗砂大得多。当砂的含水率增大至 5%～8%时,其体积最大而堆积密度最小,砂的体积可增加 20%～30%。若含水率继续增大,砂表面水膜增厚,达水的自重超过砂粒表面对水的吸附力而产生流动,并迁入砂粒间的空隙中,于是砂粒表面的水膜被挤破消失,砂体积减小。当含水率增达 20%左右时,湿砂体积与干砂相近;含水率继续增大,则砂粒互相挤紧,这时湿砂的体积反而小于干砂。砂的体积与其水率的关系见图 3-6 所示。

由此可知,在拌制混凝土时,砂的用量应按质量计,而不能以体积计量,以免引起混凝土拌合物砂量不足,出现离析和蜂窝现象。

（二）粗集料

1. 粗集料的种类及其特性

普通混凝土常用的粗集料有碎石、卵石和再生粗集料三种。

碎石（crushed stone）大多由天然岩石、卵石或矿山废石经机械破碎、筛分制成的,粒径大于 4.75 mm 的岩石颗粒。也可将大卵石轧碎、筛分而得。碎石表面粗糙,多棱角,且较洁净,与水泥浆粘结比较牢固。碎石是土木工程中用量最大的粗集料。用矿山废石生产的碎石有害物质除应符合表 3-16 的规定外,还应符合我国环保和安全相关的标准和规范,不应对人体、生物、环境及混凝土性能产生有害影响。

卵石（gravel）,是由自然风化、水流搬运和分选、堆积形成的,粒径大于 4.75 mm 的岩石颗粒。按其产源可分为河卵石、海卵石及山卵石等几种,其中以河卵石应用较多。卵石中有机杂质含量较多,但与碎石比较,卵石表面光滑,拌制混凝土时需用水泥浆量较少,拌合物和易性较好。但卵石与水泥浆的胶结力较差,在相同配制下,卵石混凝土的强度较碎石混凝土低。

再生粗集料（recycled coarse aggregate）,是由建（构）筑废物中的混凝土、砂浆、石、砖瓦等加工而成,用于配制混凝土的,粒径大于 4.75 mm 的颗粒。同样,与天然粗集料相比,再生粗集料由于源于废弃建筑物,因此具有需水量大、容重小、强度低等缺点。《混凝土用再生粗集料》（GB/T 25177—2010）标准的制定和实施,为我国建筑垃圾规范化再生利用提供了途径。

2. 混凝土用碎石或卵石的质量要求

国家标准《建设用卵石、碎石》（GB/T 14685—2011）规定,卵石、碎石按技术要求分为Ⅰ类、Ⅱ类、Ⅲ类。Ⅰ类宜用于强度等级大于 C60 的混凝土;Ⅱ类宜用于强度等级 C30～C60 及抗冻、抗渗或其他要求的混凝土;Ⅲ类宜用于强度等级小于 C30 的混凝土。类似的,在《混凝土用再生粗集料》（GB/T 25177—2010）标准中对再生粗集料按性能要求也分成了Ⅰ类、Ⅱ类和Ⅲ类。

标准对碎石、卵石的技术要求主要有以下几方面:

（1）颗粒级配

粗集料的颗粒级配原理与细集料相同,要求大小石子组配适当,以使粗集料的空隙率和总表面积均比较小,这样拌制的混凝土砂浆用量少,密实度也较好,有利于改善混凝土拌合物的和易性及提高混凝土强度。尤其对于高强混凝土,粗集料的级配更为重要。粗集料的颗粒级配也是通过筛分析试验来测定的,对水泥混凝土用粗集料可采用干筛法,对沥青混合料及基层粗集料必须采用水洗法筛分。一套标准筛共 12 个,方孔孔径依次是 2.36 mm、4.75 mm、9.50 mm、16.0 mm、19.0 mm、26.5 mm、31.5 mm、37.5 mm、53.0 mm、63.0 mm、75.0 mm 及 90.0 mm,试样筛析时,可按需要选用某几个筛号。粗集料分计筛余和累计筛余的试验方法及计算方法与细集料基本相同。根据国标《建设用卵石、碎石》(GB/T 14685—2011),普通混凝土用碎石或卵石的颗粒级配范围应符合表 3-14a 的规定。再生粗集料的颗粒级配范围应符合表 3-14b 的规定。

粗集料的级配有连续级配和间断级配两种。连续级配是石子由小到大各粒级相连的级配,如将 5～20 mm 和 20～40 mm 的两个粒级石子按适当比例配合,即组成 5～40 mm 的连续级配。通常土木建筑工程中多采用连续级配的石子。间断级配是指石子用小颗粒的粒级直接和大颗粒的粒级相配,中间为不连续的级配。如将 5～20 mm 和 40～80 mm 的两个粒级相配,组成 5～80 mm 的级配中缺少 20～40 mm 的粒级,这时大颗粒的空隙直接由比它小得多的颗粒去填充,这种级配可以获得更小的空隙率,从而可节约水泥,但混凝土拌合物易产生离析现象,增加施工困难,故工程中应用较少。

单粒级宜用于组合成具有所要求级配的连续粒级,也可与连续粒级配合使用,以改善集料级配或配成较大粒度的连续粒级。工程中石子不宜采用单一的单粒级配制混凝土。

表 3-14a　碎石或卵石的颗粒级配范围

公称粒径/mm		累计筛余(按质量计)/%											
		筛孔尺寸(方筛孔)/mm											
		2.36	4.75	9.50	16.0	19.0	26.5	31.5	37.5	53.0	63.0	75.0	90.0
连续粒级	5～16	95～100	85～100	30～60	0～10	0							
	5～20	95～100	90～100	40～80	—	0～10	0						
	5～25	95～100	90～100	—	30～70		0～5	0					
	5～31.5	95～100	90～100	70～90	—	15～45		0～5	0				
	5～40	—	95～100	70～90	—	30～65	—	—	0～5	0			
单粒级	5～10	95～100	85～100	0～15	0								
	10～16		95～100	80～100	0～15								
	10～20		95～100	85～100		0～15	0						
	16～25			95～100	55～70	25～40	0～10						
	16～31.5		95～100		85～100			0～10	0				
	20～40			95～100		80～100		0～10	0				
	40～80				95～100			70～100		30～60	0～10	0	

表 3-14b   再生粗集料的颗粒级配

公称粒径/mm		累计筛余（按质量计）/%							
		筛孔尺寸（方筛孔）/mm							
		2.36	4.75	9.50	16.0	19.0	26.5	31.5	37.5
连续粒级	5～16	95～100	85～100	30～60	0～10	0			
	5～20	95～100	90～100	40～80	—	0～10	0		
	5～25	95～100	90～100	—	30～70		0～5	0	
	5～31.5	95～100	90～100	70～90		15～45	—	0～5	0
单粒级	5～10	95～100	80～100	0～15	0				
	10～20		95～100	85～100		0～15	0		
	16～31.5			95～100	85～100			0～10	0

（2）含泥量和泥块含量

各种类型粗集料的含泥量和泥块含量应符合表 3-15 的规定。

表 3-15   各种类型粗集料的含泥量和泥块含量要求

项目		指标		
		Ⅰ类	Ⅱ类	Ⅲ类
碎石、卵石	含泥量（按质量计）/%	≤0.5	≤1.0	≤1.5
	泥块含量（按质量计）/%	0	≤0.2	≤0.5
再生粗集料	含泥量（按质量计）/%	<1.0	<2.0	<3.0
	泥块含量（按质量计）/%	<0.5	<0.7	<1.0

（3）有害物质含量

混凝土用碎石和卵石中不应混有草根、树叶、树枝、塑料、煤块和炉渣等杂物，其有害物质含量应符合表 3-16 的规定。

表 3-16   有害物质限量

类别	碎石、卵石			再生粗集料
	Ⅰ类	Ⅱ类	Ⅲ类	Ⅰ类、Ⅱ类、Ⅲ类
云母含量（按质量计）/%		—		<2.0
轻物质含量（按质量计）/%		—		<1.0
有机物	合格	合格	合格	合格
硫化物及硫酸盐（按 SO_3 质量计）/%	≤0.5	≤1.0	≤1.0	<2.0
氯化物含量（以氯离子质量计）/%		—		<0.06

（4）碱活性集料

根据质量标准规定，普通混凝土用碎石或卵石的碱活性集料检验方法及要求与砂子相同。对于重要工程的混凝土用石子，应首先采用岩相法检验出碱活性集料的品种、类型及含量（也可由地质部门提供），若为含有活性 SiO_2 时，则采用化学法或砂浆长度法检验；若为含活性碳酸盐时，应采用岩石柱法进行检验。经上述检验的石子，当被判定为具有碱-碳酸反应潜在危害时，则不宜用作混凝土集料；当被判定为有潜在碱-硅酸反应危害时，则应遵守以下规定方可使用：

① 使用含碱量小于 0.6% 的水泥,或掺加能抑制碱集料反应的掺合料;

② 当使用含钾、钠离子的混凝土外加剂时,必须进行专门的试验。

（5）强度及压碎指标

为了保证配制混凝土的强度,则混凝土所用粗集料必须具有足够的强度。

碎石的强度可用其母岩岩石的立方体抗压强度和碎石的压碎指标值来表示,而卵石的强度就用压碎指标值表示。岩石立方体抗压强度通常用于选择采石场,但当混凝土强度等级大于或等于 C60 时,应进行集料岩石的抗压强度检验。其他情况下如有怀疑或认为有必要时,也可进行岩石的抗压强度试验。对于土木工程中经常性的生产质量控制,则采用压碎指标值检验较为简便实用。

岩石立方体抗压强度测定,是将轧制碎石的母岩制成边长为 50 mm 的立方体（或直径与高均为 50 mm 的圆柱体）试件,在水饱和状态下测定其极限抗压强度值。根据 GB/T 14685—2011 的规定,岩石的抗压强度火成岩应不小于 80 MPa,变质岩应不小于 60 MPa,水成岩应不小于 30 MPa。

粗集料的压碎指标（crushed value）测定,是将一定质量气干状态下 9.50～19.0 mm 的颗粒装入一标准圆筒内,放至压力机上按 1 kN/s 速度均匀加荷达 200 kN 并稳荷 5 s,卸荷后称取试样重 G_1,然后用孔径为 2.36 mm 的筛筛除被压碎的细粒,再称出剩留在筛上的试样重 G_2,然后按下式计算出压碎指标值 Q_e:

$$Q_e = \frac{G_1 - G_2}{G_1} \times 100\%$$

压碎指标值愈小,表示粗集料抵抗受压碎裂的能力越强。按标准的技术要求,各类粗集料的压碎指标值应符合表 3-17 规定。

表 3-17　粗集料的压碎指标

类别	指标		
	Ⅰ类	Ⅱ类	Ⅲ类
碎石压碎指标/%	≤10	≤20	≤30
卵石压碎指标/%	≤12	≤14	≤16
再生粗集料压碎指标/%	<12	<20	<30

（6）坚固性

坚固性是反映粗集料在气候、环境变化或其他物理因素作用下抵抗碎裂的能力。石子的坚固性采用硫酸钠溶液浸渍法进行检验。按标准 GB/T 14685—2011 和 GB/T 25177—2010 的技术要求,粗集料样品在硫酸钠饱和溶液中经 5 次循环浸渍后,其质量损失应符合表 3-18 的规定。

表 3-18　粗集料的坚固性指标

类别	指标		
	Ⅰ类	Ⅱ类	Ⅲ类
碎石、卵石质量损失/%	≤5	≤8	≤12
再生粗集料质量损失/%	<5.0	<10.0	<15.0

土木工程材料

（7）针片状颗粒含量

混凝土用粗集料其颗粒形状以接近立方形或球形的为好，而针状和片状颗粒含量要少。所谓针状颗粒是指颗粒长度大于集料平均粒径 2.4 倍者，片状颗粒则是指颗粒厚度小于集料平均粒径 0.4 倍者。平均粒径即指一个粒级的集料其上、下限粒径的算术平均值。粗集料中针、片状颗粒不仅本身受力时易折断，而且含量较多时，会增大集料空隙率，使混凝土拌合物和易性变差，同时降低混凝土的强度。为此，标准 GB/T 14685—2011 和 GB/T 25177—2010 规定，针、片状颗粒含量应符合表 3-19 的要求。

表 3-19　针、片状颗粒含量

类别	指标		
	Ⅰ类	Ⅱ类	Ⅲ类
碎石、卵石针、片状颗粒含量（按质量计）/%	≤5	≤10	≤15
再生粗集料针、片状颗粒含量（按质量计）/%	<10.0		

（8）表观密度、堆积密度、空隙率

混凝土用碎石或卵石的表观密度、堆积密度、空隙率应符合如下规定：表观密度不小于 2 600 kg/m³；连续级配松散堆积空隙率分别应满足≤43%（Ⅰ类）、≤45%（Ⅱ类）和≤47%（Ⅲ类）。对于再生粗集料的表观密度、空隙率和吸水率应满足表 3-20 的要求。

表 3-20　再生粗集料的表观密度、空隙率和吸水率

项目	Ⅰ类	Ⅱ类	Ⅲ类
表观密度/(kg·m⁻³)	>2 450	>2 350	>2 250
空隙率/%	<47	<50	<53
吸水率（按质量计）/%	<3.0	<5.0	<8.0

（9）最大粒径

粗集料公称粒级的上限称为该粒级的最大粒径。粗集料最大粒径增大时，集料总表面积减小，因此包裹其表面所需的水泥浆量减少，可节约水泥，并且在一定和易性及水泥用量条件下，能减少用水量而提高混凝土强度。

对 1 m³ 混凝土中水泥用量小于 170 kg 的贫混凝土，采用较大粒径的粗集料对混凝土强度更有利。特别在大体积混凝土中，采用大粒径粗集料，对于减少水泥用量、降低水泥水化热有着重要的意义。不过对于结构常用的混凝土，尤其是高强混凝土，从强度观点来看，当使用的粗集料最大粒径超过 40 mm 后，并无多大好处，因为这时由于减少用水量获得的强度提高，被大粒径集料造成的较少黏结面积和不均匀性的不利影响所抵消。因此，只有在可能的情况下，粗集料最大粒径应尽量选用大一些。但最大粒径的确定，还要受到混凝土结构截面尺寸及配筋间距的限制。按《混凝土质量控制标准》（GB 50164—2011）规定，混凝土用粗集料的最大粒径不得大于构件截面最小尺寸的 1/4，且不得大于钢筋间最小净间距的 3/4。对于混凝土实心板，集料的最大粒径不宜大于板厚的 1/3，且不得大于 40 mm。对于大体积混凝土，粗集料最大公称粒径不宜小于 31.5 mm。对于高强混凝土，粗集料的最大公称粒径不宜大于 25 mm。

· 72 ·

二、道路用沥青混合料中的集料

与水泥混凝土不同,沥青混合料中一般以 2.36 mm 为粗细集料的分界,粒径大于等于 2.36 mm 的是粗集料(碎石、破碎砾石等),小于 2.36 mm 的是细集料(天然砂、人工砂等)。

(一)粗集料

在沥青混合料中,沥青层用粗集料包括碎石、破碎砾石、筛选砾石、矿渣等,但高速公路和一级公路不得使用筛选砾石和矿渣。粗集料必须由具有生产许可证的采石场生产或施工单位自行加工。

粗集料应洁净、干燥、表面粗糙,形状接近立方体,且无风化杂质,具有足够的强度和耐磨性能,质量应符合表 3-21 的规定。当单一规格集料的质量指标达不到表中要求,而按照集料配合比计算的质量指标符合要求时,工程上允许使用。此外,沥青混合料中粗集料的各项质量指标试验应依据标准《公路工程集料试验规程》(JTG E42—2005),在压碎值、针片状颗粒含量等试验方法方面与普通混凝土存在显著不同。

与普通混凝土中集料的颗粒级配概念一致,沥青混合料用粗集料中各组成颗粒的分级和搭配称为级配,级配通过标准筛筛分试验确定。沥青混合料中的粗集料必须采用水洗法试验确定颗粒组成,用一套孔径为 75 mm、63 mm、53 mm、37.5 mm、31.5 mm、26.5 mm、19 mm、13.2 mm、9.5 mm、4.75 mm、2.36 mm、0.6 mm 的方孔标准筛。分计筛余百分率、累计筛余百分率的计算方法与普通混凝土集料一致,各号筛的质量通过百分率等于 100 减去该号筛的累计筛余百分率,准确至 0.1%。粗集料的规格应符合表 3-22 的规定。

表 3-21　沥青混合料用粗集料质量技术要求

指　　　标	单位	高速公路及一级公路		其他等级公路
		表面层	其他层次	
石料压碎值,不大于	%	26	28	30
洛杉矶磨耗损失,不大于	%	28	30	35
表观相对密度,不小于	—	2.60	2.50	2.45
吸水率,不大于	%	2.0	3.0	3.0
坚固性,不大于	%	12	12	—
针片状颗粒含量(混合料),不大于 其中粒径大于 9.5 mm,不大于 其中粒径小于 9.5 mm,不大于	% % %	15 12 18	18 15 20	20
水洗法<0.075 mm 颗粒含量,不大于	%	1	1	1
软石含量,不大于	%	3	5	5

表 3-22　沥青混合料用粗集料规格

规格名称	公称粒径/mm	通过下列筛孔(mm)的质量百分率/%												
		100	75	63	53	37.5	31.5	26.5	19.0	13.2	9.5	4.75	2.36	0.6
S1	40～75	100	90～100	—	—	0～15	—	0～5						
S2	40～60		100	90～100	—	0～15	—	0～5						
S3	30～60		100	90～100	—		0～15	—	0～5					
S4	25～50			100	90～100	—	—	0～15	—	0～5				

规格名称	公称粒径/mm	通过下列筛孔(mm)的质量百分率/%												
		100	75	63	53	37.5	31.5	26.5	19.0	13.2	9.5	4.75	2.36	0.6
S5	20~40				100	90~100	—	—	0~15	—	0~5			
S6	15~30					100	90~100	—	—	0~15	—	0~5		
S7	10~30					100	90~100	—	—		0~15	0~5		
S8	10~25						100	90~100	—	—	0~15	0~5		
S9	10~20							100	90~100	—	0~15	0~5		
S10	10~15								100	90~100	0~15	0~5		
S11	5~15								100	90~100	40~70	0~15	0~5	
S12	5~10									100	90~100	0~15	0~5	
S13	3~10									100	90~100	40~70	0~20	0~5
S14	3~5										100	90~100	0~15	0~3

粗集料与沥青的黏附性应符合规范的要求,当使用不符合要求的粗集料时,宜掺加消石灰、水泥或用饱和石灰水处理后使用,必要时可同时在沥青中掺加耐热、耐水、长期性能好的抗剥落剂,也可采用改性沥青的措施,使沥青混合料的水稳定性检验达到要求,掺加外加剂的剂量由沥青混合料的水稳定性检验确定。

破碎后的粗集料在符合质量技术要求前提下,表面粗糙,具有较多的凹凸平面,能吸附较多的沥青结合料,能提高混合料的耐久性。也就是说,粗集料的破碎面状况,直接影响其与沥青黏附后的路用性能。《公路沥青路面施工技术规范》JTG F40 2004 规定,破碎砾石应采用粒径大于 50 mm、含泥量不大于 1% 的砾石轧制,破碎砾石的破碎面应符合表 3-23 的要求。

表 3-23　粗集料对破碎面的要求

路面部位或混合料类型		具有一定数量破碎面颗粒的含量/%	
		1 个破碎面	2 个或 2 个以上破碎面
沥青路面表面层 　高速公路、一级公路 　其他等级公路	不小于 不小于	100 80	90 60
沥青路面中下面层、基层 　高速公路、一级公路 　其他等级公路	不小于 不小于	90 70	80 50
SMA 混合料	不小于	100	90
贯入式路面	不小于	80	60

（二）细集料

在沥青混合料中细集料是粒径小于 2.36 mm 的集料,主要起骨架和填充粗集料空隙作用的材料。沥青路面的细集料包括天然砂、机制砂、石屑。细集料应洁净、干燥、无风化、无杂质,并有适当的颗粒级配,其质量应符合表 3-24 的规定,细集料的各项质量指标试验应依据标准《公路工程集料试验规程》(JTG E42—2005)。

　　细集料的洁净程度,天然砂以小于 0.075 mm 含量的百分数表示,石屑和机制砂以砂当量(适用于 0～4.75 mm)或亚甲蓝值(适用于 0～2.36 m 或 0～0.15 mm)表示。亚甲蓝 MB 值试验目的在于检测含泥量和石粉含量,并区分机制砂中的土和石粉。

　　采用河砂或海砂等天然砂作为细集料时,通常宜采用粗、中砂,其筛分析试验采用一套孔径为 9.5 mm、4.75 mm、2.36 mm、1.18 mm、0.6 mm、0.3 mm、0.15 mm、0.075 mm 的方孔标准筛,规格应符合表 3-25 的规定。砂的含泥量超过规定时应水洗后使用,如表 3-24 所示,用水洗法得出小于 0.075 mm 的颗粒含量,对于高速公路和一级公路不大于 3%。海砂中的贝壳类材料必须筛除。热拌密级配沥青混合料中天然砂的用量通常不宜超过集料总量的 20%,SMA 和 OGFC 混合料不宜使用天然砂。

表 3-24　沥青混合料用细集料质量要求

项　　目	单位	高速公路、一级公路	其他等级公路
表观相对密度,不小于	—	2.50	2.45
坚固性(>0.3 mm 部分),不小于	%	12	—
含泥量(小于 0.075 mm 的含量),不大于	%	3	5
砂当量,不小于	%	60	50
亚甲蓝值,不大于	g/kg	25	—
棱角性(流动时间),不小于	s	30	—

表 3-25　沥青混合料用天然砂规格

筛孔尺寸 /mm	通过各孔隙的质量百分率/%		
	粗砂	中砂	细砂
9.5	100	100	100
4.75	90～100	90～100	90～100
2.36	65～95	75～90	85～100
1.18	35～65	50～90	75～100
0.6	15～30	30～60	60～84
0.3	5～20	8～30	15～45
0.15	0～10	0～10	0～10
0.075	0～5	0～5	0～5

　　石屑是采石场破碎石料时通过 4.75 mm 或 2.36 mm 的筛下部分,作为细集料时,其规格应符合表 3-26 的要求。采石场在生产石屑的过程中应具备抽吸设备,高速公路和一级公路的沥青混合料,宜将 S14 与 S16 组合使用,S15 可在沥青稳定碎石基层或其他等级公路中使用。

表 3-26　沥青混合料用机制砂或石屑规格

规格	公称粒径 /(mm)	水洗法通过各筛孔的质量百分率/%							
		9.5	4.75	2.36	1.18	0.6	0.3	0.15	0.075
S15	0～5	100	90～100	60～90	40～75	20～55	7～40	2～20	0～10
S16	0～3	—	100	80～100	50～80	25～60	8～45	0～25	0～15

注:当生产石屑采用喷水抑制扬尘工艺时,应特别注意含粉量不得超过表中要求。

复习思考题

3-1 简述岩浆岩、沉积岩、变质岩的形成及主要特征。

3-2 石材有哪些主要的技术性质？

3-3 天然大理石和花岗石建筑板材的主要物理力学性能有哪些？

3-4 天然石材按放射性水平分哪几类？各适用于什么场合？

3-5 人造石材主要有哪几类？简述聚酯人造石的特性。

3-6 简述建筑装饰用石材的种类及其应用。

3-7 何谓集料级配？集料级配良好的标准是什么？混凝土的集料为什么要有级配？

3-8 干砂 500 g，其筛分结果如下：

筛孔尺寸/mm	4.75	2.36	1.18	0.6	0.3	0.15	<0.15
筛余量/g	25	50	100	125	100	75	25

试判断该砂级配是否合格？属何种砂？并计算砂的细度模数。

3-9 有两种砂子，细度模数相同，它们的级配是否相同？若二者的级配相同，其细度模数是否相同？

第四章　气硬性无机胶凝材料

建筑上用来将散粒材料(如砂、石子等)或块状材料(如砖、石块等)黏结成为整体的材料,统称为胶凝材料。胶凝材料按其化学成分可分为无机胶凝材料和有机胶凝材料两类,前者如水泥、石灰、石膏等,后者如沥青、树脂等,其中无机胶凝材料在土木工程中应用广泛,沥青则主要应用于道路工程。

无机胶凝材料按其硬化条件的不同又分为气硬性和水硬性两类。所谓气硬性胶凝材料是指只能在空气中硬化,也只能在空气中保持或继续发展其强度的胶凝材料,如石膏、石灰、水玻璃和菱苦土等。水硬性胶凝材料是指不仅能在空气中硬化,而且能更好地在水中硬化,并保持和继续发展其强度的胶凝材料,如各种水泥。所以,气硬性胶凝材料只适用于地上或干燥环境,不宜用于潮湿环境,更不可用于水中,而水硬性胶凝材料既适用于地上,也可用于地下或水中环境。

第一节　建筑石膏

以石膏作为原材料,可制成多种石膏胶凝材料,建筑中使用最多的石膏胶凝材料是建筑石膏,其次是高强石膏,此外还有硬石膏水泥等。建筑石膏属气硬性胶凝材料。随着高层建筑的发展,它的用量正逐年增多,在建筑材料中的地位亦越将重要。

一、建筑石膏的原料与生产

(一)建筑石膏的原料

建筑石膏又称烧石膏、熟石膏,是以半水石膏为主要成分的粉状胶结料,生产建筑石膏的原料主要是天然二水石膏,也可采用化学石膏。

天然二水石膏($CaSO_4 \cdot 2H_2O$)又称生石膏。根据国家标准《天然石膏》(GB/T 5483—2008),以二水硫酸钙($CaSO_4 \cdot 2H_2O$)为主要成分的天然矿石是二水石膏,简称石膏;以无水硫酸钙($CaSO_4$)为主要成分的天然矿石是硬石膏。石膏和硬石膏按矿物组分分为三类。G类为石膏,以二水硫酸钙的质量百分含量表示其品位;A类为硬石膏,以无水硫酸钙与二水硫酸钙的质量百分含量之和表示其品位,且 $CaSO_4/(CaSO_4 + CaSO_4 \cdot 2H_2O) \geqslant 80\%$(质量比);M类为混合石膏,以无水硫酸钙与二水硫酸钙的质量百分含量之和表示其品位,且 $CaSO_4/(CaSO_4 + CaSO_4 \cdot 2H_2O) < 80\%$。各类石膏按其品位分为五级,并应符合表4-1的要求。

化学石膏是工业生产过程中化学反应产生的二水硫酸钙的总称。其中,脱硫石膏是燃煤或燃油工业企业(如火力发电厂等)在治理烟气中的二氧化硫后得到的工业副产品石膏,其主要成分与天然石膏一样为二水硫酸钙 $CaSO_4 \cdot 2H_2O$,含量在 90% 以上。脱硫石膏作为生产建筑石膏的原料,其加工利用意义重大,它不仅有力地促进了国家环保循环经济的进一步发展，而且还大大降低了天然石膏的开采，保护了资源。磷石膏是磷酸或磷肥工业以及某些合成洗涤剂产业排放的工业废渣。磷石膏多呈灰白色，有的是黄色或灰黄色，密度 $(2.05\sim2.45)g/cm^3$，容重 $850\ kg/m^3$，是一种多组分的复杂晶体，通常湿法生产 $1\ t$ 磷酸，产生 $4.5\sim5.5\ t$ 磷石膏。磷石膏是潮湿的细粉末，95% 的颗粒小于 $0.2\ mm$，自由水含量 $20\%\sim30\%$，且含磷、氟、有机物及二氧化硅等少量有害杂质，呈酸性，pH 一般在 4.5 以下。磷石膏中二水硫酸钙含量一般在 90% 以上，达到国家一级石膏标准。因此，作为生产建筑石膏的原料，同样具有利废环保的重大意义。此外，还有硼石膏、盐石膏、钛石膏等。采用化学石膏时应注意，如废渣（液）中含有酸性成分时，须预先用水洗涤或用石灰中和后才能使用。用化学石膏生产建筑石膏，可扩大石膏原料的来源，变废为宝，达到综合利用的目的。

表 4-1　各类石膏的品位及等级

级别	品位（质量分数）/%		
	石膏（G）	硬石膏（A）	混合石膏（M）
特级	≥95	—	≥95
一级		≥85	
二级		≥75	
三级		≥65	
四级		≥55	

生产普通建筑石膏时，采用二级以上的 G 类石膏，特级的 G 类石膏可用来生产高强石膏。天然二水石膏常被用作硅酸盐系列水泥的调凝剂，也用于配制自应力水泥。硬石膏结晶紧密、质地较硬，不能用来生产建筑石膏，而仅用于生产无水石膏水泥，或少量用作硅酸盐系列水泥的调凝剂掺用料。

（二）建筑石膏的生产

建筑石膏是以 β 型半水石膏（$\beta\text{-}CaSO_4 \cdot 1/2H_2O$）为主要成分，不加任何外加剂的白色粉状胶结料。它是将天然二水石膏或化学石膏加热至 $107℃\sim170℃$ 时，经脱水转变而成，其反应式如下：

$$CaSO_4 \cdot 2H_2O \xrightarrow{107℃\sim170℃} CaSO_4 \cdot \frac{1}{2}H_2O + \frac{3}{2}H_2O$$

（二水石膏）　　　　　　　（β 型半水石膏）

将二水石膏在不同压力和温度下加热，可制得晶体结构和性质各异的多种石膏胶凝材料。

在压蒸条件下（$0.13\ MPa$、$124℃$），二水石膏脱水生成 α 型半水石膏，即高强石膏，其晶体比 β 型的粗，比表面积小。若在压蒸时掺入结晶转化剂十二烷基磺酸钠、十六烷基磺酸钠、木质素磺酸钙等，则能阻碍晶体往纵向发展，使 α 型半水石膏晶体变得更粗。近年来的研究证明，α 型半水石膏也可用二水石膏在某些盐溶液中沸煮的方法制成。

当加热温度为 $170℃\sim200℃$ 时，石膏继续脱水成为可溶性硬石膏（$CaSO_4 \text{Ⅲ}$），与水调和仍能很快凝结硬化。当温度升高到 $200℃\sim250℃$ 时，石膏中残留很少的水，凝结硬化非常缓慢，但遇水后还能逐渐生成半水石膏直到二水石膏。

当温度高于 $400℃$，石膏完全失去水分，成为不溶性硬石膏（$CaSO_4 \text{Ⅱ}$），失去凝结硬化能力,称为死烧石膏。但加入适量激发剂混合磨细后又能凝结硬化,成为无水石膏水泥。

温度高于 800℃时,部分石膏分解出 CaO,磨细后的产品成为高温煅烧石膏,此时 CaO 起碱性激发剂的作用,硬化后有较高的强度和耐磨性,抗水性也较好,也称地板石膏。

二、建筑石膏的水化与硬化

建筑石膏与适量的水相混后,最初为可塑的浆体,但很快就失去塑性而产生凝结硬化,继而发展成为固体。发生这种现象的实质,是由于浆体内部经历了一系列的物理化学变化。首先,β 型半水石膏溶解于水,很快成为不稳定的饱和溶液。溶液中的 β 型半水石膏又与水化合形成了二水石膏,水化反应按下式进行:

$$CaSO_4 \cdot \frac{1}{2} H_2O + \frac{3}{2} H_2O \longrightarrow CaSO_4 \cdot 2H_2O$$

由于水化产物二水石膏在水中的溶解度比 β 型半水石膏小得多(仅为半水石膏溶解度的 1/5),因此,β 型半水石膏的饱和溶液对于二水石膏就成了过饱和溶液,从而逐渐形成晶核,在晶核大到某一临界值以后,二水石膏就结晶析出。这时溶液浓度降低,使新的一批半水石膏又可继续溶解和水化。如此循环进行,直到 β 型半水石膏全部耗尽。随着水化的进行,二水石膏生成量不断增加,水分逐渐减少,浆体开始失去可塑性,这称为初凝。而后浆体继续变稠,颗粒之间的摩擦力、黏力增加,并开始产生结构强度,表现为终凝。石膏终凝后,其晶体颗粒仍在逐渐长大、连生和互相交错,使其强度不断增长,直到剩余水分完全蒸发后,强度才停止发展。建筑石膏凝结硬化过程见图 4-1 所示。

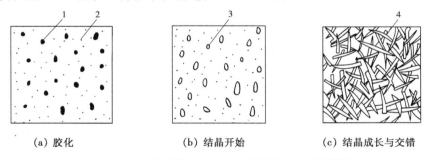

(a) 胶化　　　　　　　(b) 结晶开始　　　　　　(c) 结晶成长与交错

1—半水石膏;2—二水石膏胶体微粒;3—二水石膏晶体;4—交错的晶体

图 4-1　建筑石膏凝结硬化示意图

三、建筑石膏的技术性质

(一)建筑石膏的等级及质量标准

根据国家标准《建筑石膏》(GB 9776—2008)的规定,建筑石膏按抗折、抗压强度、细度和凝结时间分为 3.0、2.0 和 1.6 三个等级,具体物理性能要求见表 4-2 所示。

表 4-2　建筑石膏的物理力学性能

等级	细度(0.2 mm方孔筛筛余)/%	凝结时间 /min		2 h强度 /MPa	
		初凝	终凝	抗折	抗压
3.0				≥3.0	≥6.0
2.0	≤10	≥3	≤30	≥2.0	≥4.0
1.6				≥1.6	≥3.0

建筑石膏的密度一般为 2.60～2.75 g/cm³,堆积密度为 800～1 000 kg/m³。

（二）建筑石膏的特性

1. 凝结硬化快。建筑石膏的初凝和终凝时间都很短,加水后 6 min 即可凝结,终凝时间不超过 30 min,在室温自然条件下,约 1 周时间可完全硬化。由于凝结快,在实际工程使用时往往需要掺加适量缓凝剂,如可掺 0.1%～0.2%的动物胶或 1%亚硫酸盐酒精废液,也可掺加 0.1%～0.5%的硼砂等。

2. 建筑石膏硬化后孔隙率大、强度较低。其硬化后的抗压强度仅 3～5 MPa,但它已能满足用作隔墙和饰面的要求。强度测定采用 40 mm×40 mm×160 mm 三联试模。先按标准稠度需水量（标准稠度是指半水石膏净浆在玻璃板上扩展成 180 mm±5 mm 的圆饼时的需水量）加水于搅拌锅中,再将建筑石膏粉均匀撒入水中,并用手工搅拌、成型,在室温（20±5）℃、空气相对湿度为 55%～75%的条件下,从建筑石膏粉与水接触开始达 2 h 时,测定其抗折强度和抗压强度。

不同品种的石膏胶凝材料硬化后的强度差别甚大。高强石膏硬化后的强度通常比建筑石膏要高 2～7 倍。这是因为两者水化时的理论需水量虽均为 18.61%,但成型时的需水量要多一些,由于高强石膏的晶粒粗,晶粒比表面积小,所以实际需水量小,仅为 30%～40%,而建筑石膏的晶粒细,其实际需水量高达 50%～70%。显而易见,建筑石膏水化后剩余的水量要比高强石膏多,因此待这些多余水分蒸发后,在硬化体内留下的孔隙多,故其强度低。高强石膏硬化后抗压强度可达 10～40 MPa。

通常建筑石膏在贮存三个月后强度将降低 30%,故在贮存及运输期间应防止受潮。

3. 建筑石膏硬化体绝热性和吸音性能良好,但耐水性较差。建筑石膏制品的导热系数较小,一般为 0.121～0.205 W/(m·K)。在潮湿条件下吸湿性强,水分削弱了晶体粒子间的黏结力,故软化系数小,仅为 0.3～0.45,长期浸水还会因二水石膏晶体溶解而引起溃散破坏。在建筑石膏中加入适量水泥、粉煤灰、磨细的粒化高炉矿渣以及各种有机防水剂,可提高制品的耐水性。

4. 防火性能良好。建筑石膏硬化后的主要成分是带有两个结晶水分子的二水石膏,当其遇火时,二水石膏脱去结晶水,结晶水吸收热量蒸发时,在制品表面形成水蒸气幕,有效地阻止火的蔓延。制品厚度越大,防火性能越好。

5. 建筑石膏硬化时体积略有膨胀。一般膨胀 0.05%～0.15%,这种微膨胀性可使硬化体表面光滑饱满,干燥时不开裂,且能使制品造型棱角很清晰,有利于制造复杂图案花型的石膏装饰件。

6. 装饰性好。石膏硬化制品表面细腻平整,色洁白,具雅静感。

7. 硬化体的可加工性能好。可锯、可钉、可刨,便于施工。

四、建筑石膏的应用

建筑石膏广泛用于配制石膏抹面灰浆和制作各种石膏制品。高强石膏适用于强度要求较高的抹灰工程和石膏制品。在建筑石膏中掺入防水剂可用于湿度较高的环境中,加入有机材料如聚乙烯醇水溶液、聚醋酸乙烯乳液等,可配成黏结剂,其特点是无收缩性。

（一）抹灰石膏

抹灰石膏是以半水石膏（$CaSO_4 \cdot 0.5H_2O$）和 Ⅱ 型无水硫酸钙（Ⅱ 型 $CaSO_4$）单独或两者混合后作为主要胶凝材料,掺入外加剂制成的抹灰材料。抹灰石膏按用途可分为面层抹灰石膏(F)、底层抹灰石膏(B)、轻质底层抹灰石膏(L)和保温层抹灰石膏(T)四类。

按《抹灰石膏》(GB/T 28627—2012),面层抹灰石膏的细度全都通过 1.0 mm 的方孔筛,且 0.2 mm 方孔筛的筛余不大于 40%。抹灰石膏的初凝时间应不小于 1 h,终凝时间应不大于 8 h,可操作时间应不小于 30 min。轻质底层抹灰石膏体积密度应不大于 1 000 kg/m³。保温层抹灰石膏的体积密度应不大于 500 kg/m³,其导热系数应不大于 0.1 W/(m·K)。抹灰石膏的保水率和强度要求见表 4-3。

表 4-3　抹灰石膏的保水率和强度要求

产品类型	面层抹灰石膏	底层抹灰石膏	轻质底层抹灰石膏	保温层抹灰石膏
保水率/%,不小于	90	75	60	—
抗折强度/MPa,不小于	3.0	2.0	1.0	—
抗压强度/MPa,不小于	6.0	4.0	2.5	0.6
拉伸黏结强度/MPa,不小于	0.5	0.4	0.3	

抹灰石膏在运输与贮存时不得受潮和混入杂物,贮存期为六个月。

(二)建筑石膏制品

建筑石膏制品的种类较多,我国目前生产的主要有纸面石膏板、空心石膏条板、纤维石膏板、石膏砌块和装饰石膏制品等。

纸面石膏板、石膏空心条板、纤维石膏板和石膏砌块详见第十一章。本章只介绍装饰石膏制品。

1. 装饰石膏板

装饰石膏板是以建筑石膏为主要原料,掺入适量纤维增强材料和外加剂,与水搅拌成均匀的料浆,经浇注成型、干燥后制成,主要用作室内吊顶,也可用作内墙饰面板。装饰石膏板包括平板、孔板、浮雕板、防潮平板、防潮孔板和防潮浮雕板等品种。孔板上的孔呈图案排列,分盲孔和穿透孔两种,孔板除具有吸声特性,还有较好的装饰效果。

2. 嵌装式装饰石膏板

如在板材背面四边加厚带有嵌装企口,则可制成嵌装式装饰石膏板,其板材正面可为平面、穿孔或浮雕图案。以具有一定数量穿透孔洞的嵌装式装饰石膏板为面板,在其背面复合吸声材料,就成为嵌装式吸声石膏板,它是一种既能吸声又有装饰效果的多功能板材。嵌装式装饰石膏板主要用作天棚材料,施工安装十分方便,特别适用于影剧院、大礼堂及展览厅等观众比较集中又要求具有雅静感的公共场所。

3. 艺术装饰石膏制品

艺术装饰石膏制品主要包括浮雕艺术石膏角线、线板、角花、灯圈、壁炉、罗马柱、灯座、雕塑等。这些制品均系采用优质建筑石膏为基料,配以纤维增强材料、胶黏剂等,与水拌制成浆料,经注模成型、硬化、干燥而成。这类石膏装饰件用于室内顶棚和墙面,会顿生高雅之感。装饰石膏柱和装饰石膏壁炉,是以西方现代装饰技术,把东方传统建筑风格与罗马雕刻、德国新古典主义及法国复古制作融为一体,糅合精湛华丽的雕饰,美观、舒适、实用,将高雅而豪华的气派带入居室和厅堂。

第二节 建筑石灰

建筑石灰是建筑中使用最早的矿物胶凝材料之一。建筑石灰简称为石灰,由于生产石灰的原料分布很广,生产工艺简单,成本低廉,所以在建筑上历来应用很广。

一、石灰的生产、化学成分与品种

石灰是以碳酸钙($CaCO_3$)为主要成分的石灰石、白垩等为原料,在高温条件下煅烧所得的产物,其主要成分是氧化钙(CaO),煅烧反应式如下:

$$CaCO_3 \xrightarrow{900\sim1\,000℃} CaO + CO_2 \uparrow$$

石灰生产中为使 $CaCO_3$ 能充分分解生成 CaO,必须提高温度,但煅烧温度过高过低,或煅烧时间过长过短,都会影响石灰的质量。过烧石灰的内部结构致密,CaO 晶粒粗大,与水反应的速率极慢。当石灰浆中含有这类过烧石灰时,它将在石灰浆硬化以后才发生水化作用,因产生膨胀而引起硬化体崩裂或隆起等现象。

因石灰原料中常含有一些碳酸镁,所以石灰中也会含有一定量的氧化镁。《建筑生石灰》(JC/T 479—2013)规定,按氧化镁含量的多少,建筑石灰分为钙质和镁质两类,前者 MgO 含量不大于 5%。

根据成品的加工方法不同,石灰有以下四种成品:

1. 生石灰。由石灰石煅烧成的白色疏松结构的块状物,主要成分为 CaO。

2. 生石灰粉。由块状生石灰磨细而成。

3. 消石灰粉。将生石灰用适量水经消化和干燥而成的粉末,主要成分为 $Ca(OH)_2$,亦称熟石灰。

4. 石灰膏。将块状生石灰用过量水(为生石灰体积的 3～4 倍)消化,或将消石灰粉和水拌合,所得达一定稠度的膏状物,主要成分为 $Ca(OH)_2$ 和水。

二、生石灰的水化

生石灰的水化又称熟化或消化,它是指生石灰与水发生水化反应,生成 $Ca(OH)_2$ 的过程,其反应式如下:

$$CaO + H_2O \longrightarrow Ca(OH)_2 + 64.9\ kJ/mol$$

生石灰水化反应的特点:

1. 反应可逆。在常温下反应向右进行。在 547℃下,反应向左进行,即 $Ca(OH)_2$ 分解为 CaO 和 H_2O,其水蒸气分解压力可达 0.1 MPa,为使消化过程顺利进行,必须提高周围介质中的蒸汽压力,并且不要使温度升得太高。

2. 水化热大,水化速率快。生石灰的消化反应为放热反应,消化时不但水化热大,而且放热速率也快。1 kg 生石灰消化放热 1 160 kJ,它在最初 1 h 放出的热量几乎是硅酸盐水泥 1 d 放热量的 9 倍,是 28 d 放热量的 3 倍。这主要是由于生石灰结构多孔、CaO 的晶粒细小,内比表面积大之故。过烧石灰的结构致密、晶粒大,水化速率就慢。当生石灰块太大时,表面生成的水化产物 $Ca(OH)_2$ 层厚,易阻碍水分进入,故此时消解需强烈搅拌。

3. 水化过程中体积增大。块状生石灰消化过程中其外观体积可增大 $1.5\sim2$ 倍，这一性质易在工程中造成事故，应予以重视。但也可加以利用，即由于水化时体积增大，造成膨胀压力，致使石灰块自动分散成粉末，故可用此法将块状生石灰加工成消石灰粉。

三、石灰浆的硬化

石灰浆体在空气中逐渐硬化，是由下面两个同时进行的过程来完成：

1. 结晶作用。游离水分蒸发，氢氧化钙逐渐从饱和溶液中结晶析出。

2. 碳化作用。氢氧化钙与空气中的二氧化碳和水化合生成碳酸钙，释放出水分并被蒸发，其反应式为

$$Ca(OH)_2 + CO_2 + nH_2O \longrightarrow CaCO_3 + (n+1)H_2O$$

碳化作用实际上先是二氧化碳与水形成碳酸，然后再与氢氧化钙反应生成 $CaCO_3$，$CaCO_3$ 的固相体积比 $Ca(OH)_2$ 固相体积略微增大，故使石灰浆硬化体的结构更加致密。

石灰浆体的碳化是从表面开始的。若含水量过少，处于干燥状态时，碳化反应几乎停止。若含水过多，空隙中几乎充满水，CO_2 气体渗透量少，碳化作用只在表面进行。所以只有当孔壁完全湿润而孔中不充满水时，碳化作用才能进行较快。由于生成的 $CaCO_3$ 结构较致密，所以当表面形成 $CaCO_3$ 层达一定厚度时，将阻碍 CO_2 向内渗透，同时也使浆体内部的水分不易脱出，使氢氧化钙结晶速度减慢。所以，石灰浆体的硬化过程只能是很缓慢的。

四、建筑石灰的特性与技术要求

（一）建筑石灰的特性

1. 可塑性好。生石灰消化为石灰浆时，能形成颗粒极细（粒径为 $1\ \mu m$）呈胶体分散状态的氢氧化钙粒子，表面吸附一厚层的水膜，使颗粒间的摩擦力减小，因此，其可塑性好。利用这一性质，将其掺入水泥砂浆中，配制成混合砂浆，可显著提高砂浆的保水性。

2. 硬化缓慢。石灰浆的硬化只能在空气中进行，由于空气中 CO_2 含量少，使碳化作用进行缓慢，加之已硬化的表层对内部的硬化起阻碍作用，所以石灰浆的硬化过程较长。

3. 硬化后强度低。生石灰消化时的理论需水量为生石灰质量的 32.13%，但为了使石灰浆具有一定的可塑性便于应用，同时考虑到一部分水因消化时水化热大而被蒸发掉，故实际消化用水量很大，多余水分在硬化后蒸发，留下大量孔隙，使硬化石灰体密实度小，强度低。例如 $1:3$ 配比的石灰砂浆，其 $28\ d$ 的抗压强度只有 $0.2\sim0.5\ MPa$。

4. 硬化时体积收缩大。由于石灰浆中存在大量的游离水，硬化时大量水分蒸发，导致内部毛细管失水紧缩，引起显著的体积收缩变形，使硬化石灰体产生裂纹，故石灰浆不宜单独使用，通常工程施工时常掺入一定量的集料（砂子）或纤维材料（麻刀、纸筋等）。

5. 耐水性差。由于石灰浆硬化慢、强度低，当其受潮后，其中尚未碳化的 $Ca(OH)_2$ 易产生溶解，硬化石灰体遇水会产生溃散，故石灰不宜用于潮湿环境。

（二）建筑石灰的技术要求

1. 建筑生石灰的技术要求

按标准《建筑生石灰》(JC/T 479—2013)规定，建筑生石灰的分类见表 4-4，其化学成分和物理性质分别见表 4-5 和表 4-6。

表 4-4　建筑生石灰的分类

类别	名称	代号
钙质石灰	钙质石灰 90	CL 90
	钙质石灰 85	CL 85
	钙质石灰 75	CL 75
镁质石灰	镁质石灰 85	ML 85
	镁质石灰 80	ML 80

注：生石灰的识别标志由产品名称、加工情况和产品依据标准编号组成。生石灰块在代号后加 Q，生石灰粉在代号后加 QP。示例：符合 JC/T 479—2013 的钙质生石灰粉 90 可标记为 CL 90-QP JC/T 479—2013（其中 CL——钙质石灰；90——(CaO＋MgO)百分含量；QP——粉状；JC/T 479-2013——产品依据标准）。

　　生石灰熟化时产浆量是衡量生石灰质量的重要指标，但生石灰中常含有欠烧石灰、过烧石灰及其他杂质，它们均会影响石灰的质量和产浆量。欠烧石灰的主要成分是尚未分解的石灰石，它不能消化，致使降低石灰浆的产量。过烧石灰不仅影响产浆量，更重要的是它会导致工程事故，这是由于它表面包裹有一层玻璃质釉状物，致使其水化极慢，它要在石灰使用硬化后才开始慢慢熟化，此时产生体积膨胀，引起已硬化的石灰体发生鼓包开裂破坏。为了消除过烧石灰的危害，通常生石灰熟化时要经陈伏，即将熟化后的石灰浆（膏）在消化池中储存 2～3 周以上方可使用。陈伏期间，石灰浆（膏）表面应保持一层一定厚度的水，以隔绝空气，防止碳化。

　　生石灰熟化时的产浆量的测定方法是：将规定质量（重量）、一定粒径的生石灰块放入装有水的筛筒内，在规定时间内使其消化，测出筛下生成的石灰浆体积，便得产浆量，单位为 $dm^3/10\ kg$。一般 10 kg 生石灰约加 25 kg 水，经消化沉淀除水后，可制得表观密度为 1 300～1 400 kg/m^3 的石灰膏 25～30 dm^3。

　　2. 建筑生石灰粉的技术要求

　　建筑生石灰粉由块状生石灰磨细而成，其化学成分和物理性质分别见表 4-5 和表 4-6 所示。

表 4-5　建筑生石灰的化学成分　　　　　　　　　％

名称	(氧化钙＋氧化镁)(CaO＋MgO)	氧化镁(MgO)	二氧化碳(CO_2)	三氧化硫(SO_3)
CL 90-Q CL 90-QP	≥90	≤5	≤4	≤2
CL 85-Q CL 85-QP	≥85	≤5	≤7	≤2
CL 75-Q CL 75-QP	≥75	≤5	≤12	≤2
ML 85-Q ML 85-QP	≥85	>5	≤7	≤2
ML 80-Q ML 80-QP	≥80	>5	≤7	≤2

　　3. 建筑消石灰粉的技术要求

　　建筑消石灰粉按扣除游离水和结合水后（CaO＋MgO）的百分含量可分为钙质消石灰粉和镁质消石灰粉二种。其化学成分和物理性能应满足 JC/T 481—2013 标准的要求。

表 4-6　建筑生石灰的物理性质

名称	产浆量 /dm³·(10 kg)⁻¹	细度	
		0.2 mm 筛余量/%	90 μm 筛余量/%
CL 90-Q CL 90-QP	≥26 —	— ≤2	— ≤7
CL 85-Q CL 85-QP	≥26 —	— ≤2	— ≤7
CL 75-Q CL 75-QP	≥26 —	— ≤2	— ≤7
ML 85-Q ML 85-QP	— —	— ≤2	— ≤7
ML 80-Q ML 80-QP	— —	— ≤7	— ≤2

消石灰粉的游离水是指在 100℃～105℃时烘至恒重后的质量损失。消石灰粉的体积安定性是将一定稠度的消石灰浆做成中间厚、边缘薄的一定直径的试饼,然后在 100～105℃下烘干 4 h,若无溃散、裂纹、鼓包等现象则为体积安定性合格。

五、建筑石灰的应用

1. 广泛用于建筑室内粉刷

建筑室内墙面和顶棚采用消石灰乳进行粉刷。由于石灰乳是一种廉价的涂料,施工方便,且颜色洁白,能为室内增白添亮,因此,建筑中应用十分广泛。

消石灰乳由消石灰粉或消石灰浆掺大量水调制而成,消石灰粉和浆则由生石灰消化而得。生石灰的消化方法有人工法和机械法两种,现简述如下:

(1) 消石灰粉的制备

工地制备消石灰粉常采用人工喷淋(水)法。喷淋法是将生石灰块分层平铺于能吸水的基面上,每层厚约 20 cm,然后喷淋占石灰重 60%～80% 的水,接着在其上再铺放一层生石灰,再淋一次水,如此使之成为粉为止。所得消石灰粉还需经筛分后方可储存备用。

机械法是将经破碎的生石灰小块用热水喷淋后,放进消化槽进行消化,消化时放出大量蒸汽,致使物料流态化,收集溢流出来的物料经筛分后即为成品。

生石灰消化成消石灰粉时其用水量的多少十分重要,水分不宜过多或过少。加水过多,将使所得消石灰粉变潮湿,影响质量;加水太少,则使生石灰消化不完全,且易引起消化温度过高,从而使生石灰颗粒表面已形成的 $Ca(OH)_2$ 部分脱水,发生凝聚作用,使水不能渗入颗粒内部继续消化,也造成消化不完全。消石灰粉的优等品和一等品适用于粉刷墙体的饰面层和中间涂层,合格品用于配制砌筑墙体用的砂浆。

(2) 消石灰浆的制备

生石灰块直接消化成石灰浆,大多是在使用现场进行。可采用人工或机械方法消化。人工消化方法是把生石灰放在化灰池中,消化成石灰水溶液,然后通过筛网,流入储灰坑。在储灰坑内,石灰水中大量多余的水从坑的四壁向外溢走,随着水分的减少逐渐形成石灰浆,最后可形成石灰膏。

机械消化法是先将生石灰块破碎成 5 cm 大小的碎块,然后在消化器(内装有搅拌设备)

中加入 40℃～50℃ 的热水，消化成石灰水溶液，再流入澄清桶内浓缩成石灰浆。

用消石灰乳粉刷室内面层时，掺入少量佛青颜料，可抵消因含铁氧化物杂质而形成淡黄色，使粉白层呈纯白色。掺入防水胶可提高粉刷层的防水性，并增加黏结力，不易掉白。

2. 大量用于拌制建筑砂浆

消石灰浆和消石灰粉可以单独或与水泥一起配制成砂浆，前者称为石灰砂浆，后者称为混合砂浆。石灰砂浆可用作砖墙和混凝土基层的抹灰，混合砂浆则用于砌筑，也常用于抹灰。

3. 配制三合土和灰土

三合土是采用生石灰粉（或消石灰粉）、黏土和砂子按 1∶2∶3 的比例，再加水拌和夯实而成。灰土是用生石灰粉和黏土按 1∶(2～4) 的比例，再加水拌合夯实而成。三合土和灰土在强力夯打之下，密实度大大提高，而且可能是黏土中的少量活性氧化硅和氧化铝与石灰粉水化产物 $Ca(OH)_2$ 作用，生成了水硬性矿物，因而具有一定抗压强度、耐水性和相当高的抗渗能力。三合土和灰土主要用于建筑物的基础、路面或地面的垫层。

4. 加固含水的软土地基

生石灰块可直接用来加固含水的软土地基（称为石灰桩）。它是在桩孔内灌入生石灰块，利用生石灰吸水熟化时体积膨胀的性能产生膨胀压力，从而使地基加固。

5. 生产硅酸盐制品

以石灰和硅质材料（如石英砂、粉煤灰等）为原料，加水拌合，经成型、蒸养或蒸压处理等工序而成的建筑材料，统称为硅酸盐制品。如蒸压灰砂砖，主要用作墙体材料。

6. 磨制生石灰粉

目前，建筑工程中大量采用磨细生石灰来代替石灰膏和消石灰粉配制灰土或砂浆，或直接用于制造硅酸盐制品，其主要优点如下：

(1) 由于磨细生石灰具有很高的细度（80 μm 方孔筛筛余小于 30%），表面积极大、水化时加水量亦随之增大，水化反应速度可提高 30～50 倍，水化时体积膨胀均匀，避免了产生局部膨胀过大现象，所以可不经预先消化和陈伏而直接应用，不仅提高了工效，而且节约了场地，改善了环境。

(2) 将石灰的熟化过程与硬化过程合二为一，熟化过程中所放热量又可加速硬化过程，从而改善了石灰硬化缓慢的缺点，并可提高石灰浆体硬化后的密实度、强度和抗水性。

(3) 石灰中的过烧石灰和欠烧石灰被磨细，提高了石灰的质量和利用率。

第三节 水 玻 璃

水玻璃俗称泡花碱，是一种水溶性硅酸盐，由碱金属氧化物和二氧化硅组成。根据碱金属氧化物种类不同，可分为钠水玻璃（$Na_2O \cdot nSiO_2$）和钾水玻璃（$K_2O \cdot nSiO_2$）等。由于钾水玻璃价格较高，因此目前使用最多的是钠水玻璃。

一、水玻璃的生产

钠水玻璃的水溶液为无色或淡绿色黏稠液体。水玻璃的生产方法有湿法生产和干法生产两种。湿法生产是将石英砂和氢氧化钠水溶液在压蒸锅（0.2～0.3 MPa）内用蒸汽加热溶解而制成水玻璃溶液。干法是将石英砂和碳酸钠按一定比例磨细拌匀，在熔炉中于

1 300℃～1 400℃温度下熔融,其反应式如下:

$$Na_2CO_3 + nSiO_2 \xrightarrow{1\,300\sim1\,400℃} Na_2O \cdot nSiO_2 + CO_2$$

熔融的水玻璃冷却后得到固态水玻璃,然后在 0.3～0.8 MPa 的蒸压釜内加热溶解成胶状水玻璃溶液。

水玻璃分子式中 SiO_2 与 Na_2O 分子数比 n 称为水玻璃的模数,一般在 1.5～3.5 之间。水玻璃的模数愈大,愈难溶于水。模数为 1 时,能在常温水中溶解,模数增大,只能在热水中溶解,当模数大于 3 时,要在 4 个大气压(0.4 MPa)以上的蒸汽中才能溶解。但水玻璃的模数愈大,胶体组分愈多,其水溶液的黏结能力愈大。当模数相同时,水玻璃溶液的密度愈大,则浓度愈稠、黏性愈大、黏结能力愈好。工程中常用的水玻璃模数为 2.6～2.8,其密度为 1.3～1.4 g/cm³。

二、水玻璃的硬化

水玻璃溶液在空气中吸收 CO_2 形成无定形硅胶,并逐渐干燥而硬化,其反应式为

$$Na_2O \cdot nSiO_2 + CO_2 + mH_2O \longrightarrow Na_2CO_3 + nSiO_2 \cdot mH_2O$$

由于空气中 CO_2 的浓度很低,上述反应过程进行很慢。为加速硬化,常在水玻璃中加入促硬剂氟硅酸钠,促使硅酸凝胶加速析出,其反应式为

$$2[Na_2O \cdot nSiO_2] + Na_2SiF_6 + mH_2O \longrightarrow 6NaF + (2n+1)SiO_2 \cdot mH_2O$$

氟硅酸钠的适宜用量为水玻璃质量的 12%～15%。用量太少,硬化速度慢,强度降低,且未反应的水玻璃易溶于水,导致耐水性差;用量过多会引起凝结过快,造成施工困难,而且渗透性大,强度低。

三、水玻璃的特性与应用

水玻璃具有良好的胶结能力,硬化时析出的硅酸凝胶有堵塞毛细孔而防止水渗透的作用。水玻璃不燃烧,在高温下硅酸钙凝胶干燥得很快,强度并不降低,甚至有所增加。水玻璃具有高度的耐酸性能,能抵抗大多数无机酸(氢氟酸除外)和有机酸的作用。

1. 作为灌浆材料,用以加固地基。使用时将水玻璃溶液与氯化钙溶液交替灌入土壤中,反应如下:

$$Na_2O \cdot nSiO_2 + CaCl_2 + mH_2O \longrightarrow nSiO_2 \cdot (m-1)H_2O + Ca(OH)_2 + 2NaCl$$

反应生成的硅胶起胶结作用,能包裹土粒并填充其孔隙;生成氢氧化钙,也起胶结和填充孔隙的作用。这不仅能提高基础的承载能力,而且也可以增强不透水性。

2. 涂刷建筑材料表面,提高密实性和抗风化能力。用浸渍法处理多孔材料也可达到同样目的。上述方法对黏土砖、硅酸盐制品、水泥混凝土等均有良好的效果,因水玻璃与制品中的 $Ca(OH)_2$ 反应生成硅酸钙胶体可提高制品的密实度。反应式如下:

$$Na_2O \cdot nSiO_2 + Ca(OH)_2 \longrightarrow Na_2O \cdot (n-1)SiO_2 + CaO \cdot SiO_2 \cdot H_2O$$

注意:此法不能用于涂刷或浸渍石膏制品,因硅酸钠会与硫酸钙发生反应生成硫酸钠,

硫酸钠在制品孔隙中结晶,产生体积膨胀,使制品胀裂。调制液体水玻璃时,可加入耐碱颜料和填料,兼有饰面效果。

3. 配制快凝防水剂。因水玻璃能促使水泥凝结,所以可用它配制各种促凝剂,掺入水泥浆、砂浆或混凝土中,用于堵漏、抢修,故称为快凝防水剂。如在水泥中掺入约为水泥质量0.7倍的水玻璃,初凝为 2 min,可直接用于堵漏。

以水玻璃为基料,加入两种、三种、四种或五种矾配制成的防水剂,分别称为二矾、三矾、四矾或五矾防水剂。

以水玻璃为基料,掺入 1‰硫酸钠和微量荧光粉配成的快燥精也属此类。改变其在水泥中的掺入量,其凝结时间可在 1 min 到 30 min 之间任意调节。

4. 配制耐酸混凝土和耐酸砂浆。

5. 配制耐热混凝土和耐热砂浆。

不同的应用条件,对水玻璃的模数有不同要求。用于地基灌浆时,宜取模数为2.7～3.0;涂刷材料表面时,模数宜取 3.3～3.5;配制耐酸混凝土或作为水泥促凝剂时,模数宜取2.6～2.8;配制碱矿渣水泥时,模数取 1～2 为好。

水玻璃模数的大小可根据要求配制。水玻璃溶液中加入 NaOH 可降低模数,溶入硅胶(或硅灰)可以提高模数。或用模数大小不一的两种水玻璃掺配使用。

第四节 镁质胶凝材料

镁质胶凝材料是继石膏、石灰、水玻璃等的又一无机气硬性胶凝材料。构成镁质胶凝材料的主要组分是氧化镁,其主要原料为菱镁矿(以 $MgCO_3$ 为主)。菱镁矿(magnesite)是一种镁的碳酸盐,其化学分子式为碳酸镁($MgCO_3$),密度为 2 900～3 100 kg/m³。根据结晶状态的不同,菱镁矿可以分为晶质和非晶质两种。晶质菱镁矿呈菱形六面体、柱状、板状、粒状、致密状、土状和纤维状等,往往含钙和锰的类质同象物,Fe^{2+} 可以替代 Mg^{2+},组成菱镁矿($MgCO_3$)-菱铁矿($FeCO_3$)完全类质同象系列。非晶质菱镁矿为凝胶结构,常呈泉华状,没有光泽,没有解理,具有贝壳状断面。

据美国地质调查局 2020 年统计数据,2019 年全球菱镁矿总储量约占 85 亿 t,中国已探明储量约为 10 亿 t,占世界菱镁矿总储量的 11.76%,见表 4-7 所示。中国的菱镁矿主要分布在辽宁、河北、安徽、山东、四川、青海、西藏、甘肃、新疆等 9 个省,其中辽宁储量最大,约占全国总储量的 85.62%,山东其次,约占全国总储量的 9.54%,储量相对比较大的其他省份有西藏、新疆和甘肃。2019 年全球菱镁矿总产量为 2 800 万 t,各国产量具体分布见表 4-7所示。

表 4-7 2019 年世界几个主要国家的菱镁矿储量及产量

国家	中国	土耳其	巴西	俄罗斯	奥地利	西班牙	斯洛伐克	希腊	澳大利亚	印度	朝鲜	其他
产量/10^3 t	19 000	2 000	1 700	1 500	740	580	500	470	300	170	50	600
储量/10^6 t	1 000	230	390	2 300	50	35	120	280	320	80	2 300	1 400

菱镁矿加热至 640℃以上时,开始分解成氧化镁和二氧化碳。在 700℃～1 000℃煅烧

时，二氧化碳没有完全逸出，成为一种粉末状物质，称为轻烧氧化镁（light-burned magnesia 或 caustic calcined magnesia，也称苛性镁、菱苦土），其化学活性很强，具有高度的胶黏性，易与水作用生成氢氧化镁。在 1 400℃～1 800℃煅烧时，二氧化碳完全逸出，氧化镁形成方镁石致密块体，称重烧氧化镁（dead-burned magnesia）。在 2 500℃～3 000℃将重烧镁熔融，经冷却凝固发育成完好的方镁石晶体，称为电熔氧化镁或熔融氧化镁（fused magnesia），高温煅烧的氧化镁不易与水和碳酸结合，具有硬度大，抗化学腐蚀性强，电阻率高等特性。衡量煅烧氧化镁性能的关键指标主要包括氧化镁含量（见《镁铝系耐火材料化学分析方法》（GB/T 5069—2015））、氧化镁活性（见《轻烧氧化镁化学活性测定方法》（YB/T 4019—2006））、晶粒尺寸（根据煅烧氧化镁的 X 射线衍射谱由 Scherrer's formula 计算获得）、比表面积、筛余量和烧失量等。氧化镁的活性（《轻烧氧化镁化学活性测定方法》（YB/T 4019—2006））与母岩矿物组成及杂质含量、煅烧工艺（如原料颗粒大小、煅烧温度、煅烧时间和加热速率等）密切相关。轻烧氧化镁产品的相关标准主要有《轻烧氧化镁》（YB/T 5206—2004）、《菱镁制品用轻烧氧化镁》（WB/T 1019—2002）、《镁质胶凝材料用原料》（JC/T449—2008）。重烧、死烧及电熔氧化镁产品质量目前主要是借鉴《烧结镁砂》（GB/T 2273—2007）。

镁质胶凝材料是指以 MgO 为主要成分之一的无机气硬性胶凝材料，主要有氯氧镁水泥（magnesium oxychloride cement，MOC）、硫氧镁水泥（magnesium oxysulfate cement，MOS）和磷酸镁水泥（magnesium phosphate cement，MPC）三种。

一、氯氧镁水泥

氯氧镁水泥，又称 Sorel 水泥（索瑞尔水泥），是法国人 Sorel 于 1867 年发明。它主要是由含碳酸镁的菱镁矿经轻烧（700℃～1 000℃）而成的轻烧氧化镁与一定浓度氯化镁溶液之间反应获得的镁质胶凝材料。

氯化镁是制盐苦卤中提取氯化钾和溴素后的母液为原料加工制成的副产物，遍及沿海各盐矿和内陆各井盐与盐湖地区。我国氯化镁资源极为丰富，沿海制盐工业卤片年产量达 100 万 t 以上，青海察尔汗盐湖氯化镁储量为 20 亿 t 以上。丰富的菱镁矿和卤片为中国发展氯氧镁水泥胶凝材料和制品奠定了雄厚的基础。

在常温条件下，氯氧镁水泥的主要水化产物有 $5Mg(OH)_2 \cdot MgCl_2 \cdot 8H_2O$（简称 5 相或者 5.1.8 相）、$3Mg(OH)_2 \cdot MgCl_2 \cdot 8H_2O$（简称 3 相或者 3.1.8 相）和 $Mg(OH)_2$。如果样品发生碳化，则可能存在 $3MgCO_3 \cdot Mg(OH)_2 \cdot MgCl_2 \cdot 6H_2O$。在大于 50℃的高温下形成的则是 $2Mg(OH)_2 \cdot MgCl_2 \cdot 4H_2O$（简称 2 相或 2.1.4 相）、$9Mg(OH)_2 \cdot MgCl_2 \cdot 5H_2O$（简称 9 相或 9.1.5 相）和 $Mg(OH)_2$（图 4-2）。

氯氧镁水泥具有以下优点：①快硬、轻质高强。氯氧镁水泥的水化反应是放热的，其水化热可达 925 kJ/kg MgO，30 天的放热量可达 1 387 kJ/kg MgO，是水泥水化热（300～400 kJ/kg 水泥）的 3～4 倍，最高放热温度可达 140℃，因此氯氧镁水泥无须采取附加措施就能在常温下达到快硬的目的，氯氧镁水泥制品的密度一般只有普通硅酸盐水泥制品的70%。在配比合适的情况下，其抗压强度可以很轻易地达到 60～140 MPa（图 4-3）。②弱碱性和低腐蚀性。氯氧镁水泥浆体滤液的 pH 在 8.5～9.5 之间，一般只对金属有腐蚀作用，可以用植物纤维或玻璃纤维直接增强制成纤维增强水泥复合材料，代替对人体有害、对环境有污染的石棉水泥材料，用作轻质墙体材料和装饰板材，不会引起木质纤维的降解。而硅酸盐水泥的 pH 一般在 13 左右，对所选用织物纤维及玻璃纤维具有腐蚀作用。③黏结性好。与一些有机或无机集料如锯木屑、木粉、矿石粉末和砂石等有很强的黏结力,故可以用作木屑板和胶合板的胶黏剂。④耐磨性好,其耐磨性是普通硅酸盐水泥的三倍,一般情况下普通硅酸盐水泥地面砖的磨坑长度为 34.7 mm,而氯氧镁水泥地面砖磨坑长度只有12.1 mm。⑤阻燃性优良,MgO、$MgCl_2$ 都是不可燃的,且制品水化物中大量结晶水都能阻止点燃。⑥抗盐卤能力强。

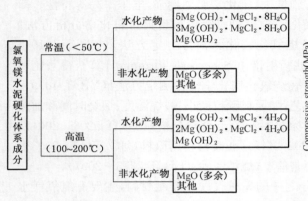

图 4-2　氯氧镁水泥硬化体系的组成　　图 4-3　摩尔比对氯氧镁水泥强度的影响

　　氯氧镁水泥的缺点是返卤、泛霜起白、耐水性差和翘曲变形。返卤是指氯氧镁水泥受潮或使用环境湿度较大时,它的表面出现水珠或黏性的潮渍。泛霜起白是指样品表面出现白点或者白霜。耐水性差的主要原因是由于 5 相和 3 相的分解造成的材料强度的降低。返卤和泛霜起白通常要通过调整氧化镁、氯化镁以及水之间的比例关系解决。翘曲变形则要通过保证材料水分散失的均匀性来解决。提高耐水性则需要通过加入改性剂来实现。常用的氯氧镁水泥改性剂可以分无机类、有机类和掺加各种工业废渣类(如粉煤灰、矿渣等各种潜在活性的混合材)。常用的无机改性剂有磷酸盐(如三聚磷酸钠、六聚偏磷酸钠等)、磷酸、葡萄糖酸、硼酸、盐酸盐(如 $FeCl_3$、$FeCl_2$、$CaCl_2$)、硫酸盐、铝酸盐等。常用的有机改性剂有松香酸皂、甲基丙烯酸甲酯乳液、苯丙乳液、氯偏乳液和丁苯乳液等。这些改性剂的本质目的要么是提高 5 相和 3 相的稳定性,要么是封闭样品的孔隙,从而起到改善产品耐水性的目的。

　　为了调节氯氧镁水泥制备生产过程,还会使用缓凝剂和促凝剂。促凝剂大多采用无机电解质,如氯盐、硫酸盐、亚硝酸盐、碳酸盐、铝酸盐以及少数有机化合物,三乙醇胺、甲酸钙等也具有早强作用。它们的作用机理大多是提高水化热或与组成中的 Ca^{2+} 形成类似石膏的早强物质。缓凝剂分为有机和无机盐两大类:有机缓凝剂有柠檬酸、酒石酸和葡萄糖酸,无机盐有二聚及三聚磷酸盐、焦磷酸钠、偏磷酸盐、氯化锌、硫酸铜和硫酸锌等。

　　氯氧镁水泥由于质轻、强度高、与植物纤维黏结强度高、耐磨以及只要在空气中养护就可以硬化等特点,在工业界得到广泛应用。如波镁板/瓦、隔墙板、墙体保温板(如发泡氯氧镁水泥与聚苯颗粒复合制备的轻质保温板)、砌块、烟道及通风管道、门框及门板、井盖、包装箱以及各种建筑装饰材料和工艺品等。

　　二、硫氧镁水泥

　　硫氧镁水泥是轻烧氧化镁(即菱镁矿在 800℃～1 000℃煅烧而成)与一定浓度硫酸镁溶液

之间反应获得。硫酸镁原料相关指标要求可以参考《镁质胶凝材料制品用硫酸镁》(CMMA/T 1—2015)。在30℃～120℃之间,硫氧镁水泥凝结硬化后会生成五种含氧硫酸盐相,它们是 $5Mg(OH)_2 \cdot MgSO_4 \cdot 2H_2O$(5.1.2相)、$3Mg(OH)_2 \cdot MgSO_4 \cdot 8H_2O$(3.1.8相)、$Mg(OH)_2 \cdot MgSO_4 \cdot 5H_2O)$(1.1.5相)、$Mg(OH)_2 \cdot 2MgSO_4 \cdot 3H_2O$(1.2.3相)和 $5Mg(OH)_2 \cdot MgSO_4 \cdot 7H_2O$(5.1.7相),最新的热力学研究结果显示常温下只有5.1.2相是稳定的,3.1.8相、5.1.7相均为亚稳相。其中只有3相和5相能稳定存在于25℃以下。

硫氧镁水泥的耐磨性约是硅酸盐水泥的1.5倍,但只有氯氧镁水泥的一半。在力学性能上,硫氧镁水泥也不及氯氧镁水泥出色,但优于硅酸盐水泥。氯氧镁水泥与硫氧镁水泥的共同特点是耐水性不佳。因此需要通过无机或有机改性剂以及矿物混合材料等来提高其耐久性。如粉煤灰矿渣、硅灰、水玻璃、磷酸、磷酸盐、柠檬酸、柠檬酸钠、酒石酸、苹果酸钠、葡萄糖酸及其盐类等。

与氯氧镁水泥类似,硫氧镁水泥页由于质轻、强度高、与植物纤维黏结强度高、耐磨以及只要在空气中养护就可以硬化等特点,在工业界得到广泛应用。如波镁板/瓦、隔墙板、墙体保温板、砌块、烟道及通风管道、门框及门板、井盖、包装箱以及各种建筑装饰材料和工艺品等。此外,因为硫氧镁水泥不含有氯盐,因此也有学者在探索将硫氧镁水泥取代硅酸盐水泥用在钢筋混凝土体系。

三、磷酸镁水泥

磷酸镁水泥(MPC)是一种酸基水泥(acid-base cement),即通过酸与碱之间的反应得到的水泥,它依靠重烧氧化镁(菱镁矿的煅烧温度在1 100～1 700℃)和磷酸盐溶液(如磷酸盐(钾、钠、铵)、磷酸二氢盐(钾、钠、铵)、磷铝酸盐等)反应获得。以磷酸二氢钾或者磷酸二氢铵为原料的磷酸镁水泥性能最为稳定且研究最为广泛。

对于铵盐体系已鉴别出的可能水化产物包括:$MgNH_4PO_4 \cdot H_2O$、$MgHPO_4 \cdot 2H_2O$、$MgHPO_4 \cdot 3H_2O$、$MgHPO_4 \cdot 7H_2O$、$Mg(NH_4)_2(HPO_4)_2 \cdot 4H_2O$、$MgNH_4PO_4 \cdot 6H_2O$。对于钾盐体系,当前已经识别出来的可能的水化产物包括:$MgKPO_4 \cdot 6H_2O$、$MgHPO_4 \cdot 7H_2O$、$Mg_2KH(PO_4)_2 \cdot 15H_2O$、$MgHPO_4 \cdot 3H_2O$、$Mg_3(PO_4)_2 \cdot 8H_2O$ 和 $Mg_3(PO_4)_2$。

磷酸镁是一种快硬高早强的镁质胶凝材料,水泥反应速率非常快,取决于重烧氧化镁的活性以及细度的不同,也取决于环境温度,常温状态下凝结时间通常在几分钟到十几分钟之间变化。这也是为什么磷酸镁水泥体系采用重烧氧化镁而不采用轻烧氧化镁的原因。此外,磷酸镁水泥的反应放热量也非常大,通常用硼酸或者硼砂作为缓凝剂来延缓磷酸镁水泥的反应。磷酸镁水泥最早是用在牙科或耐火材料领域。由于磷酸镁水泥具有凝结时间短、早期强度高(1 h强度可高达30～40 MPa)、黏聚性好(可做水不分散混凝土)、与旧混凝土及其他材料之间界面黏结强度高、体积变形小、耐磨、抗冻性、抗盐冻剥蚀性能和防钢筋锈蚀等耐久性较好、环境温度适应性强等特点,当今已经作为建筑和交通领域的快速修补材料而被广泛使用。此外,在有害废弃物固化方面也有广泛的应用。目前《磷酸镁修补砂浆》(JC/T 2537—2019)业已发布实施,中国建材行业标准"磷酸镁水泥"也在编制过程中。

除了氯氧镁水泥、硫氧镁水泥和磷酸镁水泥外,近20年来也有学者在探索研究硅酸镁水泥(magnesium silicate hydrate cement,M-S-H)和碳酸镁水泥(magnesium carbonate hydrate cement,M-C-H,又称活性氧化镁水泥,reactive magnesia cement)。

硅酸镁水泥是用轻烧氧化镁或者氢氧化镁与无定形二氧化硅(如硅灰)加水搅拌复合而成。由于硅灰的比表面积很大,需水量很高,所以为了获得较好的流动性通常需要掺减水剂或用六偏磷酸钠(最佳掺量 1%)做分散剂。硅酸镁水泥的 pH 通常在 9.5～10.5 之间,其主要水化产物是 $Mg(OH)_2$ 和晶态和非晶态的水合硅酸镁,这些水合硅酸镁可能包括 $3MgO \cdot 2SiO_2 \cdot 2H_2O$、$3MgO \cdot 4SiO_2 \cdot H_2O$、$4MgO \cdot 6SiO_2 \cdot 7H_2O$ 等。硅酸镁水泥的强度跟 MgO 的活性、MgO 与硅灰的质量比、水胶比、养护温湿度条件和养护龄期等密切相关,有数据表明在 20℃饱水养护条件下硅酸镁水泥 28 d 抗压强度最高可到 70～130 MPa。除了硅灰外,也有学者探索用粉煤灰、矿渣、偏高岭土或稻壳灰与轻烧氧化镁或者轻烧 MgO-CaO 复合制备硅酸镁水泥。硅酸镁水泥曾用在耐火灌浆料、硅钙板改性、核废料固封等领域。

碳酸镁水泥是将轻烧氧化镁加水搅拌成型后,把产品暴露在高浓度的 CO_2(如 5%～20%)进行碳化生成各种水合碳酸盐从而产生强度的一种水泥。这种水泥可能的水化产物可能包括 $Mg(OH)_2$、$MgCO_3 \cdot 3H_2O$、$MgCO_3 \cdot 5H_2O$、$4MgCO_3 \cdot Mg(OH)_2 \cdot 5H_2O$、$4MgCO_3 \cdot Mg(OH)_2 \cdot 4H_2O$、$MgCO_3 \cdot Mg(OH)_2 \cdot 3H_2O$。当环境温度超过 10℃时,$MgCO_3 \cdot 5H_2O$ 很快就会转化为 $MgCO_3 \cdot 3H_2O$。有研究表明,在 10% CO_2 碳化养护 28 d 的碳化氧化镁水泥的抗压强度高达 60 MPa。当然碳化养护的效果跟配合比、养护温湿度条件、CO_2 浓度、养护龄期等密切相关。也有学者探索将粉煤灰、矿渣等用在碳化氧化镁水泥体系。碳酸镁水泥曾用在生产墙体砌块、地基固化等领域。

除了用作上述五种镁质胶凝材料外,氧化镁还可用作改善硅酸盐水泥混凝土收缩的膨胀剂,具体性能要求可参见《混凝土用氧化镁膨胀剂》(CBMF19—2017)以及《水工混凝土掺用氧化镁技术规范》(DL/T 5296—2013),这里不再赘述。

复习思考题

4-1 何谓气硬性胶凝材料和水硬性胶凝材料?如何正确使用这两类胶凝材料?

4-2 建筑石膏的凝结硬化过程有何特点?

4-3 建筑石膏具有哪些技术性质?从建筑石膏凝结硬化形成的结构,说明石膏板为什么强度较低、耐水性差,而绝热性和吸声性较好?

4-4 石灰的煅烧温度对其质量有何影响?

4-5 简述石灰的熟化和硬化原理,以及石灰在建筑工程中有哪些用途。

4-6 生石灰熟化时必须进行"陈伏"的目的是什么?磨细生石灰为什么不经"陈伏"而直接使用?

4-7 在没有检验仪器的条件下,欲初步鉴别一批生石灰的质量优劣,可采取什么简易方法?

4-8 某多层住宅楼室内抹灰采用的是石灰砂浆,交付使用后逐渐出现墙面普遍鼓包开裂,试分析其原因。欲避免这种事故发生,应采取什么措施?

4-9 水玻璃硬化时有何特点?试述水玻璃的凝结硬化机理。

4-10 何谓水玻璃的模数?水玻璃的模数和密度对水玻璃的黏结力有何影响?

4-11 硬化后的水玻璃具有哪些性质?水玻璃在工程中有何用途?

4-12 镁质胶凝材料主要有哪几种?它们用的原材料有何不同?在工程中分别有哪些用途?

4-13 改善镁质胶凝材料耐水性的主要措施有哪些?

第五章　水泥与辅助胶凝材料

第一节　概　　述

水泥呈粉末状,与水混合后,经物理化学作用能由可塑性浆体变成坚硬的石状体,并能将砂、石等散粒状材料胶结成为整体,是一种水硬性无机胶凝材料。

水泥是最重要的建筑材料之一,在建筑、道路、桥梁、水利和国防等工程中应用极广,常用来制造各种形式的混凝土、钢筋混凝土、预应力混凝土构件和建筑物,也常用于配制砂浆,以及用作灌浆材料等。

水泥品种很多。按化学成分,通常可分为硅酸盐水泥(国外称为波特兰水泥)、铝酸盐水泥、硫铝酸盐水泥、铁铝酸盐水泥等系列,其中以硅酸盐系列水泥应用最广。

水泥按其性能和用途不同,通常又可分为通用水泥、专用水泥和特性水泥三大类。通用水泥是指一般土木工程通常采用的水泥,主要是指国家标准《通用硅酸盐水泥》(GB 175—2020)规范的六大类水泥,即硅酸盐水泥(代号 P·Ⅰ 和 P·Ⅱ)、普通硅酸盐水泥(代号 P·O)、矿渣硅酸盐水泥(代号 P·S)、火山灰质硅酸盐水泥(代号 P·P)、粉煤灰硅酸盐水泥(代号 P·F)和复合硅酸盐水泥(代号 P·C)等。

专用水泥是指有专门用途的水泥,如砌筑水泥、道路水泥、油井水泥等。特性水泥则是指某种性能比较突出的水泥,如快硬水泥、低热水泥、抗硫酸盐水泥、膨胀水泥、白色水泥等。

近年来,发展出一些新型胶凝材料,在广义上也属于水泥的范畴,如 LC3 水泥、碱激发矿渣水泥和微生物胶凝材料等。

本章重点阐述硅酸盐水泥的性质及应用,对其他水泥仅做一般介绍。

第二节　硅酸盐水泥

一、硅酸盐水泥的定义、类型及代号

硅酸盐水泥是通用硅酸盐水泥的一个基本品种,其他品种的硅酸盐水泥都是在它的基础上加入不同种类和数量的混合材料或适当改变熟料中矿物成分的含量而制成。按国家标准《通用硅酸盐水泥》(GB 175—2020)规定:硅酸盐水泥分为两种类型,不掺加混合材料的称为Ⅰ型硅酸盐水泥,代号为 P·Ⅰ;掺有不超过水泥质量 5% 的石灰石或粒化高炉矿渣混合材料的称为Ⅱ型硅酸盐水泥,代号为 P·Ⅱ。

二、硅酸盐水泥的生产

硅酸盐水泥的主要原料包括石灰质原料和黏土质原料。石灰质原料主要提供 CaO,它可以采用石灰岩、凝灰岩和贝壳等,其中多用石灰岩。黏土质原料主要提供 SiO_2、Al_2O_3 及少量 Fe_2O_3,可以采用黏土、黄土、页岩、泥岩、粉砂岩及河泥等。为满足成分要求还常用校正原料,例如铁矿粉、砂岩等。为了改善煅烧条件,提高熟料质量,常加入少量矿化剂,如萤石、石膏等。

硅酸盐水泥的生产过程分为制备生料、煅烧熟料、粉磨水泥等三个阶段,简称两磨一烧,如图 5-1 所示。

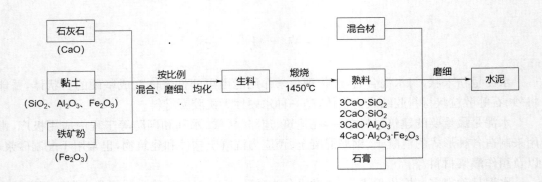

图 5-1 硅酸盐水泥主要生产流程

由石灰质原料、黏土质原料及少量校正原料按比例配合,粉磨到一定细度的物料,称为水泥生料。生料中含有 $62\%\sim67\%$ 的 CaO,$20\%\sim27\%$ 的 SiO_2,$4\%\sim7\%$ 的 Al_2O_3 和 $2.5\%\sim6.0\%$ 的 Fe_2O_3。生料粉磨到一定细度,再均化处理,使煅烧时各成分间能充分进行化学反应。

把生料煅烧至部分或全部熔融,并经冷却而获得的半成品,称为水泥熟料。煅烧过程在水泥窑内进行,水泥窑型主要有回转窑、立窑两种。立窑由于其质量相对不稳定,能耗大,国内已较少使用。烧制水泥时,生料在窑内都要经历干燥、预热、分解、烧成和冷却等五个阶段,形成熟料。烧成阶段原料间的化学反应生成所需要的矿物组成是煅烧水泥的关键。

在水泥熟料中加入石膏以及所需混合材料等,研磨到一定细度,就得到了成品水泥。

三、硅酸盐水泥熟料的矿物组成

水泥生料中的各种氧化物在煅烧过程中发生化学反应,形成四种主要硅酸盐水泥熟料矿物,其名称、分子式和含量范围如下:

硅酸三钙 $3CaO \cdot SiO_2$(简写为 C_3S),含量 $37\%\sim60\%$。

硅酸二钙 $2CaO \cdot SiO_2$(简写为 C_2S),含量 $15\%\sim37\%$。

铝酸三钙 $3CaO \cdot Al_2O_3$(简写为 C_3A),含量 $7\%\sim15\%$。

铁铝酸四钙 $4CaO \cdot Al_2O_3 \cdot Fe_2O_3$(简写为 C_4AF),含量 $10\%\sim18\%$。

四种主要矿物中,硅酸三钙和硅酸二钙占水泥的质量比例达到 60% 以上,CaO 和 SiO_2 质量比不小于 2.0,所以称为硅酸盐水泥。

硅酸盐水泥熟料除上述主要矿物组成外,还含有少量以下成分:

(1)游离氧化钙。它是在煅烧过程中没有全部反应而残留下来以游离态存在的氧化钙,其含量过高将造成水泥安定性不良,危害很大。

(2)游离氧化镁。若其含量高、晶粒大时也会导致水泥安定性不良。

（3）含碱矿物以及玻璃体等。这些物质中含 Na_2O 和 K_2O，在含量高的情况下，会造成危害。

水泥熟料中的氧化物和化合物组成通常以简写的形式表达（表 5-1）。

表 5-1 水泥的氧化物和矿物简写

氧化物	简写	矿物	简写
CaO	C	$3CaO \cdot SiO_2$	C_3S
SiO_2	S	$2CaO \cdot SiO_2$	C_2S
Al_2O_3	A	$3CaO \cdot Al_2O_3$	C_3A
Fe_2O_3	F	$4CaO \cdot Al_2O_3 \cdot Fe_2O_3$	C_4AF
MgO	M	$4CaO \cdot 3Al_2O_3 \cdot SO_3$	$C_4A_3\bar{S}$
SO_3	$\bar{S}$	$3CaO \cdot 2SiO_2 \cdot 3H_2O$	$C_3S_2H_3$
H_2O	H	$CaSO_4 \cdot 2H_2O$	$C\bar{S}H_2$

四、硅酸盐水泥的水化与凝结硬化

水泥加水拌合后成为具有流动性和可塑性的水泥浆。水泥加水后，立即与水发生化学反应，称为"水化"。随着水化的进行，水泥浆逐渐失去流动性和可塑性的过程称为"凝结"。"凝结"有初凝和终凝之分。水泥浆体开始失去可塑性时的状态称为"初凝"；浆体完全失去可塑性，开始产生结构强度时，称为"终凝"。随着水化、凝结的进行，浆体逐渐转变为具有一定强度的坚硬固体水泥石，此过程称为"硬化"。水化是水泥产生凝结硬化的前提，而凝结硬化则是水泥水化的结果。

（一）硅酸盐水泥的水化

水泥与水拌合后，其颗粒表面的熟料矿物立即与水发生化学反应，各组分开始溶解，形成水化物，放出一定热量，固相体积逐渐增加。

水泥是多矿物的集合体，四种主要熟料矿物都能发生水化，反应式如下：

$$C_3S + 3H \longrightarrow C\text{-}S\text{-}H + 2CH$$
$$C_2S + 2H \longrightarrow C\text{-}S\text{-}H + CH$$
$$C_3A + 6H \longrightarrow C_3AH_6 \quad （水化铝酸三钙）$$
$$C_4AF + 7H \longrightarrow C_3AH_6 + CFH \quad （水化铁酸一钙）$$

在四种熟料矿物中，C_3A 水化速度最快，C_3S 和 C_4AF 水化也很快，而 C_2S 最慢。

硅酸三钙或硅酸二钙水化生成水化硅酸钙（C-S-H）和氢氧化钙（CH）。C-S-H 不溶于水，并立即以胶体微粒析出，逐渐凝聚成为 C-S-H 凝胶。CH 在溶液中的浓度很快达到过饱和，呈六方板状晶体析出。水化铝酸钙为立方晶体，在氢氧化钙饱和溶液中，其一部分还能与氢氧化钙进一步反应，生成六方晶体的水化铝酸四钙。生成的水化铝酸钙会与掺加在水泥中的石膏（$CaSO_4 \cdot 2H_2O$，简写为 $C\bar{S}H_2$）反应，生成高硫型水化硫铝酸钙（$3CaO \cdot Al_2O_3 \cdot 3CaSO_4 \cdot 32H_2O$，简写 $C_6A\bar{S}_3H_{32}$）针状晶体，其矿物名称为钙矾石（代号 AFt）。当石膏完全消耗后，一部分将转变为单硫型水化硫铝酸钙（$3CaO \cdot Al_2O_3 \cdot CaSO_4 \cdot 12H_2O$，简写 $C_4A\bar{S}_3H_{12}$）晶体，代号 AFm。通常，AFt 在水泥加水后的 24 h 内大量产生，随后逐渐转变成 AFm。

$$C_3A+3C\overline{S}H_2+26H \longrightarrow C_6A\overline{S}_3H_{32}$$

$$2C_3A+C_6A\overline{S}_3H_{32}+4H \longrightarrow 3C_4A\overline{S}H_{12}$$

图 5-2　扫描电镜下水泥石的组成

综上所述，如果忽略一些次要的和少量的成分，则硅酸盐水泥与水作用后，生成的主要水化产物为：水化硅酸钙和水化铁酸钙凝胶、氢氧化钙、水化铝酸钙和水化硫铝酸钙晶体。在完全水化的水泥石中，水化硅酸钙约占 50%，氢氧化钙约占 25%。图 5-2 是用扫描电子显微镜观察到的水泥主要水化产物的形貌。

（二）硅酸盐水泥的水化放热

硅酸盐水泥的水化反应为放热反应，水化放出的热量称为水化热。硅酸盐水泥的水化热大，放热周期较长，但大部分（50% 以上）热量是在 3 天以内、特别是在水泥浆发生凝结、硬化的初期放出。水化热的大小以及放热速率主要决定于水泥的矿物组成。C_3A 的水化热与水化放热速率最大，C_3S 与 C_4AF 次之，C_2S 的水化热最小，水化放热也最慢。表 5-2 是硅酸盐水泥熟料矿物在不同龄期的水化热。

表 5-2　硅酸盐水泥熟料矿物的水化热　　　　　　单位：$J \cdot g^{-1}$

化合物	凝结硬化时间					完全水化
	3 d	7 d	28 d	90 d	180 d	
C_3S	406	460	485	519	565	669
C_2S	63	105	167	184	209	331
C_3A	590	661	874	929	1 025	1 063
C_4AF	92	251	377	414	—	569

水化放热情况还与水泥细度、水灰比、养护温度、水泥储存时间，以及水泥中掺混合材及外加剂的品种、数量等因素有关。

（三）硅酸盐水泥的凝结硬化过程

根据硅酸盐水泥水化放热速率，其凝结硬化过程随时间变化可分为 5 个典型阶段（也可将最后两个阶段合并，分为 4 个阶段），见图 5-3 所示：①水化初期（Initial period）；②诱导期（Induction period）；③加速期（Acceleration period）；④减速期（Deceleration period）；⑤稳定期（Stable period）。加速期与减速期的分界在主放热峰的位置（图 5-3 中的 A 峰），但其他阶段的分界仍较为模糊。通常认为，不同水化放热阶

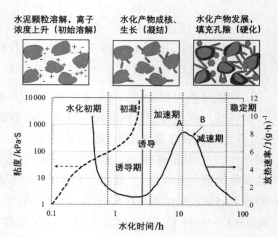

图 5-3　硅酸盐水泥水化放热、净浆粘度发展及
凝结硬化过程示意图

段对应着水泥矿物相反应的不同时期,主放热峰被认为对应了硅酸钙类矿物相的水化反应,而在主放热峰之后常出现在减速期内的小峰(图 5-3 中的 B 峰)则被称为"硫酸盐消耗峰",通常被认为标志着铝酸钙类矿物相二次水化的开始。

水泥的凝结硬化过程复杂,自 1882 年雷·查特理(H. Le Chatelier)首先提出水泥凝结硬化理论以来,有关水泥凝结硬化的过程至今仍在持续的研究和发展之中。而随着水泥水化反应的进行及水化热的释放,水泥经历颗粒表面溶解、逐渐形成水化产物并产生一定的稠度,发生凝结硬化的过程,经历水泥浆体凝结硬化的早、中、后三个典型时期。在水化初期,水泥颗粒表面产生溶蚀坑并迅速溶解,在几分钟内产生水化初期的短暂放热高峰,铝酸钙类矿物相的一次反应可生成部分针棒状的钙矾石,此时水泥的反应程度约为 3%～5%。随后放热速率急剧下降,进入诱导期,最新研究表明水化速率的下降与颗粒溶解的速率、形式和孔溶液中溶解相离子的不饱和状态密切相关。随着溶解的进行,溶液中离子浓度增加,离子不饱和度降低使得溶解速率大幅下降。因此当离子浓度达到过饱和浓度,反应产物晶体析出,水化反应才进入水化加速期。此时,水化产物 C-S-H 在颗粒表面成核、析出、生长,且其生长速率与颗粒表面积密切相关。通常在加速期结束时,水泥的反应程度约为 30%,水泥浆体逐渐产生凝结。进入减速期后,水泥进一步水化,大量箔片状、纤维状 C-S-H,片状 CH,针棒状钙矾石等水化产物继续发展,互相搭接,填充孔隙,将分散的水泥颗粒联结在一起,构成一个三维空间牢固结合较为密实的整体,即水泥浆体硬化的过程。

随着水化的进行,水泥浆体内部越来越致密,水泥颗粒内部的水化越来越困难,经过长时间(几个月甚至若干年)的水化以后,除原来极细的水泥颗粒外,多数颗粒仍剩余尚未水化的内核。所以,硬化后的水泥石是由水化产物、未水化的水泥颗粒内核和毛细孔组成,它们在不同时期相对数量的变化,使水泥石的性质也随之改变。

图 5-4 是硅酸盐水泥水化产物的形成和浆体结构发展示意图。

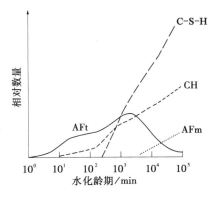

图 5-4　普通硅酸盐水泥浆体中水化产物形成速率示意图
(P. K. Mehta, P. J. M. Monteiro)

在水泥石中,水化硅酸钙凝胶对水泥石的强度及其他主要性质起支配作用。关于水泥石中凝胶之间或晶体、未水化水泥颗粒与凝胶之间产生黏结力的实质,即凝胶体具有强度的实质,虽然至今尚无明确的结论,但一般认为范德华力、氢键、离子引力以及表面能是产生黏结力的主要来源,也有认为可能有化学键力存在。

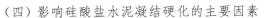

(四)影响硅酸盐水泥凝结硬化的主要因素

1. 熟料矿物组成

水泥的熟料矿物组成,是影响其水化速度、凝结硬化过程以及产生强度的主要因素。

硅酸盐水泥的四种熟料矿物中,C_3A 的水化和凝结硬化速度最快,是影响水泥凝结时间的决定性因素。在无石膏存在时,它能使水泥瞬间产生凝结。C_3A 的水化和凝结硬化速度可通过掺加适量石膏加以控制。传统的观点认为在有石膏存在时,C_3A 水化后易与石膏反应而生成难溶于水的钙矾石,沉淀在水泥颗粒表面形成保护膜,阻碍 C_3A 的水化,起到延缓水泥凝结的作用。Karen Scrivener 等人的研究认为,石膏溶解后的硫酸根离子吸附在

C_3A 表面,阻碍了其水化,从而延缓水泥凝结。石膏是水泥的缓凝剂,但掺量不能过多。过多的石膏掺量,缓凝效果增加不大,还会引起水泥安定性不良。合理的石膏掺量主要取决于水泥中 C_3A 的含量和石膏的品种及质量,同时也与水泥细度和熟料中的 SO_3 含量有关。一般生产水泥时石膏掺量占水泥质量的3%~5%。

硅酸盐水泥各熟料矿物的水化、凝结硬化特性见表 5-3 所示。

表 5-3 硅酸盐水泥各熟料矿物的水化、凝结硬化特性

性能指标		熟料矿物			
		C_3S	C_2S	C_3A	C_4AF
水化速率		快	慢	最快	快,仅次于 C_3A
凝结硬化速率		快	慢	最快	快
28 d水化热		多	少	最多	中
强度	早期	高	低	低	低
	后期	高	高	低	低

2. 水泥细度

水泥细度即水泥颗粒的粗细程度。水泥颗粒的粗细直接影响水泥的水化、凝结硬化。水泥加水后,水化反应从颗粒表面逐步向内部发展,而且是一个缓慢发展的过程。水泥颗粒越细,水化作用的发展就越迅速且充分,凝结硬化速度越快,早期强度也就越高。但水泥颗粒过细,会使水化热增长过快,水泥用量高时,易导致浆体的开裂,长期强度增长率低甚至强度会倒缩。

3. 拌合加水量

拌合水泥浆体时,为使浆体具有一定塑性和流动性,所加入的水量通常要大大超过水泥充分水化所需的水量,多余的水从水泥石中蒸发,在硬化的水泥石内形成毛细孔。因此拌合水越多,硬化水泥石中的毛细孔就越多,当水灰比(用水量与水泥质量之比)为 0.40 时,完全水化后水泥石的总孔隙率约为 30%,而水灰比为 0.70 时,水泥石的孔隙率高达 50%。水泥石的强度随其毛细孔隙率的增加呈指数下降。因此,在熟料矿物组成大致相近的情况下,拌合水泥浆的用水量越大,硬化水泥石强度越低。

4. 养护湿度和温度

水参与水泥水化反应,是水泥水化、硬化的必要条件。水泥石在浇筑后应保持潮湿状态,以利于获得和增加强度。通常,提高温度可加速硅酸盐水泥的早期水化,水泥石早期强度发展较快,但后期强度反而可能有所降低。相反,在较低温度下硬化时,虽然硬化速率慢,但水化产物较致密,反而可获得较高的最终强度。在 0℃ 以下,当水结成冰时,水泥的水化、凝结硬化作用将停止。

5. 养护龄期

水泥的水化硬化是一个较长时期不断发展的过程。随着龄期的增长,水泥颗粒内各熟料矿物水化程度不断提高,凝胶体不断增加,毛细孔隙相应减少,水泥石的强度也逐渐提高。水泥在 3~14 d 内强度增长较快,28 d 后增长缓慢。

6. 外加剂

硅酸盐水泥的水化、凝结硬化在很大程度上受到 C_3S、C_3A 的制约,凡对 C_3S 和 C_3A 的水化能产生影响的外加剂,都能改变硅酸盐水泥的水化、凝结硬化性能。例如加入促凝剂

（$CaCl_2$、Na_2SO_4 等）能促进水泥水化、硬化，提高早期强度。相反，掺加缓凝剂（木钙、糖类等）会延缓水泥的水化硬化，影响水泥早期强度的发展。

五、硅酸盐水泥的技术要求

国家标准《通用硅酸盐水泥》(GB 175—2020)对硅酸盐水泥的主要技术包括物理要求和化学要求。物理要求主要有细度、凝结时间、体积安定性和强度等；化学要求有水泥化学成分和碱含量等。

（一）细度

细度是水泥颗粒的粗细程度。水泥颗粒的粗细除了直接影响水泥的水化、凝结硬化外，还会影响水泥浆的流动性、水化热、水泥石的变形以及耐久等性能。水泥颗粒过细，会降低与外加剂的适应性，增加需水量；过细的水泥易与空气中的水分及二氧化碳反应，致使水泥不宜久存；过细的水泥硬化时产生的收缩亦较大，水泥石的抗冻性能降低。另外，磨制过细的水泥耗能大，成本高。一般认为，水泥颗粒小于 40 μm 时才具有较高活性，大于 100 μm 时，则几乎接近惰性。所以水泥细度应合适，不能太粗也不能太细。通常，水泥颗粒的粒径在 7～200 μm 范围内。

水泥细度通常用比表面积或筛余量表示，分别采用比表面积法（勃氏法）或筛析法测定。比表面积为 1 kg 水泥所具有的总表面积（单位为 m^2/kg）；筛余量为未通过 45 μm 孔径方孔筛的水泥的质量分数（%）。国家标准规定，硅酸盐水泥的细度以比表面积表示，不低于 300 m^2/kg，但不大于 400 m^2/kg。当有特殊要求时，由买卖双方商议解决。

（二）凝结时间

水泥的凝结时间分为初凝时间与终凝时间。自加水起至水泥浆开始失去塑性、流动性减小所需的时间，称为初凝时间。自加水时起至水泥浆完全失去塑性、开始有一定结构强度所需的时间，称为终凝时间。水泥的初凝时间和终凝时间是通过试验来测定的。国家标准规定硅酸盐水泥的初凝时间不得早于 45 min，终凝时间不得迟于 390 min。凝结时间达不到标准的水泥为不合格水泥。

水泥凝结时间是以标准稠度的水泥净浆，在规定温度和湿度下，用凝结时间测定仪来测定。由于使用不同用水量制作的水泥净浆具有不同的黏度，从而对试杆的沉入产生不同的阻力，所以测定水泥凝结时间要采用标准稠度的水泥浆。标准稠度通过试验来规定。用一定重量的标准试杆，在自重作用下，从试件表面自由沉入水泥净浆，沉入深度距底板(6±1)mm时水泥浆的稠度为标准稠度。水泥净浆达到规定稠度时所需的拌合水量称为标准稠度用水量，以占水泥质量的百分率表示。硅酸盐水泥的标准稠度用水量，一般在24%～30%之间。水泥熟料矿物成分不同，其标准稠度用水量亦有所差别，磨得越细的水泥，标准稠度用水量越大。

水泥的凝结时间用水泥凝结时间测定仪测试，为试针沉入标准稠度净浆至一定深度所需要的时间。初凝状态对应于试针沉至底板(4±1)mm；终凝状态对应于试针沉入试体0.5 mm。

规定水泥的凝结时间对施工具有重要的意义。为了保证有足够的时间在初凝之前完成水泥制品或混凝土成型等各工序的操作，水泥的初凝时间不能过早；为了使水泥制品或混凝土在浇捣完毕后能尽早完成凝结硬化，产生强度，以利于进行下一道工序，水泥的终凝时间不能过迟。水泥的凝结时间可通过外加剂来调整控制。

（三）体积安定性

水泥的体积安定性是指水泥在凝结硬化过程中体积变化的均匀性，体积不均匀变化引起膨胀裂缝和翘曲等现象称体积安定性不良。水泥体积安定性不良会使水泥制品和混凝土工程产生膨胀性裂缝，降低工程质量，甚至引起重大工程事故。水泥的体积安定性必须合格。

水泥安定性不良的原因是由于其熟料矿物组成中含有过多的游离氧化钙或游离氧化镁，或者水泥粉磨时所掺石膏超量等所致。熟料中所含的游离氧化钙或游离氧化镁都是在高温下生成的过烧氧化物，熟料表面形成一层致密的釉状物，水化很慢，它们要在水泥凝结硬化后才慢慢开始水化，水化时产生体积膨胀，从而引起不均匀的体积变化而使硬化水泥石开裂。

水泥中石膏掺量过多也会引起体积安定性不良。多余的石膏将与已硬化水泥中的水化铝酸钙作用生成水化硫铝酸钙晶体，体积膨胀1.5倍，造成硬化水泥石开裂破坏。

国家标准规定，由游离氧化钙引起的水泥安定性不良可采用试饼法或雷氏法检验。在有争议时以雷氏法为准。试饼法是通过观测水泥标准稠度净浆试饼沸煮前后的外形变化情况判断其体积安定性。用肉眼观察未发现裂纹，用直尺检查没有弯曲现象，则称为安定性合格，反之，为不合格。雷氏法是通过测定水泥标准稠度净浆在雷氏夹中沸煮前后试针的相对位移表征其体积膨胀的程度，当两个试件沸煮后的平均膨胀值不大于5.0 mm时，即判该水泥安定性合格，反之为不合格。

氧化镁和石膏的体积安定性不良作用不易快速检验，通常在水泥生产中对相应氧化物含量严格加以控制。国家标准规定，硅酸盐水泥中游离氧化镁含量不得超过水泥质量的6%，且压蒸安定性合格，三氧化硫含量不得超过水泥质量的3.5%。

（四）强度及强度等级

水泥的强度是评定水泥质量的重要指标。国家标准规定，采用《水泥胶砂强度检验方法（ISO法）》（GB/T 17671—1999）测定水泥强度，该法是将水泥和中国ISO标准砂按质量计以1∶3混合，用0.50的水灰比按规定的方法制成40 mm×40 mm×160 mm的试件，在标准温度（20±1）℃的水中养护，分别测定其3 d和28 d的抗折强度和抗压强度。根据抗折强度和抗压强度大小，将硅酸盐水泥分为42.5、42.5R、52.5、52.5R、62.5和62.5R等六个强度等级。强度等级中代号R表示早强型水泥，其主要特点是早期强度较高。硅酸盐水泥的各龄期强度不得低于表5-4的数值，如强度低于表中强度等级的指标值时为不合格品。

表5-4　硅酸盐水泥各龄期的强度值

强度等级	抗压强度/MPa		抗折强度/MPa	
	3d	28d	3d	28d
42.5	≥17.0	≥42.5	≥4.0	≥6.5
42.5R	≥22.0		≥4.5	
52.5	≥22.0	≥52.5	≥4.5	≥7.0
52.5R	≥27.0		≥5.0	
62.5	≥27.0	≥62.53	≥5.0	≥8.0
62.5R	≥32.0		≥5.5	

（五）化学要求

硅酸盐水泥的化学要求主要有化学成分要求和碱含量要求。

化学成分包括不溶物含量、烧失量以及三氧化硫、氧化镁和氯离子含量。水泥用一定浓度及一定量的盐酸，在蒸气浴中加热一定时间，然后过滤，不溶渣用氢氧化钠溶液处理，用盐酸中和后过滤，残渣经高温灼烧后称量，即为水泥不溶物。不溶物含量可以用来判断熟料烧成的好坏。一般情况下，不溶物越低，说明熟料烧得好。不溶物含量还可以用来判断是否掺加了混合材。水泥不溶物高，表明水泥中掺加的火山灰和粉煤灰及炉渣等混合材料比较高。

烧失量是指坯料在烧成过程中所排出的结晶水，碳酸盐分解出的 CO_2，硫酸盐分解出的 SO_2，以及有机杂质被排除后物量的损失。烧失量是用来限制石膏和混合材中杂质的，以保证水泥质量。

为了防止游离氧化镁和石膏掺量过多引起的安定性，水泥标准中对三氧化硫、氧化镁含量提出要求；为了防止水泥应用过程中引起的钢筋锈蚀问题，对氯离子含量提出要求。

水泥中碱含量按 $Na_2O+0.658K_2O$ 计算值来表示。碱对水泥的很多性能都产生影响。当用户要求提供低碱水泥时，由买卖双方协商确定。

六、水泥石的腐蚀与防止

硅酸盐水泥硬化后，在一般使用条件下具有较好的耐久性，但在流动的淡水及某些侵蚀性液体如酸性水、硫酸盐溶液和浓碱溶液中会逐渐受到侵蚀。

（一）水泥石的主要侵蚀作用

1. 软水侵蚀（溶出性侵蚀）

水泥石中的水化产物须在一定浓度的氢氧化钙溶液中才能稳定存在，如果溶液中的氢氧化钙浓度小于水化产物所要求的极限浓度时，则水化产物将被溶解或分解，从而造成水泥石结构的破坏。这就是硬化水泥石软水侵蚀的原理。

雨水、雪水、蒸馏水、工厂冷凝水及含碳酸盐甚少的河水与湖水等都属于软水。当水泥石长期与这些水相接触时，氢氧化钙会被溶出（每升水中能溶解氢氧化钙 1.23 g 以上）。在静水无压力的情况下，由于氢氧化钙的溶解度小，易达到饱和，故溶出仅限于表层，影响不大。但在流水及压力水作用下，氢氧化钙被不断溶解流失，使水泥石碱度不断降低，引起其他水化产物的分解溶蚀，如高碱性的水化硅酸盐、水化铝酸盐等分解成为低碱性的水化产物，最后会变成胶结能力很差的产物，使水泥石结构遭受破坏，这种现象称为溶析。此外，氢氧化钙的溶出还会影响混凝土的外观。溶出的氢氧化钙与空气中的 CO_2 反应生产白色的碳酸钙沉积在混凝土的表面，这种现象称为风化。

当环境水中含有重碳酸盐时，则重碳酸盐与水泥石中的氢氧化钙起作用，生成几乎不溶于水的碳酸钙，其反应式为

$$Ca(OH)_2+Ca(HCO_3)_2 = 2CaCO_3+2H_2O$$

生成的碳酸钙沉积在已硬化水泥石中的孔隙内起密实作用，从而阻止外界水的继续侵入及内部氢氧化钙的扩散析出。所以，对需与软水接触的混凝土，若预先在空气中硬化，存放一段时间后使之形成碳酸钙外壳，则可对溶出性侵蚀起到一定的保护作用。

2. 盐类侵蚀

（1）硫酸盐侵蚀

在海水、湖水、盐沼水、地下水、某些工业污水及流经高炉矿渣或煤渣的水中，常含钾、钠、氨的硫酸盐，它们易与水泥石中的氢氧化钙、含铝的水化产物相反应。当 C_3A 含量高于

5％时，大多数含铝相形成单硫型水化硫铝酸钙 $C_3A \cdot C\overline{S} \cdot H_{12}$。如果 C_3A 含量高于 8％时，水化产物中还有 $C_3A \cdot CH \cdot H_{12}$。当与硫酸盐接触时，两种含铝水化产物相均转变成高硫型的水化硫铝酸钙（钙矾石）。其反应式为：

$$C_3A \cdot CH \cdot H_{12} + 2CH + 3\overline{S} + 11H \longrightarrow C_3A \cdot 3C\overline{S} \cdot H_{32}$$
$$C_3A \cdot C\overline{S} \cdot H_{12} + 2CH + 3\overline{S} + 18H \longrightarrow C_3A \cdot 3C\overline{S} \cdot H_{32}$$

通常认为，水泥石中与硫酸盐相关的膨胀与钙矾石的形成有关。钙矾石晶体生长时产生压力及其在碱性环境中吸水膨胀是导致水泥石破坏的主要原因。由于形成的水化硫铝酸钙通常为针状晶体，故常称其为"水泥杆菌"。

离子交换反应形成的二水石膏也能导致膨胀。当水中硫酸盐浓度较高时，硫酸钙将在孔隙中直接结晶成二水石膏，产生体积膨胀，导致水泥石的开裂破坏。

（2）镁盐侵蚀

在海水及地下水中，常含有大量的镁盐，主要是硫酸镁和氯化镁。它们与水泥石中的氢氧化钙起复分解反应：

$$MgSO_4 + Ca(OH)_2 + 2H_2O =\!=\!= CaSO_4 \cdot 2H_2O + Mg(OH)_2$$
$$MgCl_2 + Ca(OH)_2 =\!=\!= CaCl_2 + Mg(OH)_2$$

生成的氢氧化镁松软而无胶凝力，氯化钙易溶于水，二水石膏又将引起硫酸盐的破坏作用。因此，硫酸镁对水泥石起镁盐和硫酸盐的双重侵蚀作用。

3. 酸类侵蚀

（1）碳酸的侵蚀。在工业污水、地下水中常溶解有较多的二氧化碳，这种水对水泥石的腐蚀作用是通过下面方式进行的。

开始时，二氧化碳与水泥石中的氢氧化钙作用生成碳酸钙：

$$Ca(OH)_2 + CO_2 + H_2O =\!=\!= CaCO_3 + 2H_2O$$

生成的碳酸钙再与含碳酸的水作用转变成重碳酸钙，此反应为可逆反应：

$$CaCO_3 + CO_2 + H_2O =\!=\!= Ca(HCO_3)_2$$

生成的重碳酸钙易溶于水，当水中含有较多的碳酸，并超过平衡浓度时，则上式反应向右进行，导致水泥石中的氢氧化钙通过转变为易溶的重碳酸钙而溶失。氢氧化钙浓度的降低，将导致水泥石中其他水化产物的分解，使腐蚀作用进一步加剧。

（2）一般酸的腐蚀。在工业废水、地下水中常含有无机酸和有机酸。工业窑炉中的烟气常含有二氧化硫，遇水后生成亚硫酸。各种酸类对水泥石都有不同程度的腐蚀作用，它们与水泥石中的氢氧化钙作用后的生成物，或者易溶于水，或者体积膨胀，在水泥石内产生内应力而导致破坏。腐蚀作用最快的是无机酸中的盐酸、氢氟酸、硝酸、硫酸和有机酸中的醋酸、蚁酸和乳酸等。例如盐酸和硫酸分别与水泥石中的氢氧化钙作用，其反应式如下：

$$2HCl + Ca(OH)_2 =\!=\!= CaCl_2 + 2H_2O$$
$$H_2SO_4 + Ca(OH)_2 =\!=\!= CaSO_4 \cdot 2H_2O$$

反应生成的氯化钙易溶于水,生成的二水石膏继而又起硫酸盐的腐蚀作用。

4.强碱的腐蚀

碱类溶液如浓度不大时一般无害。但铝酸盐含量较高的硅酸盐水泥遇到强碱(如氢氧化钠)作用后也会被腐蚀破坏。氢氧化钠与水泥熟料中未水化的铝酸盐作用,生成易溶的铝酸钠,其反应式为

$$3CaO \cdot Al_2O_3 + 6NaOH \xlongequal{\quad} 3Na_2O \cdot Al_2O_3 + 3Ca(OH)_2$$

当水泥石被氢氧化钠浸透后又在空气中干燥,与空气中的二氧化碳作用生成碳酸钠,碳酸钠在水泥石毛细孔中结晶沉积,而使水泥石胀裂。

除上述四种侵蚀类型外,对水泥石有腐蚀作用的还有其他物质,如糖、氨盐、纯酒精、动物脂肪、含环烷酸的石油产品等。

水泥石的腐蚀是一个极为复杂的物理化学作用过程,在遭受腐蚀时,很少仅为单一的侵蚀作用,往往是几种同时存在,互相影响。水泥石受到腐蚀的基本内因:一是水泥石中存在有易被腐蚀的组分,即 $Ca(OH)_2$ 和水化铝酸钙等;二是水泥石本身不密实,有很多毛细孔通道,侵蚀性介质易于进入其内部。

引起水泥石腐蚀的外因是各类腐蚀性化合物。干的固体化合物对水泥石不起侵蚀作用,一定浓度的腐蚀性溶液才会引起腐蚀。促进化学腐蚀的因素为较高的温度、较快的流速、干湿交替和出现钢筋锈蚀等。

(二)防止水泥石腐蚀的措施

1.根据侵蚀环境特点,合理选用水泥品种。例如采用水化产物中氢氧化钙含量较少的水泥,可提高对各种侵蚀作用的抵抗能力;对抵抗硫酸盐的腐蚀,应采用铝酸三钙含量低于5%的抗硫酸盐水泥。另外,掺入某些混合材料,可提高硅酸盐水泥对多种介质的抗腐蚀性。

2.提高水泥石的密实度。从理论上讲,硅酸盐水泥水化只需水(化学结合水)23%左右(占水泥质量的百分数),但实际用水量约占水泥重的 $30\% \sim 60\%$,多余的水分蒸发后形成连通孔隙,腐蚀介质就容易侵入水泥石内部,从而加速水泥石的腐蚀。在实际工程中,可以采用降低水灰比等各种方法提高水泥石的密实度。

3.表面加保护层。当侵蚀作用较强时,可在水泥石表面加做耐腐蚀性高且不透水的保护层,保护层的材料可为耐酸石料、耐酸陶瓷、刷防护涂层等。

七、硅酸盐水泥的特性与应用

(一)特性

硅酸盐水泥中没有混合材或者掺量很少,熟料矿物多,所以具有下述特性:

1.凝结硬化快,强度高,尤其早期强度高。硅酸盐水泥中 C_3S 和 C_3A 含量高,C_3S 凝结速度快,强度高;C_3A 凝结速度快,早期强度发展快。

2.抗冻性好。硅酸盐水泥早强高,结构密实。

3.水化热大。硅酸盐水泥中水化热大的 C_3S 和 C_3A 含量高。

4.不耐腐蚀。硅酸盐水泥石中存在很多氢氧化钙和较多水化铝酸钙,耐软水侵蚀和耐化学腐蚀性差。

5.不耐高温。水泥石受热到约300℃时,水泥的水化产物开始脱水,体积收缩,强度开始下降,温度达 $700 \sim 1\,000$℃时,强度降低很多,甚至完全破坏。

（二）应用

1. 适用于重要结构的高强混凝土及预应力混凝土工程。

2. 适用于早期强度要求高的工程及冬季施工的工程。

3. 适用于严寒地区，遭受反复冻融的工程及干湿交替的部位。

4. 不宜单独用于海水和有侵蚀性介质存在的工程。

5. 不宜单独用于大体积混凝土。

6. 不宜单独用于高温环境的工程。

7. 对于环境等级较高、侵蚀性较强，或大体积混凝土，通过研究后采用硅酸盐水泥掺入1～2种掺合料使用。

八、硅酸盐水泥的包装标志及贮运

水泥可以散装或袋装，袋装水泥每袋净含量为 50 kg。为了便于识别，避免错用，国家标准规定，水泥袋上应清楚标明：执行标准、水泥品种、代号、强度等级、生产者名称、生产许可证标志（QS）及编号、出厂编号、包装日期、净含量。包装袋两侧应印有水泥名称和强度等级，硅酸盐水泥的印刷采用红色。

水泥在运输和贮存时不得受潮。水泥受潮后，胶凝能力下降，严重降低其强度。水泥在运输和贮存时不得混入杂物，不同品种和强度等级的水泥应分别贮存，不得混杂堆放。水泥也不可储存过久，水泥会吸收空气中的水分和二氧化碳，产生缓慢水化和碳化作用，经三个月后，水泥强度约降低 10%～20%，六个月后约降低 15%～30%，一年后约降低 25%～40%。

第三节　辅助胶凝材料

在磨制水泥或者拌合混凝土时加入的人工或天然的矿物材料称为辅助胶凝材料。辅助胶凝材料可以起到减少水泥用量并改善新拌混凝土和硬化混凝土性能的作用。一般来说，这些辅助胶凝材料如果用于生产水泥，就叫做混合材料；如果直接加入混凝土，则称为矿物掺合料。

一、辅助胶凝材料的作用机理

辅助胶凝材料可以改善水泥混凝土的工作性能、力学性能以及耐久性能，其作用机理一般体现为三大效应，即火山灰效应、填充效应和形态效应。

（一）火山灰效应

火山灰效应是指辅助胶凝材料中含有玻璃体结构的 SiO_2 和 Al_2O_3，能与水泥水化过程中产生的氢氧化钙以及掺入的石膏发生二次水化反应，生成稳定性更好、强度更高的水化硅酸钙产物，改善水泥石的组成，减少氢氧化钙的数量，有效提高混凝土的强度和耐久性。

（二）填充效应

水泥的平均粒径一般为 20～30 μm，而某些辅助胶凝材料的平均粒径约为 3～6 μm，更细的则可以达到 0.10～0.26 μm，填充效应就是指这些粒径小于水泥的辅助胶凝材料填充在未水化的水泥与水化产物之间的微小空隙中，提高水泥石的密实度，进而提高混凝土的强度和耐久性。

（三）形态效应

形态效应是指有些辅助胶凝材料的颗粒圆形度比水泥的大,加上它们早期不易与水起化学反应,在混凝土拌和物或砂浆中起到类似滚珠的作用,使其流动性(或称工作性)改善,有利于混凝土的浇筑和捣实。

二、常见的辅助胶凝材料

（一）粒化高炉矿渣

以钢铁厂水淬粒化高炉矿渣为主要材料,可掺加少量石膏磨制而成一定细度的粉体,称作磨细粒化高炉矿渣粉,简称矿渣粉。

高炉矿渣主要化学成分为 CaO、SiO_2、Al_2O_3,少量的 MgO、Fe_2O_3 及其他杂质。水淬矿渣中玻璃体含量达 85% 以上,储有大量化学潜能。矿渣中还含有钙镁铝黄长石和很少量的硅酸一钙和硅酸二钙等晶体,具有微弱的自身水硬性。粒化高炉矿渣具有很高的火山灰活性,在碱性激发剂 $Ca(OH)_2$ 的作用下,玻璃体中的 Ca^{2+}、AlO_4^{5-}、Al^{3+}、SiO_4^{4-} 等离子进入溶液,生成水化硅酸钙、水化铝酸钙等水化产物,从而产生强度。通常,将粒化高炉矿渣经干燥、磨细后得到比表面积大于 300 m^2/kg 的矿渣粉,用于水泥和混凝土中。超细磨的矿渣粉的比表面积可达 600~1 000 m^2/kg,具有较好的填充效应。

国家标准《用于水泥、砂浆和混凝土中的粒化高炉矿渣粉》(GB/T 18046—2017)将矿渣粉分为 S105、S95 和 S75 三个等级,并规定矿渣粉的技术性能应符合表 5-5 的要求。

表 5-5　粒化高炉矿渣粉技术指标

项　目		级　别		
		S105	S95	S75
密度/$(g \cdot cm^{-3})$,≥		2.8		
比表面积/$(m^2 \cdot kg^{-1})$,≥		500	400	300
活性指数/%,≥	7 d	95	70	55
	28 d	105	95	75
流动度比/%,≥		95		
初凝时间比/%,≤		200		
含水量(质量分数)/%,≤		1.0		
三氧化硫(质量分数)/%,≤		4.0		
氯离子(质量分数)/%,≤		0.06		
烧失量(质量分数)/%,≤		1.0		
不溶物(质量分数)/%,≤		3.0		
玻璃体含量(质量分数)/%,≥		85		
放射性		$I_{Ra} \leqslant 1.0$ 且 $I_r \leqslant 1.0$		

（二）粉煤灰

粉煤灰是火力发电厂以煤粉作燃料而从烟囱中排出的灰尘颗粒,又称为飞灰。粉煤灰按煤种分为 F 类和 C 类。F 类粉煤灰是由无烟煤或烟煤煅烧收集的粉煤灰,也称低钙灰。C 类粉煤灰是由褐煤或次烟煤煅烧收集的粉煤灰,其氧化钙含量一般大于 10%,也称高钙灰。

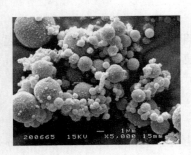

图 5-5 扫描电子显微镜下的
粉煤灰球形颗粒

粉煤灰中含有较多玻璃体结构 SiO_2、Al_2O_3，具有火山灰效应。粉煤灰颗粒为实心或空心的球形（图 5-5），形态效应突出，可以显著改善砂浆和混凝土的和易性。

国家标准《用于水泥和混凝土中的粉煤灰》（GB/T 1596—2017）规定，用于水泥和混凝土中的粉煤灰应符合表 5-6 的技术要求。一般来说，粉煤灰的含碳量越低、5～45 μm 的细颗粒含量越多、低铁玻璃体越多、细小而密实球形玻璃体（图 5-5）的含量越高时，其质量越好，活性越大。值得一提的是，粉煤灰的球形颗粒形态使得粉煤灰形态效应突出，可以显著改善砂浆和混凝土的和易性。

表 5-6　水泥和混凝土用粉煤灰的技术要求

项目		拌制砂浆和混凝土用			水泥混合材料用
		Ⅰ级	Ⅱ级	Ⅲ级	
细度（45 μm 方孔筛筛余）/%，≤	F 类粉煤灰	12.0	30.0	45.0	—
	C 类粉煤灰				
需水量比/%，≤	F 类粉煤灰	95	105	115	—
	C 类粉煤灰				
烧失量/%，≤	F 类粉煤灰	5.0	8.0	10.0	8.0
	C 类粉煤灰				
含水量/%，≤	F 类粉煤灰		1.0		1.0
	C 类粉煤灰				
三氧化硫（SO_3）质量分数/%，≤	F 类粉煤灰		3.0		3.5
	C 类粉煤灰				
游离氧化钙（f-CaO）质量分数/%，≤	F 类粉煤灰		1.0		1.0
	C 类粉煤灰		4.0		4.0
二氧化硅（SiO_2）、三氧化二铝（Al_2O_3）和三氧化二铁（Fe_2O_3）总质量分数/%，≥	F 类粉煤灰		70.0		70.0
	C 类粉煤灰		50.0		50.0
密度/（g·cm^{-3}），≤	F 类粉煤灰		2.6		2.6
	C 类粉煤灰				
安定性，雷氏夹法/mm，≤	C 类粉煤灰		5.0		5.0
强度活性指数/%，≥	F 类粉煤灰		70.0		70.0
	C 类粉煤灰				

（三）硅灰

在冶炼硅铁合金或工业硅时，通过烟道排出的粉尘，经收集得到的以无定形二氧化硅为主要成分的粉体材料，称作硅灰。

硅灰的化学组成相对简单，SiO_2 的含量超过 80%，其他成分较少，而且绝大多数 SiO_2 是无定形的。高含量的无定形二氧化硅使得硅灰表现出比其他辅助胶凝材料更高的火山灰活性。

硅灰主要是 0.5 μm 以下、大小不均的球形颗粒形成的絮状结构或团聚体结构，其粒径比一般的硅酸盐水泥粒径小两个数量级。极细的颗粒粒径不仅导致了快速的火山灰反应而且使得硅灰与水泥以及磨细矿渣、粉煤灰等粉体材料之间有着显著的填充效应。

此外,硅灰还具有一个与其他辅助胶凝材料不同的特点,即相同来源的硅灰的化学组成几乎不随时间变化,这个特点给硅灰的应用带来了很大的便利。

国家标准《砂浆和混凝土用硅灰》(GB/T 27690—2011)规定,用于砂浆和混凝土中的硅灰应符合表5-7中的技术要求。

表 5-7　硅灰的技术要求

项　　目	指　　标
固含量(液料)	按生产厂控制值的±2%
总碱量	≤1.5%
SiO$_2$含量	≥85.0%
氯含量	≤0.1%
含水率(粉料)	≤3.0%
烧失量	≤4.0%
需水量比	≤125%
比表面积(BET法)	≥15 m^2/g
活性指数(7 d 快速法)	≥105%
放射性	I_{ra}≤1.0 和 I_r≤1.0
抑制碱集料反应性	14 d 膨胀率降低值≥35%
抗氯离子渗透性	28 d 电通量之比≤40%

注1:硅灰浆折算为固体含量按此表进行检验;
注2:抑制碱集料反应性和抗氯离子渗透性为选择性试验项目,由供需双方协商决定。

(四)天然沸石粉

以一定纯度的天然沸石岩为原料,经破碎、粉磨(或加入改性材料)至规定细度的粉末,称为天然沸石粉。

沸石是一种结构比较特殊的矿物材料,它的内部充满了细微的空洞和通道,比蜂房还要复杂。并且,天然沸石是一种架状的含水碱金属或碱土金属铝硅酸盐矿物,由沸石粉磨而来的天然沸石粉与矿渣粉、粉煤灰、硅灰等玻璃态工业废渣不同,是一种含多孔结构的天然火山灰质硅铝酸盐微晶矿物的颗粒。天然沸石粉的化学成分超过80%为SiO$_2$和Al$_2$O$_3$,其中可溶性的SiO$_2$和Al$_2$O$_3$是天然沸石粉的主要活性来源。

行业标准《混凝土和砂浆用天然沸石粉》(JG/T 566—2018)将天然沸石粉分为Ⅰ级、Ⅱ级和Ⅲ级,并规定天然沸石粉的技术性能应符合表5-8的要求。吸铵值是指单位质量沸石粉所交换的铵离子毫摩尔数,它可以反映沸石岩中沸石的纯度,一般来说,沸石纯度越高,活性指数越大。

表 5-8　沸石粉的技术要求

项目		I 级	II 级	III 级
吸铵值/(mmol/100 g),≥		130	100	90
细度(45 μm 筛余)(质量分数)/%,≤		12	30	45
活性指数/%,≥	7 d	90	85	80
	28 d	90	85	80
需水量比/%,≤		115		
含水量(质量分数)/%,≤		5.0		
氯离子含量(质量分数)/%,≤		0.06		
硫化物及硫酸盐含量(按 SO₃ 质量计)(质量分数)/%,≤		1.0		
放射性		应符合 GB 6566 的规定		

（五）火山灰质混合材料

火山灰质混合材料是一大类具有火山灰活性的矿物质材料的总称。火山灰质混合材料按其成因分为天然的和人工的两类。天然的火山灰质混合材料有：火山灰（火山喷发形成的碎屑）、凝灰岩（由火山灰沉积而成的致密岩石）、浮石（火山喷出时形成的玻璃质多孔岩石）、硅藻土（由极细的硅藻介壳聚集、沉积而成的生物岩石）等前述沸石也属于火山灰质混合材料。人工的火山灰质混合材料有：煤矸石（煤层中炭质页岩经自燃或煅烧后的产物）、烧页岩（页岩或油母页岩经自燃或煅烧后的产物）、烧粘土、煤渣和硅质渣（由矾土提取硫酸铝后的残渣）等。

火山灰质混合材料的活性成分也是玻璃态的 SiO_2 和活性 Al_2O_3，具有火山灰效应。国家标准《用于水泥中的火山灰质混合材料》(GB/T 2847—2005) 规定，水泥用火山灰质混合材的 SO_3 含量不得超过 3.5%；火山灰活性试验必须合格；水泥胶砂 28 d 抗压强度比不小于 65%。对于人工的火山灰质混合材料还规定其烧失量不得超过 10.0%。放射性物质含量应符合 GB 6566 规定。

第四节　其他通用硅酸盐水泥

一、普通硅酸盐水泥

凡由硅酸盐水泥熟料、混合材料、适量石膏磨细制成的水硬性胶凝材料，称为普通硅酸盐水泥（简称普通水泥），代号为 P·O。按国家标准《通用硅酸盐水泥》(GB 175—2020) 规定：普通硅酸盐水泥中，粒化高炉矿渣、粉煤灰以及火山灰质混合材料掺加量>5%且≤20%，其中允许用不超过水泥质量 5%且符合本标准规定的石灰石、砂岩、窑灰中的一种材料代替。

普通硅酸盐水泥中混合材料掺量较少，很多方面与硅酸盐水泥相近。在技术要求方面，普通硅酸盐水泥性能与硅酸盐水泥相近，其强度等级规定同硅酸盐水泥。普通硅酸盐水泥的细度与硅酸盐水泥的表示方法不同，是以 45 μm 方孔筛筛余表示，合格指标为不小于 5%；普通硅酸盐水泥的初凝时间同硅酸盐水泥，为不得早于 45 min，但终凝时间为不得迟于 600 min，安定性用沸煮法和压蒸法检验必须合格。

二、矿渣硅酸盐水泥

矿渣硅酸盐水泥（简称矿渣水泥），代号为 P·S。水泥中粒化高炉矿渣掺加量按质量百分比计为>20%且≤70%。矿渣硅酸盐水泥分为 A 型和 B 型。A 型矿渣掺量>20%且≤50%，代号 P·S·A;B 型矿渣掺量>50%且≤70%，代号 P·S·B。允许用粉煤灰、火山灰、石灰石、砂岩、窑灰中的一种来代替部分粒化高炉矿渣,代替数量不得超过水泥质量的 8%。

矿渣硅酸盐水泥的水化作用分两步进行:首先是水泥熟料颗粒开始水化,继而矿渣在熟料水化时所析出的 $Ca(OH)_2$ 以及外掺石膏的激发作用下发生火山灰反应,产生二次水化作用,生成水化硅酸钙、水化铝酸钙和水化硫铝酸钙。由于矿渣硅酸盐水泥中熟料含量相对减少,并且有相当多的氢氧化钙又和矿渣组分相互作用,所以与硅酸盐水泥相比,其水化产物中的氢氧化钙含量相对减少,碱度要低些。

矿渣硅酸盐水泥中加入的石膏,一方面为调节水泥的凝结时间,另一方面又作为矿渣的激发剂,因此石膏的掺量比硅酸盐水泥稍多。标准规定矿渣硅酸盐水泥中 SO_3 含量不得超过 4%。矿渣硅酸盐水泥按 3 d 和 28 d 的抗压和抗折强度分为 32.5、32.5R、42.5、42.5R、52.5、52.5R 等六个强度等级。细度要求为 45 μm 方孔筛的筛余不小于 5%。矿渣水泥的凝结时间一般比硅酸盐水泥要长,标准规定初凝不得早于 45 min,终凝不得迟于 10 h。实际初凝一般为 2~5 h,终凝 5~9 h。安定性用沸煮法和压蒸法检验必须合格。

与硅酸盐水泥和普通硅酸盐水泥相比较,矿渣硅酸盐水泥主要有以下特点:

1. 早期强度低,后期强度增进率大。矿渣硅酸盐水泥中,熟料矿物的含量相对减少了,故其早期硬化较慢 ,3 d 强度较低。但由于矿渣硅酸盐水泥二次水化反应后生成的水化硅酸钙凝胶逐渐增多,所以其 28 d 后的强度发展较快,将赶上甚至超过同标号的硅酸盐水泥。

2. 硬化时对湿热敏感性强。矿渣硅酸盐水泥在较低温度下,凝结硬化缓慢,故冬季施工时需加强保温措施。但在湿热条件下,矿渣硅酸盐水泥的强度发展很快,故适合于采用蒸汽养护。

3. 水化热低。在矿渣硅酸盐水泥中,熟料用量减少,水化时发热量高的 C_3S 和 C_3A 含量相对减少,故其水化热较低,宜用于大体积混凝土工程中。

4. 具有较强的抗溶出性侵蚀及抗硫酸盐侵蚀的能力。由于矿渣硅酸盐水泥的水化产物中氢氧化钙含量少,从而提高了抗溶出性及抗硫酸盐侵蚀的能力。故矿渣硅酸盐水泥适用于有溶出性或硫酸盐侵蚀的水工建筑工程、海港工程及地下工程。

5. 抗碳化能力较差。用矿渣硅酸盐水泥拌制的砂浆及混凝土,由于水泥石中氢氧化钙碱度较低,因而表层的碳化作用进行得较快,碳化深度也较大。这对钢筋混凝土极为不利,会导致混凝土中钢筋生锈。

6. 耐热性较强。由于矿渣出自高炉,以及矿渣硅酸盐水泥的水化产物中 $Ca(OH)_2$ 含量少,所以耐热性能较强。故较其他品种水泥更适用于轧钢、锻造、热处理、铸造等高温车间以及高炉基础及温度达 300~400℃的热气体通道等耐热工程。

7. 保水性较差,泌水性较大。将一定量的水分保存在浆体中的性能称为保水性。矿渣颗粒硬度大,与熟料混磨难于磨得很细,且矿渣玻璃体亲水性较小,因而矿渣硅酸盐水泥的保水性较差,泌水性较大。它容易使混凝土形成毛细通路及水囊,当水分蒸发后,便留下孔隙,降低混凝土的密实性及均匀性,故要严格控制用水量,加强早期养护。

8. 干缩性较大。水泥浆体在空气中硬化时,随着水分的蒸发,体积会有微小的收缩,称为干缩。由于矿渣硅酸盐水泥的泌水性大,形成毛细通道,增加水分的蒸发,所以其干缩性较大。干缩易使混凝土表面发生很多微细裂缝,从而降低混凝土的力学性能和耐久性。

9. 抗冻性和耐磨性较差。矿渣硅酸盐水泥早期强度低,泌水导致水泥石表面软弱,抗冻性和耐磨性较差。不宜用于严寒地区水位经常变动的部位,也不宜用于受高速夹砂水流冲刷或其他具有耐磨要求的工程。

为了便于识别和使用,我国水泥标准规定,矿渣硅酸盐水泥包装袋侧面印字采用黑色或蓝色印刷。

三、火山灰质硅酸盐水泥

火山灰质硅酸盐水泥(简称火山灰水泥),代号 P·P。水泥中火山灰质混合材料掺量按质量百分比计为 >20% 且 ≤40%。

火山灰质硅酸盐水泥的水化硬化过程、发热量、强度及其增进率、环境温度对凝结硬化的影响、碳化速度等都与矿渣硅酸盐水泥有相同的特点。火山灰质硅酸盐水泥的细度、凝结时间、体积安定性、强度等级及各龄期强度要求同矿渣硅酸盐水泥。

火山灰质硅酸盐水泥的抗冻性及耐磨性比矿渣硅酸盐水泥还要差一些,故应避免用于有抗冻及耐磨要求的部位。它在硬化过程中的干缩现象较矿渣硅酸盐水泥更加显著,尤其当掺入软质混合材料时更为突出。因此,使用时须特别注意加强养护,较长时间保持潮湿状态,以避免产生干缩裂缝。对于处在干热环境中施工的工程,不宜使用火山灰质硅酸盐水泥。

火山灰质硅酸盐水泥的标准稠度用水量比一般水泥都大,泌水性较小。此外,由于火山灰质混合材料在石灰溶液中会产生膨胀现象,使拌制的混凝土较为密实,故抗渗性能较高。

四、粉煤灰硅酸盐水泥

粉煤灰硅酸盐水泥(简称粉煤灰水泥),代号为 P·F。水泥中粉煤灰掺量按质量百分比计为 >20% 且 ≤40%。

粉煤灰硅酸盐水泥的细度、凝结时间、体积安定性、强度等级及各龄期强度要求同矿渣硅酸盐水泥。

粉煤灰硅酸盐水泥的水化硬化过程与火山灰硅酸盐水泥基本相同,其性能也与火山灰硅酸盐水泥有很多相似之处。粉煤灰硅酸盐水泥的主要特点是干缩性比较小,甚至比硅酸盐水泥及普通硅酸盐水泥还小,因而抗裂性较好。同时,配制的混凝土和易性较好。这主要是由于粉煤灰的颗粒多呈球形,且较为致密,吸水性较小,因而能减小拌合物内摩擦阻力。按我国水泥标准规定,火山灰硅酸盐水泥和粉煤灰硅酸盐水泥包装袋侧面印字采用黑色或蓝色印刷。

五、复合硅酸盐水泥

复合硅酸盐水泥(简称复合水泥),代号 P·C。混合材料由粒化高炉矿渣、粉煤灰、火山灰质混合料、石灰石和砂岩中三种(含)以上材料组成,总掺加量按质量百分比 >20% 且 ≤50%。其中石灰岩和砂岩的总量小于 20%,允许用不超过 8% 的窑灰代替部分混合材料。

复合硅酸盐水泥强度等级分为 42.5、42.5R、52.5、52.5R 等四级。其余性能要求同火山灰硅酸盐水泥。

硅酸盐水泥、普通硅酸盐水泥、矿渣硅酸盐水泥、火山灰质硅酸盐水泥、粉煤灰硅酸盐水泥和复合硅酸盐水泥是土木工程中广泛使用的六种水泥(通用水泥),它们的强度等级、成分、特性和适合环境汇列于表5-9。

表 5-9　通用硅酸盐水泥的强度等级、成分及特性

项目	硅酸盐水泥	普通硅酸盐水泥	矿渣硅酸盐水泥	火山灰质硅酸盐水泥	粉煤灰硅酸盐水泥	复合硅酸盐水泥
强度等级	42.5、42.5R、52.5、52.5R、62.5、62.5R	32.5、32.5R、42.5、42.5R、52.5、52.5R				42.5、42.5R、52.5、52.5R
主要成分	以硅酸盐水泥熟料为主,不掺或掺加不超过5%的混合材料,石膏	硅酸盐水泥熟料,>5%且≤20%的混合材料,石膏	硅酸盐水泥熟料,>20%且≤70%的粒化高炉矿渣,石膏	硅酸盐水泥熟料,>20%且≤40%的火山灰质混合材料,石膏	硅酸盐水泥熟料,>20%且≤40%的火粉煤灰,石膏	硅酸盐水泥熟料、>20%且≤50%的混合材料,石膏
特性	凝结时间短、快硬早强高强、抗冻、耐磨、耐热、水化放热集中、水化热较大、抗硫酸盐侵蚀能力较差	凝结时间短、快硬早强高强、抗冻、耐磨、耐热、水化放热集中、水化热较大、抗硫酸盐侵蚀能力较差	需水性小、早强低后期增长大、水化热低、抗硫酸盐侵蚀能力强、受热性好、保水性和抗冻性差	较强的抗硫酸盐侵蚀能力、保水性好和水化热低,需水量大、低温凝结慢、干缩性大、抗冻性差	与火山灰质硅酸盐水泥性能相近,需水量小、干缩性小	水化热低、耐蚀性好,能通过混合材料的复掺优化水泥的性能,如改善保水性、降低需水性、减少干燥收缩、适宜的早期和后期强度发展
适合环境	可用于配制高强度混凝土、先张预应力制品、道路、低温下施工的工程和一般受热(250℃)的工程。一般不适用于大体积混凝土和地下工程,特别是有化学侵蚀的工程	可用于任何无特殊要求的工程。一般不适用于受热工程、道路、低温下施工工程、大体积混凝土工程和地下工程,特别是有化学侵蚀的工程	可用于无特殊要求的一般结构工程,适用于地下、水利和大体积等混凝土工程,一般受热工程(<250℃)和蒸汽养护构件。不宜用于需要早强和受冻融循环、干湿交替的工程	可用于一般无特殊要求的结构工程,适用于地下、水利和大体积等混凝土工程,不宜用于冻融循环、干湿交替的工程	可用于一般无特殊要求的结构工程,适用于地下、水利和大体积等混凝土工程,不宜用于冻融循环、干湿交替的工程	可用于无特殊要求的一般结构工程,适用于地下、水利和大体积等混凝土工程,特别是有化学侵蚀的工程,不宜用于需要早强和受冻融循环、干湿交替的工程

在硅酸盐水泥熟料中掺入适量混合材料除可制成六大品种水泥外,还可配制微集料火山灰质硅酸盐水泥、微集料粉煤灰硅酸盐水泥以及钢渣矿渣硅酸盐水泥等。在混合材料中掺入适量石灰和石膏共同磨细,可制成各种无熟料或少熟料水泥。例如:沸腾炉渣水泥、石膏矿渣硅酸盐水泥、石膏化铁炉渣水泥和碱矿渣水泥等。

第五节　特性水泥

一、白色硅酸盐水泥

国家标准《白色硅酸盐水泥》(GB/T 2015—2017)对白色硅酸盐水泥的定义是:由氧化铁含量少的硅酸盐水泥熟料、适量石膏及混合材磨细制成的水硬性胶凝材料,简称白水泥,代号 P·W。

普通硅酸盐水泥的颜色主要因其化学成分中所含氧化铁所致。因此,白水泥与普通硅酸盐水泥制造上的主要区别,在于严格控制水泥原料的铁含量,并严防在生产过程中混入铁质。表 5-10 为水泥中氧化铁含量与水泥颜色的关系。白水泥中氧化铁含量只有普通硅酸

盐水泥的 1/10 左右。此外，锰、铬等氧化物也会导致水泥白度的降低，故生产中亦须控制其含量。

表 5-10　水泥中氧化铁含量与水泥颜色的关系

氧化铁含量/%	3～4	0.45～0.7	0.35～0.4
水泥颜色	灰暗色	淡绿色	白色

白色硅酸盐水泥强度等级分为 32.5、42.5 和 52.5 三个等级，各等级水泥各龄期的强度不得低于表 5-11 的数值。

表 5-11　白色硅酸盐水泥各龄期的强度值

强度等级	抗压强度/MPa		抗折强度/MPa	
	3 d	28 d	3 d	28 d
32.5	12.0	32.5	3.0	6.0
42.5	17.0	42.5	3.5	6.5
52.5	22.0	52.5	4.0	7.0

将白水泥样品装入恒压粉体压样器中压制成表面平整的试样板，采用测色仪测定白度。白水泥 1 级白度（P·W-1）不小于 89，2 级白度（P·W-2）不小于 87。

白色硅酸盐水泥细度要求为 45 μm 方孔筛筛余不大于 30%；凝结时间初凝不早于 45 min，终凝不迟于 10 h；安定性用沸煮法检验合格。同时熟料中氧化镁的含量不宜超过 5.0%，水泥中三氧化硫含量不超过 3.5%，水溶性六价铬不大于 10 mg/kg，水泥放射性 I_{Ra}、I_t 均不大于 1.0。

白水泥可用于配制白色和彩色灰浆、彩色砂浆及彩色混凝土。

二、彩色硅酸盐水泥

建材行业标准《彩色硅酸盐水泥》（JC/T 870—2012）中规定，凡由硅酸盐水泥熟料加适量石膏（或白色硅酸盐水泥）、混合材及着色剂磨细或混合制成的带有色彩的水硬性胶凝材料，称为彩色硅酸盐水泥。

彩色硅酸盐水泥的强度以 28 d 抗压强度分为 27.5、32.5 和 42.5 三个强度等级。水泥中三氧化硫的含量不得超过 4.0%，80 μm 方孔筛筛余不得超过 6.0%，初凝不得早于 1 h，终凝不得迟于 10 h，安定性用沸煮法检验合格。

生产彩色硅酸盐水泥多采用染色法，就是将硅酸盐水泥熟料（白水泥熟料或普通硅酸盐水泥熟料）、适量石膏和碱性颜料共同磨细而制成。也可将颜料直接与水泥粉混合而配制成彩色水泥，但这种方法颜料用量大，色泽也不易均匀。

生产彩色水泥所用的颜料应满足以下基本要求：不溶于水，分散性好；耐大气稳定性好，耐光性应在 7 级以上；抗碱性强，应具一级耐碱性；着色力强，颜色浓；对人体无害，且对水泥性能无害。无机矿物颜料能较好地满足以上要求，而有机颜料色泽鲜艳，在彩色水泥中只需掺入少量，就能显著提高装饰效果。

白色和彩色硅酸盐水泥在装饰工程中常用来配制彩色水泥浆、装饰混凝土，也可配制各种彩色砂浆用于装饰抹灰，以及制造各种色彩的水刷石、人造大理石及水磨石等制品。

三、快硬早强水泥

随着建筑业的发展,早强混凝土应用量日益增加,快硬、早强水泥的品种与产量也随之增多。目前,我国快硬、早强水泥已有 5 个系列,近 10 个品种,是世界上少有的品种齐全的国家之一。下面介绍几种典型的快硬水泥。

(一)快硬硅酸盐水泥

凡以硅酸钙为主要成分的水泥熟料,加入适量石膏,经磨细制成的具有早期强度增进率较快的水硬性胶凝材料,称快硬硅酸盐水泥,简称快硬水泥。制造过程与硅酸盐水泥基本相同,只是适当增加了熟料中硬化快的矿物,即硅酸三钙含量达 50%~60%,铝酸三钙为8%~14%,两者总量应不少于 60%~65%。同时适当增加石膏掺量(达 8%),并提高水泥的粉磨细度,通常比表面积达 450 m^2/kg。

快硬水泥的性质应满足国家标准《快硬硅酸盐水泥》(GB 199—90)规定,细度要求80 μm 方孔筛筛余不得超过 10%;初凝不得早于 45 min,终凝不得迟于 10 h;安定性要求沸煮法合格。快硬水泥按 3 d 强度分为 325、375 和 425 三个标号,快硬水泥各标号、各龄期强度均不得低于表 5-12 的数值,表中 28 d 的强度为供需双方参考指标。

表 5-12　快硬硅酸盐水泥的强度指标

标号	抗压强度/MPa			抗折强度/MPa		
	1 d	3 d	28 d	1 d	3 d	28 d
325	15.0	32.5	52.5	3.5	5.0	7.2
375	17.0	37.5	57.5	4.0	6.0	7.6
425	19.0	42.5	62.5	4.5	6.4	8.0

快硬水泥主要用于配制早强混凝土,适用于紧急抢修工程和低温施工工程。

(二)铝酸盐水泥

国家标准《铝酸盐水泥》(GB/T 201—2015)对铝酸盐水泥的定义是:由铝酸盐水泥熟料磨细制成的水硬性胶凝材料,代号 CA。在磨制 CA70 水泥和 CA80 水泥时可掺加适量的$\alpha\text{-}Al_2O_3$ 粉。铝酸盐水泥熟料是以钙质和铝质材料为主要原料,按适当比例配制成生料,煅烧至完全或部分熔融,并经冷却所得以铝酸钙为主要矿物组成的产物。

铝酸盐水泥按 Al_2O_3 含量(质量分数)分为 CA50、CA60、CA70 和 CA80 四个品种,各品种做如下规定:

① CA50:50%$\leqslant w(Al_2O_3)<$60%,该品种根据强度分为 CA50-Ⅰ、CA50-Ⅱ、CA50-Ⅲ和 CA50-Ⅳ;

② CA60:60%$\leqslant w(Al_2O_3)<$68%,该品种根据主要矿物组成分为 CA60-Ⅰ(以铝酸一钙为主)和 CA60-Ⅱ(以铝酸二钙为主);

③ CA70:68%$\leqslant w(Al_2O_3)<$77%;

④ CA80:$w(Al_2O_3)\geqslant$77%。

1. 铝酸盐水泥的矿物组成、水化与硬化

铝酸盐水泥的主要矿物成分为铝酸一钙($CaO \cdot Al_2O_3$,简写 CA),另外还有二铝酸一钙($CaO \cdot 2Al_2O_3$ 简写 CA_2),硅铝酸二钙($2CaO \cdot Al_2O_3 \cdot SiO_2$,简写为 C_2AS),七铝酸十二钙($12CaO \cdot 7Al_2O_3$,简写 $C_{12}A_7$),以及少量的硅酸二钙($2CaO \cdot SiO_2$)等。

铝酸盐水泥的水化、凝结和硬化速度都很快。水化产物主要为十水铝酸一钙(CAH_{10})、八水铝酸二钙(C_2AH_8)和铝胶($Al_2O_3 \cdot 3H_2O$)，无 $Ca(OH)_2$。CAH_{10} 和 C_2AH_8 具有细长的针状和板状结构，能互相结成坚固的结晶连生体，形成晶体骨架。析出的氢氧化铝凝胶难溶于水，填充于晶体骨架的空隙中，形成较密实的水泥石结构。铝酸盐水泥初期强度增长很快，但后期强度增长不显著。并且，由于水化产物会发生转晶现象，铝酸盐水泥的长期强度会降低。

2. 铝酸盐水泥的技术要求

铝酸盐水泥常为黄或褐色，也有呈灰色的。按照 GB/T 201—2015 规定，铝酸盐水泥的比表面积不小于 300 m^2/kg 或 45 μm 筛余不大于 20%。发生争议时以比表面积为准。铝酸盐水泥的凝结时间应符合表 5-13 要求。

表 5-13　铝酸盐水泥的凝结时间

水泥类型		初凝时间/min	终凝时间/min
CA50		≥30	≤360
CA60	CA60-I	≥30	≤360
	CA60-II	≥60	≤1 080
CA70		≥30	≤360
CA80		≥30	≤360

铝酸盐水泥各龄期强度值不得低于表 5-14 要求。

表 5-14　铝酸盐水泥胶砂强度

水泥类型		抗压强度/MPa				抗折强度/MPa			
		6 h	1 d	3 d	28 d	6 h	1 d	3 d	28 d
CA50	CA50-I	≥20[a]	≥40	≥50	—	≥3[a]	≥5.5	≥6.5	—
	CA50-II		≥50	≥60	—		≥6.5	≥7.5	—
	CA50-III		≥60	≥70	—		≥7.5	≥8.5	—
	CA50-IV		≥70	≥80	—		≥8.5	≥9.5	—
CA60	CA60-I	—	≥65	≥85	—	—	≥7.0	≥10.0	—
	CA60-II	—	≥20	≥45	≥85	—	≥2.5	≥5.0	≥10.0
CA70		—	≥30	≥40	—	—	≥5.0	≥6.0	—
CA80		—	≥25	≥30	—	—	≥4.0	≥5.0	—

[a] 用户要求时，生产厂家应提供试验结果。

3. 铝酸盐水泥的特性

(1) 快凝早强，1 d 强度可达最高强度的 80% 以上。

(2) 水化热大，且放热量集中，1 d 内放出水化热总量的 70%～80%，使混凝土内部温度上升较高，故即使在 −10℃ 下施工，铝酸盐水泥也能很快凝结硬化。

(3) 抗硫酸盐性能很强，因其水化后无 $Ca(OH)_2$ 生成。

(4) 耐热性好，能耐 1 300～14 00℃ 高温。

（5）长期强度降低，一般为 40%～50%。

4. 铝酸盐水泥的应用及施工注意事项

铝酸盐水泥主要用于配制不定形耐火材料；配制膨胀水泥、自应力水泥、化学建材的添加剂等；用于抢建、抢修、抗硫酸盐侵蚀和冬季施工等特殊需要的工程。

CA-50 用于土木工程时的注意事项如下：

（1）在施工过程中，为防止凝结时间失控，一般不得与硅酸盐水泥、石灰等能析出氢氧化钙的物质混合，使用前拌和设备等必须冲洗干净。

（2）铝酸盐水泥不得用于接触碱性溶液的工程。

（3）铝酸盐水泥水化热集中于早期释放，从硬化开始应立即浇水养护。一般不宜浇注大体积混凝土。

（4）铝酸盐水泥混凝土后期强度下降较大，应按最低稳定强度设计。

（5）CA-50 铝酸盐水泥混凝土最低稳定强度值以试体脱模后放入 50℃±2℃ 水中养护，取龄期为 7 d 和 14 d 强度值之低者来确定。

（6）若用蒸汽养护加速混凝土硬化时，养护温度不得高于 50℃。

（7）用于钢筋混凝土时，钢筋保护层的厚度不得小于 60 mm。

（8）未经试验，不得加入任何外加物。

（9）不得与未硬化的硅酸盐水泥混凝土接触使用；可以与具有脱模强度的硅酸盐水泥混凝土接触使用，但接触处不应长期处于潮湿状态。

（三）硫铝酸盐水泥

国家标准《硫铝酸盐水泥》(GB 20472—2006)关于硫铝酸盐水泥的定义是：以适当成分的生料，经煅烧所得以无水硫铝酸钙和硅酸二钙为主要矿物成分的水泥熟料掺加不同量的石灰石、适量石膏磨细制成，具有水硬性胶凝材料，可分为快硬硫铝酸盐水泥、低碱度硫铝酸盐水泥、自应力硫铝酸盐水泥。

快硬硫铝酸盐水泥的定义是：以适当成分的硫铝酸盐水泥熟料和少量石灰石、适量石膏磨细制成的，具有早期强度高的水硬性胶凝材料，代号 R·SAC。其中硫铝酸盐水泥熟料中 Al_2O_3 含量（质量分数）应不小于 30.0%，SiO_2 含量应不大于 10.5%，且 3 d 抗压强度应不低于 55.0 MPa。

快硬硫铝酸盐水泥比表面积应不小于 350 m^2/kg，初凝时间应不大于 25 min，终凝时间应不小于 180 min。以 3 d 抗压强度分为 42.5、52.5、62.5、72.5 四个等级。

这种水泥中的无水硫铝酸钙水化很快，在水泥失去塑性前就形成大量的钙矾石和氢氧化铝凝胶，β-C_2S 是低温(1 250℃～1 350℃)烧成，活性较高，水化较快，能较早生成C-S-H凝胶和氢氧化铝凝胶填充于钙矾石结晶骨架的空间，形成致密的体系，从而使快硬硫铝酸盐水泥获得较高早期强度。此外，C_2S 水化析出的 $Ca(OH)_2$ 与氢氧化铝和石膏又能进一步生成钙矾石，不仅增加了钙矾石的量，而且也促进了 C_2S 的水化，进一步提高早强，使水泥有较好的抗冻性、抗渗性和气密性。

快硬硫铝酸盐水泥具有快凝、早强、不收缩的特点，可用于配制早强、抗渗和抗硫酸盐侵蚀的混凝土，适用于负温施工（冬季施工）、浆锚、喷锚支护、抢修、堵漏，水泥制品及一般建筑工程。由于这种水泥的碱度较低，所以适用于玻纤增强水泥制品，但是碱度低也带来了易使钢筋锈蚀的问题，使用时应予注意。此外，钙矾石在 80℃ 以上会脱水，强度大幅度下降，故耐热性较差。

低碱度硫铝酸盐水泥的定义是：以适当成分的硫铝酸盐水泥熟料和较多量的石灰石、适量石膏共同磨细制成，具有碱度低的水硬性胶凝材料。代号 L·SAC。

低碱度硫铝酸盐水泥比表面积应不小于 400 m^2/kg。加水后 1 h 的 pH 应不大于10.5。以 7 d 抗压强度分为 32.5、42.5 和 52.5 三个强度等级。

低碱度硫铝酸盐水泥主要用于玻璃纤维增强水泥制品，不应用于配有钢纤维、钢筋、钢丝网和钢埋件等的混凝土制品和结构。

自应力硫铝酸盐水泥是自应力水泥的一种，属于膨胀水泥。

四、膨胀水泥

膨胀水泥是一种能在水泥凝结之后的早期硬化阶段产生体积膨胀的水硬性水泥。在无约束条件下，过量的膨胀会导致硬化水泥浆体的开裂。但约束条件下适度的膨胀可在结构内部产生预压应力。

根据膨胀值的不同，膨胀水泥可分为补偿收缩水泥和自应力水泥两类。前者膨胀能较低，限制膨胀时所产生的压应力，大致能抵消干缩引起的拉应力，主要用以减少或防止混凝土的干缩裂缝。而后者所具有的膨胀能较高，足以使干缩后的混凝土仍有较大的自应力，用于配制各种自应力混凝土。我国习惯上将补偿收缩的水泥称为膨胀水泥，而用以配制自应力混凝土的膨胀水泥称为自应力水泥。

制造膨胀水泥主要有三种方法：

（1）在水泥中掺入一定量在特定温度下煅烧制得的氧化钙（生石灰），氧化钙水化时产生体积膨胀。CaO 的煅烧温度通常控制在 1 150℃～1 250℃。

（2）在水泥中掺入一定量在特定温度下煅烧得到的氧化镁（菱苦土），氧化镁水化时产生体积膨胀。MgO 的煅烧温度通常控制在 900℃～950℃。

（3）在水泥浆体水化硬化过程中的某一适当时机形成钙矾石，产生体积膨胀。

一般膨胀值较小的水泥，可配制收缩补偿胶砂和混凝土，适用于加固结构，灌筑机器底座或地脚螺栓，堵塞、修补漏水的裂缝和孔洞，以及地下建筑物的防水层等。膨胀值较大的水泥，也称自应力水泥，用于配制钢筋混凝土。自应力水泥在硬化初期，由于化学反应，水泥石体积膨胀使钢筋受到拉应力；反之，钢筋使混凝土受到压应力，这种预压应力能够提高钢筋混凝土构件的承载能力和抗裂性能。对自应力水泥，要求其砂浆或混凝土在膨胀变形稳定后的自应力值大于 2 MPa（一般膨胀水泥为 1 MPa 以下）。自应力水泥按矿物组成不同可分为硅酸盐类自应力水泥、铝酸盐类自应力水泥和硫铝酸盐类自应力水泥等。自应力水泥的抗渗性良好，适宜于制作各种直径的、承受不同液压和气压的自应力管，如城市水管、煤气管和其他输油、输气管道。

五、中热硅酸盐水泥、低热硅酸盐水泥

国家标准《中热硅酸盐水泥、低热硅酸盐水泥》(GB/T 200—2017)对中热水泥和低热水泥的定义如下：

中热硅酸盐水泥：以适当成分的硅酸盐水泥熟料加入适量的石膏，磨细制成的具有中等水化热的水硬性胶凝材料，简称中热水泥，代号 P·MH。

低热硅酸盐水泥：以适当成分的硅酸盐水泥熟料加入适量的石膏，磨细制成的具有低水化热的水硬性胶凝材料，简称低热水泥，代号 P·LH。

中热硅酸盐水泥和低热硅酸盐水泥主要用于大体积混凝土中,通过限制其熟料中的 C_3S 和 C_3A 含量,以减少水化放热。水泥各龄期的水化热和强度指标见表 5-15 所示。

表 5-15　水泥各龄期的水化热和强度指标

品种	强度等级	水化热/(kJ·kg^{-1})		抗压强度/MPa			抗折强度/MPa		
		3 d	7 d	3 d	7 d	28 d	3 d	7 d	28 d
中热水泥	42.5	≤251	≤293	≥12.0	≥22.0	≥42.5	≥3.0	≥4.5	≥6.5
低热水泥	32.5	≤197	≤230	—	≥10.0	≥32.5	—	≥3.0	≥5.5
	42.5	≤230	≤260	—	≥13.0	≥42.5	—	≥3.5	≥6.5

六、抗硫酸盐硅酸盐水泥

国家标准《抗硫酸盐硅酸盐水泥》(GB 748—2005)按抗硫酸盐性能将其分为中抗硫酸盐硅酸盐水泥和高抗硫酸盐硅酸盐水泥两类。

以特定矿物组成的硅酸盐水泥熟料,加入适量石膏,磨细制成的具有抵抗中等浓度硫酸根离子侵蚀的水硬性胶凝材料,称为中抗硫酸盐硅酸盐水泥,简称中抗硫酸盐水泥,代号 P·MSR。具有抵抗较高浓度硫酸根离子侵蚀的水硬性胶凝材料,称为高抗硫酸盐水泥,代号 P·HSR。

两种抗硫酸盐水泥的强度等级分为 32.5 和 42.5。水泥中硅酸三钙和铝酸三钙的含量应符合表 5-16 规定。

表 5-16　抗硫酸盐水泥中硅酸三钙和铝酸三钙的含量(质量分数)

分类	硅酸三钙含量/%	铝酸三钙含量/%
中抗硫酸盐水泥	≤55.0	≤5.0
高抗硫酸盐水泥	≤50.0	≤3.0

抗硫酸盐水泥的烧失量应不大于 3.0%,SO_3 含量应不大于 2.5%,水泥的比表面积应不小于 280 m²/kg。中抗硫酸盐水泥 14 d 线膨胀率应不大于 0.06%,高抗硫酸盐水泥 14 d 线膨胀率应不大于 0.04%。

第六节　专用水泥

一、砌筑水泥

国家标准《砌筑水泥》(GB/T 3183—2017)规定,由硅酸盐水泥熟料加入规定的混合材料和适量石膏,磨细制成的保水性较好的水硬性胶凝材料,代号 M。水泥中混合材料掺加量按水泥质量百分比计应大于 50%,允许掺入适量的石灰石或窑灰。水泥中三氧化硫含量应不大于 3.5%。80 μm 方孔筛筛余应不大于 10.0%。初凝时间不早于 60 min,终凝时间不迟于 12 h。安定性用沸煮法检验合格。砂浆的保水率是指吸水后砂浆中保留的水的质量,并用原始水量的质量分数表示。砌筑水泥的保水率应不低于 80%。

砌筑水泥分 12.5、22.5 和 32.5 三个强度等级,各等级水泥的各龄期强度应满足表 5-17 的要求。

表 5-17　砌筑水泥的等级与各龄期强度

强度等级	抗压强度 /MPa			抗折强度 /MPa		
	3 d	7 d	28 d	3 d	7 d	28 d
12.5	—	≥7.0	≥12.5	—	≥1.5	≥3.0
22.5	—	≥10.0	≥22.5	—	≥2.0	≥4.0
32.5	≥10.0	—	≥32.5	≥2.5	—	≥5.5

砌筑水泥主要用于砌筑和抹面砂浆、垫层混凝土等,不应用于结构混凝土。

二、道路硅酸盐水泥

国家标准《道路硅酸盐水泥》(GB/T 13693—2017)规定,由道路硅酸盐水泥熟料,适量石膏和混合材料,磨细制成的水硬性胶凝材料,称为道路硅酸盐水泥(代号 P·R)。道路硅酸盐水泥熟料中铝酸三钙的含量不应大于 5%,铁铝酸四钙的含量不应小于 15.0%,游离氧化钙的含量不应大于 1.0%。活性混合材的掺加量按质量计为 0~10%,混合材可为符合相关标准的 F 类粉煤灰、粒化高炉矿渣、粒化电炉磷渣或钢渣。

道路硅酸盐水泥的比表面积应为 300~450 m²/kg,初凝时间应不早于 90 min,终凝时间不迟于 720 min。28 d 干缩率应不大于 0.10%,28 d 磨耗量应不大于 3.00 kg/m²。道路硅酸盐水泥按 28 d 抗折强度,分为 7.5 和 8.5 两个等级。各龄期强度应满足表 5-18 的要求。

表 5-18　道路硅酸盐水泥的等级与各龄期强度

强度等级	抗折强度/MPa		抗压强度/MPa	
	3 d	28 d	3 d	28 d
7.5	≥4.0	≥7.5	≥21.0	≥42.5
8.5	≥5.0	≥8.5	≥26.0	≥52.5

道路硅酸盐水泥的主要特性是抗折强度高、早期强度较高,干缩性小,耐磨性好,抗冲击性、抗冻性、抗硫酸盐能力较好,特别适用于道路路面、飞机跑道、车站、公共广场等对耐磨、抗干缩性能要求较高的混凝土工程。

三、油井水泥

油井水泥专用于油井、气井的固井工程,又称堵塞水泥。它的主要作用是将套管与周围的岩层胶结封固,封隔地层内油、气、水层,防止互相串扰,以便在井内形成一条从油层流向地面且隔绝良好的油流通道。油井水泥的基本要求为:水泥浆在注井过程中要有一定的流动性和适合的密度;水泥浆注入井内后,应较快凝结,并在短期内达到相当的强度;硬化后的水泥浆应有良好的稳定性和抗渗性、抗蚀性。

油井底部的温度和压力随着井深的增加而提高,每深入 100 m,温度约提高 3℃,压力增加 1.0~2.0 MPa。因此,高温高压,特别是高温对水泥各种性能的影响,是油井水泥生产和使用的最主要问题。因此,要根据油井、气井的具体情况,采用相适应的油井水泥。我国油井水泥分为六个级别(A、B、C、D、G 和 H),类型包括普通型(O)、中抗硫酸盐型(MSR)和高抗硫酸盐型(HSR),其技术指标需满足国家标准《油井水泥》(GB/T 10238—2015)的要求。

另外,还可加入各种外加剂,以改变油井水泥的性能。例如:为了延长储存期,可加入憎水剂;为了延缓凝结,可加入各种缓凝剂。用普通油井水泥封固天然气时,气井有时会漏气,这是由于水泥硬化时产生收缩而形成微裂缝所引起,为了防止收缩和漏气,可采用膨胀油井水泥。

第七节　LC3 水 泥

对于水泥生产而言,减少二氧化碳的排放以及减少对原始自然资源的消耗,使得辅助胶凝材料(Supplementary Cementitious Materials,简称 SCMs)的使用具有广大的前景。这点对于发展中国家而言显得尤其重要。然而,由于 SCMs 的供应有限,这在一定程度上限制了其在一些国家和地区的广泛应用。目前,用于减少水泥中熟料含量的 SCMs 中,有 80% 为石灰石、粉煤灰和矿渣。在世界范围内,可利用于水泥生产的矿渣较少;粉煤灰的量虽然相对较多,但不同来源的粉煤灰性能差异非常大;尽管石灰石蕴藏量丰富,但目前的研究表明,当多于 10% 的石灰石作为唯一的掺合料加入水泥中时,将会导致水泥中孔隙率的增加且性能较差。因此,常规的优质 SCMs 呈现缺乏的态势,这一问题越来越受到人们的重视。

全世界的粘土资源丰富。粘土中具有相当高含量的高岭土。研究表明,当偏高岭土的含量仅为 40% 左右时,水泥的 7 d 力学性能与普通硅酸盐水泥相当。这种粘土在赤道地区与亚热带地区具有丰富的资源。而这些地区的国家正处于高速发展期,在未来的几十年内对水泥的需求日益增加。因此,经过大量研究,通过复掺煅烧粘土及石灰石,部分取代水泥熟料,制备的煅烧粘土与石灰石复合胶凝材料体系,称为 LC3 水泥。

一、LC3 水泥组成

煅烧粘土与石灰石复合胶凝材料体系(Limestone Calcined Clay Cement,简称 LC3)是瑞士洛桑联邦理工学院 Scrivener 教授最近提出的。它是一种基于石灰石和煅烧粘土的硅酸盐基水泥。当煅烧粘土与石灰石两者总掺量达到 45% 时,水泥基材料的力学性能与抗渗性能依然优于常规的普通硅酸盐水泥品种。煅烧粘土与石灰石的复合掺加能节约更多的硅酸盐水泥熟料,降低水泥生产过程中的碳排放量(可达 30%),因而是一种绿色低碳水泥,符合当前绿色生态、可持续发展理念。使用煅烧粘土与石灰石能显著优化水泥基材料的孔径结构,降低孔隙率,从而有效抑制有害介质的扩散侵入,提高混凝土抵抗氯离子侵蚀的能力。在同等条件下,煅烧粘土与石灰石复合胶凝体系的氯离子扩散系数较普通硅酸盐水泥降低。因而被视为一种极具应用前景的新型低碳水泥体系。

目前,世界各地有数十亿吨过剩的粘土,这些都是可用于水泥生产的潜在的资源,而无须开采新的采石场。因此,含有高岭土的粘土资源的质量和数量,为 LC3 水泥的工业化生产提供了保障。当含有高岭土的粘土经过煅烧以后,会生成偏高岭土,偏高岭土本质上是一种无定型的铝硅酸盐。如同常规的火山反应一样,这种无定型的铝硅酸盐能够与氢氧化钙发生化学反应,生成 C—(A)—S—H 和水化铝酸盐。此外,硅铝酸盐还可以和石灰石反应生成水化碳铝酸盐。所有生成产物都将填充在孔结构中,贡献于水泥性能的发展,具有较高的强度和良好的耐久性等性能。

二、LC3 水泥性能

目前,许多学者正在对 LC3 水泥的耐久性进行大量的研究。这些研究既包括实验室特定环境的暴露试验和自然条件下的暴露试验。现已有的实验结果表明:

——LC3 水泥能够较好地保护钢筋；

——LC3 水泥具有非常好的抗氯离子侵入的能力；

——LC3 水泥能够较好地缓解碱与活性集料的碱集料反应；

——LC3 水泥在有硫酸盐的环境中体现出较好的耐久性；

——LC3 水泥的抗碳化性能与其他种类的掺混合材料的硅酸盐水泥相当。

LC3 水泥中含有的物相与目前实际工程中使用的复合水泥中含有的物相种类一致。但是，LC3 水泥中的孔结构却呈现出明显的细化。孔结构的细化快慢取决于煅烧粘土中高岭土的含量。孔结构的细化程度可以通过 MIP 所测得的样品孔径阈值来表征。对于高岭土含量较高（>65%）的煅烧粘土，在水化 3 d 时，其孔径阈值可低至 10 nm 左右。对于高岭土含量只有 40% 左右的煅烧粘土，在水化 28 d 时仍然可达到比较微细的孔结构。事实上，当龄期为 28 d 时，所有含有煅烧粘土的水泥浆体，即使煅烧粘土的初始高岭土含量较低，其孔结构仍然比普通硅酸盐水泥浆体的孔结构细。

细化的孔结构对于抗氯离子侵蚀能力的提高尤其重要。Antoni 等比较了 LC3 水泥和普通硅酸盐水泥制备的砂浆的抗氯离子侵蚀的能力。作者按照 ASTM 1543 标准，将不同配比的砂浆试样浸泡在 3% 质量浓度的 NaCl 溶液中。两年后，氯离子已经贯穿了由普通硅酸盐水泥制备的砂浆试块。而对于含有 30% 的煅烧粘土作为唯一的火山灰掺合料的试块，氯离子的侵蚀深度仅为 20 mm 左右。当煅烧粘土的含量达到 50% 时，氯离子的侵蚀深度仅为 10 mm 左右。Samson 等采用加速试验测试了含有 50% 煅烧粘土的 LC3 水泥的扩散系数。结果表明其扩散系数比普通硅酸盐水泥低 10 倍。尽管在不同的 LC3 水泥体系中都有观察到 Friedel 盐的出现，但是并不代表 LC3 水泥对氯离子的结合能力更高。其优异的抗氯离子侵蚀的能力主要与其细化的孔结构有关。

由于 LC3 水泥中总的钙含量较低，所以其结合 CO_2 的能力也相对较低，这点与其他种类的掺混合材料的硅酸盐水泥类似。但较低的渗透性弥补了这一缺陷，因此良好的养护条件对 LC3 水泥尤其重要。

三、应用及存在的问题

在古巴和印度，煅烧粘土与石灰石取代 50% 水泥的工业化生产已经成功应用。这种新型的水泥与 I 型的硅酸盐水泥的性能非常相近，而后者的熟料往往在 90% 以上。这表明可以使用与普通硅酸盐水泥制备混凝土完全相同的施工工艺，采用 LC3 水泥制备混凝土。由于 LC3 水泥的细度较大，尤其是当其与熟料同时研磨时，将或多或少造成凝结时间缩短。但凝结时间仍然处于普通水泥的正常范围。

在煅烧期间，粘土的内部结构并没有损害，仅仅是层状结构的羟基键被移除。煅烧粘土的层状小块结构增加了混合水泥的比表面积，使其与普通硅酸盐水泥体系相比，需水量略有提高。对已有的水泥体系适应性较好的减水剂，在 LC3 水泥体系中，或需要更高的掺量。

LC3 的高温敏感性目前正处于研究阶段，高温情况下硫酸盐的含量显得更加重要。因为铝相相对于硅相而言，前者的活性随着温度的升高增加更为显著。

在市场中推广任何一种新的水泥都需要一段较长的时间。然而，由于 LC3 水泥与现有水泥所含有的辅助胶凝材料十分相似，这使得人们接受这一新型水泥并不存在较大障碍，进而易于推广。前期的研究表明，LC3 水泥的生产成本可以比目前现有的胶凝材料的生产成本低。至少明显低于不添加混合材料的硅酸盐水泥，也可能低于添加混合材料的复合水泥。

后者更多地取决于当地资源的丰富程度及其价格。降低成本将是引入 LC3 水泥的一个主要动机。LC3 水泥可被视为一种通用型水泥。其适用范围与硅酸盐水泥以及添加火山灰混合材料的水泥基本一致。尽管如此,煅烧粘土与石灰石复合胶凝体系的水化机理、长期性能仍然需要深入研究,在应用与推广过程中也存在一些问题亟须解决。

第八节　碱激发矿渣水泥

碱激发矿渣水泥属于碱激发胶凝材料。碱激发胶凝材料是以具有火山灰活性或潜在水硬性的硅酸盐粉体为原料,通过与碱性激发剂反应而成的一类具有无定型态至半结晶态结构的胶凝材料。

碱激发矿渣水泥是通过以碱化合物作为激发剂来激发矿渣活性而制备的一种水硬性胶凝材料。相对于传统硅酸盐水泥,碱激发矿渣水泥具有高强度、优异耐久性等突出优势,因而碱激发矿渣水泥具有广阔的应用前景,且目前在碱激发胶凝材料领域中研究最为广泛。

与传统硅酸盐水泥的生产相比,碱激发矿渣水泥的生产过程简单,目前主要有两种制备方式。一种是先将水淬矿渣烘干处理,再与固体激发剂共同研磨后加入拌合水得到,这种方法在生产过程中无须高温煅烧,只需要一次粉磨。另一种方法是将烘干矿渣粉末直接加入到已经调配好的碱激发剂溶液中制备而成。总的来说,碱激发矿渣水泥在生产过程中排放出来的温室气体比传统硅酸盐水泥有大幅减少,有利于节约能源、保护环境。

碱激发矿渣水泥的水化过程和硬化机理与传统硅酸盐水泥明显不同。传统硅酸盐水泥的水化硬化过程是熟料矿物与水反应的过程,此过程中水是一种主要反应物。碱激发矿渣水泥的硬化过程是矿渣材料与碱性材料的反应过程,水主要起传质媒介作用。在碱激发矿渣水泥中的"矿渣颗粒溶解"阶段,水作为反应介质促进了矿渣中铝硅酸盐相的溶解;在碱激发矿渣水泥水化硬化过程中的"缩聚反应"阶段,部分水会参与反应进程并存在于水化产物中。

在碱的作用下,矿渣中的玻璃相解体,与碱作用形成钙硅比比较低的水化硅酸钙(C-S-H)凝胶。同时,根据碱激发剂的类型和浓度、矿渣的组成和结构以及碱激发矿渣水泥浆体硬化的养护条件,可能会形成不同类型的次生产物,包括水滑石、沸石等类型的结晶相。

碱激发矿渣水泥具有快硬、早强特性,且早期强度发展较快。由于水化产物中不含钙矾石和氢氧化钙,因而碱激发矿渣水泥的耐酸和耐硫酸盐腐蚀性很好。虽然硬化碱激发矿渣水泥和传统硅酸盐水泥的总孔隙率差别不大,但碱激发矿渣水泥的孔径大大细化,使得其抗冻融性能突出。碱激发矿渣水泥的水化热比传统硅酸盐水泥小,因此使其应用于大体积混凝土中时能够较好地控制温度。此外,碱激发矿渣水泥水化产物的细微晶体具有很高的强度,在热力学上也很稳定,因而碱激发矿渣水泥还具有耐高温性能。

碱激发矿渣水泥的性能主要受矿渣的性质与激发剂的性质与用量影响。矿渣在碱激发过程中的反应活性很大程度上取决于其化学组成和玻璃体结构。不同类型碱激发矿渣水泥的强度发展、产物组成和微观结构存在显著差异。合理设计的碱激发矿渣水泥在许多性能上可以达到或比传统硅酸盐水泥更好。

碱激发矿渣水泥也存在一些缺点,如凝结太快,会发生强度倒缩和波动,且有泛碱现象,用于混凝土中可能存在碱集料反应的耐久性问题等。同时,碱激发矿渣水泥易碳化、收缩大等缺陷也限制了其在建筑工程领域中的实际应用。此外,矿渣原材料来源复杂,成分波动性大,碱激发矿渣水泥生产不如传统硅酸盐水泥那么规范化、标准化。

碱激发矿渣水泥主要应用于传统硅酸盐水泥较难以取得满意效果的工程上,如海洋工程、强酸腐蚀环境中的工程等,或者是利用其胶凝性开发新的产品,如用作固化各种化工废料、固封有毒金属离子及核放射元素的有效材料等。

近年来,碱激发粉煤灰、碱激发粉煤灰-矿渣复合胶凝材料等也得到了发展。

第九节　微生物胶凝材料

胶凝材料的发展,有着极为悠久的历史,而在黏土、火山灰等古老的胶凝材料出现之前,微生物矿化胶凝现象就已经在自然界的成岩造丘中起着至关重要的作用了。21世纪以来,受到这一自然现象的启发,研究人员开始尝试制备一种新型的微生物胶凝材料,这种生物矿化胶凝技术被称为 MICP 技术(Microbial Induced Calcite Precipitation)。

一、自然界的微生物矿化现象与机理

地球史研究表明,微生物可能是地球上最早出现的一种生物,其种类繁多、分布广泛、生长繁殖快、代谢能力强、遗传稳定性差,自地球历史早期便广泛存在于地球表面环境,生存并分布于所有潮湿的沉积物表面及内部(深度可达几千米)。微生物通过其自身的生命活动,与周围环境介质之间不断循环发生着矿化作用,再经过漫长时期的累积,最终将自然界中沉积的疏松碎屑物质胶结形成坚硬的岩石。漫长的地质时代,有机体形成的矿物大大改变了生物圈的物理、化学特性,对沉积环境做出重要贡献。

如图 5-6 所示,微生物参与矿化形成的方解石在自然界成岩过程中起到胶结的作用。几乎所有微生物的代谢产物对地质环境都有影响,是自然界沉积变化、成岩作用和一些沉积矿床的作用者或主要参与者。

(a) 包覆式生长的微生物　(b) 缠绕式生长的微生物　(c) 粘附式生长的微生物　(d) 夷平作用
(e) 网状化的微生物起到固定作用　(f) 垂直于颗粒表面生长的微生物起到障积作用和捕获作用

图 5-6　青海湖湖滩岩和胶结物中的微生物

二、MICP 微生物胶凝材料的胶凝机制

微生物矿化是自然界中普遍存在的一种现象,自然界中的某些微生物能够利用自身的新陈代谢活动生成多种矿物结晶。研究表明,微生物矿化沉积的机理主要有两个:微生物诱导沉淀(Biologically Induced Mineralization)和微生物控制沉淀(Organic Matrix Mediated Mineralization)。前者指的是生物通过新陈代谢产生胞外聚合物(Extracellular Poly-meric Substances,EPS)等有机质影响周边环境,从而造成矿物沉积;而后者指的是微生物自身直接参与并控制结晶过程。目前的 MICP 技术更多是基于前者的机理,利用一些特定的微生物,通过为之提供丰富的钙离子及相应的营养源,在其新陈代谢过程中,产生二氧化碳和碱性环境,从而析出具有优异胶结作用的碳酸钙结晶。这一过程与参与的微生物种类关系不大,因此不同代谢类型的微生物可以形成不同的 MICP 方式。目前可供选择的 MICP 方式主要有:尿素水解、反硝化作用、三价铁还原和硫酸盐还原。其中,产脲酶微生物广泛存在于自然环境中,且作用机理简单,反应过程容易控制,能快速水解尿素生成大量碳酸根,从而促进碳酸盐的沉积。因此基于尿素水解的 MICP 一直作为主流的碳酸钙生物矿化技术被广泛应用。

（一）基于尿素水解的 MICP

尿素水解的 MICP 大多基于一类高产脲酶的芽孢杆菌,这类细菌在土壤中广泛分布,具有较强的环境适应性。如下述反应式所示,这类细菌能以尿素为能源,通过自身新陈代谢活动产生大量的高活性脲酶,从而将尿素水解生成铵根离子(NH_4^+)和碳酸根离子(CO_3^{2-})。由于该细菌细胞外层结构中含有氨基酸和多糖的有机基质,当周围环境中含有一定浓度的钙离子(Ca^{2+})时,有机基质中带有负电荷的水可溶有机大分子便会不断吸附溶液中的钙离子,使其聚集在细菌细胞表面。同时扩散到细胞内部的尿素分子在细菌产生的脲酶作用下不断分解出 CO_3^{2-},并运输到细胞表面,从而以细胞为晶核,在细菌周围析出碳酸钙结晶。随着碳酸钙晶体数量不断增多,细胞逐渐被包裹,使得细菌代谢活动所需的营养物质难以传输利用,最后导致细菌逐渐死亡。矿化过程示意图如图 5-7(a~c)所示。此外,从图 5-7(d)中还可以看出碳酸钙晶体表面存在一些孔洞,这是菌体被冲洗后遗留下来的痕迹,也验证了微生物在 MICP 过程中充当了晶核作用。

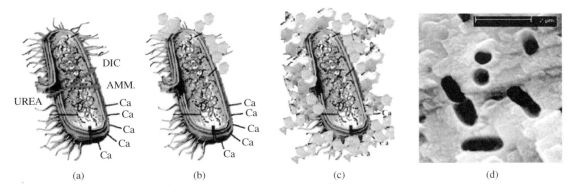

(a) 钙离子聚集在细菌细胞表面;(b) 细菌作为晶核,周围析出碳酸钙结晶;
(c) 细胞逐渐被碳酸钙晶体包裹;(d) 菌体充当晶核,被冲洗后在晶体表面留下印痕

图 5-7　微生物诱导形成方解石结晶示意图

在整个生物化学反应过程中,这类脲酶菌主要起到两个最核心的作用,一是为尿素水解提供生物催化剂脲酶,二是为碳酸钙晶体的形成提供晶核。由于上述过程中脲酶水解尿素产生了铵根离子,使得环境 pH 升高,脲酶表现出对尿素更高的活性和更强的亲和力,这也促进了碳酸钙晶体的形成。

$$CO(NH_2)_2 + H_2O \xrightarrow{Urease} NH_3 + CO_2$$
$$NH_3 + H_2O \longrightarrow NH_4^+ + OH^-$$
$$CO_2 + OH^- \longrightarrow HCO_3^-$$
$$Ca^{2+} + Cell \longrightarrow Cell - Ca^{2+}$$
$$Cell - Ca^{2+} + CO_3^{2-} \longrightarrow Cell - CaCO_3 \downarrow$$

(二)基于碳酸酐酶的 MICP

此外,自然界中的胶质芽孢杆菌(Bacillus mucilaginosus)在新陈代谢过程中可分泌出碳酸酐酶(Carbonic anhydrase,CA),其能极速加快二氧化碳的水解,促进碳酸氢根离子(HCO_3^-)的形成,从而加速碳酸盐沉积,具体反应如下:

$$CO_2 + H_2O \longleftrightarrow H_2CO_3 \longleftrightarrow H^+ + HCO_3^-$$
$$Ca^{2+} + OH^- + HCO_3^- \longrightarrow CaCO_3 + H_2O$$
$$E \cdot ZnH_2O \longleftrightarrow E \cdot ZnOH^- + H^+$$
$$E \cdot ZnOH^- + CO_2 \longleftrightarrow E \cdot ZnHCO_3^-$$
$$E \cdot ZnHCO_3^- + H_2O \longleftrightarrow E \cdot ZnH_2O + HCO_3^-$$

(三)其他菌种及其矿化沉积过程

脱氮假单胞菌(Pseudomonas denitrificans)在代谢过程中能将硝酸根还原为氮气,同时消耗体系中的氢离子,提高环境碱性的同时生成二氧化碳,进而促进碳酸根离子的形成,促进碳酸盐沉积。硫酸盐还原菌(Sulfate reducing bacteria)能将硫酸盐还原为硫化氢,使环境 pH 逐渐升高,为碳酸盐沉积创造条件。此外,还有富营养微生物(Eutrophic microorganisms),通过分解有机物(如乳酸钙)产生碳酸钙沉积同时二氧化碳,二氧化碳还可进一步生成碳酸根,促进矿化沉积。随着生物技术的发展,人类对微生物矿化的探索逐渐深入,越来越多的菌种和矿化机制正在被发现,并有望得到更广泛的应用。

$$2.6H^+ + 1.6NO_3^- + CH_3COO^- \xrightarrow{Bacteria} 0.8N_2 + 2CO_2 + 2.8H_2O$$
$$CaSO_4 \cdot 2H_2O \xrightarrow{Bacteria} Ca^{2+} + SO_4^{2-} + 2H_2O$$
$$2(CH_2O) + SO_4^{2-} \xrightarrow{Bacteria} HS^- + HCO_3^- + CO_2 + H_2O$$
$$Ca(C_3H_5O_3)_2 + 6O_2 \xrightarrow{Bacteria} CaCO_3 + 5CO_2 + 5H_2O$$

三、微生物胶凝材料的应用

(一)砂土胶结

利用 MICP 技术通过向砂土中灌注此类微生物胶凝材料(菌液和营养盐),可在砂土中快速形成方解石沉积,并将松散的砂颗粒胶结成为砂柱,如图 5-8 所示。这是由于微生物细胞和土颗粒间的物理化学性质使得带负电荷的细菌细胞吸附到砂颗粒表面,当孔隙环境中含有一定浓度营养盐($Urea$-$CaCl_2$营养液)时,在微生物矿化作用下,便会在砂颗粒之间以及颗粒表面形成胶结物质——方解石。矿化沉积的方解石晶体在松散颗粒之间充当桥梁作用,进而将砂土胶结成为具有力学性能的砂柱。根据应用场合的需求,在不同的工艺参数控制下,其最终抗压强度可达 1～30 MPa。

微生物诱导形成的方解石在土颗粒孔隙中有两种极端分布状态,一种是在土颗粒周围形成等厚度的方解石,此时土颗粒之间的胶结作用相对较弱,对土体性质的改善并不明显;另一种是仅仅在土颗粒相互接触的位置形成方解石,这种分布使得方解石全部用于土颗粒间的胶结,对土体工程性质的提高非常有利。鉴于砂土体中微生物矿化沉积的方解石主要分布在土颗粒相互接触的附近,因而微生物水泥在胶结砂土及改性其力学性质的同时,还保持了一定的孔隙连通性和渗透性,这使得其胶结性能与传统胶凝材料相比有较大的差异。

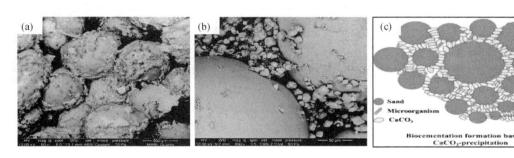

(a)(b) 胶结产物的扫描电镜图　(c) 生物矿化胶结机制示意图

图 5-8　利用 MICP 技术胶结的砂柱及其产物的扫描电镜图片

（二）材料表面覆膜

利用 MICP 技术可在石材、水泥基材料、历史建筑物表面矿化形成方解石层进行覆膜防护,将其作为这些天然石材或人工石材的修复防护材料具有不可比拟的优势。

如图 5-9 所示,法国 Calcite Bioconcept 公司与意大利古建筑保护国家研究中心采用喷涂的工艺对石质建筑物进行修复。通过多次重复喷涂,使微生物逐步渗入其表层孔隙中,在孔隙中矿化沉积出方解石,修复后石材表面吸水率降低 50% 左右,从而达到修复增强的目的。

（三）混凝土自修复

将微生物胶凝材料应用于混凝土自修复中,可以利用微生物的休眠与复活机制实现对混凝土开裂的自感应和主动矿化修复。如图 5-10 所示,微生物在裂缝处受到外界环境的刺激,活性复苏,通过矿化沉积碳酸盐堵塞修补裂缝,提高混凝土材料的耐久性等各项性能。

但混凝土内部碱性环境 pH 较高,微生物胶凝材料活性易受到抑制,选择合适的载体,既能保护微生物免受混凝土高碱环境的侵害,同样能够为微生物存活提供足够的空间并能保持优异的连通性。目前常用的微生物载体包括聚合物微胶囊、多孔轻集料和水凝胶等。

（a）修复教堂

（b）喷涂修复

（c）修复雕像

图 5-9　利用 MICP 技术修复石材加固

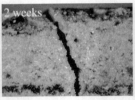

图 5-10　生物矿化修复混凝土裂缝

除上述领域外，微生物胶凝材料凭借其独特的矿化机制和环境友好性，在固结重金属、处理固体废弃物、强化再生集料、防沙抑尘等方面也得以应用，具有广阔的应用前景。

复习思考题

5-1　试述硅酸盐水泥的主要矿物组成及其对水泥性质的影响。

5-2　硅酸盐水泥的主要水化产物是什么？硬化水泥石的结构怎样？

5-3　试说明下述各条"必须"的原因：

（1）制造硅酸盐水泥时必须掺入适量的石膏；（2）水泥粉磨必须具有一定的细度；（3）水泥体积安定性必须合格；（4）测定水泥强度等级、凝结时间和体积安定性时，均必须规定加水量。

5-4　硅酸盐水泥强度发展的规律怎样？影响硅酸盐水泥凝结硬化的主要因素有哪些？怎样影响？

5-5　硅酸盐水泥腐蚀的类型有哪几种？各自的腐蚀机理如何？防止水泥石腐蚀的措施有哪些？

5-6　为什么生产硅酸盐水泥掺适量石膏对水泥不起破坏作用？而硬化水泥石在有硫酸盐的环境介质中生成石膏时就有破坏作用？

5-7　硅酸盐水泥有哪些技术要求，水泥的各技术要求有何实用意义？

5-8　引起硅酸盐水泥安定性不良的原因有哪些？该如何检验？土木工程使用安定性不良的水泥有何危害？水泥安定性不合格怎么办？

5-9　何谓辅助胶凝材料？它们掺入硅酸盐水泥中起什么作用？它们的作用机理是什么？常用的辅助胶凝材料有哪几种？

5-10　为什么普通硅酸盐水泥早期强度较高、水化热较大、耐腐性较差，而矿渣硅酸盐水泥和火山灰质硅酸盐水泥早期强度低、水化热小，但后期强度增长较快，且耐腐性较强？

5-11　通用硅酸盐水泥有哪些品种？它们的定义各如何？

5-12　有下列混凝土构件和工程,试分别选用合适的水泥品种,并说明选用的理由:

(1)现浇混凝土楼板、梁、柱;(2)采用蒸汽养护的混凝土预制构件;(3)紧急抢修的工程或紧急军事工程;(4)大体积混凝土坝和大型设备基础;(5)有硫酸盐腐蚀的地下工程;(6)高炉基础;(7)海港码头工程;(8)道路工程。

5-13　某工地建筑材料仓库存有白色胶凝材料三桶,原分别标明为磨细生石灰、建筑石膏和白水泥,后因保管不善,标签脱落,问可用什么简易方法来加以辨认?

5-14　试述铝酸盐水泥的矿物组成、水化产物及特性,以及在使用中应注意的问题。

5-15　下列品种的水泥与硅酸盐水泥相比,它们的矿物组成有何不同? 为什么?

(1)白水泥;(2)快硬硅酸盐水泥;(3)低热硅酸盐水泥;(4)抗硫酸盐硅酸盐水泥。

5-16　碱激发矿渣水泥的主要原材料与硅酸盐水泥有何不同? 碱激发矿渣水泥的性能有何特点?

5-17　微生物水泥的胶结机理是什么? 微生物水泥有哪些应用?

5-18　什么是 LC3 水泥? 该水泥有哪些特性?

第六章 混凝土外加剂

第一节 概 述

混凝土外加剂是近几十年发展起来的新型建材。随着土木建筑工程技术的迅速发展，对混凝土的性能不断提出新的要求，实践证明，混凝土掺用外加剂是满足这些要求的有效手段。例如，当前混凝土正向着高性能方向发展，高性能混凝土最重要的特征是高耐久性，其耐久性可达 100～500 年，是普通混凝土的 3～10 倍，而实现混凝土高耐久性的最重要技术途径就是掺用优质高效外加剂。又如现在普遍采用的商品混凝土、商品砂浆、泵送混凝土、喷射混凝土，超高性能混凝土（UHPC）等，无一不是靠外加剂的参与才得以实现的。所以，当今外加剂已成为混凝土除胶凝材料、砂、石、水以外的关键第五组分。据报道，日本掺外加剂的混凝土已占混凝土总量的 80%，欧美占 75% 以上。目前，我国掺外加剂的混凝土约占混凝土总量的 80% 以上，外加剂年产量已达 2 000 万 t，处于高速发展阶段。

一、定义和分类

按国家标准《混凝土外加剂术语》（GB/T 8075—2017），混凝土外加剂是混凝土中除胶凝材料、集料、水和纤维组分以外的，在混凝土拌制之前或拌制过程中加入的，用以改善新拌混凝土和（或）硬化混凝土性能，对人、生物及环境安全无有害影响的材料，简称外加剂。

混凝土外加剂按其主要使用功能分为四类，计 28 种，包括：普通减水剂、高效减水剂、高性能减水剂、防冻剂、泵送剂、早强剂、调凝剂（包括促凝剂和速凝剂）、缓凝剂、引气剂、加气剂（发泡剂）、泡沫剂、消泡剂、防水剂、水泥基渗透结晶防水剂、阻锈剂、着色剂、保水剂、抗分散剂（抗离散剂或絮凝剂）、黏度改性剂、增稠剂、混凝土坍落度保持剂（保塑剂）、砌筑砂浆增塑剂、抹灰砂浆增塑剂、减缩剂、膨胀剂、抗硫酸盐侵蚀外加剂、碱-集料反应抑制剂、管道压浆剂（预应力孔道灌浆剂）等。具体分类如下：

1. 改善混凝土拌合物流变性能的外加剂，如各种减水剂和泵送剂等；
2. 调节混凝土凝结时间、硬化过程的外加剂，如缓凝剂、早强剂、促凝剂和速凝剂等；
3. 改善混凝土耐久性的外加剂，如引气剂、防水剂和阻锈剂等；
4. 改善混凝土其他性能的外加剂，如膨胀剂、防冻剂和着色剂等。

二、主要功能与用途

混凝土外加剂在混凝土中掺量不高，但效果显著，主要功能有：(1)改善混凝土拌合物的和易性和流变性能；(2)提高混凝土的强度和耐久性；(3)节约水泥用量；(4)调节混凝土的凝结硬化速度；(5)调节混凝土的含气量；(6)降低水泥的初期水化热或延缓水泥水化放热速度；(7)改善混凝土的毛细孔结构；(8)提高集料与水泥石界面的黏结力；(9)提高混凝土与钢筋的握裹力；(10)阻止钢筋锈蚀。

当前在混凝土工程中,外加剂除普遍用于一般工业与民用建筑外,更主要用于配制高强混凝土、低温早强混凝土、防冻混凝土、大体积混凝土、流态混凝土、喷射混凝土、膨胀混凝土、防裂密实混凝土及耐腐蚀混凝土等,广泛用于高层建筑、水利工程、桥梁、道路、港口、井巷、隧道、硐室、深基等重要工程施工,解决了不少难题,取得了十分显著的技术经济效益。

混凝土掺用外加剂时,应遵守国家标准《混凝土外加剂应用技术规范》(GB/T 50119—2013)的规定。

以下将分节针对常见主要外加剂进行详细介绍。

第二节　减　水　剂

一、定义与分类

按国家标准《混凝土外加剂术语》(GB/T 8075—2017),混凝土减水剂按其性能分为普通减水剂、高效减水剂和高性能减水剂;按功能可以进一步细分,其中普通减水剂和高效减水剂可细分为标准型、缓凝型、早强型和引气型,高性能减水剂可分为标准型、缓凝型、早强型和减缩型等几类。

在混凝土拌合物坍落度基本相同的条件下,普通减水剂为减水率不小于8%的减水剂;高效减水剂为减水率不小于14%的减水剂;而高性能减水剂减水率不小于25%,与高效减水剂相比,其坍落度保持性能好、干燥收缩小且具有一定引气性能。

实际上,减水剂的发展已经经历了三代。第一代为普通减水剂,如木质素磺酸盐类减水剂、糖蜜减水剂和腐殖酸类减水剂等,很少单独使用,以下不再做详细介绍。第二代为高效减水剂,主要包括萘磺酸盐系减水剂、脂肪族羟基磺酸盐系减水剂、氨基磺酸盐系减水剂、三聚氰胺磺酸盐系减水剂等;第三代基本为梳型聚合物结构的聚羧酸减水剂,其以高减水、高保坍、低收缩的性能特点,迅速占领了我国混凝土减水剂市场,已成为应用的主流品种,占合成减水剂总量的80%以上。

二、技术经济效果

减水剂具有多种功能,在混凝土中加入减水剂后,一般可取得以下技术经济效果:①在拌合用水量不变时,混凝土拌合物坍落度可增大100~200 mm,用以配制流态混凝土。②保持混凝土拌合物坍落度和水泥用量不变,可减水10%~45%,混凝土强度可提高15%~80%,用以配制高强混凝土。③保持混凝土强度不变时,可节约水泥用量10%~30%。④水泥水化放热速度减慢,热峰出现推迟(指缓凝减水剂)。⑤混凝土透水性可降低40%~80%,从而提高混凝土抗渗和抗冻等耐久性。⑥可用以配制某些特种混凝土,如自密实混凝土、超高性能混凝土、超早强混凝土、轻集料混凝土、抗腐蚀混凝土等,这将比采用特种水泥更为经济、简便和灵活。

三、减水剂作用机理

减水剂多为有机聚合物表面活性剂,它对混凝土的作用效果是由于对水泥的吸附—分散作用,以及润滑、湿润作用所致。减水剂分子首先吸附到水泥颗粒表面,然后通过静电斥力、位阻效应和润滑作用,释放自由水,最终实现水泥颗粒的分散。

(1) 吸附—分散作用

水泥加水拌合后,由于水泥颗粒间分子引力的作用,产生许多絮状物而形成絮凝结构,

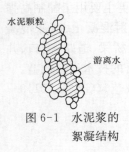

图 6-1　水泥浆的
絮凝结构

使 10%～30%的拌合水(游离水)被包裹在其中(图 6-1),从而降低了混凝土拌合物的流动性。

减水剂一般为阴离子表面活性剂,分子结构中含有很多活性基团(如羧基、磺酸基、磷酸基等),可以通过静电相互作用或 Ca^{2+} 络合作用吸附在带电的水泥颗粒及其水化产物上。一方面,由于活性基团的电离作用,使水泥颗粒表面带上电性相同的电荷,产生静电斥力致使水泥颗粒相互分散(图 6-2a)。另一方面,吸附在水泥颗粒表面的聚合物分子,特别是带有水溶性侧链的聚合物分子,其侧链在水溶液中较为伸展,这些侧链需要占据充分的空间,难以相互挤压,其相互之间的位阻作用阻止颗粒相互靠近,增加了颗粒之间的间距,削弱了颗粒之间的相互吸引作用(空间位阻效应,图 6-2b)。这两种作用致使水泥颗粒相互分散,导致絮凝结构解体,释放出游离水,从而有效地增大了混凝土拌合物的流动性(图 6-2c)。

(2) 润滑和湿润作用

阴离子表面活性剂类减水剂,其亲水基团极性很强,易与水分子以氢键形式结合,在水泥颗粒表面形成一层稳定的溶剂化水膜(图 6-2c),这层水是很好的润滑剂,有利于水泥颗粒的滑动,从而使混凝土流动性进一步提高。减水剂还能使水泥更好地被水湿润,也有利和易性的改善。

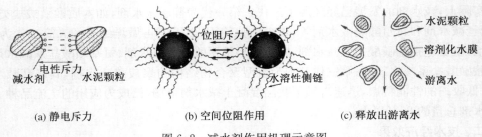

(a) 静电斥力　　　　　(b) 空间位阻作用　　　　　(c) 释放出游离水

图 6-2　减水剂作用机理示意图

由于以上作用的原因,使混凝土拌合物掺加减水剂后,坍落度显著增大。若保持其流动性不变,则可减少拌合用水量,使水胶比减小,水泥石密实度提高,从而使混凝土强度提高。同时,由于水泥的分散致使水泥颗粒与水接触面积增大,使得胶凝材料水化较充分,且水泥石孔结构得到改善,这些也均对混凝土强度提高有利。若减水后要求保持混凝土强度不变,就可减少水泥用量,达到节约水泥的目的。

四、高效减水剂

常见的高效减水剂有萘磺酸盐甲醛缩合物高效减水剂(简称萘系减水剂),氨基磺酸盐甲醛缩合物高效减水剂(简称氨基磺酸盐减水剂)、脂肪族羟基磺酸盐甲醛缩合物高效减水剂(简称脂肪族减水剂)、三聚氰胺磺酸盐甲醛缩合物高效减水剂(简称三聚氰胺系减水剂)。

(一) 萘系减水剂

萘系减水剂是以工业萘或由煤焦油中分馏出的含萘及萘的同系物馏分为原料,经磺化、水解、缩合、中和等步骤而制成的减水剂,一般为棕色液体或粉末,其主要成分为萘磺酸盐甲醛缩合物,属阴离子表面活性剂,其典型的分子结构见图 6-3 所示。萘系减水剂适宜掺量为

0.3%～0.8%,其减水率最高可达 25%,缓凝作用小,大多为非引气型。

若在保持水泥用量及坍落度相同的条件下,其减水率和混凝土强度将随掺量的增加而提高。萘系减水剂对钢筋无锈蚀危害。掺萘系减水剂的混凝土拌合物,易随存放时间延长而产生较大的坍落度损失,因此限制了它在泵送混凝土中单独应用,通常需与缓凝剂复合使用。

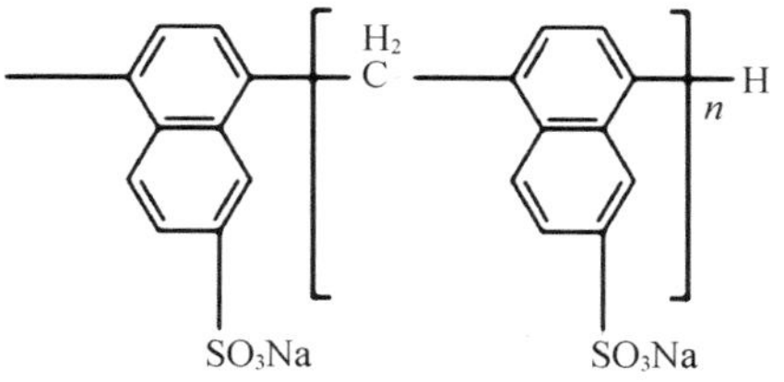

图 6-3　萘系减水剂分子结构示意图

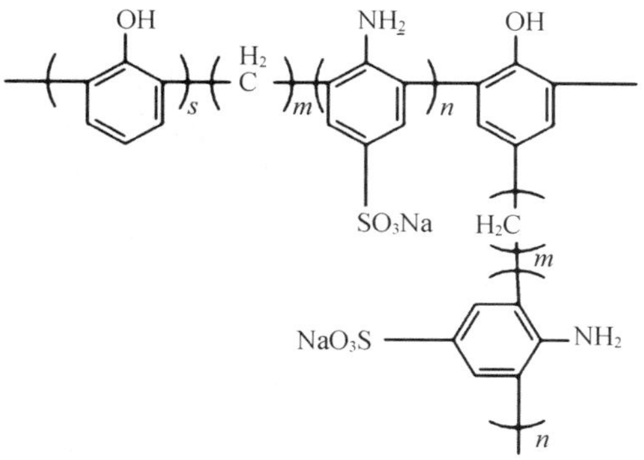

图 6-4　氨基磺酸盐减水剂分子结构

（二）氨基磺酸盐减水剂

氨基磺酸盐减水剂是一种单环芳烃型高效减水剂,主要由对氨基苯磺酸(盐)、苯酚类化合物和甲醛在酸性或碱性条件下加热缩合而成的产物。其分子结构比较复杂,典型的分子结构见图 6-4 所示,氨基磺酸盐减水剂适宜掺量为 0.2%～0.6%,减水率最高可达 35%,引气能力低,混凝土增强效果明显。若在保持水泥用量及坍落度相同的条件下,其减水率和混凝土强度将随掺量的增加显著增加。掺氨基磺酸盐减水剂的混凝土早期易泌水,受混凝土砂石集料含泥量影响程度相对较小,适应性较好。

（三）脂肪族减水剂

脂肪族减水剂是由丙酮、甲醛、焦亚硫酸钠、亚硫酸钠等为主要材料按适当比例、在一定条件下经磺化、缩聚而成的一类阴离子表面活性剂,呈深红色液体,其典型的分子结构式见图 6-5 所示。

脂肪族减水剂硫酸钠含量低于 0.5%,冬季无沉淀结晶现象。与水泥适应性强、掺量较低,为胶凝材料用量的 0.3%～0.6%,减水率最高可达 30%,属于非引气型高效减水剂,混凝土强度增长快。单独使用脂肪族减水剂的混凝土,坍落度经时损失较大,因此在需要长时间坍落度保持的混凝土中应用时需要与缓凝剂复合使用。

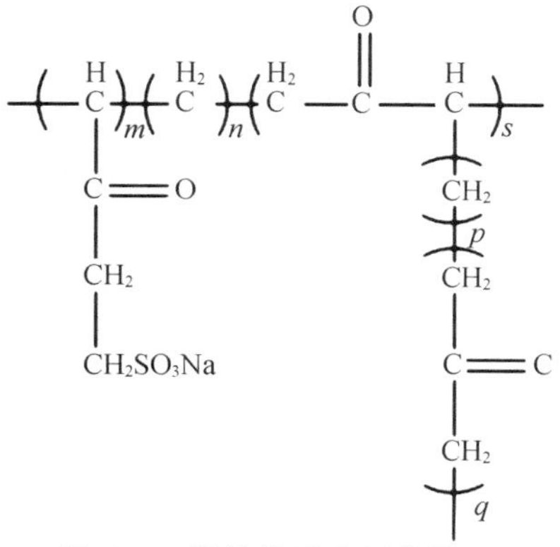

图 6-5　脂肪族减水剂分子结构示意图

（四）三聚氰胺减水剂

三聚氰胺减水剂又称密胺树脂减水剂。它是由三聚氰胺、甲醛、亚硫酸钠按适当比例、在一定条件下经磺化、缩聚而成的一类阴离子表面活性剂,其典型分子结构式见图 6-6 所示。

三聚氰胺高效减水剂为非引气型早强高效减水剂,适宜固体掺量为 0.5%～2.0%,减

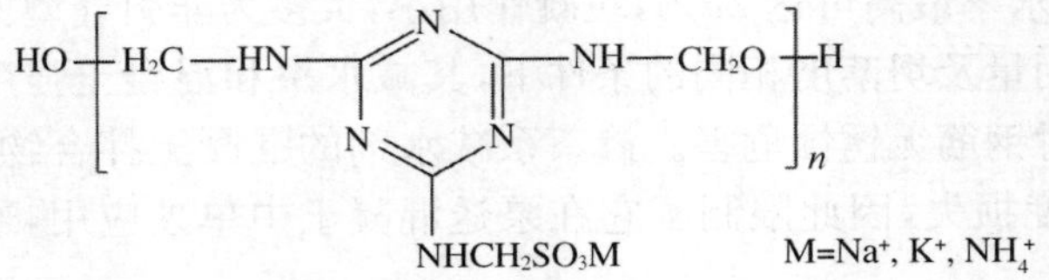

图 6-6　三聚氰胺减水剂典型分子结构示意图

水率最高可达 28%。对混凝土早强与增强效果很显著,能使混凝土 1 d 强度提高一倍以上,7 d 强度即可达空白混凝土 28 d 的强度,长期强度亦明显提高,并可提高混凝土的抗渗、抗冻性能及弹性模量。对蒸汽养护的适应性优于其他外加剂。

三聚氰胺高效减水剂适用于配制高强混凝土、早强混凝土、流态混凝土、蒸养混凝土及铝酸盐水泥耐火混凝土等。它在市场上常以一定浓度的水溶液供应,使用时应注意其有效成分含量。

五、高性能减水剂

高性能减水剂是指在混凝土坍落度基本相同的情况下,减水率不小于 25%,与高效减水剂相比坍落度保持性能好,干燥收缩小,且具有一定引气性能的减水剂。

聚羧酸超塑化剂是高性能减水剂最主要的品种,主要是由含有羧基、磺酸基、磷酸基的不饱和单体和不饱和聚环氧乙烯(丙烯)醚单体共聚而成。按主链、侧链桥接基团可分为酯型聚羧酸减水剂和醚型聚羧酸减水剂,其中醚型聚羧酸减水剂中的聚醚单体的种类包括烯丙基聚氧乙烯醚(简称 APEG)、甲基烯丙基聚氧乙烯醚(简称 HPEG)、异戊烯基聚氧乙烯醚(简称 TPEG)、4-羟丁基乙烯醚聚氧乙烯醚(简称 VPEG);按使用功能分类不同可分为标准型聚羧酸减水剂、缓凝型聚羧酸减水剂、早强型聚羧酸减水剂、减缩型聚羧酸减水剂。聚羧酸高性能减水剂的分子结构可设计性强,通过改变主链化学结构、侧链聚醚种类和长度,相对分子质量大小及分布、离子基团含量可实现功能化和高性能化,其典型分子结构示意如图 6-7 所示:

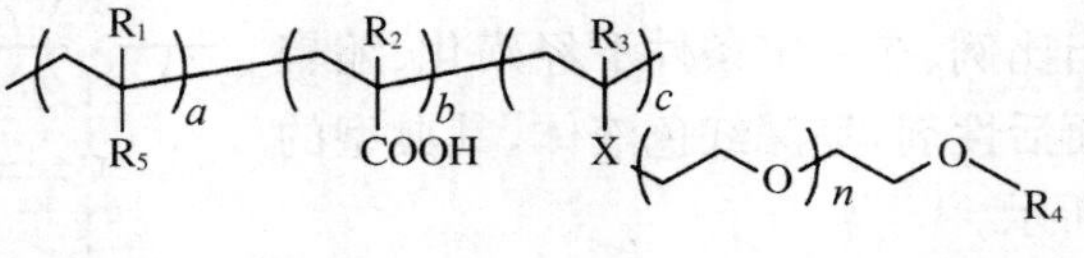

$R_1, R_2, R_3, R_4, =-H,- CH_3$

$n=8\sim114$

$M_w=5\ 000\sim100\ 000$

$X=-COO-, -CH_2O, -CH_2CH_2O-, -O-$等

R_5=功能基团

图 6-7　典型的聚羧酸分子结构示意图

聚羧酸高性能减水剂具有以下显著的技术特点:

(1) 掺量低、减水率高

按固体掺量计,聚羧酸高性能减水剂的常用掺量为胶凝材料重量的 0.05%~0.4%,在生产抗压强度大于 120 MPa 以上的超高性能混凝土时,固体掺量可达 0.5%~0.7%。按照

《混凝土外加剂》(GB8076—2008)测试,聚羧酸高性能减水剂的减水率随掺量增加而提高,约为 25%～45%,减水率显著高于高效减水剂。达到相当减水性能时,掺量约为萘系减水剂的 1/4～1/3。其带入混凝土中的有害成分大幅度减少、单方混凝土成本可与萘系高效减水剂相当,甚至还略低,因而可以最大限度地降低水泥用量、提高混凝土强度和改善混凝土耐久性。

(2)新拌混凝土流动性保持性好、坍落度损失小

在同样原材料条件下,掺聚羧酸高性能减水剂混凝土拌合物的流动性和流动保持性能要明显优于萘系。通过调节聚羧酸减水剂的分子结构,可以实现夏季高温环境中新拌混凝土坍落度 2～4 h 无明显损失,且混凝土凝结时间不显著延长。

需要注意的是,由于我国水泥种类繁多,水泥和集料质量地区差异很大,所以聚羧酸高性能减水剂仍然存在对水泥矿物组成、水泥细度、石膏形态和掺量、外加剂添加量和添加方法、配合比、用水量以及混凝土拌合工艺的适应性问题,对于某些适应性不好的水泥品种,可以通过复配缓凝剂或混凝土坍落度保持剂解决。

(3)新拌混凝土和易性好

掺聚羧酸高性能减水剂的混凝土拌合用水量低,胶凝材料颗粒的分散更充分,絮凝团聚体的颗粒尺寸降低,混凝土拌合物的保水性优,泌水率低、黏聚性好,不易离析,泵送阻力小,便于输送;硬化混凝土表面无泌水线、无大气泡、色差小,特别适合于外观质量要求高的混凝土。

(4)增强效果好

与掺萘系减水剂的混凝土相比,掺聚羧酸外加剂的混凝土各龄期的抗压强度比均有大幅度提高。其中,3 d 抗压强度比从 140%～155%提升至 160%～190%,28 d 抗压强度比从 130%～140%提升至 150%～170%。并且在掺加了粉煤灰、矿渣等矿物掺合材后,其增强效果更佳。

(5)收缩率低

掺聚羧酸高性能减水剂的混凝土体积稳定性与掺萘系减水剂相比有较大的提高。掺聚羧酸减水剂的 28 d 混凝土收缩率比 90%～110%,与基准混凝土相近,较掺萘系减水剂混凝土降低 25%以上,有利于混凝土抗裂性提升。

(6)总碱量低

聚羧酸减水剂的总碱量(折固含量计)为 0～5%,与萘系等第二代高效减水剂相比,其带入混凝土中的总碱量仅为数十克,大大降低了外加剂引入混凝土中碱含量,从而最大限度上避免发生碱-集料反应的可能性,提高了混凝土的耐久性。

(7)环境友好

相比萘系等第二代高效减水剂残留甲醛和萘等有害物质,聚羧酸高性能减水剂生产原材料以丙烯酸、甲基丙烯酸和聚氧乙烯醚单体为主,不采用甲醛、浓硫酸等对人体、环境有危害的原料,且为水相聚合反应,生产过程无高温、高压环节,无工业副产物,生产过程环境友好。合成产品使用过程中对人体无健康危害,无环境污染。聚羧酸减水剂不含氯离子,对钢筋无腐蚀性。

六、其他功能型减水剂

(一)坍落度保持剂

根据《混凝土外加剂术语》(GB/T 8075—2017)的规定,在一定时间内,能减少新拌混凝

土坍落度损失的外加剂称之为混凝土坍落度保持剂,也可简称为保坍剂。

根据《混凝土坍落度保持剂》(JC/T 2481—2018)的规定,保坍剂可按混凝土坍落度保持时间分为三类。具体性能指标要求如表 6-1 所示。

表 6-1　坍落度保持剂的混凝土性能指标

项目		指标		
		Ⅰ	Ⅱ	Ⅲ
1 h 含气量/%		≤6.0		
坍落度经时变化量/mm	1 h	≤+10	—	—
	2 h	>+10	≤+10	—
	3 h	>+10	>+10	≤+10
凝结时间之差/min	初凝	−90～+120		−90～+180
	终凝			
经时成型混凝土抗压强度比/%	28 d	≥100		≥90
经时成型混凝土收缩率比/%	28 d	≤120		≤135

注1:凝结时间之差指标中的"−"号表示提前,"+"号表示延缓;坍落度经时变化量指标中的"+"号表示坍落度减小。
注2:当用户对混凝土坍落度保持剂有特殊要求时,需要进行的补充试验项目、试验方法及指标,由供需双方商定。

坍落度保持剂具有一定的减水能力,可单独使用,也可作为保坍组分与减水剂复配使用。坍落度保持剂可以明显改善混凝土流动性快速损失。坍落度保持剂的保坍时间与掺量有显著的关系,随着掺量的增加保坍时间逐渐延长。坍落度保持剂对混凝土的 28 d 抗压强度无不利影响。

(二)早强型减水剂

早强型减水剂是指具有早强功能的减水剂,又根据其减水能力的大小分为早强型高效减水剂和早强型高性能减水剂。早强型高效减水剂一般通过高效减水剂与早强组分复配的技术手段实现混凝土早期强度的提高,而早强型高性能减水剂一般通过分子结构的设计改变其对水泥水化历程的影响提高早期强度,也可同时采取复配早强组分的方法进一步提升早强性能。

根据《混凝土外加剂》(GB 8076—2008)的规定,掺加早强型减水剂的混凝土 1 d、3 d 抗压强度较标准型减水剂可提高 5%～10%以上,28 d 抗压强度无明显影响。同时早强型减水剂满足相应的减水剂技术指标。

(三)减缩型聚羧酸减水剂

减缩型聚羧酸减水剂是 28 d 收缩率比不大于 90%的聚羧酸系高性能减水剂,具有减水和减缩双重功能。目前的研究认为,减缩型聚羧酸的掺入降低了水泥浆体孔溶液的极性,进而阻止了水泥颗粒的离子溶出,降低了孔溶液中 K^+、Na^+ 的浓度;同时,由于减缩型聚羧酸减水剂在早期对水泥水化明显的调节作用使得体系内部相对湿度始终维持在较高的水平,从而降低了体系的毛细孔负压。尽管减缩型聚羧酸对孔溶液表面张力的降低效果有限(不及标准型减缩剂),但其对体系内孔隙负压及 K^+、Na^+ 浓度的降低与标准型减缩剂相当,从而降低了体系的总体收缩程度。

　　减缩型聚羧酸减水剂的常用掺量(折合成固体掺量)为胶凝材料用量的 0.1%～0.5%，最佳掺量应根据混凝土原材料情况、环境气温、施工要求等，经试验确定。减缩型聚羧酸减水剂可单独使用，也可与其他品种外加剂复合使用，与其他混凝土外加剂共同使用时，应预先进行相应的相容性试验。建议用户在使用减缩型聚羧酸减水剂时，根据工程要求及具体条件做必要的试配试验，以获得最佳效果。

七、减水剂的使用

(一)使用方法

　　根据混凝土的强度等级以及其他性能要求，结合环境温度、施工要求、运输距离、使用时间等条件确定减水剂的种类与用量。难溶和不溶的粉状减水剂应采用干掺法，且宜与胶凝材料同时加入搅拌机并延长搅拌时间 30 s；液体减水剂宜与拌合水同时加入搅拌机内，减水剂的含水量应从拌合水中扣除。需要二次添加减水剂时，应经试验确定，二次添加应确保混凝土搅拌均匀，坍落度应符合要求后才能使用。

　　减水剂如含有缓凝、引气等多种复配组分，减水剂的掺量应根据试验试配并经过现场验证后确定。减水剂一般均存在最佳掺量，高效减水剂存在饱和掺量，过掺之后一般不会增加混凝土流动性，但会造成凝结时间延长、含气量过高以及经济性不合理等问题。聚羧酸减水剂掺量较为敏感，过掺会造成离析、泌水、和易性变差，从而影响施工。减水剂使用时应注意环境温度。当气温低于 10℃时，应注意防止使用聚羧酸高性能减水剂的混凝土出现坍落度反增的现象。当气温低于−5℃时，减水剂应复合防冻剂使用。在蒸气养护的混凝土中使用减水剂时，应避免使用缓凝型减水剂或引气能力较强的减水剂，同时蒸养工艺制度应根据试验确定。

　　早强型减水剂宜在需要提高早期强度或低温季节施工的混凝土。但不宜用于日最低气温−5℃以下施工的混凝土，且不宜用于大体积混凝土。

　　混凝土坍落度保持剂应结合施工要求、运输距离、环境温度、混凝土原材料等因素并根据试验确定产品的型号和掺量。

(二)注意事项

　　减水剂使用前宜参照《混凝土外加剂应用技术规范》(GB 50119—2013)附录 A 进行与混凝土原材料的相容性试验，评价减水剂的适用性以及适宜的掺量范围。

　　聚羧酸系减水剂使用时不得与萘系、氨基磺酸盐系高效减水剂混合或复合使用，与其他种类减水剂复合或混合时，应预先进行相应的相容性试验。由于减水剂产品的作用机理差异大，不同种类减水剂产品之间不建议混合应用，如必须复合应用应提前开展相关试验，证明复合应用后能够满足设计和施工要求，且混凝土不会出现流动性下降、坍落度损失、凝结时间异常、力学强度降低、外观质量不良等影响混凝土性能的现象。

　　减水剂应在保质期内使用，且应保存在避免高温、暴晒，防雨的房间内；减水剂的 pH 范围波动较大，当采用 pH 小于 5.0 的减水剂时宜采用塑料储罐与输送管道；减水剂中可能含有溶解度对温度敏感的无机盐，低温季节宜保温储存，以防晶体结晶析出，如萘系减水剂一般含有硫酸钠，低温时会出现结晶堵塞管路；负温季节应将液体减水剂储存在具有加热保温措施的房间内，以防减水剂冻结；高温季节，聚羧酸减水剂易变质，存放过程中应加强杀菌防腐。

第三节　速凝剂、早强剂和缓凝剂

一、速凝剂

（一）概述

速凝剂（flash setting admixture）用于喷射水泥砂浆或混凝土中，能使砂浆或混凝土迅速凝结硬化的外加剂。速凝剂凭借其在速凝、早强方面显著的特点，已经成为喷射混凝土工程最为关键的材料之一，广泛应用于隧道支护、矿井掘进、水利枢纽地下厂房、边坡固定以及修补加固工程。近年来我国水电、高速铁路、高速公路等基础建设工程大规模开展，尤其在西部山区，隧道建设工程量十分巨大，喷射混凝土用量稳步增长，速凝剂需求量逐年增加。据统计，我国每年速凝剂用量达 200 万 t。

（二）分类

速凝剂是喷射混凝土技术实施过程中最重要的外加剂，对喷射混凝土的凝结时间、早期强度等有着重要的影响，施工过程速凝剂的性能将直接影响喷射质量和喷射混凝土的性能。速凝剂的掺入可以使喷射混凝土在很短时间内凝结，并在较短的时间内具备足够的强度和硬度，以满足特殊施工需求。按照产品形态，速凝剂分为固态和液态两种。根据速凝剂中的碱含量高低又分为有碱、低碱和无碱三类。

速凝效果、早期及后期强度、稳定性、耐久性等使用性能是衡量速凝剂品质的主要性能指标，另外分散均匀性、扬尘和喷射回弹率也是衡量速凝剂性能的重要指标。以下主要介绍粉状和液体速凝剂。

（1）粉状速凝剂

粉状速凝剂大多是以铝氧熟料和碳酸盐为主的强碱性物质，一般用于干喷工艺。粉状速凝剂存在碱性高、施工粉尘浓度高、回弹率高等缺陷，喷射施工中原材料得不到充分的利用，也会对施工质量造成不良影响。此外粉状速凝剂产生的高粉尘、强腐蚀会危害施工人员的健康。

（2）液体速凝剂

相比于粉状速凝剂，液体速凝剂与物料的混合更均匀，提高了喷射混凝土品质并且克服了粉状速凝剂粉尘大、回弹量大的缺点。液体速凝剂按碱含量高低可分为有碱、低碱（碱含量不大于 5.0%）和无碱（碱含量不大于 1.0%）液体速凝剂。由于碱性物质影响喷射混凝土后期强度（28 d 抗压强度比约为 70%），对施工人员健康存在威胁，因此低碱、无碱液体速凝剂的使用越来越广泛。

（三）速凝剂的作用机理

（1）碱性速凝剂

传统速凝剂大多含有铝酸钠、碳酸钠及生石灰等碱性物质。其促凝机理大致有以下两种观点：

① 早期生成水化铝酸钙而使水泥速凝。即碱性物质在加水拌合时，立即与水泥中起缓凝作用的石膏发生反应形成硫酸钠而消除石膏的缓凝作用，使得水泥中 C_3A 迅速发生水化，并在溶液中析出水化铝酸钙导致水泥快速凝结硬化。

② 早期形成钙矾石并加速 C_3S 水化而使得水泥速凝。即铝氧熟料类速凝剂各组分与水泥中的石膏发生化学反应，速凝剂反应产生的 NaOH 与石膏作用生成硫酸钠，使得石膏

含量迅速减少,导致 C_3A 迅速发生水化生成钙矾石,同时降低液相 $Ca(OH)_2$ 浓度,加速 C_3S 水化,促使水泥浆体速凝。

（2）液体无（低）碱速凝剂

液体无（低）碱速凝剂的促凝机理主要可以归纳为两种观点：

① 通过促进早期大量钙矾石的形成来达到速凝的目的；

② 通过促进水泥中 C_3S、C_3A 的快速水化,形成 C—S—H 凝胶和板状晶体 $Ca(OH)_2$、柱状晶体钙矾石,并错综复杂的分布在胶凝中,促进凝结硬化。

（四）速凝剂的性能

喷射混凝土对速凝剂的基本要求是混凝土凝结速度快、早期强度高,不得或少含有对混凝土后期强度和耐久性有害的物质,同时其他性能也基本上满足工程要求。喷射混凝土用速凝剂性能指标见表 6-2 所示。

表 6-2　喷射混凝土用速凝剂性能指标

项目		指标	
		无碱速凝剂	有碱速凝剂
净浆凝结时间	初凝时间/min	$\leqslant 5$	
	终凝时间/min	$\leqslant 12$	
砂浆强度	1 d 抗压强度/MPa	$\geqslant 7.0$	
	28 d 抗压强度比/%	$\geqslant 90$	$\geqslant 70$
	90 d 抗压强度保留率/%	$\geqslant 100$	$\geqslant 70$

注：本表引自国家标准《喷射混凝土用速凝剂》（GB/T 35159—2017）。

（五）速凝剂的应用领域及特点

速凝剂是喷射混凝土核心原材料之一。喷射混凝土是借助喷射机械,利用压缩空气或其他动力,将按一定比例配合的拌合料,通过管道输送并以高速喷射到受喷面（岩面、模板、旧建筑物）上凝结硬化而成的一种混凝土。

（1）喷射混凝土技术特点

喷射混凝土技术有如下特点：

① 通过高压空气作用使混凝土密实,无须振捣；

② 与岩石、钢材具有良好的黏接强度,能够有效地传递剪切应力和拉应力；

③ 凝结时间短,早期强度高,在短时间内形成支护作用；

④ 无须模具,能够对狭小空间复杂作业面进行施工,机动灵活。

（2）喷射混凝土应用领域

喷射混凝土主要用在如下领域：

① 地下工程：隧道、地下厂房、矿山井巷；

② 薄壁结构：薄壳屋顶、房屋建筑、储藏库、预应力油罐等；

③ 修复加固：桥梁、海堤、烟囱、房屋加固；

④ 耐火工程：热工窑炉；

⑤ 防护工程：钢结构防火防腐层；

⑥ 岩土工程：边坡、基坑。

（3）喷射混凝土施工方法

根据拌合用水量的多少、速凝剂的掺入方法及投料方式，喷射混凝土的施工工艺主要可以分为湿式喷射工艺和干式喷射工艺两种。

干喷法采用后加水的方式，粉状速凝剂与其他材料提前混合，混凝土水灰比不易控制，质量稳定性差，回弹量高，施工现场粉尘大，环境恶劣。

湿喷法采用预拌混凝土，液体速凝剂最后加入，混凝土质量稳定，适合强度较高的混凝土喷射施工，施工现场回弹量低，基本无粉尘。采用机械臂喷射，现场安全性高。

二、早强剂

早强剂是指能加速混凝土早期强度发展的外加剂。早强剂在常温、低温条件下均能显著地提高混凝土的早期强度。

（一）分类

混凝土工程中可采用的早强剂有以下三类：

（1）以纳米级尺度的晶核为主要成分的早强剂，其主要成分为纳米硅酸盐、纳米碳酸盐、纳米二氧化硅等。该类早强剂掺量低，一般为胶凝材料的 $0.2\%\sim0.5\%$，混凝土后期强度稳定增长，甚至略有增强，此外该类早强剂由于含有一定的表面活性剂组分，因此具有一定的减水能力，减水能力一般不超过 8%。

（2）强电解质无机盐类早强剂。硫酸盐、硫酸复盐、硝酸盐、亚硝酸盐、氯盐等。其中常用的有硫酸钠和氯化钙。大多数的无机盐类早强剂会引起混凝土后期强度发展缓慢甚至出现强度倒缩的现象。

（3）水溶性有机化合物。有机醇胺类、甲酸盐、乙酸盐、丙酸盐等。其中三乙醇胺较为常用，此外，在混凝土工程中也可采用由早强剂与减水剂复合而成的早强减水剂。采用复合早强剂效果往往优于单掺，故目前应用广泛。

早强剂掺量应按供货单位推荐掺量使用。其中硫酸钠掺量限值见表6-3所示。三乙醇胺掺量不应大于胶凝材料质量的 0.05%。素混凝土中早强剂引入的氯离子含量不应大于胶凝材料质量的 1.8%。预应力混凝土、钢筋混凝土和钢纤维混凝土中严禁使用含氯盐的早强剂。

表 6-3　常用早强剂掺量限值

混凝土种类	使用环境	掺量限值（水泥质量/%）
预应力混凝土	干燥环境	≤1.0
钢筋混凝土	干燥环境	≤2.0
	潮湿环境	≤1.5
有饰面要求的混凝土		≤0.8
素混凝土		≤3.0

（二）作用机理

早强剂能促进水泥的水化与硬化，缩短混凝土养护周期，加快施工进度，提高模板和场地的周转率，但它们的作用机理各不相同，现将常用早强剂的作用机理简述如下。

（1）纳米晶核类早强剂

纳米晶核类早强剂主要作用机理是提供水泥早期水化产物生长所需的晶核，进而缩短水泥水化的诱导期，促进水化产物快速生成，提高早期强度。其主要早强作用发生在水泥终凝结束的数小时内，由于其并没有引入对水泥水化产物有不利影响的有害物质，混凝土的后期强度稳定增长，甚至有一定的增强作用。

（2）硫酸钠

硫酸钠为白色粉状物，将其掺入混凝土中后，能立即与水泥水化产物氢氧化钙作用，生成高分散性的微细颗粒硫酸钙，它与 C_3A 的反应速度较之生产水泥时外掺的石膏要快得多，故能迅速生成水化硫铝酸钙针状晶体，形成早期骨架，大大加快了水泥的硬化。同时，由于上述反应的进行，使得溶液中氢氧化钙浓度降低，从而促进 C_3S 水化作用加速，有利于混凝土早期强度提高。

硫酸钠早强剂常与其他外加剂复合使用。在使用中，应注意硫酸钠不能超量掺加，以免导致混凝土产生后期膨胀开裂破坏，以及防止混凝土表面产生"白霜"，影响其外观和表面粘贴装饰层。

（3）有机醇胺类

有机醇胺类早强剂主要有三乙醇胺、三异丙醇胺、二乙醇胺等，其以三乙醇胺使用范围最广。三乙醇胺为无色或淡黄色油状液体，呈碱性，易溶于水，是一种非离子表面活性剂。三乙醇胺掺量极微，为水泥质量的 $0.02\%\sim0.05\%$，能使水泥的凝结时间延缓 $1\sim3$ h，但对混凝土早期强度可提高 50% 左右，28 d 强度不变或略有提高，其中对普通水泥的早强作用大于矿渣水泥。三乙醇胺的早强机理目前尚不够清楚，一般认为它能与水泥矿物中的金属离子发生络合作用，从而加速矿物溶解，促进 C_3A 与石膏反应形成钙矾石而产生早强效果。

在工程中三乙醇胺一般不单掺作早强剂，通常将其与其他早强剂复合使用，效果会更好。使用三乙醇胺早强剂时，必须严格控制掺量，不能超量掺用，否则将造成混凝土严重缓凝，当掺量大于 0.25% 时，会使混凝土的早期强度显著下降。

（4）氯化钙

氯化钙能与水泥中的 C_3A 作用，生成不溶性水化氯铝酸钙（$C_3A\cdot CaCl_2\cdot 10H_2O$），并与 C_3S 水化析出的氢氧化钙作用，生成不溶于氯化钙溶液的氧氯化钙（$CaCl_2\cdot 3Ca(OH)_2\cdot 12H_2O$）。这些复盐的形成，增加了水泥浆中固相的比例，形成坚强的骨架，有助于水泥石结构的形成。同时，氯化钙能促进 C_3S 的溶解，并与氢氧化钙迅速反应，降低液相中的碱度，使 C_3S 的水化反应加速，从而也有利于提高水泥石的早期强度。氯化钙早强剂因其能产生氯离子，易促使钢筋产生锈蚀，故施工中必须按相关标准严格控制掺量。

（三）适用范围

早强剂适用于蒸养混凝土及常温、低温和最低温度不低于 $-5℃$ 环境中施工的有早强要求的混凝土工程。采用蒸养时，由于不同早强剂对不同品种的水泥混凝土有不同的最佳蒸养制度，故应先经试验后方能确定蒸养制度。炎热条件以及环境温度低于 $-5℃$ 时不宜使用早强剂。

按标准《混凝土外加剂应用技术规范》(GB 50119—2013)规定,掺入混凝土后对人体产生危害或对环境产生污染的化学物质,严禁用作早强剂。如铵盐遇碱性环境会产生化学反应释出氨,对人体有刺激性,故严禁用于办公、居住等建筑工程。又如重铬酸盐、亚硝酸盐、硫氰酸盐等,对人体有一定毒害作用,均严禁用于饮水工程及与食品相接触的混凝土工程。

(四)注意事项

根据《混凝土外加剂应用技术规程》(GB 50119—2013),工程中使用早强剂或早强减水剂时,应严格遵守以下规定事项:

(1)早强剂不宜用于大体积混凝土,三乙醇胺等有机胺类早强剂不宜用于蒸养混凝土。

(2)无机盐类早强剂不宜用于下列情况:

① 处于水位变化的结构;

② 露天结构及经常受水淋、受水流冲刷的结构;

③ 相对湿度大于 80%环境中使用的结构;

④ 直接接触酸、碱或其他侵蚀性介质的结构;

⑤ 有装饰要求的混凝土,特别是要求色彩一致或表面有金属装饰的混凝土。

三、缓凝剂

(一)定义及功能

根据标准《混凝土外加剂术语》(GB/T 8075—2017),缓凝剂是能延长混凝土凝结时间的外加剂。混凝土中使用的缓凝剂主要功能有如下几点:

(1)调节新拌混凝土的初、终凝时间,使其按施工要求在较长时间内保持塑性,以利于浇筑成型,不留或少留施工缝,为大体积混凝土分层浇筑提供可施工时间避免施工冷缝的出现。

(2)延缓水泥水化放热,推迟放热峰值出现的时间。

(3)在预拌商品混凝土中,缓凝剂可以减轻新拌混凝土由于长距离运输或长时间等待导致的流动性损失问题,特别对新拌混凝土超长时间(大于 3 h)流动性保持具有较好的辅助作用。

(4)提高混凝土的密实性,改善耐久性。

(二)分类

许多有机物和无机物及其衍生物均可做缓凝剂,部分有机类缓凝剂兼有减水作用,缓凝剂与缓凝减水剂尚不能完全区分。一般缓凝剂分有机物类和无机盐类。其中常用的缓凝剂主要有以下几种:

(1)羟基羧酸及其盐类,其分子结构特点是含有一定数量的羟基(—OH)和羧酸基(—COOH)。常用作缓凝剂的有:葡萄糖酸、柠檬酸、酒石酸、马来酸、水杨酸、苹果酸及其盐类产品等。

(2)多羟基化合物,主要是糖类物质,如葡萄糖、糖蜜、蔗糖等。

(3)多元醇及其衍生物,主要有山梨醇、聚乙烯醇、麦芽糖醇、木糖醇、甘露醇等。

(4)纤维素类,常用的有甲基纤维素、羧甲基纤维素。

(5)无机盐类,弱无机酸及其盐类,通常产品有磷酸盐、硼砂、硫酸锌等。

（三）作用机理

国内外对缓凝剂作用机理研究较多，至今尚无一种完善的理论能够完全解释所有缓凝剂作用的机理，目前存在以下几种理论：

（1）吸附理论：由于水泥粒子表面具有较强的吸附能力，缓凝剂吸附在水泥矿物表面，延缓了矿物的溶解，从而阻碍了水泥水化过程。

（2）络盐理论：某些缓凝剂能与液相中 Ca^{2+} 形成络合物，使水泥颗粒表面形成一层厚实而无定形的络合物膜层，从而延缓了水泥水化。随着液相中碱度的提高，络合物膜层将会破坏，水化便继续正常进行。

（3）沉淀理论：认为有机或无机缓凝剂在水泥颗粒表面与水泥中的组分生成了不溶性缓凝剂盐层，阻碍水泥颗粒与水进一步接触，从而阻碍了水化反应进行。

（4）成核生长抑制理论：认为缓凝剂吸附在水化产物表面，抑制了其成核生长析出晶体，在达到一定过饱和度之前，阻碍了硅酸盐相的进一步水化。

随着水泥水化机理研究的不断深入，目前缓凝剂的作用机理主要倾向于吸附理论与成核生长抑制理论。

（四）应用方法及注意事项

（1）羟基羧酸及其盐类缓凝剂的掺量通常为 0.01%～0.10%，使用前需根据实际混凝土凝结时间要求，通过实验确定其掺量。多数羟基羧酸及其盐类缓凝剂在高温时对 C_3S 的抑制程度明显减弱，因此在高温环境中缓凝效果会明显降低，这是羟基羧酸类缓凝剂的一个显著缺点。同时该类缓凝剂易导致中低强度等级混凝土泌水、离析倾向增加，使用中应控制其掺量或复配其他缓凝剂。

（2）多羟基化合物类缓凝剂一般掺量为 0.01%～0.10%，在低掺量下即表现出良好的缓凝效果，低温下缓凝效果强，需要根据气温控制其掺量，同时高温环境下通过提高掺量同样可以获得优良的缓凝效果，掺量过大易导致混凝土出现超缓凝，甚至不凝。

（3）蔗糖存在临界掺量，当小于临界掺量（0.1%～0.2%）时，随着掺量增加，缓凝时间延长；而当大于临界掺量后，凝结时间反而随着掺量增加迅速缩短，这主要是由于大量的蔗糖促进了钙矾石的快速生成，导致出现假凝现象。

第四节　膨胀剂和减缩剂

一、膨胀剂

膨胀剂是指能使混凝土产生体积膨胀的外加剂。根据水化产物的不同，常用的膨胀剂有硫铝酸钙类、氧化钙类、氧化镁类以及上述几种的复合等几类。

国家标准《混凝土膨胀剂》（GB/T 23439—2017）按限制膨胀率，将硫铝酸钙类、氧化钙类以及硫铝酸钙-氧化钙类膨胀剂分为Ⅰ型和Ⅱ型，Ⅰ型水中 7 d 的限制膨胀率≥0.035%、空气中 21 d 的限制膨胀率≥－0.015%，Ⅱ型水中 7 d 的限制膨胀率≥0.050%、空气中 21 d 的限制膨胀率≥－0.010%。

电力行业标准《水工混凝土掺用氧化镁技术规范》（DL/T 5296—2013）按细度和活性反应时间，将水工混凝土掺用氧化镁分为Ⅰ型和Ⅱ型，Ⅰ型 80 μm 方孔筛筛余≤5.0%、活性反应时间≥50 s 且＜200 s，Ⅱ型 80 μm 方孔筛筛余≤10.0%、活性反应时间≥200 s 且

＜300 s。建材协会标准《混凝土用氧化镁膨胀剂》(CBMF 19—2017)按反应时间和限制膨胀率,将氧化镁类膨胀剂分为 R 型、M 型和 S 型,其中 R 型反应时间＜100 s,M 型反应时间≥100 s 且＜200 s,S 型反应时间≥200 s 且＜300 s。

（一）作用机理

膨胀剂的膨胀机理目前还未形成统一的认知。目前的观点主要有两种,一种是结晶膨胀学说,一种是吸水肿胀学说。虽然对于膨胀过程的认识尚存差异,但均认为钙矾石、氢氧化钙和氢氧化镁的生成是膨胀的根本原因。掺加膨胀剂的混凝土的膨胀特性与钙矾石、氢氧化钙和氢氧化镁这几种膨胀相(膨胀源)的形态、形成时间、数量及限制条件有关,也与同时形成的水泥水化产物凝胶相的形态、形成时间以及膨胀相与凝胶相的比例相关,即膨胀与强度的协调关系。因此,采用适当成分的膨胀剂,掺加适宜的数量,使水泥水化产物凝胶相与膨胀相的生成互相制约、互相促进,使混凝土强度与膨胀协调发展,从而能够产生可控膨胀以减少混凝土的收缩。

（二）适用范围

掺膨胀剂的混凝土原则上需要在限制条件下使用,限制条件下产生的膨胀使得混凝土内部产生预压应力。因此,膨胀剂主要应用于钢筋混凝土工程和填充性混凝土工程。

由于掺膨胀剂的混凝土具有良好的防渗抗裂能力,对克服和减少混凝土收缩裂缝作用显著,因此可用以配制补偿收缩混凝土或自应力混凝土。用膨胀剂配制的补偿收缩混凝土常用于混凝土结构自防水、工程接缝、填充灌浆、采取连续施工的超长混凝土结构以及大体积混凝土等工程。用膨胀剂配制的自应力混凝土常用于混凝土输水管、灌注桩等。补偿收缩混凝土和自应力混凝土具体内容详见相关章节。

（三）应用注意事项

（1）由于钙矾石长期在 80℃以上的环境中可能会分解,因此,从安全性角度,标准《补偿收缩混凝土应用技术规程》(JGJ/T 178—2009)和《混凝土外加剂应用技术规范》(GB 50119—2013)对膨胀源是钙矾石的膨胀剂的使用环境进行了规定,要求含硫铝酸钙类、硫铝酸钙-氧化钙类膨胀剂配制的混凝土不得用于长期环境温度为 80℃以上的工程。

（2）掺加膨胀剂的混凝土的膨胀量、膨胀过程受水泥、掺合料、外加剂、集料等的影响,因此在使用前,应根据膨胀要求进行试验、论证,选择合适的膨胀剂种类及掺量。同时,掺氧化镁膨胀剂的混凝土还应进行安定性试验,确保安定性合格。

（3）充分的搅拌对于膨胀剂的均匀分布至关重要,《水工混凝土掺用氧化镁技术规范》(DL/T 5296—2013)和《混凝土用氧化镁膨胀剂应用技术规程》(T/CECS 540—2018)对掺加氧化镁膨胀剂的混凝土的搅拌时间进行了规定,要求其搅拌时间比普通混凝土适当延长。

（4）尽管氧化钙类、氧化镁类膨胀剂水化膨胀需水量较硫铝酸钙类膨胀剂低,但充分的水养护仍是保障膨胀剂水化膨胀的关键,应予以足够重视。《补偿收缩混凝土应用技术规程》(JGJ/T 178—2009)和《混凝土外加剂应用技术规范》(GB 50119—2013)对用硫铝酸钙类、氧化钙类膨胀剂制备的补偿收缩混凝土的养护进行了规定,要求浇筑完成后,对暴露在大气中的混凝土表面应及时进行潮湿养护,养护期不得少于14 d;冬季施工时,构件拆模时间应延至 7 d 以上,表层不得直接洒水,可采用塑料薄膜保水,薄膜上部应覆盖岩棉被等保温材料。《混凝土用氧化镁膨胀剂应用技术规程》(T/CECS 540—2018)对用氧化镁类膨胀剂制备的混凝土的保湿养护方法做了类似规定,同时,由于氧化镁膨胀剂的水化膨胀具有较高的温度敏感性,因此,对裂缝控制要求较高的部位以及冬季施工时,应尽可能采取合适的保温养护措施,以保证其膨胀性能的充分发挥。

二、减缩剂

减缩剂是指在新拌砂浆、混凝土搅拌过程中加入的、通过改变孔溶液离子特征及降低孔溶液表面张力等作用来减少砂浆或混凝土收缩的外加剂。减缩剂主要用于拦水坝体、隧道、地铁、港口等抗裂防渗要求较高的混凝土工程以及工业与民用建筑的地下室底板、侧墙等持续保湿养护困难的工程。

（一）分类

按照建材行业标准《砂浆、混凝土减缩剂》(JC/T 2361—2016),减缩剂按主要减缩功能组分,一般分为以下两类:

(1) 标准型。以聚醇类或聚醚类低分子有机物或它们的衍生物为主要减缩功能组分。该类减缩剂通常是非离子表面活性剂,具有下列特征:①水溶液中不是以离子状态存在,故其稳定性高,不易受强电解质存在的影响,也不易受酸碱的影响,与其他表面活性剂相容性好;②强碱性的环境中能大幅度降低水的表面张力,一般能从 70×10^{-3} N/m 左右降至 35×10^{-3} N/m;③对水泥颗粒没有强烈的吸附作用;④挥发性低;⑤不会对水泥的水化凝结造成异常的影响;⑥没有异常的引气性。

(2) 减水型。以高分子化合物为主要减缩功能组分。

（二）作用机理

国内外学者关于标准型减缩剂的减缩机理进行了大量的研究,尽管减缩机理还未被完全解释,但大多数研究结果认为,水泥基材料中减缩剂的掺入,显著降低了体系的孔溶液表面张力,从而减小了毛细孔中弯液面引起的收缩应力。根据 Young-Laplace 方程和 Kelvin 方程,在密封条件下,当材料内部微结构形成后,较低的表面张力会减小孔隙负压并将材料内部的相对湿度维持在一个较高的水平,即降低了水泥基材料的自干燥效应。研究还表明,减缩剂的掺入降低了孔溶液的极性,进而阻止了水泥颗粒的离子溶出,降低了孔溶液中 K^+ 和 Na^+ 的浓度,从而降低其平衡阴离子如 SO_4^{2-} 和 OH^- 的浓度,使得孔溶液中 Ca^{2+} 的浓度有所上升(同离子效应),导致氢氧化钙和钙矾石产生过饱和的现象,增加了其结晶压力,进而对水泥基材料内部的收缩应力起到一定的补偿作用。关于减水型减缩剂的减缩机理参照上文相关内容。

（三）使用方法

标准型减缩剂的常用掺量(折合成固体掺量)为胶凝材料用量的 $1\% \sim 2\%$,使用时与拌合水同时加入搅拌机中,也可在拌合好的混凝土中加入并搅拌均匀。掺加标准型减缩剂的新拌混凝土流动性能有一定增加,因此,需要控制混凝土的拌合用水量以保证混凝土具有合适的工作性能。减水型减缩剂的常用掺量(折合成固体掺量)为胶凝材料用量的 $0.1\% \sim 0.5\%$,最佳掺量应根据混凝土原材料情况、环境气温、施工要求等,经试验确定。减缩剂可单独使用,也可与其他外加剂复合使用,与其他混凝土外加剂共同使用时,应进行相应的相容性试验。值得注意的是,减水型减缩剂使用时不得与萘系、氨基磺酸盐系和三聚氰胺系等高效减水剂混合或复合使用。建议用户在使用减缩剂时,根据工程要求及具体条件做必要的试配试验,以获得最佳效果。

第五节 引气剂与阻锈剂

一、引气剂

引气剂能在新拌混凝土中产生一定量的微细圆形封闭气泡,这对提高混凝土的流动性、和易性、可泵性,减少拌合物的离析和泌水,提高混凝土的均匀性、耐久性(抗渗性、抗冻性)都是十分有益的。一般来说,引气剂的加入能使混凝土的含气量达到 3% 以上。引气剂引入到混凝土中稳定存在的气泡直径约为 $20\sim500\ \mu m$。

引气剂一般是一类具有亲水和亲油结构的两亲性表面活性剂,当引气剂溶解于液体(水)后易从溶液中向界面富集,形成单分子吸附膜层,从而显著地降低溶液的表面能,这种现象称为表面活性,如图 6-8(左)所示。引气剂的分子由两部分组成,一端为易溶于水而难溶于油的亲水基团,如羟基(—OH)、羧基(—COOH)和磺酸基(—SO$_3$H)等;另一端为易溶于油而难溶于水的憎水基团,如长烷基链等。表面活性剂的分子构造和作用机理如图 6-8(右)。混凝土在引气剂作用下在搅拌过程中产生大量的细小气泡,气泡在引气剂作用下变得稳定而不易破裂。这种气泡在混凝土硬化过程中始终保持稳定,最终形成了有很多封闭孔的混凝土结构。

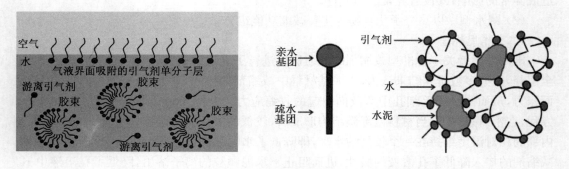

图 6-8   引气剂分子在溶液中的各种状态(左)以及作用机理(右)

目前在混凝土中使用较多的引气剂品种主要包括松香类引气剂、皂苷类引气剂、烷基-芳香基磺酸盐类、烷基聚醚磺酸盐类等(化学结构如图 6-9 所示)。松香类引气剂由天然化合物松香酸经皂化、化学改性等方法制得,皂苷类引气剂是由皂角中提取的三萜皂苷化合物组成。松香和皂苷类引气剂属于天然衍生物类的引气剂,制备方法简单、价格便宜,但是引气性能略显不足,使用时掺量一般为水泥质量的 0.005%~0.01%。而烷基磺酸盐和烷基聚氧乙烯醚磺酸盐类引气剂目前在混凝土中使用最为广泛,这类引气剂由于其链结构为规整的直链结构,可以在气液界面进行规整紧密的排列形成较为致密的单分子膜,对气泡稳定作用较好。在同样引气性能的条件下,烷基磺酸盐和烷基聚氧乙烯醚磺酸盐类引气剂的掺量相比松香和皂苷类引气剂可以降低 50% 以上,并且和萘系减水剂、聚羧酸减水剂都具有较好的配伍性。

引气剂的用量一般为混凝土中水泥用量的 0.002%~0.01%,其性能、使用和检测应符合《混凝土外加剂》(GB 8076—2008)中对于引气剂的要求。引气剂对混凝土的性能影响很

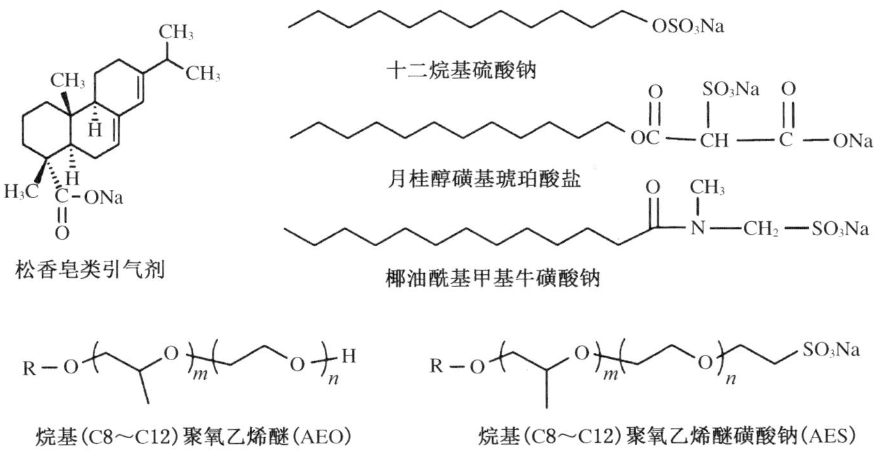

图 6-9　常用的混凝土引气剂的化学结构

大,其主要影响如下:

(1) 改善混凝土拌合物的和易性:混凝土拌合物中引入大量微小气泡后,增加了水泥砂浆的体积,而封闭小气泡犹如滚珠轴承,减少了集料间的摩擦力,使混凝土拌合物流动性提高。一般混凝土的含气量每增加 1%,混凝土坍落度约提高 10 mm,若保持原流动性不变,则可减水约 6%～10%。同时由于微小气泡的存在,阻滞了固体颗粒的沉降和水分的上升,加之气泡薄膜形成时消耗了部分水分,减少了自由水量,使混凝土拌合物的保水性得到改善,泌水率显著降低,黏聚性也良好。

(2) 提高混凝土的抗渗性和抗冻性:混凝土中引入的大量微小密闭气泡堵塞和隔断了混凝土中的毛细管通道;同时,由于保水性的提高,减少了混凝土因沉降和泌水造成的孔缝。另外,因和易性的改善,也减少了施工造成的孔隙。引气混凝土的抗渗性能一般比不掺引气剂的混凝土提高 50% 以上,抗冻性可提高 3 倍左右。抗冻性的提高还源于封闭气泡缓冲了水的冰胀应力。

(3) 混凝土抗压强度有所降低:引气混凝土中,由于气泡的存在,使混凝土的有效受力面积减少,故混凝土的强度有所下降。一般混凝土的含气量每增加 1% 时,其抗压强度将降低 4%～6%,抗折强度降低 2%～3%,而且随龄期的延长,引气剂对强度的影响越显著。欲使掺引气剂的混凝土强度不降低,首先应严格控制引气剂掺量,按《混凝土外加剂应用技术规范》(GB 50119—2013)规定,混凝土含气量不宜超过表 6-4 的数值,另外可减少拌合用水量 5% 以上,这样就能大部或全部地补偿混凝土由于引气造成的强度损失。但对于抗冻性要求高的混凝土,宜采用表 6-4 规定的含气量数值。

表 6-4　掺引气剂混凝土的含气量

粗集料最大粒径/mm	10	15	20	25	40
混凝土含气量限值/%	7.0	6.0	5.5	5.0	4.5

注:表中含气量,C50、C55 混凝土可降低 0.5%,C60 及 C60 以上混凝土可降低 1%,但不宜低于 3.5%。

引气剂可用于抗冻混凝土、抗渗混凝土、抗侵蚀混凝土、泌水严重的混凝土、贫混凝土、轻集料混凝土以及有饰面要求的混凝土等,但不宜用于蒸养混凝土及预应力混凝土。

二、阻锈剂

(一)定义及分类

按照行业标准《钢筋混凝土阻锈剂》(JT/T 537—2018)的定义,钢筋混凝土阻锈剂是一种掺入混凝土内或涂覆钢筋混凝土表面,能抑制或减缓钢筋腐蚀的外加剂,简称阻锈剂。

阻锈剂按使用方式分为掺入型和涂覆型,按物质组成分为无机阻锈剂和有机阻锈剂,按作用效果又可分为阳极型、阴极型和复合型。掺入型阻锈剂直接在混凝土拌合过程中使用,主要用于新建结构钢筋锈蚀防护,也可掺入修补材料中,用于锈蚀钢筋的修复。该类阻锈剂开发较早,至今已有 50 年历史,应用较为广泛的是亚硝酸钙类无机阻锈剂。亚硝酸钙是强氧化性物质,存在毒性大、潜在致癌以及掺量低时加速钢筋锈蚀等缺点,欧美等发达国家已明令禁止应用。有机阻锈剂是近年来发展的新型阻锈剂,其具有环境友好、应用高效以及适应性强等特点,可以作为掺入型阻锈剂应用,还可以通过功能调控,作为涂覆型阻锈剂应用。涂覆型阻锈剂又称迁移型阻锈剂,直接涂覆于混凝土表面用于既有结构钢筋锈蚀修复与防护。

(二)作用机理

通常情况下,钢筋在混凝土的高碱性环境中会自发形成一层不易锈蚀的钝化膜,但当环境中氯离子侵入或碳化导致碱度降低时,钝化膜会发生破钝,从而引发腐蚀。阻锈剂通过抑制钢筋表面腐蚀电化学反应达到阻锈的效果,按物质组成与应用形式不同,作用机制各有不同,具体如下:

(1)促进钝化作用

无机阻锈剂一般具有强氧化性,能够促进钢筋表面铁原子快速转化为铁的氧化物并形成致密钝化膜,抑制钢筋锈蚀。亚硝酸盐、铬酸盐等属于典型的促进钝化阻锈剂。

(2)吸附成膜作用

有机阻锈分子多为含 N、O、P 等杂原子基团的有机化合物,其具有较强的极性,能够在钢筋表面形成吸附膜,该膜层可有效隔离氯离子与钢筋基体接触,从而减缓钢筋锈蚀。有机醇胺、有机羧酸胺等均属于吸附成膜阻锈剂。

(3)渗透迁移作用

涂覆型阻锈剂自身具有极低的表面张力和较高的饱和蒸汽压,能够在混凝土中通过渗透和气相扩散等方式迁移至钢筋表面,并在钢筋表面形成吸附膜,竞争性取代钢筋表面氯离子,从而达到锈蚀修复与防护的效果。

(三)使用方法

掺入型阻锈剂是目前世界上应用较多的阻锈剂种类,实际应用中需要结合工程和环境特点进行掺量选择,参照《钢筋混凝土阻锈剂耐蚀应用技术规范》(GB/T 33803—2017),阻锈剂推荐掺量如表 6-5 所示。

表 6-5　钢筋阻锈剂推荐掺量

环境分类	环境条件			阻锈剂掺量/(kg·m⁻³)
II	水下区			4~10
	大气区	轻度盐雾区		4~10
		重度盐雾区		6~15
	潮汐区或浪溅区	非炎热地区		10~20
		炎热潮湿地区		15~30
	土中区	非干湿交替		4~10
		干湿交替		6~15
III	工业(氯化物)环境			6~15
IV	海洋工业(氯化物)环境			6~15
V	岩土环境			6~15
VI	较低氯离子浓度			4~10
	较高氯离子浓度			6~15
	高氯离子浓度,或干湿交替引起氯离子积累			10~20

涂覆型阻锈剂在混凝土表面涂覆使用,一般推荐用量 $3\sim4\ m^2/kg$,涂覆次数 2~3 遍。

（四）注意事项

掺入型阻锈剂一般不适用于酸性腐蚀环境应用,其中亚硝酸盐类阻锈剂不适合在饮用水系统的钢筋混凝土工程中应用。优选高效阻锈剂并掺入优质混凝土中,可以更好地发挥阻锈剂的作用效果,为减少环境污染,推荐使用环保型有机阻锈剂。

涂覆型阻锈剂施工前需要除去混凝土表面的油脂或其他附着物,并保持表面干燥。涂覆作业时需要保持环境通风,避免密闭空间阻锈剂挥发引起施工人员身体不适。涂覆阻锈剂后需对混凝土表面进行覆膜养护,确保阻锈剂充分渗透至混凝土内部,在此基础上还需对混凝土进行密封处理,以便更好发挥阻锈剂的长期效果。

第六节　其他外加剂

一、增稠剂

增稠剂可以有效改善混凝土中混合料的黏聚性,降低各组分之间分相的趋势（尤其是在高流动性状态下）,改善这种多相、多组分非均匀混合体系的匀质性,改善泌水、离析现象,在自密实混凝土、灌浆材料、喷射混凝土等制备中有着重要的作用。

增稠剂一般为一类高相对分子质量的亲水性大分子化合物,分子结构中富含羟基、羧基、胺基等亲水基团,目前应用较多的主要包括改性天然化合物和人工合成高聚物这两大类（分子结构如图 6-10 所示）。其中改性天然化合物增稠剂主要包括纤维素醚及其衍生物、改性淀粉、多聚糖等,其分子结构呈现体型,实际使用时具有较优的增稠保水效果,但是其溶解性能偏差,在实际使用时最高配制溶液浓度不宜超过 0.05%。化学合成高聚物类增稠剂主要包括聚丙烯酰胺及其衍生物、聚丙烯酸钠及其衍生物、聚乙烯醇等。聚合物分子结构大都为线性结构,相对分子质量一般高于 200 万,其化学结构可设计性强,通过引入功能性单体可以优化聚合物的流变调控性能。此类增稠剂的最高配制溶液浓度可达 10%，同萘系减水剂和聚羧酸减水剂均具有高相容性。

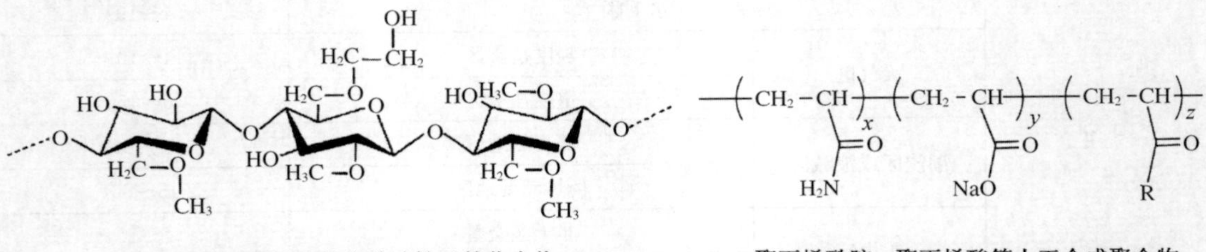

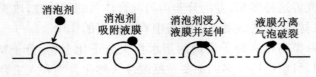

纤维素醚、改性淀粉类等改性天然化合物　　聚丙烯酰胺、聚丙烯酸等人工合成聚合物

图 6-10　两大类增稠剂分子结构示意图

增稠剂的用量一般为混凝土中水泥用量的 0.001%～0.01%，对新拌混凝土或砂浆的流变性能具有较大影响。大多数增稠剂在降低泌水的同时，也显著降低了流动性，存在着泌水率和流锥时间之间的矛盾，无法使浆体获得理想的流变性能。一般增稠剂的较优掺量范围在 0.004%～0.007%之间，在此掺量条件下，可以在保证无泌水的前提下使浆体的流动性最大。由于增稠剂能够有效降低浆体的泌水，因此其也可以改善混凝土硬化后与钢筋之间的界面黏结，明显改善对钢筋的握裹力。

在混凝土中使用增稠剂时，要注意到不同种类增稠剂的性能差异，需要根据具体用途，通过配合比试验来确定适宜的种类和用量，同时还需要注意下列事项：①碱性环境下的降解：在水泥浆体 pH>12 的强碱性环境下，有部分增稠剂分子会发生降解，导致增稠效果下降；②抗盐性：随着水泥水化的进行，浆体溶液中钙离子浓度越来越高，此时高相对分子质量的增稠剂分子的分子链容易蜷曲，流体力学体积降低，增稠效果变差；③混凝土组分吸附作用：由于增稠剂分子中富含吸附或亲水基团，增稠剂分子容易在水泥颗粒表面发生吸附，随着水泥水化的进行，这部分被吸附的增稠剂分子被水化产物包埋，导致增稠效果的经时损失。

二、消泡剂

随着混凝土减水剂技术的发展，聚羧酸高性能减水剂成为目前主要使用的减水剂品种，但是由于其结构中含有的聚醚结构，属于引气类表面活性剂，易在混凝土中引入过多的气泡。消泡剂主要用于消除此类混凝土中的气泡，其主要依靠低表面张力在起泡体系的溶液表面快速铺展，破坏液膜气液相之间的力学平衡，完成消泡和抑泡的作用（图 6-11）。

消泡剂　　消泡剂吸附液膜　　消泡剂浸入液膜并延伸　　液膜分离气泡破裂

图 6-11　消泡剂消泡作用过程

消泡剂属于一种亲油性偏强的表面活性剂，在混凝土中使用较多的消泡剂主要包括聚醚类消泡剂和改性有机硅消泡剂这两大类。聚醚类消泡剂一般是使用高碳醇（碳数>12）加成不同比例的环氧乙烷/环氧丙烷单元制备而得，此类消泡剂的消泡能力中等，同聚羧酸等减水剂的复合相容性较好,一般在每吨减水剂中的最高添加量可达 2 kg。改性有机硅消泡剂一般是使用聚醚对硅油类消泡剂进行改性而制得的具有一定亲水性的有机硅消泡剂,此类消泡剂消泡能力强,但是化学结构在碱性条件下易发生改变,导致消泡能力变差,此外其与减水剂的相容性一般,因此每吨减水剂中的最高添加量不宜超过 0.3 kg(图 6-12)。

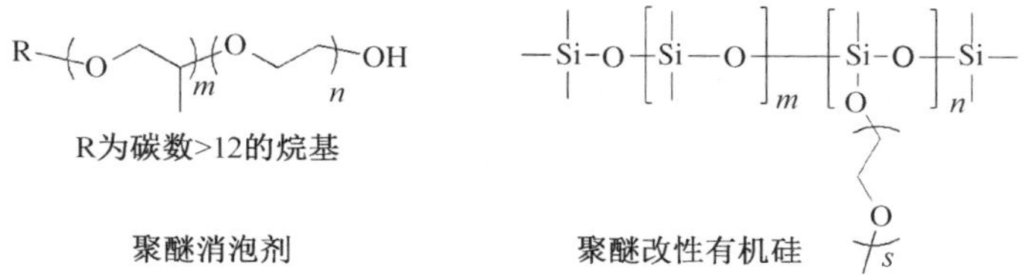

图 6-12　常用的混凝土消泡剂的化学结构示意图

在实际使用时,消泡剂一般同减水剂等外加剂复配使用,用量一般为混凝土中水泥用量的 0.002%～0.01%。在混凝土中选用消泡剂时,不仅要考虑消泡剂的消泡性能,还要考虑消泡剂同减水剂等外加剂的相容性。相容性的判定依据为,与减水剂等外加剂按照一定比例混合后,静置 24 h 以上无分层现象,在低温地区使用时,还需考虑低温条件下的相容性。

三、防冻剂

能使混凝土在负温下硬化,并在规定时间内达到足够防冻强度的外加剂,称为混凝土防冻剂。混凝土防冻剂绝大多数为复合外加剂,通常由防冻组分、早强组分、减水组分或引气组分等复合而成。各组分常用物质及其作用如下:

(1)防冻组分。常用物质为氯化钙、氯化钠、亚硝酸钠、硝酸钠、硝酸钙、硝酸钾、碳酸钾、硫代硫酸钠、尿素等。其作用是降低水的冰点,使水泥在负温下仍能继续进行水化。

(2)早强组分。常用物质为氯化钙、氯化钠、硫代硫酸钠、硫酸钠等。其作用是提高混凝土的早期强度,以抵抗水结冰产生的膨胀应力。

(3)减水组分。如萘系高效减水剂、聚羧酸高性能减水剂等。其作用是减少混凝土拌合用水量,以达到减少混凝土中的冰含量,并使冰晶粒度细小且均匀分散,减轻对混凝土的破坏应力。

(4)引气组分。如松香热聚物、皂苷类引气剂、烷基-芳香基磺酸盐类、烷基聚醚磺酸盐类等。其作用是向混凝土中引入适量的封闭微小气泡,减轻冰胀应力。

目前常用的混凝土防冻剂主要有以下四类:

(1)电解质无机盐类:①氯盐类防冻剂。氯盐或以氯盐为主与其他早强剂、引气剂、减水剂复合的外加剂。②氯盐阻锈类防冻剂。以氯盐和阻锈剂(亚硝酸钠)为主复合的外加剂。③无氯盐类防冻剂。以亚硝酸盐、硝酸盐、碳酸盐、乙酸钠或尿素为主复合的外加剂。

(2)水溶性有机化合物类:以某些醇类等有机化合物为防冻组分的外加剂。

(3)有机化合物与无机盐复合类。

(4)复合型防冻剂:以防冻组分复合早强、引气、减水等组分的外加剂。

防冻剂的应用需要注意以下事项:

(1)含有减水组分的防冻剂应进行相容性试验。

(2)防冻剂的品种、掺量应以混凝土浇筑后 5 d 内的预计日最低气温,按照《混凝土防冻剂》(JC 475—2004)中相关技术指标选用相应种类的防冻剂。

(3) 防冻剂与其他外加剂同时使用时,应经过试验确定,并应满足设计和施工要求后再使用。

(4) 掺防冻剂混凝土拌合物的入模温度不应低于 5℃。

(5) 掺防冻剂的混凝土生产、运输、施工和养护应符合《建筑工程冬期施工规程》(JGJ/T 104—2011)的有关规定。

氯盐类防冻剂适用于无筋混凝土,氯盐阻锈类防冻剂可用于钢筋混凝土,无氯盐类防冻剂可用于钢筋混凝土工程和预应力钢筋混凝土工程。硝酸盐、亚硝酸盐和碳酸盐不得用于预应力混凝土工程,以及与镀锌钢材或与铝铁相接触部位的钢筋混凝土结构。含有六价铬盐、亚硝酸盐等有毒防冻剂,严禁用于饮水工程及与食品接触部位的工程。防冻剂用于负温条件下施工的混凝土。目前国产混凝土防冻剂品种适用于 0～−15 ℃的气温,当更低气温下施工时,应加用其他混凝土冬季施工措施,如暖棚法、原料(砂、石、水)预热等。

四、混凝土水化温升抑制剂

水化温升抑制剂是近年来新出现的一种能够降低混凝土温升的化学外加剂。据文献报道,水化温升抑制剂掺入混凝土中后,能够显著降低水泥加速期水化放热速率,而基本不影响水化总放热量,因而在一定的散热条件下,能够降低结构混凝土的温升。

水化温升抑制剂在混凝土中的掺量通常为胶凝材料总质量的千分之几到百分之几,其降低水泥早期水化速率峰值的效果一般随掺量的增加而增大,因此,同等条件下,其在混凝土中的掺量越高,降低结构混凝土温峰的效果越显著。

需要注意的是,由于水化温升抑制剂会降低水泥早期水化速率,因此其不可避免地会减缓混凝土早期强度的发展,这与早强剂的作用恰好相反;但由于其基本不影响最终的水化放热量,因此基本不影响混凝土的中后期强度。另外,因为水化温升抑制剂只改变水泥水化放热过程,不影响水化放热总量,所以,需要在具有一定散热条件的结构中才能发挥降低混凝土温升的作用。对于处于绝热环境的混凝土,水化温升抑制剂的掺加不具有降低最终温升的作用。

此外,由于混凝土水化温升抑制剂延缓了混凝土早期强度的发展,因此在实际应用中需注意拆模时间。

五、混凝土侵蚀抑制剂

混凝土侵蚀抑制剂是掺入混凝土中,抑制环境中水分、氯盐、硫酸盐等侵蚀介质向混凝土内部传输,并提升混凝土结构抗侵蚀能力的外加剂,属于改善混凝土耐久性的新型外加剂。

按行业标准《混凝土抗侵蚀抑制剂》(JC/T 2553—2019)规定,混凝土侵蚀抑制剂分为Ⅰ型和Ⅱ型。Ⅰ型吸水率不大于 1.2%,120 次干湿循环硫酸盐抗压耐蚀系数不小于 0.75;Ⅱ型吸水率不大于 0.85%,氯离子渗透系数比不大于 85%,120 次干湿循环硫酸盐抗压耐蚀系数不小于 0.90。Ⅰ型适用于氯化物或硫酸盐环境作用等级为Ⅲ-D、Ⅲ-E、Ⅳ-C、Ⅴ-C 的工程;Ⅱ型适用于氯化物或硫酸盐环境作用等级为Ⅲ-E、Ⅲ-F、Ⅳ-D、Ⅳ-E、Ⅴ-D 和 Ⅴ-E 的工程。混凝土侵蚀抑制剂一般掺量 20～30 kg/m³,应用时需要结合实际工程混凝土配合比,等量替代用水量。

复习思考题

6-1　简要描述混凝土外加剂的主要功能与用途。

6-2　混凝土减水剂的作用机理以及高性能减水剂的性能特点有哪些？

6-3　简述混凝土坍落度保持剂的定义、分类及应用效果。

6-4　简述混凝土速凝剂的种类、应用领域及特点。

6-5　纳米晶种类早强剂与无机盐类早强剂的异同点有哪些？

6-6　羟基羧酸盐类缓凝剂有哪些？它们的性能特点及作用机理是什么？

6-7　用于改善混凝土抗裂性的外加剂有哪些？并简述它们的使用方法及注意事项。

6-8　改善混凝土耐久性的外加剂有哪几类？它们改善混凝土耐久性的作用机理是什么？

第七章 普通混凝土

第一节 概 述

一、混凝土的含义

从广义上讲：凡由胶凝材料、集料和水（或不加水）按适当的比例配合、拌合制成混合物，经一定时间后硬化而成的人造石材，统称为混凝土。常用的胶凝材料有水泥、沥青、聚合物等，目前使用最多的是以水泥为胶凝材料的混凝土，称为水泥混凝土。与其他材料相比，混凝土是当今世界上用途最广、用量最大的人造土木工程材料，也是当今世界上单位产品质量下能耗最低的材料之一，而且是重要的工程结构材料。

二、混凝土的分类

通常混凝土有下面几种分类。

1. 按表观密度分类

混凝土按其表观密度的大小，可分为：

（1）普通混凝土。其表观密度为 $2\,100\sim2\,500\ kg/m^3$，一般在 $2\,400\ kg/m^3$ 左右。它是用普通砂、石作集料配制而成，为土木工程中最常用的面广量大的水泥混凝土，通常简称混凝土。主要用作各种土木工程的承重结构材料。

（2）轻混凝土。其表观密度小于 $1\,950\ kg/m^3$。它是采用轻质多孔的集料，或者不用集料而掺入加气剂或泡沫剂等，造成多孔结构的混凝土，包括轻集料混凝土、多孔混凝土、大孔混凝土、发泡/泡沫混凝土等。其用途可分为结构用、保温用和结构兼保温等几种。

（3）重混凝土。其表观密度大于 $2\,600\ kg/m^3$。它是采用了密度很大的重集料——重晶石、铁矿石、钢屑等配制而成，也可以同时采用重水泥——钡水泥、锶水泥进行配制。重混凝土具有防射线的性能，故又称防辐射混凝土，主要用作核能工程的屏蔽结构材料。

2. 按用途分类

混凝土按其用途可分为结构混凝土（即普通混凝土）、防水混凝土、耐热混凝土、耐酸混凝土、装饰混凝土、大体积混凝土、膨胀混凝土、防辐射混凝土、道路混凝土等多种。

3. 按所用胶凝材料分类

混凝土按其所用胶凝材料可分为水泥混凝土（包含第五章所述的各种水泥）、沥青混凝土、聚合物水泥混凝土、聚合物混凝土、石膏混凝土、水玻璃混凝土等。

4. 按生产和施工方法分类

混凝土按生产和施工方法可分为预拌混凝土（商品混凝土）、泵送混凝土、喷射混凝土、压力灌浆混凝土（预填集料混凝土）、挤压混凝土、离心混凝土、真空吸水混凝土、碾压混凝土、热拌混凝土等。

另外,混凝土还可按其 1 m³ 中的水泥用量(C)分为贫混凝土($C \leqslant 170$ kg)和富混凝土($\geqslant 230$ kg);按其抗压强度(f_{cu})又可分为低强混凝土($f_{cu} < 30$ MPa)、高强混凝土($f_{cu} \geqslant 60$ MPa)及超高强混凝土($f_{cu} \geqslant 100$ MPa)等。

三、混凝土的特点

普通混凝土在土木工程中能得到广泛的应用,主要原因是由于它具有以下优点:

(1)原材料来源丰富,造价低廉。混凝土中砂、石集料占混凝土整体体积的 60%～80%(其中细集料约占 40%,粗集料约占 60%)。与水泥相比,砂石价格较低。

(2)混凝土拌合物具有良好的可塑性。可按工程结构要求浇筑成各种形状和任意尺寸的整体结构或预制构件。

(3)配制灵活、适应性好。改变混凝土组成材料的品种及比例,可制得不同物理力学性能的混凝土,以满足各种工程的不同需要。

(4)抗压强度高。硬化后的混凝土其抗压强度一般为 20～60 MPa,可高达 80～100 MPa,甚至更高,故很适于作土木建筑工程结构材料。

(5)与钢筋有牢固的黏结力,且混凝土与钢筋的线膨胀系数基本相同,二者复合成钢筋混凝土后,能保证共同工作,从而大大扩展了混凝土的应用范围。

(6)耐久性良好。混凝土在一般环境不需要维护保养,故维修费用少。

(7)耐火性好。普通混凝土的耐火性远比木材、钢材和塑料好,可耐数小时的高温作用而仍保持其力学性能,有利于火灾时扑救。

普通混凝土的不足之处主要为:

(1)自重大,比强度小。每立方米普通混凝土重达 2 400 kg 左右,致使在土木工程中形成肥梁、胖柱、厚基础,对高层、大跨度建筑不利。

(2)抗拉强度低。一般其抗拉强度为抗压强度的 1/20～1/10,因此受拉时易产生脆断。

(3)导热系数大。普通混凝土导热系数为 1.40 W/(m·K),为红砖的两倍,故保温隔热性能较差。

(4)硬化较慢,生产周期长。

应该着重指出,随着现代混凝土科学技术的发展,混凝土的不足之处已经得到很大改进。例如采用轻集料,可使混凝土的自重和导热系数显著降低;在混凝土中掺入纤维或聚合物,可大大降低混凝土的脆性;混凝土采用快硬水泥或掺入早强剂、减水剂等,可明显缩短其硬化周期。由于混凝土具有以上这些重要的优点,使得许多比强度大的、效益高的结构材料,亦无法与之相竞争。普通混凝土早已成为当代的主要土木工程材料,广泛应用于工业与民用建筑工程、水利工程、地下工程、公路、铁路、桥梁及国防建设等工程中。

四、混凝土原材料质量要求

普通混凝土是由水泥、水和砂、石所组成,另外还常加入适量的掺合料和外加剂。由此可知,混凝土不是匀质材料,其组成复杂,所以影响混凝土性能的因素很多。在混凝土组成材料中,砂、石是集料,对混凝土起骨架作用,其中小颗粒填充大颗粒的空隙。水泥和水组成水泥浆,它包裹在所有粗、细集料的表面并填充在集料空隙中。在混凝土硬化前,水泥浆起润滑作用,赋予混凝土拌合物流动性,便于施工;在混凝土硬化后起胶结作用,把砂、石集料胶结成为整体,使混凝土产生强度,成为坚硬的人造石材。混凝土的组织结构见图 7-1

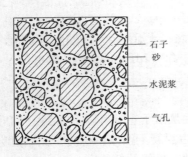

图 7-1 混凝土的组织结构

所示。

混凝土的质量和技术性质,在很大程度上是由原材料的性质及其相对含量所决定,同时也与混凝土施工工艺(配料、搅拌、捣实成型、养护)有关,因此,了解混凝土原材料的性质、作用及质量要求,合理选择原材料,才能保证混凝土的质量,并降低成本。

1. 水泥

配制混凝土用的水泥品种,应根据混凝土工程性质与特点、工程所处环境及施工条件,然后按所掌握的各种水泥特性进行合理选择。水泥强度等级的选择应当与混凝土的设计强度等级相适应,原则上是配制高强度等级的混凝土选用高强度等级的水泥,低强度等级混凝土选用低强度等级的水泥。一般对于普通混凝土,以水泥强度为混凝土强度的 1.5 倍左右为宜,对于高强度的混凝土可取一倍左右。

对于一般建筑结构及预制构件的普通混凝土,宜采用通用硅酸盐水泥;高强混凝土和有抗冻要求的混凝土宜采用硅酸盐水泥或普通硅酸盐水泥;有预防混凝土碱-集料反应要求的混凝土工程宜采用碱含量低于 0.6% 的水泥;大体积混凝土宜采用中、低热硅酸盐水泥,也可以采用硅酸盐水泥或普通水泥,同时掺足够量的矿物掺合料。水泥的性能应符合《通用硅酸盐水泥》(GB/T 175—2020)和《中热硅酸盐水泥、低热硅酸盐水泥》(GB/T 200—2017)等的有关规定。

2. 混凝土掺合料

混凝土掺合料不同于生产水泥时与熟料一起磨细的混合材料,它是在混凝土(或砂浆)搅拌前或在搅拌过程中,与混凝土(或砂浆)其他组分一样,直接加入的一种外掺料。用于混凝土的掺合料绝大多数是具有一定活性的固体工业废渣。掺合料不仅可以取代部分水泥、减少混凝土的水泥用量、降低成本,而且可以改善混凝土拌合物和硬化混凝土的各项性能。因此,混凝土中掺用掺合料,其技术、经济和环境效益都是十分显著的。

用作混凝土的掺合料有粉煤灰、硅灰、粒化高炉矿渣粉、硅灰、沸石粉、钢渣粉、磷渣粉、石灰石粉以及其他工业废渣等,可采用两种或两种以上的矿物掺合料按一定比例混合使用。所有掺合料都应符合现行国家标准的规定并满足混凝土性能的要求,如《用于水泥、砂浆和混凝土中的粉煤灰》(GB/T 1596—2017)、《用于水泥、砂浆和混凝土中的粒化高炉矿渣粉》(GB/T 18046—2017)、《用于水泥和混凝土中的钢渣粉》(GB/T 20491—2017)、《砂浆和混凝土用硅灰》(GB/T 27690—2011)、《高强高性能混凝土用矿物外加剂》(GB/T 18736—2017)、《用于水泥、砂浆和混凝土中的石灰石粉》(GB/T 35164—2017)和《用于水泥和混凝土中的粒化电炉磷渣粉》(GB/T 26751—2011)等。

根据《混凝土质量控制标准》(GB 50164—2011)的要求,矿物掺合料的应用应符合如下规定:①掺用矿物掺合料的混凝土,宜采用硅酸盐水泥和普通硅酸盐水泥。②在混凝土中掺用矿物掺合料时,矿物掺合料的种类和掺量应经试验确定。③矿物掺合料宜与高效减水剂同时使用。④对于高强混凝土或有抗渗、抗冻、抗腐蚀、耐磨等其他特殊要求的混凝土,不宜采用低于Ⅱ级的粉煤灰。⑤对于高强混凝土和有耐腐蚀要求的混凝土,当需要采用硅灰时,不宜采用二氧化硅含量小于 90% 的硅灰。

3. 集料

通常在混凝土中,粗、细集料的总体积要占混凝土体积的 $60\%\sim80\%$,因此集料质量的优劣,对混凝土各项性质的影响很大。粗集料要注意最大公称粒径、颗粒级配、针片状颗粒含量、含泥量、泥块含量、压碎指标、坚固性以及是否有潜在碱活性,具体指标要求应符合《普通混凝土用砂、石质量及检测方法标准》(JGJ 52—2006)的规定。混凝土用砂要求其砂粒质地坚实、清洁,有害杂质含量要少,具体技术指标应符合《建设用砂》(GB/T 14684—2011)和《普通混凝土用砂、石质量及检测方法标准》(JGJ 52—2006)的相关规定。海砂中常含有碎贝壳等有害杂质,过高的氯离子含量易引起钢筋锈蚀,需经净化处理才能使用,且使用前应符合《海砂混凝土应用技术规范》(JGJ 206—2010)的相关规定。值得注意的是海砂不得用于预应力混凝土。再生集料由于源于废弃建筑物,具有需水量大、容重小、强度低等缺点,因此再生集料应符合《混凝土和砂浆用再生细集料》(GB/T 25176—2010)和《混凝土用再生粗集料》(GB/T 25177—2010)的相关要求。

4. 水

水是混凝土的重要组成之一,水质的好坏不仅影响混凝土的凝结和硬化,还能影响混凝土的强度和耐久性,水中氯离子含量过高会加速混凝土中钢筋的锈蚀。

按水源水可分为饮用水、地表水、地下水、海水、生活污水和工业废水等多种,拌制混凝土和养护混凝土宜采用饮用水。地表水和地下水常溶有较多的有机质和矿物盐类,用前必须按标准规定经检验合格后方可使用。海水中含有较多硫酸盐(SO_4^{2-} 约 2 400 mg/L),会对混凝土后期强度有降低作用(28 d 强度约降低 10%),且影响抗冻性。同时,海水中含有大量氯盐(Cl^- 约 15 000 mg/L),对混凝土中钢筋有加速锈蚀作用,因此对于钢筋混凝土和预应力混凝土结构,不得采用海水拌制混凝土。对有饰面要求的混凝土,也不得采用海水拌制,以免因混凝土表面产生盐析而影响装饰效果。生活污水的水质比较复杂,不能用于拌制混凝土。工业废水常含有酸、油脂、糖类等有害杂质,也不能作混凝土用水。当集料具有碱活性时,混凝土用水不得采用混凝土企业生产设备洗刷水。

根据《混凝土拌合用水标准》(JGJ63—2006)的规定,混凝土用水中的物质含量限值见表 7-1 所示。

表 7-1　混凝土拌合用水水质要求

项目	预应力混凝土	钢筋混凝土	素混凝土
pH	$\geqslant5.0$	$\geqslant4.5$	$\geqslant4.5$
不溶物/(mg·L^{-1})	$\leqslant2\ 000$	$\leqslant2\ 000$	$\leqslant5\ 000$
可溶物/(mg·L^{-1})	$\leqslant2\ 000$	$\leqslant5\ 000$	$\leqslant10\ 000$
氯化物(以 Cl$^-$ 计)/(mg·L^{-1})	$\leqslant500$	$\leqslant1\ 000$	$\leqslant3\ 500$
硫酸盐(以 SO$_4^{2-}$ 计)/(mg·L^{-1})	$\leqslant600$	$\leqslant2\ 000$	$\leqslant2\ 700$
碱含量/(mg·L^{-1})	$\leqslant1\ 500$	$\leqslant1\ 500$	$\leqslant1\ 500$

注:碱含量按 $Na_2O+0.658K_2O$ 计算值来表示。采用非碱活性集料时,可不检测碱含量。

在配制混凝土时,如对拟用水的水质有怀疑,应用此水和蒸馏水分别做水泥凝结时间和砂浆或混凝土强度对比试验。对比试验测得的水泥初凝时间差及终凝时间差,均不得超过30 min,且其初凝及终凝时间均应符合国家水泥标准的规定。用该水制成的砂浆或混凝土试件的 28 d 抗压强度,不得低于用蒸馏水制成的对比试件抗压强度的 90%。对使用钢丝或热处理钢筋的预应力混凝土结构,其混凝土用水中的氯离子含量不得超过 350 mg/L。

5. 外加剂

混凝土外加剂主要功能有改善混凝土拌合物的和易性、提高混凝土的强度和耐久性、节约水泥用量、调节混凝土凝结硬化时间、调节混凝土的含气量、调节水泥水化放热速度、改善混凝土的毛细孔结构、提高集料与水泥石界面的黏结力、提高混凝土与钢筋的握裹力、阻止钢筋锈蚀等。外加剂在混凝土中掺量不多,但效果显著,因此在各类工业与民用基础设计建设中得到了广泛的应用,解决了不少难题,取得了十分显著的技术经济效益。

外加剂的各项技术指标应符合《混凝土外加剂》(GB 8076—2008)、《混凝土防冻剂》(JC 475—2004)、《混凝土膨胀剂》(GB/T 23439—2017)等相应标准的要求。外加剂在使用时除应符合《混凝土外加剂应用技术规范》(GB/T 50119—2013)的有关规定,还需要满足:(1)在混凝土中掺用外加剂时,外加剂应与水泥具有良好的适应性,其种类和掺量应经试验确定;(2)高强混凝土宜采用高性能减水剂,有抗冻要求的混凝土宜采用引气或引气减水剂,大体积混凝土宜采用缓凝剂或缓凝减水剂,混凝土冬季施工可采用防冻剂;(3)外加剂中的氯离子含量和碱含量应满足混凝土设计要求。

五、混凝土发展趋向

混凝土虽只有 190 多年的历史,但它的发展甚快,尤其近半个多世纪以来发展更加迅速。2019 年全球水泥产量 42 亿 t,中国占 23.3 亿 t,按 1 t 水泥可以生产 2.5~3 m³ 混凝土计算,则 23.3 亿 t 水泥可生产 58.2~69.9 亿 t 混凝土,即使所产水泥只有 60% 用于生产混凝土,其用量也是非常可观的。根据发展趋势及资源、能源情况,可预测今后世界混凝土年产量还将进一步提高。

自 1824 年世界发明了波特兰水泥之后,1830 年前后就有了混凝土问世,1867 年又出现了钢筋混凝土。混凝土和钢筋混凝土的出现,是世界工程材料的重大变革,特别是钢筋混凝土的诞生,它极大地扩展了混凝土的使用范围,因而被誉为是对混凝土的第一次革命。在 20 世纪 30 年代又制成了预应力钢筋混凝土,它被称为是混凝土的第二次重大革命。50 年代出现了自应力混凝土,而 70 年代出现的混凝土外加剂,特别是减水剂的应用,可使混凝土强度很容易达到 60 MPa 以上,同时给混凝土改性提供了很好的手段,为此被公认为是混凝土应用史上的第三次革命。80 年代以后,各国的混凝土研究工作者,均转向深入进行混凝土的理论研究和新产品的开发,一致认定混凝土不仅是 20 世纪使用最广、最重要的土木工程材料,并预言 21 世纪水泥混凝土仍将在众多的工程材料中遥居领先地位。

为了适应将来的建筑向高层、超高层、大跨度发展,以及人类要向地下和海洋开发,混凝土今后的发展方向是:快硬、高强、轻质、高耐久性、多功能、节能。例如美国混凝土协会 ACI 2000 委员会曾设想,今后美国常用混凝土的强度将为 135 MPa,如果需要,在技术上可使混凝土强度达 400 MPa;将能建造出高度为 600~900 m 的超高层建筑,以及跨度达 500~600 m 的桥梁。所有这些,均说明了未来社会对混凝土需求的规模更大,社会的巨大需求还将促进混凝土施工的进一步机械化,促进混凝土质量更进一步提高。明天的混凝土研究工作无疑将放在有关混凝土复合材料的机理和应用方面。随着施工和管理的现代化,期望未来混凝土对于形式多样的工程建设会有更好的适应性。

<h2 style="text-align:center">第二节　新拌混凝土的性能</h2>

由水泥、砂、石、水及外加剂拌制成的混合料,称为混凝土拌合物,又称新拌混凝土。混凝土拌合物必须具备良好的工作性,才能便于施工和制得密实而均匀的混凝土硬化体,从而保证混凝土的质量。

一、工作性的概念

工作性(workability)是指混凝土拌合物能保持其组成成分均匀,不发生分层离析(segregation)、泌水(bleeding)等现象,适于运输、浇筑、捣实成型等施工作业,并能获得质量均匀、密实的混凝土的性能。工作性主要包括和易性、可泵性和凝结时间。和易性为一综合技术性能,它用流动性(flowability)、黏聚性(cohesiveness)和保水性三方面来表征。

流动性是指混凝土拌合物在自重或机械振捣力的作用下,能产生流动并均匀密实地充满模具的性能。流动性的大小,反映拌合物的稀稠,它直接影响着浇捣施工的难易和混凝土的质量。若拌合物太干稠,混凝土难以捣实,易造成内部孔隙;若拌合物过稀,振捣后混凝土易出现水泥砂浆和水上浮而石子下沉的分层离析现象,影响混凝土的质量均匀性。

黏聚性是指混凝土拌合物内部组分间具有一定的黏聚力,在运输和浇筑过程中不致发生离析分层现象,而使混凝土能保持整体均匀的性能。黏聚性差的混凝土拌合物,或者发涩,或者产生石子下沉,石子与砂浆容易分离,振捣后会出现蜂窝、空洞等现象。

保水性是指混凝土拌合物具有一定的保持内部水分的能力,在施工过程中不致产生严重的泌水现象。保水性差的拌合物,在混凝土振实后,一部分水易从内部析出至表面,在水渗流之处留下许多毛细管孔道,成为以后混凝土内部的透水通路。另外,在水分上升的同时,一部分水还会滞留在石子及钢筋的下缘形成水隙,从而减弱水泥浆与石子及钢筋的胶结力。所有这些都将影响混凝土的密实性,降低混凝土的强度及耐久性。

混凝土拌合物的流动性、黏聚性及保水性,三者是互相关联又互相矛盾的,当流动性很大时,则往往黏聚性和保水性差,反之亦然。因此,所谓拌合物和易性良好,就是要使这三方面的性质在某种具体条件下,达到均为良好,亦即使矛盾得到统一。

二、和易性的指标

混凝土拌合物和易性内容比较复杂,通常是采用一定的实验方法测定混凝土拌合物的流动性,再辅以直观经验目测评定黏聚性和保水性。按《混凝土质量控制标准》(GB 50164—2011)规定,混凝土拌合物的稠度以坍落度(mm)、维勃稠度(s)或扩展度(mm)为指标。坍落度检验适用于坍落度不小于 10 mm 的混凝土拌合物,维勃稠度检验适用于维勃稠度 5~30 s 的混凝土拌合物,扩展度适用于坍落度不小于 160 mm 的混凝土拌合物。三者要求粗集料公称粒径均不大于 40 mm。

1. 坍落度测定

测定坍落度(slump)的方法是:将混凝土拌合物按规定方法装入坍落筒——标准截头圆锥筒(无底)内,装捣刮平后,将筒在 3~7 s 内垂直向上提起,这时锥体混凝土拌合物则因自重而产生坍落,用尺量出其坍落的高度值,以 mm 计,即为混凝土拌合物的坍落度(图 7-2)。坍落度愈大,表示混凝土拌合物的流动性愈好。由于此法简便,目前世界各国普遍采用。在测定坍落度的同时,还应用捣棒敲击已坍落的混凝土拌合物试体,观察其受击后下沉、坍落情况及四周泌水情况,然后再凭目测判定混凝土拌合物黏聚性和保水性的优劣。

混凝土拌合物根据其坍落度大小,可分为 5 级,见表 7-2 所示。在根据坍落度测定结果进行分级评定时,其测值取舍至临近的 10 mm。

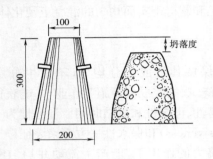

图 7-2　混凝土拌合物坍落度测定

表 7-2　混凝土拌合物的坍落度等级划分

等级	坍落度/mm
S1	10～40
S2	50～90
S3	100～150
S4	160～210
S5	≥210

2. 扩展度测定

测定扩展度(slump-flow)的方法是:将厚度不小于 3 mm、平面尺寸不小于 1 500 mm×1 500 mm 的钢板放在平整的地面上,然后将坍落度筒置于钢板中心位置处,按照坍落度测试方法将混凝土拌合物装捣刮平并清除筒边底板上的混凝土后,在 3～7 s 内将坍落度筒垂直平稳提起,当混凝土拌合物不再扩展或扩展持续时间已达 50 s 时,用钢尺测量混凝土拌合物展开扩展面的最大直径以及与最大直径呈垂直方向的直径,若二者差值小于 50 mm,就取其算术平均值作为扩展度试验结果,否则需要重新取样另行测定。扩展度值测量应精确至 1 mm,结果修约至 5 mm。扩展度试验从开始装料到测得扩展度值的整个过程应连续进行,且应在 4 min 内完成。在测定扩展度的同时,还应观察四周泌水和离析情况,然后凭目测判定混凝土拌合物黏聚性和保水性的优劣。混凝土拌合物根据其扩展度值大小可分为 6 级,具体见表 7-3 所示。泵送高强混凝土的扩展度不宜小于 500 mm,自密实混凝土的扩展度不宜小于 600 mm。

表 7-3　混凝土拌合物的扩展度等级划分

等级	扩展度/mm	等级	扩展度/mm
F1	≤340	F4	490～550
F2	350～410	F5	560～620
F3	420～480	F6	≥630

3. 维勃稠度测定

维勃稠度采用维勃稠度测定仪(图 7-3)测定,此方法由瑞士 V. 勃纳(Bahrner)提出。对于坍落度小于 10 mm 的拌合物,则要用维勃仪来测定其流动性。试验时先将混凝土拌合物按规定方法装入存放在圆桶内的截头圆锥桶(无底)内,装满后垂直向上提走圆锥桶,再在拌合物锥体顶面盖一透明玻璃圆盘,然后开启振动台,同时计时,记录当玻璃圆盘底面布满水泥浆时所用的时间,以 s 计,所读秒数即为维勃稠度值。

混凝土拌合物根据其维勃稠度大小,可分为五级,见表 7-4 所示。

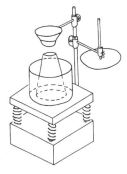

图 7-3　维勃稠度仪

表 7-4　混凝土拌合物的维勃稠度等级划分

等级	维勃稠度/s
V0	≥31
V1	30～21
V2	20～11
V3	10～6
V4	5～3

三、流动性(坍落度)的选择

工程中选择混凝土拌合物的坍落度,要根据结构构件截面尺寸大小、配筋疏密和施工捣实方法等来确定。当构件截面尺寸较小或钢筋较密,或采用人工插捣时,坍落度可选择大些。

应该指出,正确选择混凝土拌合物的坍落度,对于保证混凝土的施工质量及节约水泥,具有重要意义。在选择坍落度时,原则上应在不妨碍施工操作并能保证输送和振捣密实的条件下,尽可能采用较小的坍落度,以节约水泥并获得质量较高的混凝土。

四、影响工作性的主要因素

1. 水泥浆数量与稠度的影响

混凝土拌合物在自重或外界振动力的作用下要产生流动,必须克服其内部的阻力。拌合物内的阻力主要来自两个方面,一为集料间的摩阻力,一为水泥浆的黏聚力。集料间摩阻力的大小主要取决于集料颗粒表面水泥浆层的厚度,亦即水泥浆的数量;水泥浆的黏聚力大小主要取决于浆的干稀程度,亦即水泥浆的稠度。

混凝土拌合物在保持水灰比不变的情况下,水泥浆用量越多,包裹在集料颗粒表面的浆层越厚,润滑作用越好,使集料间摩擦阻力减小,混凝土拌合物易于流动,于是流动性就大,反之则小。但若水泥浆量过多,这时集料用量必然相对减少,就会出现流浆及泌水现象,致使混凝土拌合物黏聚性及保水性变差,同时对混凝土的强度与耐久性也会产生不利影响,而且还多耗费了水泥。若水泥浆量过少,致使不能填满集料间的空隙或不够包裹所有集料表面时,则拌合物会产生崩坍现象,黏聚性变差。由此可知,混凝土拌合物中水泥浆用量不能太少,但也不能过多,应以满足拌合物流动性要求为度。

在保持混凝土水泥用量不变的情况下,减少拌合用水量,水泥浆变稠,水泥浆的黏聚力增大,使黏聚性和保水性良好,而流动性变小。增加用水量则情况相反。当混凝土加水过少时,即水灰比过低,不仅流动性太小,黏聚性也因混凝土发涩而变差,在一定施工条件下难以成型密实。但若加水过多,水灰比过大,水泥浆过稀,这时混凝土拌合物虽流动性大,但将产生严重的分层离析和泌水现象,并且严重影响混凝土的强度及耐久性。因此,绝不可以用单纯加水的办法来增大流动性,而应采取在保持水灰比不变的条件下,以增加水泥浆量或使用减水剂的办法来调整拌合物的流动性。

由以上讨论可以明确：无论是水泥浆数量的影响，还是水泥浆稠度的影响，实际上都是水的影响。因此，影响混凝土拌合物和易性的决定性因素是其拌合用水量的多少。实践证明，在配制混凝土时，当所用粗、细集料的种类及比例一定时，为获得要求的流动性，所需拌合用水量基本是一定的，即使水泥用量有所变动（1 m³ 混凝土水泥用量增减 50～100 kg）时，对用水量也无甚影响，这一关系称为"恒定用水量法则"，它为混凝土配合比设计时确定拌合用水量带来很大方便。

按《普通混凝土配合比设计规程》（JGJ 55—2011）规定，配制每立方米塑性或干硬性混凝土的用水量确定，当水胶比在 0.40～0.80 范围时，根据粗集料品种、粒径及施工要求的混凝土拌合物稠度，其用水量可按表 7-5 选取。对于水胶比小于 0.4 或大于 0.8 的混凝土以及采用特殊成型工艺的混凝土，其用水量应通过试验确定。

表 7-5　塑性和干硬性混凝土的用水量　　　　　　　　单位：kg·m⁻³

项目	指标	卵石最大粒径/mm				碎石最大粒径/mm			
		10.0	20.0	31.5	40.0	16.0	20.0	31.5	40.0
坍落度/mm	10～30	190	170	160	150	200	185	175	165
	35～50	200	180	170	160	210	195	185	175
	55～70	210	190	180	170	220	205	195	185
	75～90	215	195	185	175	230	215	205	195
维勃稠度/s	16～20	175	160	—	145	180	170	—	155
	11～15	180	165	—	150	185	175	—	160
	5～10	185	170	—	155	190	180	—	165

注：① 本表用水量系采用中砂时的平均取值，如采用细砂或粗砂，则 1 m³ 混凝土用水量应相应增减 5～10 kg；
　　② 掺用各种外加剂或掺合料时，用水量应相应调整。

对于坍落度为 100～150 mm 的流动性混凝土及坍落度等于或大于 160 mm 的大流动性混凝土，因均需掺用减水剂，故其用水量的确定，应先以表 7-5 中坍落度 90 mm 的用水量为基础，按坍落度每增大 20 mm，用水量增加 5 kg，计算出未掺外加剂时 1 m³ 混凝土用水量 m_{w0}，然后再按下式计算出掺外加剂时 1 m³ 混凝土用水量 m_{wa}：

$$m_{wa} = m_{w0}(1 - \beta)$$

式中　β——外加剂的减水率（%），由试验确定。

2. 砂率的影响

砂率（β_s）是指混凝土中砂的质量（S）占砂、石（G）总质量的百分数，即

$$\beta_s = \frac{S}{S + G} \times 100\%$$

砂率是表示混凝土中砂子与石子二者的组合关系，砂率的变动，会使集料的总表面积和空隙率发生很大的变化，因此对混凝土拌合物的工作性有显著的影响。当砂率过大时，集料的总表面积和空隙率均增大，当混凝土中水泥浆量一定的情况下，集料颗粒表面的水泥浆层将相对减薄，拌合物就显得干稠，流动性就变小，如要保持流动性不变，则需增加水泥浆，就要多耗用水泥。反之，若砂率过小，则拌合物中显得石子过多而砂子过少，形成砂浆量不足

以包裹石子表面,并不能填满石子间空隙。在石子间没有足够的砂浆润滑层时,不但会降低混凝土拌合物的流动性,而且会严重影响其黏聚性和保水性,使混凝土产生粗集料离析、水泥浆流失,甚至出现溃散等现象。

由上可知,在配制混凝土时,砂率不能过大,也不能太小,应该选用合理砂率值。所谓合理砂率是指在用水量及水泥用量一定的情况下,能使混凝土拌合物获得最大的流动性,且能保持黏聚性及保水性能良好时的砂率值,如图7-4所示。或者,当采用合理砂率时,能在拌合物获得所要求的流动性及良好的黏聚性与保水性条件下,使水泥用量最少,如图7-5所示。

在工程施工中,混凝土砂率的确定,应按《普通混凝土配合比设计规程》(JGJ 55—2011)规定执行,即坍落度小于或等于60 mm,且等于或大于10 mm的混凝土砂率,可根据粗集料品种、粒径及水胶比按表7-6选取。坍落度等于或大于100 mm的混凝土砂率,应在表7-6的基础上,按坍落度每增大20 mm,砂率增大1%的幅度予以调整。对于坍落度大于60 mm或小于10 mm的混凝土及掺用外加剂和掺合料的混凝土,其砂率应经试验确定。

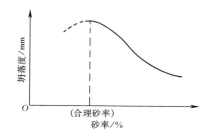
图7-4　坍落度与砂率的关系(水和水泥用量一定)

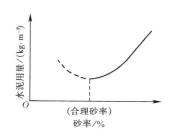
图7-5　水泥用量与砂率的关系(达到相同坍落度)

表7-6　混凝土的砂率　　　　　　　　　　　　　　　　　　%

水胶比	卵石最大公称粒径/mm			碎石最大公称粒径/mm		
	10.0	20.0	40.0	16.0	20.0	40.0
0.40	26～32	25～31	24～30	30～35	29～34	27～32
0.50	30～35	29～34	28～33	33～38	32～37	30～35
0.60	33～38	32～37	31～36	36～41	35～40	33～38
0.70	36～41	35～40	34～39	39～44	38～43	36～41

注:① 表中数值系中砂的选用砂率,对细砂或粗砂,可相应地减小或增大砂率;
　　② 采用人工砂配制混凝土时,砂率可适当增大;
　　③ 只用一个单粒级粗集料配制混凝土时,砂率应当增大。

3. 组成材料性质的影响

(1) 水泥品种的影响

在水泥用量和用水量一定的情况下,采用矿渣水泥或火山灰水泥拌制的混凝土拌合物,其流动性比用普通水泥时为小,这是因为前者水泥的密度较小,所以在相同水泥用量时,它们的绝对体积较大,因此在相同用水量情况下,混凝土就显得较稠,若要二者达到相同的坍落度,则前者每立方米混凝土的用水量必须增加一些。另外,矿渣水泥拌制的混凝土拌合物泌水性较大。

（2）集料性质的影响

集料性质指混凝土所用集料的品种、级配、颗粒粗细及表面性状等。在混凝土集料用量一定的情况下，采用卵石和河砂拌制的混凝土拌合物，其流动性比用碎石和山砂拌制的好，这是因为前者集料表面光滑、摩阻力小；用级配好的集料拌制的混凝土拌合物工作性好，因此时集料间的空隙较少，在水泥浆量一定的情况下，用于填充空隙的水泥浆就少，而相对来说包裹集料颗粒表面的水泥浆层就增厚一些，故工作性就好；用细砂拌制的混凝土拌合物的流动性较差，但黏聚性和保水性好。

（3）外加剂的影响

混凝土拌合物掺入减水剂或引气剂，流动性明显提高，引气剂还可有效地改善混凝土拌合物的黏聚性和保水性，二者还分别对硬化混凝土的强度与耐久性起着十分有利的作用。

4.拌合物存放时间及环境温度的影响

搅拌制备的混凝土拌合物，随着时间的延长会变得越来越干稠，坍落度将逐渐减小，这称之为坍落度损失（slump loss），这是由于拌合物中的一些水分逐渐被集料吸收，一部分水被蒸发以及水泥的水化与凝聚结构的逐渐形成等作用所致。坍落度与拌合物存放时间的关系见图 7-6 所示。

混凝土拌合物的工作性还受温度的影响。随着环境温度的升高，混凝土的坍落度损失得更快，因为这时的水分蒸发及水泥的化学反应将进行得更快。据测定，温度每增高 10℃，拌合物的坍落度减小 20～40 mm。温度对坍落度的影响见图 7-7 所示。

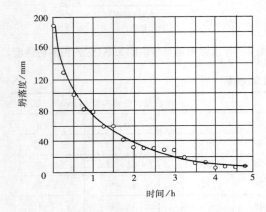

图 7-6　坍落度与拌合物存放时间的关系

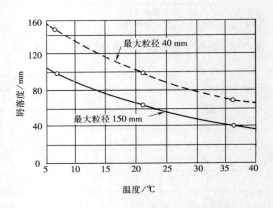

图 7-7　温度对拌合物坍落度的影响

五、改善工作性的措施

掌握了混凝土拌合物和易性的变化规律，就可运用这些规律去能动地调整拌合物的和易性，以满足工程需要。在实际工程中，改善混凝土拌合物的工作性可采取以下措施：

1.采用最佳砂率，以提高混凝土的质量及节约水泥。

2.改善砂、石级配。

3.在可能条件下尽量采用较粗的砂、石。

4.当混凝土拌合物坍落度太小时，保持水胶比不变，增加适量的水泥浆；当坍落度太大时，保持砂石比不变，增加适量的砂、石；

5.有条件时尽量掺用外加剂——减水剂、引气剂。

六、混凝土的可泵性(pumpability)

泵送混凝土近年来是商品混凝土的最主要产品之一,因此混凝土的可泵性越来越受到人们的重视。混凝土的可泵性表示在泵送压力下混凝土顺利通过输送管道并达到浇筑点的能力。可泵性好的混凝土拌合物与泵管壁之间摩擦阻力小且在泵管内易于流动,混凝土自身具有良好的黏聚性和保水性,在泵送过程中就不会出现分层、离析和泌水的现象。上述影响混凝土工作性的相关因素都会影响混凝土的可泵性。试验室通常用坍落度、扩展度和压力泌水(依据《普通混凝土拌合物性能试验方法标准》(GB/T 50080—2016)进行测试)来评价混凝土的可泵性。

压力泌水试验反映了拌合物在压力作用下抵抗拌合水渗透流出的能力,是衡量混凝土保水性和黏聚性的重要指标,比常规的泌水更接近泵送混凝土实际,主要检测混凝土拌合物在一定的压力作用下,经 10 s 和 140 s 泌出的水量 V_{10} 及 V_{140}。混凝土拌合物的相对泌水率则按下式计算:

$$S_{10} = \frac{V_{10}}{V_{140}} \times 100\%$$

$$S_{140-10} = \left(\frac{V_{140} - V_{10}}{V_{140}} \right) \times 100\%$$

一般而言,V_{140} 越小(但不能过小,否则拌合物不易在管壁形成润滑层,会增大泵送阻力),V_{10} 越小(表示混凝土拌合物中多余的水分越少),S_{140-10} 越大(表示颗粒之间起润滑作用的有效水量越多),混凝土的黏聚性越好。S_{10} 过大,则混凝土泌水速度快,保水性差,研究表明,S_{10} 越小表明拌合物的可泵性越好,应控制在 50% 以下为宜。实践中对于泵送混凝土,压力泌水应有最佳范围,超出此范围,泵压将明显提高甚至造成堵泵。

《混凝土泵送施工技术规程》(JGJ/T 10—2011)给出了混凝土泵送高度与入泵混凝土坍落度或扩展度的关系(表 7-7)所示。在现场通常用入泵混凝土的坍落度、扩展度评价流动性;用 50 cm 扩展时间、坍落度与扩展度比值评价摩擦阻力;用静止 30 s 泌浆宽度(mm)评价稳定性。

表 7-7 混凝土入泵坍落度/扩展度与泵送高度关系

最大泵送高度/m	50	100	200	400	400 以上
入泵坍落度/mm	100~140	150~180	190~220	230~260	—
入泵扩展度/mm	—	—	—	450~590	600~740

第三节 混凝土的强度

强度是硬化混凝土最重要的技术性质,混凝土的强度与混凝土的其他性能关系密切。混凝土强度也是工程施工中控制和评定混凝土质量的主要指标。混凝土的强度有抗压、抗拉、抗弯和抗剪等强度,其中以抗压强度为最大,因此在结构工程中混凝土主要用于承受压力。在结构设计中也常要用到混凝土的抗拉强度。

一、混凝土受压破坏过程

混凝土是由水泥石和粗、细集料组成的复合材料,它是一种不十分密实的非匀质多相材料,其力学性能取决于水泥石和集料的性质,以及水泥石与集料的胶结能力。

硬化后的混凝土在未受外力作用之前,其内部已存在一定的界面微裂缝,这些裂纹主要是由于水泥水化造成的化学减缩而引起水泥石体积变化,使水泥石与集料的界面上产生了分布不均匀的拉应力,从而导致界面上形成了许多微细的裂缝。另外,也由于混凝土成型后的泌水作用而在粗集料下缘形成的水隙,在混凝土硬化后成为界面裂缝。当混凝土受荷时,这些界面微裂缝会逐渐扩大、延长并汇合连通起来,形成可见的裂缝,致使混凝土结构丧失连续性而遭到完全破坏。

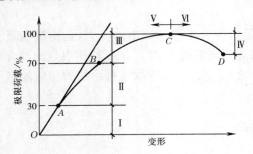

Ⅰ—界面裂缝无明显变化;Ⅱ—界面裂缝增长;
Ⅲ—出现砂浆裂缝和连续裂缝;Ⅳ—连续裂缝迅速
发展;Ⅴ—裂缝缓慢增长;Ⅵ—裂缝迅速增长

图 7-8　混凝土受压变形曲线

试验表明,当用混凝土立方体试件进行单轴静力受压试验时,通过显微观察混凝土受压破坏过程,混凝土内部的裂缝发展可分为四个阶段。混凝土破坏过程的荷载-变形曲线及各阶段的裂缝状态示意如图 7-8 和图 7-9 所示。具体发展过程及各阶段情况如下:

Ⅰ阶段:荷载达"比例极限"(约为极限荷载的 30%)以前,界面裂缝无明显变化,荷载与变形近似直线关系(图 7-8 中 OA 段)。

Ⅱ阶段:荷载超过"比例极限"后,界面裂缝的数量、长度及宽度不断增大,界面借摩阻力继续分担荷载,而砂浆内尚未出现明显的裂缝。

此时,变形速度大于荷载的增加速度,荷载与变形之间不再是线性关系(图 7-8 中 AB 段)。

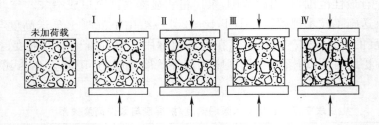

图 7-9　不同受力阶段裂缝示意图

Ⅲ阶段:荷载超过"临界荷载"(为极限荷载的 70%~90%)以后,界面裂缝继续发展,砂浆中开始出现裂缝,部分界面裂缝连接成连续裂缝,变形速度进一步加快,曲线明显弯向变形坐标轴(图 7-8 中 BC 段)。

Ⅳ阶段:外荷超过极限荷载以后,连续裂缝急速发展,混凝土承载能力下降,荷载减小而变形迅速增大,以致完全破坏,曲线下弯而终止(图 7-8 中 CD 段)。

由此可见,混凝土受压时荷载与变形的关系,是内部微裂缝发展规律的体现。混凝土破坏过程也就是其内部裂缝的发生和发展过程,它是一个从量变到质变的过程。只有当混凝土内部的细观破坏发展到一定量级时,才会使混凝土的整体遭受破坏。

二、混凝土立方体抗压强度及强度等级

1. 混凝土立方体抗压强度的测定

我国采用立方体抗压强度作为混凝土的强度特征值。根据国家标准《混凝土物理力学性能试验方法标准》(GB/T 50081—2019),规定制作边长为 150 mm 的立方体标准试件,在标准养护条件(温度 20℃±2℃,相对湿度大于 95%)下,或在温度为 20℃±2℃的不流动氢氧化钙饱和溶液中,养护到 28 d 龄期,用标准试验方法测得的抗压强度值称为混凝土立方体抗压强度,以 f_{cu} 表示。

混凝土采用标准试件在标准条件下测定其抗压强度,是为了具有可比性。在实际施工中,允许采用非标准尺寸的试件,但应将其抗压强度测试值换算成标准试件时的抗压强度,换算系数见表 7-8 所示。非标准试件的最小尺寸应根据混凝土所用粗集料的最大粒径确定。

表 7-8　混凝土立方体试件边长与强度换算系数

试件边长/mm	抗压强度换算系数
100	0.95
150	1.00
200	1.05

混凝土试件尺寸愈小,测得的抗压强度值愈大。这是由于测试时产生的环箍效应及试件存在缺陷的概率不同所致。将混凝土立方体试件置于压力机上受压时,在沿加荷方向发生纵向变形的同时,混凝土试件及上、下钢压板也按泊松比效应产生横向自由变形,但由于压力机钢压板的弹性模量比混凝土大 10 倍左右,而泊松比仅大于混凝土近 2 倍,所以在压力作用下,钢压板的横向变形小于混凝土的横向变形,造成上、下钢压板与混凝土试件接触的表面之间均产生摩阻力,它对混凝土试件的横向膨胀起着约束作用,从而对混凝土强度起提高作用,如图 7-10 所示。但这种约束作用随离试件端部愈远而变小,大约在距离$(\sqrt{3}/2)$ $a(a$ 为立方体边长)处,约束作用消失,所以试件抗压破坏后呈一对顶棱锥体,如图 7-11 所示,此称环箍效应。如果在钢压板与混凝土试件接触面上加涂润滑剂,则环箍效应大大减小,试件将出现直裂破坏(图 7-12),但测得的强度值要降低。混凝土立方体试件尺寸较大时,环箍效应的相对作用较小,测得的抗压强度因而偏低,反之,则测得的抗压强度偏高。再者,混凝土试件中存在的微裂缝和孔隙等缺陷,将减少混凝土试件的实际受力面积以及引起应力集中,导致强度降低。显然,大尺寸混凝土试件中存在缺陷的概率较大,故其所测强度要较小尺寸混凝土试件偏低。

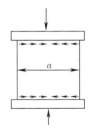

图 7-10　压力机压板对试块的约束作用

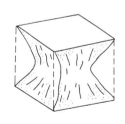

图 7-11　受压板约束试块破坏残存的棱锥体

图 7-12　不受压板约束时试块破坏情况

在混凝土施工中,确定结构构件的拆模、出池、出厂、吊装、钢筋张拉和放张,以及施工期间临时负荷等的强度时,应采用与结构构件同条件养护的标准尺寸试件的抗压强度,以此作为现场混凝土质量控制的依据。对于用蒸汽养护的混凝土结构构件,其标准试件应先随同结构构件同条件蒸汽养护,然后再转入标准养护条件下养护至28 d。欲提早知道混凝土 28 d 的强度,可按《早期推定混凝土强度试验方法标准》(JGJ/T 15—2008)的规定,采用快速养护混凝土进行测定。

2. 混凝土强度等级

按《混凝土强度检验评定标准》(GB/T 50107—2010)的规定,混凝土的强度等级应按其立方体抗压强度标准值确定。混凝土强度等级采用符号"C"与立方体抗压强度标准值(以 N/mm² 计)表示。混凝土立方体抗压强度标准值系指按照标准方法制作养护的边长为 150 mm 的立方体试件在 28 d 龄期,用标准试验方法测得的具有 95％保证率的抗压强度值,以 $f_{cu,k}$ 表示。普通混凝土按立方体抗压强度标准值划分 C15、C20、C25、C30、C35、C40、C45、C50、C55、C60 等 10 个强度等级。实际工程中有时还用到 C65、C70、C75、C80 和 C100 等强度等级的混凝土。

《混凝土结构设计规范》(GB 50010—2010)(2015 版)规定,素混凝土结构的混凝土强度等级不应低于 C15,钢筋混凝土结构不应低于 C20～C25,预应力混凝土结构不宜低于 C40,且不应低于 C30。

3. 混凝土强度等级的实用意义

混凝土强度等级是混凝土结构设计时强度计算取值的依据。结构设计时根据建筑物的不同部位和承受荷载的不同,采用不同强度等级的高强混凝土,一般为:

C15——用于垫层、基础、地坪及受力不大的结构;

C20～C25——用于梁、板、柱、楼梯、屋架等普通钢筋混凝土结构;

C25～C30——用于大跨度结构、要求耐久性高的结构、预制构件等;

C40～C45——用于预应力钢筋混凝土构件、吊车梁及特种结构等,用于 25～30 层建筑;

C50～C60——用于 30 层至 60 层以上高层建筑;

C60～C80——用于高层建筑,采用高性能混凝土;

C80～C120——采用超高强混凝土。用于高层建筑,同时,混凝土强度等级还是混凝土施工中控制工程质量和工程验收时的重要依据。

三、混凝土轴心抗压强度

混凝土轴心抗压强度又称棱柱体抗压强度。确定混凝土强度等级是采用的立方体试件,但在实际结构中,钢筋混凝土受压构件大部分为棱柱体或圆柱体。为了使所测混凝土的强度能接近于混凝土结构的实际受力情况,规定在钢筋混凝土结构设计中计算轴心受压构件(如柱、桁架的腹杆等)时,均需用混凝土的轴心抗压强度作为依据。

根据《混凝土物理力学性能试验方法标准》(GB/T 50081—2019)的规定,混凝土轴心抗压强度(f_{cp})应采用150 mm×150mm×300 mm 的棱柱体作为标准试件,如确有必要,可采用非标准尺寸的棱柱体试件,但其高宽比应在 2～3 的范围内。标准棱柱体试件的制作条件与标准立方体试件相同,但测得的抗压强度值前者较后者小。试验表明,当标准立方体抗压强度(f_{cu})在 10～50 MPa 范围内时,$f_{cp}=(0.7～0.8)f_{cu}$,一般取 0.76。

四、混凝土的抗拉强度

混凝土的抗拉强度很低,只有其抗压强度的 1/20～1/10(通常取 1/15),且这个比值是随着混凝土强度等级的提高而降低。所以,混凝土受拉时呈脆性断裂,破坏时无明显残余变形。为此,在钢筋混凝土结构设计中,不考虑混凝土承受拉力,而是在混凝土中配以钢筋,由钢筋来承担结构中的拉力。但混凝土抗拉强度对于混凝土抗裂性具有重要作用,它是结构设计中确定混凝土抗裂度的主要指标,有时也用它来间接衡量混凝土的抗冲击强度、混凝土与钢筋的黏结强度等。

混凝土抗拉强度的测定,目前国内外都采用劈裂法、简称劈拉强度。标准规定,我国混凝土劈拉强度采用边长为 150 mm 的立方体作为标准试件。这个方法的原理是:在立方体试件上、下表面中部划定的劈裂面位置线上,作用一对均匀分布的压力,这样就能使在此外力作用下的试件竖向平面内,产生均布拉伸应力(图 7-13),该拉应力可以根据弹性理论计算得出。混凝土劈裂抗拉强度计算公式为

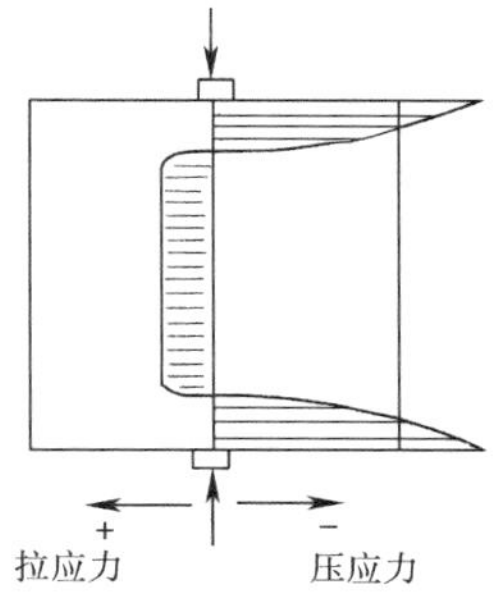

图 7-13　劈裂试验时垂直于受力面的应力分布

$$f_{ts} = \frac{2P}{\pi A} = 0.637\frac{P}{A}$$

式中　f_{ts}——混凝土劈裂抗拉强度(MPa);

　　　P——破坏荷载(N);

　　　A——试件劈裂面积(mm^2)。

试验证明,在相同条件下,混凝土以轴拉法测得的轴拉强度,较用劈裂法测得的劈拉强度略小,二者比值约为 0.9。混凝土的劈裂抗拉强度与混凝土标准立方体抗压强度(f_{cu})之间存在一定的关系,可用经验公式表达如下:

$$f_{ts} = 0.35f_{cu}^{3/4}$$

五、影响混凝土强度的因素

1. 水泥强度等级和水灰比的影响

水泥强度等级和水灰比是影响混凝土强度最主要的因素,也是决定性因素。这是由于普通混凝土的受力破坏,主要发生于水泥石与集料的界面,因为这些部位往往存在有许多孔隙、水隙和潜在微裂缝等结构缺陷,是混凝土中的薄弱环节。集料破坏的可能性较小,因为混凝土中集料本身的强度往往大大超过水泥石及界面的强度。由此可知,混凝土的强度主要取决于水泥石强度及其与集料表面的黏结强度,而这些强度又决定于水泥强度等级和水灰比的大小。试验证明,在相同配合比情况下,所用水泥强度等级愈高,混凝土的强度愈高;在水泥品种、标号不变时,混凝土的强度随着水灰比的增大而有规律地降低。

水泥是混凝土中的活性组分,在水灰比不变时,水泥强度等级越高,硬化水泥石强度越高,对集料的胶结力也就越强。从理论上讲,水泥水化时所需的水一般只要占水泥质量的23%左右,但在拌制混凝土拌合物时,为了获得施工要求的流动性,常需要多加一些水。混凝土中这些多加的水不仅使水泥浆变稀,胶结力减弱,而且多余的水分残留在混凝土中形成水泡或水道,随混凝土硬化而蒸发后便留下孔隙,从而减少混凝土实际受力面积,而且在混凝土受力时,易在孔隙周围产生应力集中。因此,水灰比愈大,多余水分愈多,留下孔隙也愈多,混凝土强度也就愈低。反之则混凝土强度愈高。但须指出,此规律只适用于混凝土拌合物能被充分振捣密实的情况。不过,若水灰比过小,水泥浆过于干稠,混凝土拌合物和易性

太差,在一定的施工振捣条件下,混凝土不能被振捣密实,反将导致混凝土强度严重下降,如图 7-14 中的虚线所示。当然,现代混凝土配制时,已经广泛使用减水剂来减小用水量,或提高混凝土的流动性。

试验证明,在材料相同的情况下,混凝土的强度(f_{cu})与其水灰比(W/C)的关系,呈近似双曲线形状(如图 7-14 中的实线),则可用方程 $f_{cu}=K/(W/C)$ 表示,这样 f_{cu} 与灰水比(C/W)的关系就呈线性关系。试验证明,当混凝土拌合物的灰水比在 1.2~2.5 之间时,混凝土强度与灰水比的直线关系见图 7-15 所示。这种线性关系很便于应用,当结合考虑水泥强度并应用数理统计方法,则可建立起混凝土强度与水泥强度及灰水比之间的关系式,即混凝土强度经验公式(又称鲍罗米公式):

$$f_{cu}=\alpha_a f_{ce}\left(\frac{C}{W}-\alpha_b\right)$$

式中　f_{cu}——混凝土 28 d 龄期的抗压强度(MPa);

　　　C——1 m³ 混凝土中的水泥用量(kg);

　　　W——1 m³ 混凝土中的用水量(kg);

　　　C/W——混凝土的灰水比;

　　　f_{ce}——水泥 28 d 抗压强度实测值(MPa),当无此值时,可按式 $f_{ce}=\gamma_c f_{ce,g}$ 确定。式中 γ_c 为水泥强度等级值的富余系数,该值可按实际统计资料确定,$f_{ce,g}$ 为水泥强度等级值;

　　　α_a、α_b——回归系数,应按工程所使用的水泥和集料,通过试验建立的灰水比与混凝土强度关系式来确定。当不具备上述试验统计资料时,则可按表 7-9 的数值取用。

表 7-9　回归系数 α_a、α_b 值

粗集料种类	α_a	α_b
碎石	0.53	0.20
卵石	0.49	0.13

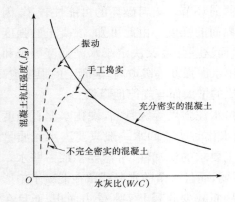
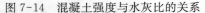
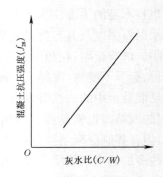

图 7-14　混凝土强度与水灰比的关系　　　　图 7-15　混凝土强度与灰水比的关系

混凝土强度经验公式很具实用意义,在工程中普遍采用。例如欲用某强度等级的水泥来配制一定强度的混凝土时,就可用此式来估算应采用的水灰比值;在已知所采用的水泥强

度等级及水灰比时,则可估算混凝土达 28 d 龄期时的抗压强度值。

2. 集料的影响

混凝土集料级配良好、砂率适当时,由于组成了坚强密实的骨架,有利强度提高。

碎石表面粗糙富有棱角,与水泥石胶结性好,且集料颗粒间有嵌固作用,所以在原材料及坍落度相同情况下,用碎石拌制的混凝土较用卵石时强度高。当水灰比小于 0.40 时,碎石混凝土强度可比卵石混凝土高约三分之一。但随着水灰比的增大,二者强度差值逐渐减小,当水灰比达 0.65 后,二者的强度差异就不太显著了。这是因为当水灰比很小时,影响混凝土强度的主要因素是界面强度,而当水灰比很大时,则水泥石强度成为主要矛盾了。

混凝土中集料质量与水泥质量之比称为骨灰比。骨灰比对 35 MPa 以上的混凝土强度影响很大。在相同水灰比和坍落度下,混凝土强度随骨灰比的增大而提高,其原因可能是由于集料增多后表面积增大,吸水量也增加,从而降低了有效水灰比,使混凝土强度提高。另外因水泥浆相对含量减少,致使混凝土内总孔隙体积减小,也有利于混凝土强度的提高。

3. 养护温度及湿度的影响

(1) 温度的影响

温度是决定水泥水化作用速度快慢的重要条件,养护温度高,水泥早期水化速度快,混凝土的早期强度就高。但试验表明,混凝土硬化初期的温度对其后期强度有影响,混凝土初始养护温度愈高,其后期强度增进率就愈低。这是因为较高初始温度(40℃以上)下水泥水化速率的加快,使正在水化的水泥颗粒周围聚集了高浓度的水化产物,这样就减缓了此后的水化速度,并且使水化产物来不及扩散而形成不均匀分布的多孔结构,成为水泥浆体中的薄弱区,从而对混凝土长期强度产生不利影响。相反,在较低养护温度(如 5～20℃)下,虽然水泥水化缓慢,水化产物生成速率低,但有充分的扩散时间形成均匀的结构,从而获得较高的最终强度,不过养护时间要长些。养护温度对混凝土 28 d 强度发展的影响见图 7-16 所示。当温度降至 0℃ 以下时,水泥水化反应停止,混凝土强度停止发展,而且这时还会因混凝土中的水结冰产生体积膨胀(约 9%),而对孔壁产生相当大的压应力(可达 100 MPa),从而致使硬化中的混凝土结构遭到破坏,导致混凝土已获得的强度受到损失。所以冬季施工混凝土时,要特别注意保温养护,以免混凝土早期受冻破坏。混凝土强度与冻结龄期的关系见图 7-17 所示。

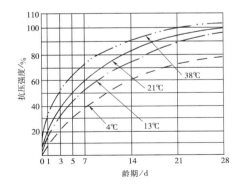

图 7-16　养护温度对混凝土强度的影响

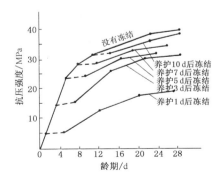

图 7-17　混凝土强度与冻结龄期的关系

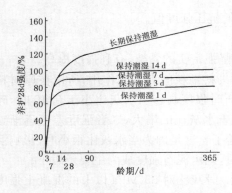

图 7-18　混凝土强度与保潮养护时间的关系

（2）湿度的影响

湿度是决定水泥能否正常进行水化的必要条件。浇筑后的混凝土所处环境湿度相宜，水泥水化反应顺利进行，使混凝土强度得以充分发展。若环境湿度较低，水泥不能正常进行水化，甚至停止水化，这将严重降低混凝土的强度。混凝土强度与保潮养护期的关系见图 7-18 所示。由图可知，混凝土受干燥日期愈早，其强度损失愈大。混凝土硬化期间缺水，还将导致其结构疏松，易形成干缩裂缝，增大渗水而影响混凝土的耐久性。为此，《混凝土结构工程施工规范》（GB 50666—2011）规定，在混凝土浇筑完毕后，应在 12 h 内进行覆盖并开始浇水，在夏季施工混凝土进行自然养护时，更要特别注意浇水保潮养护。当日最低气温低于 5℃时，不得浇水。混凝土的浇水养护的时间，对硅酸盐水泥、普通水泥或矿渣水泥配制的混凝土，不得少于 7 d，对掺用缓凝型外加剂或有抗渗要求的混凝土，不得少于 14 d。当采用其他品种水泥时，混凝土的养护应根据所采用水泥的技术性能确定。

4. 龄期与混凝土强度的关系

在正常养护条件下，混凝土的强度随龄期的增加而不断增大，最初 7～14 d 以内发展较快，以后便逐渐缓慢，28 d 后更慢，但只要具有一定的温度和湿度条件，混凝土的强度增长可延续数十年之久。混凝土强度与龄期的关系从图 7-17 和图 7-18 中的曲线均可看出。

实践证明，由中等强度等级的普通水泥配制的混凝土，在标准养护条件下，其强度发展大致与其龄期的对数成正比关系，其经验估算公式如下：

$$\frac{f_n}{f_{28}} = \frac{\lg n}{\lg 28}$$

式中　f_n——混凝土 n 天龄期的抗压强度（MPa）；

　　　f_{28}——混凝土 28 d 龄期的抗压强度（MPa）；

　　　n——养护龄期（d），$n \geq 3$ d。

应用以上公式，可由所测混凝土的早期强度，估算其 28 d 龄期的强度。或者可由混凝土的 28 d 强度推算 28 d 前，混凝土达某一强度需要养护的天数，由此可用来控制生产施工进度，如确定混凝土拆模、构件起吊、放松预应力钢筋、制品堆放、出厂等的日期。但由于影响混凝土强度的因素很多，故按此式估算的结果只能作为参考。

在实际工程中，各国用以估算不同龄期混凝土强度的经验公式很多，如常用的斯拉特公式，它是根据标准养护条件下的混凝土 7 d 强度（f_7）来推算其 28 d 的强度（f_{28}），即

$$f_{28} = f_7 + K\sqrt{f_7}$$

式中　K——经验系数，与所用水泥品种有关，应根据试验资料确定，一般为 1.9～2.4。

5. 施工方法的影响

拌制混凝土时采用机械搅拌比人工拌和更为均匀，对水灰比小的混凝土拌合物，采用强制式搅拌机比自由落体式效果更好。实践证明，在相同配合比和成型密实条件下，机械搅拌

的混凝土强度一般要比人工搅拌时的提高10%左右。

浇筑混凝土时采用机械振动成型比人工捣实要密实得多,这对低水灰比的混凝土尤为显著,此由图7-14可以看出。由于在振动作用下,暂时破坏了水泥浆的凝聚结构,降低了水泥浆的黏度,同时集料间的摩阻力也大大减小,从而使混凝土拌合物的流动性提高,得以很好地填满模具,且内部孔隙减少,有利混凝土的密实度和强度提高。

另外,采用分次投料搅拌新工艺,也能提高混凝土强度。其原理是将集料和水泥投入搅拌机后,先加少量水拌和,使集料表面裹上一层水灰比很小的水泥浆,此称"造壳",以有效地改善集料界面结构,从而提高混凝土的强度。这种混凝土称为"造壳混凝土"。

6. 试验条件的影响

同一批混凝土试件,在不同试验条件下,所测抗压强度值会有差异,其中最主要的因素是加荷速度的影响。加荷速度越快,测得的强度值越大,反之则小。当加荷速度超过1.0 MPa/s时,强度增大更加显著,如图7-19所示。

六、提高混凝土强度的措施

在实际工程中,为了满足混凝土施工或工程结构的要求,常需提高混凝土的强度。根据影响混凝土强度的因素,混凝土增强通常可采取以下措施:

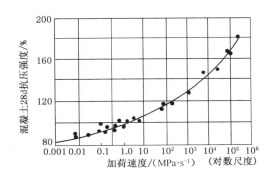

图7-19 加荷速度对混凝土强度的影响

1. 采用高强度等级水泥或早强型水泥

在混凝土配合比不变的情况下,采用高强度等级水泥可提高混凝土28 d龄期的强度;采用早强型水泥可提高混凝土的早期强度,有利于加快工程进度。

2. 采用低水灰比的混凝土

降低水灰比是提高混凝土强度最有效的途径。在低水灰比的混凝土拌合物中游离水少,硬化后留下的孔隙少,混凝土密实度高,故强度可显著提高。但水灰比减小过多,将影响拌合物流动性,造成施工困难,为此一般采取同时掺加混凝土减水剂特别是高效减水剂的办法,可使混凝土在低水灰比的情况下,仍然具有良好的和易性。

3. 施工采用机拌机振

当施工采用干硬性混凝土或低流动性混凝土时,必须同时采用机械搅拌混凝土和机械振捣混凝土,否则不可能使混凝土达到成型密实和强度提高。对于低水灰比但高流动性的混凝土,要注意过振可能带来混凝土的泌水、离析。

4. 采用湿热处理养护混凝土

(1) 蒸汽养护

蒸汽养护是将混凝土放在近100℃的常压蒸汽中进行养护,以加速水泥的水化作用,经约16 h左右,其强度可达正常条件下养护28 d强度的70%~80%。因此蒸汽养护混凝土的目的,在于获得足够的高早强,加快拆模,提高模板及场地的周转率,有效提高生产和降低成本。但对由普通水泥或硅酸盐水泥配制的混凝土,其养护温度不宜超过80℃,否则待其再自然养护至28 d时的强度,将比一直在自然养护下至28 d的强度低10%以上,这是由于水泥的快速水化,致使在水泥颗粒外表过早地形成水化产物的凝胶膜层,阻碍了水分深入内部进一步水化所致。

（2）蒸压养护

蒸压养护是将混凝土放在温度 175℃及 8 个大气压的压蒸釜中进行养护，在此高温高压下水泥水化时析出的氢氧化钙与二氧化硅反应，生成结晶较好的水化硅酸钙，可有效地提高混凝土的强度，并加速水泥的水化与硬化。这种方法对掺有活性混合材的水泥更为有效。

5. 掺加混凝土外加剂和掺合料

混凝土掺加外加剂是使其获得早强、高强的重要手段之一。混凝土中掺入早强剂，可显著提高其早期强度，当掺入减水剂尤其是高效减水剂，由于可大幅度减少拌合用水量，故使混凝土获得很高的 28 d 强度。若掺入早强减水剂，则能使混凝土的早期和后期强度均明显提高。高强、高性能混凝土和超高性能混凝土，除了必须掺入高效减水剂外，还同时掺加硅粉等矿物掺合料，这使人们很容易配制出 C80～C120 甚至更高强度的混凝土，以适应现代高层、大跨度建筑以及高耐久基础设施的需要。

第四节 混凝土的变形性能

混凝土在凝结、硬化和使用过程中，由于受物理、化学及力学等因素的影响，常会发生各种变形，这些变形是导致混凝土产生裂缝，从而影响混凝土的强度及耐久性的主要原因之一。混凝土的变形通常有以下几种。

一、化学收缩

混凝土在硬化过程中，由于水泥水化生成物的固相体积，小于水化前反应物的总体积，从而致使混凝土产生体积收缩，此称化学收缩（chemical shrinkage）。混凝土的化学收缩是内部形成孔隙的原因，是不可恢复的。其收缩量随混凝土硬化龄期的延长而增加，一般在 40 d 内渐趋稳定。混凝土的化学收缩值很小（小于 0.01%），对混凝土结构没有破坏作用，但在混凝土内部可能产生微细裂缝。

二、塑性收缩

混凝土在硬化之前，尚处于塑性阶段时产生的体积缩小，称为塑性收缩（plastic shrinkage）。塑性收缩易导致塑性裂缝在混凝土表面形成。通常混凝土板等暴露面积较大的构件在混凝土硬化之前易产生塑性收缩并开裂。当新拌混凝土表面的水分蒸发速率大于因泌水而导致的内部水分上升速率时，新拌混凝土表面将快速干燥，此时混凝土的抗拉强度小，因不足以抵抗塑性收缩产生的拉应力而开裂。塑性收缩裂缝通常相互平行，裂缝深度约 25～30 mm，裂缝间距在 0.3～1 m。

新拌混凝土的泌水、分层、离析，因环境温度高、湿度小、风速大等导致的水分蒸发快等均易导致塑性收缩开裂。防止塑性收缩开裂可采取以下措施：混凝土浇筑前润湿底层和模具；将干燥的集料在使用前进行预润湿；挡风；在新拌混凝土浇注入模后尽快进行表面覆盖塑料膜或进行喷雾、喷养护剂等养护；在新拌混凝土中添加少量低弹性模量的有机纤维，如聚丙烯纤维等。

三、干缩与湿胀

混凝土因周围环境的湿度变化，会产生干缩与湿胀（drying shrinkage and swelling）变形，这种变形是由于混凝土中水分含量的变化所致。混凝土中的水分可为自由水（即孔隙水）、毛细孔水、凝胶粒子表面的吸附水、凝胶水和化学结合水等，当毛细孔水、吸附水和凝胶孔水发生变化时，混凝土就会产生干湿变形。

当混凝土在水中硬化时，由于凝胶体中的胶体粒子表面的吸附水膜增厚，胶体粒子间距离增大，这时混凝土会产生微小的膨胀，这种湿胀对混凝土无危害影响。

当混凝土在空气中硬化时，首先失去自由水，继续干燥时则毛细管水蒸发，这将使毛细孔中负压增大而产生收缩力。再继续受干燥则吸附水蒸发，从而引起凝胶体失水而紧缩。以上这些作用的结果致使混凝土产生干缩变形。干缩后的混凝土若再吸水变湿，其干缩变形大部分可恢复，但有30%～50%是不可逆的。混凝土的干缩变形对混凝土危害较大，它可使混凝土表面产生较大的拉应力而引起许多裂纹，从而降低混凝土的抗渗、抗冻、抗侵蚀等耐久性能。混凝土的湿胀干缩变形见图7-20所示。

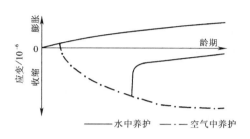

图 7-20　混凝土的湿胀干缩变形

根据《普通混凝土长期性能和耐久性能试验方法标准》（GB/T 50082—2009）规定，混凝土的干缩变形是用 100 mm×100 mm×515 mm 的标准试件，在规定试验条件下测得的干缩率来表示的，其值可达 $(3\sim5)\times10^{-4}$。用这种标准试件测得的混凝土干缩率，只能反映混凝土的相对干缩性，而实际构件的尺寸要比标准试件大得多，而构件内部的干燥过程较为缓慢，故实际混凝土构件的干缩率远较试验值小。结构设计中混凝土干缩率取值为 $(1.5\sim2.0)\times10^{-4}$，即每米混凝土收缩 0.15～0.20 mm。

影响混凝土干缩变形的因素很多，主要有以下几方面：

（1）水泥的用量、细度及品种的影响。由于混凝土的干缩变形主要由混凝土中水泥石的干缩所引起，而集料对干缩具有制约作用，因此在水灰比不变的情况下，混凝土中水泥浆量愈多，混凝土干缩率就愈大。水泥颗粒愈细，干缩也愈大。采用掺混合材料的硅酸盐水泥配制的混凝土，比用普通水泥配制的混凝土干缩率大，其中火山灰水泥混凝土的干缩率最大，粉煤灰水泥混凝土的干缩率较小。

（2）水灰比的影响。当混凝土中的水泥用量不变时，混凝土的干缩率随水灰比的增大而增加，塑性混凝土的干缩率较干硬性混凝土大得多。混凝土单位用水量的多少，是影响其干缩率的重要因素。一般用水量平均每增加1%，干缩率约增大2%～3%。

（3）集料质量的影响。混凝土所用集料的弹性模量较大，则其干缩率较小。混凝土采用吸水率较大的集料，其干缩较大。集料的含泥量较多时，会增大混凝土的干缩性。集料最大粒径较大、级配良好时，由于能减少混凝土中水泥浆用量，故混凝土干缩率较小。

（4）混凝土施工质量的影响。混凝土浇筑成型密实、并延长湿养护时间，可推迟干缩变形的产生和发展，但对混凝土的最终干缩率无显著影响。采用湿热养护混凝土，可减小混凝土的干缩率。

四、温度变形

混凝土和其他材料一样，也会随着温度的变化而产生热胀冷缩变形。混凝土的温度膨胀系数在 $(0.6\sim1.3)\times10^{-5}/℃$ 之间，一般取 $1.0\times10^{-5}/℃$，即温度每改变 1℃，1 m 长的混凝土将产生 0.01 mm 的膨胀或收缩变形。混凝土的温度变形（thermal deformation）对大体积混凝土(指最小边尺寸在1 m以上的混凝土结构)、纵长的混凝土结构及大面积混凝土工程等极为不利,易使这些混凝土产生温度裂缝。

混凝土是热的不良导体,传热很慢,因此在大体积混凝土硬化初期,由于内部水泥水化放热而积聚较多热量,造成混凝土内外温差很大,有时可达40℃～50℃,从而导致混凝土内部形成温度梯度,在降温至环境温度过程中,在混凝土内部产生拉应力,当拉应力超过混凝土抗拉强度时则导致混凝土开裂。为此,大体积混凝土施工常采用低热水泥,并掺加缓凝剂及采取人工降温等措施。

对纵长的混凝土结构和大面积混凝土工程,为防止其受大气温度影响而产生开裂,常采取每隔一段距离设置一道伸缩缝,以及在结构中设置温度钢筋等措施。

五、在荷载作用下的变形

(一)混凝土在短期荷载作用下的变形

1. 混凝土的弹塑性变形

混凝土是一种多相复合材料,它是一种弹塑性体。混凝土在静力受压时,其应力(σ)与应变(ε)之间的关系见图7-21所示。由图可知,当在A点卸荷时,应力-应变曲线为弧线,卸荷后弹性变形($\varepsilon_{弹}$)恢复了,而残留下塑性变形($\varepsilon_{塑}$)。普通混凝土的应力与应变的比值随着其应力的增大而减小。

2. 混凝土弹性模量的测定

由于混凝土是弹塑性体,故要准确测定其弹性模量并非易事,但可间接地求其近似值。即在低应力(轴心抗压强度f_{cp}的30%～50%)下,随着荷载重复次数的增加(3～5次),混凝土的塑性变形的增量

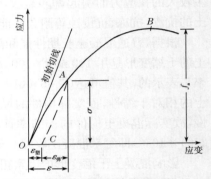

图7-21 混凝土在压力作用下的
应力-应变曲线

逐渐减少,最后得到一条应力-应变曲线只有很小的曲率,几乎与初始切线(混凝土最初受压时的应力-应变曲线在原点的切线)相平行,如图7-22,由此可测得混凝土的静力受压弹性模量,严格地讲,称混凝土割线弹性模量。

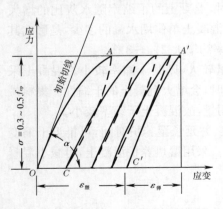

图7-22 混凝土在低应力重复荷载
下的应力-应变曲线

按《混凝土物理力学性能试验方法标准》(GB/T 50081—2019)规定,混凝土弹性模量的测定,是采用150 mm×150 mm×300 mm的棱柱体试件,取其轴心抗压强度(f_{cp})值的1/3作为试验控制应力荷载值,经3次以上反复加荷和卸荷后(目的分别为对中和预压),测得应力与应变的比值,即为混凝土的弹性模量,它在数值上与$\tan\alpha$相近。混凝土的弹性模量随混凝土强度的提高而增大,二者存在密切关系。通常当混凝土强度等级在C10～C60时,其弹性模量在(1.75～3.60)×10⁴ MPa。混凝土的弹性模量具有重要的实用意义,在结构设计中当计算钢筋混凝土的变形、裂缝开展及大体积混凝土的温度应力时,都需要用到混凝土的弹性模量。

混凝土的弹性模量受很多因素的影响,主要有以

下几方面：

（1）当混凝土中水泥浆用量较少，即集料用量较多时，混凝土弹性模量较大。如干硬性混凝土的弹性模量较塑性混凝土大；

（2）当混凝土所用集料的弹性模量较大时，则混凝土的弹性模量也较大；

（3）早期养护温度较低的混凝土具有较大的弹性模量。因此相同强度的混凝土，经蒸汽养护的比在标准条件下养护的混凝土弹性模量要小；

（4）引气混凝土的弹性模量较普通混凝土约低 20%～30%；

（5）试验时湿试件测得的混凝土弹性模量，比干试件测得的要大。

（二）混凝土在长期荷载作用下的变形

混凝土在长期荷载作用下会发生徐变（creep）现象。混凝土的徐变是指其在长期恒定荷载作用下，随着时间的延长，沿着作用力的方向发生的变形，一般要延续 2～3 年才逐渐趋向稳定。这种随时间而发展的变形性质，称为徐变。混凝土不论是受压、受拉或受弯时，均会产生徐变现象。混凝土在长期荷载作用下，其变形与持荷时间的关系如图 7-23 所示。

由图可知，当混凝土受荷后立即产生瞬时变形，这时主要为弹性变形，随后则随受荷时间的延长而产生徐变变形，此时以塑性变形为主。当作用应力不超过一定值（通常为其强度的 40%）时，混凝土产生的徐变为线性徐变变形。这种徐变变形在加荷初期较快，以后逐渐减慢，最后渐行停止。混凝土的徐变变形为瞬时变形的 2～3

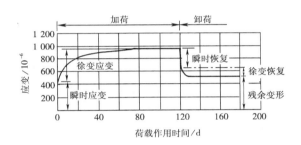

图 7-23　混凝土的应变与持荷时间的关系

倍，徐变变形量可达 $(3～15)×10^{-4}$，即 0.3～1.5 mm/m。混凝土在长期荷载下持荷一定时间后，若卸除荷载，则部分变形可瞬时恢复，接着还有少部分变形将在若干天内逐渐恢复，此称徐变恢复（creep recovery），最后留下的是大部分不能恢复的残余变形。

混凝土产生徐变的原因目前尚存在争议，一般认为是由于在长期荷载作用下，水泥石中的凝胶体（水化硅酸钙）层状结构内部产生切向滑移，或者凝胶体中的吸附水或结晶水向内部毛细孔迁移渗透所致。也有研究认为，徐变是由于水化引起的溶解-析出过程或者是在局部荷载作用下，因相溶解并在未承受荷载区域重析出的过程导致的。混凝土的徐变与很多因素有关，但可认为，混凝土徐变是其水泥石中毛细孔相对数量的函数，即毛细孔数量越多，混凝土的徐变越大，反之则小。同时，徐变还被认为和水泥石中的水化硅酸钙的特性和含量有关。因此对于硬化龄期愈长、结构愈密实、强度越高的混凝土，其徐变愈小。当混凝土在较早龄期加载时，产生的徐变较大；水灰比较大的混凝土徐变也较大；混凝土中集料用量较多者徐变较小，混凝土所用集料弹性模量较大、级配较好及最大粒径较大时，其徐变较小；经充分湿养护的混凝土徐变较小。此外，混凝土的徐变还与受荷应力种类、试件尺寸及试验时的温湿度等因素有关。

混凝土的徐变对结构物的影响有有利方面，也有不利方面。有利的是徐变可消除钢筋混凝土内的应力集中，使应力产生重分配，从而使结构物中局部集中应力得到缓和。对大体积混凝土则能消除一部分由于温度变形所产生的破坏应力。不利的是使预应力钢筋混凝土的预应力值受到损失。

第五节　混凝土的耐久性能

用于建筑物和构筑物的混凝土,不仅应具有设计要求的强度,以保证其能安全承受荷载作用,还应具有耐久性能,能满足在所处环境及使用条件下经久耐用要求。

一、混凝土耐久性的含义

混凝土的耐久性可定义为混凝土在长期外界因素作用下,抵抗外部和内部不利影响的能力。它是决定混凝土结构是否经久耐用的一项重要性能。

长期以来,人们认为混凝土的耐久性是没有问题的,形成了单纯追求强度的倾向,但实践证明,混凝土在长期环境因素的作用下,会发生破坏。因此,在设计混凝土结构时,强度与耐久性必须同时予以考虑。只有耐久性良好的混凝土,才能延长结构使用寿命、减少维修保养工作量、提高经济效益,适应现代化建设需要与可持续发展的战略需求。

二、混凝土常见的几种耐久性问题

(一)混凝土的抗渗性

混凝土的抗渗性是指混凝土抵抗压力液体(水、油、溶液等)渗透作用的能力。抗渗性是决定混凝土耐久性最主要的因素,若混凝土的抗渗性差,不仅周围水等液体物质易渗入内部,而且在负温或环境水中含有侵蚀性介质时,混凝土就易遭受冰冻或侵蚀作用而破坏,对钢筋混凝土还将引起其内部钢筋锈蚀并导致混凝土保护层开裂与剥落。因此,对于受压力水(或油)作用的工程,如地下建筑、水池、水塔、压力水管、水坝、油罐以及港工、海工等,必须要求混凝土具有一定的抗渗能力。

混凝土的抗渗性用抗渗等级 P 表示。根据《普通混凝土长期性能和耐久性能试验方法标准》(GB/T 50082—2009)的规定,混凝土抗水渗透试验有渗水高度法(或一次加压法)和逐级加压法。逐级加压法采用顶面直径为 175 mm、底面直径为 185 mm、高为 150 mm 的圆台体试件,在规定试验条件下测至 6 个试件中有 3 个试件端面渗水时为止,则混凝土的抗渗等级以 6 个试件中 4 个未出现渗水时的最大水压力计算,计算公式为:

$$P = 10H - 1$$

式中　P——混凝土抗渗等级值;

　　　H——6 个试件中 3 个渗水时的水压力(MPa)。

混凝土抗渗等级分为 P4、P6、P8、P10 及 P12 五个等级,相应的表示混凝土能抵抗水压力(单位:MPa)0.4、0.6、0.8、1.0 及 1.2 而不渗水。设计时应按工程实际承受的水压选择抗渗等级。

普通混凝土抗渗性不高,其渗水的原因是由于其内部存在有连通的渗水孔道,这些孔道主要来源于水泥浆中多余水分蒸发和泌水后留下的毛细管道,以及粗集料下缘聚积的水隙。另外也可产生于混凝土浇捣不密实及硬化后因干缩、热胀等变形造成的裂缝。由水泥浆产生的渗水孔道的数量,主要与混凝土的水灰比大小有关,显然,水灰比愈小,混凝土抗渗性愈好,反之则愈差。因此水灰比是影响混凝土抗渗性的主要因素。图 7-24 为硬化水泥石的渗透系数与水灰比的关系曲线。由图可知,当水灰比大于 0.60 时,水泥石的渗透系数剧增,混凝土抗渗性将显著降低。

由上可知,提高混凝土抗渗性的关键在于提高混凝土的密实度。具体措施有:混凝土尽量采用低水灰比,集料要致密、干净、级配良好;混凝土施工振捣要密实;养护混凝土要有适当的温度、充分的湿度及足够的时间。另外可掺加引气剂或引气减水剂。

（二）混凝土的抗冻性

混凝土的抗冻性是指硬化混凝土在水饱和状态下,能经受多次冻融循环作用而不破坏,同时也不严重降低强度的性能。对于寒冷地区和寒冷环境的建筑（如冷库）,必须要求混凝土具有一定的抗冻融能力。

普通混凝土受冻融破坏的原因,是由于其内部空隙和毛细孔道中的水结冰时产生体积膨胀和冷水迁移所致。当这种膨胀力超过混凝土的抗拉强

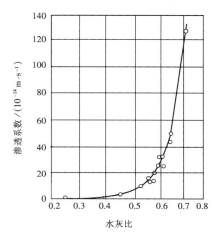

图 7-24　水泥石的渗透系数与水灰比的关系

度时,则使混凝土发生微细裂缝,在反复冻融作用下,混凝土内部的微细裂缝逐渐增多和扩大,于是混凝土强度渐趋降低,混凝土表面产生酥松剥落,直至完全破坏。

混凝土的抗冻性与混凝土内部的孔隙数量、孔隙特征、孔隙内充水程度、环境温度降低的程度及反复冻融的次数等有关。当混凝土的水灰比小、密实度高、含封闭小孔多、或开口孔中不充满水时,则混凝土抗冻性好。因此,提高混凝土抗冻性的关键就是提高其密实度,为此对于要求抗冻的混凝土,其水灰比不应超过 0.60。另外,在混凝土中掺加引气剂或引气减水剂,可显著提高混凝土的抗冻性。

按《普通混凝土长期性能和耐久性能试验方法标准》（GB/T 50082—2009）的规定,混凝土抗冻标号采用慢冻法测试,制作 100 mm×100 mm×100 mm 的立方体试件,标准养护 28 d,在饱水后于 -20℃～-18℃冷冻（≥4 h）,然后在 18℃～20℃的水中融化（≥4 h）,此为一次冻融循环,进行反复冻融,最后以抗压强度下降率不超过 25% 或者质量损失率不超过 5% 时,混凝土所能承受的最大冻融循环次数来表示。

混凝土抗冻等级也可采用快冻法测试,制作 100 mm×100 mm×400 mm 的棱柱体试件,标准养护 28 d,在饱水后进行水冻和水融（试件中心温度分别控制在 -18℃±2℃ 和 5℃±2℃）,以混凝土耐快速冻融循环后,同时满足相对动弹性模量不小于 60%、质量损失率不超过 5% 时的最大循环次数表示。混凝土的抗冻等级分为 F10、F15、F25、F50、F100、F150、F200、F250 和 F300 等九个等级,其中数字即表示混凝土能经受的最大冻融循环次数。

此外,也可采用单面冻融法（或称盐冻法）测试混凝土抗冻等级。

工程中应根据环境条件、混凝土所处结构部位及经受冻融循环次数等情况,选用不同的抗冻性试验方法,并对混凝土提出不同的抗冻等级要求。

（三）混凝土的抗侵蚀性

当混凝土所处环境中含有盐、酸、强碱等侵蚀性介质时,对混凝土必须提出抗侵蚀要求,其中尤应重视海水的侵蚀。混凝土的抗侵蚀性主要取决于其所用水泥的品种及混凝土的密实度。密实度较高或具有封闭孔隙的混凝土,环境水等不易侵入,混凝土的抗侵蚀性较强。所

以,提高混凝土抗侵蚀性的措施,主要是合理选用水泥品种、降低水灰比、提高混凝土的密实度,以及尽量减少混凝土中的开口孔隙。关于混凝土侵蚀机理及水泥品种的选用,详见第五章所述。

《混凝土结构耐久性设计标准》(GB/T 50476—2019)要求,对氯化物环境和化学腐蚀环境需做混凝土抗氯离子渗透试验,试验方法依据《普通混凝土长期性能和耐久性能试验方法标准》(GB/T 50082—2009)进行,包括电通量法和快速氯离子迁移系数法(或称 RCM 法)。电通量法是用通过混凝土试件的电通量来反映混凝土抗氯离子渗透性能的试验方法;RCM法为通过测定混凝土中氯离子渗透深度,计算得到氯离子迁移系数来反映混凝土抗氯离子渗透性能的试验方法。

氯盐环境(海水、除冰盐)下的配筋混凝土,应采用大掺量或较大掺量的矿物掺合料,且为低水胶比。当单掺粉煤灰时掺量不宜小于 30%,单掺磨细矿渣时不宜小于 50%,最好复合两种以上掺用,对于侵蚀非常严重环境,可掺加 5%左右的硅灰。

氯盐环境下应严格限制混凝土原材料引入的氯离子量,要求硬化混凝土中的水溶氯离子含量对于钢筋混凝土不应超过胶凝材料质量的 0.1%,对于预应力混凝土不应超过0.06%。

（四）混凝土的碳化

1. 混凝土碳化的含义

混凝土的碳化是指混凝土内水泥石中的氢氧化钙与空气中的二氧化碳、在湿度相宜时发生化学反应,生成碳酸钙和水,这一过程也称混凝土的中性化。混凝土的碳化由表及里进行,其碳化深度随时间的延长而增大,但增大速度逐渐减慢。碳化试验依据《普通混凝土长期性能和耐久性能试验方法标准》(GB/T 50082—2009),在温度为(20±2)℃、相对湿度为(70±5)%、二氧化碳浓度为(20±3)%的条件下进行快速试验。国际上的碳化试验,通常 CO_2 浓度在 1%～5%。

2. 碳化对混凝土性能的影响

碳化对混凝土的不利影响首先是减弱了对钢筋的保护作用。这是因为混凝土中水泥水化生成大量的氢氧化钙,使钢筋处在碱性环境中,其表面能生成一层钝化膜,保护钢筋不易锈蚀,但当碳化深度穿透混凝土保护层而达钢筋表面时,使钢筋处在了中性环境,导致钢筋钝化膜被破坏而发生锈蚀,产生体积膨胀,致使混凝土保护层产生开裂。微裂缝的产生又加速碳化的进行和钢筋的锈蚀,最后导致混凝土产生顺筋开裂而破坏。另外,碳化作用会增加混凝土的收缩,引起混凝土表面产生拉应力而出现微细裂缝,进而降低混凝土的抗拉、抗折强度及抗渗能力。

碳化作用对混凝土也存在一些有利影响,即碳化作用产生的碳酸钙填充了水泥石的孔隙,以及碳化时放出的水分有助于未水化水泥的继续水化,从而可提高混凝土碳化层的密实度,对提高抗压强度有利。可利用碳化作用来提高预制混凝土基桩的表面质量、混凝土空心砌块的强度,以及强化再生混凝土粗骨料等。

3. 影响混凝土碳化速度的主要因素

（1）环境中二氧化碳的浓度。二氧化碳浓度愈大,混凝土碳化速度越快。一般室内混凝土碳化速度较室外快,铸工车间建筑的混凝土碳化更快。

（2）环境湿度。当环境的相对湿度在 50%～75%时,混凝土碳化速度最快,当相对湿度小于 25%或达 100%时,碳化将停止进行,这是因为前者环境中水分太少,而后者环境使混凝土孔隙中充满水,二氧化碳不能渗入扩散。

（3）水泥品种。普通水泥水化产物碱度高,故其抗碳化能力优于矿渣水泥、火山灰水泥及粉煤灰水泥,故水泥随混合材料掺量的增多而碳化速度加快。

（4）水灰比。水灰比愈小，混凝土愈密实，二氧化碳和水不易渗入，故碳化速度就慢。

（5）外加剂。混凝土中掺入减水剂、引气剂或引气减水剂时，由于可降低水灰比或引入封闭小气泡，故可使混凝土碳化速度明显减慢。

（6）施工质量。混凝土施工振捣不密实或养护不良时，致使密实度较差而加快混凝土的碳化；经蒸汽养护的混凝土，其碳化速度较标准条件养护时会更快。

4. 减缓混凝土碳化的措施

（1）在可能的情况下，应尽量降低混凝土的水灰比。采用减水剂，以提高混凝土密实度，这是根本性的措施。

（2）根据环境和使用条件，合理选用水泥品种。

（3）对于钢筋混凝土构件，必须保证有足够的混凝土保护层，以防钢筋锈蚀。

（4）在混凝土表面抹刷涂层（如聚合物砂浆、涂料等）或粘贴面层材料（如贴面砖等），以防二氧化碳侵入。

在设计钢筋混凝土结构，尤其当确定采用钢丝网薄壁结构时，必须要考虑混凝土的碳化问题。

（五）混凝土的碱-集料反应

碱-集料反应（简称 AAR）是指混凝土内的碱性氧化物——氧化钠和氧化钾等，与集料中的活性物质发生化学反应，吸水后会产生很大的体积膨胀（体积增大可达 3 倍以上），从而导致混凝土产生膨胀开裂而破坏，这种现象称为碱-集料反应。

碱-集料反应通常分为碱-硅酸反应（ASR）和碱-碳酸盐反应（ACR）。碱-硅酸反应是指混凝土中的碱性物质与集料中的活性硅质物质之间反应产生碱-硅酸凝胶，并在吸水后产生体积膨胀。碱-碳酸盐反应是指黏土质白云石质石灰岩与碱发生反应后水分进入集料内部，其中的黏土质吸水膨胀的反应。

混凝土发生碱-集料反应必须具备以下三个条件：

（1）水泥等材料中碱含量高。以等当量 Na_2O 计，$(Na_2O+0.658K_2O)$ 的计算值大于 0.6%。

（2）砂、石集料中夹含有活性二氧化硅成分，或含有黏土质白云石质石灰岩。含活性二氧化硅成分的矿物有蛋白石、玉髓、鳞石英等，它们常存在于流纹岩、安山岩、凝灰岩等天然岩石中。

（3）有水存在。在无水情况下，混凝土不可能发生碱-集料膨胀反应。

混凝土碱-集料反应进行缓慢，通常要经若干年后才会出现，且难以修复，故必须将问题消灭在发生之前。对重要工程的混凝土所使用的粗、细集料，应进行碱活性检验，当检验判定集料为有潜在危险时，应采取下列措施：

（1）使用含碱量小于 0.6% 的水泥或采用能抑制碱-集料反应的掺合料，如粉煤灰、矿粉、硅灰、偏高岭土、稻壳灰等。

（2）当使用含钾、钠离子的混凝土外加剂时，必须进行专门试验。

（3）对钢筋混凝土采用海砂配制时，砂中氯离子含量不应大于 0.06%。

（4）对预应力混凝土则不宜用海砂，若必须使用时，应经淡水冲洗至氯离子含量不得大于 0.02%。

经检验判定为属碱-碳酸盐反应的集料，则不宜用作配制混凝土。

三、混凝土耐久性设计

根据《混凝土结构耐久性设计标准》（GB/T 50467—2019），混凝土按结构所处环境对钢筋和混凝土材料的不同腐蚀作用分为Ⅰ、Ⅱ、Ⅲ、Ⅳ、Ⅴ五类,并将环境作用的严重程度分为A、B、C、D、E、F六个等级,严重性从A到F依次递增,见表7-10所示。另外,标准中提出结构使用年限有100年、50年和30年三种要求。根据耐久性设计规范要求,配制耐久混凝土的一般原则如下:

(1)选用质量稳定、低水化热和含碱量偏低的水泥,尽可能避免使用早强水泥和C_3A含量偏高的水泥。

(2)选用坚固耐久、级配合格、粒形良好的洁净集料。

(3)使用优质粉煤灰、矿粉等矿物掺合料或复合矿物掺合料,此应成为一般情况下配制耐久混凝土的必需组分。

(4)使用优质引气剂,将适量引气作为配制耐久混凝土的常规手段。

(5)尽量降低拌合用水量,采用高效减水剂。

(6)限制每立方米混凝土中胶凝材料的最低和最高用量,尽可能减少硅酸盐水泥用量。除此之外,还应保证混凝土施工质量,即要求混凝土搅拌均匀、浇捣密实、加强养护,避免产生次生裂缝。

表7-10　环境分类与作用等级

类别	名称	A 轻微	B 轻度	C 中度	D 严重	E 非常严重	F 极端严重	劣化机理
Ⅰ	一般环境	Ⅰ-A	Ⅰ-B	Ⅰ-C	—	—	—	正常大气作用引起钢筋锈蚀
Ⅱ	冻融环境	—	—	Ⅱ-C	Ⅱ-D	Ⅱ-E	—	反复冻融引起混凝土损伤
Ⅲ	海洋氯化物环境	—	—	Ⅲ-C	Ⅲ-D	Ⅲ-E	Ⅲ-F	氯盐侵入引起钢筋锈蚀
Ⅳ	除冰盐等其他氯化物环境	—	—	Ⅳ-C	Ⅳ-D	Ⅳ-E	—	氯盐侵入引起钢筋锈蚀
Ⅴ	化学腐蚀环境	—	—	Ⅴ-C	Ⅴ-D	Ⅴ-E	—	硫酸盐等化学物质对混凝土的腐蚀

注:氯化物环境(Ⅲ和Ⅳ)对混凝土材料也有一定腐蚀作用,但主要是引起钢筋的严重锈蚀。反复冻融(Ⅱ)和其他化学介质对混凝土的冻蚀和腐蚀,也会间接促进钢筋锈蚀,有时并直接能引起钢筋锈蚀,但主要是对混凝土的损伤和破坏。

标准《混凝土结构耐久性设计与施工指南》(CCES01—2004,2005年修订版)提出,不同环境作用等级和不同使用年限的钢筋混凝土结构和预应力混凝土结构,其混凝土的最低强度等级、最大水胶比和每立方米混凝土胶凝材料最小用量宜满足表7-11的规定。同时也应符合《普通混凝土配合比设计规程》(JGJ 55—2011)的规定。

表7-11　混凝土最低强度等级、最大水胶比和胶凝材料最小用量　　　单位:kg·m^{-3}

环境作用等级	设计使用年限		
	100年	50年	30年
A	C30, 0.55, 280	C25, 0.60, 260	C25, 0.65, 240
B	C35, 0.50, 300	C30, 0.55, 280	C30, 0.60, 260
C	C40, 0.45, 320	C35, 0.50, 300	C35, 0.50, 300
D	C45, 0.40, 340	C40, 0.45①, 320	C40, 0.45, 320

环境作用等级	设计使用年限		
	100 年	50 年	30 年
E	C50, 0.36, 360	C45, 0.40, 340	C45, 0.40, 340
F	C55, 0.33, 380	C50, 0.36, 360	C50, 0.36, 360

注：① 对于氯盐环境(Ⅲ-D 和Ⅳ-D)，混凝土最大水胶比 0.45 宜降为 0.40；
　　② 引气混凝土的最低强度等级与最大水胶比可按降低一个环境作用等级采用；
　　③ 表中胶凝材料最小用量与集料最大粒径约为 20 mm 的混凝土相对应，当最大粒径较小或较大时需适当增减胶凝材料用量；
　　④ 对于冻融和化学腐蚀环境下的薄壁构件，其水胶比宜适当低于表中对应的数值。

配制耐久混凝土时，每立方米混凝土中的水泥和矿物掺合料总量，对 C30 混凝土不宜小于 280 kg/m³，C50 混凝土不宜大于 500 kg/m³，C55 及以上等级混凝土不宜大于 550 kg/m³。对于大掺量矿物掺合料混凝土，其水胶比不宜大于 0.45，并应随矿物料掺量的增加而降低。用于环境作用等级为 E 或 F 的混凝土，其拌合水用量不宜高于 150 kg/m³。

不同环境类别和作用等级下的混凝土，其胶凝材料的适用品种和用量，必须按规定选用。海水环境下的混凝土不宜采用抗硫酸盐硅酸盐水泥。除长期处于水中或湿润土中的构件可采用大掺量粉煤灰混凝土外，一般构件混凝土的粉煤灰和矿渣掺量应按规定的限量掺加，且每立方米混凝土中硅酸盐熟料用量不宜小于 240 kg。

冻融环境下作用等级为 D 或在除冰盐环境下，应采用引气混凝土。但对于冻融环境下作用等级为 C，而混凝土强度等级大于或等于 C40 时，可不引气。

第六节　混凝土的质量控制与评定

混凝土的质量管理，具有十分重要的意义，否则，即使有良好的原材料和正确的配合比，仍不一定能获得优质的混凝土。

一、混凝土生产质量控制的必要性

混凝土在生产与施工中理应要求其质量达到均匀，但实际上混凝土的质量不可能始终如一，而总是在波动的。造成质量波动的主要因素有：

（1）原材料的影响。如水泥品种与强度等级的改变；水泥强度的波动；砂石杂质含量、级配、粒径、粒形的变化；尤其是集料含水率的变化等。

（2）计量误差与操作的影响。称量总是有精度的，因此计量误差是客观存在的。计量误差会导致水灰比的波动；搅拌时间控制不一；浇捣条件的变化；养护时温、湿度的变化等。

（3）试验条件的影响。如取样方法的不同；试件成型、养护条件的差异；试验时加荷速度的快慢；试验操作者本身的误差等。

由上可知，在生产过程中，混凝土质量的波动是客观存在的，因此一定要进行质量管理，而管理的目的在于控制其在一定的范围内波动，以达到质量稳定。

混凝土质量的生产控制，必须贯穿于生产的全过程中。要做好这一点，必须有组织上和制度上的保证，必须建立混凝土质量保证体系，并应制订必要的混凝土质量管理制度。

由于混凝土的抗压强度与混凝土其他性能有着紧密的相关性，能较好地反映混凝土的整体质量,因此工程中常以混凝土抗压强度作为重要的质量控制指标,并以此作为评定混凝土生产质量水平的依据。

二、混凝土强度的波动规律——正态分布

在正常生产施工条件下,影响混凝土强度的因素都是随机变化的,因此混凝土的强度也应是随机变量。对于随机变量的问题可以采用数理统计的方法来进行处理和评定。现将其基本概念及处理方法简述如下。

在一定施工条件下,对同一种混凝土进行随机取样,制作 n 组试件($n \geqslant 25$),测得其 28 d 龄期的抗压强度,然后以混凝土强度为横坐标,以混凝土强度出现的概率为纵坐标,绘制出混凝土强度概率分布曲线。实践证明,混凝土的强度分布曲线一般是符合正态分布的,如图 7-25 所示。混凝土强度正态分布曲线具有以下特点:

(1) 曲线呈钟形,两边对称,对称轴就在平均强度值($\bar{f}_{cu}$)处,而曲线的最高峰就出现在这里。这表明混凝土强度接近其平均强度值的概率出现的次数最多,而随着距离对称轴愈远,亦即强度测定值比平均值愈低或愈高者,其出现的概率就愈少,最后逐渐趋近于零。

(2) 曲线和横坐标之间所包围的面积为概率的总和,等于 100%。对称轴两边出现的概率相等,即各为 50%。

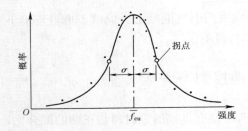

图 7-25 混凝土强度的正态分布曲线

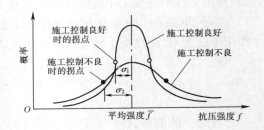

图 7-26 混凝土强度离散性不同的正态分布曲线

(3) 在对称轴两边的曲线上各有一个拐点,两拐点间的曲线向上凸弯,拐点以外的曲线向下凹弯,并以横坐标为渐近线。

混凝土强度正态分布曲线高而窄时,表明所测混凝土强度值波动小,说明混凝土施工质量控制得较好,生产质量管理水平高。反之,若曲线矮而宽时,表明混凝土强度值很分散,离散性大,说明混凝土施工质量控制差,生产管理水平低,如图 7-26 所示。

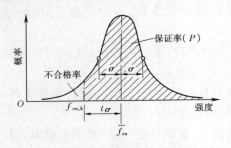

图 7-27 混凝土强度保证率

(4) 混凝土的强度保证率(P)

混凝土的强度保证率 P(%)是指混凝土强度总体中,大于等于设计强度等级($f_{cu,k}$)的概率,在混凝土强度正态分布曲线图中以阴影面积表示,见图 7-27 所示,低于设计强度等级($f_{cu,k}$)的强度所出现的概率为不合格率。

混凝土强度保证率 P(%)的计算方法为:首先根据混凝土设计强度等级($f_{cu,k}$)、混凝土强度平均值($\bar{f}_{cu}$)、标准差(σ)或变异系数(C_v),计算出概

率度(t),即:

$$t = \frac{\overline{f}_{cu} - f_{cu,k}}{\sigma} \quad 或 \quad t = \frac{\overline{f}_{cu} - f_{cu,k}}{C_V \overline{f}_{cu}}$$

则强度保证率$P(\%)$就可由正态分布曲线方程积分求得,即

$$P = \frac{1}{\sqrt{2\pi}} \int_t^\infty e^{-\frac{t^2}{2}} dt$$

但实际上当已知t值时,可从数理统计书中的表内查到P值,如表7-12所列。

表 7-12　不同 t 值的保证率 P

t	0.00	0.50	0.80	0.84	1.00	1.04	1.20	1.28	1.40	1.50	1.60
$P/\%$	50.0	69.2	78.8	80.0	84.1	85.1	88.5	90.0	91.9	93.3	94.5
t	1.645	1.70	1.75	1.81	1.88	1.96	2.00	2.05	2.33	2.50	3.00
$P/\%$	95.0	95.5	96.0	96.5	97.0	97.5	97.7	98.0	99.0	99.4	99.87

工程中$P(\%)$值可根据统计周期内混凝土试件强度不低于设计强度值的组数N_0与试件总组数$N(N \geq 25)$之比求得,即

$$P = \frac{N_0}{N} \times 100\%$$

三、混凝土质量评定的数理统计方法

（一）混凝土强度质量的评定

用数理统计方法进行混凝土强度质量评定,是通过求出正常生产控制条件下混凝土强度的平均值、标准差、变异系数和强度保证率等参数,然后据此进行综合评定。

1. 混凝土强度平均值$(\overline{f}_{cu})$

混凝土强度平均值可按下式计算:

$$\overline{f}_{cu} = \frac{1}{n} \sum_{i=1}^n f_{cu,i}$$

式中　n——混凝土强度试件组数;

$f_{cu,i}$——混凝土第i组的抗压强度值。

混凝土强度平均值只能代表其总体强度的平均水平,而不能反映混凝土的波动情况。

2. 混凝土强度标准差(σ)

混凝土强度标准差又称均方差,反映绝对误差,其计算式为

$$\sigma = \sqrt{\frac{\sum_{i=1}^n (f_{cu,i} - \overline{f}_{cu})^2}{n-1}} = \sqrt{\frac{\sum_{i=1}^n f_{cu,i}^2 - n\overline{f}_{cu}^2}{n-1}}$$

标准差σ正好是正态分布曲线上拐点至对称轴的垂直距离,见图7-26。图中为强度平均值相同而标准差不同的两条正态分布曲线,由图可看出,σ值小者曲线高而窄,说明混凝土质量控制较稳定,生产管理水平较高。而强度值离散性大的,即施工质量控制差者,曲线矮而宽,则σ值就大。因此,σ值可用以作为评定混凝土质量均匀性的一种指标。

3. 变异系数(C_V)

变异系数又称离差系数,反映相对误差,其计算式如下:

$$C_V = \frac{\sigma}{\overline{f}_{cu}}$$

由于混凝土强度的标准差(σ)随强度等级的提高而增大,故也可采用变异系数(C_V)作为评定混凝土质量均匀性的指标。C_V 值愈小,表示混凝土质量愈稳定;C_V 值大,则表示混凝土质量稳定性差。

四、混凝土配制强度

在施工中配制混凝土时,如果所配制混凝土的强度平均值($\overline{f}_{cu}$)等于设计强度($f_{cu,k}$),则由图7-27可知,这时混凝土强度保证率只有 50%。因此,为了保证工程混凝土具有设计所要求的 95% 强度保证率,则在进行混凝土配合比设计时,必须使混凝土的配制强度大于设计强度。

$$f_{cu,0} \geqslant f_{cu,k} + 1.645\sigma$$

式中 $f_{cu,0}$ ——混凝土配制强度(MPa);

$\quad\quad f_{cu,k}$ ——设计的混凝土强度标准值(MPa);

$\quad\quad \sigma$ ——混凝土强度标准差(MPa)。

第七节 普通混凝土配合比设计

混凝土的配合比设计就是确定单位体积($1\ m^3$)的混凝土中各组成材料的用量(kg/m^3)或质量比例,即确定"配方",具体指确定混凝土材料的主要组成成分中胶凝材料(含水泥、粉煤灰、矿渣粉、硅粉等)、集料(含砂、石等)、水、外加剂等的比例。

按照《普通混凝土配合比设计规程》(JGJ 55—2011)规定,普通混凝土的配合比应根据原材料性能及对混凝土的技术要求进行计算,并经试验室试配和调整确定。

一、配合比设计基本要求与理论

(一)混凝土配合比设计的基本要求

1. 满足结构设计的强度等级要求。

2. 满足混凝土施工所要求的和易性。

3. 满足工程所处环境对混凝土耐久性的要求。

4. 符合经济原则,即节约水泥或其他高成本材料以降低混凝土成本。

(二)混凝土配合比设计的基本理论

配合比设计包含两个最基本的设计理论,即

1. 经典的计算混凝土强度的保罗米经验公式。实验证明,水泥强度(f_{ce})和水灰比(W/C)是决定混凝土强度最主要的因素。现代混凝土中,由于胶凝材料不仅仅为水泥,很多时候采用水胶比(W/B)来替代水灰比(W/C),可采用 f_b 来替代 f_{ce} 即:

$$f_{cu,0} = \alpha_a f_b \left(\frac{B}{W} - \alpha_b\right) \quad 或 \quad \frac{W}{B} = \frac{\alpha_a f_b}{f_{cu,0} + \alpha_a \alpha_b f_b}$$

式中,系数 α_a 和 α_b 是在大量实验基础上,采用回归方法得出。

2. 集料的级配密堆积理论:颗粒运动时,粒子间留有适当距离,恰使次小颗粒能够穿过并填塞在空隙。

普通混凝土配合比设计的方法有体积法(又称绝对体积法)和质量法(又称假定容重法)两种,其中体积法为最基本的方法。这两种方法的基本原理如下:

(1) 体积法的基本原理

混凝土配合比设计体积法的基本原理是:假定刚浇捣完毕的每立方米混凝土拌合物的体积,等于其各组成材料的绝对体积及其中所含少量空气体积之和。若以 V_{Con}、V_b、V_w、V_s、V_g、V_A、V_{air} 分别表示混凝土、胶凝材料(包括水泥、粉煤灰、矿渣粉等)、水、砂、石、外加剂、空气的体积,则体积法原理可用公式表达为

$$V_{Con} = V_b + V_w + V_s + V_g + V_A + V_{air}$$

若在 1 m^3 混凝土中,以 m_c、m_{fa}、m_{sl}、m_w、m_s、m_g 分别表示混凝土中的水泥、粉煤灰、矿渣粉、水、砂、石的用量(kg),并以 ρ_c、ρ_{fa}、ρ_{sl}、ρ_{os}、ρ_{og} 分别表示水泥、粉煤灰、矿渣粉、水的密度及砂、石的表观密度,又设混凝土拌合物中含空气体积百分数为 α,则上式可改写为

$$\frac{m_c}{\rho_c} + \frac{m_{fa}}{\rho_{fa}} + \frac{m_{sl}}{\rho_{sl}} + \frac{m_w}{\rho_w} + \frac{m_s}{\rho_{os}} + \frac{m_g}{\rho_{og}} + 0.01\alpha = 1$$

式中 α ——混凝土含气量(%),在不使用引气型外加剂时,可取 $\alpha = 1$。

但目前市场上多数外加剂均有一定的引气作用,含气量一般达到 $1.5\% \sim 3.5\%$。

(2) 质量法的基本原理

普通混凝土配合比设计质量法的基本原理是:当混凝土所用原材料比较稳定时,则所配制的混凝土其表观密度 ρ 将接近一个恒值,这样若预先假定出 1 m^3 新拌混凝土的质量,就可建立下列关系式:

$$m_{cp} = m_b + m_w + m_s + m_g + m_A$$

每立方米混凝土的假定质量(m_{cp})可根据本单位积累的试验资料确定,如缺乏资料,根据粗集料密度和掺合料用量等,一般假定容重为 $2\,350 \sim 2\,450 \text{ kg/m}^3$。

二、配合比设计基本方法

进行混凝土配合比设计之前,首先应明确设计指标,并根据设计指标,合理的选择原材料。进行配合比的理论设计之后,还应进行混凝土的试配。

(一) 明确设计指标要求

设计指标即性能试验结果的评价指标,取决于工程结构部位、施工工艺、服役环境条件、工程耐久性、经济性要求等。

混凝土所处的工程结构部分主要决定了混凝土应满足的力学性能、所能采用的施工工艺及特殊要求;而施工工艺又决定了在新拌状态下,混凝土所应满足的工作性要求。如深大桩基础必须采用自流平混凝土以解决无法振捣的困难;承台大体积混凝土必须减小水化热和增大体积稳定性;箱梁混凝土应具有高抗裂特性等。

混凝土服役的环境条件,即混凝土最终所处的现场环境,决定了混凝土所应考虑的耐久性指标,如为地下结构,是否应考虑抗渗性要求;如为北方地区,应根据月或年平均气温,考

虑是否存在抗冻要求;如地下结构或者海洋环境的梁和水下结构中存在侵蚀性离子(主要考虑氯离子、硫酸根离子和镁离子),应考虑抗离子侵蚀;如为海洋环境中承台墩身等潮汐部位,还应增加考虑抗干湿循环性能等。对于严酷的环境条件,如西部盐湖环境、海洋干湿循环的结构部位等,均应通过专门的研究确定其所应满足试验指标。

工程的耐久性要求,主要指工程的设计年限和后期的维护保养制度,如 50 年、100 年设计年限,每 5～10 年进行一次基本维护保养等。工程的耐久性要求高,则在配合比设计中,根据结构特点应进一步提高设计指标要求。

进行混凝土配合比设计前,首先要了解设计要求,设计要求主要从以下几方面来考虑:

(1) 结构安全和使用功能要求。一般用强度等级考虑,如抗压强度等级 C20～C150,抗折强度等级 3.5～10.0 MPa 等力学性能要求。

(2) 施工要求。即满足施工时的工作性要求,多用坍落度、黏聚性和保水性来表征;如设计坍落度 180～200 mm;自密实混凝土还会增加坍落扩展度、扩展度达到 500 mm 时所需的时间 T_{500}、钢筋间隙通过性等来表征。

(3) 耐久性要求。如氯离子扩散系数、抗冻性、抗渗性、抗硫酸盐侵蚀性、抗干湿循环性等指标。可根据服役环境和工程设计年限或查找耐久性设计规范,确定所配混凝土的最大水灰比、最大和最小胶凝材料用量。

(4) 经济性要求。在满足性能基础上,满足节能和经济性要求。多数通过采用矿物掺合料、掺功能性外加剂等来满足。

(5) 其他功能需求。主要针对具体结构的服役条件,如路面、预应力、承台大体积、钢管混凝土等。其中路面混凝土需要考虑抗折、耐磨、吸声、弹模等;预应力混凝土需要考虑早期强度;承台大体积混凝土需要考虑低水化热和控温等;钢管混凝土需要考虑大流动、低收缩或微膨胀等。

(二) 选择合适的原材料

混凝土性能受原材料性能的影响很大,原材料的选择应根据上述设计指标及就地取材的原则。对于一般的工程环境,可以选择满足相应质量要求的原材料;对于特殊结构部位、或重大工程、或耐久性要求高的环境,应根据结构特点,在满足基本质量要求的基础上,可进一步提高原材料的质量要求。满足质量要求优质的原材料是制备高性能混凝土的基础,是优化混凝土配合比设计的前提,是混凝土良好的工作性、力学性和耐久性的保证。

在了解完设计要求后,根据设计要求确定所要选择的原材料,或者评估现有的原材料是否能制备出所需的混凝土。混凝土配合比设计应依据原材料的性能,原材料性能可以从以下几个方面考虑:

(1) 水泥:强度等级及强度的富余系数,或者 3 d、28 d 抗折/抗压强度值。其他如比表面积、标准稠度需水量、密度、堆积密度等性能指标。

(2) 粉煤灰:等级(含细度、需水量比、活性系数)和密度(体积法用)。

(3) 矿渣粉:等级(含比表面积、流动度比、活性系数)和密度(体积法用)。

(4) 砂子:细度模数 M_x、级配、表观密度(体积法用)。

(5) 石子:石子的最大粒径 D_{max}、级配和表观密度(体积法用);应根据结构构件断面尺寸及钢筋配置情况确定所能使用的集料最大粒径。

(6) 外加剂:品种、掺量、减水率和适应性。

（三）混凝土配合比的设计计算

水胶比、单位用水量、砂率、掺合料用量等是混凝土配合比设计的基本参数。通过参数中的单位用水量和水胶比，可以获得胶凝材料总量；通过砂率值的调节，可获得粗/细集料的用量。

混凝土配合比设计中确定三个参数的原则是：在满足混凝土强度和耐久性的基础上，确定水胶比，水胶比太高，则强度不够；水胶比太低，则可能胶凝材料过多，易于开裂，影响耐久性。在满足混凝土施工要求的和易性基础上，根据粗集料的种类和规格确定单位用水量、外加剂掺量和砂率；砂率以砂浆在集料中的数量填充石子空隙后略有富余的原则来确定。

普通混凝土的配合比设计主要依据《普通混凝土配合比设计规程》(JGJ 55—2011)，自密实混凝土依据《自密实混凝土应用技术规程》(JGJ/T 283—2012)或《自密实混凝土设计与施工指南》(CCES 02—2004)或《自密实混凝土应用技术规程》(CECS 203—2006)。当存在多个标准时，设计时应综合应用不同标准，相互借鉴和验证，以提高设计的科学合理性及试验工作效率。普通混凝土的配合比设计流程如下(图 7-28)：

图 7-28　普通混凝土配合比设计流程

配制强度的确定→初步确定水胶比：根据石子类型（碎石与卵石）、水泥强度等级、矿物掺合料掺量确定；→确定单位用水量和外加剂用量：根据石子类型和最大粒径及设计坍落度要求查表确定，注意外加剂减水与粉煤灰减水，注意水剂外加剂；→确定胶凝材料用量，即水泥用量和各种矿物掺合料用量：根据水胶比和单位用水量计算；→确定砂率，根据石子种类和最大粒径、水胶比、坍落度查表确定；→计算砂和石子用量：采用体积法和质量法，计算确定；→实验室试配和调整。

1. 确定混凝土配制强度

根据混凝土设计强度等级的不同，配制强度的确定分为≤C60 和>C60 两种情形。

当混凝土设计强度等级≤C60 时，混凝土配制强度 $f_{cu,o}$ 由下式计算：

$$f_{cu,o} \geq f_{cu,k} + 1.645\sigma$$

式中　$f_{cu,k}$——混凝土设计强度；

　　　1.645——强度保证率为 95% 时的系数；

　　　σ——混凝土强度标准差，当无近期同一品种，同一强度等级混凝土的资料时，可按表 7-13 取值。

表 7-13　标准差取值表

强度等级	≤C20	C25～C45	>C45
σ 取值/MPa	4.0	5.0	6.0

当具有近期(1～3月)同一品种,同一强度等级混凝土的资料时,且试件组数不小于 30 组时,可取实际计算值 σ。但当混凝土强度等级不大于 C30,且计算所得 $\sigma < 3.0\,\mathrm{MPa}$ 时,应取 $\sigma = 3.0\,\mathrm{MPa}$;当混凝土强度等级大于 C30 且小于 C60 时,且计算所得 $\sigma < 4.0\,\mathrm{MPa}$,应取 $\sigma = 4.0\,\mathrm{MPa}$。

当混凝土设计强度等级 $\geqslant$ C60 时,配制强度由下式计算:

$$f_{\mathrm{cu,0}} \geqslant 1.15 f_{\mathrm{cu,k}}$$

2. 确定水胶比 (W/B)

由于胶凝材料强度 (f_{b}) 和水胶比 (W/B) 是决定混凝土强度最主要的因素,根据保罗米公式

$$\frac{W}{B} = \frac{\alpha_{\mathrm{a}} f_{\mathrm{b}}}{f_{\mathrm{cu,0}} + \alpha_{\mathrm{a}} \alpha_{\mathrm{b}} f_{\mathrm{b}}}$$

依据《普通混凝土配合比设计规程》(JGJ 55—2011),系数 α_{a} 和 α_{b} 对碎石分别为 0.53 和 0.20;对卵石分别为 0.49 和 0.13。当掺加大量矿物掺合料时,f_{b} 由水泥强度 f_{ce} 和矿物掺合料的等效应系数 γ 组成。f_{b} 无实测值时,可按强度等级乘以富余系数计算

$$f_{\mathrm{ce}} = \gamma_{\mathrm{c}} \cdot f_{\mathrm{ce,g}} \qquad \text{或} \quad f_{\mathrm{b}} = \gamma_{\mathrm{f}} \gamma_{\mathrm{s}} f_{\mathrm{ce}} \qquad \text{或} \quad f_{\mathrm{b}} = \gamma_{\mathrm{c}} \gamma_{\mathrm{f}} \gamma_{\mathrm{s}} f_{\mathrm{ce,g}}$$

式中:γ_{c}、$f_{\mathrm{ce,g}}$ 分别为水泥强度等级的富裕系数和水泥强度等级值。对 32.5、42.5、52.5 级水泥,缺乏统计资料时,γ_{c} 可分别取 1.12、1.16 和 1.10。γ_{f}、γ_{s} 分别为粉煤灰影响系数、粒化高炉矿渣粉影响系数。可根据选择的粉煤灰或矿渣粉的等级和掺量,在表 7-14 中取值。当粉煤灰为 Ⅰ 级或 Ⅱ 级灰,矿渣微粉为 S105 或 S95 时,可取上限值或接近上限值。当粉煤灰为 Ⅲ 级灰,矿渣微粉为 S75 时,可取下限值。

表 7-14　粉煤灰和矿渣微粉的影响系数

掺量	0	10	20	30	40	50
γ_{f} 取值	1.00	0.85～0.95	0.75～0.85	0.65～0.75	0.55～0.65	—
γ_{s} 取值	1.00	1.00	0.95～1.00	0.90～1.00	0.80～0.90	0.70～0.85

如计算所得水灰比值大于表 7-11 规定的最大水灰比时,应取表中规定的最大水灰比值。

3. 确定混凝土拌合用水量 (m_{w}) 和外加剂用量 (m_{A})

混凝土拌合物的单位用水量 (m_{w0}),当采用中砂时,可根据所用粗集料的种类、最大粒径及施工要求的坍落度值,按表 7-5 规定的值选用。没有列出的数据,可按插值法取值。当采用细砂或粗砂时,可相应增加或者减少 5～10 kg 用水量。当采用矿物掺合料或外加剂时,单位用水量也应相应调整。当坍落度超过 90 mm 时,则在 90 mm 坍落度的基础上,每增加 20 mm 坍落度,增加 5 kg 用水量。此时可得到 m_{w0}。

掺外加剂时,混凝土减水率为 β,1 m³ 混凝土用水量可按下式算得:

$$m_{\mathrm{w}} = m_{\mathrm{w0}}(1 - \beta)$$

在高性能混凝土的配合比设计中,单位用水量也可根据外加剂品种和掺量,结合所需浆体总量的经验,直接选择。如≤C30,一般可取 165～185 kg/m³;C35～C55,一般可取 145～170 kg/m³ 之间;≥C60,一般可取 110～155 kg/m³ 之间。

4. 确定各种胶凝材料用量,含水泥和各种矿物掺合料用量

混凝土中的用水量选定之后,即可根据已求出的水胶比 (W/B) 值计算每立方米混凝土的胶凝材料用量 (m_{bo}),即

$$m_{bo} = \frac{m_w}{W/B}$$

单方胶凝材料总量可通过控制单位用水量来调节,不宜太高也不宜太低。控制时,一般不宜高于 400 kg/m³(<C30)、450 kg/m³(C30～C40)、500 kg/m³(C45～C50)和 550 kg/m³(C55 以上)。如有耐久性设计要求,胶凝材料总用量同时不得低于最低限值,如计算所得的胶凝材料用量小于表 7-11 规定的最小水泥用量值时,应取表中规定的最小水泥用量值。

根据经验,选定矿物掺合料品种和掺量 (β_f),其中掺合料可为一种或多种,计算每立方米混凝土中的矿物掺合料用量 (m_{fo}):

$$m_{fo} = m_{bo} \cdot \beta_f$$

每立方米混凝土中的水泥用量 (m_c) 按下式计算:

$$m_{co} = m_{bo} - m_{fo}$$

由于外加剂掺量 (m_{ao}) 是以占胶凝材料质量百分数计,故在已知胶凝材料用量 (m_{bo}) 及外加剂适宜掺量 (β_a) 时,可按下式算得,即

$$m_{ao} = m_{bo}\beta_a$$

5. 确定砂率 (β_s)

混凝土合理砂率值可根据所用粗集料的种类、最大粒径及已求出的混凝土水胶比值,当坍落度小于 60 mm 时,按表 7-6 中的规定偏高值选用。没有列出的数据,可按插值法选取。当坍落度大于 60 mm 时,在表中取值的基础上,坍落度每增大 20 mm,砂率增加 1% 取值。

6. 计算砂、石用量 (m_{so}、m_{go})

在已掌握原材料性能指标及已知砂率的情况下,粗、细集料的用量可用体积法求得。具体按下列关系式计算:

$$\frac{m_c}{\rho_c} + \frac{m_f}{\rho_f} + \frac{m_w}{\rho_w} + \frac{m_s}{\rho_s} + \frac{m_g}{\rho_g} + 0.01\alpha = 1$$

$$\frac{m_s}{m_s + m_g} \times 100\% = \beta_s$$

在上述关系式中,水 $\rho_w = 1\,000$ kg/m³,水泥 $\rho_c = 3\,000 \sim 3\,150$ kg/m³,河砂 $\rho_s = 2\,600 \sim 2\,650$ kg/m³,石灰石 $\rho_g = 2\,620 \sim 2\,680$ kg/m³。当掺合料为粉煤灰时,$\rho_{fa} = 2\,000 \sim 2\,500$ kg/m³,当不掺加外加剂时,混凝土含气量约为 1.0%,α 可取 1;当掺加外加剂时,可根据外加剂是否引气,选择 2.0～5.0,即表示此时含气量为 2.0%～5.0%。

粗、细集料的用量也可按质量法求得。因 1 m³ 混凝土拌合物的质量即为其表观密度,

故计算时可直接写为

$$\rho_{oc} = m_c + m_f + m_w + m_s + m_g + m_A$$

$$\frac{m_s}{m_s + m_g} \times 100\% = \beta_s$$

当采用假定容重法时，混凝土表观密度 ρ_{oc} 应根据粗集料的密度或掺合料用量等选取，采用一般的石灰岩碎石（$\rho_g \approx 2\,700\ \text{kg/m}^3$）作为粗集料时，根据掺合料的不同，一般假定容重在 $2\,350\sim2\,400\ \text{kg/m}^3$ 之间；当采用密度较大的玄武岩（$\rho_g \approx 2\,850\ \text{kg/m}^3$）作为粗集料时，可假定容重 $2\,500\sim2\,550\ \text{kg/m}^3$。

联立以上两方程，即可求粗、细集料的用量。

得出各种材料用量后，写出混凝土计算配合比。混凝土配合比有两种表示方法，一是直接以 $1\ \text{m}^3$ 混凝土中各种材料的用量来表示；另一种是以混凝土各组成材料间的质量比例关系来表示，其中以胶凝材料质量为1，如

$$水泥：粉煤灰：砂：石：水 = \frac{m_c}{m_{bo}}：\frac{m_f}{m_{bo}}：\frac{m_s}{m_{bo}}：\frac{m_g}{m_{bo}}：\frac{W}{B}。$$

（四）设计配合比的试配与调整

混凝土配合比设计是根据理论方法进行计算。然而混凝土配合比的计算，本身就是经验的总结，因此不可避免地存在实际与理论的偏差。因此得出"计算配合比"后，应经过试验室的试拌和调整，得出"试拌配合比"；在试拌配合比的基础上经强度复核，定出"试验室配合比"。最后根据现场原材料的实际情况（如砂、石含水率等）修正"试验室配合比"，得出"施工配合比"。

试配时，每盘混凝土的数量应不少于表 7-15 的规定值。当采用机械搅拌时，拌合量应不小于搅拌机额定搅拌量的四分之一。

表 7-15　混凝土立方体试件的最小边长和试配的最小搅拌量

集料最大粒径/mm	试件边长/mm×mm×mm	拌合物数量/L
≤31.5	100×100×100	20
40.0	150×150×150	25

混凝土配合比试配调整的主要工作如下：

（1）混凝土拌合物和易性调整

按计算配合比进行试拌料，用以检定拌合物的性能。如试拌料得出的拌合物坍落度不能满足要求，则应在保证水胶比不变的条件下相应调整外加剂掺量。黏聚性和保水性能不好时，多数为砂率偏低，外加剂过量，或掺合料保水性差，需调整直到符合要求为止。然后提出供混凝土强度试验用的基准配合比。

（2）混凝土强度检验

进行混凝土强度检验时至少应采用三个不同的配合比，其中一个为基准配合比，另外两个配合比的水胶比值，应较基准配合比分别增加和减少 0.05，其用水量与基准配合比基本相同，砂率值可分别增加或减小 1%。若发现不同水胶比的混凝土拌合物坍落度与要求值相差超过允许偏差时，可适当增、减用水量进行调整。

　　制作混凝土强度试件时,尚应检验各组混凝土拌合物的坍落度、黏聚性、保水性及拌合物表观密度,并以此结果作为代表相应组混凝土拌合物的性能。

　　为检验混凝土强度等级,每种配合比应至少制作一组(三块)试件,并经标准养护 28 d 试压。混凝土立方体试件的边长不应小于表 7-15 的规定。

　　2. 实验室配合比的确定

　　(1)确定混凝土初步配合比

　　根据试验得出的各胶水比及其相对应的混凝土强度关系,用作图或计算法求出与混凝土配制强度($f_{cu, o}$)相对应的胶水比值,并按下列原则确定每立方米混凝土的材料用量:

　　用水量(m_w)和外加剂用量(m_a)——取基准配合比中的用水量,并根据制作强度试件时测得的坍落度或维勃稠度,进行调整;

　　胶凝材料用量(m_b)——取用水量乘以选定出的胶水比计算而得;

　　粗、细集料用量(m_s 、 m_g)——取基准配合比中的粗、细集料用量,并按定出的胶水比进行调整。

　　至此,得出混凝土初步配合比。

　　(2)确定实验室混凝土配合比

　　在确定出初步配合比后,还应进行混凝土表观密度校正,其方法为:首先算出混凝土初步配合比的表观密度计算值($\rho_{c,c}$),即

$$\rho_{c,c} = m_c + m_f + m_w + m_s + m_g$$

　　再用初步配合比进行试拌混凝土,测得其表观密度实测值($\rho_{c,t}$),然后按下式算出校正系数 δ ,即

$$\delta = \frac{\rho_{c,t}}{\rho_{c,c}}$$

式中, $\rho_{c,c}$ 、 $\rho_{c,t}$ ——分别表示混凝土表观密度的计算值和实测值。

　　当混凝土表观密度实测值与计算值之差的绝对值不超过计算值的 2% 时,则上述得出的初步配合比即可确定为混凝土的正式配合比设计值。若二者之差超过 2% 时,则须将初步配合比中每项材料用量均乘以校正系数 δ 值,即为最终定的混凝土正式配合比设计值,通常也称实验室配合比。

　　(三)混凝土施工配合比换算

　　混凝土实验室配合比计算用料是以气干集料为基准的,即粗集料含水率<0.2%,细集料含水率<0.5%,但实际工地使用的集料常含有一定的水分,因此必须将实验室配合比进行换算,换算成扣除集料中水分后的工地实际施工用的配合比。其换算方法如下:

　　设施工配合比 1 m³ 混凝土中胶凝材料、水、砂、石的用量分别为 m'_b 、 m'_w 、 m'_s 、 m'_g ;并设工地砂子含水率为 $a\%$,石子含水率为 $b\%$ 。则施工配合比 1 m³ 混凝土中各材料用量应为

$$m'_b = m_b$$
$$m'_s = m_s(1 + a\% - 0.5\%)$$
$$m'_g = m_g(1 + b\% - 0.2\%)$$
$$m'_w = m_w - m_s(a - 0.5)\% - m_g(b - 0.2)\%$$

施工现场集料的含水率是经常变动的,因此在混凝土施工中应随时测定砂、石集料的含水率,并及时调整混凝土配合比,以免因集料含水量的变化而导致混凝土水胶比的波动,从而将对混凝土的强度、耐久性等一系列技术性能造成不良影响。

三、混凝土配合比设计实例

【例】 某框架结构工程现浇钢筋混凝土梁,环境作用等级为 I-A 级,设计使用寿命为 100 年,混凝土设计强度等级为 C40,施工采用泵送浇筑,机拌机振,混凝土坍落度要求为 200～220 mm,并根据施工单位历史资料统计,混凝土强度标准差 $\sigma = 5$ MPa。所用原材料情况如下:

42.5 级普通硅酸盐水泥,密度为 3 000 kg/m³;I 级粉煤灰,密度为 2 250 kg/m³;中砂,级配合格,表观密度 2 650 kg/m³;石灰岩碎石:5～25.0 mm,级配合格,表观密度 2 700 kg/m³;外加剂为聚羧酸类高性能减水剂(液体),含固量为 20%,适宜掺量为 0.8%。试求:

1. 混凝土计算配合比。混凝土掺加聚羧酸类高性能减水剂的目的是为了既要使混凝土拌合物和易性有所改善,又要能节约水泥用量,求此掺减水剂混凝土的配合比。

2. 经试配制混凝土的和易性和强度等均符合要求,无需作调整。又知现场砂子含水率为 3%,石子含水率为 1%,试计算混凝土施工配合比。

解: 1. 求混凝土计算配合比。

(1) 确定混凝土配制强度($f_{cu,o}$):

$$f_{cu,o} = f_{cu,k} + 1.645\sigma = 40.0 + 1.645 \times 5 = 48.2 \text{ MPa}$$

(2) 胶凝材料 28 d 胶砂强度(f_b)计算:

由表 7-14 查得当粉煤灰掺量为 20% 时,I 级粉煤灰影响系 γ_f 为 0.85,42.5 级普通硅酸盐水泥 $f_{ce,g}$ 为 42.5 MPa,其富余系数 γ_c 为 1.16,则

$$f_b = \gamma_c \gamma_f f_{ce,g} = 1.16 \times 0.85 \times 42.5 = 41.9 \text{ MPa}$$

(3) 确定水胶比(W/B):

$$W/B = \frac{\alpha_a f_b}{f_{cu,o} + \alpha_a \alpha_b f_b} = \frac{0.53 \times 41.9}{48.2 + 0.53 \times 0.20 \times 41.9} = 0.42$$

由于框架结构混凝土梁处于干燥环境,故按表 7-11 可取水胶比值为 0.42。

(4) 确定用水量(m_w):

查表 7-5,对于最大粒径为 25.0 mm 的碎石混凝土,当坍落度为 90 mm 时,1 m³ 混凝土的用水量可选用 $m_{wo} = 210$ kg,现要求坍落度为 200～220 mm,按标准坍落度每增大 20 mm 需增加 5 kg 用水量,故需要增加 25 kg/m³,即实际需要 230 kg 用水量。由于掺入聚羧酸类高性能减水剂 0.8%,减水率为 30%,混凝土含气量 α 为 2.5%。故实际用水量为

$$m_w = 230 \times (1 - 0.30) = 161 \text{ kg/m}^3$$

(5) 计算胶凝材料用量(m_{bo}):

$$m_{bo} = \frac{m_w}{W/B} = \frac{161}{0.42} = 383 \text{ kg/m}^3$$

按表 7-11,对于 100 年设计使用年限的 I-A 级环境的钢筋混凝土最大水胶比和最小胶凝材料用量满足要求。

(6) 粉煤灰掺量:$m_f = 383 \times 20\% = 76.6 \text{ kg/m}^3$。

(7) 水泥用量:$m_c = 383(1-20\%) = 306.4 \text{ kg/m}^3$。

(8) 减水剂用量:$m_a = 383 \times 0.8\% = 3.06 \text{ kg/m}^3$。

(9) 确定砂率(β_s)

查表 7-6,对于采用最大粒径为 31.5 mm 的碎石配制的混凝土,当水胶比为 0.42 时,坍落度为 10~60 mm 时,其砂率可选取 $\beta_s = 33\%$(采用插入法选定),坍落度每增大 20 mm,砂率可增大 1%,所以坍落度为 180~200 mm 的泵送混凝土,其砂率可确定为 40%。

(10) 计算砂、石用量(m_{so}、m_{go}):

用体积法计算,即

$$\begin{cases} \dfrac{306.4}{3\,000} + \dfrac{76.6}{2\,250} + \dfrac{161}{1\,000} + \dfrac{m_{so}}{2\,620} + \dfrac{m_{go}}{2\,700} + 0.01 \times 2.5 = 1 \\[2mm] \dfrac{m_{so}}{m_{so} + m_{go}} \times 100\% = 40\% \end{cases}$$

解此联立方程,则得:$m_{so} = 723 \text{ kg}, m_{go} = 1\,084 \text{ kg}$。

(11) 写出混凝土计算配合比:

1 m³ 混凝土中各材料用量为水泥 306.4 kg,粉煤灰 76.6 kg,水 161 kg,砂 723 kg,碎石 1 084 kg。以质量比表示即为:

水泥:粉煤灰:砂:石 = 0.8:0.2:1.89:2.83,$W/B = 0.42$,减水剂用量为 0.8%。

2. 换算成施工配合比。

设施工配合比 1 m³ 混凝土中水泥、粉煤灰、砂、石、水、减水剂等各材料用量分别为 m_c'、m_f'、m_s'、m_g'、m_w'、m_a',则:

$$m_c' = m_{co} = 306.4 \text{ kg}$$

$$m_f' = m_{fo} = 76.6 \text{ kg}$$

$$m_a' = m_{ao} = 3.06 \text{ kg}$$

$$m_s' = m_{so}(1+a\%) = 723 \times (1+3\%) = 745 \text{ kg}$$

$$m_g' = m_{go}(1+b\%) = 1\,084 \times (1+1\%) = 1\,095 \text{ kg}$$

$$m_w' = m_{wo} - m_{so}a\% - m_{go}b\% - m_{ao}80\% = 161 - 723 \times 3\% - 1\,084 \times 1\% - 3.06 \times 80\%$$
$$= 126 \text{ kg}$$

复 习 思 考 题

7-1　试述普通混凝土的组成材料的作用如何? 硬化后的混凝土结构怎样?

7-2　配制混凝土应考虑哪些基本要求？怎样才能得到优质的混凝土？

7-3　何谓集料级配？集料级配良好的标准是什么？混凝土的集料为什么要有级配？

7-4　配制混凝土时掺入减水剂，在下列各条件下可取得什么效果？为什么？（1）用水量不变时；（2）减水，但水泥用量不变时；（3）减水又减水泥，但水灰比不变时。

7-5　影响混凝土拌合物和易性的主要因素是什么？怎样影响？改善混凝土拌合物和易性的主要措施有哪些？哪种措施效果最好？为什么？

7-6　影响混凝土强度的主要因素有哪些？怎样影响？提高混凝土强度的主要措施有哪些？哪种措施效果最显著？为什么？

7-7　如何解决混凝土的和易性与强度对用水量要求相反的矛盾？

7-8　现场浇筑混凝土时，严禁施工人员随意向混凝土拌合物中加水，试从理论上分析加水对混凝土质量的危害。随意向混凝土拌合物中加水与混凝土成型后的洒水养护有无矛盾？为什么？

7-9　某混凝土预制构件厂，生产钢筋混凝土大梁需用设计强度为 C30 的混凝土，现场施工拟用原材料情况如下：

水泥：42.5 级普通水泥，$\rho_c = 3.10 \text{ g/cm}^3$，水泥强度富余 6%；中砂：级配合格，$\rho_{os} = 2\,650 \text{ kg/m}^3$，砂子含水率为 3%；碎石：规格为 5～20 mm，级配合格，$\rho_{og} = 2\,700 \text{ kg/m}^3$，石子含水率为 1%。

已知混凝土施工要求的坍落度为 10～30 mm。试求：（1）每立方米混凝土各材料用量；（2）混凝土施工配合比；（3）每拌 2 包水泥的混凝土时各材料用量；（4）如果在上述混凝土中掺入 0.5% 减水剂，并减水 10%，减水泥 5%，求这时每立方米混凝土中各材料的用量。

7-10　影响混凝土耐久性的关键是什么？怎样提高混凝土的耐久性？

7-11　混凝土在下列情况下均能导致其产生裂缝，试解释裂缝产生的原因，并指出主要防止措施。

（1）水泥水化热大；（2）水泥体积安定性不良；（3）混凝土碳化；（4）大气温度变化较大；（5）碱-集料反应；（6）混凝土早期受冻；（7）混凝土养护时缺水；（8）混凝土遭到硫酸盐腐蚀。

7-12　何谓混凝土的徐变？徐变发展规律如何？混凝土徐变在结构工程中有何实际影响？

7-13　何谓碱-集料反应？产生碱-集料反应的条件是什么？如何防止？

7-14　何谓混凝土的碳化？碳化对钢筋混凝土的性能有何影响？

7-15　某钢筋混凝土结构，设计要求的混凝土强度等级为 C25，从施工现场统计得到平均强度 $\bar{f} = 31 \text{ MPa}$，强度标准差 $\sigma = 6 \text{ MPa}$。试求：（1）此混凝土的强度保证率是多少？（2）如要满足 95% 强度保证率的要求，应该采取什么措施？

7-16　我国混凝土结构耐久性设计规范中对混凝土结构所处环境是如何分类的？环境作用等级分为哪几级？

7-17　混凝土配合比设计中有哪些关键参数？各参数对性能有何影响？

7-18　试采用 P·O42.5 水泥，Ⅰ级 FA，S95 级矿粉，中砂，5～25.0 mm 级配碎石，减水率为 22%（或 28%）的液体外加剂（选择合适减水率），配制 C_{20} 和 C_{50} 的混凝土，其坍落度要求为 180～200 mm，粘聚性和保水性良好。

第八章 特种混凝土

土木工程中除了大量使用普通混凝土外,在一些特殊工程或有特殊功能要求时,需使用特种混凝土。本章将介绍轻混凝土、纤维增强混凝土、膨胀混凝土、高性能与超高性能混凝土、自密实混凝土、聚合物混凝土、3D打印混凝土、耐热和耐酸混凝土、防辐射混凝土、喷射混凝土、抗爆混凝土、电磁屏蔽与吸波混凝土、道路水泥混凝土及水工混凝土、清水混凝土等。

第一节 轻 混 凝 土

凡是干表观密度不大于 $1\,950\ kg/m^3$ 的混凝土称为轻混凝土。普通混凝土的主要特点之一是自重大,而轻混凝土的主要优点就是轻,由于质轻,就带来了一系列的优良特性,使其在工程中应用可获得良好的技术性能和经济效益。轻混凝土因质轻且力学性能良好,故特别适用于高层、大跨度和有抗震要求的建筑。

轻混凝土具有以下特点:

(1) 质轻。轻混凝土与普通混凝土相比,其质量一般可减轻 $1/4\sim3/4$,甚至更多。

(2) 保温性能良好。具有优良的保温能力,且兼具承重和保温双重功能。

(3) 耐火性能良好。具有传热慢、热膨胀性小、不燃烧等特点。

(4) 力学性能良好。力学性能接近普通混凝土,但其弹性模量较低,变形较大。

(5) 易于加工。轻混凝土中,尤其是多孔混凝土,很容易钉入钉子和进行锯切。

轻混凝土按其减小表观密度的途径,可分为以下三种:

(1) 轻集料混凝土。采用表观密度较天然密实集料小的轻质多孔集料配制而成。

(2) 大孔混凝土。不含细集料,水泥浆只包裹粗集料的表面,将其黏结成整体。

(3) 多孔混凝土。混凝土中不含粗、细集料,其内部充满大量细小的封闭气孔。

一、轻集料混凝土

(一) 轻集料的种类及技术性质

1. 轻集料的种类

(1) 按轻集料的粒径大小可分为:轻粗集料和轻细集料。粒径大于 5 mm、堆积密度不大于 $1\,100\ kg/m^3$ 的轻集料,称为轻粗集料;粒径不大于 5 mm、堆积密度不大于 $1\,200\ kg/m^3$ 的轻集料,称为轻细集料,又称轻砂。

(2) 按轻集料的性能可分为:超轻集料(堆积密度不大于 $500\ kg/m^3$);普通轻集料(堆积密度大于 $510\ kg/m^3$);高强轻集料(强度标号不小于 25 MPa 的结构用轻粗集料)。

(3) 按轻集料的来源可分为:工业废渣轻集料,如粉煤灰陶粒、自燃煤矸石、膨胀矿渣珠、煤渣及其轻砂;天然轻集料,如浮石、沸石、火山渣及其轻砂;人造轻集料,如页岩陶粒、黏土陶粒、膨胀珍珠岩及其轻砂。

2. 轻集料的技术性质及要求

按《轻集料及其试验方法 第1部分：轻集料》(GB/T 1743.1—2010)对轻集料的技术性质,除了要求其有害物质含量和耐久性符合规定外,主要要求其堆积密度和颗粒级配应符合要求。轻粗集料还应符合规定的强度和吸水率要求。

轻集料按堆积密度划分密度等级,其指标要求列于表8-1。

表 8-1　轻集料的密度等级

密度等级		堆积密度范围/(kg·m⁻³)
轻粗集料	轻细集料	堆积密度范围/(kg·m^{-3})
200	—	>100,≤200
300	—	>200,≤300
400	—	>300,≤400
500	500	>400,≤500
600	600	>500,≤600
700	700	>600,≤700
800	800	>700,≤800
900	900	>800,≤900
1 000	1 000	>900,≤1 000
1 100	1 100	>1 000,≤1 100
1 200	1 200	>1 100,≤1 200

轻粗集料和轻细集料的颗粒级配应符合表8-2的要求,但人造轻粗集料的最大粒径不宜大于20.0 mm,轻细集料的细度模数宜在2.3~4.0范围内。

表 8-2　轻集料的颗粒级配

编号	种类	级配类别	公称粒级/mm	各号筛的累计筛余(按质量计)/%											
				方孔筛孔径/mm											
				37.5	31.5	26.5	19.0	16.0	9.50	4.75	2.36	1.18	0.6	0.3	0.15
1	细集料	—	0~5	—	—	—	—	—	0	0~10	0~35	20~60	30~80	65~90	75~100
2	粗集料	连续粒级	5~40	0~10	—	—	40~60	—	50~85	90~100	95~100	—	—	—	—
3			5~31.5	0~5	0~10	—	40~75	—	90~100	95~100		—	—	—	—
4			5~25	0	0~5	0~10	30~70	—	90~100	95~100		—	—	—	—
5			5~20	0	0~5	0~10	40~80		90~100	95~100		—	—	—	—
6			5~16	—	—	0	0~5	0~10	20~60	85~100	95~100	—	—	—	—
7			5~10	—	—	—	—	0~15	80~100	95~100		—	—	—	—
8		单粒级	10~16	—	—	—	0	0~15	85~100	90~100		—	—	—	—

注:公称粒级的上限,为该粒级的最大粒径。

　　轻粗集料的强度对混凝土的强度有很大影响。按标准规定，对于超轻集料和普通轻集料，采用筒压法测定轻粗集料的筒压强度，如图 8-1 所示。将轻粗集料装入带底的圆筒内，上面加冲压模，取冲压模压入深度为 20 mm 时的压力值，除以承压面积，即为该轻粗集料的筒压强度值。

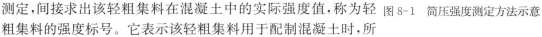

图 8-1　筒压强度测定方法示意

　　普通轻粗集料的筒压强度应不低于表 8-3 的规定。

　　轻粗集料的强度标号是采用混凝土试验方法测定轻粗集料的强度。它是将轻粗集料配制成混凝土，通过混凝土强度的测定，间接求出该轻粗集料在混凝土中的实际强度值，称为轻粗集料的强度标号。它表示该轻粗集料用于配制混凝土时，所得混凝土合理强度的范围。例如，强度标号为 25 MPa 的轻粗集料，适宜用于配制 LC25 的轻集料混凝土。

表 8-3　轻粗集料的筒压强度

轻集料品种	密度等级	筒压强度/MPa
人造轻集料	200	0.2
	300	0.5
	400	1.0
	500	1.5
	600	2.0
	700	3.0
	800	4.0
	900	5.0
天然轻集料 工业废渣轻集料	600	0.8
	700	1.0
	800	1.2
	900	1.5
	1 000	1.5
工业废渣轻集料中的自燃煤矸石	900	3.0
	1 000	3.5
	1 100～1 200	4.0

　　对于高强轻粗集料，除筒压强度外，还必须测定其强度标号，其要求列于表 8-4 所示。

　　轻集料的吸水率一般都比普通砂石大，采用干燥的轻粗集料时，将导致施工中混凝土拌合物的坍落度损失较大，并将影响混凝土中水灰比。对轻砂和天然轻粗集料的吸水率不做规定，其他轻粗集料的 1 h 吸水率都有一定的要求，见表 8-5 所示。

表 8-4　高强轻粗集料的筒压强度和强度标号

密度等级	筒压强度/MPa	强度标号
600	4.0	25
700	5.0	30
800	6.0	35
900	6.5	40

表 8-5　轻粗集料的吸水率

轻集料种类	密度等级	1 h 吸水率/%
人造轻集料 工业废渣轻集料	200	30
	300	25
	400	20
	500	15
	600～1 200	10
人造轻集料中的粉煤灰陶粒a	600～900	20
天然轻集料	600～1 200	—

a. 系指采用烧结工艺生产的粉煤灰陶粒

（二）轻集料混凝土的种类及等级

根据《轻集料混凝土应用技术标准》(JGJ/T 12—2019)，轻集料混凝土可分为全轻混凝土、砂轻混凝土和大孔轻集料混凝土。全轻混凝土的粗、细集料均为轻集料；砂轻混凝土是以普通砂作为细集料；大孔轻集料混凝土是由轻粗集料与水泥、水配制的无砂或少砂混凝土。

由于轻集料品种繁多，故轻集料混凝土常以其所用轻集料命名，如粉煤灰陶粒混凝土、黏土陶粒混凝土、页岩陶粒混凝土、浮石混凝土等。

轻集料混凝土的强度等级，按其立方体抗压强度标准值划分为 LC5.0、LC7.5、LC10、LC15、LC20、LC25、LC30、LC35、LC40、LC45、LC50、LC55 和 LC60 等十三个等级。轻集料混凝土又按其干表观密度划分为十四个密度等级，如表 8-6 所示。

表 8-6　轻集料混凝土的密度等级

密度等级	干表观密度的变化范围/(kg·m⁻³)	密度等级	干表观密度的变化范围/(kg·m⁻³)
600	560～650	1 300	1 260～1 350
700	660～750	1 400	1 360～1 450
800	760～850	1 500	1 460～1 550
900	860～950	1 600	1 560～1 650
1 000	960～1 050	1 700	1 660～1 750
1 100	1 060～1 150	1 800	1 760～1 850
1 200	1 160～1 250	1 900	1 860～1 950

（三）轻集料混凝土的特性

1. 轻集料混凝土的表观密度较小而强度较高。轻集料混凝土的表观密度主要取决于所用轻集料的表观密度和用量。而轻集料混凝土的强度影响因素很多，除了与普通混凝土相同的以外，轻集料的性质（强度、堆积密度、颗粒形状、吸水性等）和用量也是重要的影响因素。尤其当轻集料混凝土的强度较高时，混凝土的破坏是由轻集料本身先遭到破坏开始，然后导致混凝土呈脆性破坏。这时，即使混凝土中水泥用量再增加，混凝土的强度也提高不多，甚至不会再提高。

当用轻砂取代普通砂配制全轻混凝土时，虽然可以降低混凝土的表观密度，但强度也将随之下降。低、中强度等级的轻集料混凝土,抗拉强度与相同强度等级的普通混凝土很接近,当强度等级高时,其抗拉强度要比后者小。

2. 轻集料混凝土的变形比普通混凝土大,因此其弹性模量较小,一般为同强度等级普通混凝土的 30%～70%。这有利于控制建筑构件温度裂缝的发展,也有利于改善建筑物的抗震性能和抵抗动荷载。增加轻集料混凝土的砂率,可使弹性模量提高。

3. 轻集料混凝土的收缩和徐变变形分别比普通混凝土大 20%～50% 和 30%～60%,热膨胀系数比普通混凝土小 20% 左右。

4. 轻集料混凝土具有优良的保温性能。当表观密度为 1 000 kg/m³,其导热系数为 0.28 W/(m·K);表观密度为 1 400 kg/m³ 和 1 800 kg/m³ 时,相应的导热系数分别为 0.49 W/(m·K) 和 0.87 W/(m·K)。当含水率增加时,导热系数将随之增大。

5. 轻集料混凝土具有良好的抗渗性、抗冻性和抵抗各种化学侵蚀的能力。

（四）轻集料混凝土的应用

轻集料混凝土适用于高层和多层建筑、软土地基、大跨度结构、耐火等级要求高的建筑、有节能要求的建筑、抗震结构、漂浮式结构、旧建筑的加层等。各种用途的轻集料混凝土强度等级和密度等级的合理范围见表 8-7 所示。

表 8-7　轻集料混凝土用途及其对强度等级和密度等级的要求

混凝土名称	用途	强度等级合理范围	密度等级合理范围
保温轻集料混凝土	主要用于保温的围护结构或热工构筑物	LC5.0～LC7.5	≤800
结构保温轻集料混凝土	主要用于既承重又保温的围护结构	LC10～LC20	800～1 400
结构轻集料混凝土	主要用于承重构件或构筑物	LC25～LC60	1 400～1 900

必须指出,采用轻集料混凝土不一定都有经济效益,只有在使用中能充分发挥轻集料混凝土技术性能的特点、扬长避短和因地制宜,才能在技术上和经济上获得显著效益。

（五）轻集料混凝土配合比设计

由于轻集料种类繁多,性质差异很大,加之轻集料本身的强度对混凝土强度又有较大影响,故至今尚无像普通混凝土那样的强度计算公式。为此,对轻集料混凝土配合比的设计,大多是参考普通混凝土配合比的设计方法,并结合轻集料混凝土的特点进行,更多的是依靠经验和通过试验、试配来确定。

1. 配合比设计的基本要求

轻集料混凝土配合比依据《轻骨料混凝土应用技术标准》(JGJ/T 12—2019)进行设计,设计的基本要求,除了考虑和易性、强度、耐久性和经济性这四方面以外,还应满足表观密度的要求。在满足强度和耐久性的前提下,应尽量少用水泥,水泥用量增加,不但使成本提高,而且使混凝土的表观密度显著增大。

2. 轻集料的选用

轻集料应根据混凝土要求的强度等级和表观密度,选用相应密度等级和强度标号(或相应筒压强度)的轻集料。保温和结构保温轻集料混凝土用的轻集料,其最大粒径不宜大于 40 mm;结构轻集料混凝土用的轻集料,其最大粒径不宜大于 20 mm。

3. 胶凝材料用量的确定

胶凝材料用量与轻集料密度等级有关,一般可参考表 8-8 的建议值确定。胶凝材料中的水泥宜为 42.5 级普通硅酸盐水泥,因轻集料强度较低,故胶凝材料用量比普通混凝土相对要高一些。

表 8-8　轻集料混凝土的胶凝材料用量　　　　　　　　单位:kg·m⁻³

混凝土试配强度/MPa	轻集料密度等级						
	400	500	600	700	800	900	1 000
<5.0	260～320	250～300	230～280				
5.0～7.5	280～360	260～340	240～320	220～300			
7.5～10		280～370	260～350	240～320			
10～15			280～380	260～340	240～330		
15～20			300～400	280～380	270～370	260～360	250～350
20～25				330～400	320～390	310～380	300～370
25～30				380～450	370～440	360～430	350～420
30～40				420～500	390～490	380～480	370～470
40～50					430～530	420～520	410～510
50～60					450～550	440～540	430～530

注:表中下限值适用于圆球型和普通型轻粗集料,上限值适用于碎石型轻粗集料、砂轻混凝土和全轻混凝土。

　　矿物掺合料在轻集料混凝土中的最大掺量可参考表 8-9。

表 8-9　轻集料混凝土中矿物掺合料最大掺量

矿物掺合料种类	净水胶比	最大掺量/%			
		钢筋混凝土		预应力混凝土	
		采用硅酸盐水泥时	采用普通硅酸盐水泥时	采用硅酸盐水泥时	采用普通硅酸盐水泥时
粉煤灰	≤0.40	45	35	35	30
	>0.40	40	30	25	20
粒化高炉矿渣粉	≤0.40	65	55	55	45
	>0.40	55	45	45	35
钢渣粉	—	30	20	20	10
磷渣粉	—	30	20	20	10
硅灰	—	10	10	10	10
复合掺合料	≤0.40	65	55	55	45
	>0.40	55	45	45	35

注:① 对于大体积混凝土,粉煤灰、粒化高炉矿渣粉和复合掺合料的最大掺量可增加 5%;
　　② 采用掺量大于 30% 的 C 类粉煤灰的混凝土应以实际使用的水泥和粉煤灰掺量进行安定性检验;
　　③ 采用其他通用硅酸盐水泥时,宜将水泥混合材掺量 20% 以上的部分计入矿物掺合料;
　　④ 复合掺合料中各组分的掺量不宜超过单掺时的最大掺量。

4. 用水量确定

由于轻集料具有吸水特性,使加入混凝土中的一部分水被轻集料吸收,余下部分才供水泥水化和起润滑作用。混凝土的总用水量中被轻集料吸收的那部分水称为"附加水量",其余部分则称为"净用水量"。净用水量应根据混凝土和易性要求来确定,由于不同品种的轻集料其颗粒形状和表面特征不同,所以满足和易性要求的净用水量波动幅度较大,设计配合比时,可参考表8-10取用。附加水量应根据轻集料用量乘以轻集料1h吸水率求得。当采用预湿饱和轻集料时,则可不考虑附加水量。

表 8-10　轻集料混凝土的净用水量

轻集料混凝土成型方式	拌合物性能要求		净用水量/(kg·m^{-3})
	维勃稠度/s	坍落度/mm	
预制构件及制品			
(1) 振动加压成型	10~20	—	45~140
(2) 振动台成型	5~10	0~10	140~180
(3) 振捣棒或平板振动器振实	—	30~80	160~180
现浇混凝土			
(1) 机械振捣	—	150~200	140~170
(2) 人工振实或配筋密集	—	≥200	145~180

5. 最大净水胶比和最小凝胶材料

具有抗渗要求的轻集料混凝土最大净水胶比应符合表8-11的规定,且胶凝材料用量不宜小于320 kg/m³。

表 8-11　最大净水胶比

设计抗渗等级	最大净水胶比
P6	0.55
P8~P12	0.45
>P12	0.40

具有抗冻要求的轻集料混凝土最大净水胶比和最小胶凝材料用量应符合表8-12的规定。

表 8-12　最大净水胶比和最小胶凝材料用量

设计抗冻等级	最大净水胶比		最小胶凝材料用量/(kg·m^{-3})
	无引气剂时	掺引气剂时	
F50	0.50	0.56	320
F100	0.45	0.53	340
F150	0.40	0.50	360
F200	—	0.50	360

轻集料混凝土抗氯离子渗透配合比中净水胶比不宜大于0.40,最小胶凝材料用量不宜小于350 kg/m³,且矿物掺合料掺量不宜小于25%。而轻集料混凝土抗硫酸盐侵蚀配合比设计要求应符合表8-13的规定。

表 8-13　轻集料混凝土抗硫酸盐侵蚀配合比设计要求

抗硫酸盐等级	最大净水胶比	矿物掺合料掺量/%
KS120	0.42	≥30
KS150	0.38	≥35
>KS150	0.33	≥40

注：① 矿物掺合料掺量为采用普通硅酸盐水泥时的掺量；
　　② 矿物掺合料主要是矿渣粉和粉煤灰等，或复合采用。

6. 粗、细集料用量的确定

轻集料混凝土粗、细集料用量的计算有绝对体积法和松散体积法两种，具体方法如下：

绝对体积法是将混凝土的体积(1 m³)减去水泥和水的绝对体积，求得每立方米混凝土中粗细集料所占的绝对体积。然后根据砂率(按体积计)分别求得粗集料和细集料的绝对体积，再乘以各自的表观密度则可求得粗、细集料的用量。

松散体积法则是先确定 1 m³ 混凝土的粗、细集料总体积(自然状态下轻粗集料和细集料的松散体积之和)。采用普通砂做细集料时，1 m³ 混凝土中粗、细集料的总体积可取 1.10～1.60 m³；采用轻砂时，可取 1.25～1.65 m³。然后再按体积砂率求得粗集料和细集料的松散体积，再根据各自的堆积密度求得其用量。轻集料混凝土的体积砂率，可按表 8-14 选用。

表 8-14　轻集料混凝土的砂率

轻集料混凝土的用途	细集料种类	体积砂率/%
预制构件	轻砂	35～50
	普通砂	30～40
现浇混凝土	轻砂	40～55
	普通砂	35～45

当采用松散体积法计算配合比时，粗细集料松散堆积的总体积可按表 8-15 选用。当采用膨胀珍珠岩砂时，宜取表中的上限值。

表 8-15　粗细集料松散堆积的总体积

轻粗集料粒型	细集料种类	粗细集料松散堆积的总体积/m³
圆球型	轻砂	1.25～1.50
	普通砂	1.10～1.40
碎石型	轻砂	1.35～1.65
	普通砂	1.15～1.60

(六)轻集料混凝土施工注意事项

由于轻集料的密度小，且吸水性大，故在施工中应注意以下几方面的问题。

1. 施工时，可以采用干燥轻集料，也可以将轻粗集料预湿至饱和。采用预湿集料拌制的拌合物，和易性和水灰比均较稳定，采用干燥集料则可省去预湿处理的工序。当轻集料露天堆放时，受气候影响会使其含水率变化较大，施工中必须及时测定集料含水率和调整加水量。如果拌合物自搅拌后到浇灌成型的时间间隔过长,则和易性将显著降低。

2. 混凝土拌合物中的轻集料容易上浮,不易拌匀。所以应选用强制式搅拌机,搅拌时间宜比普通混凝土略长。

3. 由于轻集料混凝土的表观密度较普通混凝土小,故对于二者和易性相同的这两种混凝土拌合物,前者的坍落度要小于后者。因此施工中应防止外观判断的错觉而随意增加用水量。

4. 浇筑成型时,振捣时间应适宜,以防止轻集料上浮,造成分层现象。最好采用加压振动成型工艺。

5. 轻集料混凝土易产生干缩裂缝,所以早期必须很好地进行保湿养护。当采用蒸汽养护时,静停时间不宜少于 1.5～2.0 h。

二、大孔混凝土

（一）大孔混凝土的种类及集料

大孔混凝土中无细集料,按其所用粗集料的品种,可分为普通大孔混凝土和轻集料大孔混凝土两类。普通大孔混凝土是用碎石、卵石、重矿渣等配制而成。轻集料大孔混凝土则是用陶粒、浮石、碎砖、煤渣等配制而成。有时为了提高大孔混凝土的强度,也可掺入少量细集料,这种混凝土称为少砂混凝土。

（二）特性和应用

普通大孔混凝土的表观密度在 1 500～1 900 kg/m³ 之间,抗压强度为 3.5～10 MPa。轻集料大孔混凝土的表观密度在 500～1 500 kg/m³ 之间,抗压强度为 1.5～7.5 MPa。

大孔混凝土的导热系数小,保温性能好,吸湿性小。收缩一般较普通混凝土小 30%～50%,抗冻性可达 10～20 次冻融循环。

大孔混凝土宜采用单一粒级的粗集料,如粒径为 10～20 mm 或 10～30 mm。不允许采用粒径小于 5 mm 和大于 40 mm 的集料。水泥宜采用强度等级 32.5 或 42.5 级的水泥。水灰比(对轻集料大孔混凝土为净用水量的水灰比)可在 0.30～0.42 之间取用,应以水泥浆能均匀包裹在集料表面而不流淌为准。

大孔混凝土适用于制作墙体用小型空心砌块和各种板材,也可用于现浇墙体。普通大孔混凝土还可制成滤水管、滤水板等,广泛用于市政工程。

三、多孔混凝土

（一）种类及主要特性

根据其制造原理,多孔混凝土可分为加气混凝土和泡沫混凝土两种。近年来,也有用压缩空气经过充气介质弥散成大量微小气泡,均匀地分散在料浆中而形成多孔结构,这种多孔混凝土称为充气混凝土。

根据养护方法不同,多孔混凝土又可分为蒸压多孔混凝土和非蒸压(蒸养或自然养护)多孔混凝土两种。由于蒸压加气混凝土在生产上有较多优越性,以及可以更多地利用工业废渣,故近年来发展应用较为迅速。

多孔混凝土质轻,其表观密度不超过 1 000 kg/m³,通常在 300～800 kg/m³ 之间,保温性能优良,其导热系数随其表观密度降低而减小,一般为 0.08～0.17 W/(m·K);可加工性好;它可锯、可刨、可钉、可钻,并可用胶黏剂黏结。因此其外形尺寸可以灵活掌握,受模型的限制较少。

（二）蒸压加气混凝土

蒸压加气混凝土是以钙质材料（水泥、石灰）、硅质材料（石英砂、尾矿粉、粉煤灰、粒状高炉矿渣、页岩等）和适量加气剂为原料，经过磨细、配料、搅拌、浇注、切割和蒸压养护（在压力为 0.8 或 1.5 MPa 下养护 6～8 h）等工序生产而成。

加气剂一般采用铝粉，它在加气混凝土料浆中，与钙质材料中的氢氧化钙发生化学反应而放出氢气，形成气泡使料浆形成多孔结构。其化学反应过程如下：

$$2Al+3Ca(OH)_2+6H_2O \Longrightarrow 3CaO \cdot Al_2O_3 \cdot 6H_2O+3H_2 \uparrow$$

除铝粉外，也可采用双氧水、碳化钙、漂白粉等作为加气剂。

蒸压加气混凝土通常是在工厂预制成砌块或条板等制品。蒸压加气混凝土砌块按其强度和体积密度划分为七个强度等级和六个密度等级。

蒸压加气混凝土砌块适用于承重和非承重的内墙和外墙。加气混凝土条板可用于工业和民用建筑中，作承重和保温合一的屋面板和墙板。条板均配有钢筋，钢筋必须预先经防锈处理。另外，还可用加气混凝土和普通混凝土预制成复合墙板，用作外墙板。蒸压加气混凝土还可做成各种保温制品，如管道保温壳等。

蒸压加气混凝土的吸水率高，且强度较低，所以其所用的砌筑砂浆及抹面砂浆与砌筑砖墙时不同，需专门配制。墙体外表面必须作饰面处理，与门窗的固定方法不同，也与砖墙不同。

（三）泡沫混凝土

泡沫混凝土（Foamed concrete）是将预制的泡沫通过机械搅拌的方式均匀掺入到水泥基胶凝材料净浆或砂浆中，经过泵送系统进行现浇施工或模具成型，经自然养护所形成的一种含有大量封闭气孔的新型轻质保温材料。与上述保温材料相比，泡沫混凝土是一种典型的水泥基多孔材料（Cement based porous material, CPM），其表现出了良好的防火性、阻燃性、抗老化性能；不仅如此，与一般有机保温材料如 EPS 相比，水泥基多孔材料的强度及耐久性高、使用寿命长、施工加工过程简单、生产成本低。在无机不燃的保温材料中，泡沫玻璃、泡沫陶瓷因其价格昂贵，不能成为量大面广的建筑有机保温材料的取代品；而岩棉、矿棉等纤维保温材料虽然价格略低，但仍远高于水泥基多孔（泡沫）材料，且使人浑身刺痒，污染环境。此外，它们不是硬质块状材料，应用起来较困难。膨胀珍珠岩、膨胀蛭石等颗粒状松散保温材料吸水率高，制品不抗冻融，松散不易使用，其应用也受到限制。而水泥基多孔（泡沫）材料（又称水泥基多孔材料）价格低廉，原料易得，既可快速现浇施工，又可制成各种制品，同时具有防火性、隔声性、抗震性、耐候性以及与建筑同寿命等特点，发展前景十分广阔。

泡沫混凝土与普通混凝土在组成材料上的最大区别在于水泥基多孔材料中没有普通水泥混凝土中使用的粗集料但含有大量封闭的直径在 20～50 μm 的细小气泡孔，与普通混凝土相比，其具有以下特点：

（1）质量轻

泡沫混凝土的密度小，密度等级一般为 300～1 200 kg/m³，其密度只相当于普通水泥混凝土的 1/2～1/8。近年来，密度更低的超轻泡沫混凝土也在建筑工程中开始出现，但尚未得到较大范围的应用。由于泡沫混凝土材料的密度小，在建筑物的内外墙体、层面、楼面等建筑结构中采用该种材料，一般可使建筑物自重降低 25% 左右，有些可达结构物总重的

30%～40%。因此,在建筑工程中采用水泥基多孔材料具有显著的经济效益。

（2）保温隔热性能好

泡沫混凝土的内部充满大量封闭、均匀、细小的圆形孔隙,因此有良好的保温隔热性能,这是普通混凝土所不具备的。通常密度等级在 $300～1\,200\;\text{kg/m}^3$ 范围的水泥基多孔材料,导热系数在 $0.06～0.3\;\text{W/(m}\cdot\text{K)}$ 之间,采用其作为墙体或屋面材料具有良好的节能效果。

（3）隔音、耐火性能好

泡沫混凝土材料属多孔材料,其内部含有大量的封闭孔隙,因此它也是良好的隔音材料。在建筑物的楼层和高速公路的隔音板、地下建筑物的顶层等都可采用水泥基多孔材料作为隔音层。水泥基多孔材料是无机质材料,不会燃烧,在建筑物上使用,可以提高建筑物的防火性能。

（4）抗震、吸能性能

泡沫混凝土由于密度小、质量轻、弹性模量低,因而水泥基多孔材料结构的自振周期长,在地震荷载作用下所承受的地震力小,震动波的传递速度也较慢,根据振动学原理,建筑结构的自震周期越长,对冲击能量的吸收也就越快,另外,水泥基多孔材料还可以通过自身气孔系统的变形和破坏,吸收大量能量。因此,水泥基多孔材料具有优异的减震、吸能效果。

（5）工作性和耐久性

泡沫混凝土在施工过程中能够自流平、可泵性能好,可以进行大规模现场施工。另外,水泥基多孔材料属于无机材料,可以防止细菌和害虫的侵蚀,与建筑物同寿命,具有优异的耐久性能。

（6）其他性能

泡沫混凝土的一些其他特殊功能也逐渐被人认识,譬如阻尼吸能、抗爆、吸收电磁波、透水过滤、抗渗抗潮、保水绿化、抗冲击防护、漂浮承载等。这些功能的发现,逐渐使水泥基多孔材料的应用从保温、填充等民用领域扩展到工业、国防和航天等高端领域。

现在工业发达国家,不仅在工厂中生产出水泥基多孔材料制品,而且在施工工地使用了现浇水泥基多孔材料,并取得了良好效果。目前,水泥基多孔材料的发展和应用最为发达的三个地区是：欧洲、北美、亚洲的中日韩及东南亚。

纵观国内外,目前泡沫混凝土主要应用领域有：

（1）现浇屋面泡沫混凝土保温层

在我国,目前泡沫混凝土应用量最大的是地暖保温层,其中屋面保温大约占一半（图 8-2）。泡沫混凝土属于节能型保温材料,用于屋面保温层的泡沫混凝土材料采用的密度等级一般为 $200～1\,000\;\text{kg/m}^3$,其做法是将保温层、找坡层和找平层三道工序一起施工,从而简化屋面构造层数,故施工简便,整体热工性能好。

图 8-2　泡沫混凝土屋面保温层

（2）泡沫混凝土保温砌块

泡沫混凝土材料可以制备成保温砌块，其中主要包括水泥基多孔材料保温板和预制砖（图 8-3）。泡沫混凝土预制砖具有一定的抗压强度，可以用在建筑隔层墙体的建造中。与黏土砖和空心砖相比，它具有强度高不怕冲击，稳定性好，干燥收缩不易产生裂纹，隔音隔热性能良好而又耐水防潮等优点。泡沫混凝土保温墙板可以贴到墙体上来提高墙体的保温隔热性能。

（3）泡沫混凝土地基补偿

建筑物的不均匀沉降会导致大量裂缝的产生，因此现代建筑设计与施工越来越重视建筑物在施工过程中的自由沉降。由于建筑物群各部分自重的不同，在施工过程中将产生自由沉降差，在建筑物设计过程中要求在建筑物自重较低的部分其基础需填充软材料，作为补偿地基使用，泡沫混凝土能较好地满足补偿地基材料的要求（图 8-4）。

图 8-3 水泥基多孔材料砌块

图 8-4 泡沫混凝土补偿地基

（4）矿坑填充

在国外，泡沫混凝土使用量最大的是废弃矿坑的填充。这是因为轻质水泥基多孔材料具有自流平特征，易于泵送，不容易堵管，可通过改变容重有效控制其强度范围，且压缩性良好，可确保工程均匀沉降，从而达到补偿因自重引起的自由沉降差（图 8-5）。而且由于水泥

图 8-5 泡沫混凝土矿坑填充
（Combe down stone mine，UK）

图 8-6 泡沫混凝土用作岩墙后填充

基多孔材料自重轻,故可有效防止地基滑移。我国的大量矿井已进入老化期和报废期,防止地面沉降及防瓦斯已成重大问题,用土回填难度很大。用水泥基多孔材料填充,省力省工省材料,国内已有成功经验。例如泡沫混凝土材料被成功运用在2008北京奥运会奥林匹克中心地下通道回填工程中。但是,水泥基多孔材料运用在大型矿坑(煤矿、铁矿等)的填充工程还比较少见,处于起步阶段,具有广阔的发展前景。

(5)用作挡土墙

泡沫混凝土主要用作港口的岩墙(图8-6)。泡沫混凝土在岸墙后用作轻质回填材料可降低垂直载荷,也减少了对岸墙的侧向载荷。这是因为水泥基多孔材料是一种黏结性能良好的刚性体,它并不沿周边对岸墙施加侧向压力。水泥基多孔材料也可用来提高路堤边坡的稳定性,用它取代边坡的部分土壤,可以减轻质量,从而减小影响边坡稳定性的作用力。

第二节　纤维增强混凝土

普通混凝土存在收缩变形大、抗裂性差、脆性大等缺点,掺加纤维是提高水泥混凝土抗裂性和韧性的有效方法。以普通混凝土组成材料为基材,加入各种纤维而形成的复合材料,称为纤维增强混凝土(Fiber Reinforced Concrete,简写为FRC)。近年来,纤维混凝土在国内外发展很快,在工业、交通、国防、水利、矿山等工程建设中广泛应用。

一、常用纤维及其作用

纤维的品种很多,通常使用的有钢纤维、玻璃纤维、有机合成纤维、碳纤维等。其中钢、玻璃、石棉、碳等纤维为高弹性模量纤维,掺入混凝土中后,可使混凝土获得较高的韧性,并显著提高抗拉强度、刚度和承受动荷载的能力。而掺入尼龙、聚乙烯、聚丙烯等低弹性模量的纤维,主要作用是提高混凝土早期的抗裂性、增加韧性、抗冲击性能,对强度的贡献则很小。表8-16是典型纤维的性能。

表8-16　纤维的性能

纤维品种	抗拉强度/MPa	弹性模量/GPa	极限延伸率/%	密度/(g·cm^{-3})
钢纤维	350~2 000	200~210	0.5~4.0	7.8
高强型 PAN 基碳纤维	3 450~4 000	230	1.0~1.5	1.6~1.7
高模量型 PAN 基碳纤维	2 480~3 030	380	0.5~0.7	1.6~1.7
通用型沥青基碳纤维	480~800	27.6~34.5	2.0~2.4	1.6~1.7
玻璃纤维	1 950~4 000	70~80	1.5~3.5	2.5
脂肪族聚酰胺纤维(尼龙纤维)(高韧性)	900~960	5.2	16~20	1.1
聚丙烯纤维(丙纶)	400~900	2.7~9.0	7.0~30	0.91~0.97
聚丙烯腈纤维(高强)(腈纶)	800~900	16~23	9~11	1.18
聚乙烯纤维(乙纶纤维)(普通)	1 950~3 000	39~100	3.1~8.0	0.95
芳香族聚酰胺纤维(芳纶纤维)	2 760~2 840	60~117	2.3~4.4	1.44
高模量聚乙烯醇纤维(维纶)	1 200~1 500	30~35	5~7	1.3
普通聚乙烯醇纤维	600~650	5~7	16~17	1.3
改性聚乙烯醇纤维	800~850	12~14	11~12	1.3

根据纤维的体积掺量,纤维增强水泥基复合材料可分为以下三种:

低掺量(<1%)纤维混凝土:低掺量纤维可减少塑性态混凝土表面析水量、集料沉降以及硬化混凝土收缩裂缝。主要用于暴露表面大、易于产生收缩开裂的混凝土板和路面。

中掺量(1%～2%)纤维混凝土:纤维的作用是使混凝土的断裂模量、韧性和抗冲击性能显著提高。多用于喷射混凝土以及要求能量吸收能力强、抗分层、剥落和耐疲劳的结构。

高掺量(>2%)纤维混凝土:该种纤维混凝土具有应变硬化行为和极强的承受动载的能力,通常又称为高性能或超高性能纤维增强复合材料,可用于混凝土构件的补修和加固。

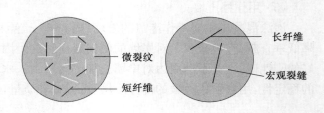

图 8-7　纤维抑制裂纹扩展示意图

根据纤维的分布形式,纤维增强水泥基复合材料又分为定向纤维连续增强型和乱向短纤维增强型。前者纤维增强效率高,复合材料呈各向异性,常用于生产纤维增强板材或结构物的加固。三维乱向短纤维在混凝土中均匀分布,能抑制和阻止裂缝的引发和扩展,提高混凝土的抗裂性。短的微细纤维可有效抑制微裂纹的发展,长纤维可抑制加载后期较大宏观裂缝的扩展。纤维抑制裂缝扩展的示意图见图 8-7 所示。

二、钢纤维混凝土

钢纤维的弹性模量比混凝土高 10 倍以上,是最有效的增强材料之一,故目前应用最广。钢纤维按外形可分为长直形、压痕形、波浪形、弯钩形、哑铃形、扭曲形等;按生产工艺又分为切断型、剪切型、铣削型及熔抽型等。

通常,钢纤维的直径为 0.3～1.2 mm,长度为 15～60 mm。钢纤维的长径比是重要的几何参数,是其长度与直径或等效直径之比,一般为 30～100。掺量按占混凝土体积百分比计,一般为 0.5%～2.0%。

钢纤维混凝土的配合比与普通混凝土有所不同,它具有如下特点:

(1)砂率大,一般为 40%～50%。

(2)水泥用量较多,一般为 360～450 kg/m³,且纤维体积率越高,水泥用量越大。应尽量采用高强度等级的水泥,以提高钢纤维与混凝土基体的黏结强度和最大限度发挥钢纤维减少裂缝和阻滞裂缝发展的作用。

(3)粗集料最大粒径不宜太大,一般不大于 20 mm,以 10～15 mm 为宜。

(4)水灰比的确定必须考虑到纤维的含量、纤维形状及施工机械等因素。一般水灰比较低,在 0.40～0.50 之间,目的是增加基体混凝土的强度。

(5)为了减少水泥用量、提高混凝土拌合物和易性,常需掺入 I 级粉煤灰、高效减水剂等。

制备钢纤维混凝土时,可将钢纤维与混凝土混合,再经振捣、离心、挤出和喷射等法成型;与适当高效减水剂拌和后,亦可制备成泵送钢纤维混凝土。纤维加入混凝土中会降低新拌混凝土的工作性。纤维体积率越大,工作性下降越多。如将 1.5% 的钢纤维加入坍落度为 200 mm 的混凝土拌合物中,坍落度将减小到 25 mm。因此,对于纤维混凝土而言,不宜用坍落度评价其工作性,而应用维勃稠度试验结果来评价,一般为 15～30 s。

对于低、中掺量钢纤维混凝土,其抗拉强度比普通混凝土提高 25%～50%,抗弯强度提高 50%～150%,且弯曲韧性比普通混凝土高 10～50 倍,抗冲击次数得到 3～22 倍的明显提升。钢纤维对混凝土的弹性模量、干燥收缩和受压徐变影响较小,但抗疲劳寿命显著提高,在各种物理因素作用下的耐久性如耐冻融性、耐热性和抗气蚀性也有显著提高。

钢纤维混凝土主要用于公路路面、桥面、机场跑道护面、水坝覆面、薄壁结构、桩头、桩帽等要求高耐磨、高抗冲击、结构受力复杂易于开裂的部位、构件及国防工程。喷射钢纤维混凝土还可以用于隧道内衬、护坡加固等。

三、合成纤维混凝土

钢纤维对阻止硬化混凝土裂缝扩展有良好效果,而合成纤维在解决混凝土早期塑性开裂、减少干燥收缩变形方面具有十分独特作用。且同钢纤维相似,合成纤维不易受水化产物的侵蚀,可三维乱向分布于基体中。

合成纤维的品种较多,其中聚丙烯纤维(丙纶 PP)、聚乙烯醇纤维(维纶 PVA)、聚丙烯腈纤维(腈纶 PAN)、聚酯纤维(涤纶 PET)、聚酰胺纤维(锦纶 PA)等合成纤维属于低模量纤维;芳族聚酰胺纤维(芳纶 Kevlar,Nomex)、超高分子量聚乙烯纤维、碳纤维等属于高模量纤维。高模量合成纤维因生产工艺复杂、产量小、成本高,除用于加固等特殊工程外,在土木工程中使用较少。一般为了提高混凝土早期抗裂性,使用价廉物美的低模量合成纤维就能满足工程要求。

合成纤维按形状分为单丝与束状单丝、膜裂网状几种;按粗细分为细纤维(直径为 10～99 μm)和粗纤维(直径大于 0.1 mm)两种。

纤维的直径越细,则根数越多,阻裂效果愈明显。但一般而言,合成纤维密度小、单丝直径小,搅拌制备时可引起水泥浆体的增稠,不利于高掺量纤维混凝土的振动密实。如果纤维的间距超过某临界值,纤维的阻裂效果则显著下降。

单丝或束状聚丙烯纤维、聚丙烯腈纤维的掺量一般为 0.5～1.5 kg/m³,不宜超过 2 kg/m³,否则将影响纤维的分散性和混凝土抗压强度。

膜裂网状纤维在混凝土中不易结团,便于在混凝土中分散。网状纤维经搅拌撕裂为单丝,其在每 m³ 混凝土中的掺量为 0.7～3 kg/m³。较高掺量的膜裂网状纤维对混凝土裂缝扩展有一定的阻裂能力,高掺量时能提高混凝土的韧性、增加混凝土抗变形能力及有效抵抗温度应力。

低抗拉强度纤维在混凝土破坏过程中易出现拉断现象,而较高拉伸强度的纤维则通常表现为纤维的拔出。混凝土用合成纤维的极限延伸率不宜过大,极限延伸率宜在 8%～16%之间,否则,阻裂效果差。如果使用纤维的目的是解决混凝土早期抗裂、抑制混凝土塑性裂缝的扩展,则所用纤维的抗拉强度应不低于 250 MPa。如果纤维的用途是既希望解决早期开裂问题,又希望提高硬化混凝土的韧性和抗变形能力,则应选用抗拉强度不低于 400 MPa、同时弹性模量较高的合成纤维,或将低模量合成纤维与高模量钢纤维混杂使用。混凝土中纤维的耐腐蚀性、耐老化性与纤维品种有关。碱性环境下碳纤维和石棉纤维耐紫外线且不易腐蚀;而如聚丙烯合成纤维其耐紫外线老化性能差,但由于水泥石基体和集料的保护作用使得内部纤维不易产生老化。

四、高延性纤维增强混凝土

多年来,在改善传统混凝土脆性的过程中,高性能纤维增强水泥基复合材料(HPFRCC)开始出现,如稀浆渗浇钢纤维混凝土(SIFCON)和稀浆渗浇钢纤维网混凝土(SIMCON),它们在直接拉伸荷载作用下具有明显的应变硬化特性,其受拉性能相对普通混凝土和纤维混凝土有很大改善,但其纤维体积掺量较高,如 SIFCON 中钢纤维体积掺量为 4%～20%,不仅成本高,裂缝也很难控制在几百个 μm 量级内,而且需要特殊的工艺才能加工成型,这些都极大地限制了 HPFRCC 在实际工程的推广应用。

高延性纤维增强水泥基复合材料(Engineered Cementitious Composite,ECC)最早由密西根大学 Victor Li 教授于 20 世纪 90 年代研发,是以微观力学模型为理论基础,通过合理调控纤维、基体的性能以及纤维/基体界面参数,使其在拉伸和剪切作用下展现出高延性(极限延伸率大于 0.5%)、应变硬化和饱和多缝开裂特性的一种纤维增强水泥基复合材料。ECC 一般由水泥、矿物掺合料、磨细石英砂或天然河砂等细集料以及短切合成纤维组成。其中,高强高模短切聚乙烯醇纤维(PVA)和超高相对分子质量聚乙烯纤维(PE)是制备 ECC 最常采用的纤维。高延性的产生需要满足纤维桥联应力大于基体初裂强度的强度准则($\sigma_0 > \sigma_{cr}$)和纤维桥联余能大于裂缝尖端韧度的能量准则($J_b' > J_{tip}$)。在纤维体积掺量为 2.0% 的情况下,ECC 的极限延伸率通常可达 3%～7%,拉伸应变能力是传统混凝土的 200 倍以上,且平均裂缝宽度通常小于 100 μm,如图 8-8 所示。优异的力学性能和强大的裂缝控制能力使得 ECC 展现出较好的耐久性,如抗渗性能、抗冻性能、抗盐侵蚀能力和自修复能力等。因此,在增强结构的安全性、耐久性及可持续性方面,ECC 展现出无可比拟的优势。

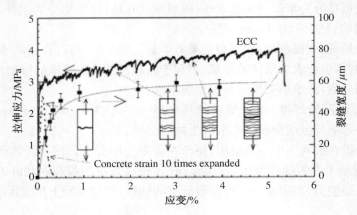

图 8-8 典型的 ECC 拉伸应力-应变曲线

五、织物混凝土

为减弱钢筋混凝土自重大、抗裂性能差等问题对工程应用的限制,借助于先进的纺织技术,织物混凝土(Textile Reinforced Concrete,TRC)的相关研究于 20 世纪 90 年代末得以兴起并发展。TRC 材料是一种将高强纤维织物网预埋在砂浆基体中,从而提高混凝土性能的新型水泥基复合材料。

常用织物如耐碱玻璃纤维粗纱、碳纤维粗纱或钢丝织物等;织物与混凝土基体可采用逐层铺网法,即砂浆与织物网轮流施加,且此过程需满足网格间的空隙大于细集料的最大粒径尺寸要求。采用纤维织物增强结构时,纱线增强方向的布置可以按照设计需求而定。纤维编织网可较大程度地避免短切纤维在基体中难分散问题的产生,使得织物的增强效果明显高于短切纤维。TRC 复合材料中良好的界面性能是受力性能提升的关键,包括基体与织物纱线间的相互摩擦阻力、化学胶结力和砂浆穿过网格空间而形成的机械互锁。混凝土中的织物长度越长、韧性越大,织物混凝土的抗拉、抗弯、抗剪强度以及断裂韧性提高越显著。

TRC复合材料轻质高强,大大节约资源,且具有良好的耐久性,可广泛地应用在轻质薄壁结构、承载结构及结构的修复等工程中。

第三节　膨胀混凝土

膨胀混凝土指在水泥中掺入膨胀剂或直接用膨胀水泥拌制而成的一种特种混凝土。制备膨胀混凝土的目的,一是为了减少普通混凝土的收缩开裂;二是利用膨胀水泥(或膨胀剂)水化产生的膨胀来张拉钢筋,以简化预压应力工艺。膨胀混凝土分为补偿收缩混凝土和自应力混凝土两种类型。美国混凝土协会(ACI)223委员会给予的定义是:补偿收缩混凝土是一种当膨胀受到约束产生的压应力,能大致抵消由于干缩在混凝土中出现的拉应力的膨胀水泥混凝土;自应力混凝土是一种当膨胀受到约束时导入很高的压应力,在干缩和徐变后,混凝土中仍然保持足够的压应力的膨胀水泥混凝土。

从性能和实际用途来看,处于上述两种类型混凝土之间,还有一种混凝土称为填充用补偿收缩混凝土,由于在三轴方向产生膨胀压应力,在周围受到强(或绝对)约束下,这一压力将使埋设部位紧密,周围约束物与中心部件的结合状态得以牢固,从而增加填充效果。一般把自应力为0.2~0.7 MPa的膨胀混凝土称为补偿收缩混凝土;自应力为0.7~1.0 MPa的膨胀混凝土称为填充用补偿收缩混凝土;自应力为1.0~6.0 MPa的膨胀混凝土称为自应力混凝土。我国新制定的《补偿收缩混凝土应用技术规程》(JGJ/T 178—2009)对补偿收缩混凝土进行了重新定义:由膨胀剂或膨胀水泥配制的自应力为0.2~1.0 MPa的混凝土。

膨胀混凝土的一般适用范围,如表8-17所示。含硫铝酸钙类、硫铝酸钙-氧化钙类膨胀剂配制的膨胀混凝土不得用于长期环境温度为80℃以上的工程。含氧化钙类膨胀剂配制的混凝土不得用于海水或有侵蚀性的工程。

表 8-17　膨胀混凝土的一般适用范围

用途	一般适用范围
补偿收缩混凝土	混凝土结构自防水、工程接缝填充、连续施工的超长混凝土结构、大体积混凝土工程等;结构后浇缝、隧道堵头、钢筋与隧道之间的填充等无收缩混凝土
自应力混凝土	自应力混凝土输水管、灌注桩等

一、补偿收缩混凝土

补偿收缩混凝土的质量除应符合现行国家标准《混凝土质量控制标准》(GB 50164)的规定外,还应符合设计要求的强度等级、限制膨胀率、抗渗等级和耐久性技术指标。补偿收缩混凝土的限制膨胀率应符合表8-18的规定。补偿收缩混凝土的抗压强度应满足下列要求:①对大体积混凝土工程或地下工程,补偿收缩混凝土的抗压强度可以标准养护60 d或90 d的强度为准;②除对大体积混凝土工程和地下工程外,补偿收缩混凝土的抗压强度应以标准养护28 d的强度为准。补偿收缩混凝土设计强度等级不宜低于C25,用于填充的补偿收缩混凝土设计强度等级不宜低于C30。

表 8-18　补偿收缩混凝土的限制膨胀率

用　　途	限制膨胀率/%	
	水中 14 d	水中 14 d 转空气中 28 d
用于补偿混凝土收缩	≥0.015	≥−0.030
用于后浇带、膨胀加强带和工程接缝填充	≥0.025	≥−0.020

(1) 不同结构设计取值

补偿收缩混凝土在设计使用时会设计不同部位的限制膨胀率取值。补偿收缩混凝土应用于板梁结构、墙体结构,后浇带、膨胀加强带等部位的限制膨胀率取值如表 8-19 所示。用于后浇带和膨胀加强带的补偿收缩混凝土的设计强度等级应比两侧混凝土提高一个等级。补偿收缩混凝土的浇筑方式和构造形式应根据结构长度,如表 8-20 进行选择。膨胀加强带之间的间距宜为 30~60 m。强约束板式结构宜采用后浇式膨胀加强带分段浇筑。当地下结构或水工结构采用补偿收缩混凝土作结构自防水时,在施工保证措施完善的前提下,迎水面可不做柔性防水。

表 8-19　限制膨胀率的设计取值

结构部位	水中 14 d 限制膨胀率/%
板梁结构	≥0.015
墙体结构	≥0.020
后浇带、膨胀加强带等部位	≥0.025

表 8-20　补偿收缩混凝土浇筑方式和构造形式

结构类别	结构长度 L/m	结构厚度 H/m	浇筑方式	构造形式
墙体	$L \leqslant 60$	—	连续浇筑	连续式膨胀加强带
	$L > 60$	—	分段浇筑	后浇式膨胀加强带
板式结构	$L \leqslant 60$	—	连续浇筑	—
	$60 < L \leqslant 120$	$H \leqslant 1.5$	连续浇筑	连续式膨胀加强带
	$60 < L \leqslant 120$	$H > 1.5$	分段浇筑	后浇式、间歇式膨胀加强带
	$L > 120$		分段浇筑	后浇式、间歇式膨胀加强带

注:不含现浇挑檐、女儿墙等外露结构。

(2) 原材料选择和配合比设计

水泥、外加剂、矿物掺合料和集料应符合现行国家标准。膨胀剂的品种应满足《混凝土膨胀剂》(GB/T 23439—2017)的规定。补偿收缩混凝土一般采用硫铝酸钙类膨胀剂、硫铝酸钙-氧化钙类膨胀剂和氧化钙类膨胀剂。

补偿收缩混凝土的配合比设计,应满足设计所需要的强度、膨胀性能、抗渗性、耐久性等技术指标和施工工作性能要求。膨胀剂掺量应根据设计要求的限制膨胀率,并应采用实际工程使用的材料,经过混凝土配合比试验确定。配合比试验的限制膨胀率一般比设计值高0.005%,试验时,每立方米混凝土膨胀剂用量可按照表 8-21 选取。补偿收缩混凝土的水胶比不宜大于 0.50,且补偿收缩混凝土单位胶凝材料用量不宜小于 300 kg/m³,用于膨胀加强带和工程接缝填充部位的补偿收缩混凝土单位胶凝材料用量不宜小于 350 kg/m³。

表 8-21　每立方米混凝土膨胀剂的用量

用　途	每立方米混凝土膨胀剂用量/(kg·m⁻³)
用于补偿混凝土收缩	30~50
用于后浇带、膨胀加强带和工程接缝填充	40~60

（3）浇筑与养护措施

补偿收缩混凝土的浇筑和养护应符合现行国家标准《混凝土质量控制标准》(GB 50164)的有关规定。补偿收缩混凝土浇筑前,应制订浇筑计划,检查膨胀加强带和后浇带的设置是否符合设计要求,浇筑部位应清理干净。当施工中因遇到雨、雪、冰雹需留施工缝时,对新浇混凝土部分应立即用塑料薄膜覆盖;当出现混凝土已硬化的情况,应先在其上铺设 30~50 mm 厚的同配合比无粗集料的膨胀水泥砂浆,再浇筑混凝土。当超长的板式结构采用膨胀加强带取代后浇带时,应根据所选用膨胀加强带的构造形式,按规定顺序浇筑。间歇式膨胀加强带和后浇式膨胀加强带浇筑前,应将先期浇筑的混凝土表面清理干净,并充分湿润。水平构件应在终凝前采用机械或人工的方式,对混凝土表面进行三次抹压。

补偿收缩混凝土浇筑完成后,应及时对暴露在大气中的混凝土表面进行潮湿养护,养护期不得少于 14 d。对水平构件,常温施工时,可采取覆盖薄膜并定时洒水、铺湿麻袋等方式。底板宜采取直接蓄水养护方式。墙体浇筑完成后,可在顶端设多孔淋水管,达到脱模强度后,可松动对拉螺栓,使墙体外侧与模板之间有 2~3 mm 的缝隙,确保上部淋水进入模板和墙壁间,也可采取混凝土节水保湿养护膜等其他保湿养护措施。在冬季施工时,构件拆模时间应延至 7 d 以上,表层不得直接洒水,可采用塑料薄膜保水,薄膜上部再覆盖岩棉被等保温材料。已浇筑完混凝土的地下室,应在进入冬期施工前完成灰土的回填工作。当采用保温养护、加热养护、蒸汽养护或其他快速养护等特殊养护方式时,养护制度应通过试验确定。

二、自应力混凝土

自应力为 1.0~6.0 MPa 的膨胀混凝土称为自应力混凝土。掺膨胀剂的自应力混凝土的性能应符合《自应力硅酸盐水泥》(JC/T 218)的规定。所谓自应力硅酸盐水泥是指以适当比例的硅酸盐水泥或普通硅酸盐水泥、高铝水泥和天然二水石膏磨制而成的膨胀性的水硬性胶凝材料。掺膨胀剂的混凝土在限制条件下产生可资应用的化学预应力。依据《自应力硅酸盐水泥》(JC/T 218),自应力混凝土的自应力值通过测定水泥砂浆的限制膨胀率计算得到,如表 8-22 所示。

表 8-22　自应力硅酸盐水泥的自应力值

能级	S1	S2	S3	S4
自应力值/MPa	1.0≤S1<2.0	2.0≤S2<3.0	3.0≤S3<4.0	4.0≤S4<5.0

目前,自应力混凝土主要应用于自应力混凝土输水管、灌注桩等。利用自应力水泥膨胀力张拉钢筋而产生预应力的混凝土管,目前主要依据标准《自应力混凝土管》(GB/T 4084)进行制备。

第四节 高性能与超高性能混凝土

一、高性能混凝土

随着混凝土技术的进一步发展,混凝土的研究和应用取得了长足进步,但作为主要结构材料,混凝土在应用过程中仍然面临许多挑战。现代工程结构的高度、跨度和体积的不断增加,以及愈加复杂的受力条件和日益严酷的环境条件,使得不少混凝土构筑物因材质劣化引发开裂破坏,甚至崩溃、坍塌等灾变。因此,工程建设对混凝土性能的要求愈来愈高,使用寿命要求也越来越长。至 20 世纪 80 年代末,为了适应土木工程的发展,新型的混凝土——高性能混凝土(High Performance Concrete,简写为 HPC)应运而生,进而极大地促进了混凝土技术的进步和发展。

（一）HPC 定义与特点

1990 年 5 月美国国家标准与技术研究院(NIST)与美国混凝土协会(ACI)召开会议,首次提出 HPC 名词,并将具有高工作性、高强度和高耐久性的混凝土定义为 HPC。

综合了国内外学者的观点,我国建工行业标准《高性能混凝土评价标准》(JGJ/T 385)对 HPC 给出的定义为:HPC 是以建设工程设计、施工和使用对混凝土性能特定要求为总体目标,选用优质常规原材料,合理掺加外加剂和矿物掺合料,采用较低水胶比并优化配合比,通过预拌和绿色生产方式以及严格的施工措施,制成具有优异的拌合物性能、力学性能、耐久性能和长期性能的混凝土。

由此可见,我国对 HPC 的定义中强调高工作性、高耐久性、高体积稳定性以及绿色、经济性才是 HPC 的基本特性,而非 HPC 一定要求高强度。

（二）HPC 的组成材料、性能及应用

掺加活性矿物掺合料和高效外加剂,并采用高强度等级的水泥和优质集料,是制备HPC 的通用技术原理。此外,为满足 HPC 的韧性等需求,也可以掺加纤维材料。通常HPC 胶凝材料中粉煤灰或磨细矿渣粉的掺量可达 30%～40%,根据所处的工作环境类别,矿物外加剂掺量甚至可高达 70%。

HPC 具有如下性能特点:

1. 工作性。HPC 使用了高效外加剂,并掺加适量的活性矿物掺合料,其流动性好,抗离析性高,具有优异的抗充密实性。在其施工成型过程中不会发生泌水、离析或分层等现象,能保证在施工过程中保持混凝土密实均匀,在施工时完全可以采用泵送或自密实的方法,这将极大地减轻施工的劳动强度,节约施工能耗。

2. 耐久性。HPC 最显著的特点是高耐久性。高效外加剂的使用可以降低 HPC 的水胶比,自由水的减少使得总孔隙率降低。同时,矿物掺合料的引入将很好地填充混凝土中的空隙,有效地改善水泥石的孔结构,使得混凝土中粗细集料之间的孔隙明显地降低。混凝土基体密实度的改善带来抗渗性能的提升,进而抗冻性、抗风化性、耐磨性、耐化学腐蚀性等性能得到改善。

3. 体积稳定性。由于配制 HPC 水胶比小而水灰比大,所以混凝土在硬化早期的收缩徐变变形小,由温度变化产生的变形也小,因此,在施工过程中 HPC 不易产生施工裂缝。但是,由于养护和使用环境的相对湿度和温度的影响,HPC 的早期收缩率会随着早期强度的提高而增大。所以,对于 HPC 而言,并不是强度等级越高越好。

4. 水化热。由于使用了大量的火山灰质矿物掺合料,HPC 的水化热低于高强混凝土,这对大体积混凝土结构非常有利。

5. 经济性。HPC 高耐久性可以延长结构的使用寿命,在很大程度上降低结构维修所需费用。而高强度的 HPC 作为结构材料使用,不仅可以减小结构尺寸,减轻结构自重,而且可以增大结构的净面积和空间,从而获得良好的经济效益。

随着 HPC 技术的进步与发展,适应不同结构应用需求的高流态自密实 HPC、大掺量粉煤灰 HPC、纤维增强 HPC、水下不分散 HPC、轻集料 HPC、海工 HPC、高抛纤维 HPC 等被逐步研制出来,并广泛应用于我国基础设施建设中,尤其是国家大型的道路工程、桥梁工程、水利工程、海上采油平台、矿井工程、海港码头等。当然,商业高层建筑也越来越偏向使用 HPC。例如:上海金茂大厦(C50 和 C60)、北京静安中心大厦(C80)等都是 HPC 应用的典范。

二、超高性能混凝土

随着人类活动向太空、深地、深海等领域的逐渐扩展,以及重大土木工程结构向超高、超深、超长、超大等方向发展的同时所面临的高温、高湿、高盐、腐蚀、严寒等环境条件愈加严酷和恶劣,具有更高密实度、更高强度、更高耐久性和更好拉伸延性的水泥基复合材料——超高性能混凝土(Ultra-high Performance Concrete,简称 UHPC)得到了孕育和发展,被誉为过去三十年最具突破性的跨世纪新材料。

（一）UHPC 定义与特点

从 20 世纪 70 年代发展至今,全球关于 UHPC 的定义仍未达成共识,不同国家标准和规范对其均有不同的名称、定义或解释。但具有超高力学性能和耐久性能的纤维增强水泥基复合材料是其定义的共通点。我国建筑材料协会标准《超高性能混凝土基本性能与试验方法》(T/CBMF 37—2018/T/CCPA 7—2018)对其定义为:兼具超高抗渗性能和力学性能的纤维增强水泥基复合材料,其抗压强度≥120 MPa,初裂抗拉强度≥5 MPa,氯离子扩散系数≤$20×10^{-14}$ m²/s,并且受拉开裂后拉伸响应分为应变软化和应变硬化。

区别于传统高强混凝土和钢纤维混凝土,UHPC 具有比强度高,负荷能力大,突出的抗弯拉性能和韧性,节省资源和能源,和耐久性优异等一系列技术优势和性能特点,能满足土木工程轻量化、高层化、大跨化和高耐久化的要求,以及国防、核电、海洋平台等特种工程和新型结构体系创新等战略需求,是混凝土科技发展的主要方向之一。

UHPC 获得超高性能的关键在于基体超高的密实度和极细的孔结构,致密的微观结构一方面提高混凝土的抗压强度,另一方面可以显著提升 UHPC 基体与纤维之间的协同作用,提升纤维性能的有效利用效率,是实现 UHPC 压缩延性、高抗拉强度、拉伸延性、高韧性和应变硬化、多缝开裂等行为的根本。因此,采用最紧密堆积理论进行配合比设计,并通过掺加纤维提高韧性已成为 UHPC 制备的基本原理。相比于最大堆积密度或颗粒包裹模型、线性堆积密度模型、可压缩堆积模型,连续颗粒堆积模型具有更强的理论性和实用性,被广泛应用于 UHPC 配合比设计中。但是,上述理论模型均是仅从颗粒材料物理作用的角度进行配合比设计,都未考虑颗粒材料的化学反应活性以及大量纳米颗粒的纳米效应。

（二）UHPC 的组成材料、性能及应用

UHPC 的基本组成材料有:高强度水泥(通常 52.5 及以上的硅酸盐和普通硅酸盐水

泥);超细矿物掺合料(涉及硅灰、粉煤灰、矿粉、石灰石粉、偏高岭土等微纳米颗粒);高效或超高效减水剂(具有大减水、降黏和减缩等功能);集料(为保证匀质性,通常只使用最大料径为 $400\sim600\ \mu m$ 的细集料,但粗集料的研究与应用已逐渐深入,其最大粒径一般小于 8 mm),纤维(使用多种长度的平直型、端钩型、波浪型等高强微细钢纤维,当有装饰、防火、抗爆性能等要求时,也可使用 PVA、PP 等合成纤维),典型水胶比为 $0.15\sim0.22$。

UHPC 具有如下性能特点:

1. 工作性能。由于极低水胶比、高掺量超细粉体和外加剂以及纤维的引入,新拌 UHPC 体系黏度往往较高。影响 UHPC 高黏度的主要因素包括:固相浓度(水胶比)、堆积密度(颗粒表面的水膜层厚度)、颗粒间距以及间隙液黏度。固相浓度越高、水胶比越低、水膜层厚度和颗粒间距越小、未吸附减水剂导致的间隙液黏度越高,则 UHPC 具有较小的流动性和较高的体系黏度。使用具有高颗粒分散能力(高堆积密实度),大吸附层厚度(更大的颗粒间距)和低减水剂残余量(更低的间隙液黏度)的外加剂是改善 UHPC 工作性能的重要手段,同时采用良好的颗粒粒形(球形)及其级配可以降低 UHPC 的黏度 50% 以上,使其满足超远程泵送和自密实等特性。

2. 力学性能。当采用常温自然养护或蒸汽养护(一般为 90℃)时,UHPC 的总孔隙率约 5%~8%,影响力学性能的毛细孔含量约 1.5%,使 UHPC 抗压强度可达 100~230 MPa;当浇筑后预压成型及终凝后蒸压养护(一般为 175℃~250℃)时,UHPC 的总孔隙率可进一步低至 2%,毛细孔含量低至 0.8%,使其抗压强度可达 250~400 MPa。水胶比和钢纤维掺量是影响 UHPC 抗压强度的重要因素,随着水胶比的降低以及钢纤维掺量的提高,UHPC 抗压强度相应得到提高(合成纤维对 UHPC 抗压强度的提升则并不明显)。此外,天然或人造高强集料的使用也能进一步提升 UHPC 的抗压强度。

相比于高强混凝土,UHPC 的拉伸强度可提高 5 倍以上,其初裂拉伸强度可达 5~10 MPa,极限拉伸强度可高达 10~40 MPa 之间,极限拉伸应变量可高达 2 000~8 000 $\mu\varepsilon$。初裂拉伸强度主要由基体的拉伸性能决定,极限拉伸强度和应变量由纤维拔出行为决定,受基体、纤维和界面性能的影响。UHPC 突出的拉伸性能优势是立足在基体与纤维界面过渡区的极高密实度和强度,一般此界面过渡区宽度只有 2~4 μm,界面黏结强度可高达 10~30 MPa,是高强混凝土的 20 倍以上。此外,纤维性能是影响 UHPC 拉伸性能的最关键因素,涉及种类、强度、掺量、长径比和分布等方面。相比于直纤维,通过引入异型纤维可以获得更为优异的拉伸性能,且扭曲纤维最佳,其次是端钩纤维,最后是直纤维;混杂纤维也是提升 UHPC 拉伸性能的有效手段,且 UHPC 拉伸应力应变曲线受长纤维影响较大;一般而言,所用纤维长径比不超过 80 或者长度不超过 30 mm;对于纤维取向,当纤维沿拉伸方向排布,UHPC 具有最佳的拉伸性能,但当 UHPC 基体强度较高时,具有一定的取向角有利于桥接纤维拔出耗能的增加,进而提高拉伸性能。

3. 体积稳定性。UHPC 由于极低水胶比和大量胶材的使用,会产生显著的体积稳定性问题,主要表现在收缩(自收缩和干燥收缩)与徐变方面。

与普通混凝土不同,UHPC 的自收缩占总收缩的比例较大(约 90%),干燥收缩则较小(约 10%)。UHPC 自收缩的动力来源于内部的自干燥,在 1~10 d 龄期期间,孔隙内相对湿度下降较快,可低于 70%;10~90 d 龄期期间,孔隙内相对湿度降低缓慢,自收缩则变化较小。评价与测试 UHPC 收缩变形的起始点与方法的不同,会导致总收缩量的测试结果相差 2～3 倍(通常应该采用初凝时间点作为测试基准点)。纤维和集料作为提升力学性能的重要手段,其也能有效降低 UHPC 的收缩总量,35% 体积用量的粗集料可使 UHPC 的 90 d 收缩变形降低约 50%,2%～3% 体积掺量的钢纤维可使 UHPC 收缩变形降低 10%～20%。除此之外,轻集料、吸水树脂等内养护技术和减缩剂、膨胀剂等收缩补偿技术均有助于减小 UHPC 的收缩总量。在 UHPC 未水化水泥颗粒方面,无论蒸汽养护还是常规养护其含量均在 50% 以上,当有外界水分进入 UHPC 结构内部,可导致未水化水泥颗粒的继续水化而诱发湿胀开裂。

相比普通混凝土,UHPC 徐变具有如下特点:随持荷时间延长而增长、早期徐变度较大、后期增长率降低以及大部分徐变可在加载后的 2～3 个月内完成。钢纤维、水胶比、粗集料、加载龄期和强度是影响 UHPC 徐变的主要原因。它们对 UHPC 徐变的影响在于:掺加超细钢纤维能够抑制 UHPC 徐变的发展,但纤维掺量过多时,其抑制徐变的能力不增反降,此时内部缺陷是徐变发展的主要因素;降低水胶比能抑制 UHPC 徐变的发展,水的运动是徐变发生的主导因素;粗集料可有效抑制 UHPC 徐变的发展;即便是早龄期加载,UHPC 徐变度仍低于普通混凝土 28 d 加载徐变度,且当应力水平小于 70% 时,UHPC 仍然保持线性徐变,并未出现显著的非线性徐变;对于普通混凝土,一般认为强度越高,徐变越小,但对于强度相同的 UHPC,其徐变度有可能相差很大,不能仅从强度方面考虑 UHPC 徐变特性。

4. 耐久性能。致密的微观结构使得 UHPC 具有极佳的耐久性能。相比于普通混凝土,UHPC 没有冻融循环和碱-集料反应破坏的问题。在无裂缝状态下,UHPC 耐久性指标具有数量级或倍数的提高,其氯离子扩散性能可降低 50 倍,气体渗透性可降低 100 倍,吸水率可降低 60 倍,抗冻性可提高 6 倍,耐磨性可提高 3 倍;在带裂缝状态下,UHPC 的渗透性能会先小幅度增大,然后快速增大,裂缝宽度临界值一般在 100 μm 左右,此时 UHPC 的抗渗透性能仍可与普通混凝土相当。同时在未水化颗粒的作用下 UHPC 可以发生裂缝自愈合行为,其渗透系数可以降低 2～3 个数量级,恢复到非常高的抗渗能力。

得益于 UHPC 优异的力学性能,其在大跨度预制梁桥、轻型组合桥面及轻巧建筑装饰构件等工程领域彰显了巨大的应用潜力,应用规模也得到飞速发展。随着我国基础设施建设的纵深不断推进,UHPC 的应用已经逐渐扩展至维修加固、市政工程、耐磨材料、设备基座、永久性模板以及防护工程等领域。例如:

UHPC 轻型组合梁:可减轻结构自重约 30%～50%,突破组合梁设计极限;解决普通混凝土组合梁易疲劳、易开裂问题;桥面板可不需要预应力。

UHPC 湿接缝:降低湿接缝宽度至 250 mm 以下;钢筋免焊接、免绑扎;与既有混凝土界面粘结性能强,可达 8 MPa 以上;强度增长迅速,快速开放交通。

UHPC 维修加固:快速、高强修复,板梁承载能力可提高 50%～80%;结构整体刚度可提高 20%;寿命提升约 10 倍。

UHPC 防护结构:轻质,装配性好,战时快速响应;设防等级高,提升结构抗侵彻爆炸能力 3 倍以上。

第五节　自密实混凝土

自密实混凝土(Self Compacting Concrete,简写为 SCC)的研究和应用始于 20 世纪 80

年代,因其流动性大、无须振捣、能自动流平并密实的优异特性得到了快速的发展。自密实混凝土是指混凝土拌合物具有良好的工作性,即使在密集配筋条件下,仅靠混凝土自重作用,无须振捣便能均匀密实成型的高性能混凝土。在一些特殊工程中,具有不可替代的作用,如密集配筋混凝土结构、异型混凝土结构(如拱形结构、变截面结构等)、薄壁结构、复杂截面的加固与维修工程、钢管混凝土、大体积或水下混凝土施工等。

SCC 的主要优点有:①可用于难以浇筑甚至无法浇筑的结构,解决传统混凝土施工中的漏振、过振以及钢筋密集难以振捣等问题,可保证钢筋、预埋件、预应力孔道的位置不因振捣而移位。②SCC 还可增加结构设计的自由度,无须担心因施工困难而难以实现。③SCC 能大量利用工业废料作掺合料,有利于环境保护。④SCC 还能减少振捣施工设备及配套工作人员,大幅降低工人劳动强度,降低施工噪音,改善工作环境,节省电力资源和人工费用等。

一、原材料和配合比

(一)原材料

SCC 的组成材料一般包括粗集料、砂、水泥、高性能减水剂、粉状矿物掺合料(如粉煤灰、磨细矿渣微粉等),部分使用增稠剂(如纤维素醚、水解淀粉、硅灰、超细无定形胶状硅酸)或粉状惰性或半惰性填料(如石灰石粉、白云石粉等)以提高 SCC 抗离析泌水性。矿物填料的粒径宜小于 0.125 mm,且 0.063 mm 筛的通过率大于 70%。SCC 原材料中的水泥、掺合料和集料中粒径小于 0.075 mm 的材料为粉料。

配制 SCC 对原材料的要求较高,SCC 可选用六大通用水泥,但是用矿物掺合料时,宜选用硅酸盐水泥和普通硅酸盐水泥;粗集料的最大粒径主要取决于自密实性能等级和钢筋间距等,通常为 16～20 mm,空隙率宜小于 40%,同时应严格限制集料中的泥含量、泥块含量、针片状颗粒含量等有害物质含量,使用前宜用水冲洗干净,细集料宜选用洁净的中砂。由于 SCC 的高流动性、高抗离析性、高间隙通过性,宜选用减水率大,具有保坍、减缩等性能的高性能外加剂。

(二)SCC 的配合比

自密实混凝土与普通混凝土的主要区别是自密实混凝土具有很好的流变特性。通常,SCC 的坍落度大于 200 mm,坍落扩展度为 550～750 mm,不需振捣、自动流平密实。

SCC 配合比设计方法与普通混凝土不同,设计参数也有所不同,主要包含水胶比、胶凝材料总量及掺合料掺量、单位用水量、单位浆体体积、粗集料的松散体积或密实体积等。与普通混凝土相比,SCC 配合比具有浆体含量高、水粉比(水与粉料的质量比)低、砂率高、粗集料用量低、高效减水剂掺量高、有时使用增稠剂等特点。配合比参数的典型范围为:水胶比由设计强度等级决定,粉料用量为 380～600 kg/m³,单位用水量小于 200 kg/m³,一般为 140～180 kg/m³,单位浆体体积宜为 0.32～0.40 m³,粗集料的松散体积为 0.5～0.6 m³,密实体积为 0.28～0.35 m³,质量砂率一般为 48%～55%,单位混凝土中粗集料用量一般为 750～1 000 kg/m³。

自密实混凝土拌合物工作性包括填充性、间隙通过性和抗离析性。填充性一般通过坍落扩展度和扩展到 500 mm 时的流动时间 T_{500} 来表征;间隙通过性和抗离析性一般通过 L 形仪的高度比(H_2/H_1)和 U 形仪的高度差(Δh)来表征;还可以采用 V 形漏斗方法来测定 SCC 的黏稠性和抗离析性,或采用拌合物稳定性跳桌试验来检测 SCC 的抗离析性。

二、SCC 的性能及应用

由于 SCC 的粉体材料用量和外加剂掺量均较高,因此 SCC 的制备成本略高于普通混凝土。单位用水量或水灰比相同的条件下,由于 SCC 不需要振捣,浆体与集料的界面得到改善,SCC 的抗压强度略高于普通混凝土,SCC 的浆体与钢筋的黏结强度也比普通混凝土高。SCC 的强度发展规律与普通混凝土一致。由于 SCC 浆体体积高于普通混凝土,SCC 的干燥收缩和温度收缩均略高于普通混凝土,弹性模量则略低,徐变系数略高于同强度的普通混凝土。但用水量或水灰比相同时,SCC 的徐变略低于普通混凝土,由徐变和收缩引起的总变形则与普通混凝土接近。掺加有机纤维和钢纤维可降低 SCC 的早期塑性收缩和后期干燥收缩及提高韧性,但纤维的加入会降低 SCC 的工作性和间隙通过能力。SCC 的均匀性好,耐久性比普通混凝土高。SCC 的热膨胀系数与普通混凝土相同,为 $10^{-13}\mu\varepsilon/\mathrm{K}$。

第六节　聚合物混凝土

聚合物混凝土是在混凝土中引入有机聚合物作为部分或全部胶结材料的一种新型混凝土。聚合物混凝土可分为聚合物浸渍混凝土、聚合物水泥混凝土和聚合物混凝土三种。

一、聚合物浸渍混凝土

聚合物浸渍混凝土(Polymer Impregnated Concrete,简称 PIC)是以硬化干燥后的混凝土为基材,并通过浸渍过程,使有机单体渗入到混凝土的孔隙与裂纹中,然后利用加热、辐射或化学等聚合方法使普通混凝土和聚合物结合成一体的一种混凝土。

浸渍液可以由一种或多种单体组成,常用的单体有苯乙烯(S)、甲基丙烯酸甲酯(MMA)、丙烯氰(AN)、聚酯-苯乙烯等。浸渍又可分为完全浸渍和局部浸渍两种,完全浸渍是指混凝土断面完全被单体(低黏度的单体)浸透,浸填量一般在 6% 左右,浸填方式采用真空-常压浸渍或真空-加压浸渍,该浸透方式可全面改善混凝土的性能,使混凝土强度大幅度提高。局部浸渍的深度一般低于 10 mm,浸渍量在 2% 左右,浸渍方式采用涂刷法、浸泡法或两法并用,其主要目的是改善混凝土的表面性能(如耐腐蚀、耐磨、防渗等)。施工现场多采用局部浸渍方式进行浸渍处理。

虽然聚合物浸渍混凝土与普通混凝土外观相似,但由于聚合物在混凝土中与水泥凝胶体相互穿插,所产生的增塑、增韧、填孔和固化作用,使得聚合物浸渍混凝土具有高强度和高抗渗性,除此之外,其抗冻性、抗冲击性、耐蚀性和耐磨性亦有明显提高,且徐变和收缩值很小。

聚合物浸渍混凝土适用于要求高强度、高耐久性的特殊构件,特别适用于输运液体的管道、耐高压的容器、隧道衬砌、海洋构筑物、液化天然气储罐等。美国的德沃夏克坝,由于泄水孔不同程度的气蚀破坏,第一次大规模使用了浸渍混凝土进行修补。我国针对葛洲坝电站混凝土底板表面干缩裂纹等工程问题,进行了大面积浸渍处理。

二、聚合物水泥混凝土

聚合物水泥混凝土(Polymer Cement Concrete,简称 PCC),亦称聚合物改性水泥混凝土(Polymer Modified Cement Concrete,简称 PMC)。它是指将高分子聚合物加入新拌水泥混凝土或砂浆中,从而制得的复合材料。聚合物水泥混凝土的生产工艺与普通混凝土相似,包括聚合物改性水泥浆、聚合物改性砂浆、聚合物改性混凝土。

加入了聚合物材料后,水泥混凝土或砂浆的许多性能如强度、变形能力、黏结性能、防水性能和耐久性能等都会有所改善,改善的程度与聚灰比(固体聚合物的质量与水泥质量之比)、聚合物的品种和性能有很大关系。

聚合物水泥混凝土中的水泥可用普通水泥或高铝水泥,用于水泥混凝土改性的聚合物有四类,即水溶性聚合物(聚乙烯醇、聚丙烯酰胺、丙烯酸盐、纤维素衍生物、呋喃苯胺树脂等)、聚合物乳液或分散体(橡胶胶乳,热塑性树脂乳液:如聚丙烯酸酯乳液、乙烯-乙酸乙酯共聚乳液、聚乙酸乙烯酯乳液、苯丙乳液、聚丙酸乙烯酯乳液、氯乙烯-偏氯乙烯共聚乳液等,热固性树脂乳液:如环氧树脂乳液、不饱和聚酯乳液等,乳化沥青,混合乳液)、可再分散的聚合物粉料(乙烯-乙酸乙烯共聚物、乙酸乙烯酯-支化羧酸乙烯基酯共聚物、苯乙烯-丙烯酸酯共聚物)和液体聚合物(环氧树脂、不饱和聚酯树脂)。

在混凝土凝结硬化过程中,聚合物与水泥之间没有发生化学作用,是水泥水化吸收乳液中水分,使乳液脱水而逐渐凝固,水泥水化产物与聚合物互相包裹填充形成致密结构,从而改善了混凝土的物理力学性能。聚合物水泥混凝土具有较好的耐久性、耐磨性、耐腐蚀性,多用于无缝地面,也常用于混凝土路面、机场跑道面层和构筑物的防水层等。

三、聚合物混凝土

聚合物混凝土,又称树脂混凝土(Polymer Concrete,简称 PC),它是由聚合物完全代替水泥作为胶结材料、以砂石为集料的一种混凝土。由于其胶结材料仅用聚合物,所以也称纯聚合物混凝土。

树脂混凝土常用的胶结材料主要是各种树脂,目前最常用的有环氧树脂、不饱和聚酯树脂、呋喃树脂、脲醛树脂及甲基丙烯酸甲酯单体、苯乙烯单体等。

聚合物混凝土中,用作胶结材料的聚合物组分最终全部参与固化反应,因而聚合物混凝土中没有连通的毛细孔,抗渗性比普通混凝土高得多,具有优良的耐水、耐冻融、耐腐蚀等耐久性。聚合物混凝土的强度发展比普通水泥混凝土快得多,可以在常温和低温下固化。一般来说,24 h 的强度可以达到最终强度的 80%。聚合物混凝土的抗压强度在 60~180 MPa,取决于所用聚合物的类型和集料的尺寸、类型及级配。未增韧的聚合物混凝土的抗弯强度达 14~28 MPa 或更高,劈拉强度为 10.3~17.2 MPa。根据所用树脂胶黏剂的弹性模量和用量不同,聚合物混凝土的弹性模量可以在很宽范围内变化,柔性树脂的弹性模量可小到 4 GPa,刚性树脂的弹性模量可高至 40 GPa,聚合物混凝土的徐变是水泥混凝土的 2~3 倍,但比徐变(徐变与强度之比)几乎相同。聚合物混凝土在大多数材料上具有很好的粘附性,是一种良好的快速修补材料。

聚合物混凝土可应用于路面、桥面和机场跑道及其他类似场合的修补,是工程结构修补用的重要材料。也可生产预制构件,或用于有耐腐蚀、防水要求的场合。由于聚合物混凝土具有优良的减震阻尼性能,它还可用于铁路轨枕、机床的台座及机架。同时,聚合物混凝土还是很好的绝缘材料,可用于电力工程。另外,聚合物胶结混凝土的外表美观,可制成人造大理石,用于桌面、浴缸、台面等。

第七节　3D 打印混凝土

3D 打印混凝土指无需任何模板支撑及振动过程,就能通过 3D 打印机逐层堆叠成型的一种特殊的混凝土。

随着城市化和工业化进程的快速推进,建筑行业工序烦琐、劳动力短缺、安全事故多发等问题严重制约了其发展。数字化、智能化的 3D 打印技术为建筑行业提供了新的思路,将混凝土作为 3D 打印的特殊"油墨",建筑 3D 打印技术便应运而生。

建筑 3D 打印技术在成本、效率、环境友好性和设计自由度等方面均具有明显优势,近年来在 3D 打印材料及其基本性能方面开展了大量的研究,但 3D 打印的配筋问题,以及由于打印工艺造成的构件的各向异性等问题均有待深入研究。同时,建筑 3D 打印技术目前尚在初步发展阶段,在打印机械、材料、工艺、规范等方面尚有很多问题亟待解决和完善。

（一）混凝土 3D 打印过程

混凝土的 3D 打印过程由计算机控制,构件的设计通过三维建模软件完成,通过切片软件将构件的三维模型逐层分割,以生成每层的打印路径以及控制打印头行进的代码文件。

混凝土 3D 打印的过程如图 8-9 所示,打印阶段先将配制好的混凝土泵送至打印机料斗中,再通过机械挤压设备使混凝土随打印头的行进挤出,打印头可按照预先设定好的程序在三维空间内移动,通过层层堆叠的方式得到预先设计好的混凝土构件。

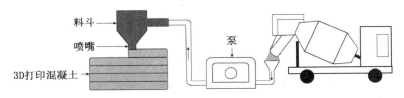

图 8-9　混凝土 3D 打印过程

（二）3D 打印混凝土的特点和性能

基于以上建筑 3D 打印技术的流程及无模板支护的特点,3D 打印混凝土需要具有较好的可泵送性、可挤出性以及可建造性。一方面,3D 打印混凝土需要在有外部剪切力的作用下保持良好的流动性,便于其在管道内的运输以及喷嘴处的挤出;同时,3D 打印混凝土挤出后,在静置状态下,需要保持其横截面的稳定性,并承受继续堆叠的上层混凝土带来的载荷而不发生坍塌,即 3D 打印混凝土需要具有良好的触变性,这也是 3D 打印混凝土区别于传统混凝土的最重要的性能特点之一,与混凝土的流变性能密切相关。

可泵送性需要 3D 打印混凝土具有较大的流动度以及优良的保水性,使得混凝土能被泵送至打印头内进行打印,并保持较好的均匀性,不发生离析。

可挤出性通常指新拌混凝土具有足够的流动性,能够通过打印头均匀、连续挤出的性能,这就要求 3D 打印混凝土具有较低的动态屈服应力,能够在剪切作用下呈现较好的流动状态。

可建造性指 3D 打印混凝土在逐层堆叠的过程中,尺寸保持稳定的性能,同时,堆叠形成的 3D 打印制品不发生屈曲、倒塌、整体尺寸不随时间推移发生改变的性能。这要求混凝土具有较高的静态屈服应力,以保证层层堆叠后的稳定性。另外,还要求 3D 打印混凝土具有合适的凝结时间和较高的早期强度,使得混凝土能更好地承受自身和上层混凝土的重量以及打印过程中的动载荷,同时下层混凝土的凝结硬化也不应过快,否则将使 3D 打印构件层间黏结不良,出现层间冷缝。

可泵性、可挤出性能和可建造性能统称为可打印性能。通常认为,评估混凝土可打印性时,最为重要的流变参数是屈服应力。屈服应力越高,3D打印混凝土的可建造性越好,但若屈服应力过高,将造成混凝土无法挤出或打印间断,以及层间界面黏结较弱等问题。因此,3D打印混凝土的屈服应力在合适的区间内才能保证其可挤出性和可建造性的平衡。

另外,由于3D打印工艺逐层堆叠的特点,3D打印混凝土构件具有各向异性,构件层间也可能会因为较长的打印时间间隔存在比较薄弱的界面。与传统的浇筑工艺不同,混凝土的3D打印过程中,混凝土的逐层堆叠导致其沉积位置以及自身状态随时间改变,同时,3D打印无振动密实过程,相邻以及上下层混凝土打印层之间将不可避免地引入一定数量的孔隙和缺陷,加之3D打印独特的工艺,从而造成打印构件物理和力学性能的各向异性。3D打印混凝土构件的各向异性与打印材料性能、打印工艺参数、打印路径、喷口直径等均有较大联系。此外,3D打印混凝土的性能不同,打印参数也应随之发生相应的变化,否则可能导致打印间断、层间黏结性能不良等。3D打印混凝土性能与打印参数的适配也是保证3D打印构件性能优良的重要环节之一。

(三)3D打印混凝土的组成材料

3D打印混凝土主要由胶凝材料、集料、纤维、外加剂、水等配制而成。

硅酸盐水泥、普通硅酸盐水泥以及掺活性混合材的硅酸盐水泥均可用于制备3D打印混凝土。为了适当加快混凝土的凝结硬化,使3D打印混凝土更好地承受上层混凝土带来的载荷,有研究者在混凝土中掺加了少量的硫铝酸盐水泥或磷酸镁水泥。此外,粉煤灰、矿粉、硅灰和凹凸棒土等也常被用于平衡3D打印混凝土的可挤出性和可建造性、改善混凝土的孔隙结构和各项性能,或作为制备3D打印碱激发胶凝材料的原料。

3D打印混凝土的集料最大粒径受到喷嘴直径的限制,目前主要采用细集料。若集料直径过大,则易造成喷嘴堵塞,影响打印的正常进行。采用3D打印成型时,由于打印工艺的特殊性,3D打印混凝土构件难以像传统的浇筑成型混凝土一样配置钢筋。因此,常在3D打印混凝土中添加纤维,以提高其抗裂强度、韧性和延性。钢纤维、碳纤维、耐碱玻璃纤维、聚丙烯纤维等均可用于3D打印混凝土的制备。

减水剂、促凝剂、缓凝剂、黏度改性剂等是3D打印混凝土的常用外加剂。其中,减水剂主要用于增加混凝土的流动性,防止混凝土在泵送过程中堵塞管道。缓凝剂和促凝剂的使用是为了调节凝结时间,以满足混凝土拌合物在打印时间窗口期内的可打印性。黏度改性剂能够增强混凝土的保水能力,减少运输过程中的离析和泌水,增大混凝土的触变性能,是3D打印混凝土的重要组分之一。最常用的黏度改性剂是纤维素醚衍生物以及聚丙烯酰胺,此外还有硅灰、粉煤灰、纳米黏土等比表面积较大的无机材料。

(四)3D打印混凝土的应用

建筑3D打印技术在世界各地都有成功应用。Domenico等打印了具有不同截面的异形混凝土梁。在西班牙马德里附近的Castilla-La Mancha城市公园3D打印了一座跨度12 m、宽1.75 m的混凝土人行天桥。荷兰埃因霍温理工大学利用3D打印混凝土技术成功打印了世界上第一座3D打印预应力混凝土自行车桥,桥总长8 m,宽3.5 m,设计使用年限为30年,该工程使用了钢丝与3D打印同步布置的增强技术。在我国,目前已经成功应用的 3D 打印项目包括 3D 打印智能公交站台、3D 打印装配式桥梁、3D 打印装配式房屋、现场 3D 打印 2 层建筑等。

第八节　耐热、耐酸和防辐射混凝土

一些特殊使用场合的混凝土还应满足特殊要求,如耐热、耐高温、耐酸或碱的腐蚀,具有防辐射功能等。本节将简要介绍耐热混凝土、耐酸混凝土和防辐射混凝土。

一、耐热混凝土

耐热混凝土是指能长期在高温(200℃～900℃)作用下保持所要求的物理和力学性能的一种特种混凝土。普通混凝土不耐高温,故不能在高温环境中使用。其不耐高温的原因:水泥石中的氢氧化钙及石灰岩质的粗集料在高温下均要产生分解,石英砂在高温下要发生晶型转化而产生体积膨胀,加之水泥石与集料的热膨胀系数不同,所有这些,均将导致普通混凝土在高温下产生裂缝,强度严重下降,甚至破坏。

耐热混凝土是由适当的胶凝材料、耐热粗、细集料及水(或不加水),按一定比例配制而成。根据所用胶凝材料不同,通常可分为下面几种。

1. 硅酸盐水泥耐热混凝土

硅酸盐水泥耐热混凝土是以普通水泥或矿渣水泥为胶结材料,耐热粗、细集料采用安山岩、玄武岩、重矿渣、黏土碎砖等,并以烧黏土、砖粉、磨细石英砂等作磨细掺合料,再加入适量的水配制而成。耐热磨细掺合料中的 SiO_2 和 Al_2O_3 在高温下均能与 CaO 作用,生成稳定的无水硅酸盐和铝酸盐,它们能提高水泥的耐热性。普通水泥和矿渣水泥配制的耐热混凝土其极限使用温度为 700℃～800℃。

2. 铝酸盐水泥耐热混凝土

铝酸盐水泥耐热混凝土是采用高铝水泥或低钙铝酸盐水泥、耐热粗细集料、高耐火度磨细掺合料及水配制而成。这类水泥在 300℃～400℃下其强度会发生急剧降低,但残留强度能保持不变。到 1 000℃时,其中结构水全部脱出而烧结成陶瓷材料,则强度重又提高。常用粗、细集料有碎镁砖、烧结镁砂、矾土、镁铁矿和烧结土等。铝酸盐水泥耐热混凝土的极限使用温度为 1 300℃。

3. 水玻璃耐热混凝土

水玻璃耐热混凝土是以水玻璃作胶结料,掺入氟硅酸钠作促硬剂,耐热粗、细集料可采用碎铬铁矿、镁砖、铬镁砖、滑石、焦宝石等。磨细掺合料为烧黏土、镁砂粉、滑石粉等。水玻璃耐热混凝土的极限使用温度为 1 200℃。施工时应注意:混凝土搅拌不加水,养护混凝土时禁止浇水,应在干燥环境中养护硬化。

4. 磷酸盐耐热混凝土

磷酸盐耐热混凝土是由磷酸铝和以高铝质耐火材料或锆英石等制备的粗、细集料及磨细掺合料配制而成,目前更多的是直接采用工业磷酸盐配制耐热混凝土。这种耐热混凝土具有高温韧性强、耐磨性好、耐火度高的特点,其极限使用温度为 1 600℃～1 700℃。磷酸盐耐热混凝土的硬化需在 150℃以上烘干,总干燥时间不少于 24 h,并且硬化过程中不允许浇水。

耐热混凝土多用于高炉基础、焦炉基础、热工设备基础及围护结构、炉衬、烟囱等。

二、耐酸混凝土

能抵抗多种酸及大部分腐蚀性气体侵蚀作用的混凝土称为耐酸混凝土。

水玻璃耐酸混凝土是由水玻璃作胶结料,氟硅酸钠作促硬剂,与耐酸粉料及耐酸粗、细集料按一定比例配制而成。耐酸粉料由辉绿岩、耐酸陶瓷碎料、含石英高的材料磨细而成。耐酸粗、细集料常用石英岩、辉绿岩、安山岩、玄武岩、铸石等。

配制耐酸混凝土时,水玻璃的用量一般为 $240\sim300\ kg/m^3$,促凝剂氟硅酸钠用量为水玻璃用量的 $12\%\sim19\%$。水玻璃模数越大,相对密度越小,氟硅酸钠用量也越少。砂率一般应控制在 $38\%\sim45\%$。耐酸粉料与集料的质量比为 $0.35\sim0.42$。为进一步提高水玻璃混凝土的密实度,可在配制时掺加聚合物改性剂,如呋喃类有机单体、水溶性低聚物、水溶性树脂等。水玻璃耐酸混凝土养护温度应不低于 $5℃$,养护宜在相对湿度低于 50% 的较干燥环境中进行。拆模时间与养护温度有关,温度越高,拆模时间越短。$5℃\sim10℃$ 时养护时间不少于 $7\ d$,$30℃$ 以上 $1\ d$ 即可拆模。为提高水玻璃耐酸混凝土的耐蚀性、耐水性和抗渗性,需对其表面进行酸化处理。

水玻璃耐酸混凝土能抵抗除氢氟酸以外的各种酸类的侵蚀,特别是对硫酸、硝酸有良好的抗腐性,且早期强度较高,其 $1\ d$ 强度可达 $28\ d$ 强度的 $40\%\sim50\%$,$3\ d$ 可达 $70\%\sim80\%$,$28\ d$ 抗压强度一般可大于 $25\ MPa$。多用于化工车间的地坪、酸洗槽、贮酸池等。

另外有一种硫磺耐酸混凝土,也称硫磺混凝土。它是以熔融硫磺为胶结料与耐酸集料和粉料拌和,冷却固化形成的一种耐酸材料。硫磺混凝土不同于水泥混凝土,水泥的水化(化学过程)是随时间逐渐进行的,$30\ d$ 只能达到 $60\%\sim70\%$ 的抗压强度。而硫磺由熔融态冷却至固态属纯物理过程,其强度发展迅速,$1\ d$ 内即可达到 100% 的抗压强度。因此,硫磺混凝土是一种早强快硬的材料。

不经改性的硫磺混凝土的韧性较差,当工程对韧性要求较高时,必须掺加改性剂进行改性。其力学性能见表 8-23 所示。

表 8-23　硫磺混凝土的力学性能

抗压强度 / MPa	抗弯强度 / MPa	抗拉强度 / MPa	弹性模量 / GPa
25~70	3.4~10.4	2.8~8.3	20~45

三、防辐射混凝土

能遮蔽对人体有危害的 X 射线、γ 射线及中子辐射等的混凝土,称为防辐射混凝土。对有害辐射屏蔽的效果与辐射途经的物质的质量近似成正比,而与物质的种类无关。防辐射混凝土通常采用重集料配制而成,混凝土的表观密度一般在 $3\,360\sim3\,840\ kg/m^3$,比普通混凝土高 50%。混凝土愈重,防护辐射性能越好,且防护结构的厚度可减小。但对中子流的防护,混凝土中除了应含有重的元素如铁或原子序数更高的元素外,还应含有足够多的轻元素——氢和硼。

配制防辐射混凝土时,宜采用胶结力强、水化热较低、水化结合水量高的水泥,如硅酸盐水泥,最好使用硅酸钡、硅酸锶等重水泥。采用高铝水泥施工时需采取冷却措施。常用重集料主要有重晶石($BaSO_4$)、褐铁矿($2Fe_2O_3\cdot3H_2O$)、磁铁矿(Fe_3O_4)、赤铁矿(Fe_2O_3)、碳酸钡矿、纤铁矿等。另外,掺入硼和硼化物及锂盐等,也可有效改善混凝土的防护性能。

防辐射混凝土用于原子能工业以及国民经济各部门应用放射性同位素的装置中,如反应堆、加速器、放射化学装置等的防护结构。

第九节　喷射混凝土

喷射混凝土是借助喷射机械,利用压缩空气或其他动力,将按一定比例配合的拌合料,通过管道输送并以高速喷射到受喷面上凝结硬化而成的一种混凝土。喷射混凝土具有较高的强度和耐久性,它与混凝土、砖石、钢材等有很高的黏结强度,且施工不用模板,是一种将运输、浇注、密实结合在一起的施工方法。这项技术已广泛用于地下工程、薄壁结构工程、维修加固工程、岩土工程、耐火工程和防护工程等土木工程领域。

一、喷射混凝土的原料组成

(1)水泥。喷射混凝土宜采用硅酸盐水泥或普通硅酸盐水泥,因为这两种水泥的 C_3S 和 C_3A 含量较高,同速凝剂的相容性较好,凝结硬化快,后期强度较高。当结构要求喷射混凝土早强时,可使用硫铝酸盐水泥或其他早强水泥;当喷射混凝土遇到含有较高可溶性硫酸盐的地层或地下水的地方,应使用抗硫酸盐类水泥;当集料与水泥中的碱可能发生反应时,应使用低碱水泥;当喷射混凝土用于耐火结构时,应使用高铝水泥,它同时对于酸性介质也有较大的抵抗能力。

(2)集料。粗集料宜选用最大粒径不大于 20 mm 的碎石,以利于喷射施工和减少回弹量。当使用速凝剂时,应选用不含活性 SiO_2 的集料,以避免速凝剂中的碱与集料发生碱-集料反应。细集料可选用无风化的山砂或河砂,细度模数应在 2.7~3.7 之间,其中直径小于 0.075 mm 的细砂应低于 20%。因为砂过细不仅会影响喷射性能,而且会影响水泥浆与集料表面的黏结。

(3)外加剂。用于喷射混凝土的外加剂有速凝剂、减水剂、增黏剂和防水剂等。使用速凝剂的主要目的是:①使喷射混凝土迅速凝结硬化,减少回弹损失,防止喷射混凝土因重力作用所引起的脱落;②提高它在潮湿或含水岩层中使用的适应性能;③可适当加大一次喷射厚度和缩短喷射层间的间隔时间。增黏剂可增加喷射混凝土对施工面的黏结力,同时减少喷射施工时的粉尘和回弹率。防水剂用于要求喷射混凝土具有较高的抗渗性的工程,如有地下水渗漏的地下工程等。

二、喷射工艺

喷射混凝土按其喷射工艺分为干喷法和湿喷法两种(图 8-10)。干喷法是将水泥、砂、石、速凝剂等在干燥状态下拌合均匀,用压缩空气将其送至喷嘴并与压力水混合后进行喷射成型的方法。干喷法能传送物料的距离长(可达 300 m),可随时停止喷射作业,但干喷混凝土水泥用量较大,用水量由作业工人根据经验调控水量控制,粗集料和钢纤维的回弹率较高,扬尘较多,对施工人员的身体危害较大,多为小量喷射时采用。湿喷法是将水泥、砂、石、水等拌合成质地均匀的混凝土,然后通过压浆泵送至喷嘴,同时将压缩空气通过另外的管路送进喷嘴,使混凝土以高速喷射到作业面上的方法。湿喷法中,一般使用液态速凝剂,在喷嘴处送入,因此可以使用商品泵送混凝土。湿喷法的用水量可以准确控制,回弹率较低,工作效率较高,适用于喷射混凝土量大的工程施工采用,不适用于喷射混凝土量小的工程施工。

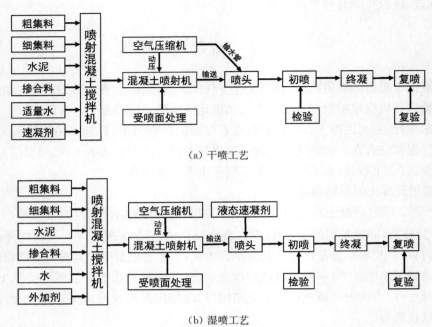

（a）干喷工艺

（b）湿喷工艺

图 8-10　喷射工艺流程图

三、喷射混凝土的力学性能

喷射混凝土的力学性能主要为抗压强度、抗拉强度和黏结强度。

（1）抗压强度。喷射混凝土的抗压强度是指用喷射法将混凝土拌合物，喷射在 450 mm×350 mm×120 mm 的模型内，当混凝土达到一定强度，用切割机锯掉周边，加工成 100 mm×100 mm×100 mm 的试件，在标准条件下养护 28 d，所测得的抗压强度值乘以 0.95 的尺寸换算系数。喷射混凝土的强度等级常以 C15、C20、C25、C30、C40、C50 表示。

（2）抗拉强度。对用于隧洞工程和水工建筑的喷射混凝土，抗拉强度是一重要参数。一般确定喷射混凝土抗拉强度有两种方法，即轴向受拉或劈裂受拉试验。喷射混凝土抗拉强度试件的获取方式同其抗压强度试件。对于劈裂受拉试验，需在圆柱形试件的两侧施加压力，使喷射混凝土沿加压平面出现破坏。测定喷射混凝土劈裂抗拉强度可采用 100 mm × 100 mm × 100 mm 的立方体试件取得的强度值乘以尺寸换算系数 0.85。

（3）黏结强度。喷射混凝土常用于地下工程支护和建筑结构的补强加固，为了使喷射混凝土与基层（岩石、混凝土）共同工作，其黏结强度尤为重要。对于喷射混凝土需考虑的黏结强度有抗拉黏结强度和抗剪黏结强度两种。抗拉黏结强度是衡量喷射混凝土在受到垂直于结合界面上的拉应力时保持黏结的能力，而抗剪黏结强度则是抵抗平行于结合面上作用力的能力。喷射混凝土与受喷面的黏结强度与混凝土的抗压强度、抗拉强度有关，抗压抗拉强度越高，黏结强度也越高。同时黏结强度还取决于受喷面的粗糙程度和受喷面本身的强度。较为粗糙、强度较高的受喷面与喷射混凝土的黏结强度也较高。

四、喷射纤维混凝土

喷射纤维混凝土是以纤维材料作混凝土的增强材料，并用喷射技术施工的一种新型混凝土。目前用作喷射纤维混凝土的纤维主要有钢纤维、玻璃纤维，也可用聚丙烯等合成纤维作增强纤维。在喷射混凝土中掺入直径为 $0.25\sim0.4$ mm 的钢纤维,可明显改善混凝土的性能,抗拉强度可提高 $50\%\sim80\%$,抗弯强度提高 $60\%\sim100\%$,韧性提高 $20\sim50$ 倍,抗冲击性提高 $8\sim10$ 倍。此外,其抗冻融能力、抗渗性、疲劳强度、耐磨和耐热性能都有明显提高。

喷射纤维混凝土除具有纤维混凝土所具有的高韧性、高抗拉强度等性能外,还具有与受喷结构或构件结合牢固的优点。特别适用于要求强度较高、韧性较大的建筑工程及制作一些薄板薄壁类混凝土制品。

第十节　抗爆混凝土

我国奉行积极防御的国防战略方针,未来战争主要以防御作战为主。防护混凝土工程作为防御体系的重要组成部分,其防护能力对国家安全具有举足轻重的意义。科学技术飞速进步,在为人类提供了高度发达文明的同时,也使得进攻型杀伤性武器威力成倍提高,在现代战争中出现了大量高精准、高毁伤的高科技武器。如 2010 年西方国家研制的巨型钻地弹(Massive Ordnance Penetrator,MOP),长度达 6.2 m、重约 13.6 t,内部装药重达 2.4 t,能穿透厚度达 60 m 的 C35 钢筋混凝土或 40 m 的中等硬度岩石。目前防护工程,大量使用的是普通强度混凝土,对于抵御此类高科技武器效果有限。因此,研制具有抵抗强动载毁伤效应的新型防护工程材料,对我国国防防护工程进行升级换代迫在眉睫。此外,重要民用建筑还可能遭到恐怖爆炸袭击、偶然性撞击或燃气爆炸的破坏作用。侵彻爆炸产生的强动载不仅对工程结构造成弯曲、剪切变形甚至倒塌等整体破坏,还会造成侵彻、贯穿、震塌等严重的局部破坏。因此,迫切需要研发抵抗弹体侵彻、弹丸冲击和炸药爆炸的新型抗侵彻爆炸混凝土,简称"抗爆混凝土",以满足国防工程和重要民用工程安全防护的重大战略需求。

混凝土抗侵彻和爆炸性能与其强度和韧性密切相关:强度高,抗侵彻冲击能力强;韧性好,抗爆炸震塌能力强。抗爆混凝土是一种新型混凝土材料:通过掺加高性能减水剂(减水率$\geqslant40\%$)实现极低水胶比;复合多种不同粒径和活性矿物掺合料(硅灰、优质粉煤灰、磨细矿渣等)实现紧密堆积;引入高强粗集料(玄武岩、刚玉石、高强陶瓷等粗集料);掺加大量高强微细钢纤维($V_f\geqslant2\%$)提高材料韧性;硬化后混凝土具备超高强(抗压强度$\geqslant150$ MPa)、超高韧(断裂能$\geqslant30\,000$ J/m^2)和超高抗力(抗爆能力提高 30%),是提升国防防护工程抗打击能力的理想建筑材料。

本节将对新型抗爆混凝土最新研究成果进行介绍,包括抗爆混凝土的组成设计、制备技术、抗侵彻性能、抗爆炸性能共四个方面,为抗爆混凝土在防护工程中的推广应用提供科学支撑。

一、抗爆混凝土的组成设计

抗爆混凝土需要高强度和高韧性以提高抗侵彻和爆炸性能,其组成设计紧紧围绕强度和韧性提升展开。抗侵彻能力主要从两个方面进行提升:一是通过极低水胶比和颗粒最紧密堆积的技术措施,实现最致密基体以提高强度;二是掺加高强的粗集料,在致密基体内形成密实骨架,实现对侵彻弹体的偏航。抗爆炸震塌能力,主要通过掺加大量的高强微细钢纤维增加韧性来提升。下面是抗爆混凝土的组成设计原则。

1. 极低水胶比

与传统的普通混凝土类似,降低水胶比,可以减少水分在混凝土内部所占的空间,从而提高致密程度。然而,抗爆混凝土水胶比并非越低越好。水胶比的确定主要受两个因素的影响,流动性和水化程度。当水胶比过低时,虽然水分所占据的空间减少,然而会造成流动性的大幅度降低,引起新拌浆体的不致密性;另一方面,水胶比降低,可提供给水泥水化反应所需要的水分减少,将引起水化产生的水化硅酸钙(C—S—H)凝胶量不足,内部的矿物掺合料、粗集料、细集料和纤维等组分间将不能充分地被黏结,从而导致强度降低。通过大量的试验发现,0.15~0.20是抗爆混凝土较为理想的水胶比,可以保持较好流动性的同时实现较高的强度。

高性能外加剂是混凝土实现极低水胶比和超高强的重要前提。但与普通混凝土不同,抗爆混凝土由于掺加了大量的矿物掺合料,特别是硅灰,颗粒粒径非常小、比表面积极大,造成新拌混凝土黏聚性大,影响施工性能。因此,抗爆混凝土中所用的高性能外加剂必须同时具备大减水率和高降黏的性能。通过大量的试验表明,减水率需达40%、固含量达45%以上的高性能外加剂,方可满足抗爆混凝土的需求,目前主要使用的是聚羧酸型高性能专用外加剂。

高性能专用外加剂的减水率与分散官能团种类、构型密切相关。分散官能团对水泥基材料颗粒的作用包括吸附和分散两个过程,主要有空间位阻与静电排斥协同分散作用机理。通过高分散官能团分子裁剪和接枝共聚技术,在主链上引入强极性磷酸根基团,可以显著提高静电排斥力;接枝长聚醚侧链,增强空间位阻效应,显著提高高性能外加剂的颗粒分散能力,减水率高达40%以上。如前所述,黏度大是抗爆混凝土另一个难题,胶凝材料组分、离子浓度、外加剂特性对新拌浆体黏度都有影响。研究发现,水膜层和溶液特性是影响低水胶比浆体黏度的本质。通过在接枝共聚物分子中引入螯合基团,捕获释放的离子并快速吸附于颗粒表面,减少溶液中外加剂和离子残余量,可以降低孔溶液黏度35%以上。除了高性能外加剂降黏之外,在混凝土中引入微细球形颗粒,调控胶凝体系空隙率和比表面积,使得浆体水膜层厚度最大化,并发挥球形掺合料颗粒滚珠降阻作用,也可以降低极低水胶比抗爆混凝土的黏度。

2. 颗粒最紧密堆积

抗爆混凝土的最致密基体,除了减少用水量之外,还需要对水泥、粉煤灰、矿渣和硅灰等胶凝材料进行颗粒级配设计来实现最紧密堆积。四种胶凝材料颗粒粒径、外形、活性各不相同,通过科学合理的配伍,以实现最致密堆积、活性互补、潜能激发。

就颗粒粒径而言,四种胶凝材料中,水泥、粉煤灰和矿渣三者的粒径较为接近,平均粒径约为30~50 μm,比表面积350~380 m^2/kg;硅灰粒径最小,平均粒径约为1.0 μm,仅为前三者的约1/100,比表面积20 000~28 000 m^2/kg。因此,抗爆混凝土在颗粒填充方面,水泥、粉煤灰、矿渣三者之间的空隙,由颗粒非常细小的硅灰进行填充。硅灰的掺入,可充分发挥其颗粒填充效应,能显著提高材料整体的密实度,从而显著提高强度。

在颗粒形状方面,水泥和矿渣粒形相似,都为不规则带棱角的形态,表面粗糙;粉煤灰和硅灰都为圆形球体,并且表面光滑。颗粒的形状对于抗爆混凝土的流动性有较大的影响,在组分的配伍过程中必须加以考虑。水泥和矿渣由于表面粗糙,对于流动性有负面的影响;粉煤灰为玻璃质球形颗粒,不仅表面光滑,而且还不易吸水,在新拌浆体中起到"滚珠效应",可以明显提高新拌浆体的流动性能。然而,值得注意的是,虽然硅灰形状为球体,但由于其颗粒粒径极小、表面积极大,颗粒表面能高,容易吸附大量的水,造成浆体流动性能明显降低、黏度大,对施工性能有负面影响。

矿物掺合料的配伍,除了考虑其粒径和粒形,其化学活性也是重要的方面。矿物掺合料中的活性主要表现为火山灰效应,即与水泥水化产物 Ca(OH)$_2$ 反应生成对强度有贡献的 C—S—H 凝胶。硅灰中 SiO$_2$ 的含量高达 90% 以上,并且具有非常小的粒径和巨大的比表面积,因此硅灰具有很高的活性,能加速水泥水化反应;粉煤灰也具有一定的火山灰效应,但活性较低,对水泥水化起到延缓的作用。因此,粉煤灰、矿渣和硅灰三种常用的矿物掺合料中,硅灰的活性最高、矿渣居中、粉煤灰最低。通过合理地搭配不同活性矿物掺合料,使得不同掺合料间次递水化并相互促进,组合叠加增强,实现混凝土强度持续增长。研究表明,硅灰能促进早期强度发展速度,粉煤灰对后期强度增长有显著贡献。此外,大掺量高活性复合掺合料替代了水泥,突破了国际上使用硅灰和高能耗磨细石英粉以及施压成型和热压养护制备超高性能混凝土的通用技术,摒弃了需要在工厂预制的限制,可以实现大规模的现场化施工;大掺量复合矿物掺合料的使用,提高了有效水灰比,大幅度提高水泥水化程度,减少了极低水胶比浆体中未水化水泥引起体积稳定性差的隐患。

抗爆混凝土在不同胶凝材料组分颗粒粒径、粒形和活性配伍基础上,通过粒径紧密堆积、空隙分级填充,高、中、低热动力学活性配伍,实现基体的最致密状态。试验结果表明,硅灰掺量在 8%～15%、粉煤灰掺量在 10%～20%、矿渣掺量在 10%～20% 之间,抗爆混凝土可以达到较为理想的紧密堆积效果和较好的强度值。

3. 高强粗集料密实骨架

高速弹体在侵彻混凝土材料过程中,除了强度之外,材料内部的不均匀性也是影响侵彻深度的重要因素。材料内部不均匀程度高,含有比基体材料弹性模量更高的增强相,在弹体侵彻过程中,将发生弹体偏航现象与磨蚀效应,从而减小侵彻深度。普通混凝土中,集料和基体之间的界面过渡区强度低、Ca(OH)$_2$ 定向富集生长,是薄弱环节,也是受荷破坏的始发点。因此,为了提高强度,传统的超高性能混凝土(如活性粉末混凝土)需剔除集料来提高均匀性。然而,这对于抗爆混凝土抵抗弹体侵彻来说是不利的,需要引入高强粗集料。

对于粗集料种类的选择,首先考虑的是其强度,根据复合材料理论,应高于水泥基体的强度(≥150 MPa)才能起到增强的作用。玄武岩和刚玉是两种理想的抗爆混凝土用高强粗集料。玄武岩是一种基性喷出岩,多为黑色、黑褐或暗绿色,体积密度为 2.8～3.3 g/cm^3,抗压强度高达 180～300 MPa。刚玉的主要成分是 Al$_2$O$_3$,具有很高的硬度、强度和耐磨性能,体积密度为 3.9～4.0 g/cm^3,抗压强度高达 220～380 MPa。除强度之外,同样需要考虑颗粒的级配和体积掺量,但与普通混凝土有所不同。抗爆混凝土高强集料主要是用于偏航,集料的粒径过小,偏航效果不理想,应选择集料偏大的粒径;然而,粒径过大,对于混凝土的强度不利。因此,需要综合考虑两因素的共同作用,经验表明:高强集料粒径在 15～20 mm 之间时,能起到较好的效果。另外一方面,高强集料的体积掺量不能太高,掺量高也会引起强度的下降,但掺量过低,起不到偏航的效果。

除了选择好合理的粒径、级配和体积掺量之外,基体材料中极低水胶比、矿物掺合料科学配伍同样是实现高强集料成功掺入的关键技术措施。掺入高强粗集料并且保持抗压强度不降低,需要减小或消除传统混凝土中界面过渡区这一薄弱环节。界面过渡区强度低,主要是由于集料周围水膜层厚度大、水化产物 Ca(OH)$_2$ 定向富集两个原因所造成。因此,采用极低的水灰比,可以减小水膜层的厚度;通过复合矿物掺合料的颗粒紧密填充,让细小颗粒的硅灰大量填充到粗集料附近,增加界面过渡区的密实程度,从而缩小界面过渡区的厚度;

最后,发挥活性矿物掺合料的火山灰效应,与水化产物 $Ca(OH)_2$ 充分发生反应生成具有强度的 C-S-H 凝胶,从而增加集料与基体的黏结强度。通过这三个技术手段,可以明显强化粗集料与基体之间的界面过渡区,保持材料的均匀性,使得掺加高强粗集料成为可能,为抗爆混凝土的制备提供了科学支撑。

4. 高强微细钢纤维增韧

爆炸荷载传递时,主要是初次传递的压缩波以及反射后的拉伸波作用对材料造成破坏。普通混凝土是一种拉压强度比很低的材料(约为 1/10~1/20),拉伸波对于混凝土的破坏效应更为明显。因此,提高混凝土的抗拉伸强度、抗裂能力和韧性,是提高材料抗爆炸能力的关键。抗爆混凝土的抗炸药爆炸能力的提高,主要通过掺加大量的高强微细钢纤维来实现。在选择钢纤维时,需要考虑纤维的长径比、外形和掺量三个主要因素。

长径比是影响纤维与基体黏结力的关键因素,长径比大,纤维的表面积大,与混凝土基体的接触面积就大,从而可以有更多的黏结面积,能起到好的抗拉拔效果;然而,长径比太大,长、细的纤维在搅拌过程中容易发生缠绕而成团,严重影响新拌浆体的流动性和纤维分布的均匀性,对强度不利。试验表明,长径比在 30~60 之间时,钢纤维具有较好的增强作用的同时,还可以保持较好流动性。

目前钢纤维的外形主要有平直型、端钩型、半端钩型、哑铃型、扭曲型、螺旋型、刻痕型等等。与长径比的影响类似,外形对抗爆混凝土的影响也具有两面性:一方面钢纤维表面粗糙和端部异型化,有利于提高钢纤维和基体的黏结力和锚固力。单根纤维拉拔试验表明,端钩型、哑铃型、扭曲型的钢纤维的黏结强度都显著高于光滑的平直型纤维,根据不同的类型能高出 30%~40%。另一方面,表面粗糙和端部的异型化,会显著降低混凝土的流动性能,造成纤维的缠绕和不均匀分散,对强度不利。因此,在选择纤维外形时,需要综合考虑这两方面的影响。目前,把各种不同外形的纤维进行混杂,是一种较好的方法。

钢纤维的掺量,对抗爆混凝土材料的抗拉强度和韧性影响最为显著。随着纤维掺量的增加,抗拉强度明显提高,一般情况下,纤维体积掺量 $V_f \geq 2\%$ 才能发挥较好的抗爆能力。但钢纤维掺量的选择,还要考虑掺量过大对流动性的影响以及成本过高的问题。大量的试验及现场搅拌数据表明,平直型的钢纤维在 4% 及以下时,可以获得较为理想的流动性和强度值;当超过 4% 以后,纤维容易成团,难以实现现场大模型化施工。

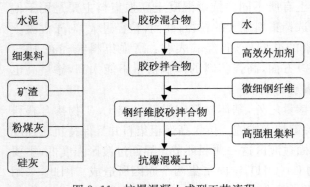

图 8-11　抗爆混凝土成型工艺流程

二、抗爆混凝土的关键制备技术

与普通混凝土相比,抗爆混凝土的水灰比低、组分多,搅拌成型困难,制备技术的选择显得非常重要。通过大量的试验总结,提出了一种适用于抗爆混凝土的制备成型工艺,过程如图 8-11 所示,包括以下步骤:

(1) 将细集料与胶凝材料(水泥、粉煤灰、矿渣、硅灰)投入搅拌机,开动搅拌机干搅 30 s,形成均匀的胶砂混合物。

（2）将称量好的水与减水剂在容器中搅拌均匀，缓慢地加入正在搅拌的胶砂混合物中，搅拌 3 min，搅拌时间的长度由配合比来决定，如果水胶比较低，时间可以适当延长。在这一步骤中，可以看到在前一步骤中往胶凝材料里同时加入细集料的原因。这是因为加入细集料到胶凝材料中后，能明显提高胶砂拌合物与搅拌机内壁之间的摩擦力，同时也能提高胶砂拌合物之间的摩擦力与剪切力。更大的摩擦力与剪切力显著提高水与减水剂的分散速度，使胶砂混合物能快速地搅拌成为均匀的胶砂拌合物。该方法对于超低水胶比大掺量硅灰混凝土的效果更为明显。通过对水胶比为 0.15，硅灰掺量为 30％的混凝土进行试验发现，普通的成型工艺不能将胶凝材料搅拌成型，而利用新型搅拌方法，搅拌 5 min 后即可搅拌成均匀的浆体。

（3）将钢纤维匀速地撒入胶砂拌合物中，搅拌 1 min 至钢纤维均匀分散。当钢纤维撒入已成浆体的胶砂拌合物中时，由于拌合物具备较大的内剪切力，分散于浆体中的钢纤维将不会与后撒入的钢纤维形成缠绕，起到均匀分散的作用。

（4）将粗集料掺入到钢纤维胶砂拌合物中，搅拌 1 min 至均匀出料。

大量的试验证明，该制备工艺能在超低用水量的条件下，制备出流动性良好的混凝土，适合于抗爆混凝土的制备。

第十一节　电磁屏蔽与吸波混凝土

电子技术的迅猛发展给人类的生活带来了方便快捷，同时也使电磁波辐射污染越来越严重。电磁波辐射造成的电磁污染，不仅会影响各种电子设备的正常运转，危害人体健康，更为严重的是，电磁信息泄密对国家政治、军事以及经济信息的安全会带来极大的危害。因此，电磁波屏蔽及吸收材料的研究和开发在人类生产、生活和国防建设中均占有重要的地位。建筑物不仅与人类的生活息息相关，而且是重要军事设施的遮掩体，因此建筑物的电磁屏蔽及电磁波吸收性能不仅与人类健康息息相关，而且对减弱建筑物内部电子设备或设施向外辐射电磁波、削减雷达对建筑物的探测能力、减弱建筑物对于电磁辐射所造成的反射污染等方面有着重要的作用。

（一）定义

电磁屏蔽实际上是为了限制电磁能量从屏蔽材料的一侧空间向另一侧空间传递。电磁波传播到达屏蔽材料表面时，通常有三种不同的衰减机理：一是在入射表面反射衰减；二是未被反射而进入屏蔽体的电磁波被材料吸收的衰减；三是在屏蔽体内部的多次反射的衰减。

采用屏蔽效能（Shielding Effectiveness，SE）来描述和定量分析屏蔽材料对电磁波的屏蔽能力，根据 Schelkunoff 电磁屏蔽理论，屏蔽效能可表示为：

$$SE = 20\lg |E_i/E_t| = R + A + M$$

式中　E_i 和 E_t——分别为不存在屏蔽体和存在屏蔽体时某处的电场强度；

　　　　R——屏蔽体表面的反射损耗；

　　　　A——电磁波进入屏蔽体内部被材料吸收的损耗；

　　　　M——电磁波在屏蔽体内多次反射损耗。

屏蔽效能 SE 的计量单位为分贝（dB），分贝数值越大，屏蔽效果越好。当 R 值较大时，屏蔽机理主要以反射型为主,一般导电金属具有良好的屏蔽效能,即为屏蔽材料;当 A 值较大时,屏蔽机理主要以电磁波吸收为主,这类材料一般称为吸波材料;M 值的大小与材料内部微观结构以及宏观设计密切相关。

混凝土是建筑工程中最常用的结构材料,具有良好的环境适应性。但是普通混凝土的电磁屏蔽效能很低,只有通过添加功能性的物质后,才可以使其具有较高的屏蔽效能,从而达到电磁防护要求。根据材料与电磁波作用机理不同可分为两种,一种以反射电磁波为主即电磁屏蔽混凝土,另一种以吸收电磁波为主即电磁吸波混凝土。普通建筑用混凝土的屏蔽效能一般在 5 dB 左右,钢筋混凝土的屏蔽效能会由于配筋量的差异而稍有所不同,但一般也在 10 dB 以下,远远小于金属的屏蔽效果。吸波混凝土是一种具有吸收电磁波功能的混凝土,其可以将入射到混凝土内部的电磁能转化为其他形式的能量,从而达到电磁屏蔽的目的。该材料的特点在于克服了电磁波反射存在的二次电磁污染问题。目前研究的频率在 2~18 GHz 较多,一般采用雷达散放截面法(RCS)或弓形法测试吸波材料(RAM)反射率(Γ)来评价材料的吸波性能:$\Gamma = 10\lg\dfrac{P_r}{P_i}$(dB),其中,$P_i$ 为入射平面波的功率;P_r 为 RAM 平面反射波的功率。反射率越小,表明材料电磁波损耗越大。当反射率小于 -5 dB 衰减即可以用于民用建筑物的电磁防护上。

(二)组成材料、性能

目前,国内外制备电磁屏蔽水泥基复合材料主要是通过在水泥基体中掺加具有电磁损耗性能的功能材料,以提高水泥基复合材料的电导率和磁导率,通过材料对电磁波的反射或吸收作用来实现混凝土电磁屏蔽功能。

用于水泥混凝土中的屏蔽功能材料要具备一定的条件:(1)与水泥基体具有较高的相容性,即在水泥基材料的强碱性条件下可以长期稳定地存在,并具有相应的功能性;(2)不会明显地影响水泥基材料的水化硬化特性;(3)掺加的屏蔽功能组分不影响水泥基材料长期性能以及耐久性。

目前根据掺杂材料的种类和功能的区别,用于混凝土中的电磁屏蔽功能组分大致分为导电材料和磁性材料。这些材料既可以粉粒状的形式掺加,也可以纤维的形式掺加。这些功能组分自身的电导率、磁导率以及材料的加入形态、掺入量等均会影响水泥基复合材料的屏蔽效能。

(1)金属材料

金属的电导率高,且与水泥混凝土有较好的粘结性,主要的品种有银、铜、镍、铁等制成的粉体、块体或纤维状材料。金属材料的电导率越高,其屏蔽性能越好。在传统水泥基材料中添加金属材料,以提高水泥混凝土基体的电导率,在建筑工程中具有良好的屏蔽功能。影响水泥混凝土屏蔽性能的因素包括金属材料种类、添加状态以及掺杂量。对于同一种金属材料,掺杂量越高,水泥基复合材料的屏蔽效果越好;在掺杂量相同的情况下,金属材料的电导率越高,屏蔽性能越好。水泥砂浆中掺加 30% 质量分数的微米级银粉、铜粉或镍粉后制成的导电水泥基复合材料在 100 kHz~1.5 GHz 频率范围内的平均屏蔽效能分别为 17.47 dB、10.71 dB 和 9.51 dB,电导率性能为银粉>铜粉>镍粉。另外,添加金属的状态对屏蔽效能也有较大的影响,一般以纤维的状态掺加比粉末的形态效果明显。这主要是纤维在水泥基体中更易于相互搭接而形成导电网络结构,从而提高了纤维增强水泥基材料的电磁屏蔽性能,同时金属纤维还有利于水泥基材料的力学性能的提升。金属纤维的种类、直径和长径比等因素对屏蔽性能均有一定的影响。钢纤维增强水泥基材料,特别是超细钢纤维可以有效地提高混凝土的电磁波屏蔽能力,直径 $8~\mu m$ 的钢纤维体积掺量在 0.72% 时使水泥砂浆在 $1.5~GHz$ 频率下的屏蔽效能达 $70~dB$。镍纤维 $100~kHz \sim 1~500~MHz$ 的频率范围内屏蔽效能在 $38 \sim 58~dB$。除金属纤维外,金属网片增强混凝土也具有较好的电磁屏蔽性能。

(2) 碳系材料

碳系材料具有优良的导电性能,成本低,且在水泥基体中性能稳定,分散性好,是一种较好的屏蔽介质。目前用于水泥基屏蔽的碳系材料有石墨、碳纤维、焦炭和炭黑,近些年来碳纳米管以及石墨烯材料用于水泥混凝土中的相关研究也较多。碳材料的屏蔽效能与掺量、颗粒尺寸有较大的关系。国内外对于碳基材料导电性能的研究较多,采用石墨作为功能组分可以有效地提高水泥混凝土的导电性能,反射率较高。屏蔽效能会受到石墨的形态、掺加量的影响。碳纤维可以短切乱向或连续的方式分布于水泥混凝土中,在体积分数 4% 时可以使屏蔽效能在 $9~kHz \sim 3~MHz$ 达 $60~dB$ 以上,在 $3~MHz \sim 1.5~GHz$ 频率内达 $40~dB$。一般采用两种以上碳基材料复合可以获得更好的效果。随着材料科学技术的发展,碳纳米管、石墨烯等纳米碳材料越来越多地应用到电磁屏蔽水泥基材料的制备中,使水泥基复合材料的电磁屏蔽效能得到较大的提高,但是纳米碳材料的分散性对于水泥基复合材料的屏蔽性能影响较大。

(3) 磁性材料

磁性材料具有较高的磁导率,使混凝土具有较好的电磁波吸收性能,常用的有羰基铁粉、锰(镁、镍)锌铁氧体、多晶铁纤维等。其中,铁氧体是应用最广泛的磁性吸波剂,是一种双复介质材料,对电磁波的损耗作用来自磁损耗与介电损耗。铁氧体掺入混凝土中会增大混凝土的复介电常数和磁导率,且随着粒径的减小以及含量的增大,混凝土的吸波性能增加。用于混凝土中可以使混凝土的吸波性能达 $-5 \sim 10~dB$。铁氧体粉与其他吸波剂复合使用,吸波性能更好,可以达到 $-40~dB$。铁氧体粉可以明显改善混凝土的吸波性能,但会降低其力学性能和耐久性能。

(三) 结构设计

屏蔽体的屏蔽效能不仅与屏蔽材料有直接的关系,还与屏蔽体的结构密切相关,对于反射型的屏蔽体则主要以提高材料反射率为主,而对于吸收损耗以及多次反射损耗为主的屏蔽体结构设计尤为重要。

通过对基体结构设计来降低材料表面波阻抗,改善阻抗匹配性,使更多的电磁波进入到混凝土材料内部,再通过材料内部的吸波剂以及球形颗粒,使电磁波在颗粒之间及内部发生散射和多次反射从而使能量损耗。在水泥基体中掺入苯乙烯(EPS)、膨胀珍珠岩、粉煤灰漂珠等形成球形谐振腔结构,与功能吸波剂共同作用来达到对电磁波的损耗,从而使水泥基复合材料的吸波性能显著。

吸波材料宏观结构设计包括多层结构、角锥结构以及蜂窝结构,主要解决阻抗匹配与电磁波损耗的矛盾问题。水泥基材料较易实现多层阻抗梯度变化结构,各层间材料通过功能组分以及掺量的变化达到功能梯度,从而实现宽频率高损耗的目的,一般以反射率小于 $-10~dB$ 的频带宽度来表示。

（四）电磁屏蔽及吸波混凝土的应用及发展

在现代城市建设中,水泥基电磁屏蔽材料可以应用于防电磁污染的环保型建筑领域,以尽量减轻电磁辐射对人们所造成的危害;用于建筑物、桥梁、塔等处时,可以防止雷达伪像;在通信基地,可以用来改善通信质量;在机场、码头、航标、电视台和接收站附近的高大建筑上,可以用来消除反射干扰。此外,水泥基电磁屏蔽材料还可用于军事防护工事,防止核爆炸电磁杀伤、防电磁干扰等,也可用于防电磁波干扰的科研部门、精密仪器厂以及国家保密单位的防信息泄露等部门。目前,宽频带、低反射、高性能、低成本水泥基吸波材料的研发与制备是一个重要的发展方向。

第十二节　道路水泥混凝土及水工混凝土

一、道路水泥混凝土

道路水泥混凝土是以硅酸盐水泥或专用道路水泥为胶结料,以砂石为集料,掺入矿物掺合料,少量外加剂和水拌和而成的混合料,经浇筑或碾压成型,通过水泥的水化、硬化从而形成具有一定强度,用于铺筑道路的混凝土,主要是指路面混凝土。

由于道路路面常年受到行驶车辆的重力作用和车轮的冲击、磨损,同时还要经受日晒风吹、雨水冲刷和冰雪冻融的侵蚀,因此要求路面混凝土必须具有较高的抗弯拉强度、良好的耐磨性和耐久性。

道路水泥混凝土与沥青混凝土路面相比,具有抗压和抗折强度高、抗磨耗、耐冲击、耐久性好、寿命长、反光力强等优点,适合于繁重交通的路面和机场跑道。但是,水泥混凝土路面的刚度大,行车舒适性较差;其变形能力差,需要在纵、横向设置施工缝和伸缩缝;施工工期较长,除碾压混凝土外,不能立即开放交通。水泥混凝土路面的上述缺点一定程度上限制了其在道路和桥梁工程中的应用。

道路水泥混凝土主要是以混凝土抗弯拉强度为设计指标。根据《公路水泥混凝土设计规范》(JTG D40—2011)和《公路工程技术标准》(JTG B01—2014),其抗弯拉强度应不低于4.5 MPa,抗折弹性模量不低于39 GPa(表8-24)。为保证道路混凝土的耐磨性、耐久性和抗冻性,其抗压强度不应低于30 MPa,水泥宜采用抗折强度高、收缩小、耐磨性强、抗冻性好的水泥。道路混凝土的配合比设计一般是先以抗压强度作为初步设计的依据,然后再按抗弯拉强度检验试配结果。砂、石用量仍按普通混凝土设计方法计算,水胶比一般不应大于0.5。为了改善水泥混凝土路面的变形性能和抗冻性,可使用引气剂,引气量为4%～6%。

表8-24　不同交通量水泥混凝土路面参考技术指标

交通量等级	标准荷载/kN	使用年限/年	动载系数	超载系数	当量回弹模量/MPa	抗折强度/MPa	抗折弹性模量/GPa
特重	98	30	1.15	1.20	120	5.0	41
重	98	30	1.15	1.15	100	5.0	40
中等	98	30	1.20	1.10	80	4.5	39
轻	98	30	1.20	1.00	60	4.5	39

道路水泥混凝土的施工方法通常不同于常规振捣成型,多采用碾压法施工或滑模摊铺

法施工,因而对混凝土拌合物的工作性要求很高。

二、水工混凝土

凡经常或周期性地受环境水作用的水工建筑物(或其一部分)所用的混凝土,称为水工混凝土,适用于围堰、大坝、墩台基础等工程。

水位变化区的外部混凝土、建筑物的溢流面和经常经受水流冲刷部分的混凝土、有抗冻要求的混凝土,应优先选用硅酸盐大坝水泥,或普通硅酸盐大坝水泥和普通硅酸盐水泥。当环境水对混凝土有硫酸盐侵蚀时,应选用抗硫酸盐水泥。大体积建筑物的内部混凝土、位于水下的混凝土和基础混凝土,宜选用掺混合材的矿渣水泥、粉煤灰水泥或火山灰水泥。配制水工混凝土时,为了改善混凝土的性能,宜掺加适量的混合材。同时应遵循最小单位用水量、最大石子粒径和最多石子用量原则,从而减少胶凝材料用量,降低水化热,提高混凝土抵抗变形的能力。

第十三节　清水混凝土

清水混凝土,亦称原浆混凝土,在国外被称为 Fair-faced Concrete、Architectural Concrete、As-cast Finish Concrete、Bare Concrete 等,是指一次成型、不做任何外装饰的混凝土。清水混凝土直接采用混凝土原浇筑表面作为饰面,其表面平整光滑、棱角分明,无明显色差、损伤等质量问题,通过自身质感实现清水混凝土的"内实外美"。

清水混凝土具有朴实无华、自然沉稳的外观韵味,与生俱来的厚重与清雅是一些现代建筑材料无法效仿和媲美的,自 20 世纪在日本、美国、加拿大及欧洲诸国等已有广泛和成熟的应用。清水混凝土作为混凝土材料中最高级的表达形式之一,也是建筑结构实现低碳技术的有效途径之一,在倡导绿色低碳经济的今天,清水混凝土技术也已逐渐成为国内建筑师青睐的对象。

一、清水混凝土的分类

清水混凝土可分为普通清水混凝土、饰面清水混凝土和装饰清水混凝土。普通清水混凝土和饰面清水混凝土外观质量要求见表 8-25 所示,装饰清水混凝土的质量要求由设计确定,也可参考普通清水混凝土或饰面清水混凝土的相关规定。

表 8-25　清水混凝土外观质量与检验方法

项次	项目	普通清水混凝土	饰面清水混凝土	检查方法
1	颜色	无明显色差	颜色基本一致,无明显色差	距离墙面 5 m 观察
2	修补	少量修补痕迹	基本无修复痕迹	距离墙面 5 m 观察
3	气泡	气泡分散	最大直径不大于 8 mm,深度不大于 2 mm,每平方米气泡面积不大于 20 cm^2	尺量
4	裂缝	宽度小于 0.2 mm	宽度小于 0.2 mm,且长度不大于 1 000 mm	尺量,刻度放大镜
5	光洁度	无明显漏浆、流淌及冲刷痕迹	无漏浆,流淌及冲刷痕迹。无油迹,墨迹及锈斑,无粉化物	观察
6	对拉螺栓孔眼	—	排列整齐,空洞封堵密实,凹孔棱角清晰圆滑	观察,尺量
7	明缝	—	位置规矩、整齐,深度一致,水平交圈	观察,尺量
8	蝉缝	—	横平竖直,水平交圈,竖向成线	观察,尺量

二、清水混凝土的特点

清水混凝土不使用其他装饰、装修手法,将拆模后的混凝土直接作为建筑外表面,建筑师往往利用混凝土表面的颜色、质感和有规律的图案造型作为呈现清水混凝土视觉的特殊效果。

1. 颜色

清水混凝土按照表面颜色区分,可以分为本色清水混凝土和彩色清水混凝土。一般清水混凝土建筑以混凝土原始颜色——"灰色调"为主色,其颜色主要受清水混凝土用原材料自身颜色和混凝土配合比影响。然而,通过采用天然带颜色的混凝土集料或者依靠白色水泥添加无机颜料的方式也能够制备出具有彩色效果的清水混凝土材料。

2. 质感

所谓质感是对某种物体质地的感觉。清水混凝土通过浇筑时模具的更改或脱模后进一步表面处理,可以获得与普通混凝土相同或迥异的质感。如采用大块钢模板施工可获得平滑单色的装饰面,而采用小块木板拼接施工则可获得整体平滑、局部木纹的装饰效果。

3. 图案造型

饰面的图案与造型也是构成装饰效果的重要因素。清水混凝土装饰除了展现混凝土材料本身的自然质感外,还要依托混凝土表面的明缝、蝉缝和对拉螺栓孔眼表现清水混凝土的独特装饰效果(图 8-12)。

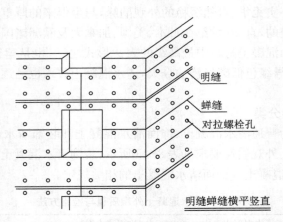

明缝

蝉缝

对拉螺栓孔

明缝蝉缝横平竖直

图 8-12　清水混凝土明缝、蝉缝和对拉螺栓孔眼示意图

明缝:明缝是凹入混凝土表面的分格线或装饰线,是清水混凝土重要的装饰效果之一,尺寸一般为 20 mm×10 mm(宽×深)。明缝质量要求为线条流畅、光滑美观、宽深一致。

蝉缝:蝉缝是指有规则的模板拼缝在混凝土表面留下的痕迹,表现出规律和韵律之美。饰面清水混凝土要求蝉缝设计整体排板,蝉缝本身须匀直、无线状黑斑、不错台。

对拉螺栓孔眼:对拉螺栓孔眼是对拉螺栓在混凝土表面形成的有规律孔眼。对拉螺栓不仅是模板体系重要的受力构件,其成型后的孔眼是清水混凝土重要的装饰效果之一。清水混凝土中对拉螺栓孔眼强调纵横成线、间距均匀、体现整体或局部对称。

三、清水混凝土的制备

清水混凝土无须装饰、素颜示人的效果是一个涉及设计、生产、施工、管理和过程控制的系统工程。清水混凝土与普通混凝土的区别并不在于使用了特殊的原材料或配合比,而在于清水混凝土生产施工全过程的质量控制。

1. 原材料

胶凝材料的质量、品种、色泽对清水混凝土表观质量有较大影响,同一构件、结构应始终使用同一品种、同一来源的水泥和矿物掺合料。粗集料应采用连续级配,严格控制针片状含量及石屑含量不得超标,孔隙率宜尽可能低,含泥量符合相关标准要求。细集料应级配良好,宜使用细度模数为 2.6~3.0 的中砂,选定砂源后不宜更换。此外,建议选用环保、性能稳定、与胶凝材料相容性好、对混凝土颜色无影响的外加剂。

2. 配合比

配合比是决定清水混凝土外观质量的重要因素之一。在保证混凝土工作性能、力学性能、耐久性能等前提下,配合比中浆体相对用量应适当富裕,以利于清水混凝土施工和表观质量控制;此外,浆体黏度应适中,一方面促进气泡排出,另一方面保持混凝土具有一定黏聚性,减少因分层导致表观均匀性问题。

3. 生产

生产过程控制决定了混凝土拌合物的工作状态,其对清水混凝土的表观质量影响较大,然而生产工艺却是清水混凝土工程中研究最少、重视程度最欠缺的部分。清水混凝土的生产工艺包括生产设备校准、搅拌制度、配合比确认、原材料确认、混凝土生产过程质量控制、混凝土出厂质量控制等环节。清水混凝土要求在原材料品质稳定的基础上,严格控制生产过程每一环节,保证混凝土拌合物工作性能的稳定。

4. 施工

清水混凝土施工技术是清水混凝土工程研究的重点,为了使清水混凝土工程达到预期的外观质量效果,需要从混凝土模板质量、脱模剂种类、浇筑振捣工艺和养护方式等关键施工过程进行系统控制。

5. 成品保护

清水混凝土建筑物建成后,由于受环境中介质污染和混凝土自身耐久性劣化等方面的原因,因此有必要对清水混凝土表面进行透明防护涂装,长期保持清水混凝土外观效果和延长混凝土结构寿命。

四、清水混凝土的应用

清水混凝土因其绿色环保和自然美观等优良性能,特别适用于大型公共建筑的外饰面,如联想(北京)研发基地、郑州国际会展中心、上海保利大剧院、杭州良渚文化馆和成都来福士广场等工程都不同程度地使用了清水混凝土饰面技术。特别是联想(北京)研发基地,是我国首座大面积清水混凝土民用建筑项目。

在交通工程方面,几乎可以认为均采用了清水混凝土技术,很多市政公路高架桥、轻轨铁路桥及墩柱等,采用了自然外露的混凝土饰面,省工、省料,具有良好的经济效果。近年来,高铁站房内的柱、梁、雨棚等结构也越来越多的使用清水混凝土技术,如雄安站、南京南站、重庆西站等。

清水混凝土建筑除了采用传统的现浇施工以外,还可以采用工场预制装配的施工方式。国内以万科房地产为代表的公司开发了多种装配式住宅,外墙面不同图案和色彩配合的清水混凝土装饰,摆脱了以往清水混凝土色彩单一的缺点,获得更加清新优雅的外饰面;此外,工场化预制生产既能够充分保证清水混凝土制品的质量和装饰效果,又具有施工方便快捷的优点。

复习思考题

8-1 与普通混凝土相比,轻混凝土有哪些优点? 有哪些缺点?

8-2 高层建筑中使用高强混凝土有何优势? 配制高强混凝土的技术途径有哪些?

8-3 我国土木工程学会颁布的标准中,对高性能混凝土的定义是什么? 高性能混凝土与高强混凝土有何区别?

8-4 何谓自密实混凝土? 其组成材料与普通混凝土有何不同?

8-5 纤维混凝土与普通混凝土的性能有何不同? 纤维在混凝土中的作用是什么?

8-6 聚合物混凝土有哪些优异性能? 应用在哪些工程中?

8-7 为什么普通水泥混凝土不耐高温? 哪些类型的混凝土可用作耐热混凝土?

8-8 泵送混凝土配制时应注意哪些问题?

8-9 道路水泥混凝土的性能指标与普通水泥混凝土有何区别? 试说明原因。

8-10 3D打印混凝土的工艺和传统浇筑成型工艺有何不同? 3D打印混凝土对工作性有何要求? 性能有何特点?

8-11 抗爆混凝土的性能如何从材料选择和配比方面来实现?

8-12 混凝土产生电磁屏蔽与吸波的基本原理分别是什么? 常用于混凝土中具有电磁屏蔽与吸波功能的材料有哪些?

第九章　建　筑　砂　浆

砂浆是由胶结料、细集料、掺合料和水按适当比例配制而成的工程材料,在建筑工程中起粘结、衬垫和传递应力的作用,主要用于砌筑、抹面、修补、装饰工程等。

建筑砂浆按所用胶凝材料可分为水泥砂浆、水泥混合砂浆、石灰砂浆、石膏砂浆及聚合物水泥砂浆等。按用途可分为砌筑砂浆、抹面砂浆、装饰砂浆及特种砂浆等。按生产砂浆方式有现场拌制砂浆和工厂预拌砂浆两种,后者是国内外生产砂浆的发展趋向,我国建设部门要求尽快实现全面推广应用预拌砂浆。

第一节　砌　筑　砂　浆

将砖、石、砌块等粘结成为砌体的砂浆称为砌筑砂浆。它起着胶结块材和传递荷载的作用,是砌体的重要组成部分。

一、砌筑砂浆的组成材料

（一）胶结料及掺合料

砌筑砂浆常用的胶凝材料有水泥、石灰膏、建筑石膏等。胶凝材料的选用应根据砂浆的用途及使用环境决定,干燥环境可选用气硬性胶凝材料,对处于潮湿环境或水中用的砂浆,必须使用水硬性胶凝材料。

按《砌筑砂浆配合比设计规程》(JGJ/T 98—2010)要求,配制砌筑砂浆时,水泥宜采用硅酸盐水泥或砌筑水泥,其应符合现行国家标准《通用硅酸盐水泥》GB 175 和《砌筑水泥》GB/T 3183的规定。水泥强度等级应根据砂浆品种及强度等级的要求进行选择。M15 及以下强度等级的砌筑砂浆宜选用 32.5 级的通用硅酸盐水泥或砌筑水泥;M15 以上强度等级的砌筑砂浆宜选用 42.5 级通用硅酸盐水泥。

为改善砂浆和易性,降低水泥用量,往往在水泥砂浆中掺入部分石灰膏、黏土膏、粉煤灰、钢渣粉等掺合料,这样配制的砂浆称水泥混合砂浆。为保证水泥混合砂浆的安定性,钢渣粉的掺入应按照《用于水泥和混凝土中的钢渣粉》(GB/T 20491—2017)执行。

（二）细集料

砂浆用细集料主要为天然砂,它应符合混凝土用砂的技术要求。由于砂浆层较薄,对砂子最大粒径应有限制。砌筑毛石砌体用的砂最大粒径应小于砂浆层厚度的 1/4～1/5,砖砌体用砂的最大粒径应不大于 2.5 mm。砂的含泥量不应超过 5%,强度等级为 M2.5 的水泥混合砂浆,砂的含泥量不应超过 10%。

（三）水

拌合砂浆用水与混凝土的要求相同,应选用不含有害杂质的洁净水来拌制砂浆。

（四）外加剂

为改善砂浆的某些性能,以更好地满足施工条件和使用功能的要求,可在砂浆中掺入一定种类的外加剂。按标准《砌筑砂浆增塑剂》(JG/T 164—2004)规定,对砌筑用水泥砂浆可掺入砂浆增塑剂,能明显改善其和易性。但对所选外加剂的品种(引气剂、早强剂、缓凝剂、防冻剂等)和掺量必须通过试验确定。当配有钢筋的砌体用砂浆时,其氯盐掺量不得超过水泥质量的 1%。

二、砌筑砂浆的技术性质

（一）密度

按《砌筑砂浆配合比设计规程》(JGJ/T 98—2010),砌筑砂浆拌合物的表观密度宜符合表 9-1 的规定。

表 9-1 砌筑砂浆拌合物表观密度

砂浆种类	表观密度/kg·m⁻³
水泥砂浆	≥1 900
水泥混合砂浆	≥1 800
预拌砌筑砂浆	≥1 800

（二）和易性

新拌砂浆应具有良好的和易性,和易性良好的砂浆易在粗糙的砖、石基面上铺成均匀的薄层,且能与基层紧密粘结。这样,既便于施工操作,提高劳动生产率,又能保证工程质量。砂浆的和易性包括流动性和保水性两方面的含义。

1. 流动性

砂浆流动性是指砂浆在自重或外力作用下产生流动的性质,也称稠度。流动性用砂浆稠度测定仪测定,以沉入量(mm)表示。影响砂浆稠度的因素很多,如胶凝材料的种类及用量、用水量、砂子粗细和粒形、级配、搅拌时间等。

砂浆稠度的选择与砌体材料以及施工气候情况有关。一般可根据施工操作经验来掌握,但应符合《砌体结构工程施工质量验收规范》(GB 50203—2011)规定。具体可按表 9-2 选择。

表 9-2 砌筑砂浆稠度选择

砌体种类	砂浆稠度/mm
烧结普通砖砌体 蒸压粉煤灰砖砌体	70~90
混凝土实心砖、混凝土多孔砖砌体 普通混凝土小型空心砌块砌体 蒸压灰砂砖砌体	50~70
烧结多孔砖、空心砖砌体 轻集料小型空心砌块砌体 蒸压加气混凝土砌块砌体	60~80
石砌体	30~50

注：① 采用薄灰砌筑法砌筑蒸压加气混凝土砌块砌体时,加气混凝土黏结砂浆的加水量按照其产品说明书控制；
② 当砌筑其他块体时,其砌筑砂浆的稠度可根据块体吸水特性及气候条件确定。

2. 保水性

新拌砂浆保持其内部水分不泌出流失的能力称为保水性。保水性不好的砂浆在存放、运输和施工过程中容易产生泌水和离析,并且当铺抹于基底后,水分易被基面很快吸走,从而使砂浆干涩,不便于施工,不易铺成均匀密实的砂浆薄层。同时,也影响水泥的正常水化硬化,使强度和粘结力下降.为提高水泥砂浆的保水性,往往掺入适量的保水增稠材料或石灰膏。砂浆中掺入适量的微沫剂或塑化剂,能明显改善砂浆的保水性和流动性,但应严格控制掺量。

砂浆的保水性用保水率(%)表示,是砂浆非常重要的一项指标,保水率高低会直接影响砂浆的收缩、工作性和粘结强度。保水率差的砂浆会降低施工性能,造成塑性收缩开裂,还会造成抹面砂浆的空鼓。JGJ/T 98—2010 规定:水泥砂浆保水率不小于 80%,水泥混合砂浆保水率不小于 84%,预拌砌筑砂浆保水率不小于 88%。

(三) 强度与强度等级

砂浆以抗压强度作为其强度指标。标准试件尺寸为 70.7 mm×70.7 mm×70.7 mm,一组6 块,标养至 28 d,测定其抗压强度平均值(MPa)。砌筑砂浆按 28 d 抗压强度划分为 M30、M25、M20、M15、M10、M7.5、M5.0 七个强度等级。

砂浆的强度除受砂浆本身组成材料及配比的影响外,还与基面材料的吸水性有关。对于水泥砂浆,可按下面的强度公式估算。

1. 不吸水基层(如致密石材),这时影响砂浆强度的主要因素与混凝土基本相同,即主要决定于水泥强度和水灰比。计算公式如下:

$$f_m = 0.29 f_{ce} \left(\frac{C}{W} - 0.40 \right)$$

式中　f_m——砂浆 28 d 抗压强度(MPa);

　　　f_{ce}——水泥的实测强度(MPa);

　　　$\dfrac{C}{W}$——灰水比。

2. 吸水基层(如烧结砖),由于拌制的砂浆均要求具有良好的保水性,因此不论拌合用水多少,这时经多孔基层吸水后,保留在砂浆中的水量均大致相同,所以在这种情况下,砂浆强度与水灰比无关,主要取决于水泥强度及水泥用量。计算公式如下:

$$f_m = \frac{\alpha f_{ce} Q_c}{1\,000} + \beta$$

式中　Q_c——每立方米砂浆中水泥用量(kg),对于水泥砂浆 Q_c 不应小于 200 kg;

　　　α、β——砂浆的特征系数,$\alpha = 3.03$,$\beta = -15.09$。

砌筑砂浆的强度等级应根据工程类别及不同砌体部位选定。在一般建筑工程中,办公楼、教学楼及多层商店等工程宜用 M5.0~M10 的砂浆;平房宿舍、商店等工程多用 M2.5~M5.0 的砂浆;食堂、仓库、地下室及工业厂房等多用 M2.5~M10 的砂浆;检查井、雨水井、化粪池等可用 M5.0 砂浆。特别重要的砌体才使用 M10 以上的砂浆。

(四) 凝结时间

建筑砂浆凝结时间,以贯入阻力达到 0.5 MPa 为评定依据。水泥砂浆不宜超过 8 h,水泥混合砂浆不宜超过 10 h,加入外加剂后应满足设计和施工的要求。

(五) 粘结力

砖、石等块状材料是通过砌筑砂浆粘结成为一个坚固整体的。因此,为保证砌体的强度、耐久性及抗震性等,要求砂浆与基层材料之间应有足够的粘结力。一般情况下,砂浆抗压强度越高,它与基层的粘结力也越强。同时,在粗糙、洁净、湿润的基面上,砂浆粘结力较强。

（六）变形性

砂浆在承受荷载、温度变化或湿度变化时，均会产生变形。如果变形过大或不均匀，则会降低砌体的质量，引起沉陷或裂缝。轻集料配制的砂浆，其收缩变形要比普通砂浆大。

（七）抗冻性

在有抗冻作用影响的环境使用中的砂浆，要求其具有一定的抗冻性。凡按工程技术要求，具有明确冻融循环次数要求的建筑砂浆，经冻融试验后，应同时满足质量损失率不大于5%，强度损失率不大于25%。砂浆等级在 M2.5 及其以下者，一般不耐冻。

三、砌筑砂浆的配合比设计

按《砌筑砂浆配合比设计规程》(JGJ/T 98—2010)要求，现将现场配制水泥混合砂浆、水泥砂浆和水泥粉煤灰砂浆的配合比确定过程简述如下。

（一）水泥混合砂浆配合比计算

水泥混合砂浆配合比的确定，应按下列步骤进行：

1. 计算砂浆配制强度

砂浆配制强度可按下式确定：

$$f_{m,0} = k f_2$$

式中　$f_{m,0}$——砂浆的试配强度(MPa)，应精确至 0.1 MPa；

　　　f_2——砂浆强度等级值(MPa)，应精确至 0.1 MPa；

　　　k——系数，按表 9-3 取值。

表 9-3　砂浆强度标准差 σ 及 k 值

施工水平	强度标准差 σ/MPa							k
	M5	M7.5	M10	M15	M20	M25	M30	
优良	1.00	1.50	2.00	3.00	4.00	5.00	6.00	1.15
一般	1.25	1.88	2.50	3.75	5.00	6.25	7.50	1.20
较差	1.50	2.25	3.00	4.50	6.00	7.50	9.00	1.25

砂浆强度标准差的确定应符合下列规定：

（1）当有统计资料时，砂浆强度标准差应按下式计算：

$$\sigma = \sqrt{\frac{\sum_{i=1}^{n} f_{m,i}^2 - n\mu_{fm}^2}{n-1}}$$

式中　$f_{m,i}$——统计周期内同一品种砂浆第 i 组试件的强度(MPa)；

　　　μ_{fm}——统计周期内同一品种砂浆 n 组试件强度的平均值(MPa)；

　　　n——统计周期内同一品种砂浆试件的总组数，$n \geqslant 25$。

（2）当无统计资料时，标准差可按表 9-3 取值。

2. 计算每立方米砂浆中水泥用量 Q_c(kg)

（1）每立方米砂浆中的水泥用量，应按下式计算：

$$Q_c = \frac{1\,000(f_{m,0} - \beta)}{\alpha f_{ce}}$$

式中　Q_c——每立方米砂浆的水泥用量(kg)，应精确至 1 kg；

f_{ce}——水泥的实测强度(MPa)，应精确至 0.1 MPa；

α、β——砂浆的特征系数，其中 α 取 3.03，β 取 -15.09。

注：各地区也可用本地区试验资料确定 α、β 值，统计用的试验组数不得少于 30 组。

（2）在无法取得水泥的实测强度值时，可按下式计算：

$$f_{ce} = \gamma_c \, f_{ce,k}$$

式中　$f_{ce,k}$——水泥强度等级值(MPa)；

γ_c——水泥强度等级值的富余系数，宜按实际统计资料确定，无统计资料时可取 1.0。

3. 计算石灰膏用量

$$Q_D = Q_A - Q_c$$

式中　Q_D——每立方米砂浆中石灰膏的用量(kg)，应精确至 1 kg，使用石灰膏时的稠度应为(120±5)mm；

Q_c——每立方米砂浆中水泥用量(kg)，应精确至 1 kg；

Q_A——每立方米砂浆中水泥和石灰膏的总用量(kg)，应精确至 1 kg，可为 350 kg。

4. 确定每立方米砂浆的砂用量 Q_s (kg)

应按干燥状态(含水率小于 0.5%)的堆积密度值作为计算值。

5. 确定每立方米砂浆的用水量 Q_w (kg)

每立方米砂浆的用水量，可根据砂浆稠度等要求选用，一般可选用 210～310 kg。混合砂浆的用水量，不包括石灰膏中的水。当采用细砂或粗砂时，用水量分别取上限或下限。稠度小于 70 mm 时，用水量可小于下限。施工现场气候炎热或干燥季节，可酌量增加用水量。

（二）水泥砂浆配合比选用

由于水泥砂浆按配合比规程计算时，普遍出现水泥用量偏少，这主要因为水泥强度太高，而砂浆强度太低，造成计算出现不合理情况。为此规程规定，水泥砂浆配合比用料可参照美国 ASTM 和英国 BS 标准，采用直接查表选用，见表 9-4 所列。表中水泥采用 32.5 级，当大于 32.5 级时，水泥用量宜取下限。

表 9-4　每立方米水泥砂浆材料用量　　　　　　　单位：kg

砂浆强度等级	水泥用量	砂子用量	用水量
M5	200～230	砂的堆积密度值	270～330
M7.5	230～260		
M10	260～290		
M15	290～330		
M20	340～400		
M25	360～410		
M30	430～480		

注：① M15 及 M15 以下强度等级水泥砂浆，水泥强度等级为 32.5 级；M15 以上强度等级水泥砂浆，水泥强度等级为 42.5 级；

② 当采用细砂或粗砂时，用水量分别取上限或下限；

③ 稠度小于 70 mm 时，用水量可小于下限；

④ 施工现场气候炎热或干燥季节，可酌量增加用水量；

⑤ 试配强度应按式 $f_{m,0} = k f_2$ 计算。

（三）水泥粉煤灰砂浆配合比选用

水泥粉煤灰砂浆材料用量按表 9-5 选用。

表 9-5　每立方米水泥粉煤灰砂浆材料用量　　　　　　　单位：kg

强度等级	水泥和粉煤灰总量	粉煤灰	砂	用水量
M5	210～240	粉煤灰掺量可占胶凝材料总量的 15%～25%	砂的堆积密度值	270～330
M7.5	240～270			
M10	270～300			
M15	300～330			

注：① 表中水泥强度等级为 32.5 级；
　　② 当采用细砂或粗砂时，用水量分别取上限或下限；
　　③ 稠度小于 70 mm 时，用水量可小于下限；
　　④ 施工现场气候炎热或干燥季节，可酌量增加用水量；
　　⑤ 试配强度应按式 $f_{m,0}=kf_2$ 计算。

（四）砂浆配合比试配、调整与确定

预拌砌筑砂浆的试配应符合以下要求：

1．预拌砌筑砂浆应符合下列规定：

（1）在确定湿拌砌筑砂浆稠度时应考虑砂浆在运输和储存过程中的稠度损失。

（2）湿拌砌筑砂浆应根据凝结时间要求确定外加剂掺量。

（3）干混砌筑砂浆应明确拌制时的加水量范围。

（4）预拌砌筑砂浆的搅拌、运输、储存等应符合现行行业标准《预拌砂浆》(JG/T 230)的规定。

（5）预拌砌筑砂浆性能应符合现行行业标准《预拌砂浆》(JG/T 230)的规定。

2．预拌砌筑砂浆的试配应符合下列规定：

（1）预拌砌筑砂浆生产前应进行试配，试配强度应按式 $f_{m,0}=kf_2$ 计算确定，试配时稠度取 70～80 mm。

（2）预拌砌筑砂浆中可掺入保水增稠材料、外加剂等，掺量应经试配后确定。

根据以上规定得砂浆的计算配合比，采用工程实际使用材料进行试拌。测定其拌合物的稠度和分层度，若不能满足要求，则应调整用水量或掺加料，直到符合要求为止。然后，确定试配时的砂浆基准配合比。试配时至少应采用三个不同的配合比，其中一个为基准配合比，另外两个配合比的水泥用量按基准配合比分别增加及减少 10%。在保证稠度、保水率合格的条件下，可将用水量、石灰膏、保水增稠材料或粉煤灰等活性掺合料用量做相应调整。

三个不同的配合比经调整后，应按有关标准的规定成型试件，测定砂浆强度等级，最后选定符合强度要求且水泥用量较少的那一组作为砂浆正式配合比。

3．砌筑砂浆试配时稠度应满足施工要求，并应按现行行业标准《建筑砂浆基本性能试验方法标准》(JGJ/T 70)分别测定不同配合比砂浆的表观密度及强度；选定符合试配强度及和易性要求、水泥用量最低的配合比作为砂浆的试配配合比。

4．砌筑砂浆试配配合比尚应按下列步骤进行校正：

（1）应根据《砌筑砂浆配合比设计规程》(JGJ/T 98—2010)中的 5.3.4 条确定的砂浆配合比材料用量，按下式计算砂浆的理论表观密度值：

$$\rho_t = Q_c + Q_D + Q_s + Q_w$$

式中　　ρ_t——砂浆的理论表观密度值(kg/m^3),应精确至 $10\ kg/m^3$。

（2）　应按下式计算砂浆配合比校正系数 δ:

$$\delta = \frac{\rho_c}{\rho_t}$$

式中　　ρ_c——砂浆的实测表观密度值(kg/m^3),应精确至 $10\ kg/m^3$。

（3）当砂浆的实测表观密度值与理论表观密度值之差的绝对值不超过理论值的 2% 时,可将按《砌筑砂浆配合比设计规程》(JGJ/T 98—2010)中的 5.3.4 条得出的试配配合比确定为砂浆设计配合比;当超过 2% 时,应将试配配合比中每项材料用量均乘以校正系数(δ)后,确定为砂浆设计配合比。

5. 预拌砌筑砂浆生产前应进行试配、调整与确定,并应符合现行行业标准《预拌砂浆》(JG/T 230)的规定。

四、砌筑砂浆的选用

建筑常用的砌筑砂浆有水泥砂浆、水泥混合砂浆和预拌砌筑砂浆等,工程中应根据砌体种类、砌体性质及所处环境条件等进行选用。通常,水泥砂浆用于片石基础、砖基础、一般地下构筑物、砖平拱、钢筋砖过梁、水塔、烟囱等;水泥混合砂浆用于地面以上的承重和非承重的砖石砌体。

第二节　抹　面　砂　浆

抹于建筑物或建筑构件表面的砂浆统称为抹面砂浆,它兼有保护基层、满足使用要求和增加美观的作用。抹面砂浆应具有良好的工作性,以便于抹成均匀平整的薄层,同时要有较高的粘结力和较小的变形,保证与底面牢固粘结,不开裂、不脱落。

一、抹面砂浆的组成材料

抹面砂浆的主要组成材料仍是水泥、石灰或石膏以及天然砂等,对这些原材料的质量要求同砌筑砂浆。为减少抹面砂浆因收缩而引起开裂,常需在砂浆中加入一定量纤维材料。常用的纤维增强材料有麻刀、纸筋、稻草、玻璃纤维等。它们加入抹面灰浆中可提高抹灰层的抗拉强度,增加抹灰层的弹性和耐久性,使抹灰层不易开裂脱落。

工程中配制抹面砂浆和装饰砂浆时,还常在水泥砂浆中掺入占水泥质量 10% 左右的聚醋酸乙烯等乳液,其作用为:提高面层强度,不致粉酥掉面;增加涂层的柔韧性,减少开裂倾向;加强涂层与基层间的粘结性能,不易爆皮剥落;便于涂抹,且颜色匀实。

二、抹面砂浆的种类及选用

常用的抹面砂浆有石灰砂浆、石膏砂浆［《抹灰石膏》(GB/T 28627—2012)］、水泥混合砂浆、水泥砂浆、麻刀石灰浆(简称麻刀灰)、纸筋石灰浆(简称纸筋灰)等。

为了保证砂浆层与基层粘结牢固,表面平整,防止灰层开裂,应采用分层薄涂的方法。通常分底层、中层和面层抹面施工。底层抹灰的作用是使砂浆与基面能牢固地粘结。中层抹灰主要是为了找平,有时也可省略。面层抹灰是为了获得平整光洁的表面效果。

用于砖墙的底层抹灰,多为石灰砂浆。有防水、防潮要求时用水泥砂浆。用于混凝土基层的底层抹灰,多为水泥混合砂浆。中层抹灰多用水泥混合砂浆或石灰砂浆。面层抹灰多用水泥混合砂浆、麻刀灰或纸筋灰。水泥砂浆不得涂抹在石灰砂浆层上。

在容易碰撞或潮湿部位,应采用水泥砂浆,如墙裙、踢脚板、地面、雨篷、窗台,以及水池、水井等处。在硅酸盐砌块墙面上做砂浆抹面或粘贴饰面材料时,最好在砂浆层内夹一层事先固定好的钢丝网,以免日久剥落。

三、常用抹面砂浆的配合比及应用范围

确定抹面砂浆组成材料及配合比的主要依据是工程使用部位及基层材料的性质。表9-6为常用抹面砂浆参考配合比及其应用范围。

表9-6 常用抹面砂浆配合比及应用范围

材　料	配合比(体积比)	应　用　范　围
石灰：砂	1：(2～4)	用于砖石墙面(檐口、勒脚、女儿墙及潮湿墙体除外)
石灰：黏土：砂	1：1：(4～8)	干燥环境的墙表面
石灰：石膏：砂	1：(0.4～1)：(2～3)	用于不潮湿房间的墙及天花板
石灰：石膏：砂	1：2：(2～4)	用于不潮湿房间的线脚及其他修饰工程
石灰：水泥：砂	1：(0.5～1)：(4.5～5)	用于檐口、勒脚、女儿墙及比较潮湿的部位
水泥：砂	1：(2.5～3)	用于浴室、潮湿车间等墙裙、勒脚或地面基层
水泥：砂	1：(1.5～2)	用于地面、天棚或墙面面层
水泥：砂	1：(0.5～1)	用于混凝土地面随时压光
水泥：石膏：砂：锯末	1：1：3：5	用于吸音粉刷
水泥：白石子	1：(1～2)	用于水磨石(打底用1：2.5水泥砂浆)
水泥：白石子	1：1.5	用于剁石[打底用1：(2～2.5)水泥砂浆]
石灰膏：麻刀	100：2.5(质量比)	用于板条天棚底层
石灰膏：麻刀	100：1.3(质量比)	用于木板条天棚面层(或100 kg灰膏加3.8 kg纸筋)
纸筋：石灰膏	石灰膏1 m³；纸筋3.6 kg	用于较高级墙面、天棚

第三节　装饰砂浆

施抹于建筑物表面,以增加其外观美的砂浆称为装饰砂浆。它是在砂浆抹面施工的同时,经特殊操作处理,而使建筑物表面呈现出各种不同色彩、线条、花纹或图案等装饰效果。

一、装饰砂浆饰面种类及其特点

装饰砂浆饰面按所用材料及艺术效果不同,可分为灰浆类饰面和石碴类饰面两类。灰浆类饰面是通过砂浆着色和砂浆面层形态的艺术加工,达到装饰目的。其优点是制料来源广,施工操作方便,造价较低廉,如拉毛、搓毛、喷毛以及仿面砖、仿毛石等饰面。石碴类饰面是采用彩色石碴、石屑作集料配制砂浆,施抹于墙面后,再以一定手段去除砂浆表层的浆皮,从而显示出石碴的色彩、粒形与质感,从而获得装饰效果,其特点是色泽较明快,质感丰富,不易褪色和污染,经久耐用,但施工较复杂,造价也较高,常用的有干粘石、斩假石、水磨石等饰面。

二、装饰砂浆的组成材料

（一）胶凝材料

装饰砂浆常用胶凝材料为普通水泥和矿渣水泥,另外还常采用白色水泥和彩色水泥。

（二）集料

装饰砂浆用集料除普通天然砂外,还大量使用石英砂、石碴、石屑等。有时也可采用着色砂、彩釉砂、玻璃和陶瓷碎粒。

石碴也称石粒、石米,是由天然大理石、白云石、方解石、花岗岩等破碎加工而成。它们具有多种色样(包括白色),是石碴类饰面的主要用集料,也是生产人造大理石、水磨石的原料。其规格、品种及质量要求见表9-7所示。

表 9-7　彩色石碴规格、品种及质量要求

编号、规格与粒径的关系			常用品种	质量要求
编号	规格	粒径/mm		
1	大二分	约20	东北红、东北绿、丹东绿、盖平红、粉黄绿、玉泉灰、旺青、晚霞、白云石、云彩绿、红玉花、奶油白、竹根霞、苏州黑、黄花玉、南京红、雪浪、松香石、墨玉、汉白玉、曲阳红等	1. 颗粒坚韧有棱角、洁净、不得含有风化石粒;
2	一分半	约15		2. 使用时应冲洗干净
3	大八厘	约8		
4	中八厘	约6		
5	小八厘	约4		
6	米粒石	0.3~1.2		

粒径小于5 mm的石碴称为石屑,其主要用于配制外墙喷涂饰面用的聚合物砂浆,常用的有松香石屑、白云石屑等。

（三）颜料

掺颜料的砂浆一般用于室外抹灰工程,如做仿大理石、仿面砖、喷涂、弹涂、滚涂和彩色砂浆抹面。这类饰面长期处于风吹、日晒、雨淋之中,且受到大气中有害气体腐蚀和污染。因此,选择合适的颜料,是保证饰面质量、避免褪色、延长使用年限的关键。

装饰砂浆中采用的颜料,应为耐碱和耐日晒的矿物颜料。工程中常用颜料有氧化铁黄、铬黄(铅铬黄)、氧化铁红、甲苯胺红、群青、钴蓝、铬绿、氧化铁棕、氧化铁紫、氧化铁黑、炭黑、锰黑等。

三、常用装饰砂浆的饰面做法

建筑工程中常用的装饰砂浆饰面有以下几种做法:

（一）干粘石

干粘石又称甩石子,它是在掺有聚合物的水泥砂浆抹面层上,采用手工或机械操作的方法,甩粘上粒径小于5 mm的白色或彩色石碴,再经拍平压实而成。要求石粒应压入砂浆2/3,必须甩粘均匀牢固,不露浆、不掉粒。干粘石饰面质感好,粗中带细,其色彩决定于所粘石碴的颜色。由于其操作较简单,造价较低,饰面效果较好,故广泛应用于外墙饰面。

（二）斩假石

斩假石又称剁斧石或剁假石,它是以水泥石碴浆或水泥石屑浆作面层抹灰,待其硬化至一定强度时,用钝斧在表面剁斩出类似天然岩石经雕琢的纹理。斩假石一般颜色较浅,其质感酷似斩凿过的灰色花岗岩,素雅庄重,朴实自然,但施工时耗时费力,工效较低,一般多用

于小面积部位的饰面,如柱面、勒脚、台阶、扶手等。

（三）水磨石

水磨石是由水泥(普通水泥、白水泥或彩色水泥)、彩色石碴及水,按适当比例拌合的砂浆(需要时可掺入适量的耐碱颜料),经浇筑捣实、养护、硬化、表面打磨、磨光等工序制成。它可现场制作,也可工厂预制。

水磨石具有润滑细腻之感,色泽华丽,图案细巧,花纹美观,防水耐磨,多用于室内地面装饰。施工时按预先设计好的图案,在处理好的基面上弹好分格线,然后固定分格条。分格条有铜、不锈钢和玻璃三种,其中以铜条最好,有豪华感。通常需浇水打磨两次,第三遍磨光,最后再经喷洒草酸、清水冲洗、晾干、打蜡,即可见光滑表面,显露出由彩色石子组成的图案花纹。

（四）拉毛

拉毛灰是采用铁抹子或木抹子,在水泥砂浆底层上施抹水泥石灰砂浆面层时,顺势将灰浆用力拉起,以造成似山峰形凹凸感很强的毛面状。当使用鬃刷粘着灰浆拉起时,可形成细凹凸状的细毛花纹,拉毛工艺操作时,要求拉毛花纹要均匀,不显接槎。拉毛灰兼具装饰和吸声作用,多用于建筑物外墙及影剧院等公共建筑的室内墙面与天棚饰面。

（五）甩毛

甩毛灰是用竹丝刷等工具,将罩面灰浆甩洒在基画上,形成大小不一、乱中有序的点状毛面。若再用抹子轻轻压平甩点灰浆,则形成云朵状毛面饰面。适用于外墙装饰。

（六）拉条

拉条抹灰又称条形粉刷,它是在面层砂浆抹好后,用一表面呈凹凸状的直棍模具,放在砂浆表面,由上而下拉滚压出条纹。条纹有半圆形、波纹形、梯形等多种,条纹可粗可细,间距可大可小。拉条饰面立体感强,线条挺拔,适用于层高较高的会场、大厅等公共建筑的内墙饰面。

（七）假面砖

假面砖的做法有多种,一般是在掺有氧化铁系颜料(红、黄)的水泥砂浆抹面层上,用专用的铁钩和靠尺,按设计要求的尺寸进行分格划块(铁钩需划到底),沟纹清晰,表面平整,酷似贴面砖饰面,多用于外墙装饰。也可以在已硬化的抹面砂浆表面,用刀斧锤凿刻出分格条纹,或采用涂料画出线条,将墙面做成仿清水砖墙面、仿瓷砖贴面等艺术效果,常用于建筑物内墙饰面。

第四节　特　种　砂　浆

建筑工程中,用于满足某些特殊功能要求的砂浆称特种砂浆,常用的有以下几种。

一、防水砂浆

制作防水层的砂浆称为防水砂浆。砂浆防水层又叫刚性防水层。常用的防水砂浆主要有以下三种:

(1) 多层抹面的水泥砂浆;

(2) 掺各种防水剂的防水砂浆,目前多用工厂生产的成品,即聚合物水泥防水砂浆;

(3) 膨胀水泥或无收缩性水泥配制的防水砂浆。

多层抹面砂浆,即将砂浆分几层抹压,以减少砂浆内部连通毛细孔,增加砂浆的密实度,达到防水效果。这种防水层做法对施工操作要求很高,比较麻烦,故近年来多采用掺防水剂的防水砂浆。

目前,国内生产的砂浆防水剂按其主要成分可分为三类:以硅酸钠水玻璃为基料的防水剂;以憎水性物质为基料的防水剂,包括可溶性和不溶性金属皂类防水剂;以氧化物金属盐类为基料的防水剂。配制防水混凝土用的外加剂均可用来配制防水砂浆。

防水砂浆的配合比,其水泥比砂一般不宜大于1:2.5,水灰比应为0.50~0.60,稠度不应大于80 mm。水泥宜选用32.5级以上的普通硅酸盐水泥,砂子应选用洁净的中砂。防水剂掺量按生产厂推荐的最佳掺量掺用,最后还需经试配确定。

人工施抹时,一般分四~五层抹压,每层厚度为5.0 mm左右,一、三层可用防水水泥净浆,二、四、五层用防水水泥砂浆。每层初凝前用木抹子压实一遍,最后一层要压光。抹完后应加强养护。

聚合物水泥防水砂浆系以水泥、细集料为主要组分,以聚合物乳液或可再分散乳胶粉为改性剂,添加适量助剂混合制成的防水砂浆。产品按组分分为单组分(S类)和双组分(D类)两类。单组分(S类):由水泥、细集料和可再分散乳胶粉、添加剂等组成。双组分(D类):由粉料(水泥、细集料等)和液料(聚合物乳液、添加剂等)组成。产品按物理力学性能分为Ⅰ型和Ⅱ型两种。

按标准《聚合物水泥防水砂浆》(JC/T 984—2011)规定,其物理力学性能应符合表9-8要求。

聚合物水泥防水砂浆为袋装或桶装,质量有保证,方便运输及使用,产品规格有5 kg、10 kg、25 kg、50 kg等几种,保质期为6个月,贮存时应注意严格防潮、防冻。施工时应按推荐用水量进行砂浆拌制。由防水砂浆构成的刚性防水层仅适用于不受振动和具有一定刚度的混凝土或砖(石)砌体工程,对于变形较大或可能发生不均匀沉陷的工程,都不宜采用刚性防水层。

表9-8 聚合物水泥防水砂浆物理力学性能要求

序号	项目			技术指标	
				Ⅰ型	Ⅱ型
1	凝结时间[a]	初凝/min,≥		45	
		终凝/h,≤		24	
2	抗渗压力[b]/MPa	涂层试件,≥	7 d	0.4	0.5
		砂浆试件,≥	7 d	0.8	1.0
			28 d	1.5	1.5
3	抗压强度/MPa,≥			18.0	24.0
4	抗折强度/MPa,≥			6.0	8.0
5	柔韧性(横向变形能力)/mm,≥			1.0	
6	粘结强度/MPa,≥	7 d		0.8	1.0
		28 d		1.0	1.2
7	耐碱性			无开裂、剥落	
8	耐热性			无开裂、剥落	

序号	项目	技术指标	
		Ⅰ型	Ⅱ型
9	抗冻性	无开裂、剥落	
10	收缩率/%，≤	0.30	0.15
11	吸水率/%，≤	6.0	4.0

注：a. 凝结时间可根据用户需要及季节变化进行调整；
　　b. 当产品使用的厚度不大于 5 mm 时，测定涂层试件抗渗压力；当产品使用的厚度大于 5 mm 时，测定砂浆试件抗渗压力，亦可根据产品用途，选择测定涂层或砂浆试件的抗渗压力。

二、保温砂浆

建筑保温砂浆是以水泥或石膏等胶凝材料与膨胀珍珠岩砂、膨胀蛭石、火山渣或浮石砂、陶砂等轻质多孔集料按比例配制成的砂浆，具有轻质、保温等特性。建筑保温砂浆按照用途可以分为外墙保温砂浆和砌筑保温砂浆。外墙保温砂浆用于建筑外墙保温，粘贴在外墙外侧或内侧，使用时需加适当面层。砌筑保温砂浆则用于砌筑自保温墙体材料。

按照《建筑保温砂浆》(GB/T 20473—2006)规定，其硬化后的物理力学性能应符合表 9-9 的要求。

表 9-9　建筑保温砂浆硬化后的物理力学性能

项目	技术要求	
	Ⅰ型	Ⅱ型
干密度/(kg·m^{-3})	240~300	301~400
抗压强度/MPa	≥0.20	≥0.40
导热系数 (平均温度 25℃)/[W·(m·K)$^{-1}$]	≤0.070	≤0.085
线收缩率 /%	≤0.30	≤0.30
压剪粘结强度/kPa	≥50	≥50
燃烧性能级别	应符合 GB 8624 规定的 A 级要求	

当有抗冻性要求时，15 次冻融循环后质量损失率应不大于 15%，抗压强度损失率应不大于 25%。当有耐水性要求时，软化系数应不小于 0.5。

常用的保温砂浆有水泥膨胀珍珠岩砂浆、水泥膨胀蛭石砂浆、水泥石灰膨胀蛭石砂浆等。水泥膨胀珍珠岩砂浆用 32.5 级或 42.5 级水泥配制时，其体积比为水泥∶膨胀珍珠岩砂=1∶(12 ～ 15)，水灰比为 1.5~2.0，导热系数为 0.067~0.074 W/(m·K)，可用于砖及混凝土内墙表面抹灰或喷涂。水泥石灰膨胀蛭石砂浆以体积比为水泥∶石灰膏∶膨胀蛭石=1∶1∶(5~8)配制而成，其导热系数为 0.076~0.105 W/(m·K)，可用于平屋面保温层及顶棚、内墙抹灰。

三、吸音砂浆

由轻集料配制成的保温砂浆，一般均具有良好的吸声性能，故也可作吸音砂浆用。另外，还可用水泥、石膏、砂、锯末配制成吸音砂浆(参见表 9-6)。若石灰、石膏砂浆中掺入玻璃纤维、矿棉等松软纤维材料也能获得吸声效果。吸音砂浆用于有吸音要求的室内墙壁和顶棚的抹灰。

四、耐酸砂浆

在用水玻璃和氟硅酸钠配制的耐酸涂料中,掺入适量由石英岩、花岗岩、铸石等制成的粉及细集料可拌制成耐酸砂浆。耐酸砂浆用于耐酸地面和耐酸容器的内壁防护层。

五、防辐射砂浆

在水泥浆中掺入重晶石粉、重晶石砂可配制成具有防辐射能力的砂浆。其配合比约为水泥∶重晶石粉∶重晶石砂＝1∶0.25∶(4～5)。在水泥浆中掺加硼砂、硼酸等可配制成具有防中子辐射能力的砂浆。

第五节 预 拌 砂 浆

预拌砂浆是工厂生产砂浆的新形式,它改变了传统分散的现场拌制方式,具有质量稳定、施工便捷、节约材料、保护环境、降低劳动强度、提高工效等诸多优点,故近年来在国内外得到了大力推广应用。

一、预拌砂浆的分类及其组成材料

预拌砂浆系指由专业厂家生产的、用于一般工业与民用建筑工程的砂浆,它分为干拌砂浆和湿拌砂浆两类,各类又有砌筑砂浆、抹灰砂浆和地面砂浆三种。干拌砂浆即砂浆干混料,故又称干混砂浆,它是指由专业生产厂家生产,由经干燥筛分处理的细集料、无机胶凝材料、矿物掺合料、外加剂等组分,按一定比例混合而成的一种颗粒状或粉状混合物,在施工现场只需按使用说明加水搅拌即成砂浆拌合物。干混砂浆是目前工程使用量最多的商品砂浆,故以下着重介绍这种预拌砂浆。

湿拌砂浆系指由水泥、砂、保水增稠材料、水、粉煤灰或其他矿物掺合料及外加剂等组分,按一定比例,经计量、混拌后,用搅拌运输车送至施工现场,并需在指定时间内使用完毕的砂浆拌合物。

按照《预拌砂浆》(GB/T 25181—2019)的规定,湿拌砂浆的品种和代号见表 9-10 所示。按强度等级、抗渗等级、稠度和保塑时间的分类见表 9-11 所示。部分干混砂浆的品种和代号见表 9-12 所示。

表 9-10 湿拌砂浆的品种和代号

品　种	湿拌砌筑砂浆	湿拌抹灰砂浆	湿拌地面砂浆	湿拌防水砂浆
代号	WM	WP	WS	WW

表 9-11 湿拌砂浆分类

项目	湿拌砌筑砂浆	湿拌抹灰砂浆		湿拌地面砂浆	湿拌防水砂浆
		普通抹灰砂浆(G)	机喷抹灰砂浆(S)		
强度等级	M5、M7.5、M10、M15、M20、M25、M30	M5、M7.5、M10、M15、M20		M15、M20、M25	M15、M20
抗渗等级	—	—		—	P6、P8、P10

项目	湿拌砌筑砂浆	湿拌抹灰砂浆		湿拌地面砂浆	湿拌防水砂浆
		普通抹灰砂浆（G）	机喷抹灰砂浆（S）		
稠度*/mm	50、70、90	70、90、100	90、100	50	50、70、90
保塑时间/h	6、8、12、24	6、8、12、24		4、6、8	6、8、12、24

* 可根据现场气候条件或施工要求确定。

表 9-12　部分干混砂浆的品种和代号

项目	干混砌筑砂浆（DM）		干混抹灰砂浆（DP）			干混地面砂浆（DS）	干混普通防水砂浆（DW）
	普通砌筑砂浆（G）	薄层砌筑砂浆（T）	普通抹灰砂浆（G）	薄层抹灰砂浆（T）	机喷抹灰砂浆（S）		
强度等级	M5、M7.5、M10、M15、M20、M25、M30	M5、M10	M5、M7.5、M10、M15、M20	M5、M7.5、M10	M5、M7.5、M10、M15、M20	M15、M20、M25	M15、M20
抗渗等级	—	—	—	—	—	—	P6、P8、P10

湿拌砂浆和干混砂浆标记方式如下所示：

（一）湿拌砂浆标记

湿拌砂浆按下列顺序标记：湿拌砂浆代号、型号、强度等级、抗渗等级（有要求时）、稠度、保塑时间、标准号。

示例：湿拌普通抹灰砂浆的强度等级为 M10，稠度为 70 mm，保塑时间为 8 h，其标记为：WP-G M10-70-8 GB/T 25181—2019。

（二）干混砂浆标记

干混砂浆按下列顺序标记：干混砂浆代号、型号、主要性能、标准号。

示例1：干混机喷抹灰砂浆的强度等级为 M10，其标记为：DP-S M10 GB/T 25181—2019。

示例2　湿拌砌筑砂浆的强度等级为 M10，稠度为 70 mm，凝结时间为 12 h，其标记为：
WM M10-70-12 GB/T 25181—2010。

示例3　湿拌防水砂浆的强度等级为 M15，抗渗等级为 P8，稠度为 70 mm，凝结时间为 12 h，其标记为：
WW M15/P8-70-12 GB/T 25181—2010。

示例4　干混砌筑砂浆的强度等级为 M10，其标记为：
DM M10 GB/T 25181—2010。

示例5　用于混凝土界面处理的干混界面砂浆的标记为：
DIT-C GB/T 25181—2010。

二、预拌砂浆的特点

预拌砂浆具有以下特点：

（1）产品质量有保证。预拌砂浆采用大规模工业化生产，从原料选配、计量到生产全过程都有严格控制和管理,因此保证了砂浆的各项性能指标要求,产品质量稳定,有利于保证施工工程的质量。

（2）品种多样,配制方便。不仅能生产砌筑与抹面等工程所需面广量大的常用砂浆,还可按不同工程需要配制生产特种用途的预拌砂浆,如预拌防水砂浆、预拌耐磨砂浆、预拌自流平砂浆、预拌保温砂浆、预拌装饰砂浆等。

（3）改善现场施工条件,实现文明施工。干混砂浆多为袋装出厂,每袋 50 kg,便于运输、贮存管理及使用,由此,既减少了原料的损耗,又改变了施工现场的面貌,保证了文明施工。

三、预拌砂浆的技术要求

预拌砂浆现行标准主要有《预拌砂浆应用技术规程》(JGJ/T 223—2010)和《预拌砂浆》(GB/T 25181—2019)。按照 GB/T 25181—2019 的规定,预拌砂浆的强度等级及性能指标应符合表 9-13 和表 9-14 要求。

表 9-13　湿拌砂浆的性能指标

项目		湿拌砌筑砂浆	湿拌抹灰砂浆		湿拌地面砂浆	湿拌防水砂浆
			普通抹灰砂浆	机喷抹灰砂浆		
保水率/%		≥88.0	≥88.0	≥92.0	≥88.0	≥88.0
压力泌水率/%		—	—	<40	—	—
14 d拉伸粘结强度/MPa		—	M5：≥0.15 >M5：≥0.20	≥0.20	—	≥0.20
28 d收缩率/%		—	≤0.20		—	≤0.15
抗冻性*	强度损失率/%	≤25				
	质量损失率/%	≤5				

* 有抗冻性要求时,应进行抗冻性试验。

表 9-14　干混砂浆的性能指标

项目		干混砌筑砂浆		干混抹灰砂浆			干混地面砂浆	干混普通防水砂浆
		普通砌筑砂浆	薄层砌筑砂浆	普通抹灰砂浆	薄层抹灰砂浆	机喷抹灰砂浆		
保水率/%		≥88.0	≥99.0	≥88.0	≥99.0	≥92.0	≥88.0	≥88.0
凝结时间/h		3~12	—	3~12	—	—	3~9	3~12
2 h稠度损失率/%		≤30	—	≤30	—	≤30	≤30	≤30
压力泌水率/%		—	—	—	—	<40	—	—
14 d拉伸粘结强度/MPa		—	—	M5：≥0.15 >M5：≥0.20	≥0.30	≥0.20	—	≥0.20
28 d收缩率/%		—	—	≤0.20			—	≤0.15
抗冻性*	强度损失率/%	≤25						
	质量损失率/%	≤5						

* 有抗冻性要求时,应进行抗冻性试验。

干混砂浆在现场储存地点的气温,最高不宜超过 37℃,最低不宜低于 0℃。拌合用水量应按产品说明书要求掺加。超过规定使用时间的砂浆拌合物,严禁二次加水搅拌使用。

四、预拌砂浆与传统砂浆的对应关系

为便于应用,《预拌砂浆应用技术规程》(JGJ/T 223—2010)列出了预拌砂浆与传统砂浆的对应关系,见表 9-15,使用时可根据强度要求选用各类预拌砂浆。

表 9-15　预拌砂浆与传统砂浆的对应关系

种类	预拌砂浆	传统砂浆
砌筑砂浆	DM M5.0、WM M5.0	M5.0 混合砂浆、M5.0 水泥砂浆
	DM M7.5、WM M7.5	M7.5 混合砂浆、M7.5 水泥砂浆
	DM M10、WM M10	M10 混合砂浆、M10 水泥砂浆
抹灰砂浆	DP M5.0、WP M5.0	1:1:6 混合砂浆
	DP M10、WP M10	1:1:4 混合砂浆
	DP M15、WP M15	1:3 水泥砂浆
	DP M20、WP M20	1:2 水泥砂浆、1:2.5 水泥砂浆、1:1:2 混合砂浆
地面砂浆	DS M20、WS M20	1:2 水泥砂浆

第六节　灌浆材料

灌浆材料是一种流体状材料,它通过压力作用注入工程结构物的缝隙中,经胶凝或化学反应固结后,起到提高结构物的整体性,或堵漏、防渗、补强等作用,为现代化工程施工中一种新型的工程材料。目前工程常用灌浆材料按其所用基材不同,可分为无机灌浆材料和有机灌浆材料两类。前者以水泥基材为主,后者则主要以合成树脂为基材配制而成,故亦称化学灌浆材料。

一、水泥基灌浆材料

(一)组成材料

水泥基灌浆材料是以各类硅酸盐水泥为基本成分,再根据需要加入一种或几种其他材料配制而成。如:为了减小水泥浆体硬化时的收缩、增加黏结力及减少流失,可在水泥浆中掺加一定量的细砂;为了提高浆液的稳定性和流动性,可加入一定量的粉煤灰或磨细矿渣等混合材料;为了调节灌浆材料的胶凝性能,则可加入一定量的外加剂,如缓凝剂、促凝剂、流化剂、增稠剂、引气剂等;为减小收缩,可加入膨胀组分。

(二)特性与应用

水泥基灌浆材料是目前工程中使用最多的灌浆材料,其特点是:胶结性能好,无毒性,固结强度高,且施工方便,成本低,适宜于灌填宽度大于 0.15 mm 的缝隙,或渗透系数大于 1 m/d 的岩层。水泥灌浆材料主要用于岩石、基础或结构物的加固和防渗堵漏、后张法预应力混凝土的孔道灌浆、装配式建筑套筒灌浆、制作压浆混凝土等。

根据《水泥基灌浆材料应用技术规范》(GB/T 50448—2015),水泥基灌浆材料的主要性能指标应符合表 9-16 的要求。

表 9-16　水泥基灌浆材料主要性能指标

类　别		Ⅰ类	Ⅱ类	Ⅲ类	Ⅳ类
最大集料粒径/mm			≤4.75		>4.75 且≤25
截锥流动度/mm	初始值	—	≥340	≥290	≥650*
	30 min	—	≥310	≥260	≥550*
流锥流动度/s	初始值	≤35	—	—	—
	30 min	≤50	—	—	—
竖向膨胀率/%	3 h		0.1～3.5		
	24 h 与 3 h 的膨胀值之差		0.02～0.50		
抗压强度/MPa	1 d	≥15		≥20	
	3 d	≥30		≥40	
	28 d	≥50		≥60	
氯离子含量/%			<0.1		
泌水率/%			0		

二、化学灌浆材料

化学灌浆材料因其具有流动性好、渗透性强、能灌入很细的缝隙、凝结时间易于调节等特点而被广泛应用。化学灌浆材料除主要以合成树脂为基材配制的外,还有以水玻璃为基材配制的。现将工程常用的化学灌浆制料的组成材料、特性及用途列于表 9-17 所示。

表 9-17　常用化学灌浆材料的组成、特性及用途

名　称	基本成分	外加剂	特　性	用　途
环氧树脂灌浆材料	环氧树脂	固化剂 促进剂 稀释剂 增韧剂	粘结力强,强度高,收缩小,化学稳定性好	要求强度高的重要结构裂缝的修复、漏水裂缝的处理
甲凝	甲基丙烯酸甲酯(或甲基丙烯酸丁酯)	氧化剂 还原剂 抗氧剂	粘度很低,渗透力很强,扩散半径大,可灌入 0.05～0.1 mm 的微细裂隙;粘结力强,强度高,耐酸碱性好,光稳定性较好	宜用于干燥情况下的混凝土大坝、油管、船坞、基础等的补强和堵漏
丙凝	丙烯酰胺	交联剂 促进剂 引发剂	粘度低,可灌性好,凝结时间可控性好,渗透性较好,扩散半径大,但强度低,且有一定毒性	主要用于混凝土大坝、基础等的补强和防渗堵漏
氰凝	多异氰酸酯聚醚	稀释剂 阻聚剂 促进剂	聚合体抗渗性强,固结后强度高,胶凝工作时间可控	特别适用于地下工程的渗漏补强和混凝土结构补强
水玻璃灌浆材料	钠水玻璃(或钾水玻璃)	促凝剂	粘结性较强,双液法粘结时间短,单液法粘结时间长,但扩散有效半径大	土质基础或结构加固、防渗堵漏

根据《混凝土裂缝用环氧树脂灌浆材料》(JC/T 1041—2007),环氧树脂灌浆材料浆液
性能和固化物性能应符合表 9-18 和表 9-19 的要求。

表 9-18　环氧树脂灌浆材料浆液性能

序号	项　　目	浆液性能	
		L	N
1	浆液密度/(g·cm⁻³),＞	1.00	1.00
2	初始粘度/mPa·s,＜	30	200
3	可操作时间/min,＞	30	30

表 9-19　环氧树脂灌浆材料固化物性能

序号	项　　目		固化物性能	
			I	II
1	抗压强度/MPa,≥		40	70
2	拉伸剪切强度/MPa,≥		5.0	8.0
3	抗拉强度/MPa,≥		10	15
4	粘接强度	干粘接/MPa,≥	3.0	4.0
		湿粘接*/MPa,≥	2.0	2.5
5	抗渗压力/MPa,≥		1.0	1.2
6	渗透压力比/%,≥		300	400

* 湿粘接强度:潮湿条件下必须进行测定。

注:固化物性能的测定试龄期为 28 d。

复习思考题

9-1　新拌砂浆的和易性包括哪两方面的含义?如何测定?砂浆和易性不良对工程应用有何影响?

9-2　影响砂浆抗压强度的主要因素有哪些?

9-3　对抹面砂浆和砌筑砂浆的组成材料及技术性质的要求有哪些不同?为什么?

9-4　何谓混合砂浆,工程中常采用水泥混合砂浆有何好处,为什么要在抹面砂浆中掺入纤维材料?

9-5　某多层住宅楼工程,要求配制强度等级为 M7.5 的水泥石灰混合砂浆,用以砌筑烧结普通砖墙体。工地现有材料如下:

水泥:32.5 级矿渣水泥,堆积密度为 1 200 kg/m³;

石灰膏:一等品建筑生石灰消化制成,堆积密度 1 280 kg/m³,沉入度为 12 cm;

砂子:中砂,含水率 2%,堆积密度 1 450 kg/m³。

试设计砂浆配合比(质量比和体积比)。

9-6　试述采用预拌砂浆的重要意义。

9-7　试述抹面砂浆开裂和空鼓的原因及解决方法。

第十章　沥青及沥青混合料

沥青材料是由一些极其复杂的高分子碳氢化合物和这些碳氢化合物的非金属(氧、硫、氮)的衍生物所组成的黑色或黑褐色的固体、半固体或液体的混合物。

沥青属于有机胶凝材料,与矿质混合料有非常好的黏结能力,是道路工程重要的筑路材料;沥青属于憎水性材料,结构致密,几乎完全不溶于水和不吸水,因此广泛用于土木工程的防水、防潮和防渗;同时沥青还具有较好的抗腐蚀能力,能抵抗一般酸性、碱性及盐类等具有腐蚀性的液体和气体的腐蚀,因此可用于有防腐要求而对外观质量要求较低的表面防腐工程。

沥青混合料是指以沥青为胶结料,将粗集料、细集料、填料(小于 0.075 mm 的颗粒)等黏结成一体的筑路材料。沥青混合料根据级配类型不同,包括沥青混凝土、沥青玛蹄脂碎石、沥青稳定碎石等不同类型,广泛用于各等级公路和城市道路的建设。

第一节　沥青材料

一、沥青的分类

对于沥青材料的命名和分类,目前世界各国尚未取得统一的认识。现就我国通用的命名和分类简述如下:

沥青按其在自然界中获得的方式,可分为地沥青和焦油沥青两大类。

1. 地沥青:是天然存在的或由石油精制加工得到的沥青材料。按其产源又可分为:

(1)天然沥青:是石油在自然条件下,长时间经受地球物理因素作用而形成的产物,我国新疆克拉玛依等地产有天然沥青。

(2)石油沥青:石油沥青是指石油原油经蒸馏等提炼出各种轻质油及润滑油以后的残留物,或将残留物进一步加工得到的产物。

2. 焦油沥青:是利用各种有机物(煤、泥炭、木材等)干馏加工得到的焦油,经再加工而得到的产品。焦油沥青按其加工的有机物名称而命名,如由煤干馏所得的煤焦油,经再加工后得到的沥青,即称为煤沥青。

以上各类沥青,可归纳如下:

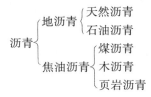

页岩沥青按其技术性质接近石油沥青,而按其生产工艺则接近焦油沥青,目前暂归焦油

沥青类。

二、石油沥青的生产

目前,大量使用的都是石油沥青,石油沥青是石油原油经蒸馏等提炼出各种轻质油(如汽油、柴油等)及润滑油以后的残留物,或再经加工而得的产品。其生产流程示意图如图 10-1 所示。

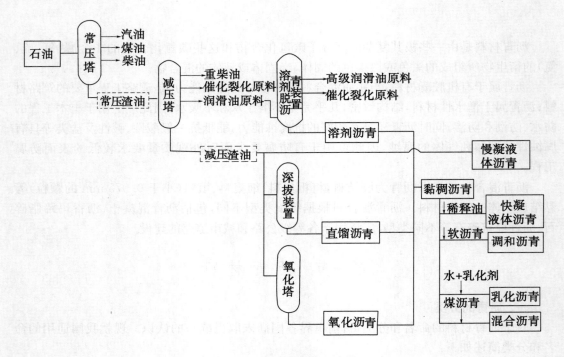

图 10-1　石油沥青生产示意图

原油经常压蒸馏后得到常压渣油,再经减压蒸馏后,得到减压渣油;这些渣油都属于低标号的慢凝液体沥青。为提高沥青的稠度,以慢凝液体沥青为原料,可以采用不同的工艺方法得到黏稠沥青。渣油经过再减蒸工艺,进一步深拔出各种重质油品,可得到不同稠度的直馏沥青;渣油经不同深度的氧化后,可以得到不同稠度的氧化沥青或半氧化沥青。除轻度氧化的沥青属于高标号慢凝沥青外,这些沥青都属于黏稠沥青。

有时为施工需要,希望在常温条件下具有较大的施工流动性,在施工完成后短时间内又能凝固而具有高的黏结性,为此在黏稠沥青中掺加煤油或汽油等挥发速度较快的溶剂,这些用快速挥发溶剂作稀释剂的沥青,称为中凝液体沥青或快凝液体沥青。

为得到不同稠度的沥青,也可以采用硬的沥青与软的沥青(黏稠沥青或慢凝液体沥青)以适当比例调配,称为调和沥青。按照比例不同所得成品可以是黏稠沥青,亦可以是慢凝液体沥青。

快凝液体沥青需要耗费高价的有机稀释剂,同时要求石料必须是干燥的。为节约溶剂和扩大使用范围,可将沥青分散于有乳化剂的水中而形成沥青乳液,这种乳液亦称为乳化沥青。

为更好地发挥石油沥青和煤沥青的优点,选择适当比例的煤沥青与石油沥青混合而成一种稳定的胶体,这种胶体称为混合沥青。

目前我国在炼制厂中生产沥青的主要工艺方法有:蒸馏法、氧化法、半氧化法、溶剂脱沥青法和调配法等。制造方法不同,沥青的性状有很大的差异。

(1)蒸馏法:原油经过常压塔和减压塔装置,根据原油中所含的馏分沸点不同,将汽油、煤油、柴油等馏分分离后,可以得到加工沥青的原料(渣油),也可以直接获得"针入度级的黏稠沥青"。这种直接由蒸馏得到的沥青,称为"直馏沥青"。与氧化沥青相比,通常直馏沥青具有较好的低温变形能力,但温度感应性大(即温度升高容易变软)。

(2)氧化法:以蒸馏法得到的渣油或直馏沥青为原料,在氧化釜(或氧化塔)中,经加热并吹入空气(有时还加入催化剂),空气中的氧使其产生脱氢、氧化和缩聚等化学反应,沥青中低相对分子质量的烃类转变为高相对分子质量的烃类,这样得到稠度较高、温度感应性较低的沥青,称为吹气沥青或称氧化沥青,与直馏沥青相比,通常氧化沥青具有较低的温度感应性,高温时抗变形能力较好,但低温时变形能力较差(即低温时容易脆裂)。

(3)半氧化法:半氧化法是一种改进的氧化法。为了避免直馏沥青的温度感应性和氧化沥青的低温变形能力差的缺点,在氧化时,采用较低的温度、较长的时间、吹入较少风量的空气,这样可以用控制温度、时间和风量方法,使沥青中各种不同相对分子质量的烃组,按人为意志所转移。最终达到适当兼顾高温和低温两方面性能的沥青。

(4)溶剂脱沥青法:在炼制高级润滑油时,用溶剂脱沥青装置萃取脱沥青油后,剩下的沥青称为溶剂脱沥青。常用的溶剂有:丙烷、丙-丁烷和丁烷等。如以丙烷为溶剂时,得到的沥青,脱沥青的含蜡量大大降低,使沥青的路用性能得到改善。

(5)调配法:采用两种(或两种以上)不同稠度(或其他技术性质)的沥青,按选定的比例互相调配后,得到符合要求稠度(或其他技术性质)的沥青产品称调配沥青。调配比例可根据要求指标,用实验法、计算法或组分调节法确定。

三、石油沥青的组成

石油沥青是由多种碳氢化合物及其非金属(氧、硫、氮)的衍生物组成的混合物。所以它的组成主要是碳(80%～87%)、氢(10%～15%),其余是非烃元素,如氧、硫、氮等(<3%)。此外,还含有一些微量的金属元素,如镍、钡、铁、锰、钙、镁、钠等,但含量都很少,约为百万分之几至百万分之几十。

由于沥青化学组成结构的复杂性,虽然多年来许多化学家致力这方面的研究,可是目前仍不能直接得到沥青元素含量与工程性能之间的关系。目前对沥青组成和结构的研究主要集中在组分理论、胶体理论和高分子溶液理论。

化学组分分析就是将沥青分离为化学性质相近,而且与其工程性能有一定联系的几个化学成分组,这些组就称为"组分"。我国现行《公路工程沥青与沥青混合料试验规程》中规定有三组分和四组分两种分析法。

1. 三组分分析法

石油沥青的三组分分析法是将石油沥青分离为:油分(oil)、树脂(resin)和沥青质(asphaltene)三个组分。因我国富产石蜡基或中间基沥青,在油分中往往含有蜡(paraffin),故在分析时还应把油蜡分离。由于该组分分析方法,是兼用了选择性溶解和选择性吸附的方法,所以又称为溶解-吸附法。溶解-吸附法的优点是组分界限很明确,组分含量能在一定程度上说明它的工程性能,但是它的主要缺点是分析流程复杂,分析时间很长（表 10-1）。

表 10-1　石油沥青三组分分析法的各组分性状

组分	外观特征	平均相对分子质量	碳氢比	含量/%	物化特征
油分	淡黄色透明液体	200～700	0.5～0.7	45～60	几乎溶于大部分有机溶剂,焦油光学活性,常发现有荧光,比重约 0.7～1.0
树脂	红褐色黏稠半固体	800～3 000	0.7～0.8	15～30	温度敏感性高,熔点低于 100℃,比重大于 1.0～1.1
沥青质	深褐色固体微粒	1 000～5 000	0.8～1.0	5～30	加热不熔化而碳化,比重 1.1～1.5

油分赋予沥青以流动性,油分含量的多少直接影响沥青的柔软性、抗裂性及施工难度。油分在一定条件下可以转化为树脂甚至沥青质。

树脂又分为中性树脂和酸性树脂,中性树脂使沥青具有一定塑性、可流动性和黏结性.其含量增加,沥青的黏结力和延伸性增加。除中性树脂外,沥青树脂中还含有少量的酸性树脂,即沥青酸和沥青酸酐,为树脂状黑褐色黏稠状物质,密度大于 $1.0\ g/cm^3$,是油分氧化后的产物,呈固态或半固态,具有酸性,能为碱皂化,易溶于酒精、氯仿,而难溶于石油醚和苯。酸性树脂是沥青中活性最大的组分,它能改善沥青对矿质材料的浸润性,特别是提高了与碳酸盐类岩石的黏附性,增加了沥青的可乳化性。

沥青质决定着沥青的黏结力、黏度和温度稳定性,以及沥青的硬度、软化点等。沥青质含量增加时,沥青的黏度和黏结力增加,硬度和温度稳定性提高。

2. 四组分分析法

L. W. 科尔贝特首先提出将沥青分离为:饱和分（saturate）、环烷-芳香分（naphetene-aromatics）、极性-芳香分（polar-aromatics）和沥青质（asphaltenes）等的色层分析方法。后来也有将上述 4 个组分称为:饱和分、芳香分（aromatic）、胶质（resin）和沥青质。故这一方法亦称 SARA 法。我国现行四组分分析法是将沥青分离为沥青质（At）、饱和分（S）、芳香分（A）和胶质（R）。

石油沥青按四组分分析法所得各组分的性状如表 10-2 所示。

表 10-2　石油沥青四组分分析法的各组分性状

组分	外观特征	平均比重	平均相对分子质量	主要化学结构
饱和分	无色液体	0.89	625	烷烃、环烷烃
芳香分	黄色至红色液体	0.99	730	芳香烃、含 S 衍生物
胶质	棕色黏稠液体	1.09	970	多环结构、含 S、O、N 衍生物
沥青质	深棕色至黑色固体	1.15	3 400	缩合环结构、含 S、O、N 衍生物

按照四组分分析法,各组分对沥青性质的影响,根据 L. W. 科尔贝特的研究认为:饱和分含量增加,可使沥青稠度降低（针入度增大）;树脂含量增大,可使沥青的延性增加,在有饱

和分存在的条件下,沥青质含量增加,可使沥青获得低的感温性;树脂和沥青质的含量增加,可使沥青的黏度提高。

四、石油沥青的主要技术性质

1. 针入度

黏稠石油沥青的相对黏度是用针入度仪测定的针入度来表示,如图 10-2 所示。它反映石油沥青黏稠性,针入度值越小,表明黏度越大。黏稠石油沥青的针入度是在规定温度 25℃条件下,以规定重量 100 g 的标准针,经历规定时间 5 s 贯入试样中的深度,以 0.1 mm 为单位表示,符号为 $P_{(25℃,100g,5s)}$。

图 10-2　沥青针入度仪　　　　　图 10-3　沥青软化点仪

2. 软化点

沥青软化点是反映沥青耐高温性能的重要指标。由于沥青材料从固态至液态有一定的变态间隔,故规定其中某一状态作为从固态转到黏流态(或某一规定状态)的起点,相应的温度称为沥青软化点。

我国现行试验法是采用环球法软化点。该法是沥青试样注于内径为 18.9 mm 的铜环中,环上置一重 3.5 g 的钢球,在规定的加热速度(5℃/min)下进行加热,沥青试样逐渐软化,直至在钢球荷重作用下,使沥青下坠 25.4 mm 时的温度称为软化点,符号为 $T_{R\&B}$(图 10-3)。根据已有研究认为:沥青在软化点时的黏度约为 1200 Pa·s,或相当于针入度值 800 (0.1 mm)。据此,可以认为软化点是一种"等黏温度"。

3. 延度

延展性是指石油沥青在外力作用下产生变形而不破坏(裂缝或断开),除去外力后仍保持变形后的形状不变的性质,它反映的是沥青受力时,所能承受的塑性变形的能力。

石油沥青的延展性与其组分有关,石油沥青中树脂含量较多,且其他组分含量又适当时,则塑性较大。影响沥青塑性的因素有温度和沥青膜层厚度,温度升高,则延展性增大;膜层愈厚,则塑性愈高。反之,膜层越薄,则塑性越差;当膜层薄至 1 μm 时,塑性近于消失,即接近于弹性。

在常温下,延展性较好的沥青在产生裂缝时,也可能由于特有的黏塑性而自行愈合。故延展性还反映了沥青开裂后的自愈能力。沥青之所以能制造出性能良好的柔性防水材料,很大程度上取决于沥青的延展性。沥青的延展性对冲击振动荷载有一定吸收能力,并能减少摩擦时的噪声,故沥青是一种优良的道路路面材料。

通常是用延度作为延展性指标来表征。延度试验方法是,将沥青试样制成"8"字形标准试件(最小断面 1 cm²),在规定拉伸速度和规定温度下拉断时的长度(以 cm 计)称为延度,如图 10-4 所示。常用的试验温度有 25℃、15℃、10℃和 5℃。

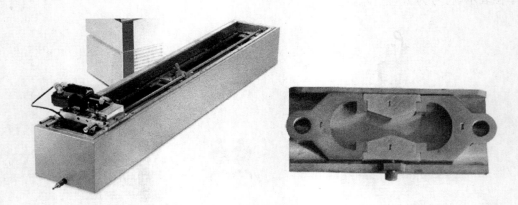

图 10-4   延度仪和延度试模

以上所论及的针入度、软化点和延度是评价黏稠石油沥青工程性能最常用的经验指标,所以通称"三大指标"。

五、石油沥青的技术标准

根据石油沥青的性能不同,选择适当的技术标准,将沥青划分成不同的种类和标号(等级)以便于沥青材料的选用。在道路工程中使用的主要包括道路石油沥青、改性沥青和乳化沥青,其中道路石油沥青是最常使用的沥青材料。

根据《公路沥青路面施工技术规范》(JTGF40),道路石油沥青根据其性能及适宜的使用场合分为 A、B、C 三个等级,如表 10-3 所示。

表 10-3   道路石油沥青的适用范围

沥青等级	适用范围
A 级沥青	各个等级的公路,适用于任何场合和层次
B 级沥青	① 高速公路、一级公路沥青下面层及以下的层次,二级及二级以下公路的各个层次; ② 用作改性沥青、乳化沥青、改性乳化沥青、稀释沥青的基质沥青
C 级沥青	三级及三级以下公路的各个层次

我国的道路石油沥青根据性能指标不同,分为 30 号、50 号、70 号、90 号、110 号、130 号和 160 号七个不同的沥青标号,其具体指标要求如表 10-4 所示。

表10-4 道路石油沥青技术要求

指标	单位	等级	160号	130号	110号	90号	70号	50号	30号	试验方法
针入度(25℃,5s,100g)	0.1mm		140~200	120~140	100~120	80~100	60~80	40~60	20~40	T 0604
适用的气候分区					2-1 2-2 / 3-2	1-1 1-2 1-3 / 2-2 2-3	1-3 1-4 / 2-2 2-3 / 2-4	1-4		
针入度指数PI		A				−1.5~+1.0				T 0604
		B				−1.8~+1.0				
软化点(R&B),不小于	℃	A	38	40	43	45	46/45	49	55	T 0606
		B	36	39	42	43	44/43	46	53	
		C	35	37	41	42	43	45	50	
60℃动力黏度,不小于	Pa·s	A	—	60	120	140/160	160/180	200	260	T 0620
10℃延度,不小于	cm	A	50	50	40	45/30/20	20/25	15	10	T 0605
		B	30	30	30	30/20/15	15/20	10	8	
15℃延度,不小于	cm	A,B	80	80	60	50/100	40	30	20	
蜡含量(蒸馏法),不大于	%	A				2.2				T 0615
		B				3.0				
		C				4.5				
闪点,不小于	℃		230	230	230	245	260	260	260	T 0611
溶解度,不小于	%					99.5				T 0607
密度(15℃)	g/cm³					实测记录				T 0603
TFOT(或RTFOT)后										T 0610 或 T 0609
质量变化,不大于	%					±0.8				
残留针入度比(25℃),不小于	%	A	48	54	55	57	61	63	65	T 0604
		B	45	50	52	54	58	60	62	
		C	40	45	48	50	54	58	60	
残留延度(10℃),不小于	cm	A	12	12	10	8	6	4	—	T 0605
		B	10	10	8	6	4	2	—	
残留延度(15℃),不小于	cm	C	40	35	30	20	15	10	—	T 0605

第二节　沥青混合料

沥青混合料是由矿料与沥青结合料拌和而成的混合料的总称。按矿料级配组成及空隙率大小分为密级配、半开级配、开级配混合料。按公称最大粒径的大小可分为特粗式(公称最大粒为 37.5 mm)、粗粒式(公称最大粒径为 31.5 mm 或 26.5 mm)、中粒式(公称最大粒径为 16 mm 或 19 mm)、细粒式(公称最大粒径为 9.5 mm 或 13.2 mm)、砂粒式(公称最大粒径为 4.75 mm)沥青混合料。按制造工艺分热拌沥青混合料、冷拌沥青混合料、温拌沥青混合料、再生沥青混合料等。

连续密级配沥青混合料是按密实级配原理设计组成的各种粒径颗粒的矿料与沥青结合料拌和而成,设计空隙率较小。连续密级配沥青混合料又按级配组成分为沥青混凝土混合料(以 AC 表示)和密实式沥青稳定碎石混合料(以 ATB 表示),以及沥青玛蹄脂碎石(以 SMA 表示)。其中 AC 又按关键性筛孔通过率的不同分为细型、粗型。

间断密级配沥青混合料是指采用较多的粗集料、较多的填料、较多的沥青,以及适量的细集料所组成的密实型沥青混合料,典型代表是沥青玛蹄脂碎石混合料(SMA)。

开级配沥青混合料是矿料级配主要由粗集料嵌挤组成,细集料及填料较少,设计空隙率 18% 的混合料;开级配沥青混合料的主要功能是透水,因此常用于排水层,主要包括大孔隙开级配排水式沥青磨耗层(OGFC)和排水式沥青稳定碎石混合料(ATPB)。

半开级配沥青碎石混合料是由适当比例的粗集料、细集料及少量填料(或不加填料)与沥青结合料拌和而成,经马歇尔标准击实成型试件的剩余空隙率在 6%～12% 的半开式沥青碎石混合料(以 AM 表示)。

一、沥青混合料的组成结构

沥青混合料是一种复杂的多种成分的材料,其"结构"概念同样也是极其复杂的。因为这种材料的各种不同特点都与结构概念联系在一起。这些特点是:矿物颗粒的大小及其不同粒径的分布,颗粒的相互位置,沥青在沥青混合料中的特征和矿物颗粒上沥青层的性质,空隙量及其分布,闭合空隙量与连通空隙量的比值等。"沥青混合料结构"这个综合性的术语是这种材料单一结构和相互联系结构的概念的总和。其中包括:沥青结构、矿物骨架结构及沥青一矿粉分散系统结构等。上述每种单一结构中的每种性质都对沥青混合料的性质产生很大的影响。

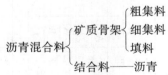

沥青混合料的结构取决于下列因素:矿质骨架结构、沥青的结构、矿质材料与沥青相互作用的特点、沥青混合料的密实度及其毛细孔隙结构的特点。

矿质骨架结构是指沥青混合料成分中矿物颗粒在空间的分布情况。由于矿质骨架本身承受大部分的内力,因此骨架应由相当坚固的颗粒所组成,并且是密实的。沥青混合料的强度,在一定程度上也取决于内摩阻力的大小,而内摩阻力又取决于矿物颗粒的形状、大小及表面特性等。

形成矿质骨架的材料结构,也在沥青混合料结构的形成中起很大作用。应把沥青混合料中沥青的分布特点,以及矿物颗粒上形成的沥青层的构造综合理解为沥青混合料中的沥青结构。为使沥青能在沥青混合料中起到自己应有的作用,沥青应均匀地分布到矿物材料中,并尽可能完全包裹矿物颗粒。矿质颗粒表面上的沥青层厚度,以及填充颗粒间空隙的自由沥青的数量具有重要的作用。自由沥青和矿物颗粒表面所吸附沥青的性质,对于沥青混合料的结构产生影响。沥青混合料中的沥青性质,取决于原来沥青的性质、沥青与矿料的比值,以及沥青与矿料相互作用的特点。

综上所述可以认为:沥青混合料是由矿质骨架和沥青胶结物所构成的、具有空间网络结构的一种多相分散体系。沥青混合料的力学强度,主要由矿质颗粒之间的内摩阻力和嵌挤力,以及沥青胶结料及其与矿料之间的黏结力所构成。

根据沥青混合料中矿质骨架的构成状态,可以将沥青混合料的结构分为以下三种(图10-5):

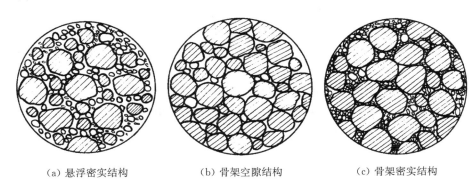

（a）悬浮密实结构　　　　　（b）骨架空隙结构　　　　　（c）骨架密实结构

图 10-5　沥青混合料矿料骨架类型

悬浮密实结构:由连续级配矿质混合料组成的密实混合料,由于材料从大到小连续存在,并且各有一定数量,实际上同一档较大颗粒都被较小一档颗粒挤开,大颗粒犹如以悬浮状态处于较小颗粒之中。这种结构通常按最佳级配原理进行设计,因此密实度较高,抗疲劳性能较好,但受沥青材料的性质和物理状态的影响较大,故高温稳定性较差,典型代表是AC 混合料。

骨架空隙结构:较粗石料彼此紧密相接,较细粒料的数量较少,不足以充分填充空隙。混合料的空隙较大,石料能够充分形成骨架。在这种结构中,粗集料之间的内摩阻力起着重要的作用,其结构强度受沥青的性质和物理状态的影响较小,因而高温稳定性较好,但抗疲劳性能较差,典型代表是 OGFC 混合料。

骨架密实结构:通常采用间断级配,混合料中既有一定数量的粗集料形成骨架,又根据粗料空隙的多少加入细料,形成较高的密实度。骨架密实结构兼具了前两种结构的优点,因此具有非常好的路用性能,典型代表是 SMA 混合料。

二、沥青混合料的强度理论

沥青混合料属于分散体系,是由粒料与沥青材料所构成的混合体。根据沥青混合料的颗粒性特征,可以认为沥青混合料的强度构成起源于两个方面:

（1）由于沥青与集料间产生的黏结力;

（2）由于矿料与矿料间产生的内摩阻力。

目前，对沥青混合料强度构成特性开展研究时，许多学者普遍采用了摩尔-库仑理论作为分析沥青混合料的强度理论，并引用两个强度参数——黏结力 c 和内摩阻角 φ，作为其强度理论的分析指标。摩尔-库仑理论的一般表达式为：

$$\tau_0 = c + \sigma \tan \varphi$$

式中　　τ_0——材料某一界面上的抗剪强度；

　　　　c——材料的黏聚力（内聚力）；

　　　　σ——该界面上的法向应力；

　　　　φ——材料的内摩擦角；

　　　　$\sigma \tan \varphi$——材料的内摩阻力。

对于组成沥青混合料的两种原始材料——沥青和矿料，通过试验研究和强度理论分析，可以认为：纯沥青材料的 $c \neq 0$ 而 $\varphi = 0$；干燥矿料的 $c = 0$ 而 $\varphi \neq 0$。但由此形成的沥青混合料，其 $c \neq 0$ 且 $\varphi \neq 0$，沥青混合料在参数 c、φ 值的确定上需要把理论准则与试验结果结合起来。理论准则采用摩尔-库仑理论，而试验结果则可通过三轴试验、简单拉压试验或直剪试验获得。

沥青混合料的强度由两部分组成：矿料之间的嵌挤力与内摩阻力和沥青与矿料之间的黏聚力。下面从内因、外因两方面分析沥青混合料强度的影响因素。

1. 影响沥青混合料强度的内因

（1）沥青黏度的影响

沥青混凝土作为一个具有多级网络结构的分散系，从最细一级网络结构来看，它是各种矿质集料分散在沥青中的分散系，因此它的强度与分散相的浓度和分散介质黏度有着密切的关系。在其他因素固定的条件下，沥青混合料的黏聚力是随着沥青黏度的提高而增大的。因为沥青的黏度即沥青内部沥青胶团相互位移时，其分散介质抵抗剪切作用的抗力，所以沥青混合料受到剪切作用时，特别是受到短暂的瞬时荷载时，具有高黏度的沥青能赋予沥青混合料较大的黏滞阻力，因而具有较高抗剪强度。在相同的矿料性质和组成条件下，随着沥青黏度的提高，沥青混合料黏聚力有明显的提高，同时内摩擦角亦稍有提高。

（2）沥青与矿料化学性质的影响

在沥青混合料中，如果矿粉颗粒之间接触处是由结构沥青膜所联结，这样促成沥青具有更高的黏度和更大的扩散溶化膜的接触面积，因而可以获得更大的黏聚力。反之，如颗粒之间接触处是自由沥青所联结，则具有较小的黏聚力。

（3）矿料比表面的影响

沥青与矿粉交互作用的原理可知，结构沥青的形成主要是由于矿料与沥青的交互作用，由此引起沥青化学组分在矿料表面的重分布。所以在相同的沥青用量条件下，与沥青产生交互作用的矿料表面积愈大，则形成的沥青膜愈薄，则在沥青中结构沥青所占的比率愈大，因而沥青混合料的黏聚力也愈高。通常在工程应用上，以单位质量集料的总表面积来表示表面积的大小，称为"比表面积"。例如 1 kg 的粗集料的表面积约为 $0.5 \sim 3 \ m^2$，它的比表面积即为 $0.5 \sim 3 \ m^2/kg$，而矿粉用量虽只占 7% 左右，而其表面积却占矿质混合料的总表面积的 80% 以上，所以矿粉的性质和用量对沥青混合料的强度影响很大。为增加沥青与矿料物理—化学作用的表面,在沥青混合料配料时,必须含有适量的矿粉。提高矿粉细度可增加矿粉比表面积,所以对矿粉细度也有一定的要求。希望小于 0.075 mm 粒径的含量不要过少;但是小于0.005 mm部分的含量亦不宜过多,否则将使沥青混合料结成团块,不易施工。

(4)沥青用量的影响

在固定质量的沥青和矿料的条件下,沥青与矿料的比例(即沥青用量)是影响沥青混合料抗剪强度的重要因素。

在沥青用量很少时,沥青不足以形成结构沥青的薄膜来黏结矿料颗粒。随着沥青用量的增加,结构沥青逐渐形成。沥青更为完满地包裹在矿料表面,使沥青与矿料间的黏附力随着沥青的用量增加而增加。当沥青用量足以形成薄膜并充分黏附矿料颗粒表面时,沥青胶浆具有最优的黏聚力。随后,如沥青用量继续增加,则由于沥青用量过多,逐渐将矿料颗粒推开,在颗粒间形成未与矿料交互作用的"自由沥青",则沥青胶浆的黏聚力随着自由沥青的增加而降低。当沥青用量增加至某一用量后,沥青混合料的黏聚力主要取决于自由沥青,所以抗剪强度几乎不变。随着沥青用量的增加,沥青不仅起着黏结剂的作用,而且起着润滑剂的作用,降低了粗集料的相互密排作用,因而降低了沥青混合料的内摩擦角。

沥青用量不仅影响沥青混合料的黏聚力,同时也影响沥青混合料的内摩擦角。通常当沥青薄膜达最佳厚度(亦即主要以结构沥青黏结)时,具有最大的黏聚力;随着沥青用量的增加,沥青混合料的内摩擦角逐渐降低,如图 10-6 所示。

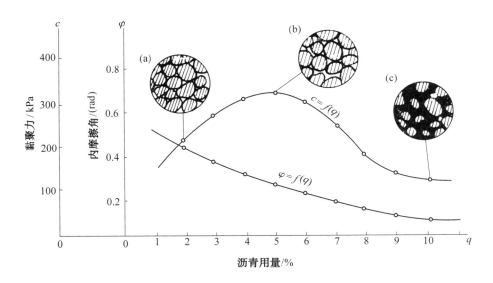

图 10-6 沥青含量与 c、φ 值之间的关系

(5)矿质集料的级配类型、粒度、表面性质的影响

沥青混合料的强度与矿质集料在沥青混合料中的分布情况有密切关系。沥青混合料有密级配、开级配和间断级配等不同组成结构类型已如前述,因此矿料级配类型是影响沥青混合料强度的因素之一。

此外,沥青混合料中,矿质集料的粗度、形状和表面粗糙度对沥青混合料的强度都具有极为明显的影响。因为颗粒形状及其粗糙度,在很大程度上将决定混合料压实后颗粒间相互位置的特性和颗粒接触有效面积的大小。通常具有显著的面和棱角,各方向尺寸相差不大,近似正方体,以及具有明显细微凸出的粗糙表面的矿质集料,在碾压后能相互嵌挤锁结而具有很大的内摩擦角。在其他条件相同的情况下,这种矿料所组成的沥青混合料较之圆形而表面平滑的颗粒具有较高的抗剪强度。

许多试验证明,要想获得具有较大内摩擦角的矿质混合料,必须采用粗大、均匀的颗粒。在其他条件相同时,矿质集料颗粒愈粗,所配制的沥青混合料愈具有较高的内摩擦角。相同粒径组成的集料,卵石的内摩擦角较碎石为低。

2. 影响沥青混合料强度的外因

(1)温度的影响

沥青混合料是一种热塑性材料,它的抗剪强度随着温度的升高而降低。在材料参数中,黏聚力随温度升高而显著降低,但是内摩擦角受温度变化的影响较少。

(2)形变速率的影响

沥青混合料是一种黏-弹性材料,它的抗剪强度与形变速率有密切关系。在其他条件相同的情况下,形变速率对沥青混合料的内摩擦角影响较小,而对沥青混合料的黏聚力影响较为显著。试验资料表明,黏聚力随形变速率的减小而显著提高,而内摩擦角随形变速率的变化很小。

综上所述可以认为,高强度沥青混合料的基本条件是:密实的矿物骨架,这可以通过适当地选择级配和使矿物颗粒最大限度地相互接近来取得;对所用的混合料、拌制和压实条件都适合的最佳沥青用量;能与沥青起化学吸附的活性矿料。

过多的沥青量和矿物骨架空隙率的增大,都会使削弱沥青混合料结构黏聚力的自由沥青量增多。上面已经指出,沥青与矿粉在一定配合比下的强度,可达到二元系统(沥青与矿粉)的最高值。这就是说,矿粉在混合料中的某种浓度下,能形成黏结相当牢固的空间结构。

应指出的是,最好的沥青混合料结构,不是用最高强度来表示,而是所需要的合理强度。这种强度应配合沥青混合料在低温下具有充分的变形能力以及耐侵蚀性。从这个角度来看,也是有关沥青混合料工艺的一个中心问题。

显然,为使沥青混合料产生最高的强度,应设法使自由沥青含量尽可能的少或完全没有。但是,必须有某种数量的自由沥青,以保证应有的耐侵蚀性,以及沥青混合料具有最佳的塑性。

如前所述,选择空隙率最低的沥青混合料的矿料级配,能降低自由沥青量,因此许多国家都规定了矿料最大空隙率。此外,自由沥青量也取决于空隙的填满程度。配合比正确的沥青混合料中,被沥青所充满的颗粒之间的空隙容积,应不超过总空隙的80%~85%,以免在温度升高时沥青溢出。

这种可能性是因为沥青比矿质材料具有更高的体积膨胀系数。除此之外,自由沥青的填满程度过大,还会导致路面的附着力(摩阻力)降低。

沥青混合料的拌制与压实工艺的进一步完善,也能大大减少自由沥青量,并大大提高沥青混合料的结构强度。

三、沥青混合料的性能指标

作为修筑高速公路的主要面层材料,我国现行规范中规定了许多种性能指标用以评定沥青混合料的性能,这里仅对其中主要的指标进行讲解。

1. 基本概念

① 油石比(P_a)是沥青混合料中沥青质量与矿料质量的比例,以百分数计。

沥青用量(P_b)是沥青混合料中沥青质量与沥青混合料总质量的比例,以百分数计。

② 毛体积密度:压实沥青混合料单位体积(含混合料的实体矿物成分及不吸收水分的闭口孔隙、能吸收水分的开口孔隙等颗粒表面轮廓线所包围的全部毛体积)的干质量,以 g/cm^3 计。

③ 毛体积相对密度(γ_s):压实沥青混合料毛体积密度与同温度水密度的比值,无量纲。

④ 理论最大相对密度(γ_t):压实沥青混合料试件全部为矿料(包括矿料自身内容的孔隙)及沥青所占有时(空隙率为零)的最大相对密度。

$$\gamma_t = \frac{100 + P_a}{\dfrac{P_1}{\gamma_1} + \dfrac{P_2}{\gamma_2} + \cdots + \dfrac{P_n}{\gamma_n} + \dfrac{P_a}{\gamma_a}}$$

式中　$P_1, \cdots, P_n$ ——各种矿料成分配合比,$\sum\limits_{i=1}^{n} P_i = 100$;

$\quad\quad\gamma_1, \cdots, \gamma_n$ ——各种矿料的密度,对粗集料,宜采用与沥青混合料同一相对密度,即混合料采用表干法、蜡封法或体积法测定的毛体积相对密度时,粗集料也采用对应的毛体积相对密度;粗集料采用水中重法测定的表观相对密度代替时,粗集料也采用表观相对密度。细集料(砂、石屑)和矿粉均采用表观相对密度;

$\quad\quad P_a$ ——油石比,%;

$\quad\quad\gamma_a$ ——沥青的相对密度。

⑤ 试件空隙率(VV):压实沥青混合料内矿料及沥青以外的空隙(不包括自身内部的孔隙)的体积占试件总体积的百分率(%)。

⑥ 矿料间隙率(VMA):压实沥青混合料试件内矿料部分以外体积占试件总体积的百分率(%)。

⑦ 沥青饱和度(VFA):压实沥青混合料试件内有效沥青的体积占矿料骨架以外的空隙部分体积的百分率(%)。

$$VV = \left(1 - \frac{\gamma_f}{\gamma_t}\right) \times 100$$

$$VMA = \left(1 - \frac{\gamma_f}{\gamma_{sb}} \times P_s\right) \times 100$$

$$VFA = \frac{VMA - VV}{VMA} \times 100$$

式中　VV——试件的空隙率,%;

$\quad\quad$ VMA——试件的矿料间隙率,%;

$\quad\quad$ VFA——试件的有效沥青饱和度(有效沥青含量占 VMA 的体积比例),%;

$\quad\quad\gamma_f$——试件的毛体积相对密度,无量纲;

$\quad\quad\gamma_t$——沥青混合料的最大理论相对密度,无量纲;

P_s——各种矿料占沥青混合料总质量的百分率之和,即 $P_s = 100 - P_b$,%;

γ_{sb}——矿料混合料的合成毛体积相对密度。

2. 马歇尔稳定度试验

马歇尔试件是采用击实仪成型的,如图 10-7 所示。标准试模的内径为 101.6 mm±0.2 mm,圆柱形金属筒高 87 mm,成型出的试件高度为 63.5 mm±1.3 mm。

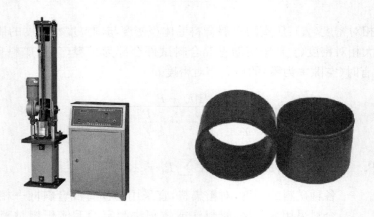

图 10-7　马歇尔击实仪及试模

马歇尔稳定度试验是评价沥青混合料性能的常用试验,采用马歇尔试验仪进行,如图 10-8 所示。

图 10-8　马歇尔稳定度仪

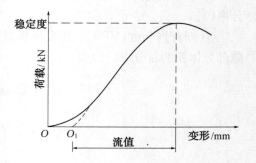

图 10-9　马歇尔试验曲线

试验前先将马歇尔试件放入 60℃±1℃ 的恒温水槽中恒温 30～40 min,取出放入试验夹具施加荷载。加载速度为(50±5)mm/min,并用 X-Y 记录仪自动记录传感器压力和试件变形曲线,或采用计算机自动采集数据。根据传感器压力和试件变形曲线按图 10-9 的方法获得试件破坏时的最大荷载为马歇尔稳定度(kN)和达到最大荷载的瞬间试件所产生的垂直流动变形即流值(mm)。

3. 沥青混合料的技术标准

我国《公路沥青路面施工技术规范》规定了热拌沥青混合料的技术标准,对马歇尔试验指标,包括击实次数、稳定度、流值、空隙率、沥青饱和度、矿料间隙率等进行了规定,如表10-5所示。

表10-5 密级配沥青混凝土混合料马歇尔试验技术标准

(本表适用于公称最大粒径≤26.5 mm的密级配沥青混凝土混合料)

试验指标		单位	高速公路、一级公路				其他等级公路	行人道路
			夏炎热区(1-1、1-2、1-3、1-4区)		夏热区及夏凉区(2-1、2-2、2-3、2-4、3-2区)			
			中轻交通	重载交通	中轻交通	重载交通		
击实次数(双面)		次	75				50	50
试件尺寸		mm	φ101.6mm×63.5mm					
空隙率VV	深约90 mm以内	%	3～5	4～6	2～4	3～5	3～6	2～4
	深约90 mm以下	%	3～6		2～4	3～6	3～6	—
稳定度 MS,不小于		kN	8				5	3
流 值 FL		mm	2～4	1.5～4	2～4.5	2～4	2～4.5	2～5
矿料间隙率VMA(%),不小于	设计空隙率/%	相应于以下公称最大粒径(mm)的最小VMA及VFA技术要求/%						
		26.5	19	16	13.2	9.5	4.75
	2	10	11	11.5	12	13	15
	3	11	12	12.5	13	14	16
	4	12	13	13.5	14	15	17
	5	13	14	14.5	15	16	18
	6	14	15	15.5	16	17	19
沥青饱和度 VFA/%			55～70		65～75		70～85	

四、连续密级配沥青混凝土的配合比设计

目前在道路工程中最常使用的沥青混合料是连续密级配沥青混凝土混合料,简称沥青混凝土(AC),本节以沥青混凝土为重点讲述其配合比设计要点。

沥青混凝土的配合比设计应通过目标配合比设计、生产配合比设计及生产配合比验证三个阶段,确定沥青混合料的材料品种及配比、矿料级配、最佳沥青用量。根据我国现行规范要求,沥青混凝土配合比设计采用马歇尔试验配合比设计方法。如采用其他方法设计沥青混合料时,应进行马歇尔试验及各项配合比设计检验,并报告不同设计方法的试验结果。

目标配合比设计是整个配合比设计的核心,主要是依据原材料的性能和设计目标,确定适宜的混合料级配和最佳油石比;生产配合比设计是根据沥青混合料生产设备的特点,通过现场取样,对目标配合比进行验证和修正;生产配合比设计验证,是通过试拌试铺对生产配合比的实际生产摊铺效果进行评价,以确定最终的配合比及相应的生产工艺。本节仅对目标配合比进行讲解。

热拌沥青混合料的目标配合比设计宜按图10-10的步骤进行。

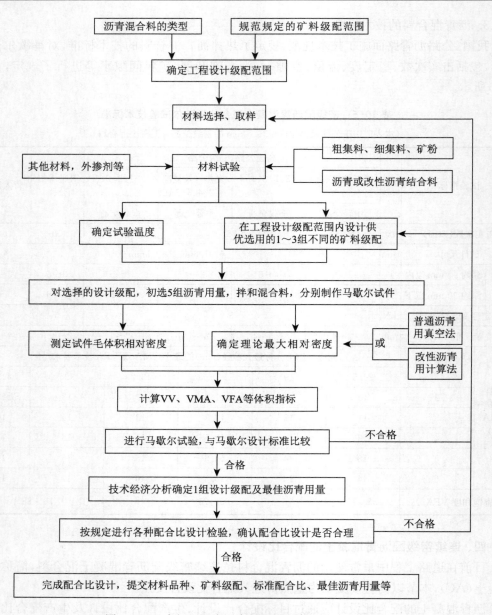

图 10-10 密级配沥青混合料目标配合比设计流程图

1. 沥青混凝土级配的选择

沥青路面的各层沥青混合料应满足所在层位的功能性要求,便于施工,不容易离析。各层应连续施工并联结成为一个整体。当发现混合料结构组合及级配类型的设计不合理时应进行修改、调整,以确保沥青路面的使用性能。

沥青面层集料的最大粒径宜从上至下逐渐增大,并应与压实层厚度相匹配。对热拌热铺密级配沥青混合料,沥青层一层的压实厚度不宜小于集料公称最大粒径的 2.5～3 倍,以减少离析,便于压实。沥青混合料的矿料级配应符合工程规定的设计级配范围。密级配沥青混合料宜根据公路等级、气候及交通条件按表 10-6 选择采用粗型(C 型)或细型(F 型)混合料,并在表10-7范围内确定工程设计级配范围。对夏季温度高、高温持续时间长,重载交通多的路段,宜选用粗型密级配沥青混合料(AC-C型),并取较高的设计空隙率。对冬季温度低、且低温持续时间长的地区,或者重载交通较少的路段,宜选用细型密级配沥青混合料(AC-F型),并取较低的设计空隙率。

表 10-6　粗型和细型密级配沥青混凝土的关键性筛孔通过率

混合料类型	公称最大粒径/mm	用以分类的关键性筛孔/mm	粗型密级配		细型密级配	
			名称	关键性筛孔通过率/%	名称	关键性筛孔通过率/%
AC-25	26.5	4.75	AC-25C	<40	AC-25F	>40
AC-20	19	4.75	AC-20C	<45	AC-20F	>45
AC-16	16	2.36	AC-16C	<38	AC-16F	>38
AC-13	13.2	2.36	AC-13C	<40	AC-13F	>40
AC-10	9.5	2.36	AC-10C	<45	AC-10F	>45

表 10-7　密级配沥青混凝土混合料矿料级配范围

级配类型		通过下列筛孔(mm)的质量百分率/%											
		31.5	26.5	19	16	13.2	9.5	4.75	2.36	1.18	0.6	0.3	0.15	0.075
粗粒式	AC-25	100	90—100	75—90	65—83	57—76	45—65	24—52	16—42	12—33	8—24	5—17	4—13	3—7
中粒式	AC-20		100	90—100	78—92	62—80	50—72	26—56	16—44	12—33	8—24	5—17	4—13	3—7
	AC-16			100	90—100	76—92	60—80	34—62	20—48	13—36	9—26	7—18	5—14	4—8
细粒式	AC-13				100	90—100	68—85	38—68	24—50	15—38	10—28	7—20	5—15	4—8
	AC-10					100	90—100	45—75	30—58	20—44	13—32	9—23	6—16	4—8
砂粒式	AC-5						100	90—100	55—75	35—55	20—40	12—28	7—18	5—10

对高速公路和一级公路,宜在工程设计级配范围内计算1~3组粗细不同的配合比,绘制设计级配曲线,分别位于工程设计级配范围的上方、中值及下方。根据当地的实践经验选择适宜的沥青用量,分别制作几组级配的马歇尔试件,测定VMA,初选一组满足或接近设计要求的级配作为设计级配。

2. 最佳沥青用量的确定

对于所确定的级配采用马歇尔试验进行性能检验,沥青混合料的马歇尔试件的制作温度按表10-8确定,并与施工实际温度相一致,改性沥青混合料的成型温度在此基础上再提高10℃~20℃。

表 10-8　热拌普通沥青混合料试件的制作温度　　　　　　　　单位:℃

施工工序	石油沥青的标号				
	50 号	70 号	90 号	110 号	130 号
沥青加热温度	160~170	155~165	150~160	145~155	140~150
矿料加热温度	集料加热温度比沥青温度高10~30(填料不加热)				
沥青混合料拌和温度	150~170	145~165	140~160	135~155	130~150
试件击实成型温度	140~160	135~155	130~150	125~145	120~140

以预估的油石比为中值,按一定间隔(对密级配沥青混合料通常为0.5%,对沥青碎石混合料可适当缩小间隔为0.3%~0.4%),取5个或5个以上不同的油石比分别成型马歇尔试件。每一组试件的试样数按现行试验规程的要求确定,对粒径较大的沥青混合料,宜增加试件数量。

对于成型好的不同油石比的马歇尔试件,应分别测试其毛体积相对密度、马歇尔稳定度MS、流值FL,并利用事先获得的最大理论密度,计算试件的空隙率VV、矿料间隙率VMA和沥青饱和度VFA。

按图10-11的方法,以油石比或沥青用量为横坐标,以马歇尔试验的各项指标为纵坐标,将试验结果点入图中,连成圆滑的曲线。确定均符合规范规定(表10-5)的沥青混合料技术标准的沥青用量范围OAC_{min}~OAC_{max}。选择的沥青用量范围必须涵盖设计空隙率的全部范围,并尽可能涵盖沥青饱和度的要求范围,并使密度及稳定度曲线出现峰值。如果没有涵盖设计空隙率的全部范围,试验必须扩大沥青用量范围重新进行。

根据试验曲线的走势,按下列方法确定沥青混合料的最佳沥青用量OAC_1:

在曲线图10-11上求取相应于密度最大值、稳定度最大值、目标空隙率(或中值)、沥青饱和度范围的中值的沥青用量a_1、a_2、a_3、a_4。按下式取平均值作为OAC_1。

$$OAC_1 = \frac{a_1 + a_2 + a_3 + a_4}{4}$$

如果在所选择的沥青用量范围未能涵盖沥青饱和度的要求范围,按下式求取3者的平均值作为OAC_1。

$$OAC_1 = \frac{a_1 + a_2 + a_3}{3}$$

对所选择试验的沥青用量范围,密度或稳定度没有出现峰值(最大值经常在曲线的两端)时,可直接以目标空隙率所对应的沥青用量a_3作为OAC_1,但OAC_1必须介于OAC_{min}~OAC_{max}的范围内。否则应重新进行配合比设计。

以各项指标均符合技术标准(不含VMA)的沥青用量范围OAC_{min}~OAC_{max}的中值作为OAC_2。

$$OAC_2 = \frac{OAC_{min} + OAC_{max}}{2}$$

通常情况下取OAC_1及OAC_2的中值作为计算的最佳沥青用量OAC。

$$OAC = \frac{OAC_1 + OAC_2}{2}$$

检查此OAC的各项指标是否均符合马歇尔试验技术标准。

对炎热地区公路以及高速公路、一级公路的重载交通路段,山区公路的长大坡度路段,预计有可能产生较大车辙时,宜在空隙率符合要求的范围内将计算的最佳沥青用量减小0.1%~0.5%作为设计沥青用量。此时,除空隙率外的其他指标可能会超出马歇尔试验配合比设计技术标准,配合比设计报告或设计文件必须予以说明。但配合比设计报告必须要求采用重型轮胎压路机和振动压路机组合等方式加强碾压,以使施工后路面的空隙率达到未调整前的原最佳沥青用量时的水平,且渗水系数符合要求。如果试验段试拌试铺达不到此要求时,宜调整所减小的沥青用量的幅度。

对寒区公路、旅游公路、交通量很少的公路,最佳沥青用量可以在 OAC 的基础上增加 0.1%～0.3%,以适当减小设计空隙率,但不得降低压实度要求。

3. 性能检验

确定了适宜的级配和最佳沥青用量后,尚需根据公路等级的不同,对沥青混凝土的各项路用性能进行试验检验,主要包括水稳定性、高温稳定性、低温抗裂性和渗水性能。

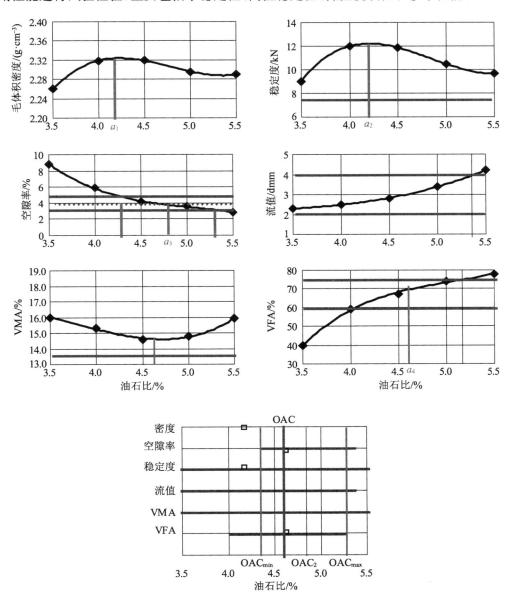

图 10-11　马歇尔试验结果示例

第三节　沥青的老化与再生

沥青作为一种有机材料,在生产及使用过程中,受到周围温度、紫外线、氧气等的作用,其内部的化学成分及胶体结构状态会发生一系列的变化,从而导致其宏观性能的变化,这一过程称为沥青的老化。

老化现象伴随着沥青材料的整个生产和使用过程,老化后的沥青虽然性能发生了变化,而且部分路用性能出现了劣化现象,但仍然保持了沥青的许多基本性能,因此采取适当技术可以将老化的沥青重新再次进行使用,这一过程称为再生。再生技术可以最大限度地减少对自然资源的开采和浪费,因此具有显著的环保效益,随着生态文明和循环经济等建设理念的深入人心,沥青再生技术在公路工程领域应用越来越广。

欧美发达国家对再生沥青混合料的研究起步较早,最早是 1915 年从美国开始的,但没有引起足够重视。1973 年石油危机造成全球油价上涨,恰逢美国国内高速公路出现大面积病害,铣刨重修的代价倍增,使得人们对沥青路面再生技术逐渐重视起来。20 世纪 90 年代,欧美发达国家对旧沥青混合料的再生利用率达到 90% 以上。美国联邦公路局的统计数据显示,1980 年有 25 个州共使用了 200 多万 t 热拌再生沥青混合料;至 1985 年再生沥青混合料的用量猛增到约 2 亿 t,约占当年全部沥青混合料用量的一半。联邦德国凭借其发达的机械工业,再生技术发展迅速,至 1978 年其沥青路面旧料回收利用率已接近 100%。欧洲沥青路面协会(EAPA)已宣布,其成员国的旧沥青路面采用 100% 通过再生进行重复利用。

一、沥青老化的基本规律

沥青"老化"是指沥青从炼油厂被炼制出来后,在贮存、运输、施工及使用过程中,由于长时间地暴露在空气中,经受热(高温)、氧气、阳光(紫外线)和水的作用,产生一系列的挥发、氧化、聚合,使沥青内部结构和性质发生变化,导致其路用性能劣化的过程。

对于道路沥青而言,其老化过程主要分为两个阶段:一个阶段是加热拌和及摊铺过程中的老化,称之为"短期老化"。在沥青混合料热拌和过程中,沥青与热矿料的温度高达 160℃ 左右,很容易造成沥青轻质油分的挥发与高温氧化。另一个阶段则是指路面使用过程中沥青的老化,也称之为"长期老化"。由于沥青在路面使用过程中受到环境、荷载等多重因素综合作用,其老化过程也较为复杂,同时也是一个比较缓慢、长期的过程。

(一) 热氧作用

高温和氧化作用是造成沥青老化的主要原因。在沥青混合料热拌和过程中,沥青同时承受高温和氧气作用,一方面高温造成沥青中轻质组分挥发,另一方面高温还促进了沥青的氧化,但拌和时间较短,产生的老化并不是十分显著。而在长期使用过程中沥青各组分的氧化才是沥青老化的主导因素。

薄膜烘箱老化试验(TFOT)是在 163℃ 下对沥青进行强制加速老化的过程,此时空气中氧气处于高温活跃状态,可模拟沥青热氧老化过程。对 AH-70 沥青进行 5 h、10 h、15 h、20 h 的老化,分析其性能指标的变化规律,结果如图 10-12 所示。

从图中趋势不难看出,随着老化时间的延长,沥青的针入度逐渐下降,延度衰减更为迅速,经 20 h 老化其延度从初始的 138 cm 降低至不足 20 cm,表明老化造成沥青硬化脆化,降低了其流变性能,使得沥青路面在低温下或重复荷载作用下更容易产生开裂,为路面的进一步水损害等埋下隐患。同时随老化的深入,沥青软化点上升、黏度增加,表明沥青的高温性能在逐步提高。

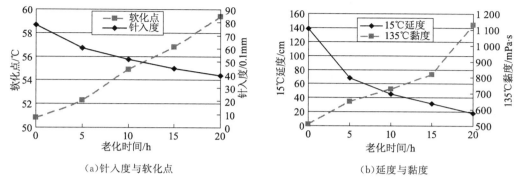

（a）针入度与软化点　　　　　　　　（b）延度与黏度

图 10-12　沥青性能指标随老化时间的变化规律

组分分析结果表明,沥青老化的核心是其中的各组分含量发生了变化,结果如图10-13所示。

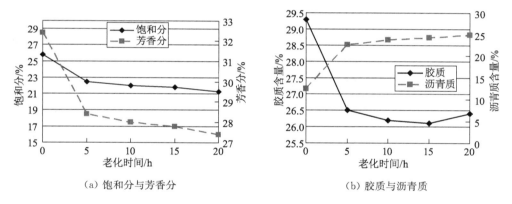

（a）饱和分与芳香分　　　　　　　　（b）胶质与沥青质

图 10-13　沥青组分随老化时间变化规律

图 10-13 清晰表明,随着老化的深入,沥青饱和分、芳香分与胶质基本都在下降,但芳香分的减少更快,主要是由于芳香分中含有大量不饱和键,在热氧条件下更容易氧化聚合,而饱和分多是饱和键,仅仅产生轻微氧化挥发。值得注意的是胶质在开始阶段迅速下降,而后小幅上升,表明胶质向活性更低的沥青质转化,但同时接收由芳香分转化而来的新胶质,不过不同阶段两个过程转化速度有所差异。在整个老化过程中,沥青质含量迅速增加。

沥青宏观性能是内在组分相互作用的外在体现,不同沥青组分具有不同的物理化学性质,其对沥青的路用性能的影响也不尽相同,如表 10-9 所示,芳香分作为沥青质的分散剂对沥青延度有较大影响,胶质被认为是沥青质的胶溶剂,充当沥青质与油分的过渡桥梁,对沥青延度同样有较大影响,而相对分子质量较大的沥青质可有效提高沥青黏稠度,同时增加了沥青分子运动的阻力,对延性具有较大影响。结合图 10-12 中沥青性能指标变化规律,老化使得沥青中沥青质含量增加,提高了沥青的高温性能;而充当沥青质大分子"润滑剂"的芳香分和充当胶溶剂的胶质含量下降,使得沥青质胶团结聚,分子链的刚性增加,流动阻力增大,导致沥青流变性变差,表现为延度的降低。

表 10-9　各组分对沥青性质的影响

组分	感温性	延度	对沥青质的分散度	高温黏度
饱和分	好	差	差	差
芳香分	好	—	好	好
胶质	差	好	好	差
沥青质	好	稍差	—	好

（二）紫外线老化作用

日光中紫外线对沥青的老化作用很强。较强的紫外线辐射能促使沥青分子聚合生成更多的活性集团，增加沥青组分参与氧化的数量和速度。为模拟紫外线对沥青老化的作用，在薄膜烘箱试验仪中引入 500 W 环形紫外线高压汞灯，紫外灯距离转盘约 45 cm。试验过程中取熔化好的沥青（50±1）g 放入沥青老化盘中，沥青膜厚约 3.2 mm，放在薄膜烘箱转盘上，并控制烘箱内温度为 85℃，间隔 4 d 取出试样进行性能测试及组分分析，结果如图 10-14、图 10-15 所示。

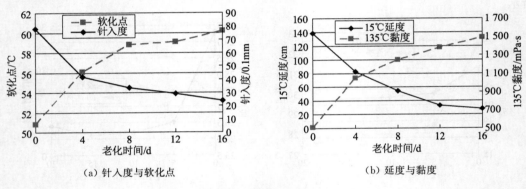

（a）针入度与软化点　　　　　　（b）延度与黏度

图 10-14　沥青性能随光老化时间的变化

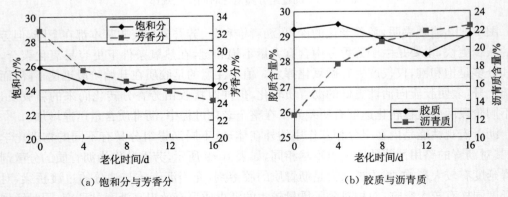

（a）饱和分与芳香分　　　　　　（b）胶质与沥青质

图 10-15　沥青组分随光老化时间的变化

沥青在紫外线作用下也会发生明显的老化，且老化规律与热氧老化规律类似。在宏观性能上表现为沥青针入度、延度下降，黏度、软化点升高。在微观组分上，沥青饱和分含量大幅下降，沥青质含量增加，而饱和分、胶质含量变化幅度较小。由于饱和分的化学键多为饱和键,较稳定;而含有较多不饱和键的芳香分则对紫外线较为敏感,含量大幅下降。胶质的含量稳定,表明胶质向沥青质转化的速度与芳香分向胶质转化的速度相近。由总体老化规律中可知,前 8 d 沥青老化速度较快,此时沥青表面形成一层较为致密的膜层,阻碍了老化的深入,后期老化速度较缓。

沥青光老化属于游离基链式反应,在温度或光的作用下沥青分子中活性基团C—H、C—C、C=C键裂解产生自由基 R·,该自由基与氧反应进一步转化为氢过氧化物中间体(R—O—O—H),其反应过程可描述为:$R \rightarrow R·$;$R·+O_2 \longrightarrow ROO·$。氢过氧化物中间体不稳定,易分解转化为含碳基官能团的组分,同时它还是氧化剂,可将沥青中的一些官能团如硫醚、硫醇氧化成亚砜官能团。

(三)沥青老化机理

通过上述分析,沥青在热氧、紫外线及水浸蚀作用下产生一定程度的老化,主要表现为沥青针入度、延度下降,软化点、黏度升高,沥青变硬变脆,失去应有的柔韧性。同时组分分析也清晰表明,沥青各组分含量也产生较大变化,油分含量降低、沥青质含量升高,从根本上破坏了稳定的沥青结构体系。对于沥青老化的机理人们已进行了较为深入的探索。目前主要有以下两种观点:

1. 组分迁移理论

色谱分析发现,沥青各组分的相对分子质量构成在老化过程中发生明显变化,老化程度越深,其相对分子质量小的组分的降低率越大,相对分子质量大的组分的增加率越高。因此,从沥青化学组分转化的角度认为,沥青发生氧化、缩合作用时,总的趋势是小相对分子质量的化合物向大相对分子质量的化合物转化;高活性、高能级的组分向低活性、低能级的组分转移,即低分子化合物向高分子化合物转变。

以四组分分析法为例,沥青中的油分主要由饱和分和芳香分组成,其中芳香族的相对分子质量最小,在自然条件下极易挥发,同时芳香烃含有较多不饱和键,多是以单体的形式存在,因此在光、氧、热综合作用下,容易发生氧化、缩合、聚合反应,从组分的角度看就是向胶质转变。而油分中的饱和族分子虽然相对分子质量也较小,但其结构以饱和键占优势,分子比较稳定,老化过程中除有部分挥发外,一般不参加反应。胶质相对沥青质来讲,其能级和活性更高,化学性质也较为不稳定,自然状态下胶质也会聚合成沥青质,而沥青质则聚合成更大的分子。沥青老化的实质是沥青组分的迁移,其过程可描述为:芳香分→胶质→沥青质→碳氢质→焦炭,此过程是不可逆的。随着时间的推移,沥青中的沥青质越积越多,沥青变化出现黏度增大、针入度下降等特征。

2. 相溶性理论

相溶性理论是沥青结构研究中新近提出的理论,它从热力学角度出发,认为沥青老化使得沥青高分子溶液体系中各组分的相溶性下降,导致组分间的溶解度参数值增大,破坏了其结构体系稳定性。

沥青是数千种乃至数万种化合物组成的混合物,与胶体结构体系有很大差异性,有些学者认为沥青是一种以沥青质为溶质,以软沥青质为溶剂的高分子溶液。沥青结构是否稳定,不决定于溶质颗粒的大小,而取决于沥青质在软沥青质中的溶解度和溶剂对溶质的溶解能力。沥青溶液结构体系的稳定性常用"溶解度参数差值"表示。根据希尔布兰德提出的"溶解度参数"理论,一种溶液中溶质的溶解度参数与溶剂的溶解度参数的差值小于某一定值时，即可形成稳定的溶液，可用下式表示：

$$\Delta\delta = \delta_{AT} - \delta_M < K$$

式中　$\Delta\delta$——沥青质与软沥青质溶解度参数差值，$(J/cm^3)^{1/2}$；

　　　δ_{AT}、δ_M——沥青质、软沥青质的溶解度参数，$(J/cm^3)^{1/2}$；

　　　K——要求的溶解度参数差值极限，$(J/cm^3)^{1/2}$。

优良的沥青其沥青质与软沥青质应有很好的相溶性，即沥青质与软沥青质的溶解度参数很接近（或溶解度参数差值很小），它们形成稳定的浓溶液。有关资料显示，沥青质溶度参数与软沥青质溶度参数的差值的极限值为 0.76，当 $\Delta\delta < 0.76$ 时，沥青中的沥青质和软沥青质的相溶性好，两者结合起来能形成稳定的浓溶液。

沥青老化的"组分迁移理论"和"相溶性理论"并不矛盾，因为沥青老化过程中化学组分的变化是沥青性能衰减的内在根本原因，而沥青溶液组分间相溶性降低是物理性质变化，是这种内在原因的外在反映，两者相辅相成，将两者联系起来，才能对沥青老化规律了解更透彻。

二、沥青再生的基本规律

沥青的再生是通过向沥青中添加适当成分或采用适当工艺，恢复沥青作为胶结物性能的技术。在沥青热再生中，主要用到的添加剂是沥青再生剂。

（一）沥青再生机理

沥青的再生可以理解为沥青老化的逆过程，但由于沥青老化过程中发生的很多反应是不可逆的，因此二者又有所区别。目前常用来分析沥青再生机理的理论有三种，即组分调和理论、相容性理论和橡胶增塑理论。

1. 组分调和理论

石油沥青作为一种胶体分散体系，只有当沥青中各种化学组成的相对含量及性质相匹配时，沥青的胶体体系才能处于稳定状态。沥青老化是在各种交通荷载和自然因素作用下，沥青各组分之间协调性变差，失去了其应有的配伍性，旧沥青的再生则通过在旧沥青中加入某种富含芳香分的低黏度油料（再生剂等）或是加入适当黏度的新沥青进行调配，使调配后的再生沥青组分重新协调，使其丧失的温度稳定性、黏弹性以及疲劳性能得到一定程度的恢复，使其满足路用要求。所以，从这一角度来看再生沥青实际上就是一种调和沥青。但是对照新旧沥青的组分，确定旧沥青应该添加的某些组分及数量，来获得优质沥青的生产工艺实现有很大难度。

2. 相容性理论

根据相容性理论，沥青再生即是采取一定的技术措施使老化沥青中沥青质与软沥青质溶解度参数差值减少，最终使老化沥青的性能得到改善，通常也是通过加入再生剂等添加剂或者加新沥青。在老化沥青中掺加再生剂或新沥青，一方面可以降低沥青质的相对含量，继而提高沥青质在软沥青质中的溶解度；另一方面，掺加的再生剂等又可以提高软沥青质对沥青质的溶解能力，使软沥青质与沥青质的溶解度参数差值降低，从而改善沥青的相容性，使沥青再生。

3. 橡胶增塑理论

美国 SHRP 研究计划曾将石油沥青分离成酸性分、碱性分、中性分和两性分，以考察沥青路用性能与各组分的关系,并在此基础上提出了沥青的橡胶结构理论。该理论认为沥青由两性沥青质型网状分子结构组成,网状分子结构中包含油相。对沥青的路用性能影响最大的就是网状结构分子与油相分子的极性作用。从这一角度来看,沥青与橡胶有很大的相似性。

根据橡胶增塑理论,老化沥青的再生就是通过在网状结构中加入适量的油分,恢复油分对网状结构大分子的胶溶及润滑作用。SHRP 研究人员通过试验发现芳香族油分和老化沥青拌和后可得到性能良好的沥青。芳香分对老化沥青具有较好的渗透性和溶解性,这样就可使网状结构中大分子的接触点减少,降低了老化沥青的弹性;芳香分良好的溶解性也可使沥青大分子产生溶胀,从而有利于分子之间的相互运动,增加了沥青的柔韧性,即使其路用性能得到恢复。

通过以上三种不同理论对沥青老化再生机理的分析可知,这三种理论分析的结论是一致的,老化沥青的再生可以采用添加低黏度油分,尤其是芳香油分的方法来实现,目前国内再生剂的研制也大多是基于这种方法进行的。

（二）沥青再生剂

根据我国现行规范《公路沥青路面再生技术规范》中的定义,沥青再生剂是指掺加到热再生沥青混合料中,用于改善老化沥青性能的添加剂。

国外再生剂开发大致可分为三个阶段:第一阶段自 20 世纪 70 年代初至 70 年代末,此时是沥青再生剂开发的起始阶段,再生剂仅含有再生组分如二环、三环和四环的芳烃物质,这类再生剂相对分子质量小、黏度低、软化和渗透性好,但是也给再生路面带来负面作用,更容易发生车辙等病害。

第二阶段自 20 世纪 80 年代初至 80 年代末,这个时期开始开发的再生剂由原来的小分子烃类转向相对分子质量大、闪点高的渣油类转变,同时在沥青路面再生的施工过程过程中加入如乙烯醋酸乙烯共聚物、聚乙烯等增黏组分以提高再生路面的路用性能。

第三阶段自 20 世纪 90 年代初至今,这一阶段再生剂的组分没有太大变化,但是在施工过程中加入如 SBS 树脂、SBR 树脂、氯丁橡胶、天然橡胶、二烯单体、芳香族烯烃单体和异丁氧基甲基丙烯酸酰胺三元共聚物等高分子聚合物,甚至采用了废旧橡胶粒或线性苯乙烯共轭二烯聚合物作添加物,同时添加硫黄起交联作用,向热固性方向发展。

我国再生剂的开发,第一阶段是 20 世纪 80 年代开始,再生剂的主要成分是轻质油如润滑油、柴油、机油或它们的混合物,这些轻质油类对沥青的溶解能力很强,容易将旧集料上的旧沥青剥离下来并转移到新集料上去,但是这种再生剂存在的问题是其闪点很低,在高温拌和及铺筑过程中又会因高温而老化或挥发,致使再生沥青抗老化性差。

第二阶段是 21 世纪初开始,本阶段开发的再生剂与 20 世纪 80 年代开发的再生剂不同之处在于大多数再生剂产品改轻质油为重质油分,并且添加一些增黏树脂和抗老化或抗剥落组分。重质油主要是石油渣油、重质馏分油、润滑油、煤焦油、催化裂化重循环油、煤焦油、糠醛抽出油,糠醛络合脱氮过程中的氮渣,丙烷脱沥青之沥青、环烷基原油的减三线或减四线馏分油等,树脂主要是天然橡胶、丁苯橡胶、氯丁橡胶、丁二烯橡胶、乙丙橡胶、苯乙烯—丁二烯、焦油提取物和石油树脂提取物树脂等。

通过在老化沥青中添加不同剂量的再生剂可以在很大程度上恢复沥青的性能,如表10-10 所示。

表 10-10   沥青再生试验结果

试验项目	原样沥青	老化沥青	6%再生剂	8%再生剂	10%再生剂	12%再生剂
软化点/℃	48	57	54	51	50	48
25℃针入度/0.1 mm	63	33	42	50	57	65
135℃黏度/mPa·s	498	965	728	635	575	568

三、沥青路面再生的基本工艺

沥青路面再生技术已发展出多种工艺方法,按照对混合料的加热方式的不同可分为冷再生和热再生两类,如图 10-16 所示,而每类按照混合料处理的集中程度又可分为厂拌再生和就地再生。

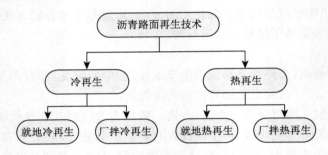

图 10-16   沥青路面再生技术分类

冷再生技术是一种再生时废旧沥青混合料不需要加热烘干的再生方式。尽管这种再生方式可以节省能源和成本,具有很高的环保性,但不加热软化旧沥青无法实现新旧沥青的混溶,不能充分发挥旧沥青的胶结作用,属于不完全再生。与之相反,热再生技术在新旧料拌和过程中需要加热,是一种较为先进的再生工艺,它不仅充分发挥旧料使用价值,还可获得性能较优越的再生混合料。

厂拌热再生是指在拌和厂将沥青混合料回收料破碎、筛分后,以一定的比例与新矿料、新沥青、沥青再生剂等加热拌和为混合料,然后铺筑形成沥青路面的技术。

就地热再生是指采用专用设备对沥青路面就地进行加热、翻松,掺入一定数量的新沥青、新沥青混合料、沥青再生剂等,经热态拌和、摊铺、碾压等工序,实现旧沥青路面面层再生的技术。

厂拌冷再生是指在拌和厂将沥青混合料回收料或无机回收料破碎、筛分后,以一定的比例与新矿料、再生结合料、水等在常温下拌和为混合料,然后铺筑形成沥青路面的技术。

就地冷再生是指采用专用设备对沥青层就地进行铣刨,掺入一定数量的新矿料、再生结合料、水,经过常温拌和、摊铺、压实等工序,实现旧沥青路面再生的技术。

复 习 思 考 题

10-1   试述石油沥青的三大组分及其特性。石油沥青的组分与其性质有何关系?

10-2   石油沥青的主要技术性质是什么?各用什么指标表示?影响这些性质的主要因素有哪些?

10-3　怎样划分石油沥青的标号？标号大小与沥青主要技术性质之间的关系怎样？

10-4　石油沥青的老化与组分有何关系？沥青老化过程中性质发生哪些变化？沥青老化对工程有何影响？

10-5　何谓沥青混合料？路用沥青混合料是如何分类的？试述其结构上的不同，以及各有何优缺点。

10-6　沥青混合料矿料骨架类型分为哪几类，各具备什么性能特点？

10-7　试述沥青混合料的强度理论及其影响因素。

10-8　沥青混合料的体积参数包括哪些，各参数是如何确定的？

10-9　沥青混合料中油石比和沥青用量有何区别，又如何换算？

10-10　试述马歇尔试验的试验条件、试件尺寸和评价指标。

10-11　沥青混凝土配合比设计中，级配设计的基本流程是什么？

10-12　沥青混凝土配合比设计中，最佳沥青用量是如何确定的？

10-13　沥青老化的原因是什么，老化后的性能表现是什么？

10-14　试述老化沥青的再生机理。

10-15　旧沥青混合料的再生利用方式有哪些？

第十一章　墙体及屋面材料

　　墙体和屋顶是建筑中重要的围护构件。建筑围护结构是构成建筑空间、抵御环境不利影响的构件(也包括某些配件)。根据在建筑物中位置的不同,围护结构分为外围护结构和内围护结构。外围护结构包括外墙、屋顶、侧窗、外门等,用以抵御风雨、温度变化、太阳辐射等,应具有保温、隔热、隔声、防水、防潮、耐火、耐久等性能。内围护结构如隔墙、楼板和内门窗等,起分隔室内空间作用,应具有隔声、隔视线以及某些特殊要求的性能。

　　墙体及屋面材料是最主要的建筑围护结构材料。墙体材料的品种较多,可分为砖、砌块、板材三大类。墙体在房屋建筑中具有承重、维护和分隔作用。我国传统墙体材料使用的是烧结黏土砖。普通黏土砖尺寸小、自重大、能耗大,取土毁田严重且施工效率低,以黏土砖作为主要承重结构材料的砌体结构抗震性能差,已不能满足高速发展的基本建设和现代建筑的功能需求,也不符合我国可持续发展的战略目标。我国近年来提出了一系列墙体改革方案和措施,大力开发和提倡使用轻质、高强、耐久、节能、大尺寸、多功能的新型墙体材料。出现了许多新型墙体材料,如空心玻璃砖、烧结装饰砖、非烧结垃圾尾矿砖、装饰混凝土砖等砖类;泡沫混凝土砌块、植物纤维工业灰渣混凝土砌块、尾砂微晶发泡砌块等砌块类;植物纤维类墙板及复合墙板等板材。传统的屋面材料主要为各类瓦制品(烧结瓦、琉璃瓦等),新型屋面材料主要有玻纤胎沥青瓦、合成树脂装饰瓦、彩石金属瓦、轻钢彩色屋面板及铝塑复合板等。

视频1　装配式剪力
墙结构施工

第一节　砌　墙　砖

　　凡是由黏土、工业废料或其他地方资源为主要原料,以不同工艺制成的,在建筑中用于砌筑承重和非承重墙体的人造小型块材(外形多为直角六面体)统称砌墙砖。砖与砌块通常是按块体的高度尺寸划分,块体高度小于180 mm者称为砖;大于或等于180 mm者称为砌块。

　　砌墙砖可分为普通砖和空心砖两大类。普通砖是指没有孔洞或孔洞率(砖面上孔洞总面积占砖面积的百分率)小于25%的砖;而孔洞率大于或等于25%,其孔的尺寸小而数量多者则为多孔砖,常用于承重部位;孔洞率大于或等于40%,孔的尺寸大而数量少的砖称为空心砖,常用于非承重部位。

　　根据生产工艺的不同分为烧结砖和非烧结砖。经焙烧制成的砖为烧结砖,如黏土砖(N)、页岩砖(Y)、煤矸石砖(M)、粉煤灰砖(F)等,非烧结砖有碳化砖、常压蒸汽养护(或高压蒸汽养护)硬化而成的蒸养(压)砖(如粉煤灰砖、炉渣砖、灰砂砖等)。

一、烧结砖

(一)烧结普通砖

　　烧结普通砖,以黏土、页岩、煤矸石、粉煤灰、建筑渣土、淤泥(江河湖淤泥)、污泥等为主要原料,经焙烧而成主要用于建筑物承重部位的普通砖。

按主要原料分为黏土砖(N)、页岩砖(Y)、煤矸石砖(M)、粉煤灰砖(F)、建筑渣土砖(Z)、淤泥砖(U)、污泥砖(W)、固体废弃物砖(G)。

烧结黏土砖

砖在焙烧时窑内温度分布难于绝对均匀,因此,除了正火砖(合格品)外,还常出现欠火砖和过火砖。欠火砖色浅、敲击声发哑、吸水率大、强度低、耐久性差。过火砖色深、敲击时声音清脆、吸水率低、强度较高,但有弯曲变形。欠火砖和过火砖均属不合格产品。

按《烧结普通砖》(GB 5101—2017),烧结普通砖的技术性能指标如下:

1. 尺寸规格

烧结普通砖的标准尺寸是 240 mm×115 mm×53 mm。通常将 240 mm×115 mm 面称为大面,240 mm×53 mm 面称为条面,115 mm×53 mm 面称为顶面,每 4 块砖长、8 块砖宽、16 块砖厚,再加上砌筑灰缝(10 mm),长度均为 1 m,1 m³ 砖砌体需用砖 512 块。

2. 外观质量

烧结普通砖的外观质量应符合表 11-1 的规定。

表 11-1　烧结普通砖的外观质量

项　目		指　标
两条面高度差	≤	2 mm
弯曲	≤	2 mm
杂质凸出高度	≤	2 mm
缺棱掉角的三个破坏尺寸	不得同时大于	5 mm
裂纹长度	≤	
a. 大面上宽度方向及其延伸至条面的长度		30 mm
b. 大面上长度方向及其延伸至顶面的长度或条顶面上水平裂纹的长度		50 mm
完整面[a]	不得少于	一条面和一顶面

注:为砌筑挂浆而施加的凹凸纹、槽、压花等不算作缺陷。

[a] 凡有下列缺陷之一者,不得称为完整面:

——缺损在条面或顶面上造成的破坏面尺寸同时大于 10 mm×10 mm。

——条面或顶面上裂纹宽度大于 1 mm,其长度超过 30 mm。

——压陷、黏底、焦花在条面或顶面上的凹陷或凸出超过 2 mm,区域尺寸同时大于 10 mm×10 mm。

3. 强度等级

烧结普通砖的强度等级分为 MU30、MU25、MU20、MU15、MU10 五级,强度应符合表 11-2 规定。

表 11-2　烧结普通砖强度等级　　　　　　　　　　　　　　　　单位:MPa

强度等级	抗压强度平均值 $\overline{f}$ ≥	强度标准值 f_k ≥
MU30	30.0	22.0
MU25	25.0	18.0
MU20	20.0	14.0
MU15	15.0	10.0
MU10	10.0	6.5

4. 抗风化性能

抗风化性能是指在干湿变化、温度变化、冻融变化等物理因素作用下,材料不破坏并长期保持原有性质的能力,是材料耐久性的重要内容之一。地域不同风化作用程度也会不同。风化指数是指日气温从正温降至负温或负温升至正温的每年平均天数与每年从霜冻之日起至消失霜冻之日止这一期间降雨总量(以 mm 计)的平均值的乘积。我国将风化指数分为严重风化区(风化指数≥12 700)和非严重风化区(风化指数<12 700),严重风化区有黑龙江、吉林、辽宁、内蒙古、新疆、宁夏、甘肃、青海、陕西、山西、河北、北京、天津和西藏,其他地区属于非严重风化区。

由于抗风化性能是一项综合性指标,主要受砖的吸水率与地域位置的影响,因此用于严重风化区的烧结普通砖,必须进行冻融试验。根据《烧结普通砖》(GB/T 5101—2017)规定,严重风化区中的黑龙江省、吉林省、辽宁省、内蒙古自治区、新疆维吾尔自治区的砖应进行冻融试验,经 15 次冻融试验后,每块砖样不准许出现分层、掉皮、缺棱、掉角等冻坏现象,冻后裂纹长度不得大于表 11-1 中第 5 项裂纹长度的规定。而用于其他风化区的烧结普通砖,若能达到表 11-3 的要求,可不做冻融试验,否则必须进行冻融试验。淤泥砖、污泥砖、固体废弃物砖应进行冻融试验。

表 11-3 烧结普通砖的抗风化性能

砖种类	严重风化区				非严重风化区			
	5 h 沸煮吸水率/% ≤		饱和系数 ≤		5 h 沸煮吸水率/% ≤		饱和系数 ≤	
	平均值	单块最大值	平均值	单块最大值	平均值	单块最大值	平均值	单块最大值
黏土砖、建筑渣土砖	18	20	0.85	0.87	19	20	0.88	0.90
粉煤灰砖	21	23			23	25		
页岩砖	16	18	0.74	0.77	18	20	0.78	0.80
煤矸石砖								

5. 泛霜

泛霜(也称起霜、盐析、盐霜等),是指可溶性盐类(如硫酸钠等盐类)在砖或砌块表面的析出现象,一般呈白色粉末、絮团或絮片状。这些结晶的粉状物不仅有损于建筑物的外观,而且结晶膨胀也会引起砖表层的酥松,甚至剥落。按《烧结普通砖》(GB/T 5101—2017)规定,每块砖不准许出现严重泛霜。

泛霜

6. 石灰爆裂

石灰爆裂是指烧结砖的砂质黏土原料中夹杂着石灰石,焙烧时被烧成生石灰块,在使用过程中会吸水消化成消石灰,体积膨胀,产生内应力导致砖块裂缝,严重时甚至使砖砌体强度降低,直至破坏。

由于黏土砖的缺点是制砖取土,大量毁坏农田,且自重大,烧砖能耗高,成品尺寸小,施工效率低,砌筑而成的房屋抗震性能差等,我国正大力推进墙体材料改革,以空心砖、工业废渣砖及砌块、轻质板材等代替实心黏土砖。

（二）烧结多孔砖和烧结空心砖

用多孔砖和空心砖代替实心砖可使建筑物自重减轻 1/3 左右,节约黏土 20%～30%,节省燃料 10%～20%,且烧成率高,造价降低约 20%,施工效率提高 40%左右,并能改善砖的绝热和隔声性能,在相同的热工性能要求下,用空心砖砌筑的墙体厚度可减薄半砖左右。因此,推广使用多孔砖、空心砖也是加快我国墙体材料改革,促进墙体材料工业技术进步的措施之一。

1. 烧结多孔砖

烧结多孔砖是以煤矸石、粉煤灰、页岩或黏土为主要原料,经焙烧而成的孔洞率大于或等于 25%,孔的尺寸小而数量多的烧结砖。常用于建筑物承重部位。烧结多孔砖的外形尺寸,按《烧结多孔砖和多孔砌块》(GB 13544—2011)规定,砖的长度(L)(单位:mm,下同)可分为 290、240、190,宽度(B)为 240、190、180、140、115,高度(H)为 90。产品还可以有 $L/2$ 或 $B/2$ 的配砖,配套使用。图 11-1 为部分地区生产的多孔砖规格和孔洞形式,砖的尺寸偏差应符合表 11-4 的要求。

表 11-4　烧结多孔砖的尺寸允许偏差　　　　　　　　　　　　单位:mm

尺寸	样本平均偏差	样本极差,≤
＞400	±3.0	10.0
300～400	±2.5	9.0
200～300	±2.5	8.0
100～200	±2.0	7.0
＜100	±1.5	6.0

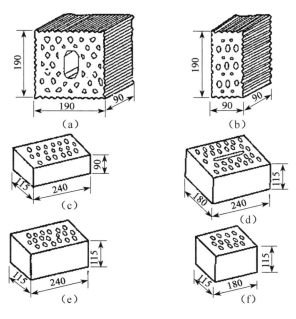

（a）KM1 型;（b）KM1 型配砖;（c）KP1 型;（d）KP2 型;（e）、（f）KP2 型配砖

图 11-1　几种多孔砖规格和孔洞型式

烧结多孔砖

（1）强度等级

烧结多孔砖的强度等级、评定方法与烧结普通砖相同，其具体指标参见表 11-5 所示。

表 11-5　烧结多孔砖强度等级 单位：MPa

强度等级	抗压强度平均值 $\bar{f}$ ≥	强度标准值 f_k ≥
MU30	30.0	22.0
MU25	25.0	18.0
MU20	20.0	14.0
MU15	15.0	10.0
MU10	10.0	6.5

烧结多孔砖的密度等级分为 1 000、1 100、1 200、1 300 四个等级，其技术要求还包括泛霜、石灰爆裂和抗风化性能，与烧结普通砖相同。

（2）外观质量

烧结多孔砖的外观质量应符合表 11-6 的规定。

表 11-6　烧结多孔砖外观质量 单位：mm

项　　目		指　标
1. 完整面	不得少于	一条面和一顶面
2. 缺棱掉角的三个破坏尺寸	不得同时大于	30
3. 裂纹长度		
（a）大面（有孔面）上深入孔壁 15 mm 以上宽度方向及其延伸到条面的长度	不大于	80
（b）大面（有孔面）上深入孔壁 15 mm 以上长度方向及其延伸到顶面的长度	不大于	100
（c）条顶面上的水平裂纹	不大于	100
4. 杂质在砖面上造成的凸出高度	不大于	5

注：凡有下列缺陷之一者，不能称为完整面。
（a）缺损在条面或顶面上造成的破坏面尺寸同时大于 20 mm×30 mm；
（b）条面或顶面上的裂纹宽度大于 1 mm，其长度超过 70 mm；
（c）压陷、焦花、黏底在条面或顶面上的凹陷或凸出超过 2 mm，区域最大投影尺寸同时大于 20 mm×30 mm。

2. 烧结空心砖

烧结空心砖是以黏土、页岩、煤矸石、粉煤灰、淤泥（江、河、湖等淤泥）、建筑渣土及其他固体废弃物为主要原料，经焙烧而成的孔洞率大于或等于 40% 的砖。其孔尺寸大而数量少且平行于大面和条面，使用时大面受压，孔洞与承压面平行，因而砖的强度不高。烧结空心砖的外形如图 11-2 所示。

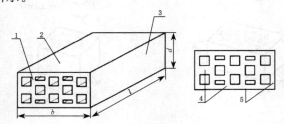

1—顶面；2—大面；3—条面；4—肋；5—外壁；l—长度；b—宽度；d—高度
图 11-2　烧结空心砖的外形

烧结空心砖自重较轻,其密度等级有800级、900级、1 000级和1 100级强度较低,其强度等级有MU10、MU7.5、MU5.0、MU3.5主要用作非承重墙,如多层建筑内隔墙或框架结构的填充墙等。

（三）烧结装饰砖

烧结装饰砖是以黏土、页岩、煤矸石等为主要原料,经配料、破碎、搅拌、成型、干燥、焙烧等主要工艺生产的,不同规格、不同颜色的承重或薄型的具有装饰功能的烧结砖。

烧结装饰砖的主要技术性能指标如下:

1. 尺寸规格

烧结装饰砖的外形多为直角六面体。主要类型可分为承重装饰砖（CZ）和薄型装饰砖（BX）两类,薄型装饰砖要求为厚度不大于30 mm的烧结装饰砖。按《烧结装饰砖》（GB/T 32982—2016）,烧结装饰砖的尺寸偏差应符合表11-7的要求。

表11-7 烧结装饰砖的尺寸允许偏差　　　　　　　　单位:mm

尺寸	承重装饰砖		薄型装饰砖	
	样本平均偏差	样本极差	样本平均偏差	样本极差
>200	±2.0	4	±1.8	4
100~200	±1.5	3	±1.3	3
<100	±1.0	2	±1.0	2

2. 强度等级

（1）抗压强度（此项适用于承重装饰砖）

承重装饰砖是通过取10块砖样进行抗压强度试验,根据抗压强度平均值和标准值方法来评定砖的强度等级。各等级应满足的强度指标如表11-8所示。

表11-8 承重装饰砖强度等级　　　　　　　　单位:MPa

强度等级	抗压强度平均值 $\bar{f}$ ≥	强度标准值 f_k ≥
MU15	15.0	10.0
MU20	20.0	14.0
MU25	25.0	18.0
MU30	30.0	22.0
MU35	35.0	26.0

（2）抗折强度（此项适用于薄型装饰砖）

薄型装饰砖的强度以抗折强度平均值和单块最小值表示,其抗折强度平均值不小于8 MPa,单块最小值不小于6 MPa。

二、非烧结砖

不经焙烧而制成的砖均为非烧结砖。目前非烧结砖主要有蒸养砖、蒸压砖、碳化砖等,根据生产原料区分主要有灰砂砖、粉煤灰砖、炉渣砖、混凝土多孔砖等。

（一）蒸压灰砂砖

蒸压灰砂砖（LSB）,是以石灰、砂子为原料（也可加入着色剂或掺合剂）,经配料、拌和、压制成型和蒸压养护而制成的实心砖。

灰砂砖的尺寸规格与烧结普通砖相同，为 240 mm×115 mm×53 mm。根据砖浸水 24 h 后的抗压强度和抗折强度分为 MU25、MU20、MU15、MU10 四个强度等级。

灰砂砖有彩色（Co）和本色（N）两类。灰砂砖产品标记采用产品名称（LSB）、颜色、强度等级、产品等级（A 为优等品，B 为一等品，C 为合格品）、标准编号的顺序标记，如强度等级为 MU20，优等品的彩色灰砂砖，其产品标记为 LSB Co 20A GB 11945。强度为 MU15、MU20、MU25 的砖可用于基础及其他建筑；强度为 MU10 的砖仅可用于防潮层以上的建筑。灰砂砖不得用于长期受热（200℃以上）、受急冷急热和有酸性介质侵蚀的建筑部位，也不宜用于有流水冲刷的部位。

（二）蒸压粉煤灰砖

1. 蒸压粉煤灰实心砖

蒸压粉煤灰实心砖是以粉煤灰、生石灰为主要原料，可掺加适量石膏等外加剂和其他集料，经坯料制备、压制成型、高压蒸汽养护而制成的砖，产品代号为 AFB。其常见规格尺寸为 240 mm×115 mm×53 mm，其他规格尺寸由供需双方协商后确定。

蒸压粉煤灰多孔砖

2. 蒸压粉煤灰多孔砖

蒸压粉煤灰多孔砖是以粉煤灰、生石灰（或电石渣）为主要原料，可掺加适量石膏等外加剂和其他集料，经坯料制备、压制成型、高压蒸汽养护而制成的多孔砖，孔洞率应不小于25%，不大于 35%，产品代号为 AFPB。

3. 蒸压粉煤灰空心砖

蒸压粉煤灰空心砖是以粉煤灰、生石灰（或电石渣）为主要原料，可掺加适量石膏、外加剂和其他集料，经坯料制备、压制成型、高压蒸汽养护而制成的空心率不小于 35% 的砖，产品代号为 AFHI。

（三）炉渣砖

炉渣砖是以煤燃烧后的炉渣（煤渣）为主要原料，加入适量的石灰或电石渣、石膏等材料经混合、搅拌、成型、蒸汽养护等而制成的砖。其尺寸规格与普通砖相同，呈黑灰色，体积密度为 1 500～2 000 kg/m³，吸水率为 6%～18%。

炉渣砖可用于工业与民用建筑的墙体和基础，但用于基础或用于易受冻融和干湿交替作用的建筑部位必须使用强度 MU15 级及其以上的砖。炉渣砖不得用于长期受热 200℃以上、受急冷急热和有酸性介质侵蚀的建筑部位。

（四）非烧结垃圾尾矿砖

非烧结垃圾尾矿砖，是以淤泥、建筑垃圾、焚烧垃圾等为主要原料，掺入少量水泥、石膏、石灰、外加剂、胶结剂等胶凝材料，经粉碎、搅拌、压制成型、蒸压、蒸养或自然养护而成的一种实心非烧结垃圾尾矿砖。非烧结垃圾尾矿砖可作为一般房屋建筑的墙体材料。

（五）空心玻璃砖

空心玻璃砖是周边密封、内部中空的模制玻璃制品。空心玻璃砖根据外形可分为正方形、长方形、异形。按是否着色，空心玻璃砖分为无色和本体着色两类。

空心玻璃砖

隔墙采用空心玻璃砖既能分隔室内空间，又具有良好的采光和隔音效果，并能产生延续空间的视觉效果。不论是单块镶嵌使用，还是整片墙面使用，皆可有画龙点睛之效。

（六）装饰混凝土砖

装饰混凝土砖是由水泥混凝土制成的具有装饰功能的砖，代号 DCB。装饰混凝土砖的饰面可采用拉纹、磨光、水刷、仿旧、劈裂、凿毛、抛丸等工艺进行二次加工。装饰混凝土砖的外形尺寸按《装饰混凝土砖》（GB/T 24493—2009）规定，其基本尺寸应符合表 11-9 的要求，其他规格尺寸可由供需双方协商确定，但高度应不小于 30 mm。

表 11-9 装饰混凝土砖的基本尺寸　　　　　　　　　　　　　　单位：mm

项　目	长　度	宽　度	高　度
尺寸	360　290　240　190　140	240　190　115　90	115　90　53

第二节　建筑砌块

砌块是用于砌筑的、形体大于砌墙砖的人造块材，一般为直角六面体。按产品主规格的尺寸和质量分为用手工砌筑的小型砌块和采用机械施工的中型和大型砌块。

砌块是一种新型墙体材料，可以充分利用地方资源和工业废渣，并可节省黏土资源和改善环境，具有生产工艺简单、原料来源广、适应性强、制作及使用方便，可改善墙体功能等特点。砌块的种类按材质和规格分有很多种，本节主要介绍几种常用砌块。

一、普通混凝土小型砌块

普通混凝土小型砌块是以水泥、矿物掺合料、砂、石、水等为原材料，经搅拌、振动成型、养护等工艺制成的小型砌块，包括空心砌块和实心砌块。主块型砌块外形为直角六面体，长度尺寸为 400 mm 减砌筑时竖灰缝厚度，砌块高度尺寸为 200 mm 减砌筑时水平灰缝厚度，条面是封闭完好的砌块。辅助砌块是与主块型砌块配套使用的、特殊形状与尺寸的砌块，分为空心和实心两种；包括各种异形砌块，如圈梁砌块、一端开口的砌块、七分头块、半块等。免浆砌块是在砌块砌筑（垒砌）成墙片过程中，无须使用砌筑砂浆，块与块之间主要靠榫槽结构相连的砌块。主块型砌块各部位的名称见图 11-3。产品标记按砌块种类、规格尺寸、强度等级（MU）、标准代号的顺序。标记示例：

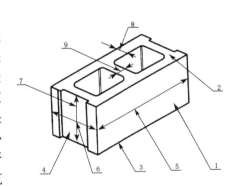

1—条面；2—坐浆面（肋厚较小的面）；
3—铺浆面（肋厚较大的面）；4—顶面；
5—长度；6—宽度；7—高度；8—壁；9—肋

图 11-3　砌块各部位的名称

① 规格尺寸 390 mm×190 mm×190 mm、强度等级 MU15.0、承重结构用实心砌块，其标记为：LS 390×190×190 MU15.0 GB/T 8239—2014。

② 规格尺寸 395 mm×190 mm×190 mm、强度等级 MU5.0、非承重结构用空心砌块，其标记为：NH 395×190×190 MU5.0 GB/T 8239—2014。

混凝土砌块

③ 规格尺寸 190 mm×190 mm×190 mm、强度等级 MU15.0、承重结构用的半块砌块，其标记为：LH 50 190×190×190 MU15.0 GB/T 8239—2014。

二、蒸压粉煤灰空心砌块

蒸压粉煤灰空心砌块是以粉煤灰、生石灰（或电石渣）为主要原料，可掺加适量石膏、外加剂和其他集料，经坯料制备、压制成型、高压蒸汽养护而制成的空心率不小于 45% 的砌块。空心砌块主规格尺寸（长×宽×高）为 390 mm×190 mm×190 mm，其他规格尺寸由供需双方协商后确定。蒸压粉煤灰空心砌块的产品代号为 AFHO，其外形公称尺寸应在考虑砌筑灰缝宽度后，符合建筑模数要求。空心砌块各部位名称见图 11-4。

蒸压粉煤灰空心砌块属硅酸盐类制品，其干缩值比水泥混凝土大，弹性模量低于同强度的水泥混凝土制品。以炉渣为集料的粉煤灰砌块，其块体材料密度为 $1\ 300 \sim 1\ 550\ kg/m^3$，导热系数为 $0.465 \sim 0.582\ W/(m \cdot K)$。粉煤灰砌块适用于一般工业与民用建筑的

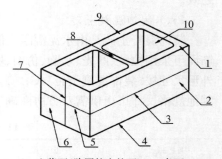

1—坐浆面（肋厚较小的面）；2—条面；
3—长度；4—铺浆面（肋厚较大的面）；
5—宽度；6—顶面；7—高度；8—壁；
9—肋；10—孔洞

图 11-4　蒸压粉煤灰空心砌块
各部位名称

墙体和基础，但不宜用于长期受高温（如炼钢车间）和经常受潮湿的承重墙，也不宜用于有酸性介质侵蚀的建筑部位。

（一）蒸压粉煤灰空心砌块密度等级

蒸压粉煤灰空心砌块的密度等级应符合表 11-10 的规定。

表 11-10　蒸压粉煤灰空心砌块的密度等级　　　　　　　单位：kg·m^{-3}

密度等级	3 块密度平均值
600	≤600
700	610~700
800	710~800
900	810~900
1 000	910~1 000
1 100	1 010~1 100

（二）蒸压粉煤灰空心砌块强度等级

蒸压粉煤灰空心砌块的强度等级应符合表 11-11 的规定。

表 11-11　蒸压粉煤灰空心砌块的强度等级

强度等级	抗压强度/MPa		密度等级范围 kg/m³ ≤
	五块平均值 ≥	单块最小值 ≥	
MU3.5	3.5	2.8	700
MU5.0	5.0	4.0	900
MU7.5	7.5	6.0	1100

三、蒸压加气混凝土砌块

蒸压加气混凝土砌块是以钙质材料（水泥、石灰等）和硅质材料（砂、矿渣、粉煤灰等）以及加气剂（铝粉）等，经配料、搅拌、浇筑、发气（由化学反应形成孔隙）、预养切割、蒸汽养护等工艺过程制成的多孔轻质、块体

蒸压加气混凝土砌块

硅酸盐材料。

（一）砌块的尺寸规格

按《蒸压加气混凝土砌块》（GB/T 11968—2006）蒸压加气混凝土砌块的规格（公称尺寸，单位 mm）长度（L）一般为 600；宽度（B）有 100、125、150、200、250、300 及 120、180、240 等九种规格；高度（H）有 200、240、250、300 等四种规格。

（二）砌块抗压强度和体积密度等级

1. 蒸压加气混凝土砌块的强度等级

按砌块的抗压强度，划分为 A1.0，A2.0，A2.5，A3.5，A5.0，A7.5，A10.0 七个级别，各等级的立方体抗压强度值不得小于表 11-12 的规定。

表 11-12　蒸压加气混凝土砌块的立方体抗压强度　　　　　单位：MPa

强度级别	A1.0	A2.0	A2.5	A3.5	A5.0	A7.5	A10.0
立方体抗压强度平均值，不小于	1.0	2.0	2.5	3.5	5.0	7.5	10.0
立方体抗压强度单组最小值，不小于	0.8	1.6	2.0	2.8	4.0	6.0	8.0

2. 蒸压加气混凝土砌块的干密度等级

按砌块的干体积密度，划分为：B03、B04、B05、B06、B07、B08 共六个级别。各级别的密度值应符合表 11-13 的规定。

表 11-13　蒸压加气混凝土砌块的干密度

干密度级别		B03	B04	B05	B06	B07	B08
干密度/(kg·m^{-3})	优等品（A），≤	300	400	500	600	700	800
	合格品（B），≤	325	425	525	625	725	825

3. 蒸压加气混凝土砌块等级

砌块按尺寸偏差与外观质量、干密度、抗压强度和抗冻性分为优等品（A）、合格品（B）两个等级。各级的体积密度和相应的强度应符合表 11-14 的规定。

表 11-14　蒸压加气混凝土砌块的强度等级

干密度级别		B03	B04	B05	B06	B07	B08
强度级别	优等品（A）	A1.0	A2.0	A3.5	A5.0	A7.5	A10.0
	合格品（B）			A2.5	A3.5	A5.0	A7.5

蒸压加气混凝土砌块的产品标记按产品名称（代号 ACB）、强度级别、干密度级别、规格尺寸、产品等级和标准编号组成。

例如强度级别为 A3.5、干密度级别为 B05，规格尺寸为 600 mm×200 mm×250 mm 的蒸压加气混凝土砌块，其产品标记为：ACB A3.5 B05 600×200×250　GB 11968。

蒸压加气混凝土砌块质量轻，体积密度约为黏土砖的 1/3，具有保温、隔热、隔音性能好、抗震性强（自重小）、导热系数低[0.10～0.28 W/(m·K)]、耐火性好、易于加工、施工方便等特点，是工程中应用较多的轻质墙体材料之一。适用于低层建筑的承重墙、多层建筑的间隔墙和高层框架结构的填充墙，也可用于一般工业建筑的围护墙。作为保温隔热材料也可用于复合墙板和屋面结构中。在无可靠的防护措施时，该类砌块不得用在处于水中或高湿度和有侵蚀介质的环境中,也不得用于建筑物的基础和温度长期高于80℃的建筑部位。

四、轻集料混凝土小型空心砌块

轻集料混凝土小型空心砌块是用轻粗集料、轻砂(或普通砂)、水泥和水等原材料配制而成的干表观密度不大于1 950 kg/m³的混凝土制成的小型空心砌块。

根据《轻集料混凝土小型空心砌块》(GB/T 15229—2011)的规定,轻集料混凝土小型空心砌块按砌块孔的排数分为四类:单排孔(1)、双排孔(2)、三排孔(3)和四排孔(4)。按其密度可分为700、800、900、1000、1100、1200、1300、1400等八个等级;按其强度可分为MU2.5、MU3.5、MU5.0、MU7.5、MU10.0等五个等级。

五、泡沫混凝土砌块

泡沫混凝土砌块

泡沫混凝土砌块是用物理方法将泡沫剂水溶液制备成泡沫,再将泡沫加入由水泥基胶凝材料、集料、掺合料、外加剂和水等制成的料浆中,经混合搅拌、浇筑成型、自然或蒸汽养护而成的轻质多孔混凝土砌块,也称发泡混凝土砌块。

根据《泡沫混凝土砌块》(JC/T 1062-2007)的规定,泡沫混凝土砌块的规格(公称尺寸,单位mm)长度(L)一般为400、600;宽度(B)有100、150、200、250等四种规格;高度(H)有200、300等两种规格。按砌块立方体抗压强度分为A0.5,A1.0,A1.5,A2.5,A3.5,A5.0,A7.5七个等级。按砌块干表观密度分为B03,B04,B05,B06,B07,B08,B09,B10八个等级。按砌块尺寸偏差和外观质量分为一等品(B)和合格品(C)二个等级。

六、石膏砌块

石膏砌块是以建筑石膏为主要原料,经加水搅拌、浇筑成型和干燥制成的建筑石膏制品,其外形为长方体,纵横边缘分别设有榫头和榫槽。生产中允许加入纤维增强材料或其他集料,也可加入发泡剂、憎水剂。

根据《石膏砌块》(JC/T 698—2010)的规定,石膏砌块的规格(公称尺寸,单位mm)长度(L)一般为600,666;宽度(B)为500;高度(H)有80、100、120、150等四种规格。按石膏砌块的结构分类为空心石膏砌块和实心石膏砌块,按石膏砌块的防潮性能分类有普通石膏砌块和防潮石膏砌块。

石膏砌块在装卸时应轻搬轻放,不应碰撞,防止损伤。在运输中应相互贴紧,并采取防雨措施。堆放场地应平整、干燥,露天堆放时,产品应遮盖,防止雨淋、曝晒。

七、植物纤维工业灰渣混凝土砌块

植物纤维工业灰渣混凝土砌块(产品代号PSCB)是以水泥基材料为胶结料,以工业灰渣(包括煤渣、炉渣、煤矸石)为集料,掺加植物纤维(主要包括秸秆中的茎、壳部分)的砌块。分为承重砌块和非承重砌块。

植物纤维工业灰渣混凝土承重砌块,以水泥为胶结料,以工业灰渣和砂为基本集料、以植物纤维、磨细工业灰渣、粉煤灰为掺和料,经搅拌、振动、加压成型的空心砌块,强度等级在MU5.0及以上,简称"承重砌块"。

植物纤维工业灰渣混凝土非承重砌块,以水泥和石膏渣为胶结料,以植物纤维、工业灰渣、聚苯乙烯颗粒和膨胀珍珠岩为基本集料,以粉煤灰为掺料,经搅拌、振动、加压成型的砌块,强度等级在MU5.0以下,简称"非承重砌块"。

砌块主规格尺寸为390 mm×190 mm×190 mm、390 mm×240 mm×190 mm、

390 mm×140 mm×190 mm、390 mm×90 mm×190 mm,其他规格尺寸由供需协商确定,其相关技术指标应参照相近规格产品协商确定。砌块按孔的排数分为:单排孔(1)、双排孔(2)。砌块按用途分为承重砌块(S)、非承重砌块(I)。砌块按抗压强度分为 MU3.5、MU5.0、MU7.5、MU10.0 四个等级。砌块按干表观密度分为 700、800、900、1 000、1 200、1 400 六个等级。

砌块装卸时,严禁碰撞、扔摔,应轻码轻放,不应用翻斗车倾卸,运输时应有防雨、防潮措施,存放场地应采取防雨、防潮和排水措施,砌块应按密度等级和强度等级分开贮存。

八、尾砂微晶发泡砌块

尾砂是指硅含量不低于 30%的沙漠风积沙、河流淤泥砂或煤矸石、粉煤灰、各种尾矿矿渣及建筑垃圾等。尾砂经配料后在特定热工条件下,晶化、发泡、烧结成型的,具备高强、轻质、耐火、保温及装饰等多功能一体化的尾砂微晶发泡材料。

尾砂微晶发泡砌块是指主规格长度、宽度或高度有一项或一项以上分别大于 365 mm、240 mm 或 115 mm,高度不大于长度或宽度的六倍,长度不超过高度的三倍的尾砂微晶发泡材料。尾砂微晶发泡砌块用符号 Q 表示。尾砂微晶发泡砌块的强度等级有 MU3.0,MU4.5,MU6.0,MU8.0,MU10.0,MU15.0;按发泡基体密度分为 Md2、Md3、Md4、Md5、Md6、Md8、Md10 七个密度等级。按饰面分为有饰面和无饰面两类,分别用符号 Y、W 表示。

第三节　建筑墙板

"十三五"期间,以装配式建筑为代表的新型建筑工业化快速推进,我国大力推广装配式混凝土建筑结构体系。随着装配式建筑结构体系和大开间多功能框架结构的发展,各种预制轻质和复合墙用板材也蓬勃兴起。以板材为基础的建筑体系,具有质轻、节能、施工方便快捷、使用面积大、开间布置灵活等特点,根据我国建筑节能和装配式建筑结构体系发展的实际情况,各类建筑墙板将具有良好的发展前景。由于各类建筑结构体系中的墙体板材品种很多,本节仅介绍几种有代表性的板材。

一、水泥类墙用板材

水泥类墙用板材具有较好的力学性能和耐久性,生产技术成熟,产品质量可靠,可用于承重墙、外墙和复合墙板的外层面。其主要缺点是体积密度大、抗拉强度低(大板在起吊过程中易受损)。生产中可制作预应力空心板材,以减轻自重和改善隔音隔热性能,也可在水泥类板材上制作成具有装饰效果的表面层(如花纹线条装饰、露集料装饰、着色装饰等)。

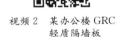

视频 2　某办公楼 GRC 轻质隔墙板

(一)玻璃纤维增强水泥(GRC)空心轻质墙板

玻璃纤维增强空心板是以低碱水泥为胶结料,抗碱玻璃纤维或其网格布为增强材料,膨胀珍珠岩为集料(也可用炉渣、粉煤灰等),并配以发泡剂和防水剂等,经配料、搅拌、浇筑、振动成型、脱水、养护而成。可用于工业和民用建筑的内隔墙及复合墙体的外墙面。

GRC 空心轻质墙板图片

(二)维纶纤维增强水泥平板

维纶纤维增强水泥平板是以改性维纶纤维和(或)高弹模维纶纤维为主要增强材料,以水泥或水泥和轻集料为基材并允许掺入少量辅助材料制成的不含石棉的纤维水泥平板。

维纶纤维增强水泥平板(VFRC)按密度分为维纶纤维增强水泥板(A 型板)和维纶纤维增强水泥轻板(B 型板),A 型板主要用于非承重墙体、吊顶、通风道等,B 型板主要用于非承重内隔墙、吊顶等。其长度规格有 1 800 mm、2 400 mm、3 000 mm,宽度为 900 mm、1 200 mm,厚度为 4 mm、5 mm、6 mm、8 mm、10 mm、12 mm、15 mm、20 mm、25 mm。适用于各类建筑物的复合外墙和内隔墙,特别是高层建筑有防火、防潮要求的隔墙。

（三）木丝水泥板

木丝水泥板以普通硅酸盐水泥、白色硅酸盐水泥或矿渣硅酸盐水泥为胶凝材料,木丝为加筋材料,加水搅拌后经铺装成型、保压养护、调湿处理等工艺制成的板材。木丝水泥板按密度分为中密度木丝水泥板和高密度木丝水泥板;中密度木丝水泥板密度在 300～550 kg/m³ 之间,分类代号为 Ⅰ 型;高密度木丝水泥板的密度在 550～1 200 kg/m³ 之间,分类代号为 Ⅱ 型。木丝水泥板(WWCB)具有自重轻、强度高、防火、防水、防蛀、保温、隔音等性能,可进行锯、钻、钉、装饰等加工,主要用于建筑物的内外墙板、天花板、壁橱板等。

木丝水泥板

（四）钢筋陶粒混凝土轻质墙板

钢筋陶粒混凝土轻质墙板是以通用硅酸盐水泥、砂、硅砂粉、陶粒、陶砂、外加剂和水等配制的轻集料混凝土为基材,内置钢网架,经浇筑成型、养护(蒸养、蒸压)而制成的轻质条型墙板。按断面构造分为空心板(代号 K)和实心板(代号 S)。按使用功能可以分为普通板(代号 P)、门(窗)洞边板(代号 M)、线(管)盒板(代号 X)、加强板(代号 J)、异形板(代号 Y)。普通板用于一般非承重内隔墙;门(窗)洞边板是指用于门(窗)洞旁的墙板;线(管)盒板是指用于安装走线的墙板,预先埋设好线管、盒;加强板是指用于增加墙体刚度、稳定性以及有特种功能要求等场合的墙板,比普通板有更高的物理力学性能和配筋率;异型板是指用于墙体交接转角等的墙板,其外形、规格尺寸与普通板不同。

二、石膏类墙用板材

石膏类板材在轻质墙体材料中占有很大比例,有纸面石膏板、无面纸的石膏纤维板、石膏空心条板等。

（一）纸面石膏板

纸面石膏板材是以石膏芯材及与其牢固结合在一起的护面纸组成,按其功能分为:普通纸面石膏板、耐水纸面石膏板、耐火纸面石膏板以及耐水耐火纸面石膏板四种。

1. 普通纸面石膏板(代号 P)

以建筑石膏为主要原料,掺入适量纤维增强材料和外加剂等,在与水搅拌后,浇筑于护面纸的面纸与背纸之间,并与护面纸牢固地黏结在一起的建筑板材。

2. 耐水纸面石膏板(代号 S)

以建筑石膏为主要原料,掺入适量纤维增强材料和耐水外加剂等,在与水搅拌后,浇筑于耐水护面纸的面纸与背纸之间,并与耐水护面纸牢固地黏结在一起,旨在改善防水性能的建筑板材。

3. 耐火纸面石膏板(代号 H)

以建筑石膏为主要原料,掺入无机耐火纤维增强材料和外加剂等,在与水搅拌后,浇筑于护面纸的面纸与背纸之间,并与护面纸牢固地黏结在一起,旨在提高防火性能的建筑板材。

4. 耐水耐火纸面石膏板(代号 SH)

以建筑石膏为主要原料,掺入耐水外加剂和无机耐火纤维增强材料等,在与水搅拌后,浇筑于耐水护面纸的面纸与背纸之间,并与耐水护面纸牢固地黏结在一起,旨在改善防水性能和提高防火性能的建筑板材。

普通纸面石膏板可作为室内隔墙板、复合外墙板的内壁板、天花板等。耐水型板可用于相对湿度较大(≥75%)的环境,如厕所、盥洗室等。耐火型纸面石膏板、耐水耐火纸面石膏板主要用于对防水、防火要求较高的房屋建筑中。纸面石膏板的规格尺寸如下:

(1) 板材的公称长度为 1 500 mm、1 800 mm、2 100 mm、2 400 mm、2 440 mm、2 700 mm、3 000 mm、3 300 mm、3 600 mm 和 3 660 mm。

(2) 板材的公称宽度为 600 mm、900 mm、1 200 mm 和 1 220 mm。

(3) 板材的公称厚度为 9.5 mm、12.0 mm、15.0 mm、18.0 mm、21.0 mm 和 25.0 mm。

(二) 石膏纤维板

石膏纤维板材是以纤维增强石膏为基材的无面纸石膏板。以石膏为主要原料,采用植物纤维作为增强材料,经过搅拌、压制、干燥而成的高密度板材。可节省护面纸,具有质轻、高强、耐火、隔声、韧性高的性能,可加工性好。其尺寸规格和用途与纸面石膏板相同。

石膏纤维板

(三) 石膏空心条板

石膏空心条板以建筑石膏为主要原料,掺以无机轻集料、无机纤维增强材料,加入适量添加剂而制成的空心条板,代号为 SGK。该板生产时不用纸,不用胶,安装墙体时不用龙骨,设备简单,较易投产。

石膏空心条板具有重量轻、可加工性好、颜色洁白、表面平整光滑等优点,且安装方便。适用于各类建筑的非承重内隔墙,但若用于相对湿度大于 75% 的环境中,则板材表面应作防水等相应处理。

三、植物纤维类板材

随着农业的发展,农作物的废弃物(如稻草、麦秸、玉米秆、甘蔗渣等)随之增多,污染环境,但各种废弃物如经适当处理,则可制成各种板材。早在 1930 年,瑞典人就用 25 kg 稻草生产板材代替 250 块黏土砖使用,因而节省了大量农田。我国是一个农业大国,农作物资源丰富,该类产品目前已经得到发展和推广应用。

(一) 稻草(麦秸)板

稻草板生产的主要原料是稻草或麦秸、板纸和脲醛树脂胶料等。其生产方法是将干燥的稻草热压成密实的板芯,在板芯两面及四个侧边用胶贴上一层完整的面纸,经加热固化而成。板芯内不加任何黏结剂,只利用稻草之间的缠绞拧编与压合形成密实并具有相当刚度的板材。

稻草板质量轻,隔热保温性能好,单层板的隔音量为 30 dB。在两层稻草板中间加 30 mm 的矿棉和 20 mm 的空气层,则隔音效果可达 50 dB,耐火极限为 0.5 h,其缺点是耐水性差、可燃。

稻草板具有足够的强度和刚度,可以单板使用而不需要龙骨支撑,且便于锯、钉、打孔、黏接和油漆,施工很便捷。适用作非承重的内隔墙、天花板及复合外墙的内壁板。

（二）稻壳板

稻壳板是以稻壳与合成树脂为原料,经配料、混合、铺装、热压而成的中密度平板。可用脲醛胶和聚醋酸乙烯胶粘贴,表面可涂刷清漆或用薄木贴面加以装饰。可作为内隔墙及室内各种隔断板和壁橱(柜)隔板等。

（三）蔗渣板

蔗渣板是以甘蔗渣为原料,经加工、混合、铺装、热压成型而成的平板。该板生产时可不用胶而利用蔗渣本身含有的物质热压时转化成呋喃系树脂而起胶结作用,也可用合成树脂胶结成有胶蔗渣板。蔗渣板具有质轻、吸声、易加工和可装饰等特点,可用作内隔墙、天花板、门芯板、室内隔断用板和装饰板等。

四、复合墙板

以单一材料制成的板材,常因材料本身的局限性而使其应用受到限制。如质量较轻和隔热隔声效果较好的石膏板、加气混凝土板、稻草板等,因其耐水性差或强度较低,通常只能用于非承重的内隔墙。而水泥混凝土类墙板虽有足够的强度和耐久性,但其自重大,隔声保温性能较差。为克服上述缺点,常用不同材料组合成多功能的复合墙板以满足建筑中墙体的功能要求。

常用的复合墙板主要由承受(或传递)外力的结构层和保温层(矿棉、泡沫塑料、加气混凝土等)及面层(各类具有可装饰性的轻质薄板)组成,如图 11-5 所示。其优点是承重材料和轻质保温材料的功能都得到合理利用,实现物尽其用,开拓材料来源。

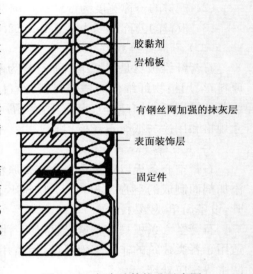

图 11-5　复合墙体构造示意图

胶黏剂
岩棉板
有钢丝网加强的抹灰层
表面装饰层
固定件

（一）装配式建筑用夹心保温墙板

装配式建筑中常采用预制混凝土夹心保温墙板(简称夹心保温墙板)。该种复合墙板是由内叶混凝土墙板(简称内叶墙板)、夹心保温层、外叶混凝土墙板(简称外叶墙板)和拉结件组成的复合类预制混凝土墙板(简称夹心保温墙板)。内叶墙板是指夹心保温墙板中毗邻室内的混凝土墙板。外叶墙板是指夹心保温墙板中毗邻室外的混凝土墙板。夹心保温层是指位于内叶墙板与外叶墙板之间的保温材料。拉结件是指在预制混凝土夹心保温墙板中,用于连接内、外叶墙板的配件。预制夹心墙板可采用有

装配式夹心保温墙板

机类保温板和无机类保温板作夹心保温层的材料,如聚苯乙烯泡沫板(EPS、XPS)、硬泡聚氨酯板(PIR、PUR)、酚醛泡沫板(PF)、岩棉板、水泥基泡沫板和泡沫玻璃板等。

夹心保温墙板包括预制混凝土夹心保温剪力墙板和预制混凝土夹心保温外挂墙板。预制混凝土夹心保温剪力墙板由内叶墙板和外叶墙板组成,其中内叶墙板为结构的剪力墙,外叶墙板仅起围护作用的预制混凝土夹心保温墙板。预制混凝土夹心保温外挂墙板是安装在主体结构外侧,起围护、装饰作用的非结构预制混凝土墙板构件。

（二）玻纤增强无机材料复合保温墙板

以玻纤增强无机板为两侧面板、以保温绝热材料为芯材的复合墙板,也称夹芯墙板。复

合墙板按用途分为外围护墙板和隔墙板。玻纤增强无机材料复合保温墙板应采用节能、利废、性能稳定、无放射性,以及对环境无污染的原材料。

1. 外围护墙板

外围护墙板的常用规格尺寸宜符合下列要求:

(1) 长度宜为 2 100 mm、2 400 mm、2 700 mm、3 000 mm;

(2) 宽度宜为 600 mm、900 mm、1 200 mm;

(3) 厚度宜为 120 mm、150 mm、200 mm。

2. 隔墙板

隔墙板的常用规格尺寸宜符合下列要求:

(1) 长度宜为 2 100 mm、2 400 mm、2 700 mm、3 000 mm;

(2) 宽度宜为 600 mm、900 mm、1 200 mm;

(3) 厚度宜为 60 mm、70 mm、80 mm、90 mm、100 mm、120 mm、150 mm、180 mm。

(三) 纸蜂窝复合墙板

以纸蜂窝芯板为芯材,无机板材为面板,经过层叠、加压、黏结而成的复合墙板。纸蜂窝芯板用纸的燃烧性能等级不应低于 B1 级,定量不宜小于 125 g/m² 。纸蜂窝墙板的结构示意如图 11-6 所示。

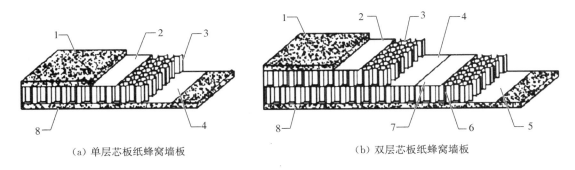

(a) 单层芯板纸蜂窝墙板　　　　　(b) 双层芯板纸蜂窝墙板

1,8—面板;2,4,5,7—纸蜂窝芯板用面纸;3,6—纸蜂窝芯板用蜂窝纸芯

图 11-6　纸蜂窝墙板结构示意图

(四) 建筑装饰一体化复合墙板

随着装配式建筑的发展,多功能装配式墙体体系的研发已成为新的研究热点。我国绿色建筑设计和绿色建筑评价标准中均提出土建工程与装修工程一体化设计要求,因此新型的建筑装饰一体化复合墙板具有良好的发展前景。

建筑装饰一体化复合墙板

1. PC-GRC 复合墙板

目前为了符合建筑工业化要求,将 GRC 材料或制品复合到混凝土中作为装饰,体现了一体化、集成化。将 GRC(玻璃纤维增强水泥)装饰材料复合到混凝土结构层上,形成 PC(装配式混凝土)-GRC 复合墙板构件。PC-GRC 复合墙板是一种全新的装配式建筑构件,有效实现了建筑工业化,集承重装饰于一体,既能满足承载等功能要求,又具有良好的装饰效果。PC-GRC 复合墙板在装配式建筑上表现出了独特的优势,随着建筑业的低碳绿色发展,该类复合墙

PC-GRC 复合墙板

板将有良好的发展前景。

2. 加气混凝土（ALC）装配式外墙板

根据我国建筑节能和建筑工业化发展的实际情况,节能装饰一体化装配式外墙板正在推广应用,例如加气混凝土（ALC）装配式外墙板等。节能装饰一体化装配式外墙板选用加气混凝土墙板作为基板,根据设计要求对基板进行拼装,随后对表面进行防水处理,最后按照立面设计要求在工厂里完成外饰面处理。

视频3　ALC装配式
外墙板施工

节能装饰一体化装配式外墙板系统具有施工速度快、表面平整度好、绿色环保、综合成本低等优点,符合当前住宅产业化和建筑工业化发展的方向。节能装饰一体化装配式外墙板为建筑工业化提供支撑和保障,其推广应用切合国家绿色建筑和建筑节能的产业政策,是建筑行业实现可持续发展战略的重要举措。

第四节　屋面材料

屋面材料主要为各类瓦制品,按其成分不同分为烧结瓦、纤维水泥波瓦及脊瓦、混凝土瓦、沥青瓦、合成树脂装饰瓦等;按生产工艺分为压制瓦、挤制瓦和手工光彩脊瓦;按形状分为平瓦、波形瓦、脊瓦等。

一、烧结瓦

烧结瓦是由黏土或其他无机非金属原料,经成型、烧结等工艺处理,用于建筑物屋面覆盖及装饰用的板状或块状烧结制品。通常根据形状、表面状态及吸水率不同来进行分类和具体产品命名。根据吸水率不同分为Ⅰ类瓦（≤6.0%）、Ⅱ类瓦（6.0%～10.0%）、Ⅲ类瓦（10.0%～18.0%）。

烧结瓦案例

根据形状分为平瓦、脊瓦、三曲瓦、双筒瓦、鱼鳞瓦、牛舌瓦、板瓦、筒瓦、滴水瓦、沟头瓦、J形瓦、S形瓦、波形瓦、平板瓦和其他异形瓦及其配件、饰件。根据表面状态可分为有釉瓦（含表面经加工处理形成装饰薄膜层的瓦）和无釉瓦（含青瓦）。根据吸水率不同分为Ⅰ类瓦、Ⅱ类瓦、Ⅲ类瓦。

二、琉璃瓦

琉璃瓦是以陶土或煤矸石为坯体主要原料,经成型、素烧、施铅釉、釉烧等传统烧制工艺制得,用于清代官式琉璃建筑保护修缮工程的制品。这种瓦表面光滑、质地坚密、色彩美丽、耐久性好,但成本较高,一般用于古建筑修复,仿古建筑及园林建筑的亭、台、楼阁等。

琉璃瓦案例

三、纤维水泥波瓦及其脊瓦

纤维水泥波瓦及脊瓦是以矿物纤维、有机纤维或纤维素纤维作为增强纤维,以通用硅酸盐水泥为胶凝材料、采用机械化生产工艺制成的建筑用波瓦及与之配套使用的脊瓦。波瓦按增强纤维成分分为无石棉型（NA）及温石棉型（A）,按波高尺寸分为:大波瓦（DW）、中波瓦（ZW）,小波瓦（XW）。按照抗折

纤维水泥波瓦

力的不同波瓦分为五个强度等级:Ⅰ级、Ⅱ级、Ⅲ级、Ⅳ级、Ⅴ级;Ⅳ级、Ⅴ级波瓦仅适用于使用期五年以下的临时建筑。波瓦可采用木架、木箱或集装箱包装,人力搬运时,应侧立搬运;整垛搬运时应用叉车提起运输;长途运输时,运输工具应平整,减少震动,垛高不超过150

张,防止碰撞;装卸时严禁抛掷。堆放场地须坚实平坦,不同规格、类别的应分别堆放,平面堆放时高度不超过 1.5 m。

四、玻纤镁质胶凝材料波瓦及脊瓦

玻纤镁质胶凝材料波瓦及脊瓦是以氧化镁(MgO)、氯化镁($MgCl_2$)和水(H_2O)三元体系,经配制和改性而成的、性能稳定的镁质胶凝材料并以中碱或无碱玻纤开刀丝或网布为增强材料复合而制成的波瓦及脊瓦。适用于作覆盖的屋面和墙面材料。

五、混凝土瓦

混凝土瓦是由混凝土制成的屋面瓦和配件瓦的统称。混凝土瓦分为混凝土屋面瓦及混凝土配件瓦。混凝土屋面瓦是由混凝土制成的,铺设于坡屋面与配件瓦等共同完成瓦屋面功能的建筑制品。混凝土屋面瓦按断面形状不同分为波形屋面瓦和平板屋面瓦。

六、玻纤胎沥青瓦

玻纤胎沥青瓦分为平面沥青瓦和叠合沥青瓦。平面沥青瓦是以玻纤毡为胎基,用沥青材料浸渍涂盖后,表面覆以保护隔离材料,并且外表面平整的沥青瓦,俗称平瓦。叠合沥青瓦是采用玻纤毡为胎基生产的沥青瓦,在其实际使用的外露面的部分区域,用沥青黏合了一层或多层沥青瓦材料形成叠合状,俗称叠瓦。

七、合成树脂装饰瓦

合成树脂装饰瓦是以聚氯乙烯树脂为中间层和底层、丙烯酸类树脂为表面层,经三层共挤出成型,可有各种形状的屋面用硬质装饰材料。表面丙烯酸类树脂一般包括 ASA、PMMA,不包括彩色 PVC。按表面层共挤材料不同可分为 ASA 共挤合成树脂装饰瓦和 PMMA 共挤合成树脂装饰瓦两类。

合成树脂装饰瓦

八、热反射混凝土屋面瓦

热反射混凝土屋面瓦是指瓦体本身具有热反射功能或者瓦表面涂覆有热反射功能涂层的混凝土屋面瓦。按明度值高低分为低明度(A)、中明度(B)、高明度(C)三类。按瓦表面有无热反射功能涂层可分为有涂层(Y)和无涂层(W)两类。按瓦外形分为:平板瓦(FT)和波形瓦(WT)。

九、彩石金属瓦

彩石金属瓦是以热镀铝锌钢板等金属板材为基板,与彩石颗粒通过胶黏剂复合成的屋面瓦。按产品使用部位不同分为主瓦(ZW)、脊瓦(JW)、边瓦(BW)、檐瓦(YW)和封头瓦(FTW)。彩石金属瓦质轻、耐候性好、抗震性能良好,施工方便,可适用于木屋架、钢构架、全钢网架混凝土屋面的使用,特别适用于既有建筑的平改坡和屋面翻新工程。

彩石金属瓦

复 习 思 考 题

11-1 简述烧结普通砖的强度等级是如何确定的。

11-2 采用烧结空心砖有何优越性? 烧结多孔砖和烧结空心砖在外形、性能和应用等方面有何不同?

11-3 简述烧结装饰砖的类别,其强度等级是如何划分的?

11-4 蒸压加气混凝土砌块产品等级是如何划分的?

11-5 泡沫混凝土砌块按强度、干表观密度如何分级?

11-6　植物纤维工业灰渣混凝土砌块按抗压强度、干表观密度如何分级？

11-7　墙板是如何分类的？什么是复合墙板？简述装配式墙板的发展方向。

11-8　纸面石膏板按功能可分为哪几种？其基本尺寸规格有哪些？

11-9　玻纤增强无机材料复合保温墙板的常用规格尺寸有哪些？

11-10　简述常用屋面材料种类。

第十二章 木 材

狭义的木材是指乔木树种中树干的木质部分,它是天然生长的有机高分子复合材料。而广义的木材是指木质材料,既包括森林采伐中生产的原木,也包括木质机械加工制品,如锯材、胶合板、刨花板和纤维板等。

木材是古代建筑的主要建筑材料,现代建筑中,作为承重材料,早已被钢材、混凝土等替代,但在门窗、地板及室内装修、装饰方面,仍大量使用木材。故它与钢材、水泥被称为三大建筑材料。

第一节 木材的分类和构造

一、木材的分类

木材来源于种子植物门的乔木,按植物分类系统,种子植物可分为裸子植物亚门和被子植物亚门。裸子植物包括四类(目),其中只有银杏、松和杉类属于乔木,才能生产木材,习惯上称之为针叶树材。被子植物包括单子叶植物纲和双子叶植物纲,只有木本的双子叶植物中的乔木才能生产木材,习惯上称之为阔叶材。

1. 针叶树材

针叶树树干通直高大,易得大材,其纹理顺直,材质均匀,表观密度和胀缩变形较小,耐腐性较强,一般强度较高但木质较软而易于加工,故又称软材,但并非所有针叶材都轻软。常用树种有红松、落叶松、红豆杉、云杉、冷杉、杉木、柏木等。

2. 阔叶树材

阔叶树多数树种其树干通直部分较短,材质坚硬,较难加工,故又称硬材。阔叶树材一般较重,强度高,胀缩和翘曲变形大,易开裂,在建筑中常用作尺寸较小的装修和装饰等构件,对于具有美丽天然纹理的树种,特别适于作室内装修、家具及胶合板等。常用树种有水曲柳、桦木、榉木、榆木、柞木、樟木、栎木、核桃木、酸枣木等。

二、木材的构造

木材的构造是决定木材性质的主要因素。不同树种以及生长环境条件不同的树材,其构造差别很大。研究木材的构造通常从宏观和微观两个方面进行。

(一)木材的宏观构造

木材的宏观构造指用肉眼或 10 倍放大镜能观察到的特征,如图 12-1 所示。

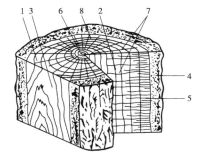

1—横切面;2—径切面;3—弦切面;4—树皮;
5—木质部;6—髓心;7—髓线;8—年轮

图 12-1 木材的宏观构造

树干由外向内是由树皮、形成层、木质部和髓心等部分组成。树皮一般占整株树的7％～20％，对于辨别树木品种具有重要意义，还可药用（杜仲、合欢、槐树、楝树、泡桐、银杏和梓树等）或用于提取硬橡胶（橡胶树、大花卫矛等）、鞣质（落叶松和黑荆树等）、染料（楝木、漆木、桦木、柿木和栎类等），还可用于制作软木（栓皮栎、银杏和黄菠萝等）、纤维（桑树、钩树和青檀等）和保温隔热材料（黄菠萝和栓皮栎）。形成层位于树皮和木质部之间的一个很薄且连续的鞘状层，只有1列细胞，其细胞特点是具有反复分生能力，向内生成次生木质部细胞，向外生成次生韧皮部细胞，是树皮和木质部产生的源泉。髓心位于树干（横切面）中央，是树木最早形成的木质部分，由轴向薄壁细胞构成，质地松软，力学性能很低，易于开裂和腐朽，故一般不用。土木工程使用的木材大都是木质部，木质部的颜色不均，一般而言，接近树干中心部分木色较深，水分较少，细胞死亡，材质较硬，密度增大，渗透性降低，称心材；靠近外围的部分木色较浅，水分较多，称边材，心材比边材的利用价值要大些。常见经济木材中，心材最大的树种是黄菠萝和刺槐，最小的是柿木，属于中等的有松木、落叶松、黄连木和核桃等。

木材的构造从不同角度观察表现出不同的特征，最有价值的为其中的三个切面，即横切面（垂直于树干主轴或木材纹理的面）、径切面（沿着树干长轴方向，通过髓心与木射线平行或与年轮相垂直的面）和弦切面（平行于树轴，但不通过髓心的面）。研究树干的三个切面上的细胞及组织的特征，可以识别木材和研究木材的性质和用途。

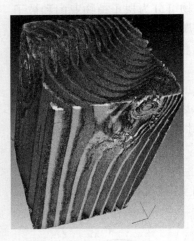

图 12-2 柳树枝的 CT 图片

从横切面上看到木质部具有深浅相间的同心圆环，此谓年轮，单位厘米内年轮数目是估测木材力学性能的依据之一，一般来说，针叶材年轮宽度均匀者，强度高，环孔材年轮宽者，强度大。在同一年轮内，春天生长的木质，细胞壁薄，形体较大，质较松，色较浅，称为春材（早材），夏秋两季生长的木质，细胞腔小而壁厚，质较密，色较深，称为夏材（晚材）。一个年轮内晚材所占的比例称为晚材率。相同树种，年轮越密而均匀，材质越好；夏材部分愈多，晚材率越大，木材强度愈高。图 12-2 是柳树枝的 CT 图片。

木材横切面上从髓心向外的辐射线，颜色较浅或略带光泽，称为髓线（又称木射线），在立木中主要起横向输导和贮藏养分的作用，是木材中唯一呈射线状的横向排列组织。髓线与周围组织连接较差，木材干燥时易沿此开裂，但有利于防腐剂的渗透和油漆。年轮和髓线组成了木材美丽的天然纹理。针叶材绝大多数树种为细木射线（宽度小于 0.05 mm），少数属于中等木射线（宽度 0.05～2.0 mm）；阔叶材少数为细木射线（杨木、桦木、柳木和七叶树等），多数为中等宽度射线或宽木射线（宽度 2.0 mm 以上）。

（二）木材的微观构造

从显微镜下观察可见，木材是由无数管状细胞紧密结合而成，大部分呈纵向排列，少数横向排列（如髓线）。成熟的木材细胞多数为空腔的厚壁细胞，仅有细胞壁和细胞腔。细胞壁的物质主要由纤维素、半纤维素和木质素三种成分组成。纤维素以分子链聚集成束和排列有序的微纤丝状态存在于细胞壁中，起着骨架作用，相当于钢筋水泥构件中的钢筋。半纤维素以无定型状态渗透到骨架物质中,起基体黏结作用,又称为基体物质,相当于钢筋水泥构件中捆绑钢筋的细铁丝。木质素在细胞分化的最后阶段木质化过程中形成,渗透到纤维素和半纤维素之间,可使细胞壁坚硬,又称为结壳物质或硬物质,相当于钢筋水泥构件中的水泥。

木材的细胞壁越厚,细胞腔越小,木材越密实,其表观密度和强度也越大,但胀缩变形也大。与春材相比,夏材的细胞壁较厚,细胞腔较小,所以夏材的构造比春材密实。

在电子显微镜下,细胞壁的基本组成单位是一些长短不等的链状纤维素分子。这些纤维素分子链平行排列,有规则的聚集在一起称为微团(基本纤丝),其宽度为 3.5~5.0 nm,约包含 40 根纤维素分子链。由微团组成一种丝状的微团系统统称为微纤丝。

针叶树与阔叶树的微观构造有较大差别,见图 12-3 和图 12-4 所示。

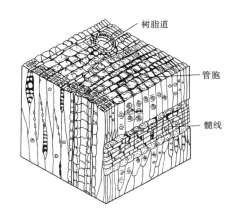

图 12-3 针叶树马尾松微观构造

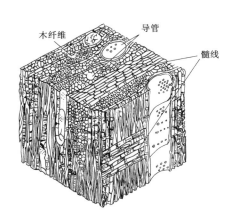

图 12-4 阔叶树柞木微观构造

针叶树材显微构造简单而规则,它主要由管胞、髓线组成,松科六属木材有树脂道,杉科和柏科等少数树种有少量轴向薄壁组织;其中管胞占总体积的 89%~98% 以上,排列整齐而均匀;其髓线多为单列,较细而不明显,占 1.5%~7%。阔叶树材显微构造较复杂,其细胞主要有木纤维(占 50%)、导管(占 20%)、髓线(占 17%)和轴向薄壁组织(占 13%);它的最大特点是横切面排列不整齐,髓线很发达,多为两列或以上,粗大而明显,轴向薄壁组织丰富而多样,这是鉴别阔叶树材的显著特征。

第二节 竹 材

竹材(Bamboo)属于竹亚科,为禾本科植物,种类繁多,我国就有 200 多种,有毛竹、水竹、慈竹、刚竹、淡竹等。竹是有节的中空圆筒体,节与节的间距在竹梢与近根处短,中间长。一旦从笋中长出后只改变长度而不改变干的粗细。竹材无年轮,质轻有弹性,强度高(高于木材的两倍),耐弯曲,能劈成薄片。竹材还不同于其他材料,表皮光滑,不加工也很美观,并且价格低廉,自古以来就是日用品、装饰品和房屋的工艺材料、建筑材料。

构成竹材的主要部分是由柔细胞组成的基本组织,在其间分布有维管束。维管束是水分与养料的通道,越靠外周分布越密。新鲜竹材不论品种含水率均在 40% 左右。脱水竹材的比重在 0.77~0.85 之间。竹材的品质虽因产地的状态而异,但同一产地也因采伐季节与本身的竹龄而异。通常春夏采伐者，体内多糖分与蛋白质，易受虫蛀，并且受夏季烈日照射，成赤黄色而损光泽，弹性与耐久性显著下降。春夏竹材成绿色，入秋以后稍变黄色，材质最佳，冬季又过于硬直。综合上述情况以 9～11 月为最佳采伐期。这时采伐的竹材将随年月而渐成黄白色，最经久耐用。此外最适宜的采伐竹龄为 5～6 年，一般情况下 2～8 年为适龄期。

第三节　木材的物理力学性质

木材的物理力学性质主要包括物理性质（含水率、湿胀干缩、密度、热学性质、声学性质和电学性质）和力学性能，其中含水率对木材的湿胀干缩性、热学、声学、电学和力学性能影响很大。

一、木材的含水率

木材的含水率是指木材中所含水的质量占干燥木材质量的百分数。新伐木材的含水率在 35% 以上；风干木材的含水率为 15%～25%；室内干燥木材的含水率常为 8%～15%。木材中所含水分不同，对木材性质的影响也不一样。

1. 木材中的水分

木材中主要有三种水，即自由水、吸附水和结合水。自由水是指以游离态存在于木材细胞腔、细胞间隙和纹孔腔这类大毛细管中的水分，自由水的多少主要由木材空隙体积决定，影响木材质量、燃烧性、渗透性和耐久性。吸附水是被吸附在细胞壁内细纤维之间的水分，是影响木材强度、胀缩变形和加工性能的主要因素。结合水即为木材细胞壁物质组成牢固结合的化学化合水，相对稳定，对日常使用中的木材性质无影响。

2. 木材的纤维饱和点

当木材中无自由水，而细胞壁内吸附水达到饱和时的木材含水率称为纤维饱和点。木材的纤维饱和点随树种、温度和测定方法而异，一般介于 23%～33%，多数树种为 30%。纤维饱和点是木材材性变化的转折点。

3. 木材的平衡含水率

木材中所含的水分是随着环境的温度和湿度的变化而改变的。当木材长时间处于一定温度和湿度的环境中时，木材吸收水分和散失水分的速度相等，达到动态平衡，这时木材的含水率称为平衡含水率（图 12-5）。它是环境温度和湿度的函数，同一环境下不同树种的木材，平衡含水率的差异不大。木材的平衡含水率随其所在地区不同而异，我国北方为 12% 左右，长江流域为 15% 左右，海南岛约为 18%。

木材的平衡含水率对于木材的加工利用意义重大。

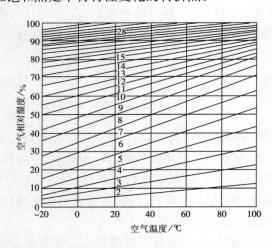

图 12-5　不同温度和湿度环境条件下木材的平衡含水率

二、木材的湿胀与干缩变形

木材具有很显著的湿胀干缩性,其规律是:当木材的含水率在纤维饱和点以下时,随着含水率的增大,木材体积产生膨胀,随着含水率减小,木材体积收缩;而当木材含水率在纤维饱和点以上,只是自由水增减变化时,木材的体积不发生变化。木材含水率与其胀缩变形的关系见图 12-6 所示,从图中可以看出,纤维饱和点是木材发生湿胀干缩变形的转折点。

由于木材为非匀质构造,故其胀缩变形各向不同,其中以弦向最大,径向次之,纵向(即顺纤维方向)最小。当木材干燥时,弦向干缩为 6%~12%,径向干缩 3%~6%,纵向仅为 0.1%~0.35%。木材弦向胀缩变形最大,是因受管胞横向排列的髓线与周围联结较差所致。木材的湿胀干缩变形还受树种、细纤维角度、晚材率树干中的部位等影响。一般来说,表观密度大、夏材含量多的木材,胀缩变形就大。图 12-7 中展示出

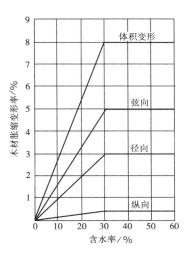

图 12-6　木材含水率与胀缩
变形的关系

树材干燥时其横截面上各部位的不同变形情况。由图可知,板材距髓心愈远,由于其横向更接近于典型的弦向,因而干燥时收缩愈大,致使板材产生背向髓心的反翘变形。湿胀干缩变形对木材的利用有很大的影响,如干缩会造成木结构拼缝不严、接榫松弛、翘曲开裂,而湿胀又会使木材产生凸起变形等。因此在木材加工前,应作预干燥处理,使木材原料的含水率等于或略低于(低 1%~2%)木制品所处环境相适时的平衡含水率。

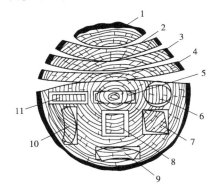

1—边板呈橄榄形;2、3、4—弦锯板呈瓦形反翘;
5—通过髓心径锯板呈纺锤形;6—圆形变椭圆形;
7—与年轮成对角线的正方形变菱形;8—两边与年
轮平行的正方形变长方形;9—弦锯板翘曲呈瓦形;
10—与年轮呈 40°角的长方形呈不规则翘曲;
11—边材径锯板收缩较均匀

图 12-7　木材的干缩变形

三、木材的密度

木材的物质比重为木材除去细胞腔等孔陷所占空间后实际木材物质的比重,即细胞壁的比重,与树种关系不大,为 1.49~1.57 g/cm³,平均为 1.53 g/cm³。但是木材的气干密度差别很大,目前世界木材中最重的为胜斧木,气干密度为 1.42 g/cm³,国产木材中最重的为蚬木,其气干密度为 1.13 g/cm³;世界木材中最轻的为髓木,气干密度为 0.04 g/cm³,国产木材中最轻的为轻木,气干密度为 0.24 g/cm³,泡桐次之,为 0.27 g/cm³。木材的气干密度取决于木材的空隙度,影响因素主要有树种、年轮宽度和晚材率、树木体内不同部位、木材的栽培环境、含水率等,其大小反映出木材细胞壁中物质含量的多少,与强度成正比,是判断木材强度的最佳指标。

四、木材的热学性质

木材的热学性质主要用比热、导热系数或导温系数来表达。木材是多孔的有机材料,其比热远高于金属材料,我国红松、水曲柳等 33 种树种气干材的比热容测定表明,最高为

1.88 kJ/(kg·K),最低为 1.62 kJ/(kg·K),平均为 1.71 kJ/(kg·K)。导热系数(W/(m·K))木材为 0.15～0.45,低于玻璃的导热系数(0.6～0.9)和混凝土的导热系数(0.8～1.4),仅为铜(348～394)、铝(218)、铁(46～58)的千分之一,因此木材在建筑的保温隔热方面应用广泛。木材的导热系数与木材的密度、含水率、木材纹路方向等有关,木材的密度越低、含水率越低,顺着横纹方向,则木材的导热系数越低。木材的热学性质对于指导木材的干燥、防腐改性、胶合等工艺具有重要的意义,同时与人们的生活与环境息息相关。

五、木材的电学和声学性质

木材在气干状态下,导电性极小。但是含有水分时,特别是在纤维饱和点以下,含水率越高,导电性越强。

木材是各向异性材料,其传声特性具有明显的方向性和规律性,其顺纹传播速度远高于横纹传播速度,其顺纹的传播速度为 4.5～5.5 km/s,横纹为其 1/2～1/8。木材具有良好的吸声特性,声波作用于木材表面,柔和的中低频波 90% 被反射,刺耳的高频率声波则部分被木材本身的振动吸收。

六、木材的力学性能

（一）木材的强度

在建筑结构中,木材常用的强度有抗拉、抗压、抗弯和抗剪强度。由于木材的构造各向不同,致使木材的力学强度也是各向异性的,因此木材强度有顺纹强度和横纹强度之分。横纹强度视外力作用与年轮的方向,有弦向强度与径向强度之分。木材的顺纹强度比其横纹强度要大得多,所以工程上均充分利用它们的顺纹强度。从理论上讲,木材强度中以顺纹抗拉强度为最大,其次是抗弯强度和顺纹抗压强度,但实际上是木材的顺纹抗压强度最高,这是由于木材是经数十年自然生长而成的土木工程材料,其间或多或少会受到环境不利因素影响而造成一些缺陷,如木节、斜纹、夹皮、虫蛀、腐朽等,而这些缺陷对木材的抗拉强度影响极为显著,从而造成实际抗拉强度反而低于抗压强度。当以顺纹抗压强度为 1 时,木材理论上各强度大小关系见表 11-1 所示,我国土木建筑工程上常用树材的主要物理力学性能见表 11-2 所示。

表 12-1　木材理论上各强度大小关系

抗　压		抗　拉		抗　弯	抗　剪	
顺　纹	横　纹	顺　纹	横　纹		顺　纹	横纹切断
1	1/10～1/3	2～3	1/20～1/3	1.5～2	1/7～1/3	0.5～1

表 12-2　常用树种木材的主要物理力学性能

树种名称	产地	气干表观密度/(kg·m⁻³)	顺纹抗压强度/MPa	顺纹抗拉强度/MPa	抗弯强度/MPa	顺纹抗剪强度/MPa	
						径面	弦面
针叶树材:							
杉木	湖南	371	38.8	77.2	63.8	4.2	4.9
	四川	416	39.1	83.5	68.4	6.0	5.9
红松	东北	440	32.8	98.1	65.3	6.3	6.9
马尾松	安徽	533	41.9	99.0	80.7	7.3	7.1
落叶松	东北	641	55.7	129.9	109.4	8.5	6.8

续　表

树种名称	产地	气干表观密度/(kg·m⁻³)	顺纹抗压强度/MPa	顺纹抗拉强度/MPa	抗弯强度/MPa	顺纹抗剪强度/MPa	
						径面	弦面
鱼鳞云杉	东北	451	42.4	100.9	75.1	6.2	6.8
柏木	湖北	600	54.3	117.1	100.5	9.6	11.1
阔叶树材：							
柞栎	东北	766	55.6	155.1	124.1	11.8	12.9
麻栎	安徽	930	52.1	155.4	128.6	15.9	18.0
水曲柳	东北	686	52.5	138.1	118.6	11.3	10.5
杨木	陕西	486	42.1	107.0	79.6	9.5	7.3

　　木材的强度检验是采用无疵病的木材制成标准试件,按"木材物理力学性质试验方法"(GB 1927～1943—2009)进行测定。试验时,木材在不同方向上受不同外力时的破坏情况各不相同,其中顺纹受压破坏是因细胞壁失去稳定所致,而非纤维断裂。横纹受压是因木材受力压紧后产生显著变形而造成破坏。顺纹抗拉破坏通常是因纤维间撕裂而后拉断所致。木材受弯时其上部为顺纹受压,下部为顺纹受拉,水平面内则有剪力,破坏时首先是受压区达到强度极限,产生大量变形,但这时构件仍能继续承载,当受拉区也达强度极限时,则纤维及纤维间的联结产生断裂,导致最终破坏。

　　木材受剪切作用时,由于作用力对于木材纤维方向的不同,可分为顺纹剪切、横纹剪切和横纹切断三种,如图 12-8 所示。顺纹剪切破坏是由于纤维间联结撕裂产生纵向位移和受横纹拉力作用所致;横纹剪切破坏完全是因剪切面中纤维的横向联结被撕裂的结果;横纹切断破坏则是木材纤维被切断,这时强度较大,一般为顺纹剪切的 4～5 倍。

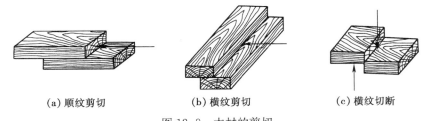

(a) 顺纹剪切　　　　　(b) 横纹剪切　　　　　(c) 横纹切断

图 12-8　木材的剪切

（二）影响木材强度的主要因素

1. 含水率的影响

　　木材的强度受含水率的影响很大,其规律是:当木材的含水率在纤维饱和点以下时,随含水率降低,即吸附水减少,细胞壁趋于紧密,木材强度增大,反之,则强度减小。当木材含水率在纤维饱和点以上变化时,木材强度不改变。图 12-9 为含水率对木材强度的影响。

　　我国木材试验标准规定,测定木材强度

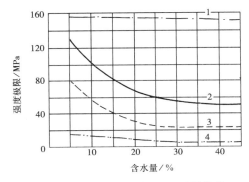

1—顺纹抗拉;2—抗弯;3—顺纹抗压;4—顺纹抗剪

图 12-9　含水率对木材强度的影响

时,应以其标准含水率(即含水率为 12%)时的强度测值为准。其他含水率下的测试值,应换算成标准含水率时的强度值。在含水率为 9%~15% 时,换算经验公式如下:

$$\sigma_{12} = \sigma_w[1+\alpha(W-12)]$$

式中 σ_{12}——含水率为 12% 时的木材强度(MPa);

σ_w——含水率为 W(%)时的木材强度(MPa);

W——试验时的木材含水率(%);

α——木材含水率校正系数。

α 随作用力和树种不同而异,如顺纹抗压所有树种均为 0.05;顺纹抗拉时阔叶树为 0.015,针叶树为 0;抗弯所有树种为 0.04;顺纹抗剪所有树种为 0.03。

2. 负荷时间的影响

木材对长期荷载的抵抗能力与对暂时荷载不同。木材在外力长期作用下,即使未达强度极限,也会破坏,只有当其应力远低于强度极限的某一定范围以下时,才可避免木材因长期负荷而破坏。这是由于木材在外力作用下产生等速蠕滑,经过长时间以后,最后达到急剧产生大量连续变形而致。

木材在长期荷载作用下不致引起破坏的最大强度,称为持久强度。木材的持久强度比其极限强度小得多,一般为极限强度的 50%~60%,见图 12-10 所示。一切木结构都处于某一种负荷的长期作用下,因此在设计木结构时,应考虑负荷时间对木材强度的影响。

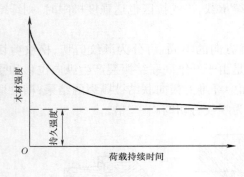

图 12-10   木材持久强度

3. 温度的影响

随环境温度升高,必然会导致木材含水率的降低,并随之产生内应力、干燥等缺陷,强度降低。当温度由 25℃ 升到 50℃ 时,针叶树抗拉强度降低 10%~15%,抗压强度降低 20%~24%。当木材长期处于 60℃~100℃ 温度下时,会引起水分和所含挥发物的蒸发,而呈暗褐色,强度明显下降,变形增大。温度超过 160℃ 时,木材中的纤维素发生热裂解,色渐变黑,强度显著下降。因此,长期处于高温的建筑物,不宜采用木结构。

4. 疵病的影响

木材在生长、采伐、保存过程中,所产生的内部和外部的缺陷,统称为疵病。木材的疵病主要有木节、斜纹、裂纹、腐朽和虫害等。一般木材或多或少都存在一些疵病,致使木材的物理力学性质受到影响。木节分为活节、死节、松软节、腐朽节等几种,其中活节影响较小。木节对顺纹抗拉和顺纹抗压强度的影响,与木节的质地、木材因节子而形成的局部斜纹理有关,对顺纹抗拉强度的影响大于顺纹抗压强度的影响。在木材受横纹抗压和顺纹剪切时,木节反而可能增加其强度。斜纹即木纤维与树轴成一定夹角,其影响程度的大小,决定于斜纹理与施力方向之间夹角的大小以及力学性质的种类,斜纹木材严重降低其顺纹抗拉强度,抗弯次之,对顺纹抗压影响较小。裂纹、腐朽、虫害等疵病,会造成木材构造的不连续性或破坏其组织,因此严重影响木材的力学性质,有时甚至能使木材完全失去使用价值。

第四节 木材在土木工程中的应用

由于木材具有其独特的优良特性,在土建工程尤其是装饰领域中,始终保持着重要的地位。

一、木材的优良特性

(1)质轻而强度高。木材的表观密度一般为 $400\sim550$ kg/m³,但顺纹抗拉强度和抗弯强度在 $30\sim100$ MPa,因此木材比强度高,达到 $600\sim2\,500$,与高强钢相近,远高于低碳钢,属轻质高强材料,可用作结构材料;制作成胶合板,还可用于洲际导弹的前锥体,飞机的内部装修等。

(2)木材是弹塑性复合体,弹性和韧性好;由于管状细胞的吸收和共振等性能,木材吸收能量大,能承受较大的冲击荷载和振动作用。

(3)木材是热和电的不良导体,导热系数小。木材是中空的多孔材料,其孔隙率可达 50%,干燥后水分含量低,导热系数仅为 0.30 W/(m·K)左右,故其具有良好的保温隔热性能。

(4)装饰性好。木材具有美丽的天然纹理和光泽,用作室内装饰,温暖而舒适,给人以自然而高雅的美感,这是其他装饰材料无法与之相比的。

(5)材质较软,易于进行锯、刨、雕刻等加工,可制作成各种造型、线型、花饰的构件与制品,而且安装施工方便。

(6)耐久性好,民间谚语称木材:干千年,湿千年,干干湿湿两三年。意思是说,木材只要一直保持通风干燥,就不会腐朽破坏。例如山西五台县的佛光寺大殿木建筑(建于公元857年)和山西应县佛宫寺木塔(建于公元1056年),至今仍保持完好。

(7)木材还具有良好的隔音、调湿功能,具有对紫外线的吸收和红外线的反射作用。当周围的环境湿度发生变化时,木材为了获得平衡含水率,能吸收或放出水分,从而调节环境的湿度。木材还可以吸收阳光中 380 nm 以下的紫外线,反射 780 nm 以上的红外线。

当然,木材也具有一定缺点,如各向异性、易干缩和湿胀、易变形和翘曲、易腐、易燃、天然疵病较多、绝对强度较低等。但这些缺点,经采取适当的措施,可大大减少其对木材应用的影响。

二、木材的等级

对于建筑用木材,通常以原木、板材、枋材三种型材供应。原木系指去枝去皮后按规格锯成一定长度的圆木料;板材是指宽度为厚度的三倍或三倍以上的型材;而枋材则为宽度不足三倍厚度的型材。各种商品材均按国家材质标准,根据木材缺陷情况进行分等分级,通常分为一、二、三等,结构和装饰用木材一般选用等级较高者。但对于承重结构用的木材,根据《木结构设计规范》的规定,又按承重结构的受力要求分为Ⅰ、Ⅱ、Ⅲ三级,设计时应根据构件的受力种类选用适当等极的木材。例如承重木结构板材的选用,根据其承载特点,Ⅰ级材用于受拉或受弯构件;Ⅱ级材用于受弯或受压弯的构件;Ⅲ级材用于受压构件及次要受弯构件。

三、木材在工程结构中的应用

木材是传统的土木工程材料,在古建筑和现代建筑中都得到了广泛应用。在结构上,木材主要用于构架和屋顶,如梁、柱、桁檩、椽、望板、斗拱等。我国许多古建筑物均为木结构,它们在建筑技术和艺术上均有很高的水平,并具独特的风格。木材由于加工制作方便,故广泛用于房屋的门窗、地板、天花板、扶手、栏杆、隔断、搁栅等。另外,木材在土木工程中还常用作混凝土模板及木桩等。

四、木装修与木装饰的应用

在国内外,木材历来被广泛用于建筑室内装修与装饰,它给人以自然美的享受,还能使室内空间产生温暖与亲切感。在古建筑中,木材更是用作细木装修的重要材料,这是一种工艺要求极高的艺术装饰。现将建筑室内常用木装修和木装饰简介如下。

(一)条木地板

条木地板是室内使用最普遍的木质地面,它是由龙骨、水平撑和地板三部分构成。地板有单层和双层两种,双层者下层为毛板,面层为硬木条板,硬木条板多选用水曲柳、柞木、枫木、柚木、榆木等硬质树材,单层条木板常选用松、杉等软质树材。条板宽度一般不大于120 mm,板厚为20～30 mm,材质要求采用不易腐朽和变形开裂的优质板材。龙骨和水平撑组成木搁栅,木搁栅有空铺和实铺两种,空铺式是将搁栅两头搁于墙内垫木上,木搁栅之间设剪刀撑;实铺是将木搁栅铺钉于钢筋混凝土楼板或混凝土垫层上,搁栅内可填以炉渣等隔声材料。目前使用最多的为实铺单层条木地板,也称普通木地板。

条木拼缝做成企口或错口,见图12-11所示,直接铺钉在木龙骨上,端头接缝要相互错开。条木地板铺筑完工后,应经过一段时间,待木材变形稳定后,再进行刨光、清扫及油漆。条木地板可采用调和漆,但当地板的木色和纹理较好时,应采用透明的清漆作涂层,使木材的天然纹理清晰可见,以极大地增添室内装饰感。

(a) 企口拼缝　　　　(b) 错口拼缝　　　　(c) 端头接缝错开

图12-11　条木地板拼缝

条木地板自重轻、弹性好,脚感舒适,并导热性小,故冬暖夏凉,且易于清洁。条木地板被公认为是优良的室内地面装饰材料,它适用于办公室、会议室、会客室、休息室、旅馆客房、住宅起居室、卧室、幼儿园及仪器室等场所。

(二)拼花木地板

拼花木地板是高级的室内地面装修,有上下两层,下层为毛板层,面层拼花板材多选用水曲柳、柞木、核桃木、栎木、榆木、槐木、柳桉等质地优良、不易腐朽开裂的硬木树材。拼花小木条的尺寸一般为长250～300 mm,宽40～60 mm,板厚20～25 mm,木条均带有企口,面层小板条用暗钉拼钉在毛板上。

拼花木地板通过小木板条不同方向的组合,可拼造出多种图案花纹,常用的有芦席纹、人字纹、清水砖墙纹等。图案花纹的选用应根据使用者个人的爱好和房间面积的大小而定,希望图案选择的结果,能使面积大的房间显得稳重高雅,而面积小的房间能感觉宽敞、亲切、轻松。

拼花木地板的铺设从房间中央开始,先画出图案式样,弹上墨线,铺好第一块地板,然后向四周铺开去,这第一块地板铺设的好坏,是保证整个房间地板铺设是否对称的关键。地板铺设前,要对拼板进行挑选,宜将纹理和木色相近者集中使用,把质量好的拼板铺设在房间的显眼处或经常出入的部位,稍差的则铺于墙根和门背后等隐蔽处,做到物尽其用。拼花木地板均采用清漆进行油漆,以显露出木材漂亮的天然纹理。

拼花木地板纹理美观,耐磨性好,且拼花小木板一般均经过远红外线干燥,含水率恒定(约12%),因而变形小,易保持地面平整、光滑而不翘曲变形。拼花木地板分高、中、低三个档次,高档产品适合于三星级以上中、高级宾馆、大型会场、会议室等室内地面装饰;中档产品适用于办公室、疗养院、托儿所、体育馆、舞厅、酒吧等地面装饰;低档的用于各种民用住宅地面的铺装。

(三)护壁板

护壁板又称木台度,在铺设拼花地板的房间内,往往采用木台度,以使室内空间的材料格调一致,给人一种和谐整体景观的感受。护壁板可采用木板、企口条板、胶合板等装修而成,设计和施工时可采取嵌条、拼缝、嵌装等手法进行构图,以达到装饰墙壁的目的。护壁板下面的墙面一定要做防潮层,有纹理的表面宜涂刷清漆,以尽显木纹饰面。护壁板主要用于高级的宾馆、办公室和住宅等的室内墙壁装饰。

(四)木花格

木花格即为用木板和枋木制作成具有若干个分格的木架,这些分格的尺寸和形状一般都各不相同。木花格宜选用硬木或杉木树材制作,并要求材质木节少、木色好,无虫蛀和腐朽等缺陷。木花格具有加工制作较简便、饰件轻巧纤细、表面纹理清晰等特点。木花格多用作建筑物室内的花窗、隔断、博古架等,它能起到调节室内设计格调、改进空间效能和提高室内艺术质量等作用。

(五)旋切微薄木

旋切微薄木是以色木、桦木或多瘤的树根为原料,经水煮软化后,旋切成厚0.1mm左右的薄片,再用胶黏剂粘贴在坚韧的纸上(即纸依托),制成卷材。或者,采用柚木、水曲柳、柳桉等树材,通过精密旋切,制得厚度为0.2~0.5mm的微薄木,再采用先进的胶粘工艺和胶黏剂,粘贴在胶合板基材上,制成微薄木贴面板。

旋切微薄木花纹美丽动人,材色悦目,真实感和立体感强,具有自然美的特点。采用树根瘤制作的微薄木,具有鸟眼花纹的特色,装饰效果更佳。微薄木主要用作高级建筑的室内墙、门、橱柜等家具的饰面。这种饰面材料在日本采用较普遍。

在采用微薄木装饰立面时,应根据其花纹的美观和特点区别上下,施工安装时应注意将树根方向在下、树梢在上。为了便于使用,在生产微薄木贴面板时,板背盖有检验印记,有印记的一端即为树根方向。建筑物室内采用微薄木装饰时,建议在决定采用树种的同时,还应考虑家具色调、灯具灯光以及其他附件的陪衬颜色,以求获得更好地互相辉映。

(六)木装饰线条

木装饰线条简称木线条。木线条种类繁多,主要有楼梯扶手、压边线、墙腰线、天花角线、弯线、挂镜线等。各类木线条立体造型各异,每类木线条又有多种断面形状,例如有平线条、半圆线条、麻花线条、鸠尾形线条、半圆饰、齿形饰、浮饰、弧饰、S形饰、贴附饰、钳齿饰、十字花饰、梅花饰、叶形饰以及雕饰等多样。木线条都是采用材质较好的树材加工而成。

建筑室内采用木线条装饰,可增添古朴、高雅、亲切的美感。木线条主要用作建筑物室内的墙腰装饰、墙面洞口装饰线、护壁板和勒脚的压条饰线、门框装饰线、顶棚装饰角线、楼梯栏杆扶手、墙壁挂画条、镜框线以及高级建筑的门窗和家具等的镶边、贴附组花材料。特别是在我国园林建筑和宫殿式古建筑的修建工程中,木线条是一种必不可缺的装饰材料。

此外,建筑室内还有一些小部位的装饰,也是采用木材制作的,如窗台板、窗帘盒、踢脚板等,它们和室内地板、墙壁互相联系,相互衬托。设计中要注意整体效果,以求得整个空间格调、材质、色彩的协调,力求用简洁的手法达到最好的装饰效果。

五、木材的改性

我国是森林资源贫乏的国家之一,要尽量经济合理地使用木材,做到长材不短用,优材不劣用,加强对木材的防腐、防火处理,在保持木材性能的基础上,根据实际工程需要,对木材的某些性能进行改性,以提高木材的耐久性和功能性。同时,想方设法充分利用木材的边角碎料,生产各种人造板材,这是对木材进行综合利用的重要途径。

（一）木材的改性方法

木材的改性是指在保持木材高强重比、易于加工、吸音隔热、纹理质朴自然等固有特性的基础上,通过一系列的物理、化学处理,克服木材干缩湿胀、尺寸稳定性差、各向异性、易燃、不耐腐、不耐磨和易变色等固有缺陷,同时赋予木材某些特殊功能。

木材强化是指用物理或化学或两者兼用的方法处理木材,使处理剂沉积填充于细胞壁内,或与木材组分发生交联,使木材密度增大、强度提高的处理方法。目前木材的强化产品主要有浸渍木（Impreg）、胶压木（Compreg）、压缩木（Staypak）、强化木（Densified）和塑合木（WPC）等。

浸渍木的主要处理方法为:将木材浸渍在相对分子质量低的水溶性树脂中,树脂扩散进入木材细胞壁并使木材增容,然后干燥处理,树脂因加热而固化,生成不溶于水的聚合物,将一定厚度的单板浸渍后层压,从而制成浸渍木。目前常用的浸渍用树脂为酚醛树脂、脲醛树脂、糖醇树脂和间苯二酚树脂,其中使用最成功的是酚醛树脂。

浸渍后的木板,在不使树脂固化的温度下使单板干燥并层积,在高温（120℃～150℃）高压（6.9～19.6 MPa）下使树脂固化得到的产品即为胶压木。

采用压缩密实的方法可以制得压缩木,它是在不破坏木材细胞壁的前提下,垂直于木材纹理方向,在一定的温度下（如120℃）,施加一定的压力（10.5～17.6 MPa）,来增加单位体积的物质或密度,达到提高其力学强度的目的。

采用低熔点合金以熔融状态注入木材细胞腔中,冷却后固化和木材共同构成的材料称为强化木。强化木的强度和硬度高于素材,并使软金属的蠕变减少到最小值。

（二）木质复合材料

复合材料的最大特点在于不仅能保持原单一组分材料各自的特性,而且可以性能互补,使材料具有优异的综合性能。而采用木材和其他材料复合成新的木质复合材料,可有效地解决木材的力学性能偏低、易翘曲、易开裂、耐候性偏低等问题,同时提供健康、舒适的生活环境,给建筑带来新的形式和风格。常用的木制复合材料有木塑复合材料,纤维（含碳纤维、玻璃纤维、金属纤维等）增强木质复合材料等。随着科技进步,创新建筑材料的类型及使用效果是体现绿色建材应用的关键内容，智能木质复合材料应运而生。

木塑复合材料(Wood plastic composites，WPC)是一种木材复合改性或利用的一种技术，它是利用木质纤维填料(包括木粉、秸秆、稻壳、竹粉、棉花秆等)、热塑性塑料、石粉和必要的助剂等原料，经高温混炼，再成型加工而制得的一种新型复合材料。最早的木塑复合材料是在 1907 年，由热固性酚醛树脂与木粉复合而得到。在我国，木塑制品的生产和推广应用工作起步较晚。20 世纪 80 年代中期，福建林学院杨庆贤等开始对木粉和废旧塑料的复合进行了初步的探索研究，2002 年，木塑材料进入中国科学院《高技术发展报告》。与热塑性塑料相比，有着更高的强度和模量；与传统木材相比，具有比木材更好的耐候性和尺寸稳定性(不翘曲、不开裂)、强度高、可生物降解、绝缘、绝热能力较好，具备绿色环保产品的相应特性，主要应用于包装、建材、家具、物流等行业。随着人们对木塑复合材料的认识不断提高，以及木塑复合材料技术水平不断提高，其应用范围不断拓展到汽车内装饰、建筑外墙、装饰装潢、户外地板、复合管材、铁路枕木等领域。

纤维增强树脂(Fiber reinforced polymer，FRP)/木材复合材料是解决速生材在承重结构上应用的重要途径。FRP/木材复合材料是通过纤维增强树脂材料强化木材，得到性能优良的纤维增强树脂/木材复合材料，其综合了木塑复合材料和增强纤维的优点。运用合理的结构设计可强化工程木制材料性能，如在高应力区域增加一层或几层 FRP 复合材料，从而提高材料的整体强度和刚度，提高产品的柔韧性、实用性和耐疲劳性等，从而得到各种理想性能的木质复合材料。目前国内外使用的增强纤维有碳纤维、玻璃纤维、Kevlar 纤维、芳纶纤维、硼纤维和玄武岩纤维等，但从经济角度分析，使用玻璃纤维增强树脂(GFRP)来增强工程木质复合材料，其性价比远高于其他几种纤维增强材料。FRP 增强的木制材料包括集成材、结构用木质板材、用于工字梁的单板层积材和其他工程木质复合材料等。其中集成材是将木材纤维方向相平行的板材或方材，用胶黏剂沿其长度、宽度或厚度方向胶合而成的材料。由于在集成材厚度方向上的应力存在差异，一般低强度的板材置于设计应力较低的部位，而高拉应力区域增加一层或几层 FRP 复合材料，从而大大地提高整个集成材的强度性能。结构用木质板材需要很好的弯曲性能和具有很高的弯曲模量。通过在板材的上、下两表面增加一层或几层 FRP，可以有效地提高板材的弯曲强度和刚度，从而制备结构用木质板材。FRP 增强材料可以应用于许多工程木质产品中，但在国内的应用尚未得到推广和普及，成本问题是首要问题，其次是各种规范和技术标准需要不断完善。

智能木质复合材料也是木质复合材料发展的一个新方向，是以充分利用木材独特的天然结构和性质，并将其与纳米技术、分子生物学、界面化学、物理模型等结合起来，制备了一种具有奇特性质的仿生木质复合材料。智能木质材料可具有以下功能：(1)感知功能：能够感知外部或环境条件的强度和变化，例如载荷、应变、热、光、电、化学等，并通过传感网络，可以比较系统的输入和输出信息，并将结果提供给控制系统。(2)响应功能：能够根据外部环境和内部条件的变化，及时、动态地响应并采取必要的行动，实现自我诊断和自我修正等。

(三) 木材加工尾料的再生利用

木材经加工成型材和制作成构件时，会留下大量的碎块废屑，将这些下脚料进行加工处理，就可制成各种人造板材(胶合板原料除外)。常用人造板材有以下几种：

1. 胶合板

胶合板是用原木旋切成薄片，再用胶按奇数层数并各层纤维互相垂直的方向，粘合热压而成的人造板材。胶合板最高层数可达95层,土木建筑工程中常用的是三合板和五合板。

我国胶合板目前主要采用水曲柳、椴木、桦木、马尾松及部分进口原木制成。

胶合板大大提高了木材的利用率,其主要特点是:材质均匀,强度高,无疵病,幅面大,使用方便,板面具有美丽的木纹,装饰性好,并吸湿变形小,不翘曲开裂。

胶合板具有真实、立体和天然的美感,广泛用作建筑物室内隔墙板、护壁板、顶棚板、门面板以及各种家具及装修。

2. 纤维板

纤维板是将木材加工下来的板皮、刨花、树枝等废料,经破碎浸泡、研磨成木浆,再加入一定的胶料,经热压成型、干燥处理而成的人造板材,分硬质纤维板、半硬质纤维板和软质纤维板三种。生产纤维板可使木材的利用率达90%以上。

纤维板的特点是材质构造均匀,各向强度一致,抗弯强度高(可达55 MPa),耐磨,绝热性好,不易胀缩和翘曲变形,不腐朽,无木节、虫眼等缺陷。

表观密度大于800 kg/m³的硬质纤维板,强度高,在建筑中应用最广,它可代替木板,主要用作室内壁板、门板、地板、家具等。通常在板表面施以仿木纹油漆处理,可获得以假乱真的效果。半硬质纤维板表观密度为400~800 kg/m³,常制成带有一定孔型的盲孔板,板表面常施以白色涂料,这种板兼具吸声和装饰作用,多用作宾馆等室内顶棚材料。软质纤维板表观密度小于400 kg/m³,适合作保温隔热材料。

3. 细木工板

细木工板是由上、下两面层和芯材三部分组成,上、下面层均为胶合板,芯材是由木材加工使用中剩下的短小木料经再加工成木条,最后用胶将其粘拼在面层板上并经压合而制成。这种板材一般厚为20 mm左右,长2 000 mm左右,宽1 000 mm左右,强度较高,幅面大,表面平整,使用方便。细木工板可代替实木板应用,现普遍用作建筑室内门、隔墙、隔断、橱柜等的装修。

细木工板质量要求其芯材木条要排列紧密,无空洞,选用软木料,以便于加工。工程中使用细木工板应重视检验其有害物质甲醛含量,不符合标准规定指标者不得用于工程,以确保室内环保。

4. 复合地板

目前家居装修中广泛采用的复合地板,是一种多层叠压木地板,板材80%为木质。这种地板通常是由面层、芯板和背层三部分组成,其中面层又有数层叠压而成,每层都有其不同的特色和功能。叠压面层是由经特别加工处理的木纹纸与透明的密胺树脂经高温、高压压合而成;芯板是用木纤维、木屑或其他木质粒状材料(均为木材加工下来的脚料)等,再与有机物混合经加压而成的高密度板材;底层为用聚合物叠压的纸质层。复合地板规格一般为1 200 mm×200 mm的条板,板厚8~12 mm,其表面光滑美观,坚实耐磨,不变形、不干裂、不沾污、不褪色,无需打蜡,耐久性较好,且易清洁,铺设方便。因板材薄,故铺设在室内原有地面上时,不需对门做任何更动。复合地板适用于客厅、起居室、卧室等地面铺装。

5. 刨花板、木丝板、木屑板

刨花板、木丝板、木屑板是分别以刨花木渣、短小废料刨制的木丝、木屑等为原料,经干燥后拌入胶料,再经热压成型而制成的人造板材。所用胶料可为合成树脂,也可为水泥、菱苦土等无机胶结料。这类板材一般表观密度较小,强度较低,主要用作绝热和吸声材料,但其中热压树脂刨花板和木屑板,其表面可粘贴塑料贴面或胶合板作饰面层,这样既增加了板材的强度,又使板材具有装饰性,可用作吊顶、隔墙、家具等材料。

第五节　木材的防腐与防火

木材具有很多优点,但也存在两大缺点,一是易腐,一是易燃,因此土木建筑工程中应用木材时,必须考虑木材的防腐和防火问题。

一、木材的腐朽与防腐

（一）木材的腐朽

木材的腐朽为真菌侵害所致。真菌分霉菌、变色菌和腐朽菌三种,前两种真菌对木材质量影响较小,但腐朽菌影响很大。腐朽菌寄生在木材的细胞壁中,它能分泌出一种酵素,把细胞壁物质分解成简单的养分,供自身摄取生存,从而致使木材产生腐朽,并遭彻底破坏。真菌在木材中生存和繁殖必须具备三个条件,即:

（1）水分。真菌繁殖生存时适宜的木材含水率是35%～50%,亦即木材含水率在稍超过纤维饱和点时易产生腐朽,而对含水率在20%以下的气干木材不会发生腐朽。

（2）温度。真菌繁殖的适宜温度为25℃～35℃,温度低于5℃时,真菌停止繁殖,而高于60℃时,真菌则死亡。

（3）空气。真菌繁殖和生存需要一定氧气存在,所以完全浸入水中的木材,则因缺氧而不易腐朽。

（二）木材防腐措施

根据木材产生腐朽的原因,通常防止木材腐朽的措施有以下两种:

1. 破坏真菌生存的条件

防治菌害和虫害的关键是控制木材的含水率,一般应对木材进行干燥处理,将含水率降至20%以下。常用的干燥方法有大气干燥和人工干燥两大类。人工干燥又可分为常规干燥、高温干燥、除湿干燥、太阳能干燥、真空干燥、高频与微波干燥、真空冷冻干燥、压力干燥、溶剂干燥等方法。对木制品表面应进行油漆处理,使木材隔绝空气和水分,也可提高防腐蚀性。因此木材油漆首先是为了防腐,其次才是为了美观。

2. 把木材变成有毒的物质

将有一定毒性的化学防腐剂注入多孔结构的木材中,使真菌无法寄生。木材防腐剂种类很多,一般分水溶性防腐剂、油质防腐剂和有机溶剂防腐剂三类。水溶性防腐剂常用品种有氟化物、硅氟酸钠、硼铬合剂、硼酚合剂、铜铬合剂（CCA/B）、氟砷铬合剂（FCAP）等;特点是处理后木材表面干净,无刺激气味,不影响油漆和胶合性能,不增加可燃性,但增加湿胀干缩等,多用于室内木结构的防腐处理。油质防腐剂常用的有煤焦油、煤杂酚油、混合防腐油等;特点是广谱杀菌,耐候性好,持久,但颜色深、有恶臭,接触皮肤有刺激等,常用于室外木构件如枕木、电杆等的防腐。常用的有机防腐剂有氯化苯、五氯苯酚、环烷酸铜等溶于一定的有机溶剂如石油、液化气、乙醇中,具有毒性强、持久性好、处理后变形小、表面干净、工艺方便等优点,但成本高、防火要求高、不适合食品工业用材等。还有一种由粉状防腐剂、油质防腐剂、填料和胶结料（煤沥青、水玻璃等）等按一定比例混合配制而成的膏状防腐剂,可用于室外木材防腐。

二、木材的防火

所谓木材的防火,就是将木材经过具有阻燃性能的化学物质处理后,变成难燃的材料,以达到遇小火能自熄,遇大火能延缓或阻滞燃烧蔓延,从而赢得扑救的时间。

木材属木质纤维材料,易燃烧。木材在热的作用下要发生热分解反应,随着温度升高,热分解加快。当温度高至220℃以上达木材燃点时,木材燃烧放出大量可燃气体,这些可燃气体中有着大量高能量的活化基,活化基氧化燃烧后继续放出新的活化基,如此形成一种燃烧链反应,于是火焰在链状反应中得到迅速传播,使火越烧越旺,此称气相燃烧。达350℃以上,木材形成固相燃烧。在实际火灾中,木材燃烧温度可高达800℃~1 300℃。

根据燃烧机理,阻止和延缓木材燃烧的途径,通常可有以下几种:

1. 抑制木材在高温下的热分解。实践证明,某些含磷化合物能降低木材的热稳定性,使其在较低温度下即发生分解,从而减少可燃气体的生成,抑制气相燃烧。

2. 阻滞热传递。通过实践发现,一些盐类、特别是含有结晶水的盐类,具有阻燃作用。例如含结晶水的硼化物、含水氧化铝和氢氧化镁等,遇热后则吸收热量而放出水蒸气,从而减少了热量传递。磷酸盐遇热缩聚成强酸,使木材迅速脱水炭化,而木炭的导热系数仅为木材的1/3~1/2,从而有效地抑制了热的传递。同时,磷酸盐在高温下形成的玻璃状液体物质覆盖在木材表面,也起到了隔热层作用。

3. 稀释木材燃烧面周围空气中的氧气和热分解产生的可燃气体,增加隔氧作用。如采用含结晶水的硼化物和含水氧化铝等,遇热放出的水蒸气,能稀释氧气及可燃气体的浓度,从而抑止了木材的气相燃烧,而磷酸盐和硼化物等在高温下形成玻璃状覆盖层,则阻滞了木材的固相燃烧。另外,卤化物遇热分解生成的卤化氢,能稀释可燃气体,卤化氢还可与活化基作用而切断燃烧链,终止气相燃烧。

木材阻燃途径一般不单独采用,而是采用多途径手段,亦即在配制木材阻燃剂时,选用两种以上的成分复合使用,使其互相补充、互为加强阻燃效果,称为协同作用,以达到一种阻燃剂同时具有几种阻燃作用。

复习思考题

12-1 解释以下名词:
(1)自由水;(2)吸附水;(3)纤维饱和点;(4)平衡含水率;(5)标准含水率;(6)持久强度。

12-2 木材含水率的变化对其强度、变形、导热、表观密度和耐久性等的影响各如何?

12-3 将同一树种、含水率分别为纤维饱和点和大于纤维饱和点的两块木材,进行干燥,问哪块干缩率大?为什么?

12-4 将同一树种的3块试件烘干至恒重,其质量分别为5.3 g、5.3 g和5.2 g,再把它们放到潮湿的环境中经较长时间吸湿后,相应称得质量分别为7.0 g、7.3 g和7.5 g。试问这时哪一块试件的体积膨胀率最大?

12-5 木材干燥时的控制指标是什么?木材在加工制作前为什么一定要进行干燥处理?

12-6 在潮湿的天气里,较重的木材和较轻的木材哪个吸收空气中的水分多?为什么?

12-7 影响木材强度的主要因素有哪些?怎样影响?

12-8 一块松木试件长期置于相对湿度为60%、温度为20℃的空气中,测得其顺纹抗压强度为49.4 MPa,问此木材在标准含水率情况下抗压强度为多少?

12-9　已知松木标准含水率时的抗弯强度为 64.8 MPa,求:(1)含水率分别为 10%、28%和 36%时的抗弯强度;(2)由计算结果绘出木材强度与其含水率的关系曲线;(3)依据所作曲线讨论木材强度与含水率的关系。

12-10　木材的几种强度中,数其顺纹抗拉强度最高,但为何实际用作受拉构件的情况较少,反而是较多地用于抗弯和承受顺纹抗压?

12-11　试说明木材腐朽的原因。有哪些方法可以防止木材腐朽?并说明其原理。

12-12　试述木材的优缺点。工程中使用木材时的原则是什么?

12-13　胶合板的构造如何?它具有哪些特点?用途怎样?

12-14　下列木构件或零件,最好选用什么树种的木材或人造板材?

(1)混凝土模板及支架;(2)水中木桩;(3)木键;(4)家具;(5)拼花地板;(6)室内装修;(7)楼梯扶手。

12-15　我国民间对于使用木材有一句谚语:"干千年,湿千年,干干湿湿两三年"。试用科学理论加以解释。

12-16　查阅最新文献,了解木质复合材料发展的新方向。

第十三章 功 能 材 料

功能材料在土木工程中的作用主要有保温、隔热、防水、密封、吸声、隔声、采光、防火、防腐等。本章主要介绍土木工程常用的防水材料、保温隔热材料、吸声隔声材料、防火材料和相变储能材料。

第一节 防 水 材 料

防水是保证土木工程发挥其正常功能和寿命的一项重要措施。防水材料是指能够防止雨水、地下水、工业污水、湿气等渗透的材料。防水材料具有防潮、防渗、防漏的功能,避免外界水分侵蚀基材,保证基材良好的工作性。此外,防水材料还应具有良好的变形性能和耐老化性能,具有与基材协同工作的能力。防水材料的质量好坏直接影响到人们的居住环境、生活质量和建筑物的寿命。

近年来,我国的土木工程用防水材料发展迅速,已由传统的沥青基防水材料向采用高聚物改性的防水材料和合成高分子防水材料发展,克服了传统防水材料温度适应性差、易老化、抗拉强度和极限延伸率低、寿命短等缺点;在防水设计方面,由过去的单一材料向不同性能的材料复合应用发展,在施工方面则由热熔法向冷贴法发展。

土木工程防水分为刚性防水和柔性防水两种。刚性防水主要采用防水混凝土和防水砂浆等材料;柔性防水主要采用防水卷材、防水涂料及密封材料等。本节主要讲述柔性防水材料。

一、防水卷材

（一）沥青基防水卷材

凡用原纸或玻璃布、石棉布、棉麻织品等胎料浸渍石油沥青（或焦油沥青）制成的卷状材料,称为浸渍卷材（有胎卷材）。将石棉、橡胶粉等掺入沥青材料中,经碾压制成的卷状材料称为辊压卷材（无胎卷材）。这两种卷材通称沥青防水卷材。

1. 普通原纸胎基油毡和油纸

采用低软化点沥青浸渍原纸所制成的无涂盖层的纸胎防水卷材叫油纸,当再用高软化点沥青涂盖油纸的两面,并撒布隔离材料后,则称为油毡。目前建筑工程中常用的有石油沥青油纸、石油沥青油毡和煤沥青油毡三种。所用隔离材料为粉状时（如滑石粉）称为粉毡,为片状时（如云母片）称为片毡。

纸胎基油毡防水层存在一定缺点,如抗拉强度及塑性较低,吸水率较大,不透水性较差,并且原纸由植物纤维制成,易腐烂,耐久性较差。此外原纸的原料来源也较困难。因而多种性能良好的新品种防水卷材已不断涌现,可弥补普通纸胎油毡的不足。

2. 塑性体改性沥青防水卷材（APP 卷材）

APP 卷材是以聚酯毡或玻纤毡为胎基,无规聚丙烯（APP）或聚烯烃类聚合物（APAO、

APO)作改性剂,两面覆以隔离材料所制成的防水卷材的统称。其上表面材料分为聚乙烯膜(PE)、细砂（S）与矿物粒（片）料（M）三种。我国标准《塑性体改性沥青防水卷材》(GB 18243—2008)将塑性体改性沥青防水卷材按物理力学性能(可溶物含量、不透水性、拉力、延伸率、低温柔度等)分为Ⅰ型和Ⅱ型,并按不同胎基及上表面材料分为表 13-1 中 6 个品种。

表 13-1　APP 卷材品种

上表面材料	胎　基	
	PY 聚酯胎	G 玻纤胎
聚乙烯膜	PY-PE	G-PE
细砂	PY-S	G-S
矿物粒(片)料	PY-M	G-M

APP 卷材的特点是抗拉强度高,延伸率大,具有良好的弹塑性和耐高、低温性能。耐热度好,120℃不变形,150℃不流淌。耐老化性能好,使用年限在 20 年以上。以聚酯毡为胎基的卷材抗拉强度和延伸率高,具有很强的抗穿刺和抗撕裂能力。温度适应范围为－15℃～130℃,耐腐蚀性好,自燃点较高(265℃)。

3. 弹性体改性沥青防水卷材(SBS 卷材)

弹性体改性沥青防水卷材是以聚酯毡或玻纤毡为胎基,苯乙烯-丁二烯-苯乙烯（SBS）热塑性弹性体作改性剂,两面覆以隔离材料所制成的建筑防水卷材,简称 SBS 卷材。根据《弹性体改性沥青防水卷材》(GB 18242—2008)SBS 卷材也分为Ⅰ型和Ⅱ型,并分为 6 个品种,与表 13-1 APP 卷材品种相同,卷材规格也与 APP 卷材相同。

SBS 是对沥青改性效果最好的高聚物,是一种热塑性弹性体,是塑料、沥青等脆性材料的增韧剂,加入沥青中的 SBS(添加量一般为沥青的 10%～15%)与沥青相互作用,使沥青产生吸收、膨胀,形成分子键合牢固的沥青混合物,从而改善沥青的弹性、延伸率、高温稳定性和低温柔韧性、耐疲劳性和耐老化等性能。SBS 卷材的延伸率可达 150%,对结构变形有很高的适应性;有效使用范围为－38℃～119℃;疲劳循环 1 万次以上仍无异常;它的耐撕裂强度比玻璃纤维胎油毡大 15～17 倍,耐刺穿性大 15～19 倍,可用氯丁黏合剂进行冷黏贴施工,也可用汽油喷灯进行热熔施工。

APP 卷材和 SBS 卷材均适用于工业与民用建筑的屋面、地下室、卫生间等的防水防潮,以及桥梁、停车场、游泳池、隧道、蓄水池等建筑物的防水。前者尤其适用于高温或有强烈太阳辐照地区的建筑物防水;后者更适用于寒冷地区和结构变形频繁的建筑物防水。

4. 改性沥青聚乙烯胎防水卷材

改性沥青聚乙烯胎防水卷材是以改性沥青为基料,以高密度聚乙烯膜为胎体,以聚乙烯膜或铝箔为上表面覆盖材料,经滚压、水冷、成型制成的防水卷材。《改性沥青聚乙烯胎防水卷材》(GB 18967—2009)将改性沥青聚乙烯胎防水卷材按物理力学性质分为Ⅰ型和Ⅱ型,并按基料分为改性沥青防水卷材、丁苯橡胶改性氧化沥青防水卷材、高聚物(APP、SBS 等)改性沥青防水卷材三类。卷材品种见表 13-2 所示。

高聚物改性沥青防水卷材具有高的强度、高弹性和延展性,综合性能优异,对基层伸缩和局部变形的适应能力强,适用于建筑物屋面、地下室、立交桥、水库、游泳池等工程的防水、防渗和防潮。

表 13-2　改性沥青聚乙烯胎防水卷材品种

上表面覆盖材料	基 料		
	改性氧化沥青	丁苯橡胶改性沥青	高聚物改性沥青
聚乙烯膜	OEE	MEE	PEE
铝箔		MEAL	PEAL

（二）橡胶基防水卷材

橡胶是有机高分子化合物的一种，具有高聚物的特征与基本性质，其最主要的特性是在常温下具有极高的弹性。在外力作用下它很快发生变形，变形可达百分之数百，但当外力除去后，又会恢复到原来的状态，而且保持这种性质的温度区间范围很大。橡胶分天然橡胶和合成橡胶两种。

土木工程中常用的合成橡胶有：氯丁橡胶（CR）、丁苯橡胶（SBR）、丁基橡胶（IIR）、乙丙橡胶（EPM）、三元乙丙橡胶（EPDM 或 EPT）、丁腈橡胶（NBR）和再生橡胶等。

橡胶基防水材料是高分子防水卷材中发展最快的一类防水材料。与其他防水材料，特别是沥青基防水材料相比，橡胶基防水材料具有更优异的耐化学腐蚀性、耐水性、耐候性、弹性、抗拉强度、抗老化性能及更长的使用寿命，因此是目前室外使用的最好的防水卷材。

橡胶基防水卷材以橡胶为主体原料，再加入硫化剂、软化剂、促进剂、补强剂和防老剂等助剂，经过密炼、拉片、过滤、挤出（或压延）成型、硫化、检验和分卷等工序而制成。橡胶基防水卷材系单层防水，其搭接处用氯丁橡胶或聚氨酯橡胶等黏合剂进行冷粘，施工工艺简单。下面是其主要品种。

1. 三元乙丙橡胶防水卷材：它是以三元乙丙橡胶为主体制成，是目前耐老化性能最好的一种卷材，使用寿命可达 30 年以上。它的耐候性、耐臭氧性、耐热性和低温柔性超过氯丁与丁基橡胶，比塑料优越得多。它还具有质量轻、抗拉强度高、延伸率大和耐酸碱腐蚀等特点。它对煤焦油不敏感，但遇机油时将产生溶胀。

三元乙丙橡胶防水卷材国内产品的主要技术性能为：低温冷脆温度 $-46.7℃$；抗拉强度 7.5 MPa；断裂伸长率 450%；直角撕裂强度高于 245 N/cm²；经 80℃、168 h 热老化后，其抗拉强度和伸长率的保持率分别为 80% 和 70%。

三元乙丙橡胶防水卷材的适用范围非常广，可用于屋面、厨房、卫生间等防水工程；也可用于桥梁、隧道、地下室、蓄水池、电站水库、排灌渠道以及污水处理等需要防水的部位。

三元乙丙橡胶卷材防水性能虽然很好，但工程造价较贵，是二毡三油防水做法造价的 2~4 倍，目前在我国属高档防水材料。但从综合经济分析，应用经济效益还是十分显著的。目前在美、日等国，其用量已占合成高分子防水卷材总量的 60%~70%。

2. 氯丁橡胶防水卷材：它是以氯丁橡胶为主要原料制成的防水卷材。它的抗拉强度达 12.4 MPa 以上，伸长率达 300% 以上。断裂永久变形 5%，$-40℃$ 时冷脆性合格。同时其耐油性、耐日光、耐臭氧，耐候性等均好。与三元乙丙橡胶卷材相比，除耐低温性稍差外，其他性能基本类似。其使用年限可达 20 年以上。

3. EPT/IIR 防水卷材：这种卷材是以三元乙丙橡胶与丁基橡胶为主要原料制成的弹性防水卷材。配以丁基橡胶的主要目的是为了降低成本但又能保持原来良好的性能。它的抗拉强度为 7.5 MPa 以上,伸长率 450% 以上,低温冷脆温度达－53℃,各项性能与三元乙丙橡胶基本类似。这种卷材除了应用于高级建筑和高层建筑的防水工程外,目前在普通工业与民用建筑中也开始推广应用。

4. 丁基橡胶防水卷材:系以丁基橡胶为主要原料而制成。其中加入很少的异戊二烯(0.5%～3%),目的是为了使分子链上带有少量的不饱和双键以便于硫化,而对耐候性影响不大。这种卷材的最大特点是耐低温性特好,特别适用于严寒地区的防水工程及冷库防水工程。

其他橡胶基防水卷材还有自粘型彩色三元乙丙复合防水卷材、再生橡胶防水卷材等。

(三)树脂基防水卷材

树脂基防水材料是一种高分子化合物,以树脂为基料,其主要品种有聚氯乙烯防水卷材、氯化聚乙烯防水卷材等。

1. 聚氯乙烯(PVC)防水卷材

聚氯乙烯防水卷材是以聚氯乙烯树脂为基料,掺入一定量助剂和填充料而制成的柔性卷材。助剂中软化剂(煤焦油)、增塑剂(邻苯二甲酸二辛酯)的存在,使卷材的变形能力和低温柔性大大提高。填充料铝矾土为活性氧化物,除起填充作用外,特别能吸收聚氯乙烯中分解出的氯化氢,阻止其降解反应。同时铝矾土在制品中还起光屏蔽剂作用,防止聚氯乙烯分子链老化断裂。故活性氧化物填充料的加入,能大幅度地提高制品的耐热性和耐老化性能。

根据《聚氯乙烯(PVC)防水卷材》(GB 12952—2011),PVC 防水卷材按有无复合层分类,无复合层的为 N 类,用纤维单面复合的为 L 类,织物内增强的为 W 类。每类产品按理化性能分为Ⅰ型和Ⅱ型。N 类卷材的拉伸强度高于 12.0 MPa,断裂伸长率大于 200%,剪切状态下的黏合性大于 3.0 N/mm。L 类和 W 类卷材的拉力大于 100 N/cm,断裂伸长率大于 150%,剪切状态下的黏合性分别高于 3.0 N/mm 和 6.0 N/mm。

PVC 卷材的特点是价格便宜,抗拉强度和断裂伸长率较高,对基层伸缩、开裂、变形的适应性强;低温柔韧性好,可在较低的温度下施工和使用。除在一般工程使用外,PVC 卷材更适应于刚性层下的防水层及旧建筑物混凝土构件屋面的修缮工程,以及有一定耐腐蚀要求的室内地面工程的防水、防渗工程等。

2. 氯化聚乙烯(CPE)防水卷材

CPE 防水卷材的主体材料为氯化聚乙烯树脂。氯化聚乙烯是由氯取代聚乙烯分子中部分氢原子而制成的无规氯化聚合物。聚乙烯经氯化改性后,其耐候性、耐臭氧性和耐热老化性均明显提高,物理机械性能明显改善,还提高了阻燃性及与其他高聚物的相容性。

按《防水卷材》(GB 12953—2003),CPE 防水卷材的分类与 PVC 卷材相同。N 类卷材的拉伸强度高于 5.0 MPa,断裂伸长率大于 200%,剪切状态下的黏合性大于 3.0 N/mm。L 类和 W 类卷材的拉力大于 70 N/cm,断裂伸长率大于 125%,剪切状态下的黏合性分别高于 3.0 N/mm 和 6.0 N/mm。

由于 CPE 卷材的耐磨性十分优良,除用于防水工程外,还可作为室内地面材料,兼有防水与装饰效果。

(四)橡塑共混基防水材料

这一类防水卷材兼有塑料和橡胶的优点,弹塑性好,耐低温性能优异。主要品种有氯化聚乙烯-橡胶共混型防水卷材、聚氯乙烯-橡胶共混型防水卷材等。氯化聚乙烯卷材不仅具有氯化乙烯特有的高强度和优异的耐臭氧、耐老化性能,而且具有橡胶类材料所具有的高弹性、高延伸性及良好的低温柔性。该类防水卷材使用范围广,可用于各类工程的防水、防潮、防渗和补漏。

二、防水涂料

防水涂料是将呈黏稠液状态的物质涂布在基体表面,经溶剂或水分挥发,或各组分间的化学变化,形成具有一定弹性的连续薄膜,使基层表面与水隔离,并能抵抗一定的水压力,从而起到防水和防潮作用。

（一）防水涂料的组成和分类

防水涂料是具有防水功能的特殊涂料,当涂布在防水结构表面后,能形成柔软、耐水、抗裂和富有弹性的防水涂膜,隔绝外部的水分子向基层渗透。在原材料的选择上,主要采用憎水性强、耐水性好的有机高分子材料。常用的主体材料有聚氨酯、氯丁胶、再生胶、SBS 橡胶和沥青以及它们的混合物,辅助材料主要有固化剂、增韧剂、增黏剂、防霉剂、填充料、乳化剂、着色剂等。防水涂料的生产工艺和成膜机理与普通建筑涂料基本相同。

防水涂料根据组分的不同可以分为单组分防水涂料和双组分防水涂料。根据成膜物质的不同可以分为沥青基防水涂料、高聚物改性沥青防水涂料和合成高分子材料防水涂料。根据涂料的介质不同,又可分为溶剂型、水乳型和反应型。不同介质的防水涂料的性能特点见表 13-3。

表 13-3　溶剂型、水乳型和反应型防水涂料的性能特点

项目	溶剂型防水涂料	水乳型防水涂料	反应性防水涂料
成膜机理	通过溶剂的挥发、高分子材料的分子链接触、缠结等过程成膜	通过水分子的蒸发,乳胶颗粒靠近、接触、变形等过程成膜	通过预聚体与固化剂发生化学反应成膜
干燥速度	干燥快、涂膜薄而致密	干燥较慢,一次成膜的致密性较低	可一次形成致密的较厚的涂膜,几乎无收缩
贮存稳定性	储存稳定性较好,应密封储存	储存期一般不宜超过半年	各组分应分开密封存放
安全性	易燃、易爆、有毒,应注意安全使用,注意防火	无毒,不燃,生产使用比较安全	有异味,生产、运输和使用过程中应注意防火
施工情况	施工时应通风良好	施工较安全,操作简单,可在较潮湿的找平层上施工,施工温度不宜低于 5℃	按照规定配方配料,搅拌均匀

传统的以沥青为主要成分的防水涂料,受沥青的性能限制,使用寿命较短。目前应用较广的主要是聚合物改性沥青基防水涂料和高分子防水涂料。高分子防水涂料价格较高,但其弹性好、防水效果好,近年来发展迅速。

（二）改性沥青基防水涂料

改性沥青防水涂料按其所能溶的介质类型分为溶剂型和乳液型两类,溶剂型的黏结性较好,但污染环境,对人体有害;乳液型的价格较便宜且使用方便,但黏结性差些。从环境友好的角度,乳液型的防水涂料更容易被人们接受。

1. 水性沥青基防水涂料

水性沥青基防水涂料是以水为介质,沥青为基料,橡胶等高聚物为改性材料配制生产而成的水乳型高聚物改性沥青防水材料。《路桥用水性沥青基防水涂料》(JT/T 535—2015)规定,水性沥青基防水涂料按其适用气候条件分为Ⅰ型、Ⅱ型两种:Ⅰ型适用于温热气候条件。Ⅱ型适用于寒冷气候条件。水性沥青防水涂料代号为SLT。

水性沥青基防水涂料的特点是成膜性能好,有足够的强度,耐热性能优良,低温柔性好。延伸性好,能充分适应基材变化,耐臭氧、耐老化、抗腐蚀、不透水,是一种低毒安全的防水涂料。除用于路桥面外,还适用于各种屋面防水、地下防水、补漏、防腐蚀;也可用于沼气池提高抗渗性和气密性。

2. 橡胶沥青防水涂料

橡胶沥青防水涂料是以沥青为基料,加入改性材料橡胶和稀释剂及其他助剂等而制成的黏稠液体。其中以溶剂(苯、甲苯、汽油等)为稀释剂的称为溶剂型涂料,主要有氯丁橡胶沥青防水涂料和再生橡胶沥青防水涂料。以水为稀释剂的称水乳型涂料,主要有水乳型再生橡胶沥青防水涂料和阳离子氯丁胶乳沥青防水涂料。由于这类涂料无有机溶剂挥发,不污染环境,而且克服了溶剂涂料不能在潮湿基层上直接施工的缺点,因而应用越来越广。

橡胶沥青防水涂料的特点是耐水性强。由于橡胶的加入改善了沥青涂膜的性质,故在水的长期作用下,涂膜不脱落、不起皮,抗渗性好,抗裂性优异,有较好的弹性和延伸性,尤其是低温下的抗裂性能更好,故适用于基层易开裂的屋面防水层。又因其耐化学腐蚀性好,故也可作木材、金属管道等的防腐涂层。

3. SBS改性沥青防水涂料

SBS改性沥青防水涂料有水乳型和溶剂型。水乳型是以石油沥青为基料,添加SBS丁苯热塑性弹性体等高分子材料制成。该涂料的优点是低温柔韧性好、抗裂性强、黏结性能优良、耐老化性能好,与玻纤布等增强胎体复合,能用于任何复杂的基层,防水性能好,可冷施工,是较为理想的中档防水涂料。

溶剂型是以石油沥青为基料,添加SBS热塑性弹性体作改性剂,配以适量的辅助剂、防老剂等制成,具有优良的防水性、黏结性、弹性和低温柔性。广泛应用于各种防水防潮工程,如屋面防水、地下及海底设施的防水、防潮工程等。

其他改性沥青防水涂料还有丁苯胶乳沥青防水涂料、再生沥青防水涂料、聚合物复合改性沥青防水涂料等。

(三)合成高分子防水涂料

合成高分子防水涂料是以合成橡胶或合成树脂为主要成膜物质,加入其他辅料配制而成的单组分或多组分防水材料。按其形态分为乳液型、溶剂型和反应型。乳液型的特点是经液状高分子材料中的水分蒸发而成膜;溶剂型的特点是经溶剂挥发而成膜;反应型则是由液状高分子材料作为主剂与固化剂进行固化反应而成膜。合成高分子涂料的品种很多,常见的有硅酮、氯丁橡胶、聚氯乙烯、聚氨酯、丙烯酸酯、丁基橡胶、氯磺化氯乙烯、偏二氯乙烯以及它们的混合物等。

1. 硅橡胶防水涂料

硅橡胶防水涂料是以硅橡胶胶乳以及其他乳液的复合物为主要基料,掺入无机填料及各种助剂配制而成的乳液型防水涂料。它固化后形成网状结构的高聚物膜层,具有良好的防水、耐候、弹性、耐老化性及耐高温和低温等性能，无毒无味，在干燥的混凝土基层上，渗透深度达 0.2～0.3 mm，与基层黏结牢固。有机硅涂料含固量高（达 50%），因此只需涂刷一道即可，且膜层较厚。其延伸率高，可达 700%，故抗裂性很好。这种涂料施工时需作基层表面处理，适当打底，以提高涂料对基层的黏结力。可用于混凝土、砂浆、钢材等表面防水或防腐，也可用于修补工程，用于修补时需涂刷四遍。

2. 聚氨酯（PU）防水涂料

聚氨酯防水涂料是由含异氰酸基（—NCO）的聚氨酯预聚物（甲组分）和由含多羟基（—HO）或氨基（—NH₂）的固化剂及填充料、增韧剂、防霉剂和稀释剂（乙组分）按一定比例混合所形成的一种反应型涂膜防水涂料。甲、乙两组分按一定比例配合拌匀涂于基层后，在常温下即能交联固化，形成具有柔韧性、富有弹性、耐水、抗裂的整体防水厚质涂层。

《聚氨酯防水涂料》（GB/T 19250—2013）将聚氨酯防水涂料分为单组分型和多组分型，又进一步按基本性能分为Ⅰ型、Ⅱ型和Ⅲ型，它们的拉伸强度分别不低于 2.0、6.0、12.0 MPa，断裂伸长率不低于 450%。单组分Ⅰ型的断裂伸长率不低于 500%。Ⅰ型和Ⅱ型聚氨酯防水涂层的撕裂强度分别不低于 15 N/mm 和 30 N/mm。聚氨酯防水涂料使用温度范围宽，为 −35～80℃。耐久性好，当涂膜厚为 1.5～2.0 mm 时，耐用年限在 10 年以上。聚氨酯涂料对材料具有良好的附着力（与潮湿基面粘结强度不低于 0.5 MPa），因此与各种基材如混凝土、砖、岩石、木材、金属、玻璃及橡胶等均能黏结牢固，且施工操作较简便。

聚氨酯防水涂膜固化时无体积收缩，它具有优异的耐候、耐油、耐臭氧、不燃烧等特性，是目前世界各国最常用的一种树脂基防水涂料，它可在任何复杂的基层表面施工，适用于各种基层的屋面、地下建筑、水池、浴室、卫生间等工程的防水。其缺点是不易维修，完全固化前变形能力较差，施工中易受损伤。

近年来，法国研制出一种聚氨酯泡沫涂料，将这种涂料喷涂于基层后会发泡，由于大量封闭气泡的存在，使涂层具有防水与保温的双重作用。

3. 丙烯酸酯防水涂料

丙烯酸酯防水涂料是以丙烯酸酯共聚乳液为基料配制成的水乳型单组分料，其涂膜具有一定的柔韧性和耐候性。

丙烯酸酯防水涂料的最大优点是具有优良的耐候性、耐热性和耐紫外线性。在 −30℃～80℃ 范围内性能基本无变化。延伸性能好，延伸率可达 250%。一般为白色，故易配制成多种颜色的防水涂料，使防水层兼有装饰和隔热效果。适用于各类建筑防水工程，也可做防水层的维修或保护层。缺点是易沾灰，耐水性不足。

4. 丙烯酸丁酯-丙烯腈-苯乙烯屋面隔热防水涂料

我国产丙烯酸丁酯-丙烯腈-苯乙烯（AAS）绝热防水涂料，目前应用较广，它是由面层涂料和底层涂料复合组成，其中面层涂料以 AAS 共聚乳液为基料，再掺入高反射的氧化钛白色颜料及玻璃粉填料而配成。底层涂料由水乳型再生橡胶乳液掺入一定量碳酸钙和滑石粉等配制而成。这种复合涂料对阳光的反射率可高达 70%，故将其涂于屋面具有良好的绝热性，可较黑色屋面降低温度 25℃～30℃。

AAS 防水绝热涂料具有良好的耐水、耐碱、耐污染、耐老化、抗裂、抗冻等性能，且无毒、无污染，冷作业，施工方便。当加入颜料则可制成彩色防水涂料。主要适用于混凝土、金属等屋面起防水、防腐、降温等作用，也适用于厨房、厕所中防水隔汽。当喷涂于石油贮罐、油船、冷冻车船等表面,既可起防锈降温作用,又可减少石油蒸发损耗,以及降低制冷能耗。另外,由于 AAS 涂料黏结力强、耐磨性好,故它还可涂于路面用作道路的标志。

今后我国防水涂料的发展方向是:以水乳型取代溶剂型;厚质防水涂料取代薄质防水涂料;浅色、彩色防水涂料取代深色防水涂料;多功能复合防水涂料取代单一功能的防水涂料。今后将发展兼具装饰、防辐射、反光等功能的防水涂料。

三、密封材料

密封材料是指填充在建筑物构件的结合部位及其他缝隙内,具有气密性、水密性、隔断室内外能量和物质交换的通道,同时对构件具有黏结、固定作用的材料。

密封材料的应用已有悠久的历史,通常装配门窗玻璃用的油灰及填嵌公路、机场跑道和桥面板接缝用的沥青膏等,均属这类材料。常用防水密封材料可分为弹性密封膏、弹塑性密封膏及塑性密封膏等三大类,下面将分别简述。

（一）弹性密封膏

弹性密封材料是目前发展的新型密封材料中的主要品种,有单组分型和双组分型两大类。单组分型又可分为无溶剂型、溶剂型和乳液型三种。按其基础聚合物的不同可分为硅酮系、聚氨酯系、聚硫系及丙烯酸系等系列。

1. 聚氨酯密封膏

以聚氨酯为主要组分,再配加其他组分材料而制成,它是最好的密封材料之一。聚氨酯密封材料一般为双组分,配制时必须采用二步法合成。即先制备预聚体(A 组分),然后用交联剂(B 组分)固化而获得弹性体。

聚氨酯密封材料对于混凝土具有良好的黏结性,而且不需要打底。虽然混凝土是多孔吸水材料,但吸水并不影响它同聚氨酯的黏结。所以聚氨酯密封膏可以用作混凝土屋面和墙面的水平或垂直接缝的密封材料。聚氨酯密封膏尤其适用于游泳池工程,同时它还是公路及机场跑道的补缝、接缝的好材料,也可用于玻璃和金属材料的嵌缝。

2. 聚硫橡胶密封膏

聚硫橡胶密封材料以液态聚硫橡胶为基料,再加入硫化剂、增塑剂、填充料等拌制成均匀的膏状体。其主键上结合有硫原子,构成—S—C—及—S—S—的饱和链,因而具有良好的耐油性、耐溶剂性、耐老化性、耐冲击性、低透气性及良好的低温挠屈性和黏结性。聚硫密封膏的弹性好,黏结力强,适应温度范围宽(−40℃～+80℃),低温柔性好,抗紫外线曝晒以及抗冰雪和水浸能力强。还可根据可灌性、流平性及抗下垂性等不同要求,配制出不同类型的密封材料。

在美国、英国、加拿大和日本等国,聚硫橡胶密封材料已使用几十年,除用于建筑工程外,还用于水库、堤坝、游泳池及其他工业部门,效果极佳,属优质的密封材料。

3. 有机硅橡胶(硅酮)密封膏

有机硅橡胶为线型的聚硅氧烷,或称硅酮。用这种材料制得的密封膏因分子中有大量重复的硅氧键,故具有良好的耐候性、耐久性、耐热性和耐寒性,而且使用时操作方便、毒性小。硅酮密封材料的突出优点是弹性大,拉伸压缩循环性能好,适用于高移动量(±50%)的场合。

4. 丙烯酸类密封膏

丙烯酸类密封材料是由丙烯酸类树脂掺入填料、增塑剂、分散剂等配制而成,分溶剂型和水乳型两种。目前应用的以水乳型为主。丙烯酸类密封材料在一般建材基底(包括砖、砂浆、大理石、花岗石、混凝土等)上不产生污渍。它具有优良的抗紫外线性能,伸长率很大,初期固化阶段为 200%～600%,经过热老化、气候老化试验后达完全固化时伸长率的100%～350%。在－34℃～＋80℃温度范围内均能具有良好的性能,并具有自密性。丙烯酸类密封膏主要用于建筑物的屋面、墙板、门、窗嵌缝。由于其耐水性不够好,故不宜用于长期浸水的工程。丙烯酸类密封材料比橡胶类便宜,属于中等价格及性能的产品。

（二）弹塑性密封膏

1. 氯丁橡胶基密封膏

氯丁橡胶基密封材料是以氯丁橡胶和丙烯系塑料为主体材料,再掺入少量增塑剂、硫化剂、增韧剂、防老化剂、溶剂及填充料等配制而成,为一种黏稠的溶剂型膏状体。其成膜硬化大体上经过两个阶段:第一个阶段是密封膏随其溶剂挥发,分散相胶体微粒逐步靠拢、聚结而排列在一起;第二阶段是胶体微粒的接触面增大,开始变形,由于它们的自黏性高而互相结合,自然硫化成为坚韧的定型弹性体。这种密封膏有如下特性:

（1）密封膏与砂浆、混凝土、铁、铝及石膏板等有良好的黏结能力,黏结强度 0.1～0.4 MPa。

（2）密封膏具有优良的延伸性和回弹性能,伸长率可达 500%,恢复率 69%～90%。用于工业厂房屋面及墙板嵌缝,可适应由于振动、沉降、冲击及温度变化等引起的各种变化。

（3）密封膏具有特好的抗老化、耐热和耐低温性能,耐候性也很好。一般 70℃ 下垂直悬挂 5 h 不流淌,在－35℃ 下弯曲 180℃ 不裂不脆,挥发率 2.3% 以下。

（4）密封膏有良好的挤出性能,便于施工。在最高气温下施工垂直缝,密封膏不流淌,故其可用于垂直墙面的纵向缝、水平缝及各种异形变形缝。

2. 聚氯乙烯嵌缝接缝膏

聚氯乙烯嵌缝接缝膏是以煤焦油和聚氯乙烯树脂粉为基料,按一定比例加入增塑剂、稳定剂及填充料等,在 140℃ 温度下塑化而成的弹塑性热施工的膏状密封材料,又称聚氯乙烯胶泥。常用品种有 802 和 703 两种。具有耐热、耐寒、耐腐蚀和抗老化等性能,且表观密度小,原料易得,成本低廉。除适用于一般工程外,还适用于生产硫酸、盐酸、硝酸、NaOH 等有腐蚀性气体的车间的屋面防水工程。PVC 胶泥除热用外,也可以冷用,冷用时需加溶剂稀释。

3. 塑料油膏

塑料油膏是用废旧聚氯乙烯塑料代替聚氯乙烯树脂粉而制成,其他原料及生产同 PVC 胶泥,各项性能也与 PVC 胶泥相似,但低温柔性比其好,常用的有 604 塑料油膏。

（三）塑性密封膏

塑性密封膏包括建筑防水沥青嵌缝油膏,以动、植物油作基料配制而成的密封材料,如亚麻仁油油膏,桐油油膏,鱼油油膏等。

建筑防水沥青嵌缝油膏是以石油沥青为基料,再加入改性材料废橡胶粉和硫化鱼油、稀释剂(松焦油、松节重油和机油)及填充料(石棉绒和滑石粉)等,经混拌制成膏状物,为最早使用的冷用嵌缝材料。沥青嵌缝油膏的主要特点是炎夏不易流淌,寒冬不易脆裂,黏结力较强,延伸性、塑性和耐候性均较好,因此广泛用于一般屋面板和墙板的接缝处,也可用作各种构筑物的伸缩缝、沉降缝等的嵌填密封材料。

使用油膏嵌缝时,缝内应洁净干燥,先涂刷冷底子油一道,待其干燥后再嵌填油膏。油膏表面可加石油沥青、油毡、砂浆、塑料等作覆盖层,以延缓油膏的老化。

（四）止水带

止水带指的是用于全部或部分浇捣于混凝土中的橡胶密封止水带和具有钢边的橡胶密封止水带。《高分子防水材料 第2部分 止水带》(GB 18173.2—2014)按止水带的用途分为B类(用于变形缝)、S类(用于施工缝)和J类(用于沉管隧道接头缝)。三类止水带的拉伸强度分别不低于10 MPa、10 MPa和16 MPa,拉断伸长率分别不低于380%、380%和400%。

（五）遇水膨胀橡胶

遇水膨胀橡胶是指以水溶性聚氨酯预聚体、丙烯酸钠高分子吸水性树脂等吸水性材料与天然橡胶、氯丁橡胶等合成橡胶制得的遇水膨胀性防水材料。遇水膨胀橡胶的拉伸强度大于3 MPa,断裂伸长率大于350%,遇水体积膨胀倍率在150%～600%之间,产品有制品型和腻子型,主要用于各种隧道、顶管、人防等地下工程、基础工程的接缝、防水密封和船舶、机车等工业设备的防水密封。

第二节　保温隔热材料

保温隔热材料是用于减少结构物与环境热交换的一种功能材料,是保温材料和隔热材料的总称。在建筑工程中,对于采暖房屋,为了能保持室内热量、减少热量散失以及保持室温稳定,其墙体和屋顶等围护结构需要采用保温材料。而处于炎热气候环境下的空调房屋和冷库等,则要求围护结构具有良好的隔热性能。保温和隔热良好的建筑物,还可以大大降低采暖和空调的能耗,这对于"建筑节能"具有重要意义。

一、材料绝热的原理及绝热性能影响因素

热在本质上是组成物质的分子、原子和电子等在物质内部的移动、转动和振动所产生的能量。在任何介质中,当存在着温度差时,就会产生热的传递现象,热能将由温度较高的部分传递至温度较低的部分。传热的基本方式有热传导、热对流和热辐射三种。一般来说,三种传热方式总是共存的。因空气的导热系数仅为0.029 W/(m·K),所以绝热性能良好的材料常是多孔材料。虽然在多孔材料的孔隙内有着空气,起着辐射和对流作用,但与热传导相比,热辐射和对流所占的比例很小,故在建筑热工计算时主要考虑材料的热传导性能,热辐射和对流则不予考虑。

材料的热传导性能是由材料导热系数的大小决定的。导热系数越小,保温隔热性能越好。材料的导热系数与其自身的成分、表观密度、内部结构以及传热时的平均温度和材料的含水量有关。影响导热系数的因素如下:

(1)材料的性质。不同的材料其导热系数是不同的,一般说来,导热系数值以金属最大,非金属次之,液体较小,而气体更小。对于同一种材料,内部结构不同,导热系数也差别很大。一般结晶结构的为最大,微晶体结构的次之,玻璃体结构的最小。但对于多孔的保温隔热来说,由于孔隙率高,气体(空气)对导热系数的影响起着主要作用,而固体部分的结构无论是晶态或玻璃态对其影响都不大。

(2)表观密度与孔隙特征。由于材料中固体物质的导热能力比空气要大得多,故表观密度小的材料,因其孔隙率大,导热系数就小。在孔隙率相同的条件下,孔隙尺寸愈大,导热

系数就愈大;互相连通孔隙比封闭孔隙导热性要高。对于表观密度很小的材料,特别是纤维状材料(如超细玻璃纤维),当其表观密度低于某一极限值时,导热系数反而会增大,这是由于孔隙增大且互相连通的孔隙大大增多,而使对流作用加强的结果。因此这类材料存在一最佳表观密度,即在这个表观密度时导热系数最小。

(3)湿度。材料吸湿受潮后,其导热系数增大,这在多孔材料中最为明显。这是由于当材料的孔隙中有了水分(包括水蒸气)后,则孔隙中蒸汽的扩散和水分子的热传导将起主要传热作用,而水的导热系数是 0.58 W/(m·K),比空气的导热系数 0.029 W/(m·K)大 20 倍左右。如果孔隙中的水结成了冰,由于冰的导热系数是 2.33 W/(m·K),则材料导热系数更高。故保温隔热材料在应用时必须注意防水避潮。

蒸汽渗透是值得注意的问题。水蒸气能从温度较高的一边渗透入材料,当水蒸气在材料孔隙中达最大饱和度时就凝结成水,从而使温度较低的一边表面上出现冷凝水滴,这不仅大大提高了导热性,而且还会降低材料的强度和耐久性。防止的方法是在可能出现冷凝水的界面上,用沥青卷材或铝箔、塑料薄膜等加做隔蒸汽层。

(4)温度。材料的导热系数随温度的升高而增大,因为温度升高时,材料固体分子的热运动增强,同时材料孔隙中空气的导热和孔壁间的辐射作用也有所增加。但这种影响,当温度在 0~50℃ 范围内时并不显著,只有对处于高温或负温下的材料,才要考虑温度的影响。

(5)热流方向。对于各向异性的材料,如木材等纤维质的材料,当热流平行于纤维方向时,热流受到阻力小,而热流垂直于纤维方向时,受到的阻力就大。以松木为例,当热流垂直于木纹时,导热系数是 0.17 W/(m·K),而当热流平行于木纹时,导热系数则是 0.35 W/(m·K)。

绝大多数建筑材料的导热系数介于 0.023~3.49 W/(m·K)之间,通常把导热系数不大于 0.23 W/(m·K)的材料称为绝热材料,而将其中导热系数小于 0.14 W/(m·K)的绝热材料称为保温材料。

二、常用保温隔热材料

保温隔热材料按化学成分可分为有机和无机两大类,按材料的构造可分为纤维状、松散粒状和多孔组织材料三种,通常可制成板、片、卷材或管壳等多种形式的制品。一般来说,无机保温隔热材料的表观密度较大,但不易腐朽,不会燃烧,有的能耐高温。有机保温隔热材料质轻,保温隔热性能好,但耐热性较差。下面将简单介绍一些建筑上常用的保温隔热材料。

(一)无机纤维状保温隔热材料

无机纤维状保温隔热材料主要是指岩棉、矿棉、玻璃棉等人造无机纤维状材料。该类材料在外观上具有相同的纤维状形态和结构,具有密度小、绝热效果好、不燃烧、耐腐蚀、化学稳定性强、吸声性能好以及无毒、无污染、防蛀、价廉等优点,广泛用于住宅建筑和热工设备、管道等的保温、隔热、隔冷和吸声材料。

1. 矿棉及其制品。矿棉一般包括矿渣棉和岩石棉。矿渣棉所用原料有高炉硬矿渣、铜矿渣等,并加一些调节原料(钙质和硅质原料);岩棉的主要原料为天然岩石(白云石、花岗石、玄武岩等)。上述原料经熔融后,用喷吹法或离心法制成细纤维。矿棉具有轻质、不燃、绝热和电绝缘等性能,且原料来源广,成本较低,可制成矿棉板、矿棉毡及管壳等。矿棉可用作建筑物的墙壁、屋顶、天花板等处的绝热和吸声材料,以及热力管道的保温隔热材料。

2. 玻璃棉及其制品。玻璃棉是用玻璃原料或碎玻璃经熔融后制成纤维状材料,包括短棉和超细棉两种。短棉的表观密度为 $100\sim150$ kg/m³,导热系数是 $0.035\sim0.058$ W/(m·K),价格与矿棉相近。可制成沥青玻璃棉毡、板及酚醛玻璃棉毡、板等制品,广泛用在温度较低的热力设备和房屋建筑中的保温,同时它还是良好的吸声材料。超细棉直径在 4 μm 左右,表观密度可小至 18 kg/m³,导热系数为 $0.028\sim0.037$ W/(m·K),保温性能更为优良。

3. 硅酸铝纤维及其制品。硅酸铝纤维又名陶瓷纤维,也称耐火纤维,是一种新型优质保温隔热材料。我国生产硅酸铝纤维所用原料主要为焦宝石,经 $2\,100℃$ 高温熔化,用高速离心或喷吹工艺制成。硅酸铝纤维耐高温性能好,按最高使用温度可分为低温型($900℃$ 以下)、标准型($1\,200℃$ 以下)和高温型($1\,400℃\sim1\,600℃$);高温区导热系数小,在 $1\,000℃$ 时,其导热系数仅为耐火黏土砖的 15%,为轻质黏土砖的 38% 左右;表观密度一般在 $90\sim220$ kg/m³;耐化学稳定性好,除强碱、氢氟酸、磷酸外,几乎不受其他化学药品腐蚀。

(二)多孔状保温隔热材料

1. 膨胀蛭石及其制品。蛭石是一种层状的含水镁铝硅酸盐矿物,经 $850℃\sim1\,000℃$ 煅烧,体积急剧膨胀(可膨胀 $5\sim20$ 倍)而成为金黄色或灰白色的松散颗粒,其堆积密度为 $80\sim200$ kg/m³,导热系数为 $0.046\sim0.07$ W/(m·K),可在 $1\,000℃\sim1\,100℃$ 下使用,用于填充墙壁、楼板及平屋顶,保温效果佳。但因其吸水性大,使用时应注意防潮。

膨胀蛭石也可与水泥、水玻璃等胶凝材料配合,制成砖、板、管壳等用于围护结构及管道保温。水泥膨胀蛭石堆积密度为 $300\sim500$ kg/m³,导热系数为 $0.08\sim0.10$ W/(m·K),耐热温度为 $600℃$。水玻璃膨胀蛭石制品由膨胀蛭石、水玻璃和适量氟硅酸钠配制而成,其表观密度 $300\sim400$ kg/m³,导热系数为 $0.079\sim0.084$ W/(m·K),耐热温度可达 $900℃$。

2. 膨胀珍珠岩及其制品。膨胀珍珠岩是由天然珍珠岩、黑曜岩或松脂岩为原料,经煅烧,体积急剧膨胀(约 20 倍)而得蜂窝状白色或灰白色松散颗粒。堆积密度为 $40\sim300$ kg/m³,导热系数为 $0.025\sim0.048$ W/(m·K),耐热温度为 $800℃$,为高效能保温保冷填充材料。

膨胀珍珠岩制品是以膨胀珍珠岩为骨料,配以适量胶凝材料,经拌和、成型、养护(或干燥、或焙烧)后而制成的板、砖、管等产品。目前国内主要产品有水泥膨胀珍珠岩制品,水玻璃膨胀珍珠岩制品,磷酸盐膨胀珍珠岩制品及沥青膨胀珍珠岩制品等。

3. 微孔硅酸钙制品。微孔硅酸钙制品是用粉状二氧化硅材料(硅藻土)、石灰、纤维增强材料及水等经搅拌、成型、蒸压养护和干燥等工序而制成。用于围护结构及管道保温,效果较水泥膨胀珍珠岩和水泥膨胀蛭石为好。

4. 发泡硅酸盐制品。发泡硅酸盐制品是以生石灰、硅砂、水泥为原料,以铝粉为发泡剂,经一系列工艺流程后在高温、高压蒸汽养护下获得的多孔材料,具有轻质、高强、耐火、隔热、隔音、无放射性,以及耐久性好、有呼吸功能、产品精度高、施工安装方便等优点。其表观密度约 500 kg/m³,导热系数为 0.13 W/(m·K),是优良的围护结构材料。

5. 泡沫玻璃。泡沫玻璃是采用碎玻璃加入 $1\%\sim2\%$ 发泡剂(石灰石或碳化钙),经粉磨、混合、装模,在 $800℃$ 下烧成后形成含有大量封闭气泡(直径 $0.1\sim5$ mm)的制品。它具有导热系数小、抗压强度和抗冻性高、耐久性好等特点,且易于进行锯切、钻孔等机械加工,为高级保温材料,也常用于冷藏库隔热。

6. 泡沫塑料。泡沫塑料是以合成树脂为基料,加入一定剂量的发泡剂、催化剂、稳定剂等辅助材料经加热发泡而制成的轻质保温、防震材料。目前我国生产的有聚苯乙烯、聚氯乙烯、聚氨酯及脲醛树脂等泡沫塑料。通过选择不同的发泡剂和加入量,可以制得气孔率不同的发泡材料,以适应不同场合的应用。用作建筑保温时,常填充在围护结构中或夹在两层其他材料中间做成夹芯板(复合板)。由于这类材料造价高,且具有可燃性,因此应用上受到一定限制。今后随着这类材料性能的改善,将向着高效、多功能方向发展。

7. 泡沫陶瓷。泡沫陶瓷是一种具有热传导率低、抗热震(使用温度:常温～1600℃)性能优良的多孔陶瓷材料。其气孔率在 20%～95% 之间,重量仅为普通陶瓷砖的 1/5～1/3,可长期漂浮于水面上,是一种理想的轻质、保温、隔热材料,且具有防火、防水、耐酸碱、抗风化等性能。它很好地弥补了现有外墙保温材料现场作业量大、施工复杂、造价高,以及防水防火性能差、不耐老化、抗紫外线照射和耐冻融性差、易降解、变形系数大、稳定性差、易燃烧等不足,显著提高了建筑保温节能的实质性效果和建筑物的寿命。可广泛应用于大型建筑、公寓、别墅等内外墙、顶层的隔热及居家装饰,达到一种自然和谐的艺术效果。

8. 水泥发泡板。水泥发泡保温板是一种由水泥和矿物掺合料(如粒化高炉矿渣、粉煤灰等),通过物理引气或化学发泡的方法,经过配料、搅拌、浇筑、静停、切割等过程而制成的轻质多孔水泥基保温材料。其具有良好的防火性能(防火达 A 级)、保温隔热性能(导热系数在 0.055～0.08 W/(m・K))、质量轻(密度在 200～350 kg/m³ 之间)、隔音性能好(是普通水泥板的 5～8 倍),以及与建筑同寿命等优点,目前广泛应用于建筑外保温体系。

(三)反射型保温隔热材料

目前,我国对建筑工程的保温隔热,普遍利用多孔保温材料和在维护结构中设置空气层的做法,这对改善维护结构的性能有较好的作用。但对于较薄的围护结构,要设置保温层和空气层则较困难,而采用反射型保温隔热材料往往会有较理想的保温隔热效果。反射型保温隔热材料目前主要有铝箔波形纸保温隔热板、玻璃棉制品铝箔复合材料、反射型保温隔热卷材、热发射玻璃等。

(四)其他保温隔热材料

1. 软木板。软木也叫栓木。软木板是用栓皮栎树皮或黄菠萝树皮为原料,经破碎后与皮胶溶液拌和,再加压成型,在 80℃ 的干燥室中干燥一昼夜而制成。软木板具有表观密度小、导热性低、抗渗和防腐性能高等特点。常用热沥青错缝粘贴,用于冷藏库隔热。

2. 蜂窝板。蜂窝板是由两块较薄的面板,牢固地粘结在一层较厚的蜂窝状芯材两面而制成的板材,亦称蜂窝夹层结构。蜂窝状芯材是用浸渍过合成树脂(酚醛、聚酯等)的牛皮纸、玻璃布和铝片等,经加工粘合成六角形空腹(蜂窝状)的整块芯材。芯材的厚度可根据使用要求而定,孔腔的尺寸在 10 mm 以上。常用的面板为浸渍过树脂的牛皮纸、玻璃布或不经树脂浸渍的胶合板、纤维板、石膏板等。面板必须采用合适的胶黏剂与芯材牢固地黏合在一起,才能显示出蜂窝板的优异特性,即具有比强度大、导热性低和抗震性好等多种功能。

3. 纤维板。采用木质纤维或稻草等草质纤维经物理化学处理后,加入水泥、石膏等胶结剂,再经过压制等工艺而成。其表观密度为 210～1 150 kg/m³,导热系数为 0.058～0.307 W/(m・K)。可用于建筑物的墙壁、地板、顶棚等,也可用于包装箱、冷藏库等。

第三节　吸声与隔声材料

一、材料吸声的原理及其技术指标

声音起源于物体的振动,它迫使邻近的空气跟着振动而成为声波,并在空气介质中向四周传播。声音沿发射的方向最响,称为声音的方向性。

声音在传播过程中,一部分由于声能随着距离的增大而扩散,另一部分则因空气分子的吸收而减弱。声能的这种减弱现象,在室外空旷处颇为明显,但在室内如果房间的体积并不太大,上述的这种声能减弱就不起主要作用,而重要的是室内墙壁、天花板、地板等材料表面对声能的吸收。

当声波遇到材料表面时,一部分被反射,另一部分穿透材料,其余的部分则传递给材料,在材料的孔隙中引起空气分子与孔壁的摩擦和黏滞阻力,其间相当一部分声能转化为热能而被吸收掉。这些被吸收的能量(E)(包括部分穿透材料的声能在内)与传递给材料的全部声能(E_0)之比,是评定材料吸声性能好坏的主要指标,称为吸声系数(α),用公式表示为

$$\alpha = \frac{E}{E_0}$$

吸声系数与声音的频率及声音的入射方向有关。因此吸声系数用声音从各方向入射的吸收平均值表示,并应指出是对哪一频率的吸收。通常采用六个频率(Hz):125、250、500、1 000、2 000、4 000。任何材料对声音都能吸收,只是吸收程度有很大的不同。通常是将对上述六个频率的平均吸声系数大于 0.2 的材料,列为吸声材料。

吸声材料按吸声机理的不同可分为两类。一类是疏松多孔的材料;另一类是柔性材料、膜状材料、板状材料、穿孔板。多孔性吸声材料如矿渣棉、毯子等,其吸声机理是声波深入材料的孔隙,且孔隙多为内部互相贯通的开口孔,受到空气分子摩擦和黏滞阻力,以及使细小纤维作机械振动,从而使声能转变为热能。这类多孔性吸声材料的吸声系数,一般从低频到高频逐渐增大,故对高频和中频的声音吸收效果较好。而柔性材料、膜状材料、板状材料和穿孔板,在声波作用下发生共振作用,使能转变为机械能被吸收。它们对于不同频率有择优倾向,柔性材料和穿孔板以吸收中频声波为主,膜状材料以吸收低中频声波为主,而板状材料以吸收低频声波为主。

二、多孔性吸声材料

多孔性吸声材料是比较常用的一种吸声材料。其吸声性能与下列因素有关:

1. 材料的表观密度。对同一种多孔材料(例如超细玻璃纤维)而言,当其表观密度增大时(即孔隙率减小时),对低频的吸声效果有所提高,而对高频的吸声效果则有所降低。

2. 材料的孔隙特征。孔隙愈多愈细小,吸声效果愈好。如果孔隙太大,则效果就差。如果材料中的孔隙大部分为单独的封闭的气泡(如聚氯乙烯泡沫塑料),则因声波不能进入,从吸声机理上来讲,就不属多孔性吸声材料。当多孔材料表面涂刷油漆或材料吸湿时,则因材料的孔隙被水分或涂料所堵塞,其吸声效果亦将大大降低。

3. 材料的厚度。增加多孔材料的厚度,可提高对低频的吸声效果,而对高频则没有多

大的影响。材料的厚度增加到一定程度后,吸收效果的变化则不再明显。

4. 背后空气层的影响。大部分吸声材料都是固定在龙骨上,安装在离墙面 5~15 mm 处。材料背后空气层的作用相当于增加了材料的厚度,吸声效能一般随空气层厚度增加而提高。当材料离墙面的安装距离(即空气层厚度)等于 1/4 波长的奇数倍时,可获得最大的吸声系数。根据这个原理,通过调整材料背后空气层厚度的办法,可达到提高吸声效果的目的。

许多多孔吸声材料与多孔保温隔热材质相同(参见第二节"保温隔热材料"),但对气孔特征的要求不同。保温隔热要求气孔封闭,不相连通,可以有效地阻止热对流的进行;这种气孔越多,绝热性能越好。而吸声材料则要求气孔开放,互相连通,且气孔越多,吸声性能越好。这种材质相同而气孔结构不同的多孔材料的制得,主要取决于原料组分的某些差别以及生产工艺中的热工制度和压力不同等来实现。

三、共振吸声结构

除了采用多孔吸声材料吸声外,还可将材料组成不同的吸声结构,达到更好的吸声效果。常用的吸声结构形式有薄板共振吸声结构和穿孔板吸声结构。

薄板共振吸声结构系采用胶合板、木纤维板、塑料板、金属板等薄板固定在框架上,薄板与板后的空气层构成了薄板共振吸声结构。其原理是利用薄板在声波交变压力作用下振动,使板弯曲变形,将机械能转变为热能而消耗声能。

穿孔板吸声结构是用穿孔的胶合板、纤维板、金属板或石膏板等为结构主体,与板后的墙面之间的空气层(空气层中有时可填充多孔材料)构成吸声结构。当入射声波的频率和系统的共振频率一致时,孔板颈处的空气产生激烈振动摩擦,使声能减弱。该结构吸声的频带较宽,对中频的吸声能力最强。

建筑吸声材料的品种很多,目前我国生产使用比较多的主要有石膏装饰吸声板、软质纤维装饰吸声板、硬质纤维装饰吸声板、钙塑及铝塑装饰吸声板、聚苯乙烯泡沫塑料装饰吸声板、硅钙装饰吸声板、珍珠岩装饰吸声板、岩(矿)棉装饰吸声板、玻璃棉装饰吸声板、金属装饰吸声板、水泥木丝板、水泥刨花板等。

常用吸声材料的吸声系数见表 13-4 所示。

表 13-4 常用吸声材料的吸声系数

名称	厚度/mm	表观密度/(kg·m⁻³)	各种频率(Hz)下的吸声系数						装置情况
			125	250	500	1 000	2 000	4 000	
石膏砂浆(掺有水泥、玻璃纤维)	2.20		0.24	0.12	0.09	0.30	0.32	0.83	粉刷在墙上
水泥膨胀珍珠岩板	2.00	350	0.16	0.46	0.64	0.48	0.56	0.56	贴实
矿渣棉	3.13 8.0	210 240	0.10 0.35	0.21 0.65	0.60 0.65	0.95 0.75	0.85 0.88	0.72 0.92	贴实
玻璃棉	5.0 5.0	80 130	0.06 0.10	0.08 0.12	0.18 0.31	0.44 0.76	0.72 0.85	0.80 0.99	贴实
超细玻璃棉	5.0 15.0	20 20	0.10 0.50	0.35 0.85	0.85 0.85	0.8 0.85	0.86 0.86	0.86 0.80	贴实

名　称	厚度/mm	表观密度/(kg·m⁻³)	各种频率(Hz)下的吸声系数						装置情况
			125	250	500	1 000	2 000	4 000	
泡沫玻璃	4.00	260	0.11	0.32	0.52	0.44	0.52	0.33	贴实
脲醛泡沫塑料	5.00	20	0.22	0.29	0.40	0.68	0.95	0.94	贴实
软木板	2.50	260	0.05	0.11	0.25	0.63	0.70	0.70	贴实
木丝板	3.00		0.10	0.36	0.62	0.53	0.71	0.90	钉在龙骨上，后留 10 cm 的空气层
三夹板	0.30		0.21	0.73	0.21	0.19	0.08	0.12	钉在龙骨上，后留 5 cm 的空气层
穿孔五夹板	0.50		0.01	0.25	0.55	0.30	0.16	0.19	钉在龙骨上，后留 5 cm 的空气层
工业毛毡	3.00	370	0.10	0.28	0.55	0.60	0.60	0.59	张贴在墙上

四、隔声材料

声波传播到材料或结构时,因材料或结构的吸收会失去一部分声能,透过材料的声能总是小于入射声能,这样,材料或结构起到了隔声作用,材料的隔声能力可通过材料对声波的透射系数(τ)来衡量:

$$\tau = \frac{E_\tau}{E_0}$$

式中　τ——声波透射系数;

E_τ——透过材料的声能;

E_0——入射总声能。

材料对声波的透射系数越小,隔声性能越好。工程上常用构件的隔声量 R(dB)来表示构件对空气声隔绝能力,它与透射系数的关系是:$R = -10\lg\tau$。

人们要隔绝的声音按传播的途径可分为空气声(由于空气的振动)和固体声(由于固体的撞击或振动)两种。对空气声的隔声,根据声学中的"质量定律",墙或板传声的大小,主要取决于其单位面积质量,质量越大,越不易振动,则隔声效果越好,故对此必须选用密实、沉重的材料(如黏土砖、钢板、钢筋混凝土)作为隔声材料。对固体声的隔声,最有效的措施是采用不连续的结构处理,即在墙壁和承重梁之间、房屋的框架和隔墙及楼板之间加弹性衬垫,如毛毡、软木、橡皮等材料,或在楼板上加弹性地毯。

第四节　防火材料

随着我国经济的加速发展以及城市化进程的不断推进,越来越多的高层建筑和重要建筑不断涌现,各种电器设备的安装、各种可燃性室内外装修材料、塑料制品、纺织品、木器家具等在建筑物中的应用,给现代建筑带来了巨大的火灾隐患,也使得火灾的发生概率大大提升,这就使得人们对现代建筑提出了更高的安全防火要求。

防火材料是指在火灾条件下仍能在一定时间范围内保持其使用功能的材料。包括防火板材、防火涂料、防火织物等。

一、防火板材

一般来说，防火板材是以无机材料为基材，并添加各种改性物质后经一定工艺而制成的板状材料，其本身具有一定的耐火性，还可以保护其他构件，或者在火灾中可以阻止火灾的蔓延，它们大多为不燃性材料或难燃性材料[《建筑材料及制品燃烧性能分级》(GB 8624—2012)]。这种板材可以用于建筑物的隔墙、装饰墙、天花板等处。

防火板材大多具有性能稳定、耐候性好、可任意切割组装、安装简便等诸多优点，目前已广泛应用于各类工业建筑及民用的公共建筑和普通住宅建筑中。

（一）水泥刨花板（植物纤维水泥复合板）

水泥刨花板是用水泥为胶凝材料、刨花等植物纤维（木纤维、竹纤维、芦苇纤维和农作物纤维）为增强填充材料，再加入适量的化学助剂和水，搅拌均匀制成混合料浆，以一定的工艺制成坯体，经加压固结、适当养护后形成的复合板材，又称为植物纤维水泥复合板，属于难燃性材料。

按板的结构，水泥刨花板可分为单层结构水泥刨花板、三层结构水泥刨花板、多层结构水泥刨花板和渐变结构水泥刨花板；按使用的增强材料可分为木材水泥刨花板、麦秸水泥刨花板、稻草水泥刨花板、竹材水泥刨花板和其他增强材料的水泥刨花板；按生产方式可分为平压水泥刨花板和模压水泥刨花板。

水泥刨花板具有自重轻、强度高、防火、防水、保温、隔声、防蛀等诸多优点，并具有较好的可加工性能。体积密度为 500～800 kg/m³ 的水泥刨花板，强度稍差，主要用作保温材料使用；体积密度为 1 050～1 300 kg/m³ 的板材强度较高，既可用于制作有承重要求的建筑构件和墙体，同时还兼有一定的保温作用。

（二）无机纤维增强水泥板（TK 板）

TK 板的全称是中碱玻璃纤维短石棉低碱度水泥平板。它是以标号不低于 42.5 级的Ⅰ型低碱度硫铝酸盐水泥为胶结材料，并用石棉和短切中碱玻璃纤维增强，经打浆、抄取成坯、脱水、蒸养硬化等工艺制成的一种薄型、轻质、高强、多功能的新型板材。

TK 板具有质量轻（＜20 kg/m²）、抗弯强度高（有 10 MPa、15 MPa、20 MPa 三种规格）、抗冲击强度较高（＞0.25 MPa）、防火性好（6 mm 厚的板材的耐火极限为 9.3～9.8 min，双面复合墙耐火极限为 47 min）、不燃、热导率低、不易变形、耐水、耐候性好等特点。主要用于各种建筑物的内隔墙、吊顶和外墙，特别适用于高层建筑有防火、防潮要求的隔墙。

和 TK 板相似的产品还有 GRC 水泥板（玻璃纤维增强水泥板）。

（三）钢丝网架水泥夹芯复合板

钢丝网架水泥夹芯复合板是以焊接钢丝网为骨架，中间填充防火阻燃的保温材料，以轻质板材为覆面板或两面喷抹水泥砂浆作为面层和结构层所形成的一种复合板材。如果中间填充的防火阻燃保温材料为自熄型聚苯乙烯泡沫塑料或聚氯乙烯泡沫塑料称为泰柏板；如果用半硬质的岩棉板为芯材则称为 GY 板。

（四）耐火纸面石膏板

耐火纸面石膏板是以建筑石膏为主要原料，掺入适量的纤维材料和外加剂等，在与水搅拌后形成料浆，浇筑于护面纸的面纸与背纸之间，并与护面纸牢固地黏结在一起，经固化、切割、烘干、切边等工序制得的两面为纸、中间是石膏芯材的薄板状制品。

防火性能纸面石膏板被视为理想的防火材料,其防火原理是在火灾条件下,结晶水受热释放,从而吸收大量的热量。干燥后的纸面石膏板芯材质仍为二水石膏(再生的),其内含有20%的结晶水,这种水必须在高温下(100℃以上)才能释放出来,这种把板加热直至水再蒸发出的过程所消耗的热量是其不含结晶水时加热所需要热量的5倍。当发生火灾时,首先是面层纸板瞬间燃烧,当板温(背火面)升至100℃左右时,一直到将结晶水释放完,在此过程中,板芯将吸收环境中大量热量,达到热平衡,从而起到降温防火的作用。

耐火纸面石膏板在经受高温明火烘烤时能保持强度不断裂的性能,使其适用于对防火性能要求较高的房屋建筑内的有关部位,如用作档案馆、楼梯间、易燃厂房和库房等建筑内的墙面材料和顶棚材料。

(五)硅酸钙板

硅酸钙板是将硅质材料、钙质材料和纤维增强材料(含石棉纤维和非石棉纤维)等主要原材料和大量的水混合并经搅拌、凝化、成型、蒸养或压蒸、干燥等工序制作而成的一种平板状建筑板材。该板材中纤维分布均匀,密实性好。硅酸钙板具有较好的防火、隔热、防潮、防蛀、易加工和耐老化等性能。

硅酸钙板按照所使用的增强纤维类型可分为有石棉和无石棉硅酸钙板两种;按照密度可分为 D 0.8、D1.0 和 D1.3 三类。其湿涨率不大于 0.25%,质量含水率不大于 10%,燃烧性能等级可达到 A 级,属于无机不燃板材(30 mm 厚无石棉硅酸钙板的耐火极限可达到4 h),广泛用做为建筑物中的隔墙板、吊顶板和冶金、化工、电力、造船、机械、建材等行业中表面温度不高于 650℃的各类设备、管道及其附件的防火隔热材料。

(六)难燃铝塑建筑装饰板

难燃铝塑建筑装饰板(以下简称铝塑板)是我国 20 世纪 90 年代引进开发成功的新型建筑用室内外墙体装饰材料,是由涂装铝板与塑料芯材靠高分子黏结膜(或热熔胶)经热压复合而成的一种新型金属塑料复合材料。由于具有外观高雅美观、质轻、施工方便等优点,颇受建筑界的青睐。

铝塑板质轻、高强、难燃、导热系数小,易加工,广泛应用于礼堂、剧院、宾馆、商场、医院、人防工程等公用建筑的防火装修。

二、防火涂料

防火涂料是涂料的一种,除了具备涂料的基本功能外,更重要的是对底材具有防火保护功能。防火涂料是指涂覆于可燃性基材表面,能降低可燃性基材的火焰传播速率或阻止热量向被保护的构件传递,进而推迟或消除可燃性基材的引燃过程,或者推迟构件失稳或构件机械强度降低的一类功能性涂料。在火灾发生时,防火涂料可以有效地延缓火灾基底材料物理力学性能的变化,从而使人们有充分的时间进行人员疏散和火灾扑救工作,达到保护人们生命财产安全的目的。

防火涂料涂覆在基材表面,除具有阻燃作用以外,还应具有防锈、防水、防腐、耐磨、耐热作用以及使涂层具有坚韧性、着色性、黏附性、易干性和一定的光泽等作用。

按用途和使用对象的不同防火涂料可分为:饰面型防火涂料、电缆防火涂料、钢结构防火涂料、预应力混凝土楼板防火涂料等。按防火涂料分散介质的不同,可分为水性防火涂料和溶剂型防火涂料;按防火涂料阻燃效果的不同,可分为膨胀型(又称发泡型)防火涂料和非膨胀型防火涂料;按防火涂料成膜物组成的不同,可分为无机防火涂料和有机防火涂料。

三、防火分隔设施

在建筑物中,存在着各种贯穿孔洞(如电缆、油管、风管、气管等穿过墙体或楼板时所形成的各种开口)。一旦建筑物内发生火灾,火和有毒气体就会通过这些孔洞向临近的房间、走廊和楼层扩散蔓延,使得火灾事故扩大,造成严重后果。

防火分隔设施是指在一定时间内能把火势控制在一定空间内,阻止其蔓延扩大的一系列分隔设施。防火分隔设施必须满足我国《建筑设计防火规范》[(GB 50016—2014)(2018版)]中不同等级的防火要求。常用的防火分隔设施有防火门、防火卷帘、防火阀、阻火包、阻火圈。

四、阻燃剂

在建筑、电器及日常生活中使用的木材、塑料和纺织品等,多数都是可燃或易燃的材料,一旦发生火灾,其后果是非常严重的。为了使火灾发生时能延缓火灾的蔓延,经常在上述材料内加入阻燃剂进行阻燃处理。使易燃的材料变为难燃或不燃的材料,用来提高材料的减缓、抑制或终止火焰传播特性的物质称为阻燃剂。

(一)阻燃机理

一般来讲,阻燃高聚物材料可以通过气相阻燃、凝聚相阻燃以及中断热交换阻燃等几类阻燃机理。通过在阻止高聚物分解出来的可燃性气体产物的燃烧或对火焰反应产生阻止作用的属于气相阻燃;通过阻止高聚物发生热分解和释放出可燃性气体作用的属于凝聚相阻燃;通过将高聚物燃烧产生的部分热量带走从而实现阻燃的则属于中断热交换阻燃。

工业上常用的卤-锑阻燃体系,能在热作用下释放出活性气体化合物,属于典型的气相阻燃;氢氧化铝能吸热分解,能有效地使得高聚物处于较低温度而不致达到分解的程度,属于典型的凝聚相阻燃;以低相对分子质量的氯化石蜡或其与三氧化二锑并用,属于典型的中断热交换阻燃。

(二)阻燃剂的类型

在所有的化学物质中,能够对高聚物材料起到阻燃作用的主要是元素周期表中第V族的 N、P、As、Sb、Bi 和第Ⅶ族的 F、Cl、Br、I 以及 B、S、Al、Mg、Ca、Zr、Sn、Mo、Ti 等元素的化合物。常用的是 N、P、Br、Cl、B、Al 和 Mg 等元素的化合物。

按阻燃剂所含阻燃元素的不同,可将阻燃剂分为卤系、磷系、氮系、磷-卤系、磷-氮系、铝-镁系、硼系、钼系等几类。

按组分的不同,可分为无机盐类阻燃剂、有机阻燃剂和有机、无机混合阻燃剂三种。无机阻燃剂是目前使用最多的一类阻燃剂,应用产品主要有氢氧化铝、氢氧化镁、磷酸一铵、磷酸二铵、氯化铵、硼酸等;有机阻燃剂的主要产品有卤系、磷酸酯、卤代磷酸酯等;有机、无机混合阻燃剂是无机盐类阻燃剂的改良产品,主要用非水溶性的有机磷酸酯的水乳液,部分代替无机盐类阻燃剂。在三大类阻燃剂中,无机阻燃剂具有无毒、无害、无烟、无卤的优点,广泛应用于各类领域,需求总量占阻燃剂需求总量一半以上,需求率有增长趋势。

按阻燃剂与被处理基材的关系,可把阻燃剂分为添加型和反应型。添加型阻燃剂通常是指在加工过程中加入高聚物中,但与高聚物及其他组分不起化学反应并能增加其阻燃性能的添加剂;反应型阻燃剂一般是在合成阶段或某些加工阶段参与化学反应的用以提高高聚物材料阻燃性能的单体或交联剂,能达到阻止材料被引燃和抑制火焰传播的目的。

第五节　相变储能材料

随着世界经济的快速增长,能源消耗迅速增加,建筑行业的能源消耗也随着人们对室内热舒适要求的提高而迅速增大。建筑节能水平取决于建筑围护结构热性能的优劣,而热储存是提高围护结构热工性能的重要途径。将相变储能材料与传统建筑材料复合,可以制成相变储能建筑材料,能够将热量以相变潜热的形式储存,实现能量在不同时间、空间位置之间的转换,达到节约能源、降低供暖和空调系统的负荷的目的。

一、相变材料简介

相变材料(Phase Change Material,PCM)是一种在等温过程或近似等温过程中发生相转变的材料,该种材料在相转变过程中伴随着大量能量的吸收或释放,因此可以应用于储热和蓄冷等方面,相变材料的储热原理如图 13-1 所示。按照原料成分,一般将相变材料分为无机类和有机类两种。无机类相变材料主要指熔融盐类、金属类和结晶水合盐类,有机类相变材料则主要包括石蜡、脂肪酸、多元醇类。

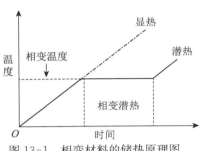

图 13-1　相变材料的储热原理图

从 20 世纪 70 年代起,国内外对相变材料进行了系统的研究和应用,相变材料在建筑中的应用形式如图 13-2 所示。

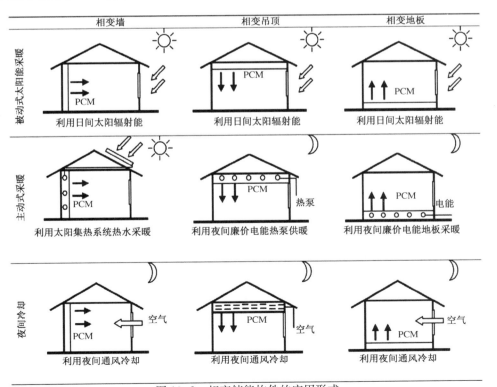

图 13-2　相变储能构件的应用形式

理论上,相变温度在 15℃~30℃ 的相变材料都能用于建筑材料的相变储能,然而实际应用中建筑用相变储能材料应满足以下一些条件:(1)相变温度符合实际要求;(2)热稳定性好;(3)相变潜热大;(4)无毒、无腐蚀性;(5)传热性能好;(6)价格低廉。目前建筑上常用的相变材料见表 13-5 所示。

表 13-5　建筑中常用的相变材料

相变材料	熔点/℃	熔解热(kJ·kg^{-1})
聚丙三醇 E600	22	127.2
石蜡 C13~C24	22~24	189
1-十二醇	26	200
硬脂酸异丙酯	14~18	140~142
辛酸	16/16.3	148.5/149
癸酸-月桂酸 65%~35%(摩尔分数)	18	148
硬脂酸丁酯	19	140
癸酸-月桂酸 45%~55%(摩尔分数)	21	143
四水氯化钾	18.5~19	231
六水氯化钙	29.7	171

二、相变材料的分类

相变储能材料按相变温度的范围可分为高温、中温和低温储能材料。相变温度在 0℃ 以下为低温储能材料,如大多数的有机物质和共晶盐水溶液,其相变温度在 0℃ 以下;相变温度在 0~120℃ 范围内为中温储能材料,如大部分的无机水合盐和一些有机物;相变温度高于 120℃ 为高温储能材料,大多数为利用化学反应储能的材料,许多碱、盐、混合盐等无机物都可用作高温领域储能材料。

按相变的方式一般可分为:固-固相变、固-液相变、固-气相变及液-气相变材料,由于后两种相变方式在相变过程中伴随有大量气体的存在,使材料体积变化较大,因此尽管它们具有很大的相变潜热,但在实际应用中很少被选用,固-固相变材料和固-液相变材料被看作是重点研究的对象。与固-液相变材料相比,固-固相变材料虽有相变潜热较小和相变温度较高等缺点,但它具有相变体积变化小、无相分离、使用寿命长、无泄漏、腐蚀性小等固-液相变材料所无法比拟的优点。固-固相变材料主要包括高分子交联物质和一些接枝共聚物、层状钙铁矿和多元醇类,它们都是通过晶型的转变从而进行可逆的吸热和放热的。

相变储能材料按其组成成分也可分为无机类、有机类材料和复合相变材料,其具体分类如图 13-3 所示。

三、相变材料在建材中的应用

1. 相变石膏板

相变储能石膏板是一种以石膏板为基体,掺有相变材料的储能建材墙板。其最为普遍的用途是作为外墙的内壁材料,从而减小建筑物室内温度的波动幅度,保持室内舒适性。相变材料与石膏基体复合的常用方法有浸渍法和直接混合法。

(1)浸渍法

浸渍法即将石膏板直接浸泡在液态相变材料中,利用石膏板自身的高孔隙率,通过石膏

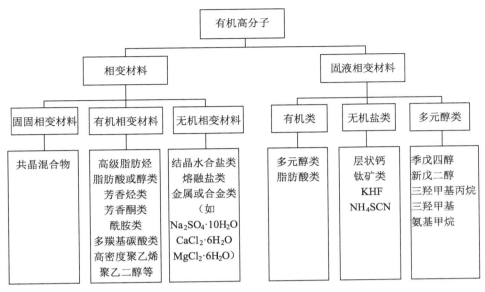

图 13-3　相变材料的分类

板微孔的毛细管力,将液态的相变材料吸附到微孔中,其常用的工艺流程如图 13-4 所示。采用浸渍法制备的石膏板具有较高的储能密度,石膏板中的相变材料含量较高,然而采用此方法制备的相变石膏板存在相变材料在石膏板中分布不均匀、多次循环易泄露、裂化建筑构件力学性能等缺点。

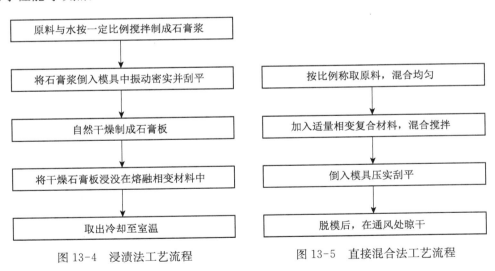

图 13-4　浸渍法工艺流程　　　　　图 13-5　直接混合法工艺流程

（2）直接混合法

直接混合法是指在制作石膏板过程中将相变材料直接与石膏混合制作相变石膏板的方法,具体方法如图 13-5 所示。直接混合法的优点是便于控制相变材料的掺入量,操作简单,相变材料在石膏中均匀分布,适用于制作不同规格尺寸的建筑储能构件。在直接混合法中,相变材料主要通过高分子封装或者微胶囊封装来解决其泄漏问题,但无论是高分子封装还是微胶囊封装生产工艺都比较复杂,步骤较多,市场成本较高。

2. 相变混凝土

混凝土是当前最重要的一种建筑材料,其广泛应用于建筑领域。为了提高居住建筑的舒适性和节能效果,将相变材料加入混凝土中制备了相变储能混凝土。相变储能混凝土具有承受荷载和储存能量的双重作用,而且将相变材料加入混凝土中,也能有效降低混凝土内部温升速率,延缓温度峰值出现的时间,从而有利于解决大体积混凝土水泥水化引起的早期开裂。

常用的将相变材料掺入到混凝土的方法有:①掺加能量微球法,即利用微胶囊技术把相变储能材料封装成能量微球,再将微球与骨料、水泥等材料一起加水搅拌制备出相变储能混凝土;②直接混合法,即将建材基体与相变材料直接混合,如将吸入相变材料的半流动性的硅石细粉与建筑基材直接混合,或将液体或粉末状相变材料直接与建筑材料在同一容器混合,此方法具有工艺简单、性质均匀、易制成不同的建筑构件的优点。

3. 相变砂浆

相变保温砂浆是指含有复合相变材料组分的建筑砂浆,由水泥、砂子、相变微胶囊或定型相变材料按照一定比例混合均匀制备而成。由相变保温砂浆建造的建筑相变储热能力明显提高,能有效减小受室外环境影响造成的室内温度波动,使得夏季室内温度得以降低,冬季室内温度得以提高,由此减小空调采暖的能耗。

4. 相变涂料

涂料是实现建筑节能储能的一种重要材料,使用时可涂刷在基体上,施工方便、适用性广。将相变材料加入涂料中制备的相变涂料在建筑中具有广泛应用前景,可用于外墙保温系统、隔热系统、家装壁纸等。

复习思考题

13-1 建筑上使用功能材料有何意义? 有哪些类型的功能材料?

13-2 何谓导热系数? 其物理意义如何? 影响材料导热性的主要因素有哪些? 怎样影响?

13-3 保温隔热材料为什么总是轻质的? 使用时为什么一定要注意防潮?

13-4 当材料的导热系数(λ)值为多少时,才被称作为绝热材料? 试列举五种常用的保温隔热材料,并指出它们各自的用处。

13-5 选用保温隔热材料有哪些基本要求和应予考虑的问题?

13-6 试述隔蒸汽层的作用、意义和具体做法。

13-7 何谓吸声系数? 它有何物理意义? 试述影响多孔性吸声材料吸声效果的主要因素。

13-8 试述多孔材料、穿孔材料及薄板共振结构的吸声原理。随着材料的表观密度和厚度的增加,材料吸声性能有何变化?

13-9 试述吸声材料的选用原则。吸声材料在施工安装时应注意哪些事项? 可以在多孔吸声材料表面满刷油漆吗? 为什么?

13-10 材料的吸声系数为多少时被列为吸声材料? 试列举五种常用的吸声材料或吸声结构。

13-11 吸声材料和保温隔热材料在构造特征上有何异同? 泡沫玻璃是一种强度较高的多孔结构材料,但不能用作吸声材料,为什么?

13-12 隔声材料和吸声材料有何区别? 试述隔绝空气传声和固体撞击传声的处理原则。

13-13 相变储能材料有何作用? 简述其吸热和放热的机理。

第十四章　建筑装修与装饰材料

随着我国经济的飞速发展和人民生活水平的不断提高,人们对生活、工作、休闲及娱乐的环境要求越来越高,装修与装饰材料作为一个新兴的行业也得到了快速发展,在建筑中起到了美化环境、调节人们的心灵及保护建筑的作用。

随着现代建筑发展的需要,玻璃逐渐向多功能方向发展。玻璃的深加工制品能达到具有光控、温控、隔声、降噪、节能和提高建筑艺术装饰等功能。所以,玻璃已不只是采光材料,而且是现代建筑的一种结构材料和良好的装饰材料,从而扩大了其使用范围,为现代建筑设计提供了更大的选择性,成为现代建筑的重要材料之一。

通常把用于建筑工程结构内外表面装饰和卫生设施的陶瓷制品统称为建筑陶瓷。建筑陶瓷制品是住宅、办公楼、宾馆及娱乐设施等建设的重要装饰和设备材料。

钢材具有强度高、塑性好、良好的韧性及加工性能,铝合金具有质轻、高强、易加工、不锈蚀等优良品质,并具独特的装饰效果,在土木工程中广泛用作门窗和室内外装饰、装修等主要材料。

第一节　材料的装饰性

一、材料装饰性的重要意义

建筑是技术与艺术相结合的产物,而建筑艺术的发挥,除建筑设计外,在很大程度上取决于土木工程材料的装饰性。为了满足这方面的要求,建材行业的工作者们不断研制和生产出各种形形色色、琳琅满目的装饰材料。

建筑装饰材料主要用作建筑物内、外墙面以及柱面、地面及顶棚、屋面等处的饰面层,这类材料往往兼具装饰、结构、绝热、防潮、防水、防火、吸声、隔音或耐磨等两种以上的多种功能。因此,采用装饰材料修饰主体结构的面层,不仅能大大改善建筑物的外观艺术形象,使人们获得舒适和美的感受,最大限度地满足人们生理和心理上的各种需要,同时也起到了保护主体结构材料的作用,提高建筑物的耐久性。所以材料的装饰性对于建筑物具有十分重要的作用。近年来,随着人们生活水平的提高,对建筑装修、装饰的要求越来越高,目前一般用于建筑装饰的费用要占建筑总造价的 1/3 以上,高等级的建筑物甚至高达 1/2。

二、材料的装饰功能

装饰材料通常通过下面所述的功能达到美化建筑物的目的。

1. 色彩

色彩最能突出表现建筑物的美,古今中外的建筑物,无一不是利用材料的色彩来塑造其美。同时,不同色彩能使人产生不同感觉。如建筑外部的浅色块给人以庞大、肥胖感,深色块使人感觉瘦小和苗条。在室内看到红、橙、黄等色使人联想到太阳、火焰而感到温暖,故称暖色;见到绿、蓝、紫罗兰等色会让人联想到大海、蓝天、森林而感到凉爽,故称冷色。暖色调使人感到热烈、兴奋、温暖,冷色调使人感到宁静、幽雅、清凉。为此,建筑装饰材料均制成具有各种不同色彩的制品,且要求其颜色能经久不褪,耐久性高。

颜色是材料对光的反射效果,构成材料颜色的本质比较复杂,它受其微量组成物质(如金属氧化物)的影响很大,同时它与光线的光谱组成和人眼对光谱的敏感性有关,不同的人对同一种颜色可产生不同的色彩效果。因此,生产中鉴别材料的颜色,通常采用标准色板进行比较,或者用光谱分光色度仪进行测定。

2. 光泽

光泽是材料的表面特性之一,它也是材料的重要装饰性能。高光泽的材料具有很高的观赏性,同时在灯光的配合下,能对空间环境的装饰效果起到强化、点缀和烘托的作用。

光泽是光线在材料表面有方向性的反射,若反射光线分散在各个方向,称漫反射,如与入射光线成对称的集中反射,则称镜面反射。镜面反射是材料产生光泽的主要原因。材料表面的光洁度越高,光线的反射越强,则光泽度越高。所以许多装饰材料的面层均加工成光滑的表面,如天然大理石和花岗石板材、釉面砖、镜面玻璃、不锈钢钢板等。生产中判别材料表面的光泽度,可采用光电光泽度计进行测定。

3. 透明性

材料的透明性是由于光线透射材料的结果。能透光又能透视的材料称透明体(如普通平板玻璃),只能透光而不能透视者称半透明体(如压花玻璃)。由于透明材料具有良好的透光性,故被广泛用作建筑采光和装饰。采用大量透明材料建造的玻璃幕墙建筑,给人以通透明亮、具有强烈的时代气息之感。

4. 表面质感

表面质感是指材料本身具有的材质特性,或材料表面由人为加工至一定程度而造成的表面视感和触感,如表面粗细、软硬程度、手感冷暖、纹理构造、凹凸不平、图案花纹、明暗色差等,这些表面质感均会对人们的心理产生影响。设计时根据建筑功能要求,恰当地选用各种不同质感的材料,充分发挥材料本身的质感特性,是成功的重要途径。

5. 形状尺寸

材料的形状与尺寸是建筑构造的细部之一,将建筑材料加工生产成各种形状和不同尺寸的型材,以配合建筑形体和线条,可构筑成风格各异的各种建筑造型,既满足使用功能要求,又创造出建筑的艺术美。

第二节　建筑装饰用钢材制品

随着钢的冶炼和加工技术的进步,装饰用钢材制品发展迅速。目前,应用较广泛的主要有不锈钢装饰制品、彩色涂层钢板和轻钢龙骨等。

一、不锈钢装饰制品

不锈钢是以铬(Cr)为主加元素的合金钢,铬含量越高,钢的抗腐蚀性越好。除铬外,不锈钢中还含有镍(Ni)、锰(Mn)、钛(Ti)、硅(Si)等元素,这些元素将影响不锈钢的强度、塑性、韧性和耐蚀性等技术性能。

不锈钢之所以具有较高的抗锈蚀能力,是由于铬的性质比铁活泼,在不锈钢中,铬首先与环境中的氧化合,生成一层与钢基体牢固结合的致密的氧化膜层,称作钝化膜,它能很好地保护合金钢,使之不致锈蚀。不锈钢按其化学成分可分为铬不锈钢、铬镍不锈钢和高锰低铬不锈钢等几类。按不同耐腐蚀特点,又可分为普通不锈钢(简称不锈钢)和耐酸钢两类。常用的不锈钢有 40 多个品种,其中建筑装饰用不锈钢主要有 0Cr13 和 1Cr17Ti 铁素体不锈钢及 0Cr18Ni9 和 1Cr18Ni9Ti 奥氏体不锈钢等几种。

建筑装饰用不锈钢制品主要是薄钢板,其中厚度小于 1 mm 的薄钢板用得最多。常用冷轧钢板厚度为 0.2～2.0 mm,宽度为 500～1 000 mm,长度 1 000～2 000 mm,成品卷装供应。不锈钢薄钢板主要用作包柱装饰。目前,不锈钢包柱被广泛用于商场、宾馆、餐馆等公共建筑入口、门厅、中厅等处。不锈钢除制成薄钢板外,还可加工成型材、管材及各种异型材,在建筑上可用做屋面、幕墙、隔墙、门、窗、内外墙饰面、栏杆、扶手等。

不锈钢的主要特征是耐腐蚀,而光泽度是其另一重要装饰特性。其独特的金属光泽,经不同的表面加工可形成不同的光泽度,并按此划分成不同等级。高级别的抛光不锈钢,具有镜面玻璃般的反射能力。建筑装饰工程可根据建筑功能要求和具体环境条件进行选用。

二、彩色涂层钢板及钢带

彩色涂层钢板和钢带是在金属带材表面涂以各类有机涂层而成。国家标准《彩色涂层钢板及钢带》(GB/T 12754—2019)规定了彩色涂层钢板及钢带的分类及性能要求。

彩色涂层钢板及钢带发挥了金属材料和有机材料各自的特点,不仅具有良好的加工性,可切、弯、钻、铆、卷等,而且色彩、花纹多样,涂层附着力强,耐久性好。

彩色涂层钢板可用于各类建筑的内外墙装饰板、吊顶、工业厂房的屋面板和壁板等。

三、建筑用压型钢板

使用冷轧板、镀锌板、彩色涂层板等不同类别的薄钢板,经辊压、冷弯而成,其截面呈 V 形、U 形、梯形或类似这几种形状的波形,称之为建筑用压型钢板(简称压型板)。

《建筑用压型钢板》(GB/T 12755—2008)规定了压型板的规格型号和质量要求。建筑用压型钢板分为屋面用板、墙面用板与楼盖用板三类,其型号由压型代号、用途与板型特征代号三部分组成。压型代号以"压"字汉语拼音的第一个字母"Y"表示,屋面板用途代号、墙面板用途代号及楼盖板用途代号分别用"W""Q"和"L"表示,板型特征代号由压型钢板的波高尺寸(mm)与覆盖宽度(mm)组合表示,如 YW51-760 表示波高 51 mm、覆盖宽度为 760 mm 的屋面用压型钢板。压型板具有质量轻(板厚 0.5～0.8 mm)、波纹平直坚挺、色彩鲜艳丰富、造型美观大方、耐久性好、抗震性高、加工简单、施工方便等特点,适用于工业与民用建筑及公共建筑的内外墙、屋面、吊顶等的装饰及作为轻质夹芯板材的面板等。

四、彩板组角门窗

利用彩色涂层钢板生产组角钢门窗,完全摒弃了能耗高、技术复杂的焊接工艺,全部采用插接件组角自攻螺钉连接。将切成 45°或 90°断面的型材,在冲床上利用多工位复合模具进行冲孔、冲口等多工位加工,接着组装零附件,然后在自动组装成框机上连同玻璃一起组装成框,最后成品在组装工作台上完成。彩板组角门窗密封性能好,耐腐蚀性强,并具有良好装饰性。适于在中、高级宾馆、展览馆、影剧院等建筑使用。

五、轻钢龙骨

建筑用轻钢龙骨(简称龙骨)是以冷轧钢板(带)、镀锌钢板(带)或彩色涂层钢板(带)做原料,采用冷弯工艺生产的薄壁型钢。它具有强度大,通用性强,耐火性好,安装简易等优点,可装配各种类型的石膏板、钙塑板、吸音板等饰面材料,是室内吊顶装饰和轻质板材隔断的龙骨支架。

轻钢龙骨断面形状有 U 形、C 形、T 形、L 形、H 形及 V 形等。吊顶龙骨代号 D,墙体龙骨代号 Q。吊顶龙骨分主龙骨、次龙骨和边龙骨等。主龙骨也叫承重龙骨,次龙骨也叫覆面龙骨。墙体龙骨分竖龙骨、横龙骨和通贯龙骨等。

国家标准《建筑用轻钢龙骨》(GB/T 11981—2008)对轻钢龙骨的产品标记、技术要求、试验方法和检验规则等均做了具体规定。产品标记顺序为:产品名称、代号、断面形状的宽度、高度、钢板厚度和标准号,例如:断面形状为 U 形,宽度为 50 mm,高度为 15 mm,钢板带厚度为 1.2 mm 的吊顶承载龙骨标记为:建筑用轻钢龙骨 DU50×15×1.2 GB/T 11981—2008。

技术要求包括外观质量、表面防锈、形状、尺寸和力学性能等。

第三节 铝和铝合金

铝具有银白色,属于有色金属。作为化学元素,铝在地壳组成中的含量仅次于氧和硅,为第三位,约占 8.13%。

一、铝的冶炼及其特性

(一)铝的冶炼

铝在自然界中以化合物状态存在。炼铝的主要原料是铝矾土,其主要成分为一水铝($Al_2O_3 \cdot H_2O$)和三水铝($Al_2O_3 \cdot 3H_2O$),另外还含少量氧化铁、石英和硅酸盐等,其中三氧化二铝(Al_2O_3)含量高达 47%~65%。

铝的冶炼是先从铝矿石中提炼出三氧化二铝(Al_2O_3),提炼氧化铝的方法有电热法、酸法和碱法三种。然后再由氧化铝(Al_2O_3)通过电解得到金属铝。电解铝一般采用熔盐电解法,主要电解质为冰晶石(Na_3AlF_6),并加入少量的氟化钠、氟化铝,以调节电解液成分。电解出来的铝尚含有少量铁、硫等杂质,为了提高品质再用反射炉进行提纯,在 730℃~740℃下保持 6~8 h 使其再熔融,分离出杂质,然后把铝液浇入铸锭制成铝锭。高纯度铝的纯度可达 99.996%,普通纯铝的纯度在 99.5%以上。

(二)纯铝的特性

铝属于有色金属中的轻金属,密度为 2.7 g/cm³,是钢的三分之一。铝的熔点低,为 660℃。铝的导电性和导热性均很好。

铝的化学性质很活泼,它和氧的亲和力很强,在空气中表面容易生成一层氧化铝薄膜,起保护作用,使铝具有一定耐腐蚀性。但由于自然生成的氧化铝膜层很薄,(一般小于 0.1 μm),因而其耐蚀性亦有限。纯铝不能与卤素元素接触,不耐碱,也不耐强酸。铝的电极电位较低,如与电极电位高的金属接触并且有电解质存在时,会形成微电池,产生电化学腐蚀。所以用于铝合金门窗等铝制品的连接件应采用不锈钢件。

固态铝呈面心立方晶格,具有很好的塑性(伸长率 δ=40%),易于加工成型。但纯铝的强度和硬度很低,不能满足使用要求,故工程中不用纯铝制品。

二、铝合金及其特性

在生产实践中,人们发现向熔融的铝中加入适量的某些合金元素制成铝合金,再经冷加工或热处理,可以大幅度地提高其强度,甚至极限抗拉强度可高达 400～500 MPa,相近于低合金钢的强度。铝中最常加入的合金元素有铜(Cu)、镁(Mg)、硅(Si)、锰(Mn)、锌(Zn)等,这些元素有时单独加入,有时配合加入,从而制得各种各样的铝合金。铝合金克服了纯铝强度和硬度过低的不足,又仍能保持铝的轻质、耐腐蚀、易加工等优良性能,故在建筑工程中尤其在装饰领域中应用越来越广泛。表 14-1 为铝合金与碳素钢性能的比较,由表可知,铝合金的弹性模量约为钢的 1/3,而其比强度却为钢的 2 倍以上。由于弹性模量低,铝合金的刚度和承受弯曲的能力较小。铝合金的线胀系数约为钢的 2 倍,但因其弹性模量小,由温度变化引起的内应力并不大。

表 14-1　铝合金和碳素钢性能比较

项　目	铝合金	碳素钢
密度 $\rho/(g \cdot cm^{-3})$	2.7～2.9	7.8
弹性模量 E/MPa	63 000～80 000	210 000～220 000
屈服点 σ_s/MPa	210～500	210～600
抗拉强度 σ_b/MPa	380～550	320～800
比强度(σ_s/ρ)/MPa	73～190	27～77
比强度(σ_b/ρ)/MPa	140～220	41～98

三、铝合金的分类

根据铝合金的成分及生产工艺特点,通常将其分为变形铝合金和铸造铝合金两类。

铸造铝合金按加入的主要合金元素的不同,分为 Al-Si 系、Al-Cu 系、Al-Mg 系和 Al-Zn 系四种合金。合金牌号用"铸铝"二字汉语拼音字首"ZL"后跟三位数字表示。第一位数字表示合金系列:1 为 Al-Si 系合金;2 为 Al-Cu 系合金;3 为 Al-Mg 系合金;4 为 Al-Zn 系合金。第二、三位数表示合金的顺序号。如 ZL201 表示 1 号铝铜系铸造铝合金,ZL107 表示 7 号铝硅系铸造铝合金。

变形铝合金按照性能特点和用途分为防锈铝、硬铝、超硬铝和锻铝四种。防锈铝属于不能热处理强化的铝合金,硬铝、超硬铝、锻铝属于可热处理强化的铝合金。防锈铝用"LF"和跟其后面的顺序号表示,"LF"是"铝防"二字的汉语拼音字首。硬铝、超硬铝、锻铝分别用"LY"(铝硬)、"LC"(铝超)、"LD"(铝锻)和后面的顺序号来表示。如"LF5"表示 5 号防锈铝,LY11 表示 11 号硬铝,LC4 表示 4 号超硬铝,LD8 表示 8 号锻铝,余类推。

四、铝合金建筑型材

（一）铝合金型材的生产

建筑铝合金型材的生产有挤压法和轧制法两种,目前国内外绝大多数采用挤压法,只有在生产批量较大、尺寸和表面要求较低的中、小规格棒材及断面形状简单的型材时才采用轧制法。挤压工艺按被挤压金属相对于挤压轴的运动方向不同,分为正挤压和反挤压两种,目前建筑铝型材的生产大多为正挤压法。挤压时,将铸锭放入挤压筒中,在挤压轴的压力作用下,使铝材通过模孔而挤出,则可制得与模孔尺寸和形状相同的制品。

（二）铝合金建筑型材的表面处理

由于铝材表面的自然氧化膜很薄而耐腐蚀性有限,为了提高铝材的抗蚀性,需要对其进行表面处理。目前铝合金表面处理技术主要有阳极氧化、电泳技术、喷塑技术等几种,其中最耐久的是金属氧化技术,但由于它的颜色只有古铜色和铝合金本色两种,因此在氧化处理的同时,常又进行表面着色处理,以增加铝合金制品的外观美。表面处理后还需进行封孔处理。国家标准《铝合金建筑型材 第 2 部分:阳极氧化型材》(GB/T 5237.2—2017)规定,阳极氧化着色铝合金建筑型材的表面处理方式有:阳极氧化(银白色),阳极氧化加电解着色和阳极氧化加有机着色。《铝合金建筑型材 第 3 部分:电泳涂漆型材》(GB/T 5237.3—2008)规定,电泳涂漆铝合金建筑型材的表面处理方式有:阳极氧化加电泳涂漆和阳极氧化、电解着色加电泳涂漆。

阳极氧化处理是通过控制氧化条件及工艺参数,使在经过预处理的铝材表面形成比自然氧化膜(小于 $0.1~\mu m$ 厚)厚得多的氧化膜层($10 \sim 25~\mu m$ 厚)。阳极氧化膜是铝合金建筑型材的主要质量特性之一,膜厚会影响到型材的耐蚀性、耐磨性、耐候性,影响型材的使用寿命,因而在不同环境下使用的铝合金型材应采用不同厚度的氧化膜。

铝合金建筑型材还有以热固性饱和聚酯粉末作涂层(简称喷粉型材)和以聚偏二氟乙烯漆作涂层(简称喷漆型材)的表面处理方法。基材喷涂前,其表面应进行预处理,以提高基体与涂层的附着力。化学转化膜应有一定的厚度,当采用铬化处理时,铬化转化膜的厚度应控制在 $200 \sim 1~300~\mathrm{mg/m^2}$ 范围内(用重量法测定)。喷漆型材的涂层有二涂层(底漆加面漆)、三涂层(底漆、面漆加清漆)和四涂层(底漆、阻挡漆、面漆加清漆)三种。标准《铝合金建筑型材 第 4 部分 喷粉型材》(GB/T 5237.4—2017)和《铝合金建筑型材 第 5 部分:喷漆型材》(GB/T 5237.5—2017)分别规定了喷粉和喷漆铝合金建筑型材的要求、试验方法、检验规则等。

五、常用建筑铝合金制品

(一)铝合金门窗

铝合金门窗是将按特定要求成型并经表面处理的铝合金型材,经下料、打孔、铣槽、攻丝等加工,制得门窗框料构件,再加连接件、密封件、开闭五金件等一起组合装配而成。国家标准《铝合金门窗》(GB/T 8478—2020)具体规定了铝合金门窗的分类、规格、代号、要求、试验方法、检验规则等。

按开启类别不同,铝合金门窗分平开旋转类、推拉平移类和折叠类三种,各具有多种不同开启形式。

按性能铝合金门窗分普通型、隔声型和保温型、隔热型、保温隔热型、耐火型六种。

对铝合金门窗的性能要求主要有下面几点。

1. 气密性。关闭着的外门窗阻止空气渗透的能力,以单位缝长空气渗透量表示,即外门窗在标准状态下,压力差为 10 Pa 时单位开启缝长空气渗透量 q_1 和单位面积空气渗透量 q_2 作为分级指标。根据《建筑外门窗气密、水密、抗风压性能检测方法》(GB/T 7106—2019)进行检测。

2. 水密性。关闭着的外门窗在风雨同时作用下,阻止雨水渗漏的能力。采用严重渗漏压力差值的前一级压力差作为分级指标。根据《建筑外门窗气密、水密、抗风压性能检测方法》(GB/T 7106—2019)进行检测。

3. 抗风压性。关闭着的外门窗在风压作用下,不发生损坏和功能障碍的能力。采用定级检测压力差值 P_3 为分级指标。根据《建筑外门窗气密、水密、抗风压性能检测方法》(GB/

T 7106—2019)进行检测。

4. 保温性。在门或窗户两侧存在空气温差条件下，门或窗户阻抗从高温一侧向低温一侧传热的能力。门或窗户保温性能用传热系数表示。传热系数(K)指在稳态传热条件下，门窗两侧空气温差为 1 K(绝对温度)时单位时间内通过单位面积的传热量(W/(m^2 · K))。根据《建筑外门窗保温性能检测方法》(GB/T 8484—2020)进行检测。

5. 隔声性。铝合金门窗的隔声性能常用隔声量 R 表示，单位为(dB)。它必须在音响试验室内对其进行音响透过损失试验。根据《建筑门窗空气声隔声性能分级及检测方法》(GB/T 8485—2008)进行检测。

建筑用门的性能应根据建筑物所在地区的地理、气候、周围环境以及建筑物的高度、体型、重要性等进行选定。

（二）铝合金装饰板

用于装饰工程的铝合金板，其品种和规格很多。按表面处理方法分有阳极氧化处理及喷涂处理装饰板两种。按常用色彩分有银白色、古铜色、金色、红色、蓝色等。按几何尺寸分有条形板和方形板，条形板的宽度多为 80～100 mm，厚度为 0.5～1.5 mm，长度 6.0 m 左右。按装饰效果分，则有铝合金花纹板、铝合金波纹板、铝合金压型板、铝合金浅花纹板、铝合金冲孔板等。

1. 铝合金压型板。铝合金压型板是目前应用十分广泛的一种新型铝合金装饰材料，它具有质量轻、外形美观、耐久性好、安装方便等优点，通过表面处理可获得各种色彩。主要用于屋面和墙面等。

2. 铝合金花纹板。铝合金花纹板是采用防锈铝合金等坯料，用特制的花纹轧辊轧制而成。花纹美观大方、筋高适中、不易磨损、防滑性能好，防腐蚀性能强，便于冲洗。通过表面处理可得到各种颜色。广泛用于公共建筑的墙面装饰、楼梯踏板等处。

第四节 建 筑 玻 璃

玻璃是以石英砂、纯碱、长石和石灰石等为主要原料，经熔融、成形、冷却固化而成的非结晶无机材料。

一、玻璃的组成、分类与特性

（一）玻璃的组成

玻璃的组成很复杂，其主要化学成分为 SiO_2(含量 72％左右)、Na_2O(含量 15％左右)、CaO(含量 8％左右)，另外还含有少量 Al_2O_3、MgO 等，它们对玻璃的性质起着十分重要的作用，改变玻璃的化学成分、相对含量和制备工艺，可获得性能和应用范围全然不同的各类玻璃制品。为使玻璃具有某种特性或改善玻璃的工艺性能，还可以加入少量的助熔剂、脱色剂、着色剂、乳浊剂和发泡剂等。

（二）玻璃的分类

玻璃的种类很多，按其化学成分可分为硅酸盐玻璃、磷酸盐玻璃、硼酸盐玻璃和铝酸盐玻璃等。其中以硅酸盐玻璃应用最广，它是以二氧化硅为主要成分，另外还含有一定量的 Na_2O 和 CaO，故又称钠钙硅酸盐玻璃，为常用的建筑玻璃。若以 K_2O 代替 Na_2O，并提高 SiO_2 含量，则成为制造化学仪器用的钾硅酸盐玻璃。若引入 MgO，并以 Al_2O_3 替代部分

SiO_2，则成为制造无碱玻璃纤维和高级建筑玻璃的铝硅酸盐玻璃。

按玻璃的用途又可分为建筑玻璃、化学玻璃、光学玻璃、电子玻璃、工艺玻璃、玻璃纤维及泡沫玻璃等。本章主要介绍建筑玻璃。建筑物可根据功能要求选用普通平板玻璃、浮法玻璃、中空玻璃、钢化玻璃、夹层玻璃、镀膜玻璃、夹丝玻璃、吸热玻璃、防弹玻璃、单片防火玻璃等。国家行业标准《建筑玻璃应用技术规程》(JGJ 113—2015)对建筑玻璃的应用设计及安装施工做了具体规定。

（三）玻璃的特性

1. 密度

玻璃内几乎无孔隙，属于致密材料。其密度与化学成分有关，含有重金属离子时密度更大，如含大量 PbO 的铅玻璃密度可达 $6.5\ g/cm^3$，普通玻璃的密度为 $2.45\sim2.55\ g/cm^3$。

2. 光学性质

玻璃具有优良的光学性质，透光性好，适用于建筑物的采光、装饰，以及光学仪器和日用器皿。当光线入射玻璃时，表现有反射、吸收和透射三种性能。玻璃的用途不同，要求这三项光学性能的大小各异。用于采光、照明时要求透光率高，如 3 mm 厚的普通平板玻璃的透光率≥85%。用于遮光和隔热的热反射玻璃，要求反射率高，可达 48%以上。

玻璃对光的吸收与玻璃的组成、厚度及入射光的波长有关。例如在玻璃中加入钴、镍、铜、锰、铬等氧化物，则相应呈现蓝、灰、红、紫、绿等颜色。

3. 热工性质

玻璃的热工性质主要是指其比热和导热系数。

玻璃是热的不良导体，它的导热系数随温度升高而降低，它还与玻璃的化学组成有关，增加 SiO_2、Al_2O_3 含量时其值增大。普通玻璃的导热系数为 $0.75\sim0.92\ W/(m\cdot K)$。由于玻璃传热慢，所以玻璃在受温度急变时，沿玻璃的厚度从表面到内部，有着不同的膨胀量，由此而产生内应力，当应力超过玻璃极限强度时就造成碎裂破坏。

4. 力学性质

二氧化硅（SiO_2）含量高的玻璃有较高的抗压强度，玻璃的抗压强度高，一般为 $600\sim1\ 600\ MPa$，而抗拉强度很小，为 $40\sim120\ MPa$，故玻璃在冲击力作用下易破碎，是典型的脆性材料。一般玻璃的莫氏硬度为 $4\sim7$。

5. 化学性质

玻璃具有较高的化学稳定性，在通常情况下对水、酸、碱以及化学试剂或气体等具有较强的抵抗能力，但不能抵抗氢氟酸的侵蚀。

二、平板玻璃

土木工程中面广量大应用的玻璃制品为普通平板玻璃和浮法玻璃，由于前者厚度偏差较大，外观质量较差，仅可满足一般封闭与采光的要求，不宜用来作深加工处理。而近代发展起来的浮法工艺生产的平板玻璃制品，其表面平整度高，外观质量好，已成为平板玻璃的主导产品，占总产量 70%，也是深加工玻璃制品的基础材料。

（一）平板玻璃的生产与规格

平板玻璃的生产工艺主要有引拉法和浮法。引拉法有平拉法和引上法两种。引拉法生产的平板玻璃优点是工艺比较简单，其缺点是玻璃厚薄不易控制。

浮法玻璃的生产过程是在浮抛锡槽中完成的。锡槽也叫浮抛窑，有一定深度，其高温区可达 1 200℃以上,浮法工艺产量高、质量好、品种多、规格大、劳动生产率高,是目前世界上生产平板玻璃最先进的方法。

平板玻璃质量应符合《平板玻璃》(GB 11614—2009)的规定,产品按颜色属性分为无色透明平板玻璃和本色着色平板玻璃,其公称厚度(mm)分为 2、3、4、5、6、8、10、12、15、19、22、25 等十二种。

(二)平板玻璃的技术要求

平板玻璃产品的弯曲度不得超过 0.2%,厚度允许偏差为:厚度 2~6 mm 者允许偏差 ±0.2 mm;厚度 8~12 mm 者允许偏差±0.3 mm;厚度 15 mm、19 mm、22~25 mm 者分别允许偏差±0.5 mm、±0.7 mm、±1.0 mm。

平板玻璃按外观质量分为优等品、一级品和合格品三个等级。

平板玻璃应切裁成矩形,其对角线差应不大于其平均长度的 0.2%,其长度和宽度的尺寸偏差应不超过表 14-2 的规定。

表 14-2　平板玻璃的尺寸偏差要求　　　　　　　　　　　　　单位:mm

公称厚度	尺寸偏差	
	尺寸≤3 000	尺寸>3 000
2~6	±2	±3
8~10	+2,−3	+3,−4
12~15	±3	±4
19~25	±5	±5

平板玻璃主要用作建筑物门窗,起采光、挡风雨、保温和隔音等作用,一般采用 3 mm 厚平板玻璃。另外一部分用于深加工玻璃制品。

三、深加工玻璃制品及其应用

(一)钢化玻璃

钢化玻璃是采用浮法玻璃、磨光玻璃或吸热玻璃等进行淬火加工而成。

钢化玻璃的加工通常采用物理钢化法。即将平板玻璃放入加热炉中,加热到接近其软化温度(约 650℃)并保持一定时间(一般 3~5 min),然后移出加热炉并随即用多头喷嘴向玻璃两面喷吹冷空气,使之迅速均匀冷却至室温,即成为高强度的钢化玻璃。钢化玻璃的应力状态如图 14-1 所示。由于冷却过程中,玻璃的两个表面首先冷却硬化,待内部逐渐冷却并伴随体积收缩时,已硬化的外表势必阻止内部的收缩,从而使玻璃处于内部受拉、外表受压的应力状态(图 14-1b)。当玻璃受弯时,表面的压应力可抵消部分受弯引起的拉应力,即减小了实际受拉应力(图 14-1c),且玻璃的抗压强度较高,受压区的压应力虽然增加了,但远不至于使玻璃破坏,从而提高了玻璃的抗弯能力。处于这种应力状态的玻璃,一旦受到撞击破坏,便产生应力崩溃,碎成无数无尖锐棱角的小块,不易伤人,故称之为安全玻璃。

钢化玻璃的强度比普通平板玻璃要高 3~5 倍,其抗弯强度不低于 200 MPa;抗冲击性能好,钢化玻璃在经受急冷急热时不易发生炸裂。最大安全工作温度为 288℃,能承受 204℃的温差变化。玻璃经钢化后就不能进行切割等加工,故应预先加工好后再行钢化。

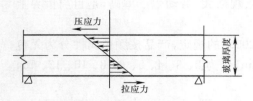

(a) 普通玻璃受弯作用时截面上的应力分布

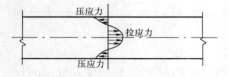

(b) 钢化玻璃截面上的内力分布

(c) 钢化玻璃受弯作用时截面上的应力分布

图 14-1　普通玻璃与钢化玻璃的应力状态

由于钢化玻璃具有上述特点,可用作高层建筑的门窗、幕墙、隔墙、屏蔽、桌面玻璃、炉门上的观察窗、辐射式气体加热器、弧光灯用玻璃,以及汽车风挡、电视屏幕等。

在我国,每年都有大量的钢化玻璃使用在玻璃幕墙上,但其自爆大大限制了钢化玻璃的应用,主要原因是玻璃内部存在的硫化镍(NiS)结实,而对钢化玻璃进行均质(第二次热处理工艺)处理,可大大降低自爆率,采用特定工艺处理过的钠钙硅钢化玻璃称为均质钢化玻璃(HST),其处理工艺及各项性能要求可参阅国标《建筑用安全玻璃第 4 部分:均质钢化玻璃》(GB 15763.4—2009)。

（二）夹层玻璃

夹层玻璃是玻璃与玻璃/或塑料等材料,用中间层分割并通过处理使其黏结为一体的复合材料的统称。常见和大多使用的是玻璃与玻璃,用中间层分割并通过处理使其黏结为一体的玻璃构件。

生产夹层玻璃的原片可采用浮法玻璃、普通平板玻璃、压花玻璃、抛光夹丝玻璃和夹丝压花玻璃等。夹层玻璃的层数最多可达 9 层,达 9 层时则一般子弹不易穿透,成为防弹玻璃。

国家标准《建筑用安全玻璃 第 3 部分:夹层玻璃》(GB 15763.3—2009)规定,夹层玻璃按形状分为平面和曲面两类,按霰弹袋冲击性能可分为Ⅰ、Ⅱ-1、Ⅱ-2、Ⅲ等四类。夹层玻璃破碎时只产生裂纹而不分离成碎片,不致伤人。由于夹层玻璃具有很高的抗冲击强度和使用的安全性,因而适用于建筑物的门、窗、天花板、地板和隔墙,常用于工业厂房的天窗、商店的橱窗、幼儿园、学校、体育馆、私人住宅、别墅、银行、珠宝店、邮局等保存贵重物品建筑及玻璃易破碎建筑的门、窗等。通过设计与选材,夹层玻璃还可以用作电磁屏蔽玻璃、防火玻璃、防盗玻璃等。

（三）夹丝玻璃

夹丝玻璃是用压延法生产的一种安全玻璃。当玻璃液通过压延辊成型时,将已经预热的金属丝或金属网压于玻璃板中,即制成夹丝玻璃。夹丝玻璃分为夹丝压花玻璃和夹丝磨光玻璃两类。夹丝玻璃受到外力或在火灾中破裂时,玻璃碎片仍固定在金属丝或网上而不脱落,可防止火焰穿透,起到阻止火灾蔓延的作用。夹丝玻璃最大的缺点是隔热性能差,发生火灾十几分钟后,背火面温度可高达 400℃～500℃。夹丝玻璃适用于公共建筑的阳台、楼梯、电梯间、走廊、厂房天窗和各种采光屋顶。

（四）防火玻璃

防火玻璃主要作用建筑物防火。根据《建筑用安全玻璃 第 1 部分：防火玻璃》(GB 15763.1—2009)的规定,建筑用防火玻璃按结构分为复合防火玻璃(FFB)和单片防火玻璃(DFB)。复合防火玻璃是由两层或两层以上玻璃复合而成,或由一层玻璃和有机材料复合而成,并满足相应耐火等级要求的特种玻璃。单片防火玻璃是由单层玻璃构成,并满足相应的耐火等级要求的特种玻璃。防火玻璃按结构型式又可分为:防火夹层玻璃、薄涂型防火玻璃、单片防火玻璃和防火夹丝玻璃。其中防火夹层玻璃按生产工艺特点又分为复合型防火玻璃和灌注型防火玻璃。制造防火玻璃可选用镀膜或非镀膜的浮法玻璃、钢化玻璃等材料作原片,复合防火玻璃也可选用单片防火玻璃做原片。

建筑用防火玻璃按其耐火性能分为隔热型防火玻璃(A 类)和非隔热型防火玻璃(C 类)。各类防火玻璃按耐火极限又分为五个等级:0.50 h、1.00 h、1.50 h、2.00 h、3.00 h。

（五）着色玻璃

着色玻璃是能吸收大量红外线辐射能,并保持较高可见光透过率的平板玻璃。着色玻璃有着色普通平板玻璃和着色浮法玻璃两种。

生产着色玻璃的方法有两种:一是在普通钠钙硅酸盐玻璃的原料中加入一定量有吸热性能的着色剂,如氧化铁、氧化镍、氧化钴以及硒等;另一种是在平板玻璃表面喷镀一层或多层金属或金属氧化物薄膜而制成。

着色玻璃按色调分为不同的颜色系列,包括茶色系列、金色系列、绿色系列、蓝色系列、紫色系列、灰色系列、红色系列等。

着色玻璃能吸收太阳辐射热,吸收太阳可见光,减弱太阳光的强度,起到防眩作用,并能吸收一定的紫外线。因此,着色玻璃已成为平板玻璃的主要品种,产品也向多颜色、多功能发展,广泛用于建筑物的门窗、外墙以及用作车、船挡风玻璃等,起到隔热、防眩、采光及装饰等作用。

（六）镀膜玻璃

镀膜玻璃是通过物理或化学方法,在玻璃表面涂覆一层或多层金属、金属化合物或非金属化合物,满足某种特定要求。镀膜玻璃按产品的特性不同可分为:阳光控制镀膜玻璃和低辐射镀膜玻璃。低辐射镀膜玻璃按镀膜工艺分为离线和在线低辐射玻璃两类,按膜层耐高温性能分为可钢化和不可钢化低辐射玻璃两类。

阳光控制镀膜玻璃对波长 300~2 500 nm(0.3~2.5 μm)的太阳光具有一定控制作用。低辐射镀膜玻璃又称低辐射玻璃、"Low-E"玻璃,是一种对波长范围 4.5~25 μm 的远红外线有较高反射比的镀膜玻璃。低辐射镀膜玻璃还可以复合阳光控制功能,称为阳光控制低辐射玻璃。

国家标准《镀膜玻璃 第 1 部分 阳光控制镀膜玻璃》(GB/T 18915.1—2013)和《镀膜玻璃 第 2 部分 低辐射镀膜玻璃》(GB/T 18915.2—2013)分别对阳光控制镀膜玻璃和低辐射镀膜玻璃技术要求做了规定。镀膜玻璃有以下特性:

① 阳光控制镀膜玻璃具有良好的光控性能,可起到隔热和遮阳效果,其丰富多彩的颜色品种使建筑物更具魅力。

② 低辐射镀膜玻璃具有较好的光谱选择性,可大量吸收太阳的近红外线和可见光,能阻挡相当部分红外线进入室内,既保持了室内光线明亮,又能减少室内的热负荷。具有节能、环保、居住舒适、防紫外线等多种优势。

③ 阳光控制低辐射双功能镀膜玻璃能将阳光控制和绝热功能有效地结合起来,具有较高的透光率和较低的反光率,提供了视觉和温度的舒适性,符合当今及未来建筑的发展趋势要求。

（七）中空玻璃

中空玻璃又称隔热玻璃,是由两片或多片玻璃以有效支撑均匀隔开,并周边黏结密封,使玻璃层间形成干燥气体空间的制品。中空玻璃的空隙最初是充填干燥的空气,目前多用导热率比空气低的其他气体,如惰性气体等。为获得更好的声控、光控和隔热等效果,还可在两片玻璃间充以各种能漫射光线的材料、电介质等。

中空玻璃按形状分为平面和曲面中空玻璃,按中空腔内气体分为普通和充气中空玻璃。玻璃可采用平板玻璃、镀膜玻璃、夹层玻璃、钢化玻璃、防火玻璃、半钢化玻璃和压花玻璃等。

中空玻璃不得有妨碍透视的污迹、夹杂物及胶黏剂飞溅现象,其密封性能、露点、耐紫外线照射性能、气候循环耐久性能及高温高湿耐久性能等应符合国家标准《中空玻璃》(GB 11944—2012)的规定。中空玻璃具有以下特点:①优良的绝热性能,②隔声性能好,③露点低,④密封性能好,⑤稳定性能好,不易破裂。耐风压,使用寿命长。

随着对建筑节能要求的提高,中空玻璃已被广泛应用于建筑工程。中空玻璃的主要功能是隔热、隔声,适用于室内相对湿度不超过 60%,室内外温差不大于 50℃,耐压差允许外界压力波动范围为±0.1 大气压(约 10 kPa),需要采暖、空调、防止噪音、防止结露,以及需要无直射阳光和特殊光的建筑物,如住宅、办公楼、学校、医院、旅馆、商店、恒温恒湿的实验室以及工厂的门窗、天窗和玻璃幕墙等。

(八)幕墙玻璃

建筑幕墙是指由支承结构体系与面板组成的、可相对主体结构有一定位移能力、不分担主体结构所受作用的建筑外围护结构或装饰性结构。由不同材料的面板(如玻璃、金属、石材等)组成的建筑幕墙称组合幕墙,面板材料为玻璃的建筑幕墙称玻璃幕墙。

玻璃幕墙是一种现代建筑的产物,其主要优点是建筑外立面装饰效果现代化,本身结构自重轻,施工较简便且工期较短,又可与土建立体交叉施工,维护保养清洁方便,还能适应旧建筑外墙立面更新改造。其缺点是造价较高、抗震、抗风性能较弱,部分玻璃幕墙存在光反射。

目前建筑物采用的玻璃幕墙按其结构形式可分为构件式玻璃幕墙、单元式玻璃幕墙、小单元玻璃幕墙、全玻璃幕墙、点支式玻璃幕墙等;按金属框架与玻璃面板的联系可分为隐框、半隐框、明框玻璃幕墙。

玻璃材料是影响玻璃幕墙安全性的重要因素之一,其技术要求应符合《建筑用安全玻璃 第 2 部分:钢化玻璃》(GB 15763.2—2005)的规定。玻璃钢化程度越高,其表面应力越大,则自爆率也越高。

采用玻璃幕墙应符合《玻璃幕墙工程技术规范》(JGJ 102—2013)的规定。当前,幕墙玻璃应用的趋势是:在建筑幕墙的一般部位采用半钢化玻璃及其组合的夹层或中空玻璃;在易遭受撞击、冲击而造成人体伤害的部位,如门和标高在 5 m 以下的玻璃拦河,选用钢化玻璃及其组合玻璃。

(九)彩色玻璃

彩色玻璃有透明和不透明的两种。透明的彩色玻璃是在玻璃原料中加入一定量的金属氧化物而制成。不透明彩色玻璃又名釉面玻璃,它是以平板玻璃、磨光玻璃或玻璃砖等为基材,在玻璃表面涂敷一层易熔性色釉,加热到彩釉的熔融温度,使釉层与玻璃牢固结合在一起,再经退火或钢化而成。彩色玻璃的彩面也可用有机高分子涂料制得。

彩色玻璃的颜色有红、黄、蓝、黑、绿、灰色等十余种,可用以镶拼成各种图案花纹,并有耐蚀、抗冲刷、易清洗等特点,主要用于建筑物的内、外墙,门窗,以及对光线有特殊要求的部位。有时在玻璃原料中加入乳浊剂(萤石等),可制得乳浊有色玻璃,这类玻璃透光而不透视,具有独特的装饰效果。

（十）压花玻璃

压花玻璃是将熔融的玻璃液在急冷过程中,使其通过带有图案花纹的辊轴滚压而成的制品。可一面压花,也可两面压花。压花玻璃分普通压花玻璃、真空冷膜压花玻璃和彩色膜压花玻璃等三种。

根据《压花玻璃》(JC/T 511—2002)规定,其产品按外观质量分为一等品和合格品两个等级,厚度有 3 mm、4 mm、5 mm、6 mm 和 8 mm。压花玻璃具有透光不透视的特点,这是由于其表面凹凸不平,当光线通过时产生漫射,因此,从玻璃的一面看另一面物体时,物象模糊不清。压花玻璃表面有各种图案花纹,具有一定艺术装饰效果。多用于办公室、会议室、浴室、卫生间以及公共场所分离室的门窗和隔断等处。使用时应将花纹朝向室内。

（十一）磨砂玻璃

磨砂玻璃又称毛玻璃,是将平板玻璃的表面经机械喷砂或手工研磨或氢氟酸溶蚀等方法处理成均匀的毛面。其特点是透光不透视,且光线不刺目,用于要求透光而不透视的部位。安装时应将毛面朝向室内。磨砂玻璃还可用作黑板。

（十二）光栅玻璃

光栅玻璃(俗称镭射玻璃)是以玻璃为基材,用特种材料采用特殊工艺处理在玻璃表面构成全息光栅或其他几何光栅。在光源的照射下,产生物理衍射的七彩光。单层非钢化光栅玻璃必须具有普通玻璃同样的加工性能,即可任意切割、钻孔、磨边,其时玻璃与光学结构层仍为一体。

光栅玻璃适用于酒店、宾馆和各种商业、文化、娱乐设施的装饰。

（十三）釉面玻璃

釉面玻璃是以所要求尺寸的平板玻璃为主要基材,在玻璃的一面喷涂釉液,再在喷涂液表面均匀地撒上一层玻璃碎屑,以形成毛面,然后经 500～550℃ 热处理,使三者牢固地结合在一起而制成。可用作内外墙的饰面材料。

（十四）微晶玻璃

微晶玻璃又称玻璃陶瓷、玉晶石、微晶石等。它以无机材料为主,加一些化工原料组成特殊配方,经熔融水淬、微晶化热处理,最后抛光切割成材。生产微晶玻璃的关键设备为晶化窑炉,目前应用较为成功的有梭式窑和隧道窑。微晶玻璃的应用范围非常广泛,用于建筑装饰材料仅是其众多应用领域之一。《建筑装饰用微晶玻璃》(JC/T 872—2019)规定了建筑装饰用微晶玻璃外观质量、物理力学性能及化学特性等技术要求。

微晶玻璃制品结构致密、纹理清晰,具有玉的质感;外观平滑光亮、色泽柔和典雅、无色差、不褪色;耐磨、耐酸、耐碱、耐污染;极低的热膨胀系数;绿色、环保、无放射性污染;并可根据需要设计制造出不同色泽花样、规格的平板及异型板材。微晶玻璃板材的主要缺陷是生产中易产生气孔、翘曲变形、色脏、缺棱角等现象,其中以气孔、翘曲变形为多见。

微晶玻璃花色品种以纯白为主,还有黄色、灰色、蓝色、绿色、黑色和复合色等。作为一种高档装饰材料,主要用于星级酒店、机场、地铁、银行、高级写字楼、别墅及私人住宅等的墙面、地面、圆柱和弧形墙面装饰。装修方法与石材或瓷砖相似。

（十五）玻璃砖

玻璃砖有实心和空心的两类，它们均具有透光而不透视的特点。空心玻璃砖又有单腔和双腔两种。空心玻璃砖具有较好的绝热、隔声效果，双腔玻璃砖的绝热隔声性能更佳，它在建筑上的应用更广泛。实心玻璃砖用机械压制方法成型。空心玻璃砖则先用箱式模具压制成箱型玻璃元件，再将两块箱形玻璃加热熔接成整体的空心砖，中间充以干燥空气，再经退火、涂饰侧面而成。

玻璃砖主要用作建筑物的透光墙体，如建筑物承重墙、隔墙、淋浴隔断、门厅、通道等。某些特殊建筑为了防火或严格控制室内温度、湿度等要求，不允许开窗，使用玻璃砖既可满足上述要求，又解决了室内采光问题。

（十六）玻璃锦砖

玻璃锦砖又称玻璃马赛克，为含有未熔融的微小晶体（主要是石英）的乳浊状半透明玻璃质材料，是一种小规格的饰面玻璃制品。其一般尺寸为 20 mm×20 mm、25 mm×25 mm、30 mm×30 mm，厚 4.0 mm、4.2 mm、4.3 mm，背面有槽纹，有利于与基面黏结。为便于施工，出厂前将玻璃锦砖按设计图案反拼贴在牛皮纸上，贴成 327 mm×327 mm 见方，称为一联，亦可用其他尺寸。其质量应符合《玻璃马赛克》（GB/T 7697—1996）的规定。

玻璃锦砖颜色绚丽，色泽众多，有透明、半透明、不透明三种。它能天雨自洗，经久常新，是良好的外墙装饰材料。

（十七）泡沫玻璃

泡沫玻璃又称多孔玻璃，是利用废玻璃、碎玻璃经一定的加工工艺过程，在发泡剂的作用下制得的一种多孔轻质玻璃，一般气孔率可达 80%～90%，孔径为 0.5～50 mm 或更小。

泡沫玻璃具有优异的性能：密度仅为普通玻璃的 1/10（120～500 kg/m³）；吸声效果好；抗压强度高（0.4～0.5 MPa）；不透气、不透水、耐酸、耐碱、耐热、抗冻、防火等，用途十分广泛，是具有多种优异功能的装饰材料。

第五节　建筑陶瓷

建筑陶瓷产品主要包括：陶瓷内墙面砖、外墙面砖和地砖等陶瓷砖；洗面器、水槽、淋浴盆以及大、小便器等卫生陶瓷器；琉璃砖、琉璃瓦、琉璃建筑装饰制件等琉璃制品；输水管、落水管、烟囱管等陶瓷管；陶瓷庭院砖、道路砖、栏杆砖以及陶瓷浮雕等。

一、陶瓷制品的分类

陶瓷制品按所用原料及坯体的致密程度可分为陶器、瓷器和炻器三大类，它们的特性分别如下：

1. 陶器

陶器系多孔结构，通常吸水率较大，断面粗糙无光，敲击时声粗哑，有施釉和无釉两种制品。陶器根据其原料土杂质含量的不同，又可分为粗陶和精陶两种。粗陶不施釉，建筑上常用的烧结黏土砖、瓦，就是最普通的粗陶制品。精陶一般经素烧和釉烧两次烧成，通常呈白色或象牙色，吸水率为 9%～12%，高的可达 18%～22%。

建筑陶瓷中的陶器制品主要是釉面内墙砖和琉璃制品。

2. 瓷器

瓷器结构致密,基本上不吸水(吸水率不大于0.5％),色洁白,具有一定的半透明性,其表面通常均施有釉层。瓷器按其原料土化学成分与工艺制作不同,分为粗瓷和细瓷两种。

瓷器有较高的机械强度、热稳定性和耐化学侵蚀性。日用餐茶具、陈设瓷、电瓷、化学化工瓷及美术用品等多属瓷器。建筑陶瓷中瓷器制品有瓷质砖、高档卫生陶瓷制品等。

3. 炻器

炻器是介于陶器和瓷器之间的一类陶瓷制品,也称半瓷器。炻器按其坯体的细密程度不同,分为炻瓷质、细炻质和炻质。

炻瓷质制品的吸水率为0.5％～3％。由于有较小的吸水率,制品机械强度较高,抗冻性好,吸湿膨胀低,施釉后可作为人流较多地方的铺地材料和寒冷地区的外墙铺贴材料。

细炻质制品的吸水率为3％～6％,它可以作为不太寒冷地区的外墙铺贴材料和室内施釉地砖。吸水率大于3％而不超过6％的墙地砖和大多数挤出法成型的制品(如劈离砖)均属此类陶瓷。

炻质制品的吸水率为6％～10％。吸水率大于6％而不超过10％的墙地砖就属此类。

二、建筑陶瓷的分类

根据国家标准《建筑卫生陶瓷分类及术语》(GB/T 9195—2011)的定义,建筑陶瓷是由黏土、长石和石英为主要原料,经成型、烧结等工艺处理,用于装饰、构件与保护建筑物、构筑物的板状或块状陶瓷制品。

1. 按用途分类

建筑陶瓷按用途可分为:内墙砖(板、块);外墙砖(板、块);地砖(板、块);天花板砖(板、块);阶梯砖(板、块);游泳池砖;广场砖;配件砖;屋面砖以及其他用途砖(板、块)。

(1) 内墙砖(板、块)。吸水率小于21％的施釉精陶制品,用于内墙装饰。主要特征是釉面光泽度高,装饰手法丰富,外观质量和尺寸精度都比较高。按颜色可分单色(含白色)、花色(各类装饰手法)和图案砖,按形状可分正方形、长方形和异形砖。异形砖用于屋顶、底、角、边、沟等处。

(2) 外墙砖(板、块)。吸水率小于10％的陶瓷砖,用于外墙装饰。根据室外气温不同,选择不同吸水率的砖铺贴,寒冷地区应选用吸水率小于3％的砖。外墙砖的釉面多为半无光(亚光)或无光,吸水率小的砖不施釉。陶瓷外墙砖的主要品种为彩色釉面砖,此外,也有无釉砖、毛面砖、锦砖等。墙面下部也可采用质地厚重的劈离砖。

(3) 地砖(板、块)。用于地面铺贴的陶瓷砖。主要特征是工作面硬度大、耐磨、胎体较厚、机械强度高、耐污染性好。陶瓷地砖的品种有各类瓷质砖(施釉、不施釉、抛光、渗花砖等)、彩色釉面地砖、劈离砖、红地砖、锦砖、广场砖、阶梯砖等,质地厚重,耐磨性好。

2. 按吸水率(E)分类

(1) 低吸水率砖(板、瓦、块):吸水率不大于3％的陶瓷砖($E \leqslant 3\%$)。

(2) 中吸水率砖(板、瓦、块):吸水率大于3％但小于10％的陶瓷砖($3\% < E \leqslant 10\%$)。

(3) 高吸水率砖(板、瓦、块):吸水率大于10％的陶瓷砖($E > 10\%$)。

3. 按成型方法分类

(1) 挤压砖(板、瓦、块)。将可塑性坯料以挤压方式成型生产的陶瓷砖。

(2) 干压砖(板、瓦、块)。

（3）用其他方法成型的砖（板、瓦、块）。如压制砖是将混合好的粉料经压制成型的陶瓷砖。

在进行产品性能检测时，通常按材质和成型方法来选定检测标准。如在检测瓷质砖时，应选用干压法成型、吸水率小于 0.5% 的瓷质砖标准进行检测。

三、土木工程常用陶瓷砖

陶瓷砖包括陶质砖、炻质砖、瓷质砖、陶瓷马赛克和其他各种陶瓷砖。国家标准《陶瓷砖》(GB/T 4100—2015) 和《陶瓷砖试验方法》(GB/T 3810.1~16—2016) 两大系列标准，对陶瓷砖的性能和试验方法提出了全面规定。

（一）陶质砖

陶质砖是指吸水率大于 10% 的陶瓷砖，主要有釉面内墙砖，其执行《陶瓷砖》(GB/T 4100—2015) 附录 L 中 $E > 10\%$ BⅢ类标准。标准对尺寸、表面质量、主要物理性能均有具体要求，表 14-3 列出主要物理性能要求。

表 14-3 陶质砖主要物理性能要求

物理性能		要求	试验方法
吸水率（质量百分数）/%		平均值>10，单个最小值 9；当平均值>20 时，制造商应说明	GB/T 3810.3
破坏强度/N	a. 厚度≥7.5 mm	不小于 600	GB/T 3810.4
	b. 厚度<7.5 mm	不小于 350	
断裂模数/MPa 不适用于破坏强度≥3 000 N 的砖		平均值不小于 15，单个最小值 12	GB/T 3810.4

（二）炻质、细炻质和炻瓷质砖

目前，大多数墙地砖属于吸水率 E 为 0.5%~10% 的炻器范畴，它们根据吸水率的不同分别执行 GB/T 4100 炻质陶瓷砖 (6% < E ≤ 10% 干压法) 附录 K 中 BⅡb 类标准、GB/T 4100 细炻质陶瓷砖 (3% < E ≤ 6% 干压法) 附录 J 中 BⅡa 类标准、GB/T 4100 炻瓷质陶瓷砖 (0.5% < E ≤ 3% 干压法) 附录 H 中 BⅠb 类标准。

标准分别对炻瓷质砖、细炻质砖和炻质陶瓷砖的尺寸、表面质量和主要物质性能等均有具体要求，表 14-4 综合列出了它们的主要技术性能要求。

表 14-4 炻瓷砖、细炻砖、炻质砖主要技术性能要求

主要技术性能		要求		
		炻瓷砖	细炻砖	炻质砖
吸水率 E（质量百分数）/%		0.5<E≤3，单个最大值 3.3	3<E≤6，单个最大值 6.5	6<E≤10，单个最大值 11
破坏强度/N	a. 厚度≥7.5 mm	不小于 1 100	不小于 1 000	不小于 800
	b. 厚度<7.5 mm	不小于 700	不小于 600	不小于 600
断裂模数/MPa 不适用于破坏强度≥3 000 N 的砖		平均值不小于 30，单个最小值 27	平均值不小于 22，单个最小值 20	平均值不小于 18，单个最小值 16
耐磨性	a. 无釉砖耐磨损体积/mm³	最大值 175	最大值 345	最大值 540
	b. 有釉地砖表面耐磨性	经试验后报告陶瓷砖磨损等级和转数	经试验后报告陶瓷砖磨损等级和转数	经试验后报告陶瓷砖磨损等级和转数

（三）瓷质砖

瓷质砖是吸水率不超过 0.5% 的陶瓷砖。瓷质砖主要用于室内墙、地面装饰，其主要品种有仿花岗岩瓷质砖、仿大理石瓷质砖、大颗粒瓷质砖、渗花瓷质砖、钒钛合金装饰砖等。瓷质砖执行 GB/T 4100 瓷质砖（$E \leqslant 0.5\%$ 干压法）附录 G 中 B I a 类标准，其主要技术性能要求见表 14-5。

表 14-5　瓷质砖主要物理性能要求

主要技术性能		要　求	试验方法
吸水率（质量百分数）/%		$\leqslant 0.5$，单个最大值 0.6	GB/T 3810.3
破坏强度/N	a. 厚度$\geqslant 7.5$ mm	不小于 1 300	GB/T 3810.4
	b. 厚度< 7.5 mm	不小于 700	
断裂模数/MPa 不适用于破坏强度$\geqslant 3\,000$ N 的砖		平均值不小于 35，单个最小值 32	GB/T 3810.4

（四）陶瓷马赛克

陶瓷马赛克又称陶瓷锦砖，是指可拼贴成联的或可单独铺贴的小规格陶瓷砖，一般表面积不大于 49 cm²。

陶瓷马赛克采用优质瓷土烧制成方形、长方形、六角形等薄片状小块瓷砖后，再通过铺贴盒将其按设计图案反贴在牛皮纸上，称作一联，每联约 30 cm 见方。

陶瓷马赛克可制成多种色彩或纹点的小块砖，其表面有无釉和施釉两种，目前国内生产的多为无釉锦砖。

根据《陶瓷马赛克》（JC/T 456—2015）标准，陶瓷马赛克按质量要求分为优等品和合格品两个等级，标准对其尺寸偏差和外观质量均有具体要求。其吸水率不大于 1.0%。

陶瓷马赛克具有色泽明净、图案美观、质地坚实、抗压强度高、耐污染、耐腐、耐磨、耐水、抗火、抗冻、不吸水、不滑、易清洗等特点，它坚固耐用，且造价较低。

陶瓷马赛克主要用于室内地面铺贴，由于这种砖块小，不易被踩碎，它适用于工业建筑的洁净车间、工作间、化验室以及民用建筑的门厅、走廊、餐厅、厨房、盥洗室、浴室等的地面铺装，也可用作高级建筑物的外墙饰面材料，它对建筑立面具有良好的装饰效果，且可增强建筑物的耐久性。

彩色陶瓷马赛克还可用以镶拼成壁画，其装饰性和艺术性均较好。用于拼贴壁画的陶瓷马赛克，尺寸愈小，画面失真程度愈小，效果愈好。

（五）陶瓷砖新品种

1. 多孔陶瓷坯体砖

采用在高温下能分解产生大量气体的原料，或加入适量的化学发泡剂，制成体积密度只有 0.6~1.0 g/cm³ 甚至更低的多孔性陶瓷坯体，用这种比水还轻的陶瓷坯体可制成多种新品陶瓷砖。如：保温节能砖、吸音砖、轻质屋瓦、渗水路面砖等。

2. 抗静电砖

在备有精密仪器的实验室和存放易燃、易爆物品的仓库内，静电是非常有害的。抗静电砖是在釉料或坯料中加入具有半导体性能的金属氧化物，使生产出的砖具有半导体性能，从而避免静电积累，达到抗静电的目的。

3. 微晶玻璃砖

生产这种砖时，砖的底层采用陶瓷料、面层采用微晶玻璃料，成型采用二次布料技术，用辊道窑烧成。这既降低了生产成本,也解决了微晶玻璃铺贴不便的问题。

4. 抛晶砖

抛晶砖又称抛釉砖、釉面抛光砖。它是在坯体表面施一层烧后约有 1.5 mm 厚的耐磨透明釉,经烧成、抛光而成的。抛晶砖采用釉下装饰,高温烧成,它釉面细腻,高贵华丽,属于高档饰面砖产品。

四、建筑琉璃制品及陶瓷饰面瓦

琉璃制品是我国陶瓷宝库中的古老珍品,在我国有悠久的生产历史,它是用难熔黏土制坯成型后,经干燥、素烧、施釉、釉烧而制成。

琉璃制品的特点是质细致密,表面光滑,不易沾污,坚实耐久,色彩绚丽,造型古朴,富有我国传统的民族特色。

建筑琉璃制品分三类:瓦类(板瓦、滴水瓦、筒瓦、沟头),脊类(花脊、光脊、半边花脊),饰件类(吻、博、盖等)。

西式瓦即陶瓷饰面瓦,按制造方法可分为:有釉瓦(包括盐釉瓦)、熏瓦、无釉瓦。西式瓦以日本瓦和西班牙瓦最为常见,其配套和品种比中国琉璃制品简单得多,各式各样的饰面瓦已各自形成十多个标准化的型面,不同的品种,通过不同的配置组合,便可灵活多样地铺砌于屋面。由于品种少,砌筑水平需求不高,故生产上可采用机械化程度较高的可塑冲压法成型。西式瓦多为无釉瓦,古朴典雅,多用于小庭院建筑。

中式瓦是我国古老的百姓建筑用瓦,造型、结构简单,显出一种简洁、无拘束的风格。由于配件品种很少,显得单调,但价格便宜,仍不失为百姓建房的主要饰瓦。

五、卫生陶瓷

卫生陶瓷是指用于卫生设施的有釉陶瓷制品。卫生陶瓷品种繁多,主要品种按其功能可分为:洗面器、大便器、小便器、洗涤器(净身器、妇洗器)、水槽、水箱、存水弯、小件卫生陶瓷(如衣帽钩、手纸盒、皂盒等)、浴盆等。

(一)卫生陶瓷的技术性能

国家标准《卫生陶瓷》(GB 6952—2015),对卫生陶瓷的外观缺陷最大允许范围、最大允许变形和尺寸允许偏差等主要技术性能均有具体要求。表 14-6 列出卫生陶瓷外观缺陷最大允许范围。

表 14-6 卫生陶瓷外观缺陷最大允许范围

缺陷名称	单位	洗净面	可见面	其他区域
开裂、坯裂	mm	不准许		不影响使用的允许修补
釉裂、棕眼	mm	不准许		
大釉泡、色斑、坑包	个	不准许		
针孔	个	总数 2	1;总数 5	允许有不影响使用的缺陷
中釉泡、花斑	个	总数 2	1;总数 6	
小釉泡、斑点	个	1;总数 2	2;总数 8	
波纹	mm²	≤2 600		
缩釉、缺釉	mm²	不准许		
磕碰	mm²	不准许		20 mm² 以下 2 个
釉缕、橘釉、釉粘、坯粉、落脏、剥边、烟熏、麻面	—	不准许		

（二）建筑卫生陶瓷的发展趋势及其新品种

建筑卫生陶瓷工业是一个传统产业，作为一种实用产品和装饰材料，人们不仅注重其使用功能，而且同样注重其精神功能。在使用功能上要求其外在及内在质量好、稳定、使用寿命长，易于施工，使用触觉好，噪音低，冲洗功能好，节水等；在精神功能上要求其美、精、特，装饰效果好，协调、配套性好，富有时代感、艺术性，适应不同民族、地区的社会意识、文化特点和审美需要。

建筑卫生陶瓷制品总的发展方向是：高档化、功能化、艺术化和配套化。

1. 抗菌陶瓷

抗菌陶瓷是具有抗菌功能的陶瓷制品，它是在陶瓷制品生产过程中，加入抗菌剂，从而使制品具有抗菌作用的一种新型功能陶瓷。

抗菌剂的种类较多，其抗菌机理也各不相同，除可用在建筑卫生制品中外，还可用在各种涂料、搪瓷、水泥制品、塑料制品、纤维和纺织制品中。

釉面砖和卫生陶瓷为上釉产品，抗菌剂是通过加入釉料中而使产品表面具有抗菌功能。卫生洁具还可将抗菌剂加在便器圈、便器盖、五金配件及塑料配件表面，制成成套抗菌洁具。这种抗菌制品除可用在家庭外，更广泛应用在医院、公共场所以及潮湿环境等处，具有广阔的开发生产前景。目前国内从事该项技术研究开发及产品生产企业较多，但还没有制定出相应的国家及行业产品标准。

2. 蓄光陶瓷

蓄光陶瓷又叫蓄光性发光陶瓷、夜光陶瓷等，它是将蓄光材料加入陶瓷制品中而制得的具有蓄光发光性能的陶瓷制品。

蓄光材料是指当有可见光、紫外光等光源照射时，能将其光能储蓄起来，当光源撤离后在黑暗状态下，再将所储蓄的光能缓慢释放而产生荧光现象的材料。

将蓄光材料加在陶瓷釉料中而制成的各种墙地砖称为蓄光陶瓷砖。蓄光陶瓷砖使用在有间断光源的地方，或人为进行间断灯光照射，可产生连续发光的照明效果，既有装饰性又可大幅度节约电能。因此，有人又把蓄光陶瓷砖称为"节能建材"。

目前，蓄光陶瓷砖的蓄光性能为：受光时间 1～3 min，发光时间 2～12 h。但还没有蓄光陶瓷砖相应的国家或行业标准。

蓄光材料可广泛地应用在军事、航海、消防、交通等领域。如当夜间发生地震、火灾等突发性灾难时，往往会断电或应急照明设施失效，人们在黑暗中需得到明确的夜视引导才能顺利逃生。在公共场所如影剧院、学校、医院和居民楼道，夜间灯光突然熄灭或停电时，蓄光材料能引导人们安全出入。在高速公路、立交桥、地下通道等场所需要夜视指标等。

3. 自洁陶瓷

自洁陶瓷又称智洁陶瓷，它是利用纳米材料，将陶瓷釉面制成无针孔缺陷的超平滑表面，使釉面不易挂脏，即使有污垢，能被轻松冲洗掉的一种新型陶瓷制品。可用作卫生陶瓷和室内釉面砖。

第六节　装饰混凝土

装饰混凝土是指具有一定颜色、线形、质感、纹理及色彩等艺术特征，能起到一定装饰效果的混凝土。其效果主要受上述色彩、线形和质感三种因素的影响,因此利用混凝土塑性成型、材料构成的特点以及其本身的庄重感,在构件、制品成型时,采取适当措施,使其表面具有装饰性的线条、纹理质感和色彩效果,以满足建筑在装饰艺术方面的要求。

装饰混凝土按颜色分为彩色混凝土、本色混凝土;按表面质感纹理分为光面饰面混凝土、纹理混凝土和露骨料混凝土;按制品分为路面砖、装饰混凝土砌块(砖)、混凝土瓦和水磨石等;按材料分为彩色混凝土、清水混凝土、发光混凝土、透光混凝土、抛光混凝土、UHPC和 GRC 等;按应用领域分为建筑装饰混凝土、道路装饰混凝土、城市景观装饰混凝土、家居和工艺品类装饰混凝土。

制作装饰混凝土的原材料,一般而言与普通混凝土相同,其基本组成材料为水泥、水、砂。石子、外加剂和掺合料,只不过在原材料的颜色等方面更加严格。水泥是装饰混凝土的主要原料之一,一般采用普通硅酸盐水泥、白色硅酸盐水泥和彩色硅酸盐水泥。粗细骨料应由同一来源供应,要求洁净、坚硬。配制白色和彩色混凝土的骨料,不允许含有尘土、有机物和可溶盐。因此,施工前须将骨料清洗干净后晾干使用。

配制装饰混凝土用水要求与普通混凝土相同,一般饮用水即可。如掺加颜料应选用亲水、易与水泥混合、与水泥不起化学反应、耐碱、耐光、耐大气、稳定性好的矿物颜料,其掺量不应降低混凝土的强度,一般不超过 6%。有时也采用具有一定色彩的骨料来代替颜料。

一、混凝土路面砖

混凝土路面砖是以水泥、砂、石、颜料等为主要原料,经搅拌、压制成型或浇筑成型、养护等工艺制成的用于路面和路面铺装的混凝土砖,俗称地面砖。按成型材料可分为带面层的路面砖和通体路面砖,按形状可分为普通型和异型路面砖。

混凝土路面砖有两种生产工艺:一种是一次成型,通体采用一种混凝土配合比;另一种是底层用一种较粗集料混凝土配合比,面层用一种较细集料混凝土配合比,二次布料成型。两种生产工艺各有特点:一次布料成型的产品,材质均匀,抗压强度高,面层略粗,耐磨性较好,但颜料用量略大;二次布料成型的产品,面层光滑均匀,观感效果较好,颜料用量小,生产成型周期相对长一些。

(一)彩色混凝土路面砖

彩色混凝土路面砖是一种新型多功能的地面铺砌材料,具有色彩鲜艳、装饰效果好、强度高及耐久性和耐磨性好、适用范围广泛、施工简便、经济实惠等五大优点。彩色混凝土路面砖与草坪砌块、树坑砖和花墙砖等配合使用,在市政建设和城市美化中起着积极的作用,也是园路块材中最为常用的材料。

(二)透水混凝土路面砖

根据雨水通过混凝土路面砖铺设路面的(主要)途径,一般分为缝隙透水型路面砖和自透水型路面砖。缝隙透水型路面砖系指雨水主要通过砖之间(专门设计)的缝隙下渗;自透水型路面砖指雨水主要通过砖体混凝土自身的孔隙通道下渗,即砖体本身(相对于普通混凝土路面砖)具有更大的渗水能力。

透水混凝土路面是一种多孔性混凝土制品,其集料骨架中含有大量孔隙,并且这些孔隙都是互通的,以使雨、雪水可以迅速渗透入地下;为了保证色彩、质感和耐久性,面层采用了无机颜料和天然彩色石料,增强了面层的耐磨性和耐候性。透水砖作为混凝土路面砖除了要达到《混凝土路面砖》(JC/T 446—2000)中的各项技术要求以外,同时其性能应满足《透水砖》(JC/T 945—2005),透水系数(15℃)≥1.0×10⁻² cm/s。

二、装饰混凝土砌块

装饰混凝土砌块指在砌块表面进行专门装饰加工的砌块,是一种集结构、装饰性于一体的新型装饰材料,可直接用于建筑物的主体结构,如墙体、门柱等。由于砌块表面预先已经做好饰面层,因而用它砌筑的墙体、门柱等就无须再进行专门的装饰施工。

装饰混凝土砌块按装饰效果可分为彩色砌块、劈裂砌块、凿毛砌块、条纹砌块、磨光砌块、鼓形砌块、模塑砌块、露骨料砌块、花格砌块;按用途可分为贴面装饰砌块、砌体装饰砌块、路面装饰砌块、雕塑砌块;按抗渗性可分为普通型、防水型;按孔洞率可分为实心砌块、空心砌块;按作用可分为结构性装饰砌块和建筑性装饰砌块。

装饰混凝土砌块是现代砌块建筑中最流行的一种砌块,能够产生极好的装饰艺术效果,使砌块建筑的立面装饰多样化,具有浓厚的回归自然的气息。装饰砌块可以采用劈裂、切削、磨光、塑压及贴面等多种工艺加工。建筑师通过改变混凝土的原材料种类、设计图案式样以及在砌筑时使用不同种类砌块进行组合,可以使砌块建筑千姿百态,具有较高的建筑艺术风格,广泛应用于各类房屋建筑、市政、交通、水利工程建筑、园林建筑等领域。

三、GRC 混凝土

玻璃纤维增强混凝土(Glass Fiber Reinforced Concrete,GRC)是一种以水泥砂浆为基材,耐碱玻璃纤维为增强材料的无机复合材料。GRC 密度为$(1.8\sim2.0)\times10^3$ kg/m³,抗弯强度超过 18 MPa,相比传统的混凝土,GRC 以其质量轻、韧性好、可塑性好、装饰性及耐久性好、工艺简单等优点,成为装饰混凝土的新宠。GRC 制品可以是水泥本色,也可以是彩色的。这些装饰材料可适用于仿古式、欧式或者其他形式的建筑构造,如窗台、栏杆、檐口及其他部位的装饰。在建筑小品、建筑雕塑中也有采用。

四、彩色水泥瓦

彩色水泥瓦分为混凝土彩瓦和石棉水泥彩瓦两种,混凝土彩瓦的主要原材料为水泥、砂子、无机颜料、纤维、防水剂等。利用混凝土拌合物的可塑性,通过托板和成型压头将混凝土挤压或振动成产品,其生产工艺主要有辊压式和模压式。屋面瓦的形状有筒瓦、S 形瓦、平瓦、槽瓦等。石棉水泥彩瓦的主要原材料为水泥和石棉,主要为波瓦。波瓦一般采用喷涂着色。

彩色水泥瓦不仅有很好的装饰效果,而且抗风暴、雨雪甚至满足抗台风规范要求,在潮湿地区能防止发霉、腐烂、虫蛀,在干燥地区可防火,寒冷地区可经受冻融的考验,但应选用低吸水率的产品,其吸水率应不大于10%。

五、仿真混凝土制品

混凝土凭借其自身的可塑性、可染性和可加工性,还可塑造出形态各异的园艺制品和仿真制品。仿真混凝土制品模仿天然材料的外形相纹理,可以仿制各种卵石、毛石、粗糙的树外皮和锯断面纹理、竹节等,配上与原来的材料同样的颜色,达到以假乱真的效果。

仿真混凝土制品的制造工艺主要分为拓制仿真模型和成型仿具制品两部分。用人造橡胶,将欲仿造的天然材料的纹理轮廓和外形拓成隔模,制作制品时将其依附在刚性模板上,以备待用。这种轻质模型脱模非常方便,不致损伤成型好的仿真表面,可以不用或少用脱模剂,并可反复使用。成型方法可以采用振动成型或离心成型。成型时,混凝土拌合物要有好的可塑性,可以是整体着色或部分着色,浇筑成型后,养护、脱模等工序和普通混凝土基本一样。

复习思考题

14-1　简述铝合金的分类。建筑工程中常用的铝合金制品有哪些?其主要技术性能如何?

14-2　铝合金可进行哪些表面处理?铝合金型材为什么必须进行表面处理?

14-3　简述普通平板玻璃与浮法玻璃的质量差异。

14-4　安全玻璃有哪些品种?简述各种安全玻璃的特性及应用。

14-5　节能玻璃有哪些品种?简述各种节能玻璃的特性及应用。

14-6　装饰玻璃有哪些品种?各有何特点?

14-7　陶瓷制品按所用原料及坯体的致密程度分有哪几类?简述它们的特性。

14-8　建筑陶瓷砖按材质分有哪几类?简述它们的特性。

14-9　陶瓷砖的技术要求主要包括哪几方面?

14-10　简述卫生陶瓷的发展趋势。

14-11　何为装饰混凝土?简述其种类。

第十五章　合成高分子材料

以高分子化合物为主要原料加工而成的建筑材料称为高分子建材,也称化学建材。高分子建材是以聚合物为主料,配以各种填充料、助剂等调制而成,其主要品种有塑料制品、橡胶制品、涂料、胶黏剂、密封剂及防水材料等。本章主要介绍高分子化合物、建筑塑料、涂料和胶黏剂。

第一节　高分子化合物概述

一、基本概念

高分子化合物是一类品种繁多、应用广泛的天然或人工合成物质。自然界的蛋白质、淀粉、纤维等,合成材料塑料、橡胶、纤维等均属于高分子化合物。高分子化合物的相对分子质量一般为 $10^4 \sim 10^6$,其分子由许多相同的、简单的结构单元通过共价键(有些以离子键)有规律地重复连接而成,因此高分子化合物也称聚合物。

以聚丙烯为例(—CH$_2$—CH—CH$_2$—CH—)它是由重复单元(—CH$_2$—CH—)组成,
　　　　　　　　　　　　　　|　　　　　|　　　　　　　　　　　　　　　　　　　|
　　　　　　　　　　　　　CH$_3$　　　CH$_3$　　　　　　　　　　　　　　　　　CH$_3$

重复单元的数目称为平均聚合度,用 n 表示。重复单元的相对分子质量(M_0)与 n 的乘积为该高分子化合物的平均相对分子质量(M)。因此,聚丙烯可简写为 ₊CH$_2$—CH₊$_n$,其重复
　　　　　　　　　　　　　　　　　　　　　　　　　　　　　　　　　　　　　|
　　　　　　　　　　　　　　　　　　　　　　　　　　　　　　　　　　　CH$_3$

单元的相对分子质量(M_0)为 42,平均聚合度 n 一般为 $5\,000 \sim 16\,000$,聚丙烯的平均相对分子质量(M)$= 2.10 \times 10^5 \sim 6.73 \times 10^5$。

由此可见,高分子化合物相对分子质量不是均匀一致的,这种不均匀一致性称为相对分子质量的多分散性,或称聚合度的多分散性。高分子化合物可视相对分子质量不同的同系物的混合物。

二、高分子化合物的组成

高分子化合物是由低分子化合物聚合而来,这种低分子化合物被称为单体。高分子化合物是由这些单体通过化学键相互结合起来而形成。这些单体在大分子中成为一种重复的单元,称为链节。一个大分子中链节的数目称为聚合度。高分子化合物的合成主要有两种方法,即加成聚合和缩合聚合,简称加聚和缩聚。

1. 加聚。能加聚的单体分子中都含有双键,在引发剂的作用下双键打开,单体分子之间相互连接而称为高分子化合物。如聚乙烯由乙烯单体聚合而成:

$$n\text{CH}_2 =\!\!= \text{CH}_2 \xrightarrow{\text{催化剂}} \text{₊CH}_2 —\text{CH}_2\text{₊}_n$$
　　　　乙烯单体　　　　　　　　　聚乙烯

加聚反应过程中没有副产物生成,反应速度很快,得到的高分子化合物大多数是线型或带支链的分子。应用加聚反应方法生产的高分子化合物有聚乙烯(PE)、聚氯乙烯(PVC)、聚苯乙烯(PS)、聚甲基丙烯酸甲酯(PMMA)等。

2. 缩聚。能缩聚的单体分子中必须含有两个有反应性的基团,常见的是羟基、羧基等。缩聚反应的特点是反应中有低分子的副产物产生,如水、氨、醇等,并且反应速度慢,是可逆反应,所以要得到高分子产物,必须除去低分子产物,使反应进一步进行。应用缩聚方法生产的高分子化合物如涤纶、尿酸树脂、环氧树脂、酚醛树脂等。

三、高分子化合物的分类与命名

1. 分类

高分子化合物种类繁多,且在不断增加,很需要一个科学的分类和命名方法,但目前尚无公认的统一方法。以下几种方法是从不同角度提出的。

按来源可分为三类:

(1) 天然高分子,包括天然无机高分子(石棉、云母等)和天然有机高分子(纤维素、蛋白质、淀粉、橡胶等)。

(2) 人工合成高分子,包括合成树脂、合成橡胶和合成纤维等。

(3) 半天然高分子,如醋酸纤维、改性淀粉等。

按高分子化合物主链元素不同又可分为三类:

(1) 碳链高分子,大分子主链完全由碳原子组成,例如聚乙烯、聚苯乙烯、聚氯乙烯等乙烯基类和二烯烃类高分子化合物。

(2) 杂链高分子,主链除碳原子外,还含氧、氮、硫等杂原子的高分子化合物,如聚醚、聚酯、聚酰胺等。

(3) 元素有机高分子,主链不是由碳原子,而是由硅、硼、铝、氧、硫、磷等原子组成,如有机硅橡胶。

高分子化合物还常常根据它们的用途区分为塑料、纤维和橡胶(弹性体)三大类。如果加上涂料、黏合剂和功能高分子则有六大类。弹性体(橡胶)是一类在比较低的应力下就可以达到很大可逆应变(伸长率可达到 $500\%\sim1\,000\%$)的高分子化合物。主要品种有丁苯橡胶、顺丁橡胶、异戊橡胶、丁基橡胶和乙丙橡胶。纤维是指天然或人工合成的细丝状高分子化合物。这类高分子化合物具有高的抗形变能力,其伸长率通常低于 $10\%\sim50\%$。主要品种有尼龙、涤纶、锦纶、腈纶、维纶和丙纶等。塑料是指利用树脂等高分子化合物与配料混合,再经加热加压而成的、具有一定形状且在常温下不再变形的材料,其性能介于纤维和弹性体之间,具有多种机械性能的一大类高分子化合物。它们典型的力学性能如图 15-1 所示。

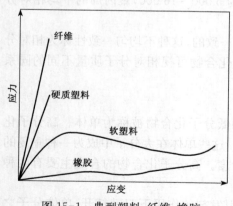

图 15-1　典型塑料、纤维、橡胶的应力-应变曲线

2. 命名

高分子化合物的命名方法至今尚未统一,但常用的方法是习惯命名法。

在习惯命名法中,天然高分子化合物用专有名称,例如纤维素、淀粉、木质素、蛋白质等。对于加成高分子化合物,则在单体前面冠以"聚"字,例如由乙烯、氯乙烯制得的聚合物就分别叫聚乙烯、聚氯乙烯;由两种或两种以上单体经共聚反应制得的高分子化合物则取单体名称或简称,单体之间加"-",再加"共聚物"后缀为名。例如乙烯与乙酸乙酯的共聚物叫乙烯-乙酸乙烯酯共聚物;对于由两种不同单体缩聚制得的高分子化合物习惯上有两种命名,一种是在表明或不表明缩聚物类型(聚酰胺、聚酯等)的情况下冠以"聚"字,例如对苯二甲酸与乙二醇的反应物叫聚对苯二甲酸乙二酯,己二酸与己二胺的产物叫聚己二酰己二胺。另一种情况取它们的简称加"树脂"后缀而成,例如苯酚和甲醛,尿素和甲醛的缩聚产物分别叫酚醛树脂和尿醛树脂。"树脂"是指未掺添加剂的高分子化合物。

许多合成弹性体为共聚物,往往从单体中各取一个特征字,加"橡胶"后缀为名,例如乙(烯)丙(烯)橡胶,丁(二烯)橡胶等。在我国把合成纤维称之为"纶"已成为习惯,例如锦纶(聚己内酰胺)、丙纶(聚丙烯)、涤纶(聚对苯二甲酸乙二酯)等。

高分子化合物的化学名称的英文缩写因其简洁方便而在国内外广泛被使用。表 15-1 列出了常见高分子化合物的缩写名称。

表 15-1 常见高分子化合物的缩写名称

高分子化合物	缩写	高分子化合物	缩写
聚乙烯	PE	聚甲醛	POM
聚丙烯	PP	聚碳酸酯	PC
聚苯乙烯	PS	聚酰胺	PA
聚氯乙烯	PVC	聚氨酯	PU
聚丙烯腈	PAN	环氧树脂	EP
聚丙烯酸甲酯	PMA	天然橡胶	NR
聚甲基丙烯酸甲酯	PMMA	顺丁橡胶	BR
聚(1-丁烯)	PB	丁苯橡胶	SBR
聚乙烯醇	PVA	氯丁橡胶	CR
聚醋酸乙烯酯	PVAC	丁基橡胶	ⅡR
ABS 树脂	ABS	乙丙橡胶	EPR

四、高分子化合物的结构与性能特点

1. 高分子化合物的结构

高分子化合物性能是其结构和分子运动的反映。由于高分子化合物通常是由 $10^3 \sim 10^5$ 个结构单元组成,因而除具有低分子化合物所具有的结构特征(如同分异构、几何异构、旋转异构)外,还具有许多特殊的结构特点。高分子化合物结构通常分为分子结构和聚集态结构两个部分。

分子结构又称化学结构(或一级结构、近程结构),是指一个大分子的结构和形态,如大分子的元素组成和分子中原子或原子基团空间排列方式,它主要由聚合反应中使用的原料及配方、聚合反应条件所决定。聚集态结构又称物理结构,是指高分子化合物内分子链间的

排列、堆砌方式和规律等内部的整体结构,如分子的取向和结晶。

(1) 高分子化合物的分子结构

高分子化合物的分子结构包括高分子化合物大分子的链组成和构型。

高分子化合物大分子按元素组成可分为碳链大分子和杂链大分子;元素组成相同的大分子内重复结构单元的连接也可能有多种形式。例如,含有侧基的聚丙烯,重复单元可以头-尾相连:

$$-CH_2-CH-CH_2-CH-$$
$$\qquad\quad CH_3 \qquad\qquad CH_3$$

也可以头-头相连:

$$-CH_2-CH-CH-CH_2-$$
$$\qquad\quad CH_3 \quad CH_3$$

对于单个大分子链,由于碳-碳键的旋转,大分子很难伸展到它们完全伸直的长度,而是以许多不同形状(卷曲等)的构象存在,如图 15-2 所示。

无规线团   折叠链   螺旋链

图 15-2 单个高分子链的构象

高分子化合物大分子中结构单元重复连接的方式可以是单一的直链,形成线型高分子化合物;也可以带有支链,形成支链型高分子化合物。分子链之间还可以不同程度地交联,形成体型(网状)高分子化合物,如图 15-3 所示。线型和支链型高分子化合物都是热塑性的。体型高分子化合物一般是热固性的。其性能因交联程度不同而异,例如,硫化橡胶中交联程度比较低,表现出良好的高弹性;硬质橡胶的交联程度较高,而具有刚性和尺寸稳定性。

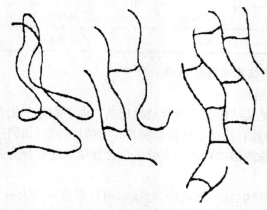

图 15-3 线型高分子化合物(左)、低交联(中)及高交联的网状高分子化合物模拟骨架结构

高分子化合物大分子内结构单元上的取代基可能有不同的排列方式,形成立体异构现象,产生多种分子构型。最典型是聚丙烯全同立构、间同立构和无规立构三种异构体,前二者又称有规立构,这三种结构的聚丙烯性质差异很大。

（2）高分子化合物的聚集态结构

高分子化合物是由许多大分子链以分子间作用力而聚集在一起的。聚集态结构就是指分子链间的排列、堆砌方式与规律。可分为晶态结构、液晶结构、取向态结构和织态结构或共混物结构。

晶态结构高分子化合物中分子链的堆砌方式,缨状胶束模型（图 15-4）认为,结晶高分子化合物中晶分与非晶分互相穿插,同时存在。在晶区中分子链相互平行排列成规整的结构,但晶区尺寸很小,一条分子链可以同时穿过几个晶区和非晶区,在通常情况下,晶区是无规则取向,而在非晶区中,分子链的堆砌是完全无序的。

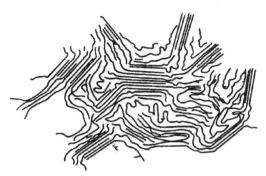

图 15-4　结晶高分子化合物的缨状胶束模型

与一般低分子晶体相比,高分子化合物晶体具有晶体不完善、熔点不精确及结晶速度较慢等特点。并且,分子链结构和相对分子质量大小对结晶的难易程度及结晶速度影响很大。分子链结构愈简单、对称性愈强,愈容易结晶,结晶速度也愈大。对于同一种高分子化合物,相对分子质量低的结晶速度大,相对分子质量高的结晶速度相对较小。此外,一些外界因素也将影响结晶过程。结晶使高分子链三维有序紧密堆积,增强分子间相互作用力,导致高分子化合物密度、硬度、熔点、抗溶剂性能、耐化学腐蚀的性能提高。但结晶会使断裂延伸率和抗冲击性能下降,这对弹性和韧性为主要使用性能的材料是不利的。

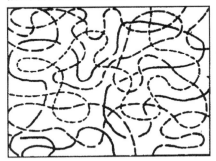

图 15-5　非晶高分子化合物的无规线团模型

非晶态结构是指玻璃态、橡胶态、黏流态（或熔融态）及结晶高分子化合物中的非晶区结构。其中,分子链的构象与溶液中的一样,呈无规线团状,线团分子之间呈无规则的相互缠结,如图 15-5 所示。

液晶是液相和晶相之间的中介相。它既保持了晶态的有序性,同时又具有液态的连续性和流动性,是一种兼备液体与晶体性质的过渡状态。

当线型高分子链充分伸展时,其长度为其宽度的几百、几千甚至几万倍。这种结构上的严重不对称性,使它们在一定条件下容易沿着某特定方向占优势地排列,这就是取向。尽管取向和结晶态都是高分子链的有序排列,但取向是一维或二维有序排列,而结晶态是三维有序排列。取向在实际生产中得到广泛应用。例如在合成纤维生产过程中,采用热牵伸工艺,使分子链取向,以提高纤维的强度和弹性模量。尼龙纤维未取向时的抗拉强度为 78～80 MPa,而取向后的强度高达 461～559 MPa。

高分子化合物的共混结构（也称织态结构）是指通过简单的工艺过程将两种或两种以上

的高分子化合物或不同相对分子质量的同种高分子化合物混合而得到的材料结构,属非匀相体系。其中,最具有实际意义的是由一个分散相和一个连续相组成的两相共混物。例如,分散相软、连续相硬的橡胶增韧塑料,分散相硬、连续相软的热塑性弹性体等。共混可以改善高分子材料的力学性能与抗老化性能、改善材料的加工性能,解决废弃高分子化合物的再利用。

2. 高分子化合物的性能特点

在恒定应力作用下,线型非晶高分子化合物的温度-形变曲线如图 15-6 所示。按温度区域可划分为玻璃态、高弹态和黏流态三种物理形态。

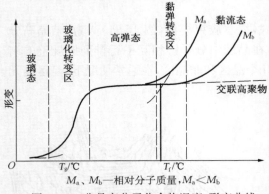

M_a、M_b—相对分子质量,$M_a < M_b$

图 15-6　非晶高分子化合物温度-形变曲线

当温度较低时,分子热运动的能力很小,整个分子链的运动以及链段的内旋转都被冻结,高分子化合物受外力作用产生的变形很小,弹性模量大,并且变形是可恢复的,这种状态称为玻璃态。使高分子化合物保持玻璃态的上限温度称为玻璃化转变温度(T_g)。玻璃态是塑料的使用状态,凡室温下处于玻璃态的高分子化合物都可用作塑料。

当温度升高到玻璃化转变温度以上时,分子热运动的能量增高,链段能运动,但大分子链仍被冻结,高分子化合物受到外力作用时,由于链段能自由运动,产生的变形较大,弹性模量较小,外力除去后又会逐步恢复原状,并且变形是可逆的,这种状态称为高弹态。使高分子化合物保持高弹态的上限温度,称为黏流温度(T_f)。高弹态是橡胶的使用状态,凡室温下处于高弹态的高分子化合物均可用作橡胶,因此,高弹态也叫橡胶态。

随着温度进一步升高,超过黏流温度以后,分子的热运动能力继续增大,不仅链段而且整个大分子链都能发生运动,高分子化合物受外力作用时,变形急剧增加,并且是不可逆的,这种状态称为黏流态,黏流态是高分子化合物成型时的状态。

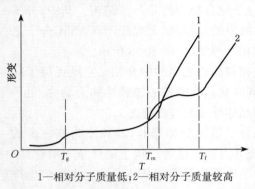

1—相对分子质量低;2—相对分子质量较高

图 15-7　结晶高分子化合物温度-形变曲线

完全结晶的高分子化合物的温度-形变曲线有所不同,如图 15-7 所示,在熔点 T_m 以前不出现高弹态,而是保持结晶态;当温度升高到熔点以上时,若相对分子质量足够大,则出现高弹态,若相对分子质量很小,则直接进入黏流态。

在室温下,高分子化合物总是处于玻璃态、高弹态和黏流态三种状态之一,其中,高弹态是高分子化合物所特有的状态。当温度一定时,不同高分子化合物可能处于不同的物理状态,因此,表现出不同的力学性能。某一恒定室温下,各种高分子化合物的应力-应变曲线可归纳为如图 15-8 所示的五种类型。对某一高分子化合物而言,在不同的温度下,高分子化合物可能处于不同的物理状态,表现出的力学性能也不同,拉伸应力-应变曲线差别也很大,图 15-9 为线型无定型高分子化合物在不同温度下的拉伸应力-应变曲线。

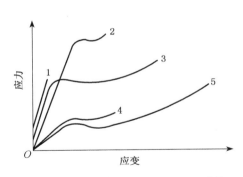

1—硬脆;2—强硬;3—强韧;4—软弱;5—柔软

图 15-8　高分子化合物五种类型的应力-
应变曲线

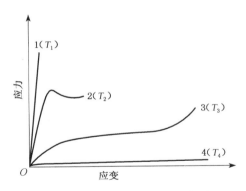

1—硬脆;2—强硬;3—强韧;4—软弱;
$T_1<T_2<T_3<T_4$

图 15-9　不同温度下高分子化合物的应力-
应变曲线

此外,形变速率(W)对高分子化合物的应力-应变曲线也有显著影响。如图 15-10 所示,形变速率较低时,分子链来得及位移,呈现韧性状态,拉伸时强度较低,伸长率较大;形变速率较高时,链段来不及运动,表现出脆性行为,拉伸时强度较高而伸长率较小。

由此可见,与金属和水泥混凝土材料相比,高分子化合物的力学性能对温度和试验条件非常敏感。

五、高分子化合物的加工成型

高分子材料的加工成型不是单纯的物理过程,而是决定高分子材料最终结构和性能的重要环节。胶黏剂、涂料一般无须加工成型而可以直接使用;橡胶、纤维、塑料等通常用相应的成型方法加工成制品。塑料成型加

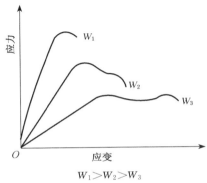

$W_1>W_2>W_3$

图 15-10　高分子化合物在不同形变
速率时的应力-应变曲线

工一般包括原料的配制和准备、成型和制品后加工等几个过程;成型是将各种形态的塑料制成所需形状或胚件的过程。成型方法很多,包括挤出成型、注射成型、模压成型、压延成型等。橡胶的加工分为两大类。一类是干胶制品的加工生产,另一类是胶乳制品的生产。干胶制品的原料是固态的弹性体,其生产过程包括塑炼、混炼、成型、硫化四个步骤。胶乳制品是以乳胶为原料进行加工生产的。纤维有熔体纺丝、溶液纺丝两种生产方法。

第二节　建 筑 塑 料

高分子建筑材料是继水泥混凝土、钢材、木材之后发展最为迅速的第四大类新型建筑材料,它具有节能、自重轻、耐水、耐化学腐蚀、外观美丽以及安装方便等优点,已经广泛地应用于国民经济各部门。国内外已普遍使用的化学建材有:给水排水管系统、电气护套系统、热缩管系统、塑料门窗系列、板材、壁纸、地板卷材、地板毡,以及装饰装修材料、卫生洁具和家具等。我国是资源短缺的国家,发展绿色建筑塑料具有特定的经济和社会意义。近年来国内绿色建筑塑料得到很大发展,显示出良好的发展趋势。无毒、无害、无污染的塑料建材,将

成为 21 世纪市场需求的热点。

一、塑料的组成

塑料的主要成分是合成树脂,它是胶结材,此外还有一定量的填料和某些助剂,如稳定剂、着色剂、增塑剂等。

1. 合成树脂。合成树脂是用化学方法合成的高分子化合物,在塑料中起着黏结的作用,占塑料质量的 40%～100%。塑料的性质主要决定于合成树脂的种类、性质和数量。用于热塑性塑料的树脂主要有聚氯乙烯、聚苯乙烯等;用于热固性塑料的树脂主要有酚醛树脂、环氧树脂等。

2. 填料。填料又称填充料,是塑料的另一重要组分,占塑料质量的 5%～50%。适量地增加填料,对于降低塑料的成本,提高和改善塑料的性能有着重要的意义。塑料中采用的填料种类很多,常用的粉状填料如钙粉、滑石粉、木粉、石灰石粉、炭黑等,纤维状填料如石棉纤维、玻璃纤维等。

3. 增塑剂。增塑剂是能够增加树脂的塑性、改善加工性、赋予制品柔韧性的一种添加剂。增塑剂的作用是削弱聚合物分子间的力,因而降低软化温度和熔融温度,减小熔体黏度,增加其流动性,从而改善聚合物的加工性和制品的柔韧性。

4. 稳定剂。为了防止某些塑料在外界环境作用下过早老化而加入的少量物质称为稳定剂。在塑料中,稳定剂的量虽然少,但往往又是必不可少的重要成分之一。常用的稳定剂有抗氧化剂和紫外线吸收剂等。

5. 固化剂。固化剂又称硬化剂或交联剂,是一类受热能释放游离基来活化高分子链,使它们发生化学反应,由线型结构转化为体型结构的一种添加剂。其主要作用是在聚合物分子链之间产生横跨链,使大分子交联。

6. 着色剂。着色剂可以使塑料具有鲜艳的色彩,改善塑料制品的装饰功能。

7. 其他添加料。在塑料的加工和生产中还常加入一定量的其他添加剂,一方面可以改善塑料制品的性能,另一方面能够满足塑料制品的功能要求。如阻燃剂、防霉剂、抗静电剂、发泡剂等。

二、建筑塑料的特性

建筑塑料具有许多优良的特性,但也存在不足,其特点主要有下面几种。

1. 具有较高的比强度。塑料的密度为 $0.8～2.2$ g/cm³,为钢材的 $1/8～1/4$,是混凝土的 $1/3～2/3$。塑料的强度较高,其比强度可超过钢材,是混凝土的 $5～15$ 倍。因而在建筑中应用塑料代替传统材料,可以减轻建筑物的自重,而且还给施工带来了诸多方便。例如玻璃纤维和碳纤维增强塑料就是很好的结构材料,并在结构中得到广泛应用。

2. 可加工性好,装饰性强。塑料可以采用多种加工方法加工成型,制成薄膜、管材、异型材等各种产品;并且便于切割、黏结和"焊接"加工。塑料易于着色,可制成各种鲜艳的颜色,也可以进行印刷、电镀、印花和压花等加工,使得塑料具有丰富的装饰效果。

3. 耐热性、耐火性差,受热变形大。塑料的耐热性一般不高,在高温下承受荷载时往往软化变形,甚至分解、变质,普通的热塑性塑料的热变形温度为 $60℃～120℃$,只有少量品种能在 $200℃$ 左右长期使用。部分塑料易着火或缓慢燃烧,燃烧时还会产生大量的有毒烟雾,造成建筑物失火时的人员伤亡。塑料的线膨胀系数较大,比金属大 $3～10$ 倍。因而,温度变形大,容易因为热应力的累积而导致材料破坏。

4. 耐燃性。部分建筑塑料制品具有阻燃性,即制品在遇到明火时会阻燃或自熄。有些聚合物本身具有自熄性,如 PVC。这也是目前在建筑塑料制品中应用聚氯乙烯材料最多的主要原因之一。塑料一般不具有耐燃性,因为在塑料的生产过程中常通过特殊的配方技术,如添加阻燃剂、消烟剂等来改善它的耐燃性。但在使用时还应予以特别的注意和采取必要的措施。

5. 隔热性能好,电绝缘性优良。塑料的导热性很小,导热系数一般只有 $0.024 \sim 0.69$ W/(m·K),只有金属的 1/100。特别是泡沫塑料的导热性最小,与空气相当。常用于隔热保温工程。塑料具有良好的电绝缘性,是良好的绝缘材料。

6. 弹性模量低,受力变形大。塑料的弹性模量小,是钢的 1/10~1/20。且在室温下,塑料在受荷载后就有明显的蠕变现象。因此,塑料在受力时的变形较大,并具有较好的吸振、隔声性能。

7. 耐老化性。塑料存在易老化的问题,建筑塑料制品很多用于户外,直接受紫外线照射和风雨吹打,因此对抗光老化、热老化、抗氧化都有较高的要求。通过适当的配方和加工,如在建筑塑料的配方中加入抗老化和抗氧化的光稳定剂等,可以使塑料延缓老化,从而延长塑料的使用寿命。近几年来,关于塑料老化的原因以及防止老化的方法的研究工作已取得了很大进展,已经找到了能延缓老化的物质,大大提高了塑料的抗老化能力。应该说老化问题将不再是建筑中使用塑料的主要障碍。

8. 耐腐蚀性。大多数塑料对酸、碱、盐等腐蚀性物质的作用具有较高的稳定性。但热塑性塑料可被某些有机溶剂所溶解,热固性塑料则不能被溶解,仅可能出现一定的溶胀。

9. 良好的装饰性能。现代先进的塑料加工技术可以把塑料加工成各种建筑装饰材料,例如塑料墙纸、塑料地板、塑料地毯以及塑料装饰板等。种类繁多,花式多种多样,适应不同的装饰要求。塑料可以任意着色,不需涂装。可以用各种表面加工技术进行印花和压花,仿真天然装饰材料,如木材、花岗石等,图像十分逼真。

10. 功能性。塑料是一种多功能材料。一方面可以通过调整配合比参数及工艺条件制得不同性能的材料,例如有些塑料具有刚性,可以作为结构材料,如玻璃纤维增强塑料;有的具有柔性,如软质聚氯乙烯,可以作为门窗的密封条等。另一方面因塑料的种类很多,可以根据功能需求,选择不同的塑料制品。同时应该充分考虑塑料制品要求以人为本、环保绿色,对环境和人体无污染,在加工、建造、居住等方面无不良影响。

三、建筑工程中常用的塑料制品

塑料几乎已应用于建筑物的每个角落。塑料在建筑中的应用美化了环境,提高了建筑物的功能,还能节省能源。建筑工程中应用的塑料制品按其形态可分为:

1. 薄膜。主要用作防水材料、墙纸、隔离层等。

2. 薄板。主要用作地板、贴面板、模板、窗玻璃等。

3. 异型板材。主要用作内外墙墙板、屋面板。

4. 管材。主要用作给排水管道系统。

5. 异型管材。主要用作建筑门窗等装饰材料。

6. 泡沫塑料。主要用作绝热材料。

7. 模制品。主要是建筑五金、卫生洁具、管件。

8. 溶液或乳液。主要用作黏合剂、建筑涂料。

9. 复合板材。主要用作墙体和屋面材料。

10. 盒子结构。主要是用作卫生间、厨房和单元建筑结构。

11. 塑料编织制品。主要是建筑过程中用于制品的包装。

下面分别介绍几种常用的塑料制品。

（一）塑料墙纸

塑料墙纸是在某一基材（如纸、玻璃纤维毡）的表面进行涂塑后，经过印花、压花或发泡处理后，而制成的一种室内墙面装饰材料。塑料墙纸性能优越，它具有防霉、防污、透气、防虫蛀、调节室温、室内除臭、防火等功能。

塑料墙纸花色品种繁多，装饰性能好，施工速度快，易于擦洗，又便于更新，因此成为建筑物内墙装饰的主要材料之一。

塑料墙纸主要以聚氯乙烯为原材料生产。其花色和品种繁多，是目前发展最为迅速、应用最为广泛的墙面装饰材料。通常分为：普通墙纸；发泡墙纸；特种墙纸。近年来，新品种层出不穷，如可洗刷的墙纸、表面十分光滑的墙纸以及仿丝绸墙纸、表面静电植绒墙纸等。目前，主要塑料墙纸产品有编织纤维壁纸、发泡墙纸（适用于室内吊顶、墙面的装饰）、耐水墙纸（可用于卫生间等湿度较大的墙面装饰）、防火墙纸（适用于防火要求较高的场所）、彩色砂粒墙纸（适用于房屋的门厅、柱头、走廊等处的局部装饰）等。

塑料墙纸发展趋势主要是增加花色品种和功能性墙纸，如防霉墙纸、防污墙纸、透气墙纸、报警墙纸、防蛀虫墙纸以及调节室温墙纸和室内除臭墙纸，特别是防火墙纸。

（二）塑料地板

塑料地板是以聚氯乙烯等树脂为主，加入其他辅助材料加工而成的地面铺设材料。它与传统的地面铺设材料如天然石材、木材等相比，具有以下特点：

1. 功能多。可根据需要生产各种、特殊功能的地面材料。例如：表面有立体感的防滑地板；电脑机房用的防静电地板；防腐用的无接缝地板，以及具有防火功能的地板等。

2. 质量轻、施工铺设方便。

3. 耐磨性好，使用寿命长。

4. 维修保养方便，易清洁。

5. 装饰性好。塑料地板的花色品种很多，可以满足各种不同场合的使用要求。

要正确地选择和使用塑料地板，应该对其以下性能有所了解：

1. 耐磨性。聚氯乙烯塑料地板的耐磨性十分优异，明显优于其他材料。

2. 耐凹陷性。表示对静止荷载的抵抗能力。一般硬质地板比软质的好。

3. 耐刻划性。表面容易被地面的砂、石等硬物划伤，使用时应及时清扫。

4. 耐污染、防尘性。表面致密，耐污染性好，不易粘灰，清洁方便。

5. 尺寸稳定性。较长时间使用后尺寸会自然变化，造成地板接缝变宽或接缝顶起。

6. 翘曲性。翘曲性是指塑料地板在长期使用后四边或四角翘起的程度。原因是塑料地板材质的不均匀性。

7. 耐热、耐燃和耐烟头性。聚氯乙烯塑料地板中含氯，其本身具有自熄性，而且地板中含有填料较多，因此其具有良好的耐燃性和较好的耐烟头性。

8. 耐化学性。对多数有机溶剂以及腐蚀性气体或液体有相当好的抵抗力。

9. 抗静电性。塑料地板表面会产生静电，降低静电积累的方法是在塑料地板生产过程中加入抗静电剂。

10. 耐老化性。聚氯乙烯塑料地板长期使用后会出现老化现象,表现为变脆、开裂。

（三）塑料地毯

塑料地毯也称化纤地毯。化纤地毯的外表与脚感均像羊毛,耐磨而富有弹性,给人以舒适感,而且可以机械化生产,产量高,价格较低廉,因此目前应用最多,在公共建筑中往往用以代替传统的羊毛地毯。虽然羊毛堪称纤维之王,但其价格高,资源也有限,还易遭虫蛀和霉变,而化学纤维可以经过适当的处理得到与羊毛接近的性能,因此化纤地毯已成为很普遍的地面装饰材料。化纤地毯的种类很多,按照其加工方法的不同,可分为:簇绒地毯;针扎地毯;机织地毯;手工编结地毯等。

化纤地毯的主要构成材料为:

1. 毯面纤维。它是地毯的主体,决定地毯的防污、脚感、耐磨性、质感等主要性能。

2. 初级背衬。它对面层绒圈起联系固定作用,以提高毯面外形稳定性和加工方便性。

3. 放松涂层。其作用是使绒圈和初级背衬黏结,防止绒圈从初级背衬中抽出。

4. 次级背衬。它是为了增加地毯的刚性,进一步赋予地毯以外形平稳性。

（四）塑料门窗

塑料门窗是由硬质聚氯乙烯（PVC）型材经焊接、拼装、修整而成的门窗制品,目前已有推拉门窗和平开门窗等几大类系列产品。如果在热压塑料型材时,中间加入已做过防腐处理的一根钢板条和塑料同时挤出,塑料和钢板黏合在一起,用这种塑钢型材制作的窗称为"塑钢窗";如果在空心的塑料型材中间插上一根钢条,塑料和钢板没有黏合在一起,用这种塑料型材制作的窗称为"塑料窗"。

与钢、木门窗相比,塑料门窗具有耐水、耐蚀、隔热性好、气密性和水密性好、隔音性能优良、装饰效果好等一系列优点。塑料门窗的特性为:

1. 气密性优良。塑料窗户上由于窗扇与窗框的凹凸槽较深,而且其间密封防尘条较宽,接触面积大,且质量较好,与墙体间有填充料,窗框经过增韧,密封性能极佳,同时具有良好的保温性能。

2. 节能、节材、符合环保要求。PVC塑料型材的生产能耗低,使用塑料门窗可节约大量的木材、铝材、钢材,还可以保护生态环境,减少金属冶炼时的烟尘、废气和废渣等对环境带来的污染。

3. 耐候性和耐腐蚀性优良。资料表明,塑料门窗使用寿命可达50年以上。塑料门窗不锈,不需涂刷油漆,对酸、碱、盐或其他化学介质的耐腐蚀性非常好,在有盐雾腐蚀的沿海城市及有酸雾等腐蚀的工业区内,其耐腐蚀性与钢、铝窗比较尤为突出。

4. 可加工性强。采用挤出工艺,在熔融状态下,塑料有较好的流动性,通过模具,可制成材质均匀、表面光洁的型材。塑料门窗具有易切割、钻孔等可加工性能,便于施工。

（五）塑料板材

常用塑料板有塑料贴面板、覆塑装饰板、PVC塑料装饰板等。这些板的板面图案多样,色调丰富多彩,表面平滑光亮,不变形,易清洁。它们可用作建筑物内外墙装饰、隔断、家具饰面等。PVC板还可制成透明或半透明的板材,用于灯箱、透明屋面等。近年出现许多新产品,如聚碳酸酯塑料板材等。

（六）塑料管材

塑料管材在建筑、市政等工程以及工业中用途十分广泛。它是以高分子树脂为主要原料,经挤出、注塑、焊接等成型工艺制成的管材和管件。

塑料管与传统的铸铁管和镀锌钢管相比,具有以下优点:

(1)质量轻,施工安装和维修方便。

(2)表面光滑,不生锈,不结垢,流体阻力小。

(3)强度高,韧性好,耐腐蚀,使用寿命长(50年左右),并且可回收利用。

(4)品种多样,可满足各行业的使用要求。

按管材结构塑料管可分为:普通塑料管、单壁波纹管(内、外壁均呈波纹状)、双壁波纹管(内壁光滑,外壁波纹)、纤维增强塑料管、塑料与金属复合管等。

塑料管按材质可分为:硬质聚氯乙烯(UPVC 或 RPVC)管、聚乙烯(PE)管、聚丙烯(PP)管、聚丁烯(PB)管、丙烯腈-丁二烯-苯乙烯共聚物(ABS)管、玻璃钢管、铝塑管等。

土木工程中以 PVC 管使用量最大。PVC 管质量轻、耐腐蚀、电绝缘性好,适用于给水、排水、供气、排气管道和电缆线套管等。

PE 管的特点是密度小,比强度高,韧性和耐低温性能好,可用作城市燃气管道、给排水管等。

PP 管具有坚硬、耐磨、防腐、价廉等特点,常用做农田灌溉、污水处理、废液排放管等。

ABS 管质轻、韧性好、耐冲击,常用作卫生洁具下水管、输气管、排污管、电线导管等。

PB 管具有耐腐、耐高温、抗菌、抗霉等性能,可用于供水管,冷、热水管,使用寿命可达50年。

(七)聚合物防水卷材

详见第十二章中的"防水材料"。

第三节　建　筑　涂　料

涂料是一类能涂覆于物体表面并在一定条件下形成连续和完整涂膜的材料总称。早期的涂料主要以干性油或半干性油和天然树脂为主要原料,所以这种涂料被称为油漆。建筑物用各类材料在受日光、大气、雨水等的侵蚀后,会发生腐朽、锈蚀和粉化。采用涂料在材料表面形成一层致密而完整的保护膜,可保护基体免受侵害,并可美化环境。

涂料的装饰功能主要体现在涂料可以赋予建筑物各种色彩和丰富的质感,如在外墙上涂料可以产生具有浮雕感的、类似石材的表面质感。

一、涂料的组成及其特性

涂料是由多种材料调配而成,每种材料赋予涂料不同的性能。其主要组成包括:

1. 主成膜物质

主成膜物质是将涂料中的其他组分黏结在一起,并能牢固附着在基层表面,形成连续均匀、坚韧的保护膜。它包括基料、胶粘剂和固着剂。主成膜物质的性质对形成涂膜的坚韧性、耐磨性、耐候性以及化学稳定性等起着决定性的作用。根据涂料所处的工作环境,主成膜物质应该具有较好的耐碱性,能常温固化成膜,以及有较好的耐水性和良好的耐候性等特点,才能满足配制性能优良的建筑涂料的需要。

涂料的主成膜物质通常是以有机材料为主,例如丙烯酸酯类、聚氨酯类、硅溶胶和氟树脂类等。

2. 次成膜物质

次成膜物质是涂料中所用的颜料和填料,因其是构成涂膜的组成部分,并以微细粉状均匀分散于涂料介质中,赋予涂膜以色彩、质感,使涂膜具有一定的遮盖力,减少收缩,还能增加涂膜的机械强度,防止紫外线的穿透,起到提高涂膜的抗老化性、耐候性等作用,因而被称为次成膜物质,也称体质颜料。它不能离开主成膜物质而单独成膜。

3. 溶剂

溶剂是一种具有既能溶解油料、树脂,又易于挥发,能使树脂成膜的有机物质。它的作用是将油料、树脂稀释并能将颜料和填料均匀分散,调节涂料黏度。

4. 辅助材料

辅助材料又称助剂,它的用量很少,但种类很多,各有所长,且作用显著,是改善涂料性能不可忽视的重要组成。

涂料的组成不同,性能各异。不同涂料其遮盖力不同,通常采用能使规定的黑白格遮盖所需涂料的质量表示,质量越大遮盖力越小。涂料的黏度影响着施工性能,不同的施工方法要求涂料具有不同的黏度。涂料涂刷后形成的涂膜表面的平整性和光泽,与涂料的组成材料有关,组成材料的细度大小也决定着涂膜的平整性与光泽度。涂料与基层之间黏结力的大小通常用涂膜的附着力来表征。

二、常用建筑涂料

建筑涂料品种繁多,按其在建筑物中使用部位的不同,可以分为:内墙涂料;外墙涂料;地面涂料;顶棚涂料;屋面防水涂料等。目前建筑涂料主要是朝着高性能、环保型、抗菌功能型方向发展。

（一）内墙涂料

内墙涂料亦可以用作顶棚涂料,要求其色彩丰富、细腻、协调,一般以浅淡、明亮为主。由于内墙与人的目视距离最近,故要求内墙涂料的质地应平滑细腻、色调柔和。由于墙面多带有碱性,屋内的湿度也较大。因此要求内墙涂料必须具有一定的耐水、耐洗刷性,且不易粉化和有良好的透气性。其开发重点是适应健康、环保、安全要求的涂料,包括水性涂料系列、绿色环保和抗菌型内墙乳胶漆等。常用的内墙涂料有下面几种。

1. 聚乙烯醇水玻璃涂料

聚乙烯醇水玻璃涂料是以水溶性树脂聚乙烯醇的水溶液和水玻璃为胶结料,加入一定的体质颜料和少量的助剂,经搅拌、研磨而成的一种有机水溶性涂料。这是国内生产较早、使用最普遍的一种内墙涂料,俗称106涂料。

2. 乙-丙乳胶漆

乙-丙乳胶漆是以聚醋酸乙烯与丙烯酸酯共聚乳液为主成膜物质,掺入适量的填料、少量颜料及助剂,经研磨、分散后,配制成具有亚光或有光的内墙涂料,涂膜具有耐水、耐洗刷、耐腐蚀、耐久性好的特点,是一种中档内墙涂料。

3. 内墙粉末涂料

内墙粉末涂料以水溶性树脂或有机胶黏剂为基料,配以适当的填充料等经研磨混料加工而成,具有不起壳、不掉粉、价格低廉、使用方便等优点。

4. 丝绸乳胶漆

丝绸乳胶漆属改性的叔碳酸乙烯酯乳胶漆。这种乳胶漆的涂膜柔滑如丝,高贵优雅,不褪色,可以用水抹洗,溅洒少而且涂刷方便。

5.乙烯-醋酸乙烯酯(VAE)乳液类内墙涂料

乙烯-醋酸乙烯酯乳液类内墙涂料的性能和聚醋酸乙烯乳液类涂料相近,但涂膜耐碱、耐水性和耐洗刷性均有所提高。特别是耐碱性好,能够和灰钙粉一起使用而涂料性能保持稳定。

6.合成树脂乳液内墙涂料

合成树脂乳液内墙涂料(俗称内墙乳胶漆)具有色彩丰富,施工方便,易于翻新,与基材附着良好,干燥快,耐擦洗,安全无毒等优点,得到了广泛的应用,并已成为千家万户居室装修材料之一。

7.隐形变色发光涂料

隐形变色发光涂料可用于娱乐场所的墙面和顶棚装饰,以及舞台布景、广告、道具等。

(二)外墙涂料

外墙涂料直接暴露在大气中,经常受雨水冲刷,还要经受日光、风沙、冷热等作用,因此要求外墙涂料比内墙涂料具有更好的耐水、耐候和耐污染等性能。其开发重点是适应高层建筑外墙装饰需要,具有高耐候性、高耐沾污性、保色性和低毒性的水乳型涂料。常用的外墙涂料有下面几种。

1.丙烯酸酯乳胶漆

丙烯酸酯乳胶漆是由甲基丙烯酸甲酯、丙烯酸丁酯、丙烯酸乙酯等丙烯系单体,经共聚而制得的纯丙烯酸酯系乳液作为成膜物质,再加入填料、颜料及其他助剂而制成,是一种优质乳液型外墙涂料,具有很好的耐久性,优良的耐候性和耐碱性等。丙烯酸酯及其共聚乳液类外墙涂料应用广泛,约占外墙涂料的85%以上。

2.砂壁状涂料

砂壁状涂料又称彩砂涂料也称真石漆,是以合成树脂乳液为主成膜物质、以彩砂为骨料,外加填料等配制而成。其主要特点是无毒、无溶剂污染、快干、不燃、耐强光、不褪色、耐污染性能好。利用骨料不同组配和颜色的特点,可以使涂层色彩形成不同层次,取得类似天然石材的丰富色彩和质感。采用喷涂施工,工效高、施工周期短。主要用于各种板材及水泥砂浆抹面的外墙饰面。

3.聚氨酯系外墙涂料

聚氨酯系外墙涂料是一种双组分固化型的优质外墙涂料,其主要组成成分是水性聚氨酯树脂。这种涂料形成的涂膜柔软,弹性变形能力大,可以随基层的变形而延伸,且具有优良的耐化学性、耐候性、耐沾污性,低温柔性也比较好。水性聚氨酯弹性涂料非常适合冬季寒冷的地区使用,还可以与弹性丙烯酸酯类外墙涂料配套,作为罩面涂料使用,可以解决普通外墙涂料表面易开裂的问题。适用于墙体外表面的装饰与保护。

4.浮雕喷涂漆

浮雕喷涂漆是一种以丙烯酸为基料的水性喷涂浮雕漆。能够以不同的形象变化效果保护及美化环境。这种涂料形成的涂膜具有良好的黏附性、抗碱性和耐久性能。

5.合成树脂共聚乳液建筑涂料

合成树脂共聚乳液建筑涂料是在进口丙烯酸系列建筑涂料的基础上研制而成。它是以丙烯酸-醋酸乙烯共聚乳液为黏合基料,添加精选的颜料、填料、助剂,经高速分散、调色而成的水性外墙建筑涂料。合成树脂共聚乳液建筑涂料具有黏结力强,耐水性、耐酸碱性、耐擦洗性、耐老化性、耐冻融性好等特点,价格仅为丙烯酸系列的一半左右,适用于中高档外墙装饰,可以直接用于混凝土、水泥砂浆墙面涂刷和墙面重新涂装。

6. 氟碳涂料

氟碳涂料按其主成膜物质的不同可分为三大类:不沾涂料、高温固化涂料和常温固化涂料。其中常温固化氟碳涂料在建筑工程中具有更好的应用前景。

常温固化氟碳涂料系采用三氟氯乙烯、乙烯基化合物、烯酸、乙烯基醚的四元共聚物做基料,采用 HDI 做固化剂在常温下固化成膜,是一种常温固化的双组分涂料。其分子结构的特性,使氟碳高聚物高度绝缘,显示出优良的耐候性及耐介质腐蚀性能,在化学上表现为较好的热稳定性和化学惰性。漆膜的分子结构致密,显示出优良的不黏附性、低表面张力、低摩擦性及斥水、斥油、斥尘等性能。

另外还有一些新型外墙涂料方兴未艾,如日光热反射外墙涂料、环保型粉状涂料、纳米多功能涂料、有机硅改性丙烯酸酯外墙涂料等。

(三)地面涂料

地面涂料的主要作用是装饰与保护室内地面,使地面清洁美观。因此地面涂料应该具备良好的耐磨性、耐水性、耐碱性、抗冲击性以及方便施工等特点。常用的地面涂料有下面几种。

1. 聚氨酯地面涂料

聚氨酯地面涂料分薄层罩面涂料与厚质弹性地面涂料两种。聚氨酯弹性地面涂料是甲、乙两组分常温固化型的橡胶类涂料。这种涂料形成的涂膜具有弹性、步感舒适、光而不滑、黏结力强、耐水、耐油、耐磨等特点。

2. 环氧树脂厚质地面涂料

环氧树脂厚质地面涂料是以环氧树脂为成膜物质的双组分常温固化型涂料。该涂料的特点是黏结力强,漆膜光亮平整、丰满度好,膜层坚硬耐磨,具有一定的韧性、耐久性,装饰性好。在使用过程中,无异味,不易燃。

3. 环氧自流平地面涂料

环氧自流平地面涂料是环氧树脂涂料中无溶剂环氧树脂地面涂料,通常又称为"无溶剂环氧自流平洁净耐磨地面涂料"。它具有许多优点,例如:与基层的附着力强;表面平整光滑,整体无缝,易清洗;强度高,耐磨损,抗冲击;硬化收缩小,经久耐用;抗渗透,耐化学腐蚀性能强;室温固化成膜,容易保养维修;色彩丰富,具有良好的装饰性;施工成型后地面无毒,符合卫生要求,有一定的阻燃性。

4. 聚醋酸乙烯地面涂料

聚醋酸乙烯地面涂料是由聚醋酸乙烯乳液、水泥及颜料、填料配制而成,是有机和无机材料相结合的聚合物水泥地面涂料,可取代地板或水磨石地坪,用于实验室、仪器装配车间等的水泥地面。

(四)顶棚涂料

顶棚涂料即天花板涂料,其包括薄涂料、轻质厚涂料及复层涂料三类。其中:薄涂料有水性乳液型、溶剂型及无机类薄涂料;轻质厚涂料包括珍珠岩粉厚涂料等;复层涂料有合成树脂乳液、硅溶胶类等。一般内墙涂料也可用作顶棚涂料。

（五）屋面防水涂料

详见第十三章中的"防水材料"。

第四节 胶 黏 剂

胶黏剂是应用于各类建筑物、结构及构件，对其进行加固、补强、修复、黏结、密封的，且具有较高黏结强度及良好综合性能的物质，是建筑工程中不可缺少的配套材料之一。它不但广泛应用于建筑施工及建筑室内外装修工程中，如墙面、地面、吊顶工程的装修黏结，还常用于屋面防水、新旧混凝土接缝等。胶黏剂的品种很多，性能各异。根据胶黏剂所用黏结料的性质来分，胶黏剂可分类如下：

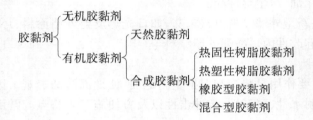

一、胶黏剂的组成

尽管胶黏剂的品种很多，但其组分一般主要有黏结料、固化剂、增韧剂、稀释剂等几种。但并不一定每种胶黏剂都含有这些成分，这主要取决于其性能和用途。

1. 黏结料。黏结料又称主体黏料，是胶黏剂中将两种被黏结材料牢固结合在一起时，起主要作用的组分，是胶黏剂的基础。它的性质决定了胶黏剂的性能和用途。

2. 固化剂。固化剂也是胶黏剂的主要成分之一。固化剂的性质和用量对胶黏剂的性能起着重要的作用。固化剂是与主树脂进行化学反应的物质，它能使线型分子形成网状或体型结构使主体黏料（胶黏剂）在一定外界条件下，由液态转变为固态，从而产生黏结力。

3. 填料。胶黏剂中的填料一般参与主体树脂的化学反应，但可以改变其性能，降低成本。它可以增加胶黏剂的弹性模量，降低线膨胀系数，减少固化收缩率，增加电导率、黏度、抗冲击性；提高使用温度、耐磨性、胶结强度；改善胶黏剂耐水、耐介质性和耐老化性等。但会增加胶黏剂的密度，增大黏度，而不利于涂布施工，容易造成气孔等缺陷。同时，填料的加入还可以降低胶黏剂的成本。

4. 增韧剂。树脂固化后一般较脆，加入增韧剂后可提高冲击韧性，改善胶黏剂的流动性、耐寒性与耐振性，但会降低弹性模量、抗蠕变性、耐热性。

5. 稀释剂。其作用是降低黏度，便于涂布施工，同时起到延长使用寿命的作用。

6. 改性剂。为了改善胶黏剂的某一性能，满足特殊要求，常常加入一些改性剂。如偶联剂、防腐剂、阻燃剂等。

二、胶黏剂的胶结原理

胶结原理是胶结强度的形成及其本质的理论分析。许多科学工作者从不同实验条件出发，提出来不少理论，例如吸附理论、化学键理论、扩散理论、经典理论、机械理论等，它们从不同的角度解释了一些胶结现象。

1. 吸附理论

吸附理论认为,黏结力是胶黏剂和被胶结物分子之间的相互作用力,这种作用力主要是范德华力和氢键,有时也有化学键力。

2. 化学键理论

化学键理论认为,黏结力是胶黏剂和被胶结物表面能形成化学键。化学键是分子内原子之间的作用力,它比分子之间的作用力要大一两个数量级,因此具有较高的胶结强度。实验证明,像聚氨酯胶、酚醛树脂胶、环氧胶等与某些金属表面确实生成了化学键。现在广泛应用的硅烷偶联剂就是基于这一理论研制成功的。

3. 扩散理论

扩散理论认为,物质的分子始终处于运动之中,由于胶黏剂中的高分子链具有柔顺性,在胶结过程中,胶黏剂分子与被胶结物分子因相互的扩散作用而更加接近,并形成牢固的黏结。

4. 静电理论

静电理论认为,由于胶黏剂和被胶结物具有不同的电子亲和力,当它们接触时就会在界面产生接触电势,形成双电层而产生胶结。

5. 机械理论

机械理论认为,胶结是胶黏剂和被胶结物间的纯机械咬合或镶嵌作用。任何材料表面都不可能是绝对光滑平整的,在胶结过程中,由于胶黏剂具有流动性和对固体材料表面的润湿性,很容易渗入被胶结物表面的微小孔隙和凹陷中。当胶黏剂固化后,就被镶嵌在孔隙中,形成无数微小的"销钉",将两个被胶结物连接起来。

三、常用胶黏剂

1. 环氧树脂胶黏剂

环氧树脂胶黏剂俗称"万能胶",它是以环氧树脂为主要原料,掺加适量固化剂、增塑剂、填料等配制而成。环氧树脂能产生很强的黏结力,固化时无副产物生成,是热固性树脂中收缩较小的一种,收缩率只有 $1\%\sim2\%$。固化前可长期保存,固化后的产物化学性质稳定,能耐酸、耐碱及有机溶剂的侵蚀,且与其他高分子化合物的相容性好,广泛用于黏结金属和非金属材料及建筑物的修补。环氧树脂的主要缺点是耐热性不高,耐候性尤其是耐紫外线性能较差,部分添加剂有毒,适用期较短,胶黏剂配制后应尽快使用,以免固化。

2. 聚醋酸乙烯乳液胶黏剂

聚醋酸乙烯乳液胶黏剂是由聚醋酸乙烯单体聚合而成,俗称"白乳胶"。该胶常温固化,且速度快,初黏强度高。其成膜过程通过水分的蒸发或吸收,乳液粒子相互连接实现,属单组分胶。胶膜的机械强度较高,内聚力好,含有较多的极性基团,对极性物质的黏结力强,用于黏结玻璃、陶瓷、混凝土、纤维织物、木材等非结构用胶。但其耐水性和抗蠕变能力较差,耐热性也不够好,只适用于 $40℃$ 以下。

3. 氯丁橡胶胶黏剂

氯丁橡胶胶黏剂是以氯丁橡胶、氧化锌、氧化镁、填料及辅助剂等混炼后溶于溶剂而成。它对水、油、弱酸、弱碱和醇类等均有良好抵抗能力,可在 $-50℃\sim+80℃$ 下使用,但易蠕变及老化,经改性后可用作金属与非金属结构黏结。建筑工程中常用于水泥砂浆地面或墙面粘贴橡胶和塑料制品。

4. 水性聚氨酯胶黏剂

在聚氨酯主链或侧链上引入带电荷的离子基团或亲水的非离子链段,制成带电荷的离聚体或亲水链段,它们能在水中乳化或自发地分散在水中形成水性聚氨酯。水性聚氨酯无异氰基残留、无毒、无污染、无溶剂残留,具有良好的初黏力。水性聚氨酯继承了聚氨酯材料的全部优良性能:耐磨、弹性好、耐低温、耐候性好,同时少了有机溶剂的毒性、污染性和资源的浪费。

5. α-腈基丙烯酸酯胶黏剂

α-腈基丙烯酸酯胶黏剂是单组分常温快速固化胶,又称瞬干胶。其主要成分是 α-腈基丙烯酸酯。目前,国内生产的 502 胶就是由 α-腈基丙烯酸酯和少量相对稳定剂对苯二酚、二氧化硫,增塑剂邻苯二甲酸二辛酯等配制而成的。

α-腈基丙烯酸酯分子中有腈基和羧基存在,在弱碱性催化剂或水分作用下,极易打开双键而聚合成高分子聚合物。由于空气中总有一定水分,当胶黏剂涂到被胶结物表面后几分钟即初步固化,24 h 可达到较高的强度,因此有使用方便、固化迅速等优点。502 胶可黏合多种材料,如金属、塑料、木材、橡胶、玻璃、陶瓷等,并具有较好的胶结强度。

502 胶的合成工艺复杂,价格较贵,耐热性差,使用温度低于 70℃,脆性大,不宜用于有较大或强烈振动的部位。此外,它还不耐水、酸、碱和某些溶剂。

第五节　纤维增强树脂基复合材料

一、概述

纤维增强复合材料(Fiber Reinforced Polymer/Plastic,简称 FRP)是由纤维材料与基体材料按照一定的比例复合并经过一定的加工工艺制备而成的高性能复合材料。FRP 作为结构材料最早出现于 1942 年,美国军方采用玻璃纤维增强复合材料制作雷达天线罩,随后这种材料在航空航天、船舶、汽车、化工、医疗和机械领域逐步得到了广泛的应用。20 世纪 50 年代后,由于 FRP 具有轻质、高强、耐腐蚀等优点,开始在土木工程中得到应用。FRP 与传统的土木工程材料具有较大的差别,其力学性能不仅与其基本材料组成和布置形式相关,还与制备工艺相关。本节将对 FRP 的组成和分类、制备方法、力学性能、耐久性能和工程应用进行介绍。

二、FRP 的组成

复合材料一般是由增强材料和基体材料组成,根据复合材料中增强材料的形状,可分为颗粒复合材料、层合复合材料和纤维增强复合材料。常用的 FRP 一般由高性能纤维和树脂基体按照一定的比例混合并经过养护和固化形成的复合材料。其中,纤维是受力的主要成分;基体的作用是将纤维黏结在一起,使纤维共同受力,同时起到保护纤维的作用。FRP 主要包括三种组分,即纤维、基体和外加剂,其他成分还包括表面涂层材料、颜料、填充料等。FRP 具有轻质、高强、能量吸收能力强、耐腐蚀和耐疲劳等优点,用于工程结构可大幅提升结构的耐久性和服役寿命。

常用 FRP 的基体材料主要有树脂、金属、碳素、陶瓷等,主要的纤维种类有玻璃纤维、硼纤维、碳纤维、芳纶纤维、陶瓷纤维、玄武岩纤维、聚烯烃纤维、金属纤维等。目前工程结构中常用的纤维主要为玻璃纤维(Glass Fiber)、碳纤维(Carbon Fiber)、芳纶纤维(Aramid

Fiber)和玄武岩纤维(Basalt Fiber),其与树脂基体制备而成的复合材料分别简称为 GFRP、CFRP、AFRP 和 BFRP。

三、纤维材料

纤维是 FRP 中主要承受外部荷载的材料,FRP 承载能力的大小主要取决于 FRP 中纤维力学性能、纤维的布设方向和方式、纤维的体积含量等,不同的产品会根据实际需要对纤维的种类和布设方法进行设计。而对于纤维材料自身而言,其沿着纤维方向具有较高的强度,但是其在径向或者垂直于纤维轴线方向,其强度一般都较低。FRP 中,纤维在基体中可以是连续的,也可以是以短纤维的形式分布在基体中。对于采用同一种纤维且纤维体积含量相当的情况下,连续纤维 FRP 的强度和弹性模量都要高于短纤维 FRP。下面简单介绍一下玻璃纤维、碳纤维和芳纶纤维的组成、制备方法和基本性能等。

玻璃纤维是最早用于制作 FRP 的纤维,同时也是应用最广的纤维材料。玻璃纤维与普通的玻璃成分类似,主要成分为 SiO_2,CaO,Al_2O_3,MgO,B_2O_3,Na_2O,K_2O,ZrO_2 等,不同氧化物含量可形成不同性能的玻璃纤维。其制造过程可分为三个步骤,即原料熔解、纤维抽丝及纤维加工。熔解是将玻璃的原料依一定的比例配料,经混合后放入窑炉内熔解,熔解后玻璃直接流入拉丝盘内,拉成纤维丝。拉丝盘内有许多微细纺嘴,熔融的玻璃由纺嘴流下,成为纤维状,经喷水急速冷却后,进行上浆处理,然后由导丝片将单丝纤维集束成股,再经卷取器将纤维卷成丝球。丝球进一步烘干后,即可进行下一段加工。一般玻璃纤维的粗细,可以 TEX 数来表示,1 TEX 为 1 000 m 长纤维股的重量。玻璃纤维生产工艺简单、价格便宜,所以 GFRP 的应用最为广泛。目前,玻璃纤维产品类型主要包括 E-glass,Z-glass,A-glass,C-glass,S-glass,R-glass 和 K-glass。E-glass的碱含量较低,机械强度高且耐湿性好,是玻璃纤维中应用最多的一种纤维。Z-glass 耐碱性较好,可用作筋材或者片材增强或者加固混凝土结构。A-glass 含碱量较高,而C-glass耐酸性较好。S-glass、R-glass 具有更高的强度和弹性模量,但是其价格较高。总之,玻璃纤维价格较低、拉伸强度高,具有较好的耐腐蚀性和绝缘性,但其弹性模量相对较低,不耐磨、疲劳性能差。

玄武岩纤维是以火山岩为原料,经 1 500℃高温熔融后快速拉制而成的连续纤维,其外观为金褐色,属于非金属的无机纤维,其生产过程低能耗、低碳、无毒,且玄武岩经熔融拉丝后成分没有变化,废弃后与原材料成分无差别,可以再回收重复利用,也可直接排放,对大自然无污染,因此玄武岩纤维是一种典型的能源节约、环境友好型的纯天然纤维。玄武岩纤维最初由法国人 Paul Dhe 于 1922 年提出,但无实质性进展,20 世纪 60 年代开始,美国、苏联和日本对玄武岩纤维在军事和民用方面的应用进行了研究,1985 年乌克兰实现了玄武岩纤维的工业化生产,21 世纪初我国将玄武岩纤维列入国家"863"计划,于 2003 年实现了工业化生产,有效地推动了玄武岩纤维增强复合材料在各工业领域越来越广泛的应用。玄武岩纤维力学性能优异,抗拉强度高达 3 800~4 800 MPa,已经远远超过普通的碳纤维和芳纶纤维;而且玄武岩纤维与聚合物基体材料的相容性相对较好,提高其表面的润湿性,有助于增强纤维与基体之间的力学性能;另外,玄武岩纤维因其固有的热性质而闻名,可以在 −265℃~700℃ 温度范围内使用,被广泛地用于制造室内装潢和公共交通系统的阻燃材料,当与其他耐热聚合物结合使用时,可防止意外火灾;除此之外,玄武岩纤维还具有优异的抗腐蚀性、高电磁波透过性、高吸声性、低吸湿率等优点。玄武岩纤维制品及其复合材料已经被广泛应用于土建交通、能源环境、汽车船舶、石油化工、航空航天以及武器装备等领域。

　　碳纤维是力学性能和化学稳定性最好的纤维,但其价格较高。碳纤维的良好性能,主要是由于其石墨的结晶结构,碳原子形成平面六角的共价键结合,此平面的碳层互相叠合并卷曲成长柱形,而形成碳纤维。由于碳原子间共价键的作用,碳纤维在纤维方向具有较高的强度,而在横向,每一碳层间,则是靠较弱的范德华力来结合,因而其层间的抗剪强度较低。碳纤维的制备是将原料热分解并碳化形成碳纤维。热分解的温度在 1 000 ℃～3 000℃。根据纤维生产工艺的不同,可分为聚丙烯腈(PAN)基碳纤维、沥青基碳纤维、黏胶丝基碳纤维和气相生长碳纤维及石墨晶须,其中前三种应用较广。根据碳纤维的力学性能又可以分为通用级碳纤维(GP,抗拉强度<1 000 MPa,拉伸模量<100 GPa)和高性能碳纤维(HP),其中高性能碳纤维包括标准型、高强型(抗拉强度>4 000 MPa)、高模型(拉伸弹模>390 GPa)以及超高强和超高弹模型。碳纤维复合材料的应用最早可追溯到 20 世纪 60 年代,由于航空工业,特别是军用飞机的制造需要性能更好质量更轻的材料,而碳纤维材料具有高强、高弹模、轻质、耐疲劳等性能,在航空工业中具有不可替代的地位。总而言之,碳纤维具有较高的比强度、比刚度,且其热膨胀系数较小、疲劳强度高,其缺点主要包括价格相对较高、脆性较高,其导电性使得碳纤维的应用受到一定的限制。

　　芳纶纤维是一种高性能的有机纤维,最早出现于 20 世纪 60 至 70 年代,化学名称为聚芳酰胺纤维,具有较好的韧性。芳纶纤维产品最早在 1972 年由美国杜邦公司推出,称为Kevlar 纤维。Kevlar 纤维是一种由碳、氢、氧和氮组成的芳香族化合物,它的化学成分是聚对苯二甲酰对苯二胺,其分子中所包含芳香族和氨基的基团是导致其较高拉伸强度的主要原因。这种芳香族的环状结构使得芳纶纤维具有较高的热稳定性,大分子结构使得其具有较高的强度和弹性模量。这种聚芳基酰胺纤维是属于液晶聚合物。在纤维制备过程中,当聚对苯二甲酰对苯二胺(PPD-T)溶液通过喷丝头挤压并拉丝,液晶聚合物就会沿着拉挤方向排列成链状结构。Kevlar 在制备的过程中可形成平行于纤维轴线的较长的直线型聚合物链,使得这种纤维表现出较强的各向异性,即沿着纤维方向的强度和弹模要远高于与纤维轴线相垂直的方向。同时,Kavlar 纤维状的结构以及链状结构之间的结合力主要是氢键作用,因而纤维抗压和抗剪强度都较低。芳纶纤维没有固定熔点,不易燃烧,高温下具有较好的整体性,比强度高,且弹模和韧性较高。其他优越性能还包括:①热传导系数较低;②阻尼系数较高;③抗冲击和疲劳性能较好。芳纶纤维的缺点包括:①吸湿性较强,长时间处于高湿度环境,容易沿着纤维方向产生劈裂裂缝;②芳纶纤维抗压强度较低,在高温时其强度和弹模的损失较大;③相对其他纤维材料,芳纶纤维较难切割;④抵抗紫外线的能力较差,长时间处于紫外线的作用下其机械性能损失较大。

　　芳纶纤维最早是代替钢材用于制造子午线轮胎,进而被广泛应用于制造轿车轮胎的皮带和卡车轮胎的架子。Kevlar 芳纶纤维主要有三个产品系列 Kevlar 29,Kevlar 49 和Kevlar 149。芳纶纤维主要用来制作防火服、防弹衣、头盔、石棉的代替品、热气过滤纤维布、轮胎和机械橡胶产品的增强材料、体育装备和产品等。

　　超高相对分子质量聚乙烯(Ultra-High Molecular Weight Polyethylene,UHMWPE)纤维的相对分子质量可达 150 万～1 000 万以上,是 20 世纪 60 年代发展起来的一种高性能纤维,与碳纤维、芳纶纤维并称为世界三大纤维。UHMWPE 纤维是目前已经工业化的纤维中强度最高的纤维,而且密度小于碳纤维和芳纶纤维。UHMWPE 分子链为"—C—C—"结构,没有侧基,对称性及规整性好,单键内旋转位垒低,柔性好,容易形成规则排列的三维有序结构。良好的分子结构使 UHWMPE 纤维有着优异的抗拉伸性能,同时具备耐磨、抗冲击、抗弯曲、抗切割等特点。此外,该纤维密度为 0.97 g/cm³,仅为芳纶纤维的 2/3 和高模量碳纤维的 1/2。UHWMPE 纤维化学结构单一,化学性质比较稳定,并且具有高度结晶的结构取向,因此它具有优异的耐化学腐蚀性能,经海水、煤油、高氯乙酸、盐酸等溶剂浸泡 6 个月后的纤维强度基本不变,只有极少数有机溶剂能使纤维产生轻度溶胀,此外,由于"—C—C—"结构耐光性好,该纤维同样具有优秀的耐光老化等性能。UHWMPE 纤维在拥有优异性能的同时,也存在明显的缺点:①熔点只有 136℃ 左右,不耐高温,限制其在高温环境下的应用;②抗蠕变性能差,因此该纤维在持续受力环境下无法发挥其优势;③该纤维具有化学惰性,表面改性困难,导致其与树脂基体制造复合材料时难度较大;④由于 UHMWPE 相对分子质量大,熔融黏度高,导致其纤维的生产技术难度加大,生产成本高。

纤维产品的主要形式为丝束(包括无捻纱和加捻纱)、短切纤维、纤维网、纤维布、纤维毡以及各种纤维织物,主要可分为:

(1)单向纤维增强材料,如丝束、单向纤维布等;

(2)正交双向纤维增强材料,如两轴正交编织布、纤维网格等,一般布设为"0°/90°"或"0°/45°",两个方向上的纤维量为固定比例;

(3)准各向同性增强材料,如短切纤维毡、连续纤维毡,其纤维方向随机,宏观力学性能没有明确的方向性;

(4)斜交多向纤维增强材料,如多轴编织布;

(5)三维织物。

不同纤维性能差异大,物理性质也不同,表 15-2 列出了几种常用纤维的主要力学性能指标,表 15-3 列出了几种纤维的功能特性,表 15-4 中列出了几种常用纤维的代表型号及其价格。目前,土木工程中常用的增强纤维有玻璃纤维、碳纤维、芳纶纤维和玄武岩纤维等,玻璃纤维是最早使用的一种增强纤维,具有强度高、延伸率大等优势,但弹性模量低,其造价相对较低,应用面较广。碳纤维由于其强度高、重量轻、热膨胀小而被广泛应用,碳纤维具有超强耐高温性能,在 2 000℃ 高温的惰性环境下能保持强度不发生变化,常用于结构加固,但其价格高、脆性较大,且具有导电性,使得碳纤维的应用受到了一定的限制。芳纶纤维具有拉伸强度高和弹性模量大的特点,并具有优良的抗冲击性和耐疲劳、尺寸稳定等性能,但易受各种酸碱的腐蚀,尤其是耐强酸、耐水和耐光等性能较差,常用于防弹抗冲击领域。玄武岩纤维耐高温性能强,能长期在高温环境中使用,耐酸碱腐蚀性能好,化学性能稳定,有利于长期户外工作。

表 15-2　几种常用纤维的主要力学性能指标

纤维种类	相对密度	拉伸强度/MPa	弹模/GPa	热膨胀系数/($10^{-6}\cdot℃^{-1}$)	极限应变/%
玻璃纤维	2.48~2.62	1 496~4 826	70.3~89.7	2.9~5.0	4.8~5.0
碳纤维-PAN	1.76~1.96	3 530~6 600	228~483	−0.6 到 −0.75	0.38~1.81
碳纤维-Pitch	2.0~2.15	2 950~3 400	379~758	−1.3 到 −1.45	0.32~0.50
芳纶纤维	1.39~1.47	2 999~3 620	70~131	−2.0 到 −6.0	1.9~4.4
玄武岩纤维	2.15~2.70	2 000~4 500	79~93	0.35~0.59	1.6~3.0

表 15-3　几种纤维的功能特性

功能特性	玄武岩纤维	玻璃纤维	碳纤维
最高使用温度/℃	982	650	1100
最低使用温度/℃	−260	−60	−170
融化温度/℃	1 450	1 120	1 550
20℃−张力稳定性/%	100	100	100
200℃−张力稳定性/%	95	92	94
400℃−张力稳定性/%	82	52	80

表 15-4　几种常用纤维型号及其价格

纤维种类	典型代表	价格/(元·kg^{-1})
玻璃纤维	E 玻璃纤维	5~15
	S 玻璃纤维	5~20
碳纤维	日本东丽 T300(标准弹性模量)	200
	日本东丽 T800 HB(中等弹性模量)	3 500~4 000
	日本东丽 M40 JB(高弹性模量)	3 200
	日本东邦 UM 63(超高弹性模量)	3 800
芳纶纤维	美国杜邦 Kevlar 纤维(Kevlar 49)	300~400
	荷兰 Twaron(Kevlar 149)	200~350
	俄罗斯 CBM、APMOC(HM-50)	150~280
玄武岩纤维	—	30~40

四、基体材料

纤维增强复合材料的基体最常见的是树脂基材料。树脂可分为热固性树脂和热塑性树脂两大类,目前结构工程中主要采用热固性树脂作为基体材料。环氧树脂是结构工程中最为常用的一类树脂,泛指分子中含有两个或者两个以上环氧基团的高分子化合物。环氧树脂的黏接性能、力学性能、耐腐蚀性、绝缘性好,且可以在常温大气环境中固化。在结构工程领域,它作为黏结剂已经得到广泛的应用。但其黏度大、工艺性略差,价格相对较高。其他的基体材料还包括不饱和聚酯树脂、乙烯基酯树脂和酚醛树脂。不饱和聚酯树脂是包含不饱和二元酸酯基的一类线型高分子聚合物,具有低压固化、耐化学侵蚀好、电绝缘性好等优点,但是固化收缩率较大。乙烯基酯树脂是具有端基或侧基不饱和双键的一类高分子聚合物,与不饱和聚酯树脂的形式类似,也可认为是一种不饱和聚酯树脂的类环氧的改性,其性能与不饱和聚酯树脂类似,但其具有更显著的耐腐蚀性、韧性和工艺性能,尤其与玻璃纤维具有较好的浸润性,但与环氧树脂相比,其力学性能相对较差。酚醛树脂统指酚类和醛类的缩聚产物,通常由苯酚和甲醛缩聚而成的合成树脂,具有很好的绝缘性、耐热性、耐烧蚀性、耐酸性、耐水性和力学性能,广泛地用于电器、航空航天等领域。但是酚醛树脂有苯类气体挥发,该类产品对人体健康有危害。

表 15-5 列出了一些代表性的树脂产品的性能参数,可以看到,树脂的力学性能指标与纤维相差很大,这表明 FRP 在受力时,纤维是主要受力成分,树脂的主要作用是保护纤维并保证纤维之间具有良好黏结,共同受力。各类树脂的比重相差不大,一般为 1.1~1.2。

表 15-5　几种代表性树脂基体的性能参数

名　称	热变形温度/℃	拉伸强度/MPa	延伸率/%	压缩强度/MPa	弯曲强度/MPa	弯曲模量/GPa
环氧树脂	50～121	98～210	4	210～260	140～210	2.1
不饱和聚酯树脂	80～180	42～91	5	91～250	59～162	2.1～4.2
乙烯基树脂	137～155	59～85	2.1～4	—	112～139	3.8～4.1
酚醛树脂	120～151	45～70	0.4～0.8	152～252	59～84	5.6～12

五、FRP 的制备工艺

FRP 主要由纤维和树脂通过人工或者机械化的方法来制备,到目前为止,在实际工程中约有 20 多种较为常用的制备方法,它们都各有特点,可根据所需制备的产品的要求加以选择,主要的终端产品包括 FRP 片材和筋材、桥面板型材、汽车部件、电线杆、飞机部件等。对于不同的制备方法,纤维和树脂采用不同的浸润和养护方法。制备过程中,可在树脂中采用一些添加剂和改性剂(如加速剂、染色剂、抗紫外线剂、阻燃剂等)来改善树脂的硬化性能、黏性、耐久性、透明度、颜色和表面平整度等。影响 FRP 短期和长期性能主要因素包括:

(1) 纤维的力学性能和布置方式;

(2) 树脂的性能;

(3) 添加剂和改性剂的性能;

(4) 树脂的硬化程度和纤维的体积含量;

(5) 固化参数(温度、压力、聚合时间、表面平整度要求等)。

FRP 常用的制备方法主要包括以下几种:

(1) 手工/自动成层制备法;

(2) 拉挤成型;

(3) 纤维缠绕法;

(4) 树脂传递模成型(Resin Transfer Molding);

(5) 片状模塑料(sheet Molding Compound);

(6) 树脂灌注成型工艺(Seemann composite resin infusion molding process,SCRIMP);

(7) 注射成型法(Injection molding);

(8) 模压成型法(Compression Molding);

(9) 挤压成型法(Extrusion)。

六、FRP 的耐久性能

FRP 的耐久性是影响 FRP 结构或构件服役寿命的重要因素,受到各国工程师和设计人员的广泛关注。目前许多 FRP 生产厂家通过加速试验来说明其产品的寿命在 35 年以上,甚至达到 70 年。但是 FRP 诞生也不过 60 多年,应用于土木工程领域也仅 40 余年。还应注意的是,耐久性不仅仅是材料老化,还包括温度和湿度变化的影响、FRP 的蠕变和应力松弛以及 GFRP 与混凝土碱性反应等问题,下面简要介绍湿度,酸、碱、盐和温度等因素对 FRP 耐久性的影响。

1. 湿度影响

水分进入 FRP 内部有两条途径:一是通过树脂扩散,二是通过裂缝或其他材料缺陷进入 FRP。水分进入会导致 FRP 基体发生水解并发生软化,从而降低基体主导的一些复合材料性能,比如:抗剪强度、玻璃化转变温度、复合材料强度和刚度等。

2. 酸、碱、盐的影响

碳纤维、芳纶纤维和玄武岩纤维等在酸性、碱性和盐环境中性能都比较稳定,而玻璃纤维受酸性、碱性和盐环境影响较大。

碱性环境会影响玻璃纤维的耐久性,是由于玻璃纤维中二氧化硅与碱会发生化学反应。这些化学反应会降低复合材料的强度、刚度、韧性,甚至导致纤维的脆化。碱性环境中,玻璃纤维中二氧化硅与碱的反应过程为

$$2\,x\,\mathrm{NaOH} + x\,(\mathrm{SiO_2}) \longrightarrow x\,\mathrm{Na_2SiO_3} + x\,\mathrm{H_2O}$$

酸性环境也会影响玻璃纤维的耐久性,酸中的氢离子将会与玻璃纤维中的阳离子发生置换,其反应方程如下所示,但玻璃纤维与酸反应较与碱反应慢。

$$\mathrm{Na^+ + HCl \longrightarrow H^+ + NaCl}$$

盐环境对玻璃纤维的影响类似于酸,国外学者 Ajjarapu、GangaRao 和 Faza 提出了玻璃纤维在盐环境中性能退化速度的公式:

$$\sigma_t = \sigma_0 e^{-\lambda t}$$

式中　σ_0——表示 $t=0$ 时 FRP 的抗拉强度;

　　　σ_t——表示 t 时刻 FRP 的抗拉强度。

当 $t \leqslant 450$ 天时,$\lambda = 0.0015$。由公式可知,当 $t=450$ 天时,FRP 的抗拉强度退化为原来的 50%;但是,当时间超过 450 天时,FRP 的强度将不再发生大幅度变化。

3. 温度影响

温度会影响 FRP 对水气的吸收和其自身的力学性能。温度升高会加速徐变和应力松弛,从而降低 FRP 的力学性能,尤其是当温度达到玻璃化转换温度时更为明显。温度降低将会导致 FRP 延性和变形能力、抗冲击强度、抗压强度、线膨胀系数等性能下降,甚至会使 FRP 过早发生脆性破坏。但温度降低会使得 FRP 弹性模量、抗拉和抗弯强度、疲劳强度和抗蠕变的能力得到一定的提高。同时,温度变化还会在 FRP 中引起残余应力,这是由于 FRP 中纤维的纵向线膨胀系数相对于树脂较小。尤其在寒冷地区,FRP 的固化温度和使用温度相差很大,残余应力较大,甚至会在基体中间和基体-纤维之间产生微裂缝。

除此之外,FRP 所受的应力、材料的蠕变和应力松弛、疲劳效应和紫外线辐射等都会对 FRP 的耐久性产生影响,而且在实际环境中这些因素是共同作用、相互影响的。我国对 FRP 及其结构的耐久性的研究还处于初级阶段,还需要进行更为深入的研究。

七、FRP 的工程应用

1. FRP 片材加固既有结构

将 FRP 片材黏贴在构件表面受拉,可以增强构件的受力性能。早在 20 世纪 80 年代,这项技术在我国的工程实践中就曾尝试过:云南海孟公路巍山河桥的加固中采用了外贴 GFRP 内夹高强钢丝的方法,此后上海宝山飞云桥、南京长江大桥引桥等,都采用环氧树脂粘贴玻璃布进行了加固,但由于研究尚未深入,这项技术在我国的发展还比较缓慢。直到 20 世纪 80 年代,瑞士联邦实验室的 Meier 等人对 FRP 板代替钢板加固混凝土结构的技术进行了系统的研究,并在 1991 年用 CFRP 板成功加固了瑞士的 Ibach 桥。此后,FRP 片材

加固混凝土结构技术的研究在欧洲、日本、美国和加拿大等国家和地区得到迅速发展,并在实际工程中得到较多的应用,特别是美国北岭地震和日本阪神地震后,FRP加固技术的优越性在已损坏结构的快速修复加固中得到了很好的验证。目前,这些国家和地区先后颁布或出版了FRP加固混凝土结构设计规范或规程。我国从1997年才开始对FRP加固技术开展系统的研究,使这一技术逐步得到推广,并在一些重大工程,如人民大会堂、民族文化宫的加固改造中得到了应用。2000年我国完成了首部FRP片材加固技术与施工技术规程。

关于FRP片材加固混凝土结构,国内外已经有很多的研究成果,本文将从不同加固机理予以简要的介绍:

(1) FRP布缠绕加固混凝土圆柱和方柱,通过约束核心混凝土提高混凝土强度和变形能力,进而提高柱的抗剪能力和抗震性能。研究表明,柱的截面形状对FRP约束混凝土柱的效果影响较大,对于矩形截面柱一般只能提高变形能力和抗剪能力,而对抗压承载力的提高有限,正常加固量下一般不超过25%。如果将截面形状适当处理形成椭圆或者圆形截面再进行加固,可显著提高受压承载力、抗剪和变形能力。

(2) 在梁、板受拉一侧粘贴FRP片材,提高构件受弯承载力,并可有效控制裂缝的开展,这种加固形式在国内外已有较多的应用,但是从加固效果来看,FRP片材的受拉作用只是在受拉钢筋屈服以后才能得到有效发挥,FRP片材用于受弯加固只能作为一种安全储备;其次,梁板在加固后受弯承载力提高程度与原有配筋量有很大关系,且FRP的强度很难得到充分利用;而且,FRP片材用于受弯加固时易在梁端、跨间部位产生剥离破坏,应采取有效抗剥离的构造措施,避免由于剥离导致结构的破坏。为了有效提高受弯加固效果,采用预应力方法可以充分发挥FRP的强度,我国已成功开发出预应力CFRP布张拉设备和加固技术。

(3) 对梁、柱构件采用FRP片材包裹或U形箍包裹,以提高其受剪承载力。梁柱的抗剪承载能力提高程度与原配箍率有关,且FRP片材强度发挥较小,一般只有FRP材料极限强度的20%～40%。同时,对于U形或侧面粘贴抗剪加固方法,其破坏形式主要是FRP的剥离破坏。

除了用于混凝土结构外,FRP也可用于砌体结构、木结构和钢结构的加固,这方面的研究和应用国内外也较为广泛,这里不再赘述。

2. FRP筋材增强新结构

将FRP做成筋材可代替钢筋用于增强新结构,极大地提高结构的耐久性能。FRP筋中纤维体积含量可达到60%,具有轻质高强的优点,重量约为普通钢筋的1/5,强度为普通钢筋的6倍,且具有抗腐蚀、低松弛、非磁性、抗疲劳等优点。目前用FRP筋代替钢筋可利用其良好的耐腐蚀性,避免锈蚀对结构所带来的损害,减少结构维护费用。FRP筋还主要用于有铁磁性要求的特殊工程中。作为混凝土构件中配筋,FRP筋要通过表面砂化、压痕、滚花或编织等工艺以增强其与混凝土间的黏结力。另外,在桥梁工程中,FRP索可用作悬索桥的吊索及斜拉桥的斜拉索,以及预应力混凝土桥的预应力筋。采用预应力的FRP索一般较柔软,具有一定的韧性。

在北美、北欧等国家和地区,由于冬季的除冰盐对桥梁结构中钢筋腐蚀所带来的严重危害已成为困扰基础设施工程的主要问题,FRP配筋和FRP预应力筋混凝土结构的研究和应用发展较早且快。20世纪70年代末FRP筋开发成功,并应用于工程中;80年代末,德国、日本相继建成 FRP 预应力混凝土桥。目前已有多种 FRP 筋、索和网格材产品以及配套的锚具，并编制了相关的规范和规程，已在桥梁结构和建筑结构中都得到了较多的应用。

我国这方面的研究还刚开始，已初步研制出 FRP 筋产品和预应力锚夹具。在 FRP 筋增强混凝土结构方面，许多学者对 FRP 筋与混凝土之间的黏结性能开展了研究，分析了混凝土强度、FRP 筋的埋长和直径、FRP 筋外部约束和表面变形以及混凝土保护层厚度等因素对 FRP 筋与混凝土间黏结性能的影响，并进行了 FRP 筋和预应力 FRP 筋混凝土构件受力性能的试验研究。

随着对 FRP 的深入研究，近年还出现了 FRP 结构和 FRP 组合结构。FRP 结构是用 FRP 制备成各种基本受力构件，再进行拼装形成全 FRP 结构。FRP 拉挤型材受力性能好，可做成各种截面形状的型材，通过螺栓连接和黏结等方法组成 FRP 框架或者桁架结构。FRP 组合结构是将 FRP 与传统材料，如钢筋和混凝土等，根据受力特点进行组合，通过协同工作来承受荷载的结构形式。FRP 与混凝土形成组合结构，可发挥各自的优势，达到提高受力性能、降低造价、延长服役寿命、便于施工的目的。FRP 与钢材组合，可发挥钢材的弹性模量高和 FRP 耐腐蚀、耐疲劳的优点，形成互补。

3. FRP 拉索应用于桥梁结构

由 FRP 材料制成的拉索具有轻质、高强、耐疲劳、耐腐蚀和良好的可设计性等特点，将其应用于桥梁结构中时，可以克服传统钢缆的重量大、下垂效果明显、承载效率低、疲劳退化和严重的腐蚀破坏等缺点。FRP 拉索在大跨度斜拉桥中的应用研究始于 1980 年 Meier 提出的横跨直布罗陀海峡的 8 400 m 跨度斜拉桥。之后许多学者对采用 FRP 拉索的大跨度桥梁的关键问题诸如锚固性能、振动特性、阻尼特性、抗风性能、抗震性能等进行了研究，且已经取得了阶段性的成果。虽然 FRP 索还存在一些问题需要得到解决，但其轻质高强、耐疲劳等优点使 FRP 索得到了众多科研工作者的青睐，美国、德国等国家先后研究了大跨度缆索制成结构采用 FRP 索的可行性与优越性，并提出了供实桥应用的方案。

目前，FRP 已经被用于实际工程中。1992 年，英国苏格兰 Aberfeldy 建成第一座全 FRP 结构的人行斜拉桥，该桥主塔、主梁及桥面板均采用 GFRP 材料，斜拉索采用 AFRP 材料。该桥是斜拉桥全面采用 FRP 材料的一次大胆尝试，推动了此后 FRP 材料在土木工程中的发展和推广。1996 年，瑞士联邦材料实验室（EMPA）基于对 CFRP 索各向静动力学参数试验研究的基础上，首次将 CFRP 索应用于公路斜拉桥中，该桥共设置了 6 对拉索，对其中的两根采用 CFRP 材料。同年，位于日本茨城县的 Tsukuba 桥建成完工，所有斜拉索均由 CFRP 筋构成。随后，1999 年，丹麦建成了第一座全 CFRP 索斜拉桥 Herning 人行桥，该桥采用 16 根 CFRP 斜拉索，每根斜拉索由 32 根 CFRP 绞线组成。2002 年，美国 Gilman 桥中利用 6 根 CFRP 索和 6 根 AFRP 索替换了部分钢斜拉索。2005 年，东南大学吕志涛等联合相关单位，在江苏大学成功设计并建造了国内第一座全 CFRP 索斜拉桥。2011 年，位于中国湖南省的矮寨大桥建成，该桥主跨为 1 176 m，采用直径 12.6 mm 的碳纤维筋材作为拉索，以抵御潮湿环境引起钢绞线锈蚀的问题。

随着 FRP 材料及其配套设备技术的发展，FRP 索在桥梁设计中得到了越来越多的应用。各种 FRP 材料中，AFRP 索、CFRP 索应用较为广泛。近年来，CFRP 索由于其相对较大的弹性模量、较小的自重等优势，成为 FRP 索斜拉桥中的首选材料。

复 习 思 考 题

15-1　高分子化合物有哪些特征？这些特征与高分子化合物的性质有何联系？

15-2　聚合树脂与缩合树脂在合成时的化学反应有何不同？

15-3　热塑性树脂和热固性树脂主要不同之点有哪些？

15-4　聚合树脂都是热塑性的，而缩合树脂则有热固性的也有热塑性的，这是什么缘故？

15-5　试述塑料的组成成分。它们各起什么作用？

15-6　塑料地面材料的基本要求有哪些？有哪些常用塑料地面材料？

15-7　对胶黏剂有哪些基本要求？试举两种建筑常用胶黏剂，并说明它们的特性与用途。

15-8　试述涂料的组成成分和它们所起的作用。

15-9　简述内墙涂料与外墙涂料在功能与性能要求上的区别。

15-10　试分别为家庭居室的地面、墙面及天花顶棚各选择一种既美观大方、又经济耐用的有机饰面材料，并简述选用理由。

第十六章　土木工程材料试验

　　土木工程材料试验是土建类专业重要的实践性学习环节,其学习目的有三:一是熟悉土木工程材料的技术要求,能够对常用土木工程材料进行质量(品质)检验和评定;二是通过具体材料的性能测试,进一步了解材料的基本性状,验证和丰富土木工程材料的理论知识;三是培养学生的基本试验技能和严谨的科学态度,提高分析问题和解决问题的能力。

　　材料的质量指标和试验结果是有条件的、相对的,是与取样、测试和数据处理密切相关的。在进行土木工程材料试验的整个过程中,材料的取样、试验操作和数据处理,都应严格按照国家(或部颁)现行的有关标准和规范进行,以保证试样的代表性,试验条件稳定一致,以及测试技术和计算结果的正确性。

　　试验数据和计算结果都有一定的精度要求,对精度范围以外的数字,应按照《数值修约规则》(GB 8170—2008)进行修约。简单概括为:"四舍六入五考虑,五后非零应进一,五后皆零视奇偶,五前为偶应舍去,五前为奇则进一。"

　　本书中土木工程材料试验项目,是按照土木工程专业课程教学大纲要求,并依据国家最新标准和规范编写的。试验内容较多,可根据不同专业的教学要求进行选择与安排。

试验一　材料基本性质试验

一、密度试验

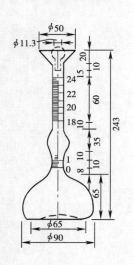

图 16-1　李氏瓶

　　密度是材料在密实状态下单位体积的质量。可取普通砖或加气混凝土砌块等试样进行密度测定。

　　(一)主要仪器

　　1. 李氏瓶。形状与尺寸如图 16-1。

　　2. 电子天平(称量 1 000 g,感量 0.01 g)。烘箱,筛子(孔径为 0.20 mm),温度计等。

　　(二)试验步骤

　　1. 将试样破碎、磨细后,全部通过 0.90 mm 孔筛,再放入烘箱中,在不超过 110℃的温度下,烘至恒重,取出后置干燥器中冷却至室温备用。

　　2. 将无水煤油注入李氏瓶至凸颈下 0～1 mL 刻度线范围内。用滤纸将瓶颈内液面上部内壁吸附的煤油仔细擦净。

　　3. 将注有煤油的李氏瓶放入恒温水槽内,使刻度线以下部分浸入水中,水温控制在(20±1)℃,恒温 30 min 后读出液面的初体

积 V_1（以弯液面下部切线为准），精确到 0.05 mL。

4. 从恒温水槽中取出李氏瓶，擦干外表面，放于电子天平上，称得初始质量 m_1。

5. 用小匙将物料徐徐装入李氏瓶中，下料速度不得超过瓶内液体浸没物料的速度，以免阻塞。如有阻塞，应将瓶微倾且摇动，使物料下沉后再继续添加，直至液面上升接近 20 mL 的刻度时为止。

6. 排除瓶中气泡。以左手指捏住瓶颈上部，右手指托着瓶底，左右摆动或转动，使其中气泡上浮，每 3 s 至 5 s 观察一次，直至无气泡上升为止。同时将瓶倾斜并缓缓转动，以便使瓶内煤油将黏附在瓶颈内壁上的物料洗入煤油中。

7. 将瓶置于天平上称出加入物料后的最终质量 m_2，再将瓶放入恒温水槽中，在相同水温下恒温 30 min，读出第二次体积读数 V_2，两次读数时，恒温水槽的温差不大于 0.2℃。

（三）结果计算

1. 按下式计算试样密度 ρ（精确至 0.01 g/cm³）：

$$\rho = \frac{m_2 - m_1}{V_2 - V_1} \quad (\text{g/cm}^3)$$

2. 以两次试验结果的平均值作为密度的测定结果。两次试验结果的差值不得大于 0.02 g/cm³，否则应重新取样进行试验。

二、表观密度试验

表观密度又称体积密度，是指材料包含自身孔隙在内的单位体积的质量。取与密度试验相同的试样材料进行表观密度测定。

（一）主要仪器

电子秤（称量 5 000 g，感量 10 g）、直尺（精度为 1 mm）、烘箱。当试件较小时，应选用精度为 0.1 mm 的游标卡尺和感量为 0.1 g 的电子天平进行试验。

（二）试验步骤

1. 将每组 5 块试件放入(105±5)℃的烘箱中烘至恒重，取出冷却至室温称重 m(g)。

2. 用直尺量出各试件的尺寸，并计算出其体积 V_0(cm³)。对于六面体试件，量尺寸时，长、宽、高各方向上须测量三处，取其平均值得 a、b、c，则

$$V_0 = abc \quad (\text{cm}^3)$$

（三）结果计算

1. 材料的表观密度 ρ_0 按下式计算：

$$\rho_0 = \frac{m}{V_0} \times 1\,000 \quad (\text{kg/m}^3)$$

2. 表观密度以五次试验结果的平均值表示，计算精确至 10 kg/m³。

三、孔隙率计算

将已测得的密度与表观密度代入下式，可算出材料的孔隙率 P_0（精确至 0.01%）：

$$P_0 = \frac{\rho - \rho_0}{\rho} \times 100(\%)$$

四、吸水率试验

（一）主要仪器设备

电子天平、游标卡尺、烘箱等。

（二）试验步骤

1. 取有代表性试件（如石材），每组 3 块，将试件置于烘箱中，以不超过 110℃ 的温度，烘干至质量不变为止，然后再以感量为 0.1 g 的电子天平称其质量 m_0（g）。

2. 将试件放在金属盆或玻璃盆中，在盆底可放些垫条如玻璃管（杆）使试件底面与盆底不至紧贴，使水能够自由进入试件内。

3. 加水至试件高度的 1/3 处，过 24 h 后再加水至高度的 2/3 处；再过 24 h 加满水，并再放置 24 h。这样逐次加水能使试件孔隙中的空气逐渐逸出。

4. 取出一块试件，抹去表面水分，称其质量 m_1（g），用排水法测出试件的体积 V_0（cm³）。为检查试件吸水是否饱和，可将试件再浸入水中至高度的 3/4 处，24 h 后重新称量，两次质量之差不超过 1%。

5. 用以上同样方法分别测出另两块试件的质量和体积。

6. 按下列公式计算吸水率 W：

$$质量吸水率\ W_m = \frac{m_1 - m_0}{m_0} \times 100(\%)$$

$$体积吸水率\ W_v = \frac{m_1 - m_0}{V_0} \cdot \frac{1}{\rho_w} \times 100(\%)$$

7. 取三个试样的吸水率计算其平均值（精确至 0.01%）。

五、抗压强度与软化系数试验

（一）主要仪器设备

1. 压力试验机（图 16-2），最大荷载不小于试件破坏荷载的 1.25 倍，误差不大于 ±2%。

2. 钢直尺或游标卡尺。

（二）试验步骤

1. 选取有代表性的试件（如石材），干燥状态与吸水饱和状态各一组，各面需加工平整且两受压面须平行。

2. 根据精度要求选择量具，测量试件尺寸，计算其受压面积 A（mm²）。

3. 了解压力试验机的工作原理与操作方法。

根据最大荷载选择量程，调节零点，将试件放于带有球座的压力试验机承压板中央，以规定的速度进行加荷，直至试件破坏。记录最大荷载 P（N）。

（三）结果计算

1. 按下式计算材料的抗压强度 f_c：

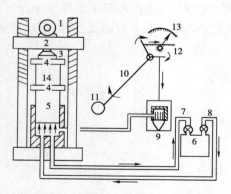

1—马达；2—横梁；3—球座；4—承压板；
5—活塞；6—油泵；7—回油阀；8—送油阀；
9—测力计；10—摆杆；11—摆锤；
12—推杆；13—度盘；14—试件

图 16-2　压力试验机液压传动工作原理图

$$f_c = \frac{P}{A} \quad (\text{MPa})$$

2. 取三块试件的平均值作为材料的平均抗压强度(精确至 0.1 MPa)。

3. 按下式计算材料的软化系数 K(精确至 0.01):

$$K = \frac{f_{cw}}{f_{co}}$$

式中　f_{co}、f_{cw} 分别表示材料干燥状态的平均抗压强度与吸水饱和状态的平均抗压强度。

试验二　水　泥　试　验

水泥试验依据《水泥的标准稠度用水量、凝结时间、安定性检验方法》(GB 1346—2019)、《水泥胶砂强度试验方法(ISO 法)》(GB/T 17671—1999)、《水泥细度检验方法(筛析法)》(GB/T 1345—2005)和《水泥比表面积测定方法(勃氏法)》(GB/T 8074—2008)进行。试验结果须满足《通用硅酸盐水泥》(GB 175—2020)标准中规定的质量指标。

一、水泥试验的一般规定

1. 取样方法,以同一水泥厂、同品种、同强度等级、同期到达的水泥进行取样和编号。袋装不超过 200 t、散装不超过 500 t 为一批,每批抽样不少于一次。取样应具有代表性,可连续取,也可在 20 个以上不同部位抽取等量的样品,总量不少于 12 kg。

2. 将所取得的样品应充分混合后通过 0.9 mm 的方孔筛均分成试验样和封存样。封存样密封保存 3 个月。

3. 试验用水必须是洁净的淡水。

4. 试验室温度应为(20±2)℃,相对湿度应不低于 50%;养护箱温度为(20±1)℃,相对湿度应不低于 90%;养护池水温为(20±1)℃。

5. 水泥试样、标准砂、拌和水及仪器用具的温度应与试验室温度相同。

二、水泥细度检验

水泥细度检验分水筛法和负压筛法两种,如对两种方法检验结果有争议时,以负压筛法为准。硅酸盐水泥细度用比表面积表示。

(一) 主要仪器设备

1. 试验筛:筛孔尺寸为 80 μm 或 45 μm,有负压筛、水筛和手工筛。试验筛每使用 100 次需重新标定。

2. 负压筛析仪。由筛座、负压源及收尘器组成,负压可调整范围为 4 000~6 000 Pa。

3. 天平(称量为 100 g,感量为 0.01 g),烘箱等。

(二) 试验准备

将烘干试样通过 0.9 mm 的方孔筛,试验时,80 μm 筛称取试样 25 g,45 μm 筛称取试样 10 g,均精确至 0.01 g。

(三) 试验方法与步骤

1. 负压筛析法

(1) 把负压筛放在筛座上,盖上筛盖,接通电源,检查控制系统,调节负压至 4 000~

6 000 Pa范围内。

（2）称取过筛的水泥试样，置于洁净的负压筛中，并放于筛座上，盖上筛盖。

（3）开动筛析仪，并连续筛析 2 min，在此期间如有试样黏附于筛盖，可轻轻敲击使试样落下。

（4）筛毕取下，用天平称量筛余物的质量(g)，精确至 0.01 g。

2. 水筛法（略）

在没有负压筛和水筛条件时，也可采用手工筛析法。

（四）结果计算

水泥试样筛余百分数 $F(\%)$ 按下式计算（精确至 0.1%）：

$$F = \frac{R_t}{W} \times 100\%$$

式中　R_t——水泥筛余物的质量(g)；

　　　W——水泥试样的质量(g)。

筛析结果应进行修正，修正的方法是将水泥试样筛余百分数乘上试验筛的标定修正系数。

（五）结果评定

每个样品应称取两个试样分别筛析，取筛余平均值为筛析结果。若两次筛余结果绝对误差大于 0.5% 时（筛余值大于 5.0% 时可放至 1.0%），应再做一次，取两次相近结果的算术平均值，作为最终结果。

三、水泥比表面积测定

水泥比表面积是指单位质量的水泥粉末具有的总表面积，以 m²/kg 表示。其测定原理是以一定量的空气，透过具有一定空隙率和一定厚度的压实粉层时所受阻力不同而进行测定的。并采用已知比表面积的标准物料对仪器进行校准。

1. 主要仪器

电动勃氏透气比表面仪，由透气圆筒、压力计和抽气装置三部分组成。

分析天平（精确至 0.001 g）、秒表（精确到 0.5 s）、烘箱、滤纸等。

2. 试验步骤

（1）首先用已知密度、比表面积等参数的标准粉对仪器进行校正，用水银排代法测粉料层的体积，同时须进行漏气检查。

（2）根据所测试样的密度和试料层体积等计算出试样量，称取烘干备用的水泥试样，制备粉料层。

（3）进行透气试验，开动抽气泵，使比表面仪压力计中液面上升到一定高度，关闭旋塞和气泵，记录压力计中液面由指定高度下降至一定距离时的时间，同时记录试验温度。

3. 结果计算

当试验时温差≤3℃，且试样与标准粉具有相同的孔隙率时，水泥比表面积 S 可按下式计算（精确至 10 cm²/g）：

$$S = \frac{S_s \rho_s \sqrt{T}}{\rho \sqrt{T_s}} \quad (cm^2/g)$$

ρ、ρ_s——分别为水泥与标准试样的密度(g/cm³)；

T、T_s——分别为水泥试样与标准试样在透气试验中测得的时间(s)；

S_s——标准试样的比表面积(cm^2/g)。

当试验温差＞3℃、试料层的空隙率与标准试样不同时，应按 GB/T 8074—2008 中具体步骤进行测定。水泥比表面积应由二次试验结果的平均值确定，如两次试验结果相差 2％以上时，应重新试验。并将结果换算成 m^2/kg 为单位。

四、水泥标准稠度用水量测定(标准法)

水泥标准稠度净浆对标准试杆的沉入具有一定阻力。通过试验不同含水量水泥浆的穿透性，以确定水泥标准稠度净浆中所需加入的水量。

（一）主要仪器设备

1. 水泥净浆搅拌机。由主机、搅拌叶、搅拌锅组成。搅拌叶片以双转双速转动。其质量符合《水泥净浆搅拌机》(JC/T 729)的要求。

2. 标准法维卡仪：如图 16-3 所示，标准稠度测定用试杆(图 16-3c)有效长度为(50±1)mm，由直径为 $\phi(10±0.05)$mm 的圆柱形耐腐蚀金属制成。测定凝结时间时取下试杆，用试针(图 16-3a、b)代替试杆。试针由钢制成，其有效长度初凝针为(50±1)mm、终凝针为(30±1)mm、直径为 $\phi(1.13±0.05)$mm 的圆柱体。滑动部分的总质量为(300±1)g。与试杆、试针联结的滑动杆表面应光滑，能靠重力自由下落，不得有紧涩和旷动现象。盛装水泥净浆的试模(图 16-3a)应由耐腐蚀的、有足够硬度的金属制成。试模为深(40±0.2)mm、顶内径 $\phi(65±0.5)$mm、底内径 $\phi(75±0.5)$mm 的截顶圆锥体。每只试模应配备一个边长约为 100 mm、厚度 4～5 mm 的平板玻璃底板或金属底板。

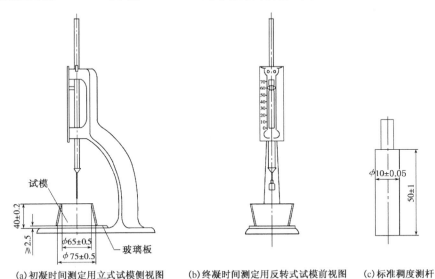

(a)初凝时间测定用立式试模侧视图　　(b)终凝时间测定用反转式试模前视图　　(c)标准稠度测杆

图 16-3　测定水泥标准稠度和凝结时间用的维卡仪

3. 天平、铲子、小刀、量筒等。

（二）试验步骤

1. 试验前的准备工作

试验前必须做到维卡仪金属棒能自由滑动；调整至试杆接触玻璃板时指针对准零点；搅

2. 水泥净浆的拌制

用水泥净浆搅拌机搅拌,搅拌锅和搅拌叶片先用湿布擦过,将拌和水倒入搅拌锅内,然后在 5～10 s 内小心将称好的 500 g 水泥加入水中,防止水和水泥溅出;拌和时,先将锅放在搅拌机的锅座上,升至搅拌位置,启动搅拌机,低速搅拌 120 s,停 15 s,同时将叶片和锅壁上的水泥浆刮入锅中间,接着高速搅拌 120 s 停机。

3. 标准稠度用水量的测定步骤

拌和结束后,立即将拌制好的水泥净浆装入已置于玻璃底板上的试模中,用宽约25 mm 的直边刀轻轻拍打超出试模部分的浆体 5 次以排除浆体中的孔隙;刮去多余的净浆;抹平后迅速将试模和底板移动到维卡仪上,并将其中心定在试杆下,降低试杆直至与水泥净浆表面接触,拧紧螺丝 1～2 s 后,突然放松,使试杆垂直自由地沉入水泥净浆中。在试杆停止沉入或释放试杆 30 s 时记录试杆距底板之间的距离,升起试杆后,立即擦净;整个操作应在搅拌后 1.5 min 内完成。以试杆沉入净浆并距底板(6±1)mm 的水泥净浆为标准稠度净浆。其拌和水量为水泥的标准稠度用水量(P),按水质量的百分比计。

五、水泥凝结时间测定

(一)主要仪器设备

标准法维卡仪,如图 16-3 所示,其他仪器设备同标准稠度测定。

(二)试验步骤

1. 测定前准备工作:调整凝结时间测定仪的试针接触玻璃板时,指针对准零点。

2. 试件制备:以标准稠度用水量制成标准稠度净浆,一次装满试模,振动数次刮平,立即放入湿气养护箱中。记录水泥全部加入水中的时间作为凝结时间的起始时间。

3. 初凝时间的测定:试件在湿气养护中养护至加水后 30 min 时进行第一次测定。测定时,从湿气养护箱中取出试模放到试针下,降低试针与水泥净浆表面接触。拧紧螺丝 1 s～2 s 后,突然放松,试针垂直自由地沉入水泥净浆。观察试针停止下沉或释放试针 30 s 时指针的读数。当试针沉到距底板(4±1)mm 时,为水泥达到初凝状态;由水泥全部加入水中至初凝状态的时间为水泥的初凝时间,用"min"表示。

4. 终凝时间的测定:为了准确测试针沉入的状况,在终凝针上安装了一个环形附件(见图 15-4b)。在完成初凝时间测定后,立即将试模连同浆体以平移的方式从玻璃板取下,翻转 180°,直径大端向上,小端向下放在玻璃板上,再放入湿气养护箱中继续养护,当试针沉入试体 0.5 mm 时,即环形附件开始不能在试体上留下痕迹时,为水泥达到终凝状态,由水泥全部加入水中至终凝状态的时间为水泥的终凝时间,用"min"表示。

5. 测定时应注意,在最初测定的操作时应轻轻扶持金属柱,使其徐徐下降,以防试针撞弯,但结果以自由下落为准;在整个测试过程中试针沉入的位置至少要距试模内壁 10 mm。临近初凝时,每隔 5 min 测定一次,临近终凝时每隔 15 min 测定一次,需在试体另外两个不同点测试,结论相同时才能定为到达初凝或终凝状态。每次测定不能让试针落入原针孔,每次测试完毕须将试针擦净并将试模放回湿气养护箱内,整个测试过程要防止试模受振。

六、水泥安定性试验

用沸煮法鉴定游离氧化钙对水泥安定性的影响。安定性试验分雷氏法和试饼法(代用法)两种,有争议时以雷氏法为准。

（一）主要仪器设备

1. 沸煮箱。有效容积为 410 mm×240 mm×310 mm，内设篦板及加热器两组。能在(30±5)min 内将一定量的水由 20℃升至沸腾，并保持恒沸 3 h。

2. 雷氏夹。不锈钢或铜质材料制成，形状如图 16-4a，当用 300 g 砝码校正时，两根针的针尖距离增加应在(17.5±2.5)mm 范围内，如图 16-4b。

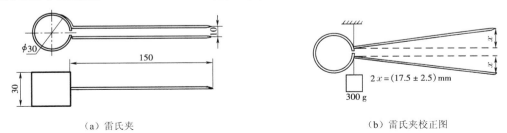

（a）雷氏夹　　　　　　　　　　　　（b）雷氏夹校正图

图 16-4　雷氏夹与雷氏夹校正图

3. 雷氏夹膨胀测定仪。标尺最小刻度为 1 mm。

4. 净浆搅拌机、天平、标准养护箱、宽约 25 mm 的直边刀等。

（二）试验步骤

1. 试饼法（代用法）

（1）将制备好的标准稠度的水泥净浆取出约 150 g，分成两等份，使之呈球形，放在已涂油的玻璃板上，用手轻振玻璃板使水泥浆摊开，并用直边刀由边缘向中央抹动，做成直径 70～80 mm、中心厚约 10 mm 边缘渐薄、表面光滑的试饼，放入标准养护箱内，养护(24±2)h。

（2）除去玻璃板并编号，先检查试饼，在无缺陷的情况下放于沸煮箱的篦板上，调好水位与水温，接通电源，在(30±5)min 内加热至沸并恒沸(180±5)min。

（3）沸煮结束后放掉热水，冷却至室温，用目测未发现裂纹，用直尺检查平面也无弯曲现象时为安定性合格，反之为不合格。当两个试饼判别结果有矛盾时，也判为不合格。

2. 雷氏法

（1）每个雷氏夹需配两个边长约 80 mm、厚度 4～5 mm 的玻璃板，一垫一盖，每组成型两个试件，先将雷氏夹与玻璃板表面涂上一薄层机油。

（2）将制备好的标准稠度的水泥浆一次装满雷氏夹，并轻扶雷氏夹，用直边刀插捣 3 次，然后抹平，并盖上涂油的玻璃板。随即将成型好的试模移至标准养护箱内，养护(24±2)h。

（3）除去玻璃板，测量雷氏夹指针尖端间的距离(A)，精确至 0.5 mm，接着将试件放在沸煮箱内水中篦板上，针尖朝上，用与试饼法相同的方法沸煮。

（4）取出沸煮后冷却到室温的试件，用膨胀值测定仪测量试件雷氏夹指针两针尖之间的距离(C)，计算膨胀值($C-A$)，取两个试件膨胀值的算术平均值，若不大于 5 mm 时，则判定该水泥安定性合格。若两个试件膨胀值相差超过 4 mm 时，应用同种水泥重做试验。再如此，则认为该水泥安定性不合格。

七、水泥胶砂强度试验

（一）主要仪器设备

1. 行星式胶砂搅拌机(ISO679)，由胶砂搅拌锅和搅拌叶片相应的机构组成，搅拌叶片呈扇形,工作时搅拌叶片既绕自身轴线自转又沿搅拌锅周边公转,并且具有高低两种速度,自转低速时为$(140\pm5)r/min$,高速时为$(285\pm10)r/min$;公转低速时为$(62\pm5)r/min$,高速时为$(125\pm10)r/min$。叶片与锅底、锅壁的工作间隙为$(3\pm1)mm$。

2. 胶砂试件成型振实台(ISO679)。由可以跳动的台盘和使其跳动的凸轮等组成,振实台振幅$(15\pm0.3)mm$,振动频率60次$/(60\pm2)s$。

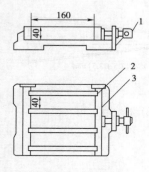

1—底模;2—侧板;3—挡板
图 16-5 试模

3. 胶砂振动台。可作为振实台的代用设备,其振幅为$(0.75\pm0.02)mm$,频率为$2\,800\sim3\,000$次/min。台面装有卡具。

4. 试模。可装拆的三联模,模内腔尺寸为 40 mm × 40 mm×160 mm,如图 16-5 所示。

5. 下料漏斗。下料口宽为 4~5 mm;两个播料器和一个刮平直尺。

6. 水泥电动抗折试验机。游铊移动速度为 5 cm/min。

7. 压力试验机与抗压夹具。压力机最大荷载以 200~300 kN为宜,误差不大于$\pm1\%$,并有按$(2.4\pm0.5)kN/s$速率加荷功能,抗压夹具由硬钢制成,加压板受压面积为 40mm × 40 mm,加压面必须磨平。

(二)胶砂制备与试件成型

1. 将试模擦净、模板四周与底座的接触面上应涂黄油、紧密装配、防止漏浆。内壁均匀刷一薄层机油。

2. 标准砂应符合《水泥胶砂强度检验方法(ISO 法)》(GB/T 17671—1999)中国 ISO 标准砂的质量要求。试验采用灰砂比为 1:3,水灰比 0.50。

3. 每成型 3 条试件需称量:水泥 450 g,标准砂 1 350 g,水 225 mL。

4. 胶砂搅拌。用 ISO 胶砂搅拌机进行,先把水加入锅内,再加入水泥,把锅放在固定器上,上升至固定位置然后立即开动机器,低速搅拌 30 s 后,在第二个 30 s 开始的同时均匀地将砂子加入(一般是先粗后细),再高速搅拌 30 s 后,停拌90 s,在第一个 15 s 内用一胶皮刮具将叶片和锅壁上的胶砂刮入锅中间,在调整下继续搅拌60 s。各个搅拌阶段,时间误差应在±1 s 以内。

5. 试件用振实台成型时,将空试模和套模固定在振实台上,用勺子直接从搅拌锅内将胶砂分两层装模。装第一层时,每个槽里约放入 300 g 胶砂,并用大播料器播平,接着振动60 次,再装入第二层胶砂,用小播料器播平,再振动 60 s。移走套模,从振实台上取下试模,用一金属尺近似 90°的角度架在试模模顶的一端,沿试模长度方向以横向锯割动作慢慢向另一端移动,一次将超过试模部分的胶砂刮去,并用同一直尺以近乎水平的情况下将试件表面抹平。

(三)试件养护

1. 将成型好的试件连模放入标准养护箱(室)内养护,在温度为$(20\pm1)℃$、相对湿度不低于90%的条件下养护 20~24 h 之间脱模(对于龄期为 24 h 的应在破型试验前 20 min 内脱模)。

2. 将试件从养护箱(室)中取出,用墨笔编号,编号时应将每只模中三条试件编在两个龄期内,同时编上成型与测试日期。然后脱膜,脱模时应防止损伤试件。硬化较慢的水泥允许 24 h 以后脱模,但须记录脱模时间。

3. 试件脱模后立即水平或竖直放入水槽中养护,养护水温为(20 ± 1)℃,水平放置时刮平面应朝上,试件之间留有间隙,水面至少高出试件 5 mm。最初用自来水装满水池,并随时加水以保持恒定水位,不允许在养护期间全部换水。

（四）水泥抗折强度试验

1. 各龄期的试件,必须在规定的时间(24 ± 15)min、(48 ± 30)min、(72 ± 45)min、$7\,d\pm2\,h$、$28\,d\pm8\,h$内进行强度测试,于试验前 15 min 从水中取出三条试件。

2. 测试前须先擦去试件表面的水分和砂粒,清除夹具上圆柱表面黏着的杂物,然后将试件安放到抗折夹具内,应使试件侧面与圆柱接触。

3. 调节抗折仪零点与平衡,开动电机以(50 ± 10)N/s速度加荷,直至试件折断,记录抗折破坏荷载 F_f(N)。

4. 按下式计算抗折强度 f_f(精确至 0.1 MPa)。

$$f_f = \frac{3F_f L}{2bh^2}$$

式中　L——抗折支撑圆柱中心距,$L=100$ mm;

　　　b、h——分别为试件的宽度和高度,均为 40 mm。

5. 抗折强度结果取三块试件的平均值;当三块试件中有一块超过平均值的$\pm10\%$时,应予剔除,取其余两块的平均值作为抗折强度试验结果。

（五）水泥抗压强度试验

1. 抗折试验后的六个断块试件应保持潮湿状态,并立即进行抗压试验,抗压试验须用抗压夹具进行。清除试件受压面与加压板间的砂粒杂物,以试件侧面作受压面,并将夹具置于压力机承压板中央。

2. 开动试验机,以(2.4 ± 0.2)kN/s的速度进行加荷,直至试件破坏。记录最大抗压破坏荷载 F_c(N)。

3. 按下式计算抗压强度 f_c(精确至 0.1 MPa)。

$$f_c = \frac{F_c}{A}$$

式中　A——试件的受压面积(即 40 mm×40 mm＝1 600 mm^2)。

4. 六个抗压强度试验结果中,有一个超过六个算术平均值的$\pm10\%$时,剔除最大超过值,以其余五个的算术平均值作为抗压强度试验结果,如五个测定值中再有超过它们平均数$\pm10\%$时,则此组结果作废。

八、水泥试验结果评定

（一）水泥的物理性能评定

按照《通用硅酸盐水泥》(GB 175—2020)中所规定的通用水泥(即六大水泥)的质量指标:水泥的细度,以 45 μm 方孔筛筛余表示,筛余量不小于 5%(硅酸盐水泥的细度以比表面积表示,不低于 300 m^2/kg,但不大于 400 m^2/kg);初凝不早于 45 min,终凝不迟于 600 min(硅酸盐水泥终凝不迟于 390 min);安定性用沸煮法检验必须合格。检查试验结果是否满足这些质量指标。

（二）水泥强度等级评定

按照国家水泥标准规定的强度指标,不同品种、不同强度等级的通用硅酸盐水泥的各龄期强度不得低于标准规定值。由此根据试验结果评定出所试验水泥的强度等级。

试验三　混凝土用砂、石试验

根据《建设用砂》(GB/T 14684—2011)、《建设用卵石、碎石》(GB/T 14685—2011)和《普通混凝土用砂、石质量及检验方法标准》(JGJ 52—2006)标准对混凝土用砂、石进行试验,评定其质量,并为混凝土配合比设计提供原材料参数。

一、取样方法与检验规则

(一)砂、石的取样

使用单位应按砂和石的同产地同规格分批验收。采用火车、货船或汽车等大型工具运输的,应以400 m³ 或600 t 为一验收批,不足上述者,也应一验收批进行验收,取样部位应均匀分布。在料堆上或火车、汽车、货船上取样时,由各部位抽取大致相等的砂 8 份、石子 15 份,组成各自一组样品,其总试样量应多于试验用量的一倍。在皮带运输机取样时,应在皮带运输机机尾的出料处用接料器定时抽取砂 4 份、石子 8 份组成各一组样品。

(二)四分法缩取试样

将取回的砂(或石子)试样拌匀后摊成厚度约 20 mm 的圆饼(砂)或圆锥体(石子),在其上划十字线,分成大致相等的四份,除去其对角线的两份,将其余两份按同样的方法再持续进行,直至缩分后的材料量略多于试验所需的数量为止。对砂也可以用分料器缩分。

(三)检验规则

砂石检验项目主要有颗粒级配、表观密度、堆积密度与空隙率、泥含量及泥块含量、有害物质含量、坚固性和石子的压碎值、针片状颗粒含量等。经检验后,其结果符合标准规定相应类别规定时,可判为该产品合格,若其中一项不符合,则应再次从同一批样品中加倍抽样并对该项进行复检,复验仍不符合本标准技术指标,则该批产品为不合格。

二、砂的筛分析试验

(一)主要仪器设备

1. 砂试验筛:依据 GB/T 14684 和 JGJ52 标准,采用孔径(mm)为 0.150、0.300、0.600、1.18、2.36、4.75、9.50 的方孔筛,并附有筛底和筛盖。

2. 电子天平(称量 1 000 g,感量 1g)、烘箱、浅盘、毛刷等。

3. 摇筛机:振幅(0.5±0.1)mm,频率(50±3)Hz。

(二)试验步骤

1. 试样先用孔径为 9.50 mm 筛筛除公称粒径大于 10.0 mm 的颗粒(算出其筛余百分率),然后用四分法缩分至每份不少于 550 g 的试样两份,放在烘箱中于(105±5)℃烘至恒重,冷却至室温备用。

2. 准确称取试样 500 g(特细砂可称 250 g)。将筛子按筛孔由大到小叠合起来,附上筛底。将砂样倒入最上层(孔径为 4.75 mm)筛中。

3. 将整套砂筛置于摇筛机上并固紧,摇筛 10 min;无摇筛机时,可改用手筛。

4. 将整套筛自摇筛机上取下,逐个在清洁的浅盘中进行手筛,筛至每分钟通过量小于试样总量的 0.1% 为止。通过的砂粒并入下一号筛中,并和下一号筛中的试样一起过筛,按此顺序进行,直至各号筛全部筛完为止。

5. 称取各号筛上的筛余量。对筛框直径为 200 mm 时,试样在各号筛上的筛余量不得超过 $105d^{1/2}$(单位为 g,d 为筛孔边长,单位为 mm),超过时应将该筛余试样分成两份,再进行筛分,并以两次筛余量之和作为该号筛的筛余量。

(三)结果计算与评定

1. 计算分计筛余百分率。各号筛上筛余量除以试样总重量(精确至 0.1%)。

2. 计算累计筛余百分率。每号筛上孔径大于和等于该筛孔径的各筛上的分计筛余百分率之和(精确至 0.1%),并绘制砂的筛分曲线。

3. 根据各筛的累计筛余百分率,按照标准规定的级配区范围,评定该砂试样的颗粒级配是否合格。

4. 按下式计算砂的细度模数 M_x(精确至 0.01):

$$M_x = \frac{(A_2 + A_3 + A_4 + A_5 + A_6) - 5A_1}{100 - A_1}$$

式中　A_1,A_2,$\cdots$,A_6 分别为 5.00,2.50,$\cdots$,0.160 mm 孔筛上的累计筛余百分率。

5. 取两次试验测定值的算术平均值作为测定值,精确到 0.1。当两次试验所得的细度模数之差大于 0.20 时,应重新取样进行试验。

6. 砂按细度模数(M_x)分为粗、中、细和特细四种规格,由所测细度模数按规定评定该砂样的粗细程度。

三、砂的表观密度测定

(一)主要仪器

天平(称量 1 000 g,感量 1 g)、容量瓶(500 mL)、烘箱、干燥器、料勺、温度计等。

(二)试验步骤

1. 称取经缩分并烘干试样 300 g(m_0),装入盛有半瓶冷开水的容量瓶中,摇动容量瓶,使试样充分搅动以排除气泡。塞紧瓶塞,静置 24 h。

2. 打开瓶塞,用滴管添水使水面与瓶颈 500 mL 刻线平齐。塞紧瓶塞,擦干瓶外水分,称其重量 m_1(g)。

3. 倒出瓶中的水和试样,清洗瓶内外,再装入与上项水温相差不超过 2℃的冷开水至瓶颈 500 mL 刻度线。塞紧瓶塞,擦干瓶外水分,称其重量 m_2(g)。

(三)结果计算

1. 按下式计算砂的表观密度 ρ_0(精确至 10 kg/m³):

$$\rho_0 = \left(\frac{m_0}{m_0 + m_2 - m_1} - \alpha_t \right) \times 1\ 000$$

式中　m_0——试样的烘干质量(g);

　　　m_1——吊篮在水中的质量(g);

　　　m_2——吊篮及试样在水中的质量(g);

　　　α_t——考虑称量时水温对表观密度影响的修正系数,见表 16-1 所示。

2. 砂的表观密度以两次试验结果的算术平均值作为测定值,如两次结果之差大于 0.02 g/cm³ 时,应重新取样进行试验。

表 16-1　不同水温下碎石或卵石表观密度影响的修正系数

水温/℃	15	16	17	18	19	20	21	22	23	24	25
α_t	0.002	0.003	0.003	0.004	0.004	0.005	0.005	0.006	0.006	0.007	0.008

四、砂的堆积密度与空隙率测定

（一）主要仪器

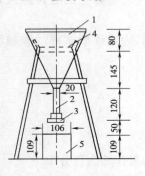

1—漏斗；2—$\phi20$ 管子；3—活动门；
4—筛子；5—容量筒

图 16-6　砂堆积密度试验装置

1. 案秤（称量 5 kg，感量 5 g）。烘箱、漏斗或料勺、直尺、浅盘等。

2. 容量筒。金属圆柱形，容积 1 L，内径 108 mm，净高 109 mm，筒壁厚 2 mm。

（二）试验步骤

1. 将经过缩分烘干后的砂试样用 5 mm 孔径的筛子过筛，然后分成大致相等的两份，每份约 1.5 L。

2. 先称容量筒重量 m_1（kg），并将其置于浅盘内的下料斗下面，使下料斗正对中心，下料斗口距筒口 50 mm（图 16-6）。

3. 用料勺将试样装入下料斗，并徐徐落入容量筒中直至试样装满并超出筒口为止。用直尺沿筒口中心线向两个相反方向将筒上部多余的砂样刮去。称出容量筒连同砂样的总重量 m_2（kg）。

4. 容量筒容积校正。以（20±5）℃ 的饮用水装满容量筒，用玻璃板沿筒口滑移，使其紧贴水面盖住容量筒，擦干筒外壁水分，然后称重 m_2'（kg），倒出水并称出擦干后的容量筒和玻璃板总重量 m_1'（kg），按下式计算其容积 V（L）：

$$V = m_2' - m_1'$$

（三）结果计算与评定

1. 砂的堆积密度 ρ_0' 按下式计算（精确至 10 kg/m³）：

$$\rho_0' = \frac{m_2 - m_1}{V} \times 1\,000 \quad (\text{kg/m}^3)$$

2. 砂的空隙率 P_0' 按下式计算（精确至 1%）：

$$P_0' = \left(1 - \frac{\rho_0'}{\rho_0 \times 1\,000}\right) \times 100 \quad (\%)$$

3. 取两次试验的算术平均值作为试验结果，并评定该试样的表观密度、堆积密度与空隙率是否满足标准规定值。

五、砂的含水率测定

（一）主要仪器设备

天平（称量 1 kg，感量 1 g）。烘箱，浅盘等。

（二）试验步骤

1. 取缩分后的试样一份约 500 g，装入已称重量为 m_1 的浅盘中，称出试样连同浅盘的

总重量 $m_2(g)$。然后摊开试样置于温度为 $(105\pm5)℃$ 的烘箱中烘至恒重。

2. 称量烘干后的砂试样与浅盘的总重量 $m_3(g)$。

（三）结果计算

1. 按下式计算砂的含水率 W（精确至 0.1%）：

$$W = \frac{m_2 - m_3}{m_3 - m_1} \times 100(\%)$$

2. 以两次试验结果的算术平均值作为测定结果。通常也可采用炒干法代替烘干法测定砂的含水率。

六、石子筛分析试验

（一）主要仪器设备

1. 石子试验筛，依据 GB/T 14684 和 JGJ52 标准，采用孔径(mm)为 2.36、4.75、9.50、16.0、19.0、26.5、31.5、37.5、53.0、63.0、90.0 的方孔筛，并附有筛底和筛盖。

2. 电子天平及电子秤。称量随试样重量而定，精确至试样重量的 0.1%。

3. 摇筛机，电动振动筛，振幅 $(0.5\pm0.1)mm$，频率 $(50\pm3)Hz$。

（二）试验步骤

1. 按试样粒级要求选取不同孔径的石子筛，按孔径从大到小叠合，并附上筛底。

2. 按表 16-2 规定的试样量称取经缩分并烘干或风干的石子试样一份，倒入最上层筛中并加盖，然后进行筛分。

表 16-2　不同粒径的石子的试样量

石子最大粒径/mm	10	16	20	25	31.5	40	63	80
筛分时每份试样量/kg	2	4	4	10	10	15	20	30
表观密度每份试样量/kg	2	2	2	3	3	4	6	6

3. 将套筛置于摇筛机紧固并筛分，摇筛 10 min，取下套筛，按孔径大小顺序逐个再用手筛，筛至每分钟通过量小于试样总量的 1% 为止。通过的颗粒并入下一号筛中，并和下一号筛中的试样一起过筛，如此顺序进行，直至各号筛全部筛完为止。

4. 称取各筛筛余的重量，精确至试样总重量的 0.1%。

（三）结果计算与评定

1. 计算石子分计筛余百分率和累计筛余百分率，方法同砂筛分析。

2. 根据各筛的累计筛余百分率，按照标准规定的级配范围，评定该石子的颗粒级配是否合格。

3. 根据公称粒级确定石子的最大粒径。

七、石子的表观密度试验（标准方法）

（一）主要仪器

带有吊篮的液体天平（称量 5 000 g，感量 1 g）。吊篮直径和高度均为 150 mm，试验筛（孔径为 4.75 mm）、烘箱、毛巾、刷子等。

（二）试验步骤

1. 将石子试样筛去公称粒径 5 mm 以下颗粒，用四分法缩分至不少于试验所需的量，然后洗净后分成两份备用。

2. 取石子试样一份装入吊篮中,并浸入盛水的容器中,水面至少高出试样 50 mm。

3. 浸水 24 h 后移至称量用的盛水容器中,并用上下升降吊篮的方法排除气泡,试样不得露出水面,吊篮每秒升降一次,升降高度为 30～50 mm。

4. 调节容器中水位高度(由溢流孔控制)并测定水温后,用天平称取吊篮及试样的质量(m_2)。

5. 放在(105 ± 5)℃的烘箱中烘至恒重,取出后放在带盖的容器中冷却至室温,再称重(m_0)。

6. 称取吊篮在同样的温度和水位的水中质量(m_1)。

(三)结果计算

1. 按下式计算出石子的表观密度 ρ(精确至 10 kg/m³):

$$\rho = \left(\frac{m_0}{m_0 + m_1 - m_2} - \alpha_t \right) \times 1\,000 \ (\text{kg/m}^3)$$

式中 m_0——试样的烘干质量(g);

         m_1——吊篮在水中的质量(g);

         m_2——吊篮及试样在水中的质量(g);

         α_t——考虑称量时水温对表观密度影响的修正系数,见表 16-1。

2. 以两次试验结果的算术平均值作为测定值,两次结果之差应小于 20 kg/m³,否则应重新取样进行试验。

八、石子堆积密度与空隙率试验

(一)主要仪器设备

1. 台秤(称量 50 kg,感量 50 g)、烘箱、平口铁锹等。

2. 容量筒。容积为 10 L($d_{max} \leqslant 25$ mm)或 20 L(d_{max} 为 31.5 mm 或 40.0 mm)或 30 L(d_{max} 为 63.0 mm 或 80.0 mm)。

(二)试验步骤

1. 用四分法缩取石子试样,视不同最大粒径称取 40 kg、80 kg 或 120 kg 试样摊在清洁的地面上风干或烘干,拌匀后备用。

2. 取试样一份,用平口铁锹铲起石子试样,使之自由落入容量筒内。此时锹口距筒口的距离应为 50 mm 左右。装满容量筒后除去高出筒口表面的颗粒,并以合适的颗粒填入凹陷部分,使表面凸起部分和凹陷部分的体积大致相等,称出试样与容量筒的总重量 m_2(kg)。

3. 称出容量筒重量 m_1(kg)。

4. 容量筒容积校正。将容量筒装满(20 ± 5)℃的饮用水,称水与筒的总重量 m_2'(kg),则容量筒容积:

$$V = \frac{m_2' - m_1}{\rho_w} \quad (\text{L})$$

(三)结果计算与评定

1. 按下式计算出石子的堆积密度 ρ_0'(精确至 10 kg/m³):

$$\rho_0' = \frac{m_2 - m_1}{V} \times 1\,000 \quad (\text{kg/m}^3)$$

2. 按下式计算石子的空隙率 P_0（精确至 1%）：

$$P_0 = \left(1 - \frac{\rho_0'}{\rho}\right) \times 100 \quad (\%)$$

3. 取两次试验的算术平均值作为试验结果，并评定该石子试样的表观密度、堆积密度与空隙率是否满足标准规定值。

试验四　普通混凝土配合比试验

混凝土配合比设计、试配与调整依据《普通混凝土配合比设计规程》(JGJ 55—2011)进行。混凝土拌合物性能试验依据《普通混凝土拌合物性能试验方法标准》(GB/T 50080—2016)进行。

一、混凝土试验室拌和方法

（一）一般规定

1. 拌制混凝土的原材料应符合技术要求，并与实际施工材料相同，在拌和前所用材料和器具宜与室温相同，实验室相对湿度宜不小于 50%，温度应保持 $(20\pm5)℃$，水泥如有结块，应用 0.9 mm 筛过筛后方可使用。

2. 配料时以质量计，称量精度要求：砂、石为 $\pm0.5\%$，水、水泥掺合料、外加剂为 $\pm0.2\%$。

3. 砂、石骨料质量以干燥状态为基准。

4. 从试样制备完毕到开始做各项性能试验不宜超过 5 min。

（二）主要仪器设备

1. 混凝土搅拌机。容量 50～100 L，转速 18～22 r/min。

2. 台秤。称量 50 kg，感量 50 g。

3. 其他用具，量筒(500 mL、100 mL)、天平、拌铲与拌板等。

（三）拌和步骤

1. 人工拌和

(1) 按所定配合比称取各材料用量。

(2) 将拌板和拌铲用湿布润湿后，把称好的砂倒在铁拌板上，然后加水泥，用铲自拌板一端翻拌至另一端，如此重复，拌至颜色均匀，再加入石子翻拌混合均匀。

(3) 将干混合料堆成堆，在中间作一凹槽，将已称量好的水倒一半左右在凹槽中，仔细翻拌，注意勿使水流出。然后再加入剩余的水，继续翻拌，其间每翻拌一次，用拌铲在拌和物上铲切一次，直至拌和均匀为止。

(4) 拌和时力求动作敏捷，拌和时间自加水时算起，应符合标准规定，拌和物体积为 30 L 时拌 4～5 min，30～50 L 时拌 5～9 min，51～75 L 时拌 9～12 min。

2. 机械搅拌

(1) 按给定的配合比称取各材料用量。

（2）用按配合比称量的同配比混凝土材料在搅拌机中预拌一次，使水泥砂浆部分黏附搅拌机的内壁及叶片上，并刮去多余砂浆，以避免影响正式搅拌时的配合比。

（3）依次向搅拌机内加入粗骨料、胶凝材料和细骨料，开动搅拌机干拌均匀后，再将水徐徐加入，全部加料时间不超过 2 min，加完水后再继续搅拌 2 min。

（4）将拌合物自搅拌机卸出，倾倒在铁板上，再经人工拌和 2～3 次，即可做拌合物的各项性能试验或成型试件。从开始加水起，全部操作必须在 30 min 内完成。

二、混凝土拌合物稠度试验

拌合物稠度试验分坍落度法和维勃稠度法两种，前者适用于坍落度值不小于 10 mm 的塑性和流动性混凝土拌合物的稠度测定，后者适用于维勃稠度在（5～30）s 之间的干硬性混凝土拌合物的稠度测定。要求骨料最大粒径均不得大于 40 mm。

（一）坍落度测定

1. 主要仪器设备

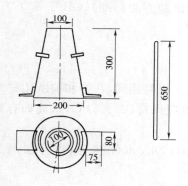

图 16-7　坍落度筒及捣棒

（1）坍落度筒：截头圆锥形，由薄钢板或其他金属板制成，形状和尺寸见图 16-7。

（2）捣棒（端部应磨圆）、装料漏斗、小铁铲、钢直尺、镘刀等。

（3）底板应采用平面尺寸不小于 150 cm×150 cm、厚度不小于 3 mm 的钢板。

2. 试验步骤

（1）首先用湿布润湿坍落度筒及其他用具，将坍落度筒置于底板中心，漏斗置于坍落度筒顶部并用双脚踩紧踏板。

（2）用铁铲将拌好的混凝土拌合料分三层装入筒内，每层高度约为筒高的 1/3。每层用捣棒沿螺旋方向由边缘向中心插捣 25 次。插捣底层时应贯穿整个深度，插捣其他两层时捣棒应插至下一层的表面。

（3）插捣完毕后，除去漏斗，用镘刀括去多余拌合物并抹平，清除筒四周拌合物，在 3～7 s 内垂直平稳地提起坍落度筒。当试样不再继续坍落或坍落时间达到 30 s 时，用钢尺量测筒高与坍落后的混凝土试体最高点之间的高度差，即为混凝土拌合物的坍落度值。

（4）从开始装料到坍落度筒提起整个过程应在 150 s 内完成。当坍落度筒提起后，混凝土试体发生崩坍或一边剪坏现象，则应重新取样测定坍落度，如第二次仍出现这种现象，则应予以记录说明。

（5）在测定坍落度过程中，应注意观察黏聚性与保水性。

（6）当混凝土拌合物的坍落度不小于 160 mm 时，用钢尺测量混凝土扩展后最终的最大和垂直方向的直径，当其差值小于 50 mm 时，取其平均值作为坍落扩展度值，否则，应重新取样，另行测定。

3. 试验结果

（1）稠度。以坍落度和坍落扩展度表示，单位 mm，精确至 1 mm，结果表达修约至 5 mm。

（2）黏聚性。以捣棒轻敲混凝土锥体侧面，如锥体逐渐下沉，表示黏聚性良好；如锥体倒坍、崩裂或离析,表示黏聚性不好。

（3）保水性。提起坍落度筒后如底部有较多稀浆析出,骨料外露,表示保水性不好;如无稀浆或少量稀浆析出,表示保水性良好。

（二）维勃稠度测定

1. 主要仪器设备

（1）维勃稠度仪:其振动频率为(50±3)Hz,装有空容器时台面振幅应为(0.5±0.1)mm。

（2）秒表,其他仪器同坍落度试验。

2. 试验步骤

（1）将维勃稠度仪放置在坚实水平的基面上。用湿布将容器、坍落度筒、喂料斗内壁及其他用具擦湿。就位后将测杆、喂料斗和容器调整在同一轴线上,然后拧紧固定螺丝。

（2）将混凝土拌合料经喂料斗分三层装入坍落度筒,装料与捣实方法同坍落度试验。

（3）将喂料斗转离,垂直平稳地提起坍落度筒,应注意不使混凝土试体产生横向扭动。

（4）将圆盘转到混凝土试体上方,放松测杆螺丝,降下透明圆盘,使其轻轻接触到混凝土试体顶面,拧紧定位螺丝。

（5）开启振动台,同时用秒表计时,当振至透明圆盘的底面被水泥浆布满的瞬间关闭振动台,并停表计时。

3. 试验结果

由秒表读出的时间(s)即为该混凝土拌合物的维勃稠度值,精确至 1 s。

三、混凝土拌合物表观密度试验

（一）主要仪器设备

1. 容量筒。对骨料最大粒径不大于 40 mm,容量筒为 5 L;当粒径大于 40 mm 时,容量筒内径与高均应大于骨料最大粒径 4 倍。

2. 电子秤。称量 50 kg,感量不大于 10 g。

3. 振动台。频率为(3 000±200)次/min,空载振幅为(0.5±0.1)mm。

（二）试验步骤

1. 润湿容量筒,称其质量 m_1(kg),精确至 10 g。

2. 将配制好的混凝土拌合料装入容量筒并使其密实。当拌合料坍落度不大于 90 mm,可用振动台振实,大于 90 mm 用捣棒捣实。

3. 用振动台振实时,将拌和料一次装满,振动时随时准备添料,振至表面出现水泥浆,没有气泡向上冒为止。用捣棒捣实时,混凝土分两层装入,每层插捣 25 次(对 5 L 容量筒),每一层插捣完后用橡皮锤轻轻沿容器外壁敲打 5~10 次,直到拌合物均表面插捣孔消失并不见大气泡为止。

4. 用镘刀将多余料浆刮去并抹平,擦净筒外壁,称出拌合料与筒的总质量 m_2(kg)。

（三）结果计算

按下式计算混凝土拌合物的表观密度 $\rho_{oc测}$（精确至 10 kg/m³）:

$$\rho_{oc测} = \frac{m_2 - m_1}{V_0} \times 1\,000 \quad (kg/m^3)$$

式中 V_0——容量筒体积(L),可按试验三中的方法校正。

四、混凝土配合比的试配与确定

(一)混凝土配合比试配

1. 按混凝土计算配合比确定的各材料用量 C_0、S_0、G_0 及 W_0 等进行称量,然后进行拌和及和易性试验,以检定拌合物的性能。

2. 和易性调整。若配制的混凝土拌合物坍落度不能满足要求,或黏聚性和保水性不好时,应进行和易性调整。

当坍落度过小时,须在水胶比(W/B)不变的前提下分次掺入备用的 5% 或 10% 的水泥浆或增加减水剂用量至符合要求为止;当坍落度过大时,可保持砂率不变,酌情增加砂和石子;当黏聚性、保水性不好时,可适当增加砂率,对大流动性混凝土根据其拌合物的扩展度、保水性、是否巴底、石子的外露和包裹情况来判定和易性。可通过调整减水剂掺量、砂率和掺合料用量来改善其和易性。调整中应尽快拌和均匀后重做和易性试验,直到符合要求为止。从而得出检验混凝土用的基准配合比。

3. 以混凝土基准配合比中的基准 W/B 和基准 $W/B\pm0.05$(高强混凝土为基准 W/B ±0.03),配制三组不同的配合比,其用水量不变,砂率可增加或减少 1%。制备好拌合物,应先检验混凝土的流动性、黏聚性、保水性及拌合物的表观密度,然后每种配合比制作一组(3 块)试件,标准养护 28 d 试压。

(二)混凝土配合比设计值的确定

1. 配合比调整应符合下述规定:

(1)根据混凝土强度试验结果,宜绘制强度和胶水比的线性关系图或插值法确定略大于配制强度的强度对应的胶水比。

(2)在试拌配合比的基础上,用水量(W)和外加剂用量(A)应根据确定的水胶比做适当调整。

(3)胶凝材料用量(B)应以用水量乘以确定的胶水比计算得出。

(4)粗骨料(G)和细骨料(S)用量,应在用水量和胶凝材料用量变化的基础上进行适当调整。

2. 配合比表观密度校正。混凝土调整后的计算表观密度为 $\rho_{oc计}$($\rho_{oc计}=W+B+S+G$),实测表观密度为 $\rho_{oc测}$,则校正系数 δ 为:

$$\delta = \frac{\rho_{oc测}}{\rho_{oc计}}$$

当表观密度的实测值与计算值之差不超过计算值的 2% 时,不必校正,则上述确定的配合比即为配合比的设计值。当二者差值超过 2% 时,则须将配合比中每项材料用量均乘以校正系数 δ,即为最终定出的混凝土配合比设计值。

试验五 混凝土性能试验

混凝土强度试验依据《混凝土物理力学性能试验方法标准》(GB/T 50081—2019)进行;混凝土抗冻、抗水渗等试验依据《普通混凝土长期性能和耐久性能试验方法标准》(GB/T

50082—2009)进行。

一、混凝土抗压强度试验

（一）主要仪器设备

1. 压力试验机。示值相对误差应为±1%，试验时由试件最大荷载选择压力机量程，使试件破坏时的荷载位于全量程的20%～80%范围以内。

2. 振动台。振动频率为(50±3)Hz，空载振幅约为0.5 mm。

3. 搅拌机、试模、捣棒、镘刀等。

4. 游标卡尺。量程不小于200 mm，分度值宜为0.02 mm。

（二）试件制作

1. 抗压强度试验系采用立方体试件，按龄期分组、每组3个试件，混凝土试件尺寸按骨料最大粒径选定（表16-3）。

表 16-3　混凝土试件尺寸

粗骨料最大粒径/mm	试件尺寸/mm×mm×mm	尺寸换算系数
31.5	100×100×100	0.95
40	150×150×150	1.00
60	200×200×200	1.05

注：表中的尺寸换算系数适应于强度等级小于C60的混凝土，当不小于C60时，宜采用标准试件，使用非标准试件时，其尺寸换算系数宜由试验确定。

2. 制作试件前，应将试模擦干净并在试模内表面涂一薄层脱模剂，再将配制好的混凝土拌合物装模成型。

3. 对于坍落度不大于90 mm的混凝土拌合物，将其一次装入试模并高出模口，将试件移至振动台上，开动振动台振至混凝土表面出现水泥浆并无明显大气泡向上冒时为止，不得过振。刮去多余的混凝土并用镘刀抹平。

对于坍落度大于90 mm的混凝土拌合物，将其分两层装入试模，每层厚度大致相等，用捣棒按螺旋方向从边缘向中心均匀插捣，插捣次数一般每100 cm² 应不少于12次，同时用镘刀沿试模内壁插入数次。最后刮去多余混凝土并抹平表面。

（三）试件养护

1. 标准养护的试件成型后表面应覆盖，以防止水分蒸发，并在(20±2)℃的条件下静置1～2昼夜，然后编号拆模。拆模后的试件随即放入温度为(20±2)℃、相对湿度为95%以上的标准养护室养护，直至试验龄期(28 d)。在标准养护室内试件应放在架上，彼此间隔为10～20 mm，并应避免用水直接冲淋试件。

2. 当无标准养护室时，混凝土试件可在温度为(20±3)℃的 Ca(OH)₂ 饱和溶液中养护。

（四）抗压强度测试

1. 试件自养护室取出后随即擦干并测量其尺寸（精确至1 mm），据此计算试件的受压面积 $A(\text{mm}^2)$。

2. 将试件安放在试验机承压板中心，试件的承压面与成型面垂直。开动试验机，当上压板与试件接近时，调整球座，使接触均衡。

3. 加荷时应连续而均匀,加荷速度为:混凝土强度等级大于 30 MPa 时,取 0.3～0.5 MPa/s;30～60 MPa 时,取 0.5～0.8 MPa/s;不小于 60 MPa 时,取 0.8～1.0 MPa/s。当试件接近破坏而开始迅速变形时,停止调整试验机油门,直至试件破坏。记录破坏荷载 $P(N)$。

（五）结果计算

1. 按下式计算混凝土立方体试件抗压强度 f_{cu}（MPa）：

$$f_{cu} = \frac{P}{A} \quad (MPa)$$

2. 以三个试件测定值的算术平均值作为该组试件的抗压强度值（精确至 0.1 MPa）。三个测值中的最大值或最小值中如有一个与中间值的差值超过中间值的 15% 时,则把最大及最小值一并舍去,取中间值作为该组试件的抗压强度值;如有两个测值的差均超过中间值的 15%,则该组试件的试验结果无效。

3. 取 150 mm×150 mm×150 mm 试件的抗压强度为标准值,其他尺寸的试件测得的强度值均应乘以尺寸换算系数（见表 15-3）,换算成标准值。

（六）混凝土强度等级评定

1. 混凝土强度等级

混凝土强度等级应按立方体抗压强度标准值划分。分为 C7.5、C10、…、C60 各级,混凝土立方体抗压强度标准值系指对标准方法制作和养护的边长为 150 mm 的立方体试件,在 28 d 龄期用标准试验方法测得的具有 95% 保证率的混凝土抗压强度值。

2. 混凝土强度等级评定方法

根据《混凝土强度检验评定标准》（GB/T 50107—2010）规定,混凝土强度应分批进行检验评定,一个验收批的混凝土强度应由强度等级相同、配合比与生产工艺基本相同的混凝土组成。

混凝土强度等级评定,可采用统计方法或非统计方法进行评定,详见表 16-4 所示。

表 16-4　混凝土强度质量合格评定方法

合格评定方法	合格判定条件	备　　注
统计方法（一）	1. $m_{f_{cu}} \geqslant f_{cu,k} + 0.7\sigma_0$ 2. $f_{cu,min} \geqslant f_{cu,k} - 0.7\sigma_0$ 且当 $f_{cu,k} \leqslant 20$ MPa 时： $f_{cu,min} \geqslant 0.85 f_{cu,k}$ 当 $f_{cu,k} > 20$ MPa 时： $f_{cu,min} > 0.90 f_{cu,k}$ 式中 $m_{f_{cu}}$——同批三组试件抗压强度平均值（MPa）； $f_{cu,min}$——同批三组试件抗压强度中的最小值（MPa）； $f_{cu,k}$——混凝土强度等级标准值； σ_0——检验批的混凝土强度标准差,当 σ_0 计算值 <2.5 MPa 时应取 2.5 MPa。	检验批混凝土强度标准差按下式确定： $$\sigma_0 = \sqrt{\frac{\sum_{i=1}^{n} f_{cu,i}^2 - nn f_{cu}^2}{n-1}}$$ 其中 n——用以确定该验收批混凝土强度标准差 σ 的样本容量,$n \geqslant 45$ $f_{cu,i}$——前一检验期内同一品种、同一强度等级的 i 组混凝土试件的立方体抗压强度代表值（MPa）；该检验期不少于 60 d,也不得大于 90 d。

合格评定方法	合格判定条件	备　　注
统计方法 （二）	1. $m_{f_{cu}} \geqslant f_{cu,k} + \lambda_1 S_{f_{cu}}$ 2. $f_{cu,min} \geqslant \lambda_2 f_{cu,k}$ 式中 $m_{f_{cu}}$——n 组混凝土试件强度的平均值（MPa）； 　$f_{cu,min}$——n 组混凝土试件强度的最小值（MPa）； 　λ_1，λ_2——合格判定系数，按右表取用； 　$S_{f_{cu}}$——n 组混凝土试件强度标准差（MPa）；$S_{f_{cu}}$ 小于 2.5 MPa 时，应取 2.5 MPa。	一个验收批混凝土试件组数 $n \geqslant 10$ 组，n 组混凝土试件强度标准差（S_n）按下式计算： $$S_n = \sqrt{\dfrac{\sum_{i=1}^{n} f_{cu,i}^2 - n m_{f_{cu}}^2}{n-1}}$$ 式中　$f_{cu,i}$——第 i 组混凝土试件强度 混凝土强度合格判定系数（λ_1、λ_2）表 <table><tr><td>试件组数</td><td>10～14</td><td>15～19</td><td>≥20</td></tr><tr><td>λ₁</td><td>1.15</td><td>1.05</td><td>0.95</td></tr><tr><td>λ₂</td><td>0.9</td><td colspan=2>0.85</td></tr></table>
非统计方法	1. $m_{f_{ck}} \geqslant \lambda_3 f_{cu,k}$ 2. $f_{cu,min} \geqslant 0.95 f_{cu,k}$	一个验收批的试件组数小于 10 组，当混凝土强度等级＜C 60 时，$\lambda_3 = 1.15$；≥C 60 时，$\lambda_3 = 1.10$

二、混凝土劈裂抗拉强度试验

（一）主要仪器设备

1. 压力机。量程 200～300 kN，示值相对误差应为 ±1%。

2. 垫块。采用直径为 150 mm 的钢制弧形垫条，其长度不短于试件的边长。

3. 垫条。加放于试件与垫条之间，应由普通胶合板或硬质纤维板制成，宽15～20 mm，厚 3～4 mm，长度不短于试件的边长。垫层不得重复使用。混凝土劈裂抗拉试验装置见图 16-8 所示。

4. 试件成型用试模及其他所用器具同混凝土抗压强度试验。

（二）试验步骤

1. 按制作抗压强度试件的方法成型试件，每组 3 块。

2. 从养护室取出试件后，应及时进行试验。将表面擦干净，在试件成型面与底面中部画线定出劈裂面的位置，劈裂面应与试件的成型面垂直。

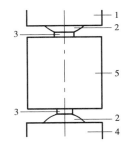

1、4—试验机上、下压板；

2—弧形钢块；3—垫条；5—试块

图 16-8　混凝土劈拉试验装置

3. 测量劈裂面的边长（精确至 1 mm），计算出劈裂面积 $A(mm^2)$。

4. 将试件放在试验机下压板的中心位置，降低上压板，分别在上、下压板与试件之间加垫块与垫条，使垫条的接触母线与试件上的荷载作用线准确对正。

5. 开动试验机，使试件与压板接触均衡后，连续均匀地加荷，加荷速度为：混凝土强度等级低于 30 MPa 时，取 0.02～0.05 MPa/s；30～60 MPa 时，取 0.05～0.08 MPa/s；≥60 MPa 时，取 0.08～0.10 MPa/s；加荷至破坏，记录破坏荷载 $P(N)$。

（三）结果计算

1. 按下式计算混凝土的劈裂抗拉强度 f_{st}：

$$f_{\text{st}} = \frac{2P}{\pi A} = 0.637\frac{P}{A} \quad \text{(MPa)}$$

2. 以 3 个试件测值的算术平均值作为该组试件的劈裂抗拉强度值(精确到 0.01 MPa)。其异常数据的取舍与混凝土抗压试验同。

3. 采用 150 mm×150 mm×150 mm 的立方体试件作为标准试件,如采用 100 mm× 100 mm×100 mm 立方试件时,试验所得的劈裂抗拉强度值,应乘以尺寸换算系数 0.85,当强度等级不小于 C60 时,应采用标准试件。

三、混凝土抗渗性试验

(一)主要仪器设备

1. 混凝土抗渗仪:应具有能使水压按规定的制度稳定地作用在试件上的装置,其施加水压范围为 0.1～2.0 MPa。混凝土抗渗试验装置见图 16-9。

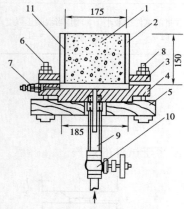

1—试件;2—套模;3—上法兰;
4—固定法兰;5—底板;6—固定螺栓;
7—排气阀;8—橡皮垫圈;9—分压水管;
10—进水阀门;11—密封膏

图 16-9　混凝土抗渗仪装置图

2. 抗渗试模:采用顶面直径为 175 mm,底面直径 185 mm,高度为 150 mm 的圆台体,或直径与高度均为 150 mm 的圆柱体试件。

3. 烘箱、电炉、加热器及压力试验机等。

(二)试验步骤

1. 按规定方法成型与养护混凝土试件,抗渗试件以 6 个为一组。

2. 试件养护至试验前一天取出,将表面晾干,然后将试件侧面在加热熔化的石蜡松香液中滚涂均匀,但切勿使蜡液流淌于试件的顶、底面上,随即通过压力机将试件压入经预热(约 50℃)的抗渗试件套模内以进行密封,待稍冷却后即可解除压力。

3. 排除抗渗仪管路系统中的空气,并将密封好的试件安装在抗渗仪上,检查密封情况。

4. 试验时起始水压为 0.1 MPa,以后每隔 8 h 增加水压 0.1 MPa,并随时注意观察试件端面渗水情况。

5. 当 6 个试件中有 3 个试件端面出现渗水时,即可停止试验,记下此时的水压 H。

(三)结果计算

混凝土抗渗标号 P 以每组 6 个试件中 4 个未出现渗水时的最大水压力计算,即

$$P = 10H - 1$$

式中　H——6 个试件中 3 个渗水时的水压(MPa)。

四、混凝土抗冻性试验(慢冻法)

(一)主要仪器设备

1. 低温箱。低温箱内温度应能保持在 -15℃～-20℃。

2. 融解水槽。能使水温保持在 15℃～20℃。

3. 框篮、案秤、压力机等。

（二）试验步骤

1. 按骨料最大粒径及规定方法制备立方体试件，3 块为一组，抗冻标号低于 F50 时，需成型抗冻及对比试件各一组；抗冻标号高于 F50 时，需制作抗冻及对比试件各两组。

2. 试件制作与养护同混凝土抗压强度试验，养护龄期（包括浸水时间）为 28 d。

3. 在试验前 4 d，将试件放在（20±2）℃的水中浸泡 4 昼夜，水面应高出试件至少 20 mm。

4. 将抗冻试件从水中取出，用湿布擦去表面水分，称量后放入框篮内，然后置于冷冻设备低温箱中，各试件周围均应留有 20 mm 间隙。

5. 冻融制度。冻结温度为 -18℃～-20℃，每次冻结时间按立方体试件尺寸而定，边长 ≤150 mm 的试件不应小于 4 h，边长为 200 mm 的试件不应小于 6 h。冻结时间应从放入试件后，低温箱内温度降至 -18℃时起开始计算，冻结过程不得中断。冻结结束后，立即将试件置于 18～20℃的水槽中进行融解，融解时间应不小于 4 h，至此为一次冻融循环。如此反复进行。

6. 应经常对冻融试件进行外观检查。发现有严重破坏时应进行称量，如试件的平均失重率超过 5%，即可停止其冻融循环试验。

7. 混凝土试件达到规定的冻融循环次数时，取出冻融试件，擦干表面后称量，同时进行外观检查，并立即测定其抗压强度。同时从养护室中取出对比试件测定其抗压强度。

（三）结果计算

1. 混凝土冻融试验后应按下式计算其强度损失率（Δf_c）：

$$\Delta f_c = \frac{f_{c0} - f_{cn}}{f_{c0}} \times 100(\%)$$

式中　f_{cn}、f_{c0}——分别为经 n 次冻融循环后及对比试件的抗压强度值（MPa），精确至 0.1 MPa。

2. 混凝土试件冻融循环后的质量损失率（Δm）可按下式计算：

$$\Delta m = \frac{m_0 - m_n}{m_0} \times 100(\%)$$

式中　m_n、m_0——分别为经 n 次冻融循环后及对比试件的质量（g）。

3. 混凝土的抗冻标号，以同时满足 $\Delta f_c \leqslant 25\%$、$\Delta m \leqslant 5\%$ 时的最大循环次数来表示。

（四）快冻法简介

快冻法是混凝土抗冻性能的另一种检验方法。它可用能经受的快速冻融循环次数或耐久性系数来表示，该方法混凝土试件尺寸为 100 mm×100 mm×400 mm，每次冻融循环只需 2～4 h，在冻结和融化终了时，试件中心温度（由热电偶及电位差计测出）分别控制为（-18±2）℃和（5±2）℃。混凝土抗冻融循环次数以同时满足相对动弹性模量下降至不小于 60% 和质量损失率不大于 5% 时的最大循环次数来表示，称为混凝土抗冻等级。

五、混凝土动弹性模量试验

本试验用以检验混凝土在经受冻融或其他侵蚀作用后遭受破坏的程度，并以此来评定混凝土的耐久性。

（一）主要仪器设备

1. 动弹性模量测定仪，有共振式和敲击式两种。

2. 案秤(称量 10 kg,感量 5 g)、直尺等。

(二)试验步骤

1. 成型混凝土试件,尺寸为 100 mm×100 mm×400 mm,每组 3 块,养护至一定龄期,或采用冻融循环前后的试件。

2. 测量试件尺寸长 L、宽 b、高 h(精确至 1 mm),称出试件质量 m(精确至 50 g),并按图 16-10 中的表示将试件表面画线。

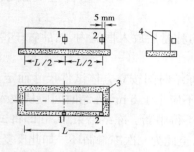

1—测振换能器;2—接收换能器;
3—软泡沫塑料垫;4—试件

图 16-10 共振法动弹性模量测定装置

3. 采用共振法动弹性模量测定仪时,其支承、激振与接收换能器的安装位置见图 16-10。换能器装好后,调整仪器的激振功率和接收增益旋钮至适当位置。变换激振频率,同时注意观察示波管上的图形和微安表上的指针,当示波管上的图形为一个椭圆,且 Y 轴幅值为最大,同时观察微安表上的指针偏转至最大时,记下所显示的频率,即为该混凝土试件的基频振动频率(共振频率)。

(三)结果计算

混凝土动弹性模量 E_d(MPa)可按下式计算:

$$E_d = 9.46 \times 10^{-4} \frac{mL^3 f^2}{bh^3}$$

式中 L、b、h——分别为试件的长、宽、高(mm);

m——试件的质量(kg);

f——试件的基振频率(Hz)。

取 3 个试件测定值的平均值作为试验结果,精确至 100 MPa。

试验六 钢 筋 试 验

一、简介

建筑用钢材的主要品种有:钢筋混凝土用热轧光圆钢筋(《钢筋混凝土用钢 第 1 部分:热轧光圆钢筋》GB 1499.1—2017)、热轧带肋钢筋(《钢筋混凝土用钢 第 2 部分:热轧带肋钢筋》GB 1499.2—2018)、低碳钢热轧圆盘条(《低碳钢热轧圆盘条》GB/T 701—2008),此外,还有碳素结构钢、冷轧带肋钢筋、预应力混凝土用钢绞线等。主要性能要求如表 16-5 所示。

表 16-5 钢筋的力学性能与工艺性能指标

表面形状	牌号(屈服强度)	公称直径/mm	屈服点 σ_s/MPa ≥	抗拉强度 σ_b/MPa ≥	断后伸长率 A_e/% ≥	最大力总延伸率 A_{gt}/% ≥	冷弯(d—弯芯直径 a—公称直径)
光圆(GB 1499.1)	HPB300	6~22	300	420	25	10	180°,$d=a$

续　表

表面形状	牌号(屈服强度)	公称直径/mm	屈服点 σ_s/MPa≥	抗拉强度 σ_b/MPa≥	断后伸长率 A_e/%≥	最大力总延伸率 A_{gt}/%≥	冷弯(d—弯芯直径 a—公称直径)
带肋(GB 1499.2)	HRB400	6～25	400	540	16	7.5	180°,$d=4a$
	HRBF400 HRBF400E	28～40					180°,$d=5a$
	HRBF400E	>40～50			—	9.0	180°,$d=6a$
	HRB500	6～25	500	680	15	7.5	180°,$d=6a$
	HRBF500 HRB500E	28～40					180°,$d=7a$
	HRBF500E	>40～50			—	9.0	180°,$d=8a$
	HRB600	6～25	600	730	14	7.5	180°,$d=6a$
		28～40					180°,$d=7a$
		>40～50					180°,$d=8a$
圆盘条(GB/T 701)	Q195	6～12	—	410	30	—	180°,$d=0$
	Q215			435	28		180°,$d=0$
	Q235			500	23		180°,$d=0.5a$
	Q275			540	21		180°,$d=1.5a$

二、钢筋取样与验收规则

1. 钢筋拉伸与冷弯试验用的试样不允许进行车削加工;试验环境温度应为 10～35℃,严格要求时应为(23±5)℃,否则应在报告中注明。

2. 钢筋应有出厂证明或试验报告单。验收时应抽样检验,其检验项目主要有化学成分、拉伸性能与冷弯性能、尺寸、表面质量及重量偏差等检验。

3. 应按批进行检验和验收。一般同一品种、同一截面尺寸、同一炉罐号组成一批。钢材力学性能试验取样位置及试样制备按《钢及钢产品力学性能试验取样位置及试样制备》(GB/T 2975—2018)标准进行,不同品种的钢筋对性能要求不同,其取样数量也不完全相同,但多数均应进行化学成分、拉伸和冷弯性能试验。拉伸试验按《金属材料　拉伸试验第 1 部分 室温试验方法》(GB/T 228.1—2010)标准进行,冷弯试验按《金属材料　弯曲试验方法》(GB/T 232—2010)标准进行。

取样规则:热轧带肋自每批钢筋中分别任取 2 根截取拉伸、冷弯和晶粒度试样,任取 1 根化学分析和反向弯曲试样。热轧光圆分别任取 2 根截取拉伸和冷弯试样,任取 1 根化学分析试样,逐盘逐支进行表面和尺寸检验。圆盘条分别任取 1 根截取拉伸和 2 根冷弯试样,任取 1 根化学分析试样,逐盘逐支进行表面和尺寸检验。

4. 不同品种钢筋的验收规则不完全相同。热轧光圆钢筋和圆盘条的验收均依据《型钢验收、包装、标志及质量证明书的一般规定》(GB/T 2101—2017),带肋钢筋依据《钢及钢产品交货一般技术要求》(GB/T 17505—2016)。当出现不合格项时,均在同一批中再抽取双倍数量的试样进行该不合格项目的复验,复验应全部合格。

三、钢筋拉伸试验

（一）主要仪器设备

1. 材料拉力试验机。其示值误差不大于 1%。试验时所用荷载的范围应在最大荷载的 20%～80%范围内。

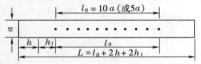

图 16-11　不经车削的试件

2. 钢筋划线机、游标卡尺（精度为 0.1 mm）、天平等。

（二）试验步骤

1. 钢筋试样不经车削加工，其长度要求见图 16-11 所示。

2. 在试样 l_0 范围内，按 10 等分划线（或打点）、分格、定标距。测量标距长度 l_0（精确至 0.1 mm）。

3. 测量试件长并称量。

4. 不经车削试件按质量法计算截面面积 A_0（mm^2）：

$$A_0 = \frac{m}{7.85\,L}(mm^2)$$

式中　m——试件质量（g）；

　　　L——试件长度（cm）；

　　　7.85——钢材密度（g/cm^3）。

根据《钢筋混凝土用钢》（GB 1499.1～2—2007）规定，计算钢筋强度用截面面积采用公称横截面积，故计算出钢筋受力面积后，应据此取靠近的公称受力面积 A（保留 4 位有效数字）。

5. 将试件上端固定在试验机上夹具内、调整试验机零点、装好描绘器、纸、笔等，再用下夹具固定试件下端。

6. 开动试验机进行拉伸，拉伸速度为屈服前应力增加速度是 6～60 MPa/s；屈服后试验机活动夹头在荷载下移动速度为所夹持试件应变速率为每秒 0.000 25～0.002 5 或每秒不大于 0.008，直至试件拉断。

7. 拉伸中，描绘器或电脑自动绘出荷载-变形曲线，由刻度盘指针及荷载变形曲线读出屈服荷载 P_s（指针停止转动或第 1 次回转时的最小荷载）与最大极限荷载 P_b（N）。

8. 测量拉伸后的标距长度 l_1。将已拉断的试件在断裂处对齐，尽量使其轴线位于一条直线上。如断裂处到邻近标距端点的距离大于 $l_0/3$ 时，可用卡尺直接量出 l_1。如断裂处到邻近标距端点的距离小于或等于 $l_0/3$ 时，可按下述移位法确定 l_1：在长段上自断点起，取等于短段格数得 B 点，再取等于长段所余格数（偶数如图 16-12a）之半得 C 点；或者取所余格数（奇数如图 16-12b）减 1 与加 1 之半得 C 与 C_1 点。则移位后的 l_1 分别为 $AB+2BC$ 或 $AB+BC+BC_1$。如用直接量测所得的伸长率能达到标准值，则可不采用移位法。

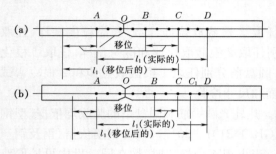

图 16-12　移位法计算标距

（三）结果计算

1. 屈服强度 σ_s（精确至 1 MPa）：

$$\sigma_s = \frac{P_s}{A} \text{（MPa）}$$

2. 极限抗拉强度 σ_b（精确至 1 MPa）：

$$\sigma_b = \frac{P_b}{A} \text{（MPa）}$$

3. 断后伸长率 δ（精确至 0.5%）：

$$\delta_5 \text{（或 } \delta_{10}\text{）} = \frac{l_1 - l_0}{l_0} \times 100 \text{（%）}$$

式中　δ_{10}、δ_5——分别表示 $l_0 = 10a$ 和 $l_0 = 5a$ 时的断后伸长率。

如拉断处位于标距之外，则断后伸长率无效，应重作试验。

4. 最大力下的伸长率 A_{gt}：

采用引伸计测得标距 L_0 在最大力作用下长度为 L_2 时：

$$A_{gt} = \frac{L_2 - L_0}{L_0} \times 100 \text{（%）}$$

无引伸计时，也可断裂后进行测定和计算。具体方法为：选择 Y 和 V 两个标记，标记之间的距离在拉伸试验前至少为 100 mm，且离开夹具的距离都应不小于 20 mm 或钢筋公称直径 d（取两者较大值），离开断裂点之间的距离都应不小于 50 mm 或钢筋公称直径 $2d$（取两者较大值）。两个标记都应位于夹具离断裂点最远的一侧。见图 16-13 所示。

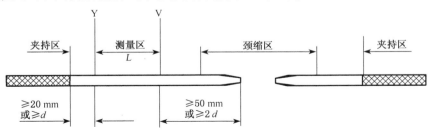

图 16-13　断裂后的测量

在最大力作用下总伸长率 A_{gt}（%）可按公式计算：

$$A_{gt} = \left(\frac{L_1 - L_0}{L} + \frac{R_m^0}{E} \right) \times 100 \text{（%）}$$

式中　L——图中断裂后的距离（mm）；

　　　L_0——原始标距（mm）；

　　　R_m^0——抗拉强度实测值（MPa）；

　　　E——弹性模量，可取 2×10^5（MPa）。

测试值的修约方法：

修约依据《冶金技术标准的数值修约与检测数值的判定原则》（YB/T 081—1996）执行。

《金属材料试验》（GB/T 228.1）修约规定：强度 1 MPa，屈服点延伸率 0.1%，其余变形为 0.5%；

当修约精确至尾数 1 时，按前述四舍六入五单双方法修约；当修约精确至尾数为 5 时，按二五进位法修约（即精确至 5 时，≤2.5 时尾数取 0；>2.5 且<7.5 时尾数取 5；≥7.5 时尾数取 0 并向左进 1）。

四、钢筋冷弯试验

（一）主要仪器设备

全能试验机及具有一定弯心直径的一组冷弯压头。

（二）试验步骤

1. 试件长 $L = 5a + 150$ mm，a 为试件直径。

2. 按图 16-14a 调整两支辊间的距离为 x，使 $x = (d + 3a) \pm 0.5a$。

（a）装好的试件

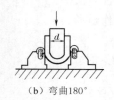
（b）弯曲180°

图 16-14　钢筋冷弯试验装置

3. 选择弯心直径 d，对Ⅰ级热轧光圆钢筋 $d = a$，对 HRB335、HRB400、HRB500 的热轧带肋钢筋，$a = 6 \sim 25$ mm 时，d 分别为 $3a$、$4a$ 和 $5a$；$a = 28 \sim 50$ mm 时，d 分别为 $4a$、$5a$ 和 $7a$。

4. 将试件按图 16-14a 装置好后，平稳地加荷，在荷载作用下，钢筋绕着冷弯压头，弯曲到 180°，见图 16-14b 所示。

5. 取下试件检查弯曲处的外缘及侧面，如无裂缝、断裂或起层，即判为冷弯试验合格。

五、钢筋冷拉、时效后的拉伸试验

钢筋经过冷加工、时效处理以后，进行拉伸试验，确定此时钢筋的力学性能，并与未经冷加工及时效处理的钢筋性能进行比较。

（一）试件制备

按标准方法取样，取 2 根长钢筋，各截取 3 段，制备与钢筋拉力试验相同的试件 6 根并分组编号。编号时应在 2 根长钢筋中各取 1 根试件编为 1 组，共 3 组试件。

（二）试验步骤

1. 第 1 组试件用作拉伸试验，并绘制荷载-变形曲线，方法同钢筋拉伸试验。以 2 根试件试验结果的算术平均值计算钢筋的屈服点 σ_s、抗拉强度 σ_b 和伸长率 δ。

2. 将第 2 组试件进行拉伸至伸长率达 10%（约为高出上屈服点 3 kN）时，以拉伸时的同样速度进行卸荷，使指针回至零，随即又以相同速度再行拉伸，直至断裂为止。并绘制荷载-变形曲线。第 2 次拉伸后以 2 根试件试验结果的算术平均值计算冷拉后钢筋的屈服点 σ_{sL}、抗拉强度 σ_{bL} 和伸长率 δ_L。

3. 将第 3 组试件进行拉伸至伸长率达 10% 时，卸荷并取下试件，置于烘箱中加热 110℃恒温 4 h，或置于电炉中加热 250℃恒温 1 h，冷却后再做拉伸试验，并同样绘制荷载-变形曲线。这次拉伸试验后所得性能指标（取 2 根试件算术平均值）即为冷拉时效后钢筋的屈服点 σ'_{sL}、抗拉强度 σ'_{bL} 和伸长率 δ'_L。

（三）结果计算

1. 比较冷拉后与未经冷拉的两组钢筋的应力-应变曲线，计算冷拉后钢筋的屈服点、抗拉强度及伸长率的变化率：

$$B_s = \frac{\sigma_{sL} - \sigma_s}{\sigma_s} \times 100(\%)$$

$$B_b = \frac{\sigma_{bL} - \sigma_b}{\sigma_b} \times 100(\%)$$

$$B_\delta = \frac{\delta_L - \delta}{\delta} \times 100(\%)$$

2. 比较冷拉时效后与未冷拉的两组钢筋的应力-应变曲线,计算冷拉时效处理后,钢筋屈服点、抗拉强度及伸长率的变化率:

$$B_{sL} = \frac{\sigma'_{sL} - \sigma_s}{\sigma_s} \times 100(\%)$$

$$B_{bL} = \frac{\sigma'_{bL} - \sigma_b}{\sigma_b} \times 100(\%)$$

$$B_{\delta L} = \frac{\delta'_L - \delta}{\delta} \times 100(\%)$$

六、试验结果评定

1. 根据拉伸与冷弯试验结果按标准规定评定钢筋的级别。

2. 比较一般拉伸与冷拉或冷拉时效后钢筋力学性能变化,并绘制相应的应力-应变曲线。

试验七　石油沥青试验

本试验按《沥青软化点测定法(环球法)》(GB/T 4507—2014)、《沥青延度测定法》(GB/T 4508—2010)和《沥青针入度测定法》(GB/T 4509—2010)标准,测定石油沥青的软化点、延度及针入度等技术性质,以评定其牌号与类别。

一、取样方法

同一批出厂,并且类别、牌号相同的沥青,从桶(或袋、箱)中取样,应在样品表面以下及距容器内壁至少5 cm处采取。当沥青为可敲碎的块体,则用干净的工具将其打碎后取样;当沥青为半固体,则用干净的工具切割取样。取样数量为1~1.5 kg。

二、针入度测定

针入度以标准针在一定的荷载、时间及温度条件下垂直穿入试样的深度表示,单位为1/10 mm。

（一）主要仪器设备

1. 针入度计(图16-15)。

2. 标准针。由经硬化回火的不锈钢制成,长50 mm,洛氏硬度为54~60。针与箍的组件质量应为

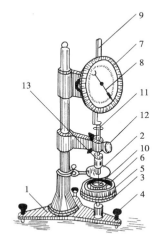

1—底座;2—小镜;3—圆形平台;
4—调平螺丝;5—保温皿;6—试样;
7—刻度盘;8—指针;9—活杆;
10—标准针;11—连杆;
12—按钮;13—砝码

图16-15　针入度仪

(2.5±0.05)g,连杆、针与砝码共重(100±0.05)g。

3. 恒温水浴(容量不少于10 L,温度控制在试验温度±0.1℃)、试样皿、温度计(−8℃~50℃,精确至0.1℃)、秒表(精确至0.1 s)等。

（二）试验步骤

1. 试样制备。将石油沥青加热至120℃~180℃,且不超过软化点以上90℃温度下脱水,加热时间不超30 min,用筛过滤,注入盛样皿内,注入深度应至少是预计针入深度的120%,如果试样皿的直径小于65 mm,而预其针入度大于200,则每个实验要制备3个样品。将制备好的样品置于15℃~30℃的空气中冷却1~2 h。然后将盛样皿移入规定温度的恒温水浴中,浴中水面应高出试样表面10 mm以上,恒温1~2 h。

2. 调节针入度计使之水平,检查指针、连杆和轨道,以确认无水和其他杂物,无明显摩擦,装好标准针、放好砝码。

3. 从恒温水浴中取出试样皿,放入水温为(25±0.1)℃的平底保温皿中,试样表面以上的水层高度应不小于10 mm。将平底保温皿置于针入度计的平台上。

4. 慢慢放下针连杆,使针尖刚好与试样表面接触时固定。拉下活杆,使与针连杆顶端相接触,调节指针或刻度盘使指针指零。然后用手紧压按钮,同时启动秒表,使标准针自由下落穿入沥青试样,经5 s后,停止按钮,使指针停止下沉。

5. 再拉下活杆使之与标准针连杆顶端接触。这时刻度盘指针所指的读数或与初始值之差,即为试样的针入度,或自动方式停止锥入,通过数显直接读出针入度值。用1/10 mm表示。

6. 同一试样至少重复测定至少3次,每次测定前都应检查并调节保温皿内水温使其保持在(25±0.1)℃,各测点之间及测点与试样皿内壁的距离不应小于10 mm,每次测定后都应将标准针取下,用浸有溶剂(甲苯或松节油等)的布或棉花擦净;当针入度超过200 mm时,至少用三根针,每次试验用的针留在试样中,直到三根针扎完时再将针从试样中取出。

（三）结果评定

取3次针入度测定值的平均值作为该试样的针入度(1/10 mm),结果取整数值,3次针入度测定值相差不应大于表16-6中数值,如超出最大差值,则取预备样重新测试。

表16-6 石油沥青针入度测定值的最大允许差值

针入度	0~49	50~149	150~249	250~349	350~500
最大差值/0.1 mm	2	4	6	8	20

三、延度测定

延度一般指沥青试样在(25±0.5)℃温度下,以(5±0.25)cm/min速度拉伸至断裂时的长度,以cm计。

（一）主要仪器设备

1. 延度仪。由长方形水槽和传动装置组成,由丝杆带动滑板以每分钟(50±5)mm的速度拉伸试样,滑板上的指针在标尺上显示移动距离(图16-16)。

2. "8"字模。由两个端模和两个侧模组成(图 16-17)。

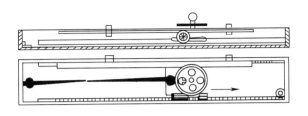

图 16-16　延度仪

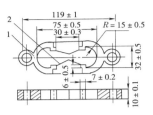

1—端模；2—侧模

图 16-17　延度"8"字模

3. 其他仪器同针入度试验。

（二）试验步骤

1. 制备试样。将隔离剂(甘油∶滑石粉＝2∶1)均匀地涂于金属(或玻璃)底板和两侧模的内侧面(端模勿涂)，将模具组装在底板上。将加热熔化并脱水的沥青经过滤后，以细流状缓慢自试模一端至另一端注入，经往返几次而注满，并略高出试模。然后在 15℃～30℃环境中冷却 30～40 min，放入(25±0.1)℃的水浴中，保持 30 min 再取出，用热刀将高出模具的沥青刮去，试样表面应平整光滑，最后移入(25±0.1)℃水浴中恒温 85～95 min。

2. 检查延度仪滑板移动速度是否符合要求，调节水槽中水位(水面高于试样表面不小于 25 mm)及水温为(25±0.5)℃。

3. 从恒温水浴中取出试件，去掉底板与侧模，将其两端模孔分别套在水槽内滑板及横端板的金属小柱上，再检查水温，并保持在(25±0.5)℃。

4. 将滑板指针对零，开动延度仪，观察沥青拉伸情况。测定时，若发现沥青细丝浮于水面或沉入槽底时，则应分别向水中加乙醇或食盐水，以调整水的密度与试样密度相近为止，然后再继续进行测定。

5. 当试件拉断时，立即读出指针所指标尺上的读数，即为试样的延度，以 cm 表示。

（三）试验结果

取平行测定的 3 个试件延度的平均值作为该试样的延度值。若 3 个测定值与其平均值之差不都在其平均值的 5% 以内，但其中两个较高值在平均值的 5% 以内，则弃去最低值，取2 个较高值的算术平均值作为测定结果，否则重新测定。

四、软化点测定

沥青的软化点是试样在规定条件下，因受热而下坠达 25 mm 时的温度，以℃表示。

（一）主要仪器设备

1. 软化点测定仪(环与球法)，包括 800 mL 烧杯、测定架、试样环、套环、钢球、温度计(30℃～180℃，最小分度值为 0.5℃)等(图 16-18)。

2. 电炉或其他可调温的加热器、金属板或玻璃板、筛等。

（二）试验步骤

1. 试样制备。将黄铜环置于涂有隔离剂的金属板或玻璃板上，将已加热熔化、脱水且过滤后的沥青试样注入黄铜环内至略高出环面为止(若估计软化点在 120℃ 以上时，应将黄铜环与金属板预热至 80℃～100℃)。将试样在 10℃ 的空气中冷却 30 min，用热刀刮去高出

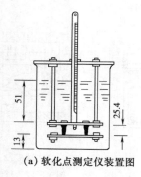 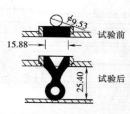

(a) 软化点测定仪装置图　　　　　**(b) 试验前后钢球位置图**

图 16-18　软化点测定仪

环面的沥青,使与环面齐平。

2. 烧杯内注入新煮沸并冷却至(5±1)℃的蒸馏水(估计软化点30℃～80℃的试样)或注入预热至(30±1)℃的甘油(估计软化点80℃～157℃的试样),使液面略低于连接杆上的深度标记。

3. 将装有试样的铜环置于环架上层板的圆孔中,放上套环,把整个环架放入烧杯内,调整液面至深度标记,环架上任何部分均不得有气泡。将温度计由上层板中心孔垂直插入,使水银球与铜环下面齐平,恒温15 min。水温保持(5±1)℃或甘油温度保持(30±1)℃。

4. 将同时恒温钢球放在试样上(须使环的平面在全部加热时间内完全处于水平状态),立即加热,使烧杯内水或甘油温度在3 min后保持每分钟上升(5±0.5)℃,否则重做。

5. 观察试样受热软化情况,当其软化下坠至与环架下层板面接触(即25.4 mm)时,记下此时的温度,即为试样的软化点(精确至0.5℃)。

（三）试验结果

取平行测定的两个试样软化点的算术平均值作为测定结果。两个软化点测定值相差超过1℃,则重新试验。

五、试验结果评定

1. 石油沥青按针入度来划分其牌号,而每个牌号还应保证相应的延度和软化点。若后者某个指标不满足要求,应予以注明。

2. 石油沥青按其牌号,可分为道路石油沥青、建筑石油沥青、防水防潮石油沥青和普通石油沥青。由上述试验结果,按照标准规定的各技术要求的指标可确定该石油沥青的牌号与类别。

试验八　沥青混合料试验

一、试验目的

依据《公路工程沥青与沥青混合料试验规程》(JTG E20—2019)测定沥青混合料的物理常数(表观密度、孔隙率、沥青饱和度)以及力学指标(稳定度和流值),借以确定沥青混合料的组成配合比。

二、试验仪器

1. 马氏稳定度仪:最大荷载不小于25 kN,精度0.1 kN,外形结构如图16-19所示,仪器由加荷设备、应力环、加荷压头、流值计等部分组成。

2. 试模：三组，每组包括内径 101.6 mm 和高 63.5 mm 的圆钢筒、套环和底板各一个。

3. 标准马歇尔击实仪：由击实锤、φ98.5 mm 平圆形压实头及导向槽组成。通过机械将击实锤提起，锤重（4 536±9）g，从（453.2±1.5）mm 的高度沿着导向杆自由落下击实。

4. 电烘箱：两台，大、中型各一台，附有温度调节器。

5. 拌和设备：采用能保温的试验室用小型拌和机。

6. 恒温水浴：附有温度调节器，深度不小于 150 mm，容量最少能同时放置三组（至少九个）试件。

7. 其他：脱模机，加热设备（电炉或煤气炉），沥青熔化锅，台秤（称量 5 000 g，感量 1 g），标准筛（按混合料级配尺寸而定），温度计（200℃），扁凿，滤纸，手套，水桶，搪瓷盘（若干个，盛矿质骨料用）等。

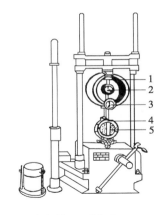

1—应力环；2—千分表；
3—流值计；4—加荷压头；
5—试件

图 16-19　马歇尔稳定度仪

三、试验准备工作

1. 将石料及砂和石粉分别过筛、洗净，并分别装入浅盘中，置于 105℃～110℃ 的烘箱中烘干至恒重，按骨料试验方法测定各种矿料的视密度及矿料颗粒组成。

2. 将沥青材料脱水加热至 120℃～180℃（根据沥青的品种和标号确定），各种矿料置烘箱中加热至 140℃～160℃ 后备用。需要时可将骨料筛分成不同粒径，按级配要求配料。

3. 将全套试模、击实座等置烘箱中加热至 100℃ 后备用。

四、试件制备

1. 按照各种矿料在混合料中所占的配合比例，称出每一组或一个试件所需要的材料置于瓷盘中；将粗细骨料置于拌和锅中。将拌和锅中的各种矿料继续加热，并拌匀、摊开，然后加入需要数量的热沥青，并迅速地拌和均匀。待沥青均匀包裹粗细骨料表面后，最后加入热矿粉继续拌和，直至色泽均匀为止。并使混合料保持在温度 130℃～160℃（石油沥青），或 90℃～120℃（煤沥青）的范围之内。

2. 称取拌好的混合料（均匀分为三份）约 1 200 g，通过铁漏斗装入垫有一张滤纸的热试模中，并用热刀沿周边插捣 15 次，中间 10 次。

3. 将装好混合料的试模放在击实台上，再垫上一张滤纸，加盖预热击实座（120℃～150℃），再把装有击实锤的导向杆插入击实座内，然后将击实锤从 45.7 cm 的高度自由落下，如此击实到规定的次数（50～75 次），混合料的击实温度不得低于 110℃（石油沥青）或 70℃（煤沥青）。在击实过程中，必须使导向杆垂直于模型的底板。达到击实次数后，将模型倒置，再以同样的次数击实另一面。

4. 卸去套模和底板，将试模放置到冷水中 3～5 min 后，置脱模器上脱出试件。

5. 压实后试件的高度应为（63.5±1.3）mm；如试件高度不符合要求时，可按下式调整沥青混合料的用量：

$$调整后混合料的用量 = \frac{63.5 \times 所用混合料实际质量}{制备试件实际高度}$$

6. 将试件仔细地放在平滑的台面上,在室温下静置 12 h,测量其高度及密度。

五、测定试件的表观密度

1. 测量试件的高度。用卡尺量取试件的高度,至少取圆周等分 4 个点的平均值作为试件的高度值,准确至 0.01 cm。

2. 测定试件的密度。先在天平上称量试件在空气中的质量,然后称其在水中的质量(如试件空隙率大于 2% 时应采用蜡封法),准确至 0.1 g,并按以下公式计算试件的表观密度

$$\rho_{\text{M}} = \frac{m}{m - m_1} \rho_{\text{w}}$$

式中 ρ_{M}——试件的表观密度(g/cm³);

　　　　m——试件在空气中的质量(g);

　　　　m_1——试件在水中的质量(g);

　　　　ρ_{w}——常温水的密度(≈1 g/cm³)。

六、稳定度与流值的测定

1. 将测定密度后的试件置于(60±1)℃(石油沥青)或(33.8±1)℃(煤沥青)的恒温水浴中保持 30~40 min,试件间应有间隔,试件离底板不小于 5 cm,并低于水面。

2. 将马氏稳定度仪上下压头取下,放入水浴中得到同样的温度。

3. 将上下压头内面拭净,必要时在导杆上涂以少许黄油,使上压头能自由滑动。从水浴中取出试样放在下压头上,再盖上上压头,然后装在加荷设备上。

4. 将位移传感器插入上压头边缘插孔中并与下压头上表面接触。

5. 在上压头的球座上放妥钢球,并对准应力环下的压头,将流值计安装在导棒上,先将流值计读数调零,然后调整应力环中的百分表对准零。

6. 开启马歇尔稳定度仪,使试件承受荷载,加荷速度为(50±5)mm/min,当达到最大荷载时,即荷载开始减小的瞬间,读取马歇尔稳定度值和流值。最大荷载值即为该试件的马歇尔稳定度值 MS(kN),最大荷载值所对应的变形即为流值 FL(mm)。

7. 从恒温水槽中取出试件,到测出最大荷载值的时间,不应超过 30 s。

七、试验数据处理与计算

1. 根据应力环标定曲线,将应力环中千分表的读数换算为荷载值即为试件的稳定度,以 kN 计。当采用自动马歇尔稳定度仪时,可直接读记马歇尔稳定度值和流值,并打印出荷载-变形曲线。

2. 流值计中流值表的读数即为试件的流值,以 0.1 mm 计。

3. 可计算出试件的真密度、体积百分率和空隙率,以及矿料的空隙率、试件的饱和度等。

4. 根据试验结果分别绘制表观密度、稳定度、流值、空隙率、饱和度与沥青用量的关系曲线,并对照规范要求确定最佳沥青用量。

参 考 文 献

［1］符芳,等.土木工程材料[M].3 版.南京:东南大学出版社,2006.

［2］郭正兴,等.土木工程施工[M].2 版.南京:东南大学出版社,2012.

［3］曹双寅,等.工程结构设计原理[M].南京:东南大学出版社,2018.

［4］Shi Jinjie, Wang Danqian, Ming Jing, et al. Long-term electrochemical behavior of low-alloy steel in simulated concrete pore solution with chlorides. Journal of Materials in Civil Engineering（ASCE）, 2018, 30(4): 04018042.

［5］赵庆新.土木工程材料[M].北京:中国电力出版社,2010.

［6］侯建华.建筑装饰石材[M].北京:化学工业出版社,2004.

［7］姚昱晨.道路建筑材料[M].北京:中国建筑工业出版社,2014.

［8］胡红梅,马保国.混凝土矿物掺合料[M].北京:中国电力出版社,2016.

［9］刘数华,冷发光,李丽华.混凝土辅助胶凝材料[M].北京:中国建材工业出版社,2010.

［10］Matschei T, Lothenbach B, Glasser F P. The role of calcium carbonate in cement hydration[J]. Cement and Concrete Research, 2007, 37(4), 551-558.

［11］Fernandez R, Martirena F, Scrivener K L. The origin of the pozzolanic activity of calcined clay minerals: A comparison between kaolinite, illite and montmorillonite[J]. Cement and Concrete Research, 2011, 41(1): 113-122.

［12］Alujas A, Fernández R, Quintana R, et al. Pozzolanic reactivity of low grade kaolinitic clays: Influence of calcination temperature and impact of calcination products on OPC hydration[J]. Applied Clay Science, 2015, 108: 94-101.

［13］Avet F, Snellings R, Alujas Diaz A, et al. Development of a new rapid, relevant and reliable（R^3）test method to evaluate the pozzolanic reactivity of calcined kaolinitic clays[J]. Cement and Concrete Research, 2016, 85: 1-11.

［14］Antoni M, Rossen J, Martirena F, et al. Cement substitution by a combination of metakaolin and limestone[J]. Cement and Concrete Research, 2012, 42(12): 1579-1589.

［15］Vizcaíno-Andrés L, Sánchez-Berriel S, Damas-Carrera S et al. Industrial trial to produce a low clinker, low carbon cement[J]. Mater Construcción, 2015, 65(317):1-11.

［16］Bishnoi S, Maity S, Mallik A, et al. Pilot scale manufacture of limestone calcined clay cement: The indian experience[J]. Indian Concrete Journal, 2014,88(7): 22-28.

［17］Emmanuel A, Halder P, Maity S. Second pilot production of limestone calcined clay cement in India: The experience[J]. Indian Concrete Journal, 2016, 90: 57-64.

［18］Scrivener K L. Options for the future of cement[J]. Indian Concr J, 2014, 88(7): 11-21.

［19］Antoni M. Investigation of cement substitution by blends of calcined clays and limestone[Z]. EPFL thesis 6001, 2013.

［20］Samson E, Marchand J, Snyder K A. Calculation of ionic diffusion coefficients on the basis of migration test results. Materials and Structures/Materiaux et Constructions, 2003, 36: 156-165.

[21] Saad M N A, de Andrade W P, Paulon V A. Properties of mass concrete containing an active pozzolan made from clay[J]. Concrete International, 1982, 4(7): 59-65.

[22] Specification for calcined clay Pozzolana (2nd revisions): Indian Standard IS 1344: 1981[S]. Bureau of Indian Standards, New Delhi India.

[23] Alexandra Quennoz, Karen Scrivener. Interactions between alite and C_3A-gypsum hydrations in model cements[J]. Cement and Concrete Research, 2013, 44: 46-54.

[24] 钱春香, 王瑞兴, 詹其伟. 微生物矿化的工程应用基础[M]. 北京: 科学出版社, 2015.

[25] Schopf J W. Earth's Earliest Biosphere: Its Origin and Evo-lution[M]. Princeton: Princeton University Press, 1983.

[26] Brock T D, Madigan M T, Martinko J M. Biology of Micro-organisms [M]. 7th ed. New Jersey: Prentice Hall, 1994: 1-80.

[27] 梅冥相. 微生物碳酸盐岩分类体系的修订: 对灰岩成因结构分类体系的补充[J]. 地学前缘, 2007, 14(5): 222-234.

[28] 何基保, 温树林. 生物矿化作用[J]. 自然杂志, 1998, 19(5): 272-276.

[29] 陈骁, 张万益, 罗晓玲, 等. 青海湖滨岸带湖滩岩胶结物中发现微生物[J]. 中国地质, 2019, 46(5): 313-314.

[30] Nealson K H. Sediment bacteria: who's there, what they are doing, and what's new[J]. Ann. Rev. Earth Planet. Sci. , 1997, 51: 403-434.

[31] Riding R, Awramik S M. Microbial Sediments[M]. Heidelberg: Springer-Verlag, 2000: 39-50.

[32] 韩作振, 陈吉涛, 迟乃杰, 等. 微生物碳酸盐岩研究: 回顾与展望[J]. 海洋地质与第四纪地质, 2009, 29(4): 29-38.

[33] 李冬玉, 黄建华. 微生物成矿的研究现状[J]. 科技信息, 2009(7): 407-408.

[34] Meldrum F C. Calcium carbonate in biomineralisation and biomimetic chemistry[J/OL]. International Materials Reviews, 2013:187-224[2013-07-18]. https://doi. org/10. 1179/095066003225005836.

[35] Muynck D W, Belie D N, Verstraete W. Microbial carbonate precipitation in construction materials: A review[J]. Ecol. Eng. , 2010, 36(2): 118-136.

[36] Braissant O , Cailleau G, Dupraz C, et al. Bacterially induced mineralization of calcium carbonate in terrestrial environments: The role of exopolysaccharides and amino acids[J]. Journal of Sedimentary Research, 2003, 73(3): 485-490.

[37] Hamdan N, Kavazanjian E Jr, Rittmann B E, et al. Carbonate Mineral Precipitation for Soil Improvement through Microbial Denitrification[J]. Geomicrobiology Journal, 2013, 34(2): 139-146.

[38] Wright D T, Wacey D. Precipitation of dolomite using sulphate-reducing bacteria from the Coorong Region, South Australia: significance and implications[J]. Sedimentology, 2010, 52(5): 987-1008.

[39] Wacey D, Wright D T, Boyce A J. A stable isotope study of microbial dolomite formation in the Coorong Region, South Australia[J]. Chemical Geology, 2007, 244(1/2): 155-174.

[40] Jonkers H M, Thijssen A, Muyzer G, et al. Application of bacteria as self-healing agent for the development of sustainable concrete[J]. Ecological Engineering, 2010, 36(2): 230-235.

[41] Sun-Gyn Choi, Chang I, Lee M et al. Review on geotechnical engineering properties of sands treated by microbially induced calcium carbonate precipitation (MICP) and biopolymers[J]. Construction and Building Materials, 2020, 246: 118415.

[42] Mortensen B M, Haber M J, Dejong J T, et al. Effects of environmental factors on microbial induced calcium carbonate precipitation[J]. Journal of Applied Microbiology, 2011, 111(2): 338-349.

[43] Paassen L A van, Ghose R, Linden T J M van der, et al. Quantifying Biomediated Ground

Improvement by Ureolysis: Large-Scale Biogrout Experiment [J]. Journal of Geotechnical and Geoenvironmental Engineering, 2010, 136(12): 1721-1728.

[44] Ivanov V, Chu J, Stabnikov V. Basics of Construction Microbial Biotechnology[M] // Fernando Pacheco Torgal, J A Labrincha, M V Diamanti. Biotechnologies and Biomimetics for Civil Engineering. New York: Springer, 2015.

[45] Tiano P, Biagiotti L, Mastromei G. Bacterial bio-mediated calcite precipitation for monumental stones conservation: methods of evaluation [J]. Journal of Microbiological Methods, 1999: 36 (1/2): 139-145.

[46] Tiano P, Cantisani E, Sutherland I, et al. Biomediated reinforcement of weathered calcareous stones [J]. Journal of Cultural Heritage, 2006, 7(1): 49-55.

[47] Mastromei G, Marvasi M, Perito B. Studies on bacterial carbonate precipitation for stone conservation [R]// BioGeoCivil Engineering Conference, Delft, Netherlands, 2008: 104-106.

[48] Moropoulou A, Kouloumbi N, Haralampopoulos G, et al. Criteria and methodology for the evaluation of conservation interventions on treated porous stone susceptible to salt decay[J]. Progress in Organic Coatings, 2003, 48(2/4): 259-270.

[49] Jianyun Wang, H Soens, Willy Verstraete, et al. Self-healing concrete by use of microencapsulated bacterial spores[J]. Cement and Concrete Research, 2014, 56(2): 139-152.

[50] Lim Y, Varadan V V, Varadan V K. Closed loop finite element modeling of active structural damping in the time domain[J]. Smart Materials and Structures, 1997, 8(2): 390.

[51] Alazhari M, Sharma T, Heath A, et al. Application of expanded perlite encapsulated bacteria and growth media for self-healing concrete[J]. Construction and Building Materials, 2018, 160: 610-619.

[52] 王瑞兴,钱春香,吴淼,等. 微生物矿化固结土壤中重金属研究[J]. 功能材料, 2007, 38(9): 1523-1530.

[53] 钱春香,张霄,伊海赫. 微生物提升钢渣胶凝材料安定性和强度的作用及机理[J]. 硅酸盐通报, 2020, 39(8): 2363-2371.

[54] 赵顺增,游宝坤. 补偿收缩混凝土裂渗控制技术及其应用[M]. 北京: 中国建筑工业出版社, 2010.

[55] 游宝坤,李乃珍. 膨胀剂及其补偿收缩混凝土[M]. 北京: 中国建筑工业出版社, 2005.

[56] Xu J, Ding L, Love P E D. Digital reproduction of historical building ornamental components: From 3D scanning to 3D printing[J]. Automation in Construction, 2017, 76: 85-96.

[57] Hosseini E, Zakertabrizi M, Korayem A H, et al. A novel method to enhance the interlayer bonding of 3D printing concrete: An experimental and computational investigation[J]. Cement and Concrete Composites, 2019, 99: 112-119.

[58] Nerella V N, Beigh M A B, Fataei S, et al. Strain-based approach for measuring structural build-up of cement pastes in the context of digital construction[J]. Cement and Concrete Research, 2019,115: 530-544.

[59] Nicolas Roussel. Rheological requirements for printable concretes[J]. Cement and Concrete Research, 2018,112:76-85.

[60] Ketel S, Falzone G, Wang B, et al. A printability index for linking slurry rheology to the geometrical attributes of 3D-printed components[J]. Cement and Concrete Composites, 2019, 101:32-43.

[61] Delphine M, Shiho K, Hela B B, et al. Hydration and rheology control of concrete for digital fabrication: Potential admixtures and cement chemistry[J]. Cement and Concrete Research, 2018, 112: 96-110.

[62] Kloft H, Krauss H W, Hack N, et al. Influence of process parameters on the interlayer bond strength

of concrete elements additive manufactured by Shotcrete 3D Printing（SC3DP）［J］. Cement and Concrete Research, 2020, 134:106078.

［63］Zhang Y, Zhang Y, She W, et al. Rheological and harden properties of the high-thixotropy 3D printing concrete［J］. Construction and Building Materials, 2019, 201: 278-285.

［64］Paul S C, Tay Y W D, Panda B, et al. Fresh and hardened properties of 3D printable cementitious materials for building and construction［J］. Archives of Civil and Mechanical Engineering, 2017, 18 (1): 311-319.

［65］Ma G , Li Z, Wang L, et al. Mechanical anisotropy of aligned fiber reinforced composite for extrusion-based 3D printing［J］. Construction and Building Materials, 2019, 202: 770-783.

［66］雷斌, 马勇, 熊悦辰, 等. 3D打印混凝土材料制备方法研究［J］. 混凝土, 2018(2): 145-149,153.

［67］Asprone D, Auricchio F, Menna C, et al. 3D printing of reinforced concrete elements: Technology and design approach［J］. Construction and Building Materials, 2018, 165: 218-231.

［68］Buchanan C, Gardner L. Metal 3D printing in construction: A review of methods, research, applications, opportunities and challenges［J］. Engineering Structures, 2019, 180: 332-348.

［69］Theo A M Salet, Zeeshan Y Ahmed, Freek P Bos, et al. Design of a 3D printed concrete bridge by testing［J］. Virtual and Physical Prototyping, 2018, 13(3):222-236.

［70］王振宇, 冯进技, 张殿臣. 国外小型钻地核武器的发展及防护建议［C］. 长春:中国土木工程学会防护工程分会第五届理事会暨第九次学术会议, 2004:66-69.

［71］岳万英. 从近几场局部战争看防护工程在未来战争中的作用和地位［C］. 长春:中国土木工程学会防护工程分会第五届理事会暨第九次学术会议, 2004:1-9.

［72］何典章. 防护工程科研现状及发展趋势［C］. 长春:中国土木工程学会防护工程分会第五届理事会暨第九次学术会议, 2004:19-29.

［73］张云升, 张文华, 陈振宇. 综论超高性能混凝土:设计制备·微观结构·力学与耐久性·工程应用［J］. 材料导报, 2017, 31(23): 1-16.

［74］张云升, 张国荣, 李司晨. 超高性能水泥基复合材料早期自收缩特性研究［J］. 建筑材料学报, 2014, 17(1): 19-23.

［75］张文华, 张云升. 一种高强、高韧、高抗冲击、高耐磨水泥基复合材料及其浇筑方法:201410076391.5 ［P］. 2014-07-02.

［76］张文华. 超高性能水泥基复合材料微结构形成机理及动态力学行为研究［D］. 南京:东南大学, 2013.

［77］Zhang W, Zhang Y, Zhang G. Static, dynamic mechanical properties and microstructure characteristics of ultra-high performance cementitious composites［J］. Science and Engineering of Composite Materials, 2012, 19(3).

［78］Yunsheng Z, Wei S, Sifeng L, et al. Preparation of C200 green reactive powder concrete and its static - dynamic behaviors［J］. Cement and Concrete Composites, 2008, 30(9): 831-838.

［79］刘建忠. 超高性能水泥基复合材料制备技术及静动态拉伸行为研究［D］. 南京:东南大学, 2013.

［80］张文华, 张云升. 高温养护条件下现代混凝土水化、硬化及微结构形成机理研究进展［J］. 硅酸盐通报, 2015, 34(1): 149-155.

［81］Zhang Y, Zhang W, She W, et al. Ultrasound monitoring of setting and hardening process of ultra-high performance cementitious materials［J］. NDT & E International, 2012, 47: 177-184.

［82］Zhang W, Zhang Y, Liu L, et al. Investigation of the influence of curing temperature and silica fume content on setting and hardening process of the blended cement paste by an improved ultrasonic apparatus［J］. Construction and Building Materials, 2012, 33: 32-40.

[83] 张文华,张云升. 高温条件下超高性能水泥基复合材料水化放热研究[J]. 硅酸盐通报,2015,34(4): 951-954.

[84] Zhang W, Zhang Y. Apparatus for monitoring the resistivity of the hydration of cement cured at high temperature[J]. Instrumentation Science & Technology, 2017,45(2): 151-162.

[85] 张文华,张云升,陈振宇. 超高性能混凝土抗缩比钻地弹侵彻试验及数值仿真[J]. 工程力学,2018, 35(7): 167-175.

[86] Zhang W H, Zhang Y S. Research on the static and dynamic compressive properties of high performance cementitious composite (HPCC) containing coarse aggregate[J]. Archives of Civil and Mechanical Engineering, 2015,15(3): 711-720.

[87] Liu Z, Chen W, Wenhua Z, et al. Complete Stress-Strain Behavior of Ecological Ultra-High-Performance Cementitious Composite under Uniaxial Compression[J]. ACI Materials Journal, 2017, 114(5).

[88] 张文华,张云升. 超高性能水泥基复合材料动态冲击性能及数值模拟[J]. 混凝土,2015(10): 60-63.

[89] 张文华,张云升. 超高性能水泥基复合材料抗爆炸试验及数值仿真分析[J]. 混凝土,2015(11): 31-34.

[90] 佘伟,张云升,张文华,等. 较好韧性的超高强混凝土的制备及性能[J]. 建筑材料学报,2010,13(3): 310-314.

[91] 张云升,孙伟,秦鸿根,等. 基体强度和纤维外形对混凝土抗剪强度的影响[J]. 武汉理工大学学报, 2005,27(1): 36-39.

[92] 刘顺华,刘军民,董星龙,等. 电磁波屏蔽及吸波材料[M].北京:化学工业出版社,2007.

[93] 张秀芝. 高性能水泥基电磁波吸收材料制备、机理及功能研究[D].南京:东南大学,2010.

[94] 胡传炘. 隐身涂层技术[M].北京:化学工业出版社,2004.

[95] 解帅,冀志江,杨洋.电磁波吸收建筑材料的应用研究进展[J].材料导报,2016,30(7): 63-70.

[96] 冯乃谦,笠井芳夫,顾晴霞. 清水混凝土[M].北京:机械工业出版社,2011.

[97] 崔鑫,于振水,路林海,等. 清水混凝土的性能研究,生产及施工技术综述[J].混凝土,2017(1): 102-106.

[98] 郭伟,路林海,王龙志,等. 清水混凝土概念、研究现状、存在问题及配合比设计方法综述[J].混凝土与水泥制品,2016(10): 23-27.

[99] 金连荣. 绿色建材:以稻草板为墙材的轻钢轻板结构体系[J].建筑施工,2000,22(5):35-39.

[100] 彭健雄. 一种新型 PC-GRC 轻质复合墙板的早期收缩性能研究[D].合肥:安徽建筑大学,2018.

[101] 张松榆,金晓鸥.建筑功能材料[M].北京:中国建筑工业出版社,2012.

[102] 朱春玲,季广其.建筑防火材料手册[M].北京:化学工业出版社,2009.

[103] 胡志强. 新型建筑与装饰材料[M].北京:化学工业出版社,2007.

[104] 廖娟,张涛,钟志强. 高品质装饰混凝土及砂浆应用技术[M].北京:中国建筑工业出版社,2020.

[105] 符芳. 建筑材料[M]. 2 版.南京:东南大学出版社,2001.

[106] 吴科如,张雄. 土木工程材料[M].上海:同济大学出版社,2003.

[107] 阎西康,赵方冉,亢景富,等. 土木工程材料[M].天津:天津大学出版社,2004.

[108] 黄晓明,潘钢华,赵永利. 土木工程材料[M].南京:东南大学出版社,2001.

[109] 郑德明,钱红萍. 土木工程材料[M].北京:机械工业出版社,2005.

[110] 马保国,刘军. 建筑功能材料[M].武汉:武汉理工大学出版社,2004.

[111] 李维,李巧玲. 建筑材料质量检测[M].北京:中国计量出版社,2006.

[112] 姜继圣,孙利,张云莲. 新型墙体材料实用手册[M].北京:化学工业出版社,2006.

[113] 同继锋,等. 建筑卫生陶瓷[M]. 2 版.北京:化学工业出版社,2002.

[114] 李云凯. 金属材料学[M]. 北京:北京理工大学出版社,2006.

[115] 陈建奎. 混凝土外加剂原理与应用[M]. 2 版. 北京:中国计划出版社,2004.

[116] 罗忆,刘忠伟. 建筑玻璃生产与应用[M]. 北京:化学工业出版社,2005.

[117] 严捍东. 新型建筑材料教程[M]. 北京:中国建材工业出版社,2005.

[118] 严家伋. 道路建筑材料[M]. 3 版. 北京:人民交通出版社,2001.

[119] 韩喜林. 新型防水材料应用技术[M]. 北京:中国建材工业出版社,2003.

[120] 符芳. 建筑装饰材料[M]. 南京:东南大学出版社,1994.

[121] H F W Taylor. Cement Chemistry[M]. 2 nd ed. London:Thomas Telford,1997.

[122] P Kumar Mehta, Paulo J M Monteiro. Concrete:Microstructure, Properties, and Materials[M]. 3 nd ed. New York:McGraw-Hill,2006.

[123] Theodore W Marotta. Basic Construction Materials[M]. 7 th ed. Pearson Prentice-Hall,2005.

[124] 中国土木工程学会标准. 混凝土结构耐久性设计与施工指南(CCES 01—2004)(2005 年修订版)[S]. 北京:中国建筑工业出版社,2005.

[125] 赵国藩,彭少民,黄承逵,等. 钢纤维混凝土结构[M]. 北京:中国建筑工业出版社,2000.

[126] 钟世云,袁华. 聚合物在混凝土中的应用[M]. 北京:化学工业出版社,2003.

[127] 薛伟辰,姚武. 先进纤维混凝土试验理论实践[M]. 上海:同济大学出版社,2004.

[128] 王培铭. 新型和特种混凝土配合比设计及施工性能检测实用手册[M]. 北京:中国建材工业出版社,2004.

[129] 程良奎,杨志银. 喷射混凝土与土钉墙[M]. 北京:中国建筑工业出版社,2000.

[130] 朱宏军,程海丽,姜德民. 特种混凝土和新型混凝土[M]. 北京:化学工业出版社,2004.